Grundzüge der Botanik

für Pharmazeuten

Bearbeitet

von

Dr. Ernst Gilg

Professor der Botanik und Pharmakognosie an der Universität Berlin
Kustos am Botanischen Museum zu Berlin-Dahlem

Sechste, verbesserte Auflage
der „Schule der Pharmazie
Botanischer Teil"

Mit 569 Textabbildungen

Berlin
Verlag von Julius Springer
1921

ISBN-13:978-3-642-89749-8   e-ISBN-13:978-3-642-91606-9
DOI: 10.1007/978-3-642-91606-9

Vorwort zur dritten Auflage.

Als an mich die Aufforderung der Verlagsbuchhandlung erging, für die „Schule der Pharmazie" den Botanischen Teil in dritter Auflage zu bearbeiten, nahm ich gerne an in der festen Absicht, an dem sehr gut eingeführten und mir als praktisch und zuverlässig bekannten Buche so wenig wie möglich zu ändern.

Leider hat sich diese Absicht nur teilweise verwirklichen lassen, und die vorliegende Neuauflage hat an Umfang nicht unerheblich zugenommen. Hierfür waren folgende Erwägungen maßgebend.

Da einmal durch den verstorbenen Professor Holfert in dieses in erster Linie für den jungen, noch vor dem Universitätsstudium stehenden Pharmazeuten bestimmte Buch ein Abschnitt über die Anatomie der Pflanzen eingeführt worden war und ich auch durch langjährige Erfahrung als Universitätslehrer weiß, daß dieser anatomische Teil benutzt wird, daß nicht wenige Pharmazeuten mit gewissen anatomischen Kenntnissen zum Universitätsstudium kommen, welche vorher durch selbständige orientierende Untersuchungen unter gleichzeitiger Benutzung von Büchern erworben worden sind, so war es für mich geboten, diesen anatomischen Teil dem Buche zu erhalten. Ja, ich glaubte ihn sogar aus zwei Gründen etwas erweitern zu müssen. Denn einerseits schienen mir die Angaben des anatomischen Teils in den früheren Auflagen des Buches für den Anfänger oft zu kurz gefaßt und deshalb unverständlich zu sein; und andererseits konnte das Buch, wenn die Anatomie ausführlicher dargestellt wurde, in vielen Fällen auch von den studierenden Pharmazeuten als Handbuch gebraucht werden, da die übrigen Disziplinen der Botanik wohl mit genügender Ausführlichkeit behandelt sind.

An einer anderen Stelle schien mir ferner noch eine Erweiterung des Buches dringend geboten zu sein, nämlich bei der Darstellung der Kryptogamen. In neuerer Zeit hat das intensivere Studium dieser eigenartigen Formen so interessante Resultate ergeben und ihre gewaltige Bedeutung im Haushalte des Menschen so schlagend dargetan, daß die allgemeine Kenntnis von dem morphologischen und physiologischen Verhalten zahlreicher dieser Organismen (z. B. der Bakterien, Schimmelpilze, Gärungserreger, Brandpilze, Rostpilze etc.) schon längst nicht mehr nur einen Teil des Studiums auf der Universität bilden sollte, sondern zum geistigen Besitz jedes gebildeten Menschen geworden sein müßte.

Die Zahl der Abbildungen hat sich um beinahe hundert vermehrt, andere fehlerhafte und minderwertige wurden verbessert.

Die neu eingefügten Abbildungen sind nur zum Teil aus anderen Werken übernommen; der größte Teil wurde unter meiner Aufsicht original gezeichnet.

Die Teile des Buches „Hilfsmittel für das Studium der Botanik" und „Morphologie" wurden fast vollständig unverändert in die neue Auflage übernommen, auch bezüglich der Systematik der Siphonogamen (Phanerogamen) wurde kaum eine Erweiterung vorgenommen, ja es wurde versucht, so viel als irgend möglich die Einrichtungen der früheren Auflagen (z. B. die Einteilung größerer Pflanzenfamilien, die Hervorhebung solcher Familien, welche in unserer heimischen Flora eine große Rolle spielen oder die von größerer pharmazeutischer Wichtigkeit sind) beizubehalten, auch wenn sie meiner Ansicht nach manchmal für dieses Buch zu weitgehend oder gar unnötig erschienen, wie die Angabe der Linnéschen Klasse und die Zitierung des Autornamens hinter den Pflanzennamen.

Jedoch war es durchaus angezeigt, die Darstellung der Systematik nach dem bei den Systematikern der ganzen Erde jetzt fast allgemein angenommenen Englerschen System zu geben. Dieses System unterscheidet sich von dem Eichlerschen (das in den früheren Auflagen wiedergegeben war) prinzipiell nur in einigen für unsere Betrachtung nebensächlichen Punkten. Es ist jedoch nicht zu vergessen, daß die Wissenschaft seit der Aufstellung des Eichlerschen Systems gewaltige Fortschritte gemacht hat und daß dieses System unverändert bestehen blieb, während Engler jedem Fortschritt der Wissenschaft folgte und sein System geradezu als eine Darstellung der gegenwärtigen Kenntnisse in der Systematik, der vergleichenden Anatomie und Fortpflanzungsphysiologie gelten muß.

Ich glaube auch, daß es nur zu begrüßen ist, wenn ein für den Pharmazeuten bestimmtes Handbuch der Botanik nicht zu kurz gehalten ist. Denn es unterliegt mir keinem Zweifel, daß die Zeit vorüber ist, wo immer mehr und mehr pflanzliche durch rein chemische Heilmittel verdrängt wurden, wo es schien, als ob die Pharmakognosie ihre Bedeutung als Wissenschaft für den Pharmazeuten fast vollständig verlieren sollte. Immer klarer bricht sich in der Medizin die Erkenntnis Bahn, daß die allerdings stark und rasch wirkenden chemischen Präparate und auch die aus Drogen rein dargestellten Alkaloide und Glykoside nicht imstande sind, ohne weiteres an die Stelle der früher gebräuchlichen, vom Apotheker selbst dargestellten einfachen Drogenauszüge zu treten, sondern daß für die Wirksamkeit oder wenigstens die richtige Wirksamkeit des Heilmittels meist mehrere der in ihm enthaltenen Körper in Frage kommen. Für die Erkenntnis von der neuerdings wieder zunehmenden Wichtigkeit der Botanik für die Pharmazie sprechen auch die im neuen Arzneibuch oft recht ausführlich behandelten pharmakognostischen Teile der einzelnen Abschnitte.

Steglitz-Dahlem b. Berlin, im September 1903.

Vorwort zur fünften Auflage.

Gegenüber der vierten Auflage erscheint die fünfte äußerlich in wenig veränderter Form, da sich die bei der Bearbeitung jener befolgten und in der Vorrede zur dritten Auflage hervorgehobenen Grundsätze bewährt zu haben scheinen. Es wurde jedoch, wie jeder Fachmann erkennen wird, darnach getrachtet, das Buch im einzelnen sorgfältiger durchzuarbeiten, wodurch besonders der anatomische und systematische Teil jetzt auch soweit gebracht wurden, daß selbst der studierende Pharmazeut sie mit Vorteil wird benutzen können. Besonderer Wert wurde, wie in der vorigen Auflage, auf eine bessere Illustrierung gelegt, obgleich die Anzahl der Abbildungen die gleiche geblieben ist; infolge des Entgegenkommens der Verlagsbuchhandlung konnten nicht nur viele Abbildungen aus meiner „Pharmakognosie“ in die „Botanik“ übernommen, sondern auch zahlreiche neue Abbildungen original gezeichnet werden, wodurch es ermöglicht wurde, eine Menge der früheren kleinen und wenig instruktiven Abbildungen zu verwerfen. Besonderer Wert wurde endlich auf eine möglichste Vervollständigung des Sachregisters gelegt; die Benützung des Buches dürfte dadurch sehr erleichtert werden.

Die in den früheren Auflagen den Pflanzenarten beigefügten Autornamen sowie die Angabe der Linnéschen Klasse und Ordnung wurden gestrichen. Sie sind für ein Lehrbuch ohne jede Bedeutung. Es wäre überhaupt dringend zu wünschen, daß das bei Apothekern noch vielfach sehr beliebte Linnésche System mehr und mehr aus dem Lehrgang der Eleven und auch aus den floristischen Handbüchern verschwände. Dies erste das ganze damals bekannte Pflanzenreich umfassende und durch leicht faßbare Merkmale gliedernde System hat jetzt nur noch historische Bedeutung. Seine Anwendung gibt dem Anfänger ein völlig falsches Bild von dem jetzigen Stande der wissenschaftlichen Systematik und der Kenntnis von der Verwandtschaft der Pflanzen und hat schon vielfach dem angehenden Floristen die Beschäftigung mit der Scientia amabilis verleidet.

Berlin-Dahlem, im Dezember 1914.

Vorwort zur sechsten Auflage.

Nach denselben Gesichtspunkten, die ich im Vorwort zur fünften Auflage hervorhob, wurde auch die Bearbeitung dieser neuen Auflage vorgenommen. Ich ließ es mir angelegen sein, das Buch im einzelnen sorgfältig durchzuarbeiten und durch möglichst viele und instruktive Abbildungen zu illustrieren. So glaube ich, daß jetzt auch der studierende Pharmazeut das Buch mit gutem Erfolg wird benützen können.

Zu großem Danke bin ich Herrn Dr. E. Werdermann verpflichtet, der mir manche wichtige Hinweise auf eine notwendige Erweiterung und Ergänzung des Buches gab; er leistete mir, ebenso wie Fräulein Ch. Benedict, auch wesentliche Hilfe bei der Korrektur.

Berlin-Dahlem, im März 1921.

Ernst Gilg.

Inhaltsverzeichnis.

Seite

Einleitung 1

Hilfsmittel für das Studium der Botanik.

Anlegen des Herbariums 3
   Sammeln der Pflanzen, Botanisieren 4
   Bestimmen der Pflanzen 8
   Pressen der Pflanzen, Trocknen, Präparieren 11
   Ordnen und Aufbewahren der Pflanzen 14
Studium der Pflanzenanatomie 16
   Gebrauch des Mikroskops 17
   Herstellung mikroskopischer Schnitte 20
   Behandlung mikroskopischer Präparate 24

Äußere Gestalt der Pflanzen. Morphologie.

Die Organe der Pflanzen 27
Formen der Wurzel- und Stammorgane 31
Verzweigung 35
Symmetrieverhältnisse 36
Formen der Blätter 36
Die Blüte 47
   Die Kelchblätter 47
   Die Blumenblätter 48
   Die Staubblätter 50
   Die Fruchtblätter 54
   Der Blütenboden 56
   Die Blütendiagramme 58
   Die Blütenformeln 60
Die Blütenstände 61
Die Frucht 65
Die Samenanlage 71
   Der Bau der Samenanlagen 72
   Die Gestalt der Samenanlagen 73
   Die Anheftung der Samenanlagen 73
   Der ausgewachsene Samen 74
   Verbreitung der Früchte und Samen 76

Innerer Bau der Pflanzen. Anatomie.

Zellenlehre 78
   Allgemeines über den Bau der Zelle 78
   Zellinhalt 80
   Die Zellwand 94
   Entstehung der Zellen 97
Die Gewebe 97
   1. Der Aufbau der Pflanzen. Die Bildungsgewebe 100
   2. Schutzgewebe, Hautsystem 103
   3. Festigungsgewebe, Skelettsystem (Mechanisches System) . . 108
   4. Die Ernährung der Pflanze 110

Seite

a) Das Absorptionssystem (Aufnahmesystem) 110
b) Das Assimilationssystem 112
c) Das Leitungssystem 114
d) Das Speichersystem 129
e) Das Durchlüftungssystem 130
f) Das Sekretionssystem 132

Einteilung der Pflanzen. Systematik.

Die Verwandtschaft der Pflanzen 136
Künstliche Pflanzensysteme 138
   Übersicht des Linnéschen Systems 139
Natürliche Pflanzensysteme 141
   Die Grundzüge einzelner natürlicher Systeme 141
Übersicht über die wichtigsten Familien, Gattungen und Arten des Pflanzen-
   reiches nach dem Englerschen System 144
    I. Abteilung. Schizophyta. Spaltpflanzen 145
      1. Klasse. Schizomycetes (Bacteria). Bakterien, Bazillen, Spaltpilze 146
        1. Reihe. Eubacteria 155
          Familie Bacteriaceae. Stäbchenbakterien 155
          Familie Spirillaceae. Schraubenbakterien 162
          Familie Phycobacteriaceae. Scheidenbakterien 164
          Familie Coccaceae. Kugelbakterien 164
        2. Reihe. Thiobacteria 165
          Familie Beggiatoaceae 165
          Familie Rhodobacteriaceae 165
      2. Klasse. Schizophyceae (auch Cyanophyceae, Phycochromaceae
        genannt). Spaltalgen 166
          Familie Oscillatoriaceae 166
          Familie Nostocaceae 166
          Familie Chroococcaceae 167
   II. Abteilung. Phytosarcodina, Myxothallophyta, Myxomycetes. Schleim-
      pilze, Pilztiere 168
  III. Abteilung. Flagellatae 172
  IV. Abteilung. Dinoflagellatae (Peridineae). Peridineen 172
   V. Abteilung. Bacillariophyta. Diatomeen. Kieselalgen 173
        Familie Bacillariaceae 177
  VI. Abteilung. Conjugatae. Jochalgen 177
        Familie Desmidiaceae 178
        Familie Zygnemataceae 178
 VII. Abteilung. Chlorophyceae. Grünalagen 179
      1. Klasse. Protococcales 180
        Familie Volvocaceae 180
        Familie Pleurococcaceae 181
      2. Klasse. Ulotrichales 181
        Familie Ulvaceae 181
        Familie Chaetophoraceae 182
        Familie Oedogoniaceae 182
      3. Klasse. Siphonales. Schlauchalgen 183
        Familie Vaucheriaceae 183
        Familie Caulerpaceae 183
VIII. Abteilung. Charophyta. Armleuchteralgen 184
        Familie Characeae 184
  IX. Abteilung. Phaeophyceae. Braunalgen oder Brauntange . . . 186
      1. Reihe. Phaeosporeae 186
        Familie Ectocarpaceae 186
        Familie Laminariaceae 187
      2. Reihe. Cyclosporeae 188
        Familie Fucaceae 188
      3. Reihe. Dictyotales 190
   X. Abteilung. Rhodophyceae. Rotalgen oder Rottange, auch oft
    Florideen genannt 190

Seite

XI. Abteilung. Eumycetes. Fungi. Echte Pilze 192
   1. Klasse. Phycomycetes. Algenähnliche Pilze 192
      1. Reihe. Zygomycetes 193
        Familie Mucoraceae 193
        Familie Entomophthoraceae 194
      2. Reihe. Oomycetes 195
        Familie Peronosporaceae 195
        Familie Saprolegniaceae 196
        Familie Pythiaceae 197
   2. Klasse. Ascomycetes. Schlauchpilze 197
        Familie Aspergillaceae. Schimmelpilze 198
        Familie Eutuberaceae. Trüffelpilze 199
        Familie Helvellaceae. Morchelpilze 200
        Familie Hypocreaceae 201
        Familie Saccharomycetaceae 202
   3. Klasse. Basidiomycetes. Basidienpilze 203
      1. Unterklasse. Hemibasidii 204
        Familie Ustilaginaceae Brandpilze 204
        Familie Tilletiaceae. Brandpilze 206
      2. Unterklasse. Eubasidii 206
        1. Reihe. Protobasidiomycetes 206
          Familie Pucciniaceae. Rostpilze 206
          Familie Auriculariaceae 211
        2. Reihe. Autobasidiomycetes 211
          Familie Clavariaceae. Keulen- oder Korallenpilze . . . 211
          Familie Hydnaceae. Stachelschwämme 212
          Familie Polyporaceae. Löcherschwämme 212
          Familie Agariaceae. Lamellen- oder Blätterschwämme . 214
          Familie Phallaceae 217
          Familie Lycoperdaceae 218
          Familie Sclerodermataceae . . . • 219
      Anhang. Lichenes. Flechten 219
        1. Reihe. Ascolichenes 223
        2. Reihe. Basidiolichenes 224
XII. Abteilung. Embryophyta asiphonogama (Archegoniatae). Moose
   und Farnpflanzen 224
   1. Unterabteilung. Bryophyta (Muscineae). Moospflanzen . . . 225
      1. Klasse. Hepaticae. Lebermoose 226
        Familie Marchantiaceae 227
        Familie Jungermanniaceae 227
      2. Klasse. Musci (Musci frondosi). Laubmoose 228
        Familie Sphagnaceae. Torfmoose 231
        Familie Bryaceae . . . . ; 231
        Familie Polytrichaceae 231
   2. Unterabteilung. Pteridophyta. Farnpflanzen (Gefäßkryptogamen
   oder besser Leitbündelkryptogamen) 232
      1. Klasse. Filicales. Echte Farnkräuter 234
        1. Reihe. Marattiales 235
          Familie Marattiaceae 235
        2. Reihe. Ophioglossales 235
          Familie Ophioglossaceae 236
        3. Reihe. Filicales leptosporangiatae . . . . : . 236
          1. Unterreihe. Eufilicineae 236
            Familie Cyatheaceae 236
            Familie Polypodiaceae 236
            Familie Osmundaceae 237
          2. Unterreihe. Hydropterides. Wasserfarne 237
      2. Klasse. Equisetales. Schachtelhalmgewächse 239
        Familie Equisetaceae 240
      3. Klasse. Lycopodiales. Bärlappartige 240
        Familie Lycopodiaceae. Bärlappgewächse 240

		Seite
Familie Selaginellaceae		242
4. Klasse. Isoëtales		242
Familie Isoëtaceae		241

XIII. Abteilung. Embryophyta siphonogama. Phanerogamen oder Samenpflanzen 242
  1. Unterabteilung. Gymnospermae. Nacktsamige Gewächse . . 246
    1. Klasse. Cycadales 246
      Familie Cycadaceae 246
    2. Klasse. Ginkgoales 246
      Familie Ginkgoaceae 248
    3. Klasse. Coniferae. Zapfenträger, Nadelhölzer 248
      Familie Taxaceae. Eibengewächse 248
      Familie Pinaceae. Kieferngewächse 248
    4. Klasse. Gnetales 252
  2. Unterabteilung. Angiospermae. Bedecktsamige Gewächse . . 252
    1. Klasse. Monocotyledoneae. Einkeimblättrige Gewächse . . 254
      1. Reihe. Pandanales. Schraubenbaumartige 254
        Familie Typhaceae. Lieschkolbengewächse 254
        Familie Sparganiaceae. Igelkolbengewächse 254
      2. Reihe. Helobiae. Sumpfbewohnende 255
        Familie Potamogetonaceae. Laichkräutergewächse . . . 255
        Familie Alismataceae. Froschlöffelgewächse 256
        Familie Hydrocharitaceae. Froschbißgewächse 256
      3. Reihe. Glumiflorae. Spelzenblütige 256
        Familie Gramineae. Grasgewächse 256
        Familie Cyperaceae. Riedgrasgewächse 260
      4. Reihe. Principes. Palmen 261
        Familie Palmae. Palmengewächse 261
      5. Reihe. Spathiflorae. Scheidenblütler 264
        Familie Araceae. Aronstabgewächse 264
        Familie Lemnaceae. Wasserlinsengewächse 265
      6. Reihe. Farinosae. Mehlsamige 265
        Familie Bromeliaceae. Ananasgewächse 266
      7. Reihe. Liliiflorae. Lilienblütige 266
        Familie Juncaceae. Binsengewächse 266
        Familie Liliaceae. Liliengewächse 266
        Familie Amaryllidaceae. Amaryllisgewächse 270
        Familie Dioscoreaceae. Yamsgewächse 270
        Familie Iridaceae. Schwertliliengewächse 271
      8. Reihe. Scitamineae. Gewürzlilien 273
        Familie Musaceae. Bananengewächse 273
        Familie Zingiberaceae Ingwergewächse 274
        Familie Cannaceae. Cannagewächse 275
        Familie Marantaceae. Marantagewächse 275
      9. Reihe. Microspermae. Kleinsamige 276
        Familie Orchidaceae. Orchisgewächse 276
    2. Klasse. Dicotyledoneae. Zweikeimblättrige Gewächse . . 279
      1. Unterklasse. Archichlamydeae. (Apetalae und Choripetalae) 279
        1. Reihe. Piperales. Pfefferartige 279
          Familie Piperaceae. Pfeffergewächse 279
        2. Reihe. Salicales. Weidenartige 280
          Familie Salicaceae. Weidengewächse 280
        3. Reihe. Juglandales. Walnußartige 281
          Familie Juglandaceae. Nußbaumgewächse 281
        4. Reihe. Fagales. Buchenartige 283
          Familie Betulaceae. Birkengewächse 283
          Familie Fagaceae. Buchengewächse 283
        5. Reihe. Urticales. Nesselartige 284
          Familie Ulmaceae. Ulmengewächse 285
          Familie Moraceae. Maulbeergewächse 285
          Familie Urticaceae. Nesselgewächse 288

Seite

6. Reihe. Santalales. Santelbaumartige 288
Familie Santalaceae. Santelgewächse 289
Familie Loranthaceae. Mistelgewächse 289
7. Reihe. Aristolochiales. Osterluzeiartige 290
Familie Aristolochiaceae. Osterluzeigewächse 290
8. Reihe. Polygonales. Knöterichartige 290
Familie Polygonaceae. Knöterichgewächse 290
9. Reihe. Centrospermae. Gekrümmtsamige 292
Familie Chenopodiaceae. Gänsefußgewächse 292
Familie Caryophyllaceae. Nelkengewächse 292
10. Reihe. Ranales. Hahnenfußartige 296
Familie Nymphaeaceae. Seerosengewächse 296
Familie Ranunculaceae. Hahnenfußgewächse 296
Familie Berberidaceae. Berberitzengewächse 301
Familie Menispermaceae. Mondsamengewächse 302
Familie Magnoliaceae. Magnoliengewächse 303
Familie Anonaceae. Gewürzapfelgewächse 304
Familie Myristicaceae. Muskatnußgewächse 304
Familie Lauraceae. Lorbeergewächse 307
11. Reihe. Rhoeadales. Mohnartige 309
Familie Papaveraceae. Mohngewächse 309
Familie Capparidaceae. Kapperngewächse 311
Familie Cruciferae. Kreuzblütlergewächse 311
Familie Resedaceae. Resedagewächse 315
12. Reihe. Sarraceniales. Insektenfangende Gewächse . . . 316
Familie Sarraceniaceae. Schlauchblattgewächse 316
Familie Nepenthaceae. Kannenträger 316
Familie Droseraceae. Sonnentaugewächse 316
13. Reihe. Rosales. Rosenähnliche 319
Familie Crassulaceae 319
Familie Saxifragaceae. Steinbrechgewächse 319
Familie Hamamelidaceae 319
Familie Rosaceae. Rosengewächse 320
Familie Leguminosae. Hülsenfrüchtler 327
14. Reihe. Geraniales. Storchschnabelgewächse 336
Familie Geraniaceae. Storchschnabelgewächse 337
Familie Oxalidaceae. Sauerkleegewächse 338
Familie Tropaeolaceae 338
Familie Linaceae. Leingewächse 338
Familie Erythroxylaceae. Cocagewächse 338
Familie Zygophyllaceae. Jochblätterige Gewächse . . . 340
Familie Rutaceae. Rautengewächse 340
Familie Simarubaceae. Simarubengewächse 343
Familie Burseraceae. Balsambaumgewächse 344
Familie Polygalaceae. Kreuzblumengewächse 344
Familie Euphorbiaceae. Wolfsmilchgewächse 346
15. Reihe. Sapindales. Seifenbaumartige 349
Familie Anacardiaceae. Sumachgewächse 349
Familie Aquifoliaceae. Stechpalmengewächse 351
Familie Aceraceae. Ahorngewächse 351
Familie Sapindaceae. Seifenbaumgewächse 351
Familie Balsaminaceae 352
16. Reihe. Rhamnales. Faulbaumartige 352
Familie Rhamnaceae. Kreuzdorngewächse 352
Familie Vitaceae. Weinrebengewächse 353
17. Reihe. Malvales. Malvenartige 353
Familie Tiliaceae. Lindengewächse 354
Familie Malvaceae. Malvengewächse 356
Familie Sterculiaceae. Kakaobaumgewächse 356
18. Reihe. Parietales. Wandsamige Gewächse 357

Seite

Familie Camelliaceae (Theaceae, Ternstroemiaceae). Tee-
   gewächse 358
Familie Guttiferae. Guttigewächse 359
Familie Dipterocarpaceae. Flügelfruchtgewächse 360
Familie Cistaceae. Cistusgewächse 360
Familie Violaceae. Veilchengewächse 362
Familie Passifloraceae. Passionsblumengewächse 362
Familie Caricaceae. Melonenbaumgewächse 362
19. Reihe. Opuntiales. Kaktusartige 363
   Familie Cactaceae. Kaktusgewächse 363
20. Reihe. Myrtiflorae. Myrtenblütige 363
   Familie Thymelaeaceae. Seidelbastgewächse 363
   Familie Punicaceae. Granatbaumgewächse 363
   Familie Myrtaceae. Myrtengewächse 364
   Familie Oenotheracea (Onagraceae). Weidenröschengewächse 365
21. Reihe. Umbelliflorae. Doldenblütige 366
   Familie Araliaceae. Efeugewächse 366
   Familie Umbelliferae. Doldentragende Gewächse . . . 366
2. Unterklasse. Metachlamydeae oder Sympetalae. Verwachsenkronige Dikotylen 374
   1. Reihe Ericales. Heidenartige 374
      Familie Pirolaceae. Wintergrüngewächse 374
      Familie Ericaceae. Heidekrautgewächse 374
   2. Reihe. Primulales. Primelartige 376
      Familie Primulaceae. Schlüsselblumengewächse 376
   3. Reihe. Plumbaginales. Bleiwurzartige 377
      Familie Plumbaginaceae 377
   4. Reihe. Ebenales. Ebenholzartige 377
      Familie Sapotaceae. Guttapercha liefernde Gewächse . . 377
      Familie Ebenaceae. Ebenholzgewächse 378
      Familie Styracaceae 379
   5. Reihe. Contortae. Gedrehtblütige 380
      Familie Oleaceae. Ölbaumgewächse 380
      Familie Loganiaceae. Strychnosgewächse 380
      Familie Gentianaceae. Enziangewächse 381
      Familie Apocynaceae. Hundstodgewächse 382
      Familie Asclepiadaceae. Seidenpflanzengewächse . . . 384
   6. Reihe. Tubiflorae. Röhrenblütige 385
      Familie Convolvulaceae Windengewächse 386
      Familie Borraginaceae (Asperifoliaceae). Boretschgewächse 386
      Familie Verbenaceae. Eisenkrautgewächse 389
      Fam lie Labiatae. Lippenblütlergewächse 389
      Famile Solanaceae. Nachtschattengewächse 393
      Familie Scrophulariaceae (Personatae). Rachenblütler-
      gewächse 397
      Fam lie Orobanchaceae. Sommerwurzgewächse 401
      Familie Lentibulariaceae 401
   7. Reihe. Plantaginales. Wegebreitartige 402
      Familie Plantaginaceae. Wegebreitgewächse 402
   8. Reihe. Rubiales. Krappblütige 402
      Familie Rubiaceae. Krappgewächse 402
      Familie Caprifoliaceae. Geißblattgewächse 404
      Familie Valerianaceae. Baldriangewächse 405
      Familie Dipsacaceae. Kardengewächse 407
   9. Reihe. Cucurbitales. Kürbisartige 407
      Familie Cucurbitaceae. Kürbisgewächse 408
10. Reihe. Campanulatae. Glockenblumenartige 409
      Familie Campanulaceae. Glockenblumengewächse . . . 410
      Familie Compositae (Synanthereae). Röhrenbeutelige- oder
      Korbblütlergewächse 411

Sachregister 421

Einleitung.

Mit dem Namen Botanik oder Pflanzenkunde bezeichnet man diejenige Wissenschaft, welche die Kenntnis des Pflanzenreichs zum Gegenstand hat.

Zunächst fällt an der Pflanze ihre äußere Gestalt auf. Man nennt den Zweig der Botanik, welcher sich mit der äußeren Gestalt der Pflanze und ihrer Organe sowie den den Aufbau des Pflanzenkörpers bedingenden allgemeinen Gesetzen beschäftigt, die Lehre von der Gestalt der Pflanzen, äußere Morphologie oder schlechtweg Morphologie (aus dem griechischen $\mu o \varrho \varphi \acute{\eta}$ = morphe, die Gestalt, und $\lambda \acute{o} \gamma o \varsigma$ = logos, die Lehre).

Bei dem Zerschneiden und Zerlegen einer Pflanze bemerkt man weiter, daß ihr innerer Bau ein sehr vielgestaltiger ist; man erkennt, wenn nicht mit bloßem Auge, so doch schon bei schwacher Vergrößerung, z. B. am Holundermark, daß dieses aus einzelnen Bläschen oder Zellen besteht, und daß sich z. B. aus der Lindenrinde oder der Leinpflanze ohne weiteres lange Bastfaserbündel herauslösen lassen. Der Betrachtung des inneren Baues der Pflanzen erschließt sich aber erst dann ein ganz ungeahnt weites Feld, wenn man das Mikroskop benutzt, mit dessen Hilfe man die Bilder der Schnittflächen bis weit über das Tausendfache vergrößert zu beobachten vermag. Der Zweig der Botanik, welcher sich mit der Erkenntnis dieser Verhältnisse befaßt, heißt die Lehre von dem inneren Bau der Pflanzen, innere Morphologie oder gewöhnlich Anatomie (aus dem griechischen $\grave{\alpha} \nu \acute{\alpha}$ = ana, durch, und $\tau \acute{o} \mu o \varsigma$ = tomos, der Schnitt).

Beide Zweige der botanischen Forschung lehren jedoch nur fertige Zustände zu betrachten und sie allenfalls vom Gesichtspunkte der Anordnung im Raume zu beurteilen. Ihren Wert erlangen beide erst in Verbindung mit einem dritten Zweige, welcher das Studium der Lebensvorgänge in der Pflanze zum Gegenstand hat, der Lehre vom Leben und den (physikalischen und chemischen) Lebenserscheinungen der Pflanzen, der Physiologie (aus dem griechischen $\varphi \acute{v} \sigma \iota \varsigma$ = physis, die Natur).

Eine vollkommen getrennte Behandlung dieser drei Zweige der Pflanzenkunde ist nur für Denjenigen von Wert, welcher mit jedem einzelnen derselben in gewissem Maße vertraut ist; Lehrbücher der reinen Morphologie, Anatomie oder Physiologie setzen auf jeder Zeile die Kenntnis der anderen beiden Zweige bei dem Studierenden voraus. Da der Benutzer der „Schule der Pharmazie" jedoch imstande sein soll, diese gänzlich unvorbereitet zu gebrauchen, so ergab sich die Notwendigkeit, sowohl im morphologischen als auch im anatomischen Teil die Bestimmung, welcher die einzelnen Organe der Pflanze dienen, gleichzeitig mit ihrer Beschreibung zu erläutern, also die Deutung der Lebensvorgänge in der Pflanze mit der Beschreibung ihrer Organe zu verbinden. Es ist daher im vorliegenden Buche ein Teil der Physiologie mit der Morphologie, der andere Teil mit der Anatomie verbunden worden.

Ein vierter und in gewissem Sinne der älteste selbständige Zweig der Pflanzenkunde ist die **Pflanzenbeschreibung**, auch **spezielle oder systematische Botanik (Systematik)** genannt, weil diese neben dem Zwecke der genauen Beschreibung der einzelnen Pflanzen ihre Verwandtschaftsbeziehungen sowie ihre Gruppierung, d. h. die Einordnung in natürliche oder künstliche Systeme, zum Gegenstand hat.

Weitere Zweige der Pflanzenkunde, **deren Behandlung jedoch nicht in den Rahmen dieses Lehrbuches gehört, sind z. B. die Biologie, die Lehre vom Leben und den Lebenserscheinungen der Organismen, soweit sie in Beziehung zur umgebenden Natur stehen; die Phytogeographie (Pflanzengeographie) oder die Lehre von der Verbreitung der Pflanzen; die Phytopaläontologie (Palaeobotanik) oder die Lehre von den vorweltlichen Pflanzen und der Entwicklung der Pflanzenwelt**; endlich **soll noch genannt werden die Phytopathologie, die Lehre von den Krankheiten der Pflanze.**

Hilfsmittel für das Studium der Botanik.

Anlegen des Herbariums.

Botanik muß, wie jede Naturwissenschaft, praktisch erlernt werden, und die Meinung ist ganz falsch, daß man durch das Studium von Büchern allein, selbst unter Benützung der besten Abbildungen, die nötigen Kenntnisse erwerben könne.

Auch in der Bekanntmachung des Reichskanzlers vom 18. Mai 1904, betreffend die Prüfung der Apothekergehilfen, wird der Nachweis gefordert, daß der junge Pharmazeut sich während seiner Lehrzeit praktisch mit der Botanik beschäftigt habe, und zwar durch die Bestimmung, daß bei der mündlichen Prüfung ein während der Lehrzeit angelegtes Herbarium vorgelegt werden muß.

Wie schon aus der Fassung dieser Bestimmung hervorgeht, ist die Hauptsache nicht das Vorhandensein des Herbariums in den Händen des Prüflings, sondern vielmehr die Gewähr dafür, daß dieser durch das Anlegen eines Herbariums sich mit den in der betreffenden Gegend gedeihenden Pflanzen in morphologischer und systematischer Hinsicht mehr oder weniger vertraut gemacht habe; denn alle mit dem Anlegen des Herbariums verbundenen Beschäftigungen sind geeignet, dem Anfänger botanische Kenntnisse zu erwerben, sie dann zu vermehren und zu befestigen. Bei dem Botanisieren prägt man sich u. a. die Wachstumsweise und die Häufigkeit des Vorkommens der Arten, Gattungen nnd Familien ein, beim Bestimmen lernt man die Merkmale der Pflanzen bis ins eingehendste kennen, und beim Einordnen übt man die Kenntnisse von der Verwandtschaft der Gewächse auf das erfolgreichste.

Das Zustandebringen eines Herbariums ist das Resultat der folgenden vier Beschäftigungen, welche sich zeitlich eng aneinander anschließen, nämlich:

1. Sammeln der Pflanzen (Botanisieren);
2. Bestimmen der Pflanzen;
3. Pressen der Pflanzen, Trocknen, Präparieren;
4. Einordnen der Pflanzen.

Sammeln der Pflanzen.

Botanisieren.

Das Sammeln der Pflanzen soll nicht etwa das beiläufige Resultat gelegentlicher Spaziergänge sein, sondern es muß Jeder, der mit Ernst das Anlegen eines Herbariums betreiben will, mit zweckentsprechender Ausrüstung versehen sich zum Sammeln der Pflanzen anschicken. Im Anfang wird ja allerdings schon die allernächste Umgebung, ein Wegrand oder eine Wiese, reichliche Ausbeute gewähren, aber bald dürfte es notwendig sein, an ein planmäßiges Absuchen der Gegend zu gehen.

Zu solchem Zwecke rüstet man sich mit einer Reihe von Gerätschaften aus, die zum Einsammeln der Pflanzen sehr nützlich oder sogar unentbehrlich sind. Es sind dies:

1. ein handfester Spaten oder Pflanzenstecher;
2. ein kräftiges Taschenmesser;
3. eine Botanisiertrommel, oder an Stelle derselben besser
4. eine Pflanzengitterpresse oder Botanisiermappe.

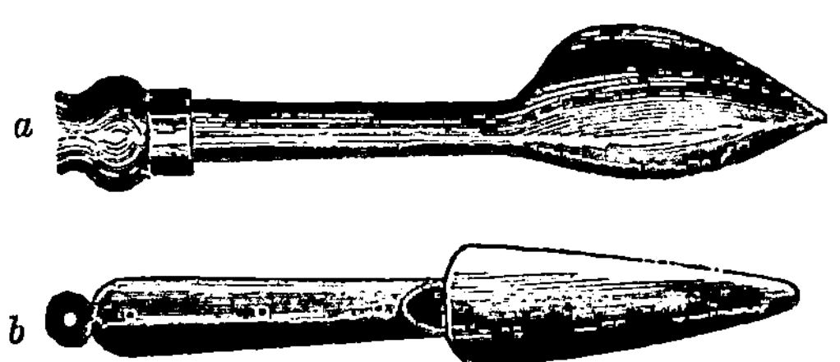

Abb. 1. Botanisierspaten oder Pflanzenstecher, *a* nach Prof. Ascherson, b sogenannte amerikanische Form (stark verkleinert).

Da man danach trachten muß, alle Pflanzen, welche man sammelt, dem Herbarium möglichst so vollständig einzuverleiben, daß man sich daraus ein vollkommenes oder nahezu vollkommenes Bild der betreffenden Pflanze machen kann, so empfiehlt es sich, ein Abschneiden blühender Zweige nur bei Holzgewächsen vorzunehmen; in diesem Falle trennt man jene mit einem kurzen, schiefen Schnitt von den Zweigen. Bei Krautgewächsen hingegen empfiehlt es sich, wenn die Exemplare nicht gar zu groß sind, diese möglichst mit der Wurzel zu sammeln; denn oft ist das Vorhandensein der Wurzel zum Bestimmen der Pflanzen unerläßlich. Häufig, wenigstens aus lockerem Erdreich, kann man die ganze Pflanze mit einem geschickten Griffe unversehrt ausreißen. Ist das Erdreich hart oder die Wurzel leicht zerbrechlich, oder hat man Zwiebelgewächse vor sich, so bedarf man des Spatens oder Pflanzenstechers (Abb. 1), mit welchem man vorsichtig das Erdreich in kleinem Umkreis um die Pflanze herum absticht; man kann jene dann leicht ausheben und den Wurzelstock von der noch anhängenden Erde befreien. Sogenannte Botanisierstöcke, an welche sich ein Spaten anschrauben läßt, sind, sofern sie sehr solid gearbeitet sind, auch verwendbar, meist aber nicht praktisch. Das Mitnehmen eines Krückstockes empfiehlt sich jedoch, um Zweige herabzubiegen oder Wasserpflanzen damit heranholen zu können. Zu letzterem Zwecke eignet sich noch besser ein an einer Schnur befestigter großer, möglichst vierspitziger Angelhaken.

Zum Unterbringen und Heimschaffen der gesammelten Pflanzen gibt es zwei verschiedene Methoden. Einige ziehen den Transport in der Botanisiertrommel, andere in der Gitterpresse vor. Verwendet man die erstere, so legt man die Pflanzen nebeneinander in die Trommel oder sondert sie, wenn man eine Trommel mit zwei Fächern verwendet, derart, daß man in das eine sperrige und dornige Gewächse, auch wohl die Wasserpflanzen legt, in das andere die Krautgewächse. Die Verwendung der Trommel hat jedoch viele Übelstände. Ist sie nicht ganz angefüllt, so beschädigen sich die Pflanzen gegenseitig beim Tragen durch die schüttelnde Bewegung. Ist an einigen Wurzeln Erde hängen geblieben, was meist nicht zu vermeiden ist, so werden dadurch die Blüten anderer Pflanzen,

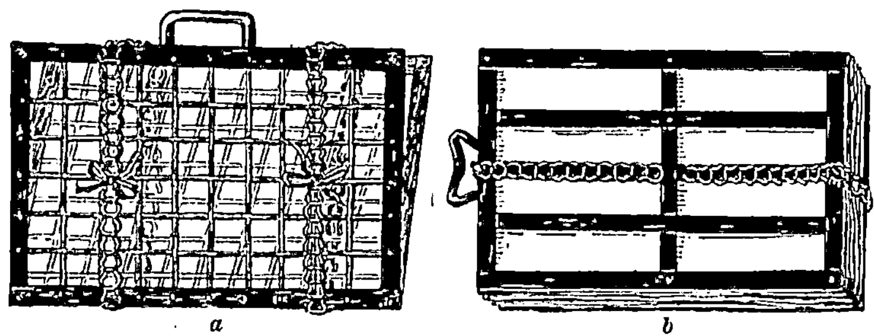

Abb. 2. Pflanzenpressen, *a* nach Auerswald, *b* nach K. W. Müller (stark verkleinert).

namentlich wenn sie nicht ganz trocken sind, beschmutzt; Kronblätter fallen leicht aus; auch dürfen die Pflanzen in der Trommel nicht welken, weil sie zu Hause auseinander gesucht werden müssen. Endlich lassen sich die weiter unten zu beschreibenden Zettel mit der Standortsbezeichnung schlechter daran befestigen, fallen leicht wieder ab, kommen dann durcheinander und werden auch wohl durch Feuchtigkeit unleserlich. Manche dieser Nachteile lassen sich allerdings dadurch vermeiden, daß man die von jeder Pflanzenart gesammelten Exemplare jedesmal für sich vorsichtig in Papier einschlägt; sehr bald wird dann aber auch die größte Botanisiertrommel mit einer an Zahl verhältnismäßig nur geringfügigen -Ausbeute vollständig gefüllt sein.

Ganz anders ist dies bei der Verwendung der Gitterpresse als Sammelmappe, welche in jeder Hinsicht der Botanisiertrommel vorzuziehen ist. Diese Gitterpressen (Abb. 2) lassen sich bequem auf der Wanderung mitführen und können am Handgriffe getragen oder an einem Riemen umgehängt oder bei großen Fußreisen auf den Rücken geschnallt werden. Es existieren zwei Formen dieser Pressen im Handel. Die ältere Form nach Auerswald (Abb. 2 *a*) trägt einen Griff an der Langseite und besitzt vier Ketten zum Verschluß. Eine neuere Form, die Patentpflanzenpresse von K. W. Müller (Abb. 2 *b*) hat den Handgriff an der Schmalseite, bedarf nur zweier Ketten, und ihre Gitterplatten werden durch Federkraft zusammengedrückt. Auch für längere Botanisierwanderungen bestimmte Pflanzentornister sind im Handel. Bedient man sich der Gitterpresse zum Einsammeln, so füllt man sie zu Hause mit einer entsprechenden Anzahl von Paketen aus je drei Bogen grauen Fließpapiers (Pflanzenpapier), welches zu diesem Zwecke nicht gerade ganz trocken zu sein braucht, aber auch nicht feucht sein soll. Außerdem versieht man sich mit einer Anzahl kleiner Zettel von Visitenkartengröße, in welche man zwei Schnitte in nachstehend angedeuteter Weise macht (Abb. 3).

Auf diese schreibt man unterwegs mit Bleistift den Standort und etwaige sonstige Notizen, welche bei dem zu Hause vorzunehmenden

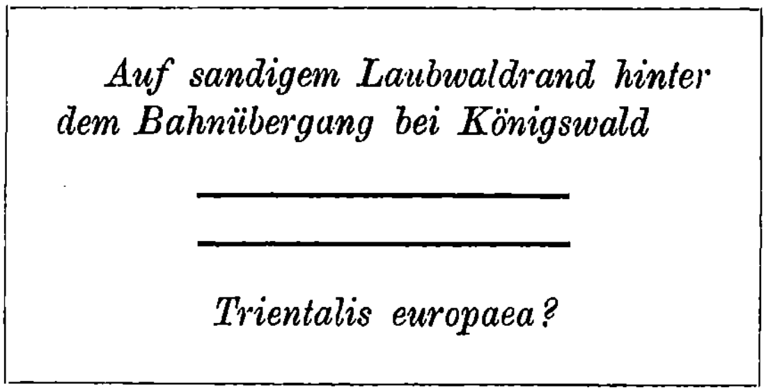

Auf sandigem Laubwaldrand hinter
dem Bahnübergang bei Königswald

———————

Trientalis europaea?

Abb. 3. Pflanzenzettel zur Aufzeichnung des Standortes.

Bestimmen eine Erleichterung bieten können. Nennt ein erfahrener Begleiter schon unterwegs den Namen der Pflanze, so wird man auch diesen darauf notieren, wird ihn zu Hause jedoch lediglich zur Bestätigung des durch Bestimmen gefundenen Resultates benutzen. Die Zettel befestigt man an dem Stengel oder an einem Blatt, indem man sie mit Hilfe der beiden Einschnitte spangenförmig darüber schiebt. Die gefundenen Pflanzen legt man nun unterwegs zwischen die Fließpapierpakete, braucht dabei jedoch nicht so genau auf ihre Lage zu achten wie später, wenn man sie zu Hause zum Trocknen in die Presse legt. Es empfiehlt sich, von jeder Pflanze mehrere Exemplare mitzunehmen oder zum mindesten einem schönen Herbarexemplar mehrere Blüten noch lose beizulegen, da man von wenigblütigen Gewächsen leicht sämtliche Blüten zum Bestimmen allein verbraucht. Das Einsammeln mit Zwischenlagen von Fließpapier in der Gitterpresse, an deren Stelle man in gleicher Weise eine Mappe mit Deckel und drei Klappen aus Pappe oder Leder verwenden kann, hat den Vorteil, daß die Pflanzen auf dem Transport sich gegenseitig nicht beschädigen, daß kleine Pflanzen beim Aussuchen der Sammelschätze nicht übersehen werden können, daß die Exemplare derselben Art beisammen liegen bleiben, wie sie hineingelegt worden sind, daß die Standortsbezeichnungen nicht abfallen und durcheinander kommen können und daß endlich die Pflanzen zu Hause etwas abgewelkt und gleichzeitig auf einer Ebene ausgebreitet ankommen, so daß das endgültige Einlegen in die Presse viel leichter zu bewerkstelligen ist, als wenn die Pflanzen durch die Spannung ihrer Gewebe dem platten Ausbreiten zwischen die zum Pressen bestimmten Fließpapierlagen Widerstand entgegensetzen. Voraussetzung ist dabei, daß das Bestimmen alsbald nach der Ankunft zu Hause vorgenommen wird, während man in der Trommel gesammelte Pflanzen allenfalls einen Tag oder sogar länger in einer Umhüllung von feuchtem Fließpapier im Keller aufbewahren kann.

Für das Einsammeln von Pflanzen beachte man noch folgende Winke: Man hüte sich davor, anfangs gar zu viel zu sammeln. Exemplare von zwanzig verschiedenen Pflanzen, die man im Anfang ja schnell beisammen haben wird, dürften reichlich genug sein, wenn das Bestimmen aller mit Sorgfalt durchgeführt werden soll. Später, wenn man die am häufigsten vorkommenden Gewächse dem Herbarium einverleibt hat, wird man gut tun, sich an weniger betretene Wege zu halten, Feldraine, Laubwälder und Gebüsche abzustreifen, Waldblößen aufzusuchen und namentlich den Läufen kleinerer Gewässer zu folgen.

Die Botanisiergänge unternehme man nicht in der Tageszeit der größten Hitze, auch nicht unmittelbar nach Regen. Möglichst wähle man dazu die Morgenstunden, doch ist auch der spätere Nachmittag dazu geeignet. Sind die Pflanzen naß, so verlieren sie beim Transport leicht die Kronblätter und behalten beim Trocknen nicht die natürliche Farbe, sondern werden dunkel, ja sogar schwarz.

Man wähle, wo es angängig ist, Exemplare in verschiedenen Entwicklungsstadien aus, da häufig das Vorhandensein von Früchten oder wenigstens abgeblühten Blumen zum Bestimmen unerläßlich ist. Namentlich gilt dieses für Cruciferen und Umbelliferen, bei denen jedoch meist alle Entwicklungsstadien an ein und demselben Exemplar leicht zu finden sind.

Jedenfalls aber mache man es sich zur Aufgabe, nur Pflanzen in voller Blüte zu sammeln, auch Farne nur mit Sporenhäufchen, da Gewächse ohne Blüten (Farne ohne Sporenhäufchen) für das Studium wertlos sind. Bei Pflanzen mit getrenntgeschlechtigen Blüten versäume man nicht, nach den Blüten beiderlei Geschlechts zunächst an demselben Exemplar (meist Bäumen oder Sträuchern) zu suchen (Monöcie!) und, falls dies erfolglos ist, falls also zweihäusige (diöcische) Pflanzen vorliegen, sich in der Nähe nach Exemplaren des anderen Geschlechts umzusehen. Derartige Notizen versäume man nicht auf dem Standortszettel anzubringen.

Benutzt man zum Einsammeln die Trommel, so lege man ganz kleine Pflanzen in das Notizbuch oder in die etwa mitgenommene Taschenflora. Das Mitnehmen der letzteren hat jedoch, wenigstens für den Anfänger, meist nicht den davon erhofften Vorteil.

Bestimmen der Pflanzen.

Das Bestimmen der Pflanzen nehme man, wie bereits erwähnt, alsbald nach der Ankunft zu Hause vor. Erfährt es einen Aufschub von auch nur einer Stunde, so versäume man wenigstens nicht, die Pflanzen samt der Presse oder Mappe inzwischen in den Keller zu legen. Hat man mit der Trommel botanisiert, so nehme man die Pflanzen aus dieser heraus und bringe sie, mit einer Hülle feuchten Fließpapiers umgeben, gleichfalls in den Keller.

In letzterem Falle muß man vor dem Bestimmen das Gesammelte sortieren und die Exemplare jeder Art in einzelnen Häufchen auf dem Tische ausbreiten. In ersterem Falle legt man die Presse oder Mappe aufgeschlagen neben sich und braucht darin nur wie in einem Buche weiterzublättern.

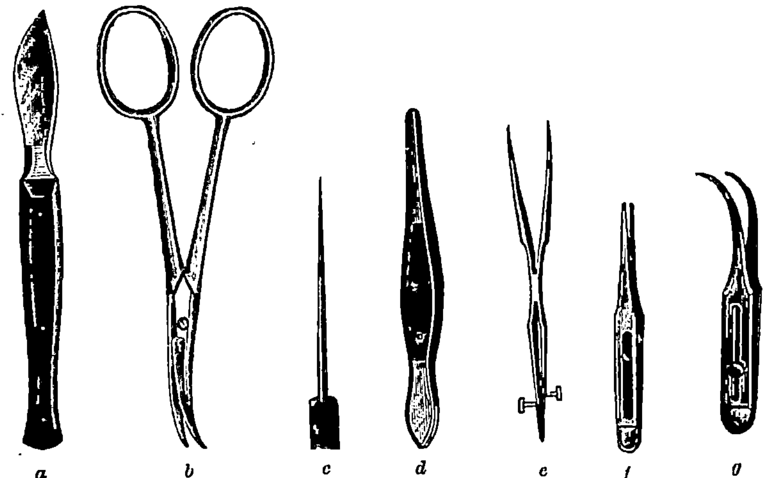

a   *b*   *c*   *d*   *e*   *f*   *g*

Abb. 4. Verschiedene Geräte zum Zerlegen der Pflanzen, *a* Skalpell, *b* krumme Schere, *c* Nadel, *d—g* verschiedene Formen von Pinzetten (verkleinert).

Beim Pflanzenbestimmen hat man eine Anzahl Geräte nötig, welche namentlich zum Zerlegen der Blüten mehr oder weniger wichtig sind. Es gehören dazu:

1. ein Skalpell zum Anfertigen von Schnitten durch die Fruchtknoten usw. (Abb. 4 *a*);
2. eine Schere zum Aufschneiden von Blütenhüllen, Abtrennen von Staubgefäßen usw. (Abb. 4 *b*);
3. einige Nadeln zum Sondieren (Abb. 4 *c*);
4. zwei Pinzetten beliebiger Form zum Auszupfen der Blumenblätter, Festhalten einzelner Blütenteile usw. (Abb. 4 *d—g*);
5. eine Lupe zur Besichtigung kleiner Pflanzenteile unter Vergrößerung. — Ausgezeichnete Dienste beim Bestimmen der Pflanzen, resp. beim Untersuchen kleiner oder kompliziert gebauter Blüten, leisten die sogen. Präpariermikroskope

(Abb. 5), deren Handhabung sehr einfach ist und hier nicht beschrieben zu werden braucht. Es sei jedoch hervorgehoben, daß ein solches Präpariermikroskop zum Bestimmen der Pflanzen nicht unbedingt notwendig ist!

Die unter 1—4 aufgeführten Apparate sind meist zu sogenannten botanischen Bestecken vereinigt im Handel käuflich (Abb. 6). Es ist jedoch zu empfehlen, vielleicht gleich ein nur wenig teureres sog. Mikroskopier-Besteck (vgl. später) zu erwerben, da in einem solchen sämtliche zu botanischen Arbeiten überhaupt notwendigen Werkzeuge vereinigt sind. Man hüte sich auf alle Fälle davor, ein zu billiges Besteck zu kaufen, da die darin enthaltenen Apparate meist minderwertig sind und häufig dem Anfänger durch ständiges Zerbrechen die Freude am Arbeiten nehmen. In der Handhabung derselben muß man sich eine gewisse Fertigkeit aneignen.

Unter den zahlreichen Büchern zum Bestimmen der Pflanzen wähle man dasjenige aus, welches einem am besten zusagt oder von einem erfahrenen Fachgenossen empfohlen wird. Entweder wähle man eine der Spezialfloren, welche dadurch, daß sie nur die Pflanzen

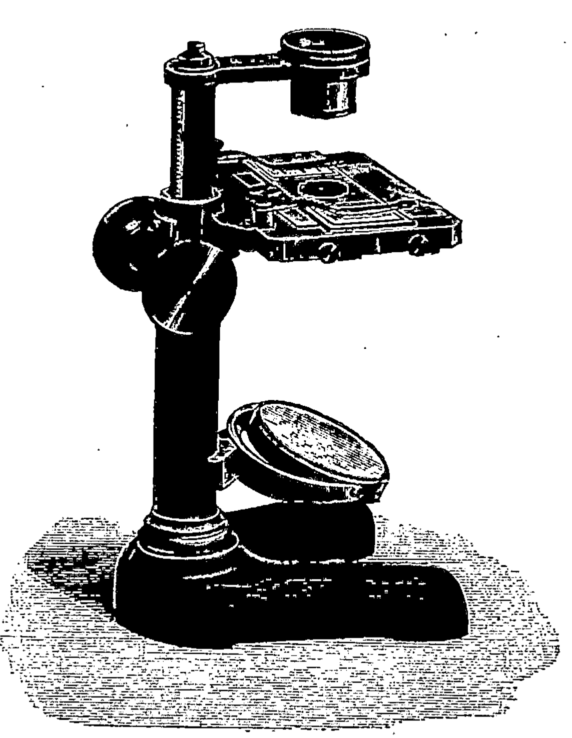

Abb. 5. Präpariermikroskop zum Bestimmen der Pflanzen, von E. Leitz, Wetzlar.

des betreffenden Gebietes berücksichtigen, das Auffinden unter der geringeren Anzahl von Pflanzen erleichtern, oder man arbeite sich gleich von vornherein in eine der Floren von Deutschland ein, welche den Vorteil bieten, daß man eine größere Anzahl von Gattungen und Arten gleich von vornherein nebenher kennen lernt. Die bekannteste unter diesen, welche Nord- und Süddeutschland zugleich berücksichtigt, ist diejenige von A. Garcke; daneben die Floren für Deutschland von O. Wünsche (herausgegeben von Abromeit), Schmeil und Fitschen. Thomé's Illustrierte Flora von Deutschland, sowie die Illustrierte Flora von Mitteleuropa von Hegi sind teure, aber durch schöne farbige Tafeln geschmückte Bücher; noch umfangreicher ist die

Synopsis der Mitteleuropäischen Flora von Ascherson und Graebner. Für das schweizerische Gebiet ist neben der kleinen das gesamte Alpengebiet umfassenden Flora von O. Wünsche und dem Atlas der Alpenflora von Dalla Torre besonders die „Flora der Schweiz" von H. Schinz und R. Keller empfehlenswert. Auch leistet für das Erkennen der häufigsten Alpenpflanzen das kleine Tafelwerk von Schröter „Taschenflora des Alpenwanderers" gute Dienste.

Von Spezialfloren sind folgende zu nennen: Nord - und Mitteldeutschland: Potonié (mit Abbildungsatlas); Preußen: Rheinprovinz: Wirtgen; Hessen-Nassau: Wigand-Meigen; West-

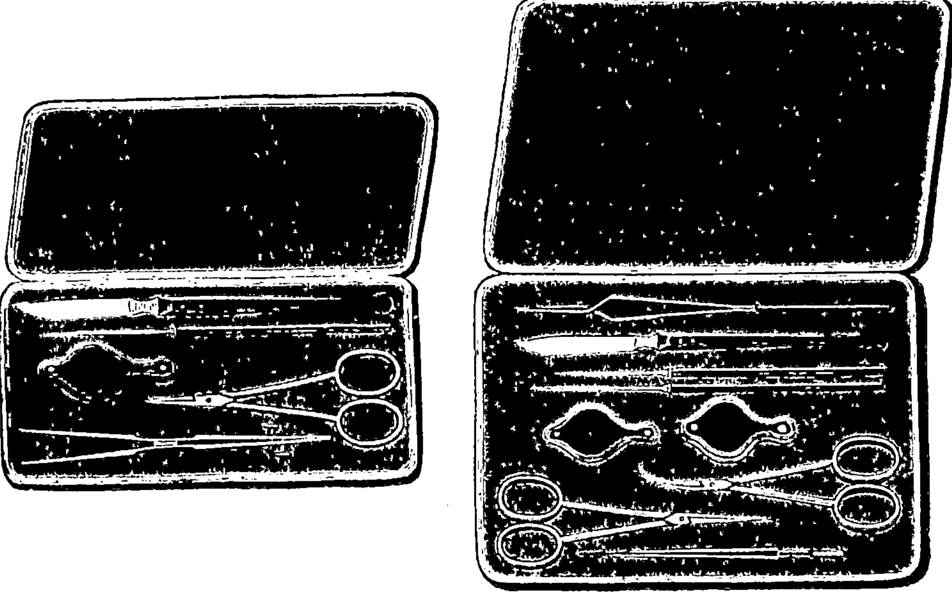

Abb. 6. Botanische Bestecke zum Bestimmen der Pflanzen (⅓ natürl. Größe).

falen: A. Karsch, Beckhaus; Nordwestdeutsche Tiefebene: Fr. Buchenau; Nord-Ostdeutschland: Ascherson und Graebner, zwei verschiedene Ausgaben; Prov. Sachsen: Schneider; Schlesien: Wimmer, E. Fiek; Pommern: Th. Fr. Marsson, Müller; Mark Brandenburg: P. Ascherson; Prov. Preußen: C. J. v. Klinggraeff, Abromeit; Schleswig-Holstein: P. Knuth, P. Prahl; Thüringen: H. Vogel, H. Ilse, Bogenhard, G. Lutze, R. Schönheit; Harz: W. Reinecke, Bertram; Karpathen: Sagorski und Schneider; Riesen- und Isergebirge: W. Winkler; Bayern: Sendtner, Vollmann, K. Prantl; Sachsen: O. Wünsche; Württemberg: Martens und Kemmler, J. Daiber, O. Kirchner; Baden: Döll, M. Seubert-Klein; Mecklenburg: E. Boll, Ernst H. L. Krause; Oldenburg: A. Meyer; Hessen: Dosch und Scriba; Braunschweig: W. Bertram; Hamburg: O. Sonder, C. Nöldeke; Lüneburg-Lauenburg; C. Nöldeke;

Bremen: Fr. Buchenau; Lübeck: Haecker; Nordseeinseln: Buchenau; Elsaß-Lothringen: H. Waldner.

Abbildungswerke, wie z. B. Schlechtendal-Halliers Flora von Deutschland, Sturms Flora von Deutschland, 2. Aufl. etc., benutze man nur zur Bestätigung des beim Bestimmen gefundenen Resultates, hüte sich aber davor, in solchen Werken die passende Abbildung, mit welcher man das zu bestimmende Exemplar für übereinstimmend hält, aufzusuchen und den darunter gefundenen Namen für den richtigen zu halten; besonders bei dem an zweiter Stelle genannten Werke sei vor der oft ungeheuerlichen Nomenklatur gewarnt.

Wie man Pflanzen zu bestimmen hat, läßt sich nicht beschreiben. Es ergibt sich dies bei Benutzung der Floren von selbst. Diese stellen stets Fragen, von denen zwei oder mehrere einander gegenüberstehen, z. B. ob die Blüten zwitterig oder eingeschlechtig, ob das Perigon fünfblättrig oder fehlend, verwachsenblättrig oder freiblättrig ist, ob vier oder fünf Staubgefäße vorhanden, ob die Laubblätter ganzrandig oder gezähnt sind usw.

Durch fortgesetzte Beantwortung dieser Fragen, welche man, wenn nötig, unter Zuhilfenahme der Lupe, sowie von Nadeln, Pinzette, Messer und Schere löst, findet man Familie, Gattung und zuletzt die Art, welcher die betreffende Pflanze angehört. Dabei verfahre man genau und gewissenhaft. Denn man soll die Charaktereigentümlichkeiten der Gattung und Art zum Zwecke des Bestimmens nicht allein erkennen, sondern sie sich auch einprägen, um den erforderlichen Nutzen davon zu haben.

Den gefundenen Namen gibt man, wenn man überzeugt ist, daß er richtig ist, nebst Familie (und Linnéscher Klasse) auf dem oben erwähnten Standortzettel, oder, wenn nötig, auf einem neuen Zettel von gleicher Gestalt an und heftet ihn an die Pflanze; diese wird nun durch Trocknen zum Einlegen in das Herbarium vorbereitet.

Pressen der Pflanzen.

Trocknen, Präparieren.

Was man unter Pressen der Pflanzen versteht, heißt zutreffender: Trocknen unter gelindem Druck, um die Verlegung aller Teile in eine Ebene zu bewirken. Es gilt hierbei, der Pflanze eine möglichst natürliche Lage zu geben und ihre Farben so gut als möglich zu erhalten.

Man nimmt graues Fließpapier, welches möglichst weich ist, und trocknet es in Paketen zu je drei oder mehr Bogen an der Sonne oder im Trockenschrank gut aus. Nachdem dies geschehen, nimmt man zuerst einige dieser Pakete übereinander und legt auf das oberste eine der gesammelten und bestimmten Pflanzen. Ist die Pflanze sehr lang, so zerschneidet man sie entweder in Stücke von etwa Dreiviertel der Höhe eines Foliobogens und preßt diese nebeneinander, um sie später in der Reihenfolge, daß links der Wurzelteil, rechts die Spitze und in die Mitte etwaige Zwischenteile zu liegen kommen

(Abb. 7 *a*), einzukleben, oder man knickt den Stengel einige Male um, was übrigens weniger zu empfehlen und höchstens bei unbeblätterten Stengeln anzuwenden ist (Abb. 7 *b*).

Die Pflanzen in die geeignete Lage zu bringen, hält meistens nicht schwer, wenn sie in der Gitterpresse gesammelt waren und ihre Gewebe nicht mehr so prall und widerstandsfähig sind, wie im frischen Zustande. Blattwirtel drückt man mit der Fingerspitze flach, ebenso die Blüten, von denen es sich empfiehlt, einige in Seitenansicht, einige in Vorderansicht zu bringen. Ist die Pflanze in geeigneter Lage ausgebreitet und ist möglichst dafür gesorgt, daß Blätter und Blüten nicht aufeinander liegen, auch Stengel und Zweige sich nicht kreuzen, so legt man ein neues Papierpaket auf und fährt so fort, bis alle Pflanzen (jede unter Beifügung des dazu gehörigen

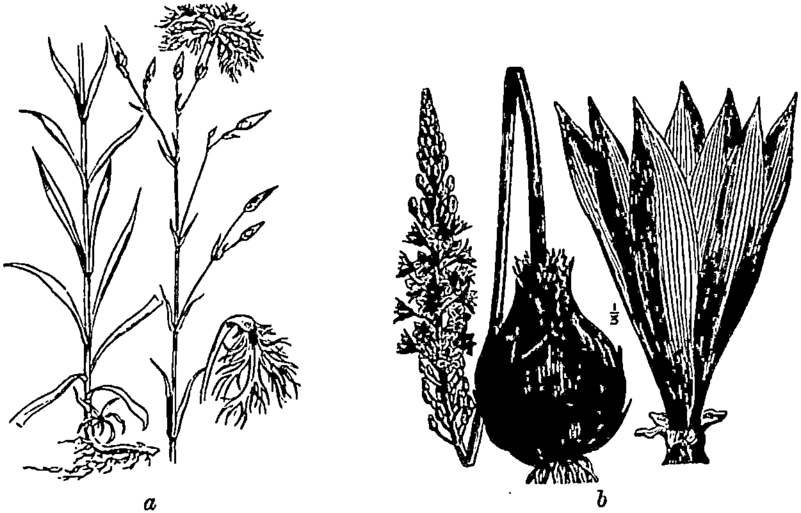

Abb. 7. Beispiel für das Einlegen von Pflanzen, *a* mit zerschnittenem, *b* mit geknicktem Stengel.

Zettels) untergebracht sind; dann schließt man wieder mit zwei oder drei Paketen ab und beginnt mit dem Trocknen. Pflanzen, welche dem Glattlegen großen Widerstand entgegensetzen, ordne man in der angedeuteten Weise erst, nachdem sie einen Tag lang in der Presse gelegen haben, mithin etwas abgewelkt sind. Sehr zarte Pflanzen aber, z. B. jüngere Farnblätter, und solche mit feinen Fliederblättchen müssen im Gegensatz hierzu so früh wie möglich in die richtige Lage gebracht werden, da dies sonst die größten Schwierigkeiten verursacht.

Zum eigentlichen Trocknen stehen abermals verschiedene Wege offen. Meist bringt man das ganze Paket in die Gitterpresse und hängt diese, sofern die Luft im Freien nicht außergewöhnlich feucht ist, an das offene Fenster oder sonst an einen zugigen Ort. Hat man sehr viele Pflanzen zu trocknen oder benötigt man inzwischen der

Gitterpresse zum abermaligen Botanisieren, so ist es zweckmäßig, falls keine zweite Gitterpresse zur Verfügung steht, einige Bretter vorrätig zu halten, welche die Größe der Fließpapierbogen ringsum um 1 bis 2 cm übertreffen. In je zwei derselben bringt man dann Pflanzenpakete in entsprechender Dicke und schnürt sie mit Hilfe von Lederriemen (Plaidriemen) zusammen oder man umschnürt sie kreuzweise mit starkem Bindfaden. Mit diesen Paketen verfährt man wie sonst mit der Gitterpresse. Schraubenpressen zu verwenden ist nicht vorteilhaft, weil, abgesehen von ihrer Unhandlichkeit, leicht zu stark gepreßt und die Luftzirkulation dadurch beeinträchtigt wird.

Die zweite, meist schneller zum Ziel führende Methode des Pflanzentrocknens ist das Verbringen der Mappen über den geheizten Küchenherd oder in die „Bratröhre", am besten jedoch, wenn ein solcher zur Verfügung steht, in einen Trockenschrank, und zwar kann dazu entweder der geheizte oder aber der mit wasserentziehenden Mitteln, namentlich Ätzkalk, beschickte Trockenschrank Verwendung finden.

Man mag trocknen wie man will, jedenfalls ist tägliches Umlegen in frisch getrocknetes, wenn möglich noch warmes Papier geboten. Am vierten oder fünften Tage pflegt dann das Verfahren, wenn nicht gerade besonders ungünstige Trockenverhältnisse vorliegen, beendet zu sein. Zur Feststellung dieses Zeitpunktes bedient man sich des Gefühls, indem die Pflanzen, mit dem Rücken der Hand in Berührung gebracht, sich nicht mehr kalt anfühlen dürfen. Gänzlich trockene Pflanzen biegen sich auch nicht.

Das empfehlenswerteste Trockenverfahren ist jedoch das folgende: Man legt die frisch gesammelten Pflanzen je in einen Bogen Fließpapier, indem man den Stengeln, Blättern, Blüten gleich die gewünschte Lagerung erteilt. Diesen Fließpapierbogen bringt man nun zwischen je zwei vollständig trockene Pakete von nicht zu starker Pappe, bis die Mappe eine bestimmte Dicke erreicht hat, die sie nicht überschreiten sollte. Am folgenden Tage werden die Pappepakete ausgewechselt, d. h. man bringt an die Stelle der feucht gewordenen solche, die „strohtrocken" sind, die am besten über dem Feuer getrocknet wurden und noch warm sein dürfen. Dieses Verfahren hat den großen Vorzug, daß die Pflanzen selbst nicht umgelegt zu werden brauchen, was ziemlich zeitraubend ist und den Pflanzen auch meist nicht zum Vorteil gereicht. Man wird durch dieses einfachere Verfahren in den meisten Fällen ein sehr gutes Resultat erhalten.

Für besondere Fälle merke man, daß man sehr dicke Pflanzenteile halbiert oder von ihnen hinten so viel wegnimmt, als ohne Beeinträchtigung der Vorderansicht möglich ist; so bei dicken Stengeln, Wurzeln, Rhizomen, Knollen, Zwiebeln, Kompositenblütenköpfchen usw. Wenn dabei klebriger Saft auf der Schnittfläche austritt, so bedeckt man diese mit Wachspapier, um das Ankleben am Fließpapier zu verhindern.

Sehr widerstandsfähige Pflanzen, namentlich Sedum-Arten, müssen vor dem Pressen durch Eintauchen in siedendes Wasser oder indem man sie zwischen mehreren Lagen Fließpapier mit einem heißen Plätt-

eisen überfährt, abgetötet werden, weil sie sonst in der Presse weiter-
wachsen.

Ein sehr gutes Verfahren, dicke, widerstandsfähige Pflanzen rasch
zu trocknen, ist das folgende. Man legt die Pflanzen zwischen mehreren
Lagen von Fließpapier auf den Fußboden und tritt auf das Paket
mehrere Male fest, aber elastisch, mit dem beschuhten Fuße auf. Dadurch entstehen in der Oberhaut der Fettpflanzen mikroskopische,
dem unbewaffneten Auge unsichtbare oder kaum sichtbare Sprünge,
durch welche das in der Pflanze massenhaft festgehaltene Wasser beim
ferneren normalen Pressen rasch entweicht.

Papaveraceenblüten und andere sehr zarte Blüten, wie z. B. diejenigen der Convolvulaceen, müssen zwischen glatt satiniertem Papier
anstatt zwischen Fließpapier getrocknet werden, da die Blumenblätter
sonst leicht ausfallen oder am Löschpapier kleben bleiben. Man
nimmt entweder für die betreffende Pflanze je einen ganzen Bogen
Konzeptpapier oder legt kleine Stückchen davon unter und auf die
einzelnen Blüten. Pflanzen, welche beim Trocknen leicht schwarz
werden, wie z. B. Melampyrum- und Centaurea-Arten sowie Orchidaceen, werden vor dem Pressen geschwefelt, indem man nach ca.
eintägigem Trocknen Schwefeldämpfe in einem fest geschlossenen
Raum, ev. einer Kiste, ca. eine Stunde lang darauf einwirken lässt.
Die hierauf zunächst verschwundenen Farben stellen sich nach mehr-
tägigem Trocknen in ursprünglicher Frische wieder ein.

Tritt während des Pressens Schimmelbildung an den Pflanzen ein,
was jedoch bei regelmäßigem Umlegen und Verwendung ganz trockenen
Papiers nicht geschehen sollte, so bepinselt man die Pflanzen mit
einer 1%igen spirituösen Sublimatlösung, welcher 5% Glyzerin zugesetzt ist.

Ordnen und Aufbewahren der Pflanzen.

Die völlig getrockneten Pflanzen werden zum Aufbewahren im
Herbarium fertig gemacht, indem man sie mit möglichst schmalen,
weißen oder farbigen, gummierten Papierstreifen auf der inneren Seite
eines Foliobogens befestigt. Man verwende nicht einfache Blätter
(halbe Bogen), da sonst die trockenen, mehr oder weniger spröden
Pflanzen keinen Schutz haben und leicht beschädigt werden. Zum
Aufkleben gummiere man Papier im voraus, indem man es mit
Gummilösung (stärker als Mucilago) bestreicht, welcher einige Prozent
Sirupus simplex zugesetzt sind; die Streifen schneide man jedoch
erst bei Bedarf. An den Fuß des Blattes, auf welchem die Pflanze
befestigt ist, schreibe man nach nochmaligem Vergleich mit den Angaben der zum Bestimmen benutzten Flora den lateinischen und
deutschen Namen, Klasse und Ordnung nach Linné, natürliche Familie und, wenn nötig, auch Unterfamilie, den Fundort, von welchem
die Pflanze entnommen ist, Standortsbeschaffenheit und Fundzeit. Zu
diesem Zwecke sind auch Etiketten im Handel, welche diese Angaben
für die am häufigsten vorkommenden Pflanzen aufgedruckt tragen.
Solche sind von Emil Fischer in Oskar Leiners Verlag erschienen;

Abb. 8. Beispiel für die Ausstattung eines Herbariumbogens.

da eine große Anzahl von Etiketten jedoch dennoch geschrieben werden muß, so erreicht man auch durch jene nicht das gleichmäßige Aussehen, das man vielleicht wünscht. Um das Ordnen zu erleichtern, empfiehlt es sich, am besten oben in der Ecke die Familie und in der anderen Ecke die Linnésche Klasse und Ordnung zu wiederholen. Ein solches Blatt würde dann wie Abb. 8 aussehen.

Befindet sich ein Herbarium noch in den ersten Anfängen, so ist es zweckmäßig, dasselbe vorläufig nach Linné zu ordnen. Hat man jedoch erst einige Hundert Pflanzen beisammen, so muß man daran gehen seine Schätze nach einem natürlichen System einzureihen. Hierzu ist es erforderlich, sich stets nur eines und desselben Buches zu bedienen; man wähle dazu möglichst sogleich eine der umfangreicheren Floren, nicht eine Spezialflora.

Beim Einreihen der Pflanzen bringe man zunächst die Arten einer Gattung zusammen in einen Gattungsbogen, welcher von demselben (Konzept-)Papier sein kann, wie die Art-Bogen. Als Familienbogen hingegen wähle man ein anderes Papier, entweder blaue Aktendeckel oder Packpapier. Man bezeichne Gattungs- und Familienbogen auf der Außenseite entsprechend und bringe die letzteren mit ihrem Inhalte dann in die dafür bestimmten Mappen unter. Am geeignetsten ist es, Mappen zu verwenden, welche aus zwei mit Band durchzogenen Pappdeckeln bestehen, so daß ihr Umfang sich beliebig erweitern und verengern läßt. Auch Pflanzenalbums zum Einkleben der gepreßten Pflanzen existieren im Handel, sind aber absolut nicht zu empfehlen.

Die gesammelten Pflanzen können nun ihre Bestimmung, fortgesetzt zu Anschauungszwecken zu dienen, erfüllen, und sie tun dies am erfolgreichsten, wenn man sie recht häufig einer Durchsicht unterzieht. Dabei schützt man das Herbarium auch am sichersten vor seinen Feinden: den Schimmelpilzen und einigen Insekten, wie dem Kräuterdieb, dem Brotbohrer und der Staublaus. Schimmelpilze beseitigt man, wie oben bereits erwähnt, durch Bepinseln mit Sublimatlösung; da das Auftauchen jener ein Zeichen von Feuchtigkeit ist, so empfiehlt es sich, die ganze Mappe mit ihrem Inhalt in solchem Falle im Trockenschrank nachzutrocknen. Tiere aller Art, welche in Pflanzensammlungen auftauchen, tötet man am zuverlässigsten, indem man die betreffende Mappe mit ihrem Inhalt in eine Kiste bringt, in welcher ein Schälchen mit Schwefelkohlenstoff (feuergefährlich!) aufgestellt ist. Man beläßt die Pflanzen einige Tage in der gut verschlossenen Kiste. Will man den Schwefelkohlenstoff geruchlos machen, so schüttelt man ihn vor der Anwendung mit 1 %iger Sublimatlösung oder mit Bleisuperoxyd. Seine Wirksamkeit wird durch beide Mittel nicht beeinträchtigt.

Studium der Pflanzenanatomie.

Das Studium der Pflanzenanatomie muß in der Hauptsache der späteren Ausbildung des Pharmazeuten an der Hochschule oder an der Universität vorbehalten bleiben. Mit dem Gebrauch des Mikroskops aber sollte man sich bereits während der Lehrzeit einigermaßen vertraut machen, um einen Einblick in die anatomischen Strukturverhältnisse der Pflanzen ganz im allgemeinen und die zum Verständnis derselben nötige Fühlung zwischen den Beschreibungen der Lehrbücher und der praktischen Anschauung zu gewinnen.

Von diesem Gesichtspunkte allein ist die nachstehende kurze Anleitung zum Gebrauche des Mikroskops, zur Herstellung mikroskopischer Schnitte und zur Behandlung mikroskopischer Präparate zu betrachten. Zur gedeihlichen Inangriffnahme des pflanzenanatomischen Studiums wird die persönliche Anleitung eines erfahrenen Hochschullehrers stets unbedingt erforderlich sein.

Gebrauch des Mikroskops.

Während die Lupe (auch e i n f a c h e s Mikroskop genannt) von dem durch sie betrachteten Gegenstande ein Bild entwirft, welches in gleicher Lage des Gegenstandes, aber vergrößert, vom Auge empfunden wird (scheinbares, virtuelles Bild), entwirft die dem Objekt zugekehrte Linse (Objektiv, Abb. 9 *Ob*) des z u s a m m e n g e s e t z t e n Mikroskops ein verkehrtes und vergrößertes reelles Bild, welches durch die dem Auge zugewendete Linse (Okular, Abb. 9 *Oc*) wie durch eine Lupe betrachtet wird und infolgedessen nochmals vergrößert als scheinbares (virtuelles) Bild eines umgekehrten reellen Bildes sich darstellt. (Näheres hierüber vgl. im physikalischen Teil der „Schule der Pharmazie".) A l l e B i l d e r e r s c h e i n e n u n t e r d e m z u s a m m e n g e s e t z t e n M i k r o s k o p d a h e r v e r k e h r t, d. h. rechts und links, vorne und hinten ist vertauscht; das Präparieren eines Gegenstandes unter dem zusammengesetzten Mikroskop ist deshalb selbst bei Anwendung der allerschwächsten Vergrößerungen anfangs ganz unmöglich und läßt sich erst nach langer Übung erlernen. Ist ein Präparieren erforderlich, so bedient man sich einer feststehenden Lupe (sog. Präparier-Mikroskop, Abb. 5).

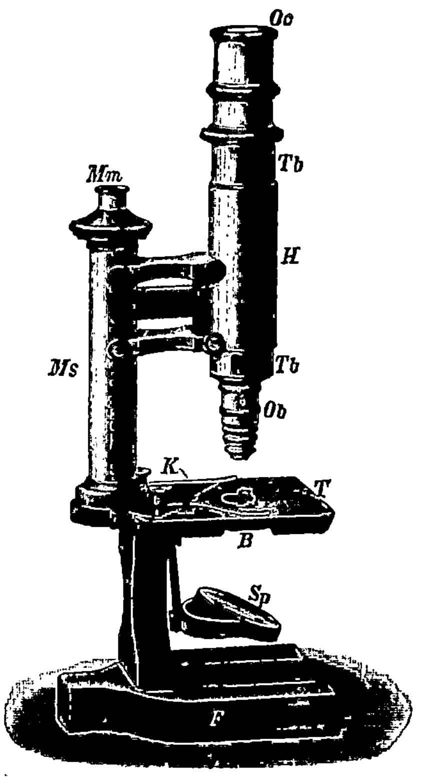

Abb. 9. Mikroskop, *F* Fuß, *T* Objekttisch, *C* Objekttischöffnung, *B* Blende, *Sp* Spiegel, *K* Klemmen, *Ms* Mikroskopsäule, *Mm* Mikrometerschraube, *H* Hülse, *Tb* Tubus, *Ob* Objektiv, *Oc* Okular.

Das zusammengesetzte Mikroskop, Abb. 9, besteht aus einem feststehenden Teil, dem Stativ, und dem darin beweglichen Teil, dem Tubus oder der Mikroskopröhre mit den Linsen.

Der Fuß F pflegt bei den heutigen Mikroskopen gewöhnlich hufeisenförmig zu sein. Er trägt den Objekttisch T, in dessen Mitte sich eine Öffnung C befindet. Auf den Objekttisch wird das Objektgläschen (Objektträger) so gelegt, daß sein Objekt in der Mitte der Öffnung sich befindet, wo es durch den Spiegel Sp von unten her durchleuchtet wird. Der Spiegel ist nach allen Richtungen verstellbar, um dem Lichte zugewendet werden zu können. Planspiegel und Hohlspiegel sind meist vereinigt. Ein größerer oder geringerer Helligkeitsgrad wird durch Erweiterung oder Verengerung der Objekttischöffnung vermittelst der Blende B erzielt. Zur etwa nötigen Festhaltung des Objektträgers dienen zwei einzusetzende Klammern K.

Auf der dem Mikroskopierenden zuzuwendenden Seite des Mikroskops erhebt sich über dem Objekttisch die Mikroskopsäule Ms. In ihr befindet sich ein Triebwerk, welches die feine Einstellung des Tubus bewirkt und durch die Mikrometerschraube Mm geregelt wird. Die grobe Einstellung bewirkt man bei den meisten einfacheren Instrumenten mit der Hand, indem man in der Hülse H den Tubus Tb durch Schieben oder etwas drehendes Schieben hebt und senkt.

Um das Objektiv zu wechseln, entfernt man den Tubus anfangs stets aus der Hülse. (Nur bei komplizierteren Instrumenten, welche zu diesem Zwecke sogenannte Revolverapparate besitzen, ist dies nicht nötig, Abb. 10). Man hebt zunächst das Okular aus dem Tubus und dreht diesen dann um, indem man das Objektiv zwischen die Finger der ruhenden linken Hand nimmt und mit der rechten Hand durch drehende Bewegungen den Tubus aus dem Gewinde des Objektivs löst. Umgekehrt verfahre man nicht, auch nicht beim Einschrauben der Objektive, denn der in der linken Hand ruhende Gegenstand ist dem Herunterfallen nicht ausgesetzt; daß ein Fallen dem wertvollen und leicht zu beschädigenden Objektiv nachteiliger ist als der Mikroskopröhre, welche nur aus einem Messingzylinder besteht, liegt auf der Hand.

Will man einen auf einem Objektträger liegenden und von einem Deckgläschen bedeckten, durchsichtigen oder durchscheinenden Gegenstand betrachten, so legt man ihn auf die Mitte des Objekttisches, versieht den Tubus in angegebener Weise mit einem schwachen Objektiv und schiebt ihn unter leicht drehender Bewegung in die Hülse, jedoch nicht zu weit, hinein. Darauf faßt man mit beiden Händen an den Spiegel des Mikroskops und verschiebt ihn, während man von oben durch den Tubus blickt, so lange, bis ein schönes gleichmäßiges Licht durch die Mikroskopröhre fällt. Nun setzt man ein schwaches Okular auf und sucht, mit einem Auge durch das Okular sehend, durch leichtes Heben und Senken des Tubus mit der rechten Hand denjenigen Abstand der Objektivlinse vom Objektiv auf, welcher nötig ist, um ein deutliches Bild zu erhalten. Vermag man die Um-

risse des Bildes erst deutlich zu erkennen, so legt man die linke
Hand an die Mikrometerschraube *Mm* und sucht durch Hin- und Her-
drehen die Einstellung zu finden, welche das genaue Erkennen der
Einzelheiten im mikroskopischen Bilde ermöglicht.

Bei schwachen Vergrößerungen ist der erforderliche Abstand
zwischen Objekt und Objektiv größer, bei starken Vergrößerungen
oft außerordentlich gering, und es ist in diesen Fällen größte Vorsicht
geboten, um nicht Objekt und
Objektiv durch unvorsichtiges
Aufstoßen zu beschäftigen.

Man betrachtet das Objekt,
indem man beide Augen offen
hält und mit einem derselben,
am besten mit dem linken
(namentlich, wenn man das
Objekt auf ein danebengelegtes
Papier zeichnet), durch das
Okular in die Mikroskopröhre
sieht. Anfangs sieht man
Objekt und Umgebung gleichzeitig, aber bald gewöhnt man
sich, die Aufmerksamkeit so
auf das mikroskopische Bild
zu richten, daß das der Umgebung gar nicht mehr zum
Bewußtsein kommt. Die linke
Hand läßt man an der Mikrometerschraube liegen, um durch
mäßiges Bewegen derselben
höhere und tiefere Schichten
des Objektes in das Gesichtsfeld zu rücken. Mit der rechten
Hand bewegt man zunächst
den Objektträger hin und her,
um alle Teile des Präparates
in das Gesichtsfeld zu bekom-
men und denjenigen Punkt aus-
zusuchen, welcher für die nähere
Betrachtung ausersehen sein
soll. Um diesen festzuhalten,

Abb. 10. Mikroskop von E. Leitz-Wetzlar. Stativ Ia
mit Abbeschem Beleuchtungsapparat und Iris-
blende, 3fachem Revolver, Objekt 3, 6, 8, Okul. 1, 3;
Vergröß. 60—550.

kann man — es ist dies aber meist nicht notwendig — die
Klammern *K* auf das Objektglas drücken, ohne jedoch dabei das
Deckgläschen zu berühren.

Will man nun einen Teil des Objektes in stärkerer Vergrößerung
sehen, so stellt man diesen Punkt zunächst noch mit der schwächeren
Vergrößerung g e n a u in die Mitte des Gesichtsfeldes ein, weil bei
stärkeren Vergrößerungen das Gesichtsfeld sich verkleinert und daher
nur die vorher eingestellten, in der Mitte liegenden Partien mit
Sicherheit wieder zu finden sind.

Beim Wechseln der Objektive verfahre man genau wie oben angegeben, entferne zunächst das Okular, ziehe dann den Tubus heraus, nehme das Objektiv in die ruhende linke Hand und drehe den Tubus mit der Rechten. Dann nehme man das neue Objektiv in die Linke, schraube den Tubus in das Gewinde desselben mit der Rechten ein, bringe den Tubus vorsichtig wieder in die Mikroskophülse, setze das Okular wieder auf und verfahre beim Einstellen wie oben; nur hat man mit zunehmender Vergrößerung entsprechend vorsichtiger dabei zu sein.

Starke Okulare werden selten und zwar nur beim Studium bestimmter Einzelheiten im mikroskopischen Bilde verwendet, weil sie das Bild nur auseinanderziehen, ohne weitere Feinheiten zu zeigen. Zunehmende Vergrößerungen erzielt man in erster Linie durch Wechseln der entsprechenden Objektive.

Bei schwachen Vergrößerungen läßt man der Öffnung im Objekttische ihre ganze Weite und wendet den Planspiegel zur Beleuchtung an. Bei starken Vergrößerungen wirft man gesammelte Lichtstrahlen mittelst des Hohlspiegels auf das Objekt und wendet dementsprechend, um das übrige (Seiten-) Licht abzublenden, die Blendvorrichtung B an. Unter Umständen ist es erwünscht, die Konturen des Bildes durch Schatten zu verdeutlichen, und man stellt zu diesem Zwecke den Spiegel seitlich.

Zur Arbeit wird das Mikroskop am besten auf einem Tische am Fenster oder in der Nähe des Fensters aufgestellt. Die geeignetste Lichtquelle ist das von weißen Wolken zurückgeworfene Sonnenlicht. Hingegen sind direktes Sonnenlicht und nicht abgeblendetes Lampenlicht beim Mikroskopieren unbrauchbar und für das Auge höchst schädlich. Ist man gezwungen, bei Licht zu arbeiten, so nimmt man am besten Gasglühlicht und läßt die Strahlen durch eine Schusterkugel mit blauer Farblösung (Kupfersulfatlösung) auf den Spiegel fallen.

Herstellung mikroskopischer Schnitte.

Wenn man einzelne Zellen (z. B. Lycopodiumsporen, Blütenstaub) oder wenigzellige Gebilde (z. B. Hopfendrüsen, Kamala) mikroskopischer Betrachtung unterziehen will, so genügt es, diese in geringer Anzahl in einem Tropfen Wasser auf den Objektträger zu bringen und mit einem Deckgläschen zu bedecken. Der Zusatz eines der weiter unten genannten Aufhellungsmittel genügt dann, um diese Objekte zur mikroskopischen Beobachtung geeignet zu machen.

Kommt es darauf an, aus komplizierten, zusammengesetzten Gewebeformen nur die einzelnen Gewebe-Elemente nach ihrem Aussehen kennen zu lernen, so schabt man von dem Objekte kleine Teilchen ab, bringt sie in einen auf dem Objektträger befindlichen Tropfen Wasser und zerzupft jene, nachdem sie gehörig aufgeweicht, mit zwei Präpariernadeln. Liegen verholzte Elemente vor, so kocht man das Schabsel unter dem Abzug in einem Reagenzglase mit konzentrierter Salpetersäure unter Zusatz von chlorsaurem Kali und wäscht die jetzt isolierten Elemente durch Dekantieren mit Wasser aus, bevor man sie auf den Objektträger bringt.

Wesentlich größere Schwierigkeiten macht es, Teile eines Zellgewebes so zur Beobachtung zu bringen, daß aus dem gewonnenen Bilde die Lage und Anordnung der einzelnen Gewebeelemente deutlich hervorgehen, und noch schwieriger ist es, gleichzeitig auch die Inhaltsbestandteile der einzelnen Zellen zu beobachten und zu studieren. Man bedarf dazu außer den beim Pflanzenbestimmen bereits genannten Instrumenten, wie Nadeln, Skalpell, Schere und Pinzette, des hauptsächlichsten Werkzeugs für den Pflanzenanatomen, des Rasiermessers (und vielleicht auch eines Glättemessers). Auch diese Instrumente sind zu Bestecken zusammengestellt käuflich (Abb. 11).

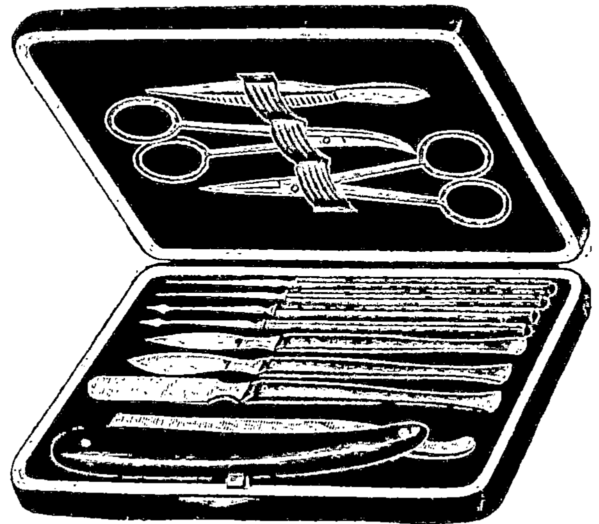

Abb. 11. Mikroskopisches Besteck von E. Leitz-Wetzlar.

Zweckmäßig ist es, von Rasiermessern zwei gute Exemplare in Gebrauch zu haben, nämlich eines mit Keilklinge für harte Objekte (Rinden, Hölzer) und eines mit hohlgeschliffener Klinge für zarte Gegenstände (frische krautige Stengel, Blüten usw.). Die Schnittführung mit dem Rasiermesser hat derart zu geschehen, daß man die Klinge mit ihrem unteren Ende flach auf einer frischen, glatten Schnittfläche (nicht am Rande!) des in der linken Hand gehaltenen Objektes auflegt und sie dann unter möglichst geringer Steilstellung langsam und gleichmäßig, ohne abzusetzen, darüber hinzieht (Abb. 12).

Um eine ruhige Haltung beider Arme zu erzielen, legt man den linken Ellbogen auf den Tisch auf. Ein Druck des Rasiermessers auf das Objekt oder nach vorn ist zu vermeiden. Bei den meisten Objekten, insonderheit bei solchen von saftiger Beschaffenheit, ist es erforderlich, daß die Klinge des Rasiermessers befeuchtet ist. Von der Dünne des Schnittes hängt seine Brauchbarkeit für die mikroskopische Beobachtung ab. Die Herstellung des Schnittes bedarf einer nicht geringen Geschicklichkeit, welche man sich durch Übung jedoch leicht aneignet. Jedenfalls lasse man sich durch eine Anzahl zuerst ohne Zweifel mißlingender Versuche nicht entmutigen. Daß ein Schnitt zu dünn werden könnte, braucht der Anfänger jedenfalls niemals zu befürchten.

Viel kommt darauf an, daß man über die Richtung der Schnittführung genau orientiert ist. Denn es ist begreiflicherweise nötig, wenn man sich eine klare Vorstellung von der Beschaffenheit eines Gewebes machen will, daß man sich dasselbe aus dem Querschnittsbilde und dem Längsschnittsbilde konstruieren muß. Trifft man aber die Richtung nicht genau, so ist es nicht möglich, aus den gewonnenen Bildern sich eine klare Vorstellung zu machen. Man ersieht dies deutlich an dem Beispiele Abb. 13. Man wird daraus auch erkennen,

Abb. 12. Schnittführung beim Anfertigen mikroskopischer Schnitte.

daß es häufig notwendig ist, zwei verschiedene Längsschnitte zu machen, nämlich einen in der Richtung des Querschnittradius und einen in der Richtung der Querschnitt-Tangente. In Abb. 13 a (ein Stück Fichtenholz) stellt die obere Fläche den Q u e r s c h n i t t des keilförmigen Holzstückes dar, die Fläche links ist die R a d i a l schnittfläche, diejenige rechts ist die T a n g e n t i a l s c h n i t t fläche. In Abb. 13 b ist aus den drei Bildern, welche dünne Scheiben der genannten drei Schnittflächen bei hundertfacher Vergrößerung unter dem Mikroskop zeigen, das Bild rekonstruiert, welches ein Teil jenes Fichtenholzstückes ergeben würde, wenn es direkt mit dem Mikroskop betrachtet werden könnte. Man ersieht ohne weiteres, daß, wenn beispielsweise der Radialschnitt nicht genau senkrecht (in der Richtung der Wachstumsachse) geführt worden wäre, eine Menge nebeneinander liegender Zellreihen angeschnitten sein würde, und man wird begreifen, daß auf diese Weise eine klare Vorstellung des anatomischen Baues nicht erhalten werden kann. Mit bloßem Auge oder, wenn nötig, mit Hilfe der Lupe wird man sich jedoch jederzeit leicht vergewissern können, ob die Schnittführung annähernd der gewünschten Richtung entspricht. Man muß auch stets eine größere Anzahl Schnitte nebeneinander anfertigen, ehe man mit der Untersuchung beginnt, und findet dann unter dem Mikroskop mit Hilfe einer schwachen Vergrößerung bald, welcher von jenen für das Studium am geeignetsten ist.

Will man Schnitte durch kleine oder dünne Gegenstände anfertigen, so muß man sich in verschiedener Weise helfen, um die Objekte in eine solche Form zu bringen, daß sie sich in der Hand festhalten lassen und dem Messer hinreichenden Widerstand entgegensetzen. Blätter klemmt man, mehrfach übereinander gelegt oder seitlich zusammengefaltet oder zusammengerollt, zwischen zwei Holundermark- oder Korkhälften ein, kleine Samen bettet man in ein Stück Paraffin, indem man mit einer erwärmten Nadel darin eine Höhlung bereitet und das Objekt im verflüssigten Paraffin erstarren läßt.

Auch müssen die Objekte überhaupt eine zum Schneiden geeignete Konsistenz haben. Trockene Pflanzenteile bröckeln meist, wenn sie nicht vorher in Wasser oder verdünnter Kalilauge, in Glyzerinwasser oder aber in verdünntem Ammoniak aufgeweicht sind; frische, sehr saftige und weiche Objekte hingegen müssen zuvor durch Einlegen in mäßig starken Alkohol gehärtet werden.

Um die erhaltenen Schnitte von dem Rasiermesser auf den Objektträger zu übertragen,

Abb. 13. Querschnitt, Radialschnitt und Tangentialschnitt durch Fichtenholz, *a* in natürlicher Größe, *b* ein Teil davon in 100facher Vergrößerung, (R. Hartig.)

nimmt man sie von der Klinge durch Berührung mit der Spitze eines etwas angefeuchteten feinen Haarpinsels ab. Die Schnitte bleiben leicht an der Pinselspitze hängen. Dann werden sie in einen Wassertropfen überführt, der durch einen Glasstab auf die Mitte eines Objektträgers gebracht worden ist. Vor einer Übertragung der Schnitte durch Präpariernadeln ist zu warnen, da sonst zu leicht Beschädigungen eintreten können. Meist wird man mehrere Schnitte in denselben Wassertropfen nebeneinander auf diese Weise bringen. Dann nimmt man ein sorgfältig geputztes Deckgläschen, legt es mit einer Kante auf und läßt es dann hinabsinken. Etwa vorhandene und die Beobachtung störende Luftblasen entfernt man durch vorübergehendes Übertragen der Schnitte in absoluten Alkohol. So ist das Objekt vorläufig für eine orientierende Betrachtung bei mäßiger Vergrößerung fertig.

Zur Bequemlichkeit stellt man, wenn man in dieser Weise am Mikroskop arbeitet, vor sich ein Glas mit Wasser für zu reinigende und bereits gebrauchte Objektträger, daneben ein Schälchen mit Wasser zur Aufnahme der Deckgläschen und. endlich womöglich ein Glas mit filtriertem destilliertem Wasser nebst einem zugespitzten Glasstabe zum Befeuchten der Objekte und des Messers. Ein reines weiches Wischtuch muß jederzeit zur Hand sein zum Reinigen der Gläschen und der Instrumente. Daß das Mikroskop und alle Instrumente vor dem Weglegen auf das sorgfältigste gereinigt, namentlich letztere völlig trocken gerieben sein müssen, braucht kaum erwähnt zu werden.

Behandlung mikroskopischer Präparate.

Das auf dem Objektträger zunächst in einem Tropfen Wasser befindliche, gelungene Präparat beläßt man in solchem, sofern man es später noch mit Reagentien zu behandeln wünscht. Ist dies jedoch nicht der Fall, so bringt man sogleich mittelst des Glasstabes neben das Deckgläschen einen Tropfen verdünntes Glyzerin, so daß diese Flüssigkeit, in demselben Maße, wie das Wasser an den Rändern des Deckgläschens verdunstet, nachziehen kann und das Präparat auf diese Weise nach und nach in Glyzerin liegt. Dieses ist dem Verdunsten bekanntlich nicht ausgesetzt und gestattet ohne weiteres ein Aufbewahren des Schnittes für mäßig lange Zeit.

Meist wird man mit dem Präparat einige Reaktionen vorzunehmen haben, und man muß das Einbetten in Glyzerin oder in ein anderes Einbettungsmittel so lange aufschieben.

Um eine Streckung der oft geschrumpften Zellwände und gleichzeitig eine Aufhellung des Bildes zu bewirken, setzt man dem Präparat ein schwaches Alkali, meist verdünnte Kalilauge, in der Weise zu, daß man einen Tropfen davon rechts neben das Deckgläschen legt und auf der anderen Seite die Flüssigkeit mit einem Stückchen Fließpapier oder einem ausgedrückten Haarpinsel absaugt. Dies ist die Art und Weise, in welcher man jedes der Reagentien in Anwendung zu bringen pflegt. Da die Grundsätze für die Anwendung von Reaktionsmitteln bei mikroskopischen Präparaten dieselben sind, wie bei chemischen Operationen überhaupt, so muß man natürlich Sorge tragen, daß diese in einer indifferenten Flüssigkeit vorgenommen werden. Will man einen mit verdünnter Kalilauge aufgehellten Schnitt beispielsweise mit Chromsäure behandeln, um die Schichtung der Zellwände deutlicher hervortreten zu lassen, so muß das Alkali zuvor mit Wasser in der angegebenen Weise hinreichend wieder ausgewaschen sein.

Andererseits muß man stets auf die Veränderungen Rücksicht nehmen, welche vorher angewendete Reaktionsmittel an dem Objekte bewirkt haben. Will man also beispielsweise Stärkekörner durch Jodlösung deutlich sichtbar machen, mit welcher sich jene intensiv blau färben, so darf der Schnitt nicht zuvor mit Alkalien behandelt oder aber erhitzt worden sein, weil dadurch die Stärkekörner gelöst, bzw. verkleistert sein würden.

Die Wirkung der Reagentien auf die Pflanzengewebe und ihre Inhaltsbestandteile kann im Rahmen dieses Buches nicht erörtert werden. Es sei hier nur kurz erwähnt, daß man sich zum Aufhellen der Präparate verdünnter Kalilauge, verdünnten Ammoniaks oder einer Natriumhypochlorit- oder Chloralhydratlösung bedient. Zum Nachweis von Stärke dient Jodjodkaliumlösung und Jodchloralhydrat (Blaufärbung), zum Nachweis unveränderter Zellulose Chlorzinkjod (Violettfärbung), zum Nachweis verholzter Zellmembranen Phloroglucin und Salzsäure (Rosenrotfärbung) sowie Anilinsulfat (Gelbfärbung), zum Nachweis verkorkter Zellmembranen Chromsäure (Unlöslichkeit), zum Nachweis von Eiweißstoffen Millons Reagens (Rotfärbung), zur Deutlichmachung von Zellkernen Alaunkarmin (Tiefrotfärbung), zum Nachweis von Gerbstoffen Eisenchloridlösung (Grün- oder Blaufärbung) usw. Näheres hierüber muß man, wenn man sich eingehender mit Mikroskopie und mikroskopischer Technik (Fixieren, Härten, Färben, Mikrotomtechnik) beschäftigen will, z. B. in Strasburger „Botanisches Praktikum", in A. Meyer: Erstes botanisches Praktikum, in Wilhelm Behrens „Leitfaden der botanischen Mikroskopie", in dem bekannten Buche Hager-Mez „Das Mikroskop und seine Anwendung", oder in Sieben: Einführung in die botanische Mikrotechnik, nachlesen. Jedenfalls ist bei der Einführung in das mikroskopische Studium überhaupt die Anleitung eines erfahrenen Lehrherrn oder noch besser eines Hochschullehrers unentbehrlich.

In Kürze möge noch eine der Herstellungsweisen für mikroskopische Dauerpräparate beschrieben sein, da die Herstellung von solchen die Freude am Studium sehr zu erhöhen vermag. Hat man einen guten Schnitt, welcher des Aufhebens wert ist, in Glyzerin liegen, so kann man ihn, wenn der Rand um das Deckgläschen herum vollkommen trocken und die Glyzerinmenge so gering ist, daß das Deckgläschen nicht beweglich darauf schwimmt, sondern fest aufliegt, sogleich einschließen, indem man die Ränder des Deckgläschens derart mit Maskenlack oder Asphaltlack (am besten fertig käuflich) überzieht, daß die Hälfte des Lackstriches auf dem Deckgläschen, die Hälfte auf dem Objektträger liegt. Folgende Vorschrift zur Bereitung von Maskenlack wird empfohlen: 5,0 Terebinthina veneta, 7,5 Kampfer und 40,0 Sandarak werden in 60,0 Spiritus gelöst und mit 10,0 Kienruß nach und nach angerieben. Den Pinsel dazu wäscht man nach jedesmaligem Gebrauch in Spiritus aus und bewahrt ihn unter Spiritus auf.

Da bei der soeben angegebenen Methode des Einschließens in Glyzerin große Vorsicht insofern nötig ist, als jede Spur Glyzerin, welche sich neben dem Deckgläschen auf dem Objektträger befindet oder welche später etwa durch zufälligen Druck auf das Deckgläschen heraustritt, die Haltbarkeit des Lackes beeinträchtigt, so empfiehlt sich mehr noch die Einschließung in Glyzeringelatine; doch hat diese den Übelstand, daß das Objekt nicht in dem erst angefertigten Präparat unter dem Deckgläschen verbleiben kann, sondern in die

Gelatinemasse übertragen werden muß. Die Gelatinemasse stellt man sich dar, indem man 7,0 Gelatine in 42,0 destilliertem Wasser erweicht, dann darin durch Erwärmen und unter Zusatz von 50,0 Glyzerin löst und endlich 1,0 Acid. carbol. liquefact. hinzusetzt. Einen kleinen Tropfen dieser erwärmten Lösung bringt man auf die Mitte eines erwärmten Objektträgers und überträgt dann in diesen den Schnitt aus Glyzerin mittelst einer Nadel. Man läßt hierauf schnell das gleichfalls erwärmte Deckgläschen darauffallen, drückt es leicht an und entfernt nach dem Erkalten die darunter hervorgequollene Gelatine.

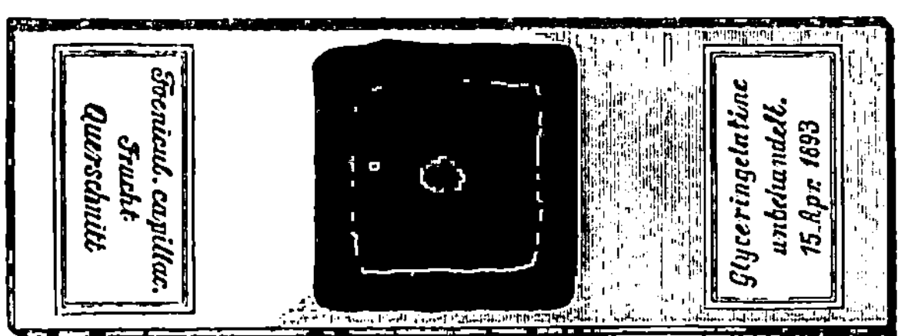

Abb. 14. Mikroskopisches Dauerpräparat.

Den sorgfältig gesäuberten Rand überzieht man zuletzt in oben angegebener Weise mit Maskenlack.

Das sehr vielfach angewendete **Einschließen von Präparaten in Kanadabalsam** ist für den Anfänger nicht ratsam, da die Objekte vor dem Übertragen in den Balsam meist in mehr oder weniger komplizierter Weise mikrochemisch behandelt werden müssen, um nachträgliche Schrumpfungen oder Trübungen der Präparate zu vermeiden.

Die aufzubewahrenden Dauerpräparate müssen sorgfältig signiert sein. Man bringt zu diesem Zwecke zwei Schilder auf den beiden Seiten des Objektträgers an, auf welchen die Pflanze, der Pflanzenteil, die Art des Schnittes, das Einbettungsmittel, die etwa mit dem Objekt vorgenommene Reaktion oder Färbung und endlich das Datum der Anfertigung angegeben ist (Abb. 14). Diese Dauerpräparate werden in geeigneten Kartons aufbewahrt, in welchen jeder Druck auf die Deckgläschen vermieden wird, da ein solcher die Präparate verderben könnte. Hierbei sind mappenartige Kartons mit flacher Aufbewahrung der Objektträger bei Präparaten in reinem Glyzerin der kastenartigen mit senkrechter Stellung der Objektträger unbedingt vorzuziehen.

Äußere Gestalt der Pflanzen. Morphologie.

Die Organe der Pflanzen.

Bei den einfachsten, aus einer einzigen Zelle bestehenden und darum im System an den Anfang gestellten pflanzlichen Gebilden finden wir noch keinerlei Gliederung in Organe, da ein solches aus mindestens einer selbständigen Zelle bestehen, eine ganz besondere Tätigkeit im Leben der Pflanze ausüben und für diese auch ganz besonders eingerichtet sein muß. Wohl aber kann man selbst bei den einzelligen Pflanzen schon eine Arbeitsteilung innerhalb der Zelle beobachten, indem einzelne Bestandteile des Zellenleibes bestimmte Lebensverrichtungen übernehmen.

Auch unter den mehrzelligen Pflanzen finden wir zahlreiche Formen, bei denen die Zellen zwar zu Fäden, Flächen oder Körpern fest vereinigt sind, aber keinen inneren Zusammenhang aufweisen und ihre volle Selbständigkeit bewahrt haben. Auf der nächst höheren Stufe treffen wir dann diejenigen pflanzlichen Organismen, deren Zellen in einem inneren Zusammenhang miteinander stehen und eine biologische Einheit bilden. Bei den einfacheren dieser Formen ist der Körper, der, wie auch bei den früher erwähnten Pflanzen, Thallus genannt wird, noch nicht nach Art der Blütenpflanzen als beblätterter Sproß ausgebildet. Viele unter diesen zeigen an dem Thallus noch keinerlei besondere Gliederung, wohl aber Organe, und nur bei den höher entwickelten finden wir, daß der Thallus in eine Achse und Anhangsorgane gegliedert ist; diese besitzen jedoch nur eine äußere Ähnlichkeit mit den „höheren" Pflanzen, sind aber im Innern gleichartig gebaut und daher nicht mit ähnlichen Gebilden der höheren Pflanzen zu vergleichen. Alle diese Gewächse faßt man zusammen unter dem Namen Thallophyten, zu denen man nach alter Einteilung die Algen, Pilze und Flechten rechnet.

Ihnen stehen die Kormophyten gegenüber, d. h. die Pflanzen, die echte beblätterte Sprosse aufweisen. Hierher gehören im allgemeinen die Embryophyten, doch ist festzuhalten, daß unter diesen einige trotz sonstiger Abweichungen durchaus thalloidisch gebaut sind, wie z. B. manche Lebermoose.

Auch unter den Kormophyten kann man eine niedere und eine höhere Ausgestaltung unterscheiden. So besitzen die Moose zwar im großen und ganzen beblätterte Sprosse, tragen jedoch nur Rhizoiden, Wurzelhaare, und entbehren durchaus noch der echten Wurzeln, die wir in der morphologischen Stufenfolge erst bei den Pteridophyten antreffen. Bei diesen können wir, wie bei den noch höher stehenden Phanerogamen, d. h. Blütenpflanzen, zwei grundsätzlich verschiedene

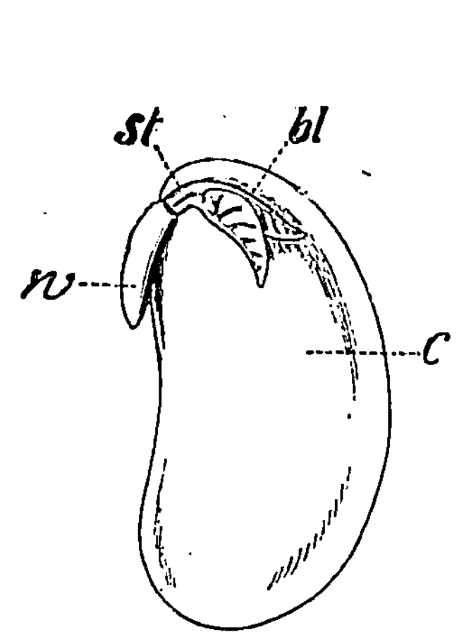

Abb. 15. Keimling einer Dikotyledonee (Phaseolus). *w* Stämmchen (Radicula), aus dem später die Hauptwurzel herauswächst, *st* Knöspchen, *bl* erste Laubblätter, *c* eins der beiden Keimblätter (das andere, obere, wurde entfernt). (C. Müller.)

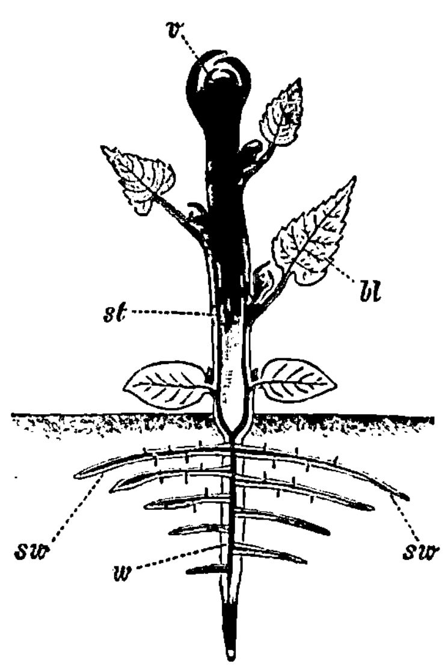

Abb. 16. Schematischer Längsschnitt einer dikotylen Pflanze. *w* Wurzel, *sw* Seitenwurzeln, *st* Stengel, *bl* Blätter, *v* Vegetationspunkt des Stengels. (Nach Frank und Tschirch.)

Organe unterscheiden: die Wurzel, die unter dem Einfluß der Schwerkraft dem Erdmittelpunkt zustrebt, die Pflanze im Boden befestigt und die anorganischen Nährstoffe aus ihm aufnimmt, jedoch niemals Blattorgane trägt, und den sich aufrecht stellenden beblätterten, assimilierenden und die Fortpflanzungsorgane tragenden Sproß.

Da die Pteridophyten jedoch in zahlreichen Punkten, besonders in der Ausbildung der Fortpflanzungsorgane, von den Blütenpflanzen bedeutend abweichen, so können auch sie bei der Besprechung der Morphologie hier meist nicht berücksichtigt werden.

Es handelt sich also in den folgenden Abschnitten fast ausschließlich um die Lehre von der äußeren Gestalt der Blütenpflanzen oder Phanerogamen.

Wurzel und Sproß sowie die diesem ansitzenden Blätter (vgl. Abb. 15 *w, st* und *bl*) sind deutlich meist schon vor der Keimung am

Keimling des Samens zu erkennen; die Anzahl der Keimblätter hat
sogar zur Einteilung des Pflanzenreichs Anlaß gegeben.

Bei der Keimung durchdringt zunächst die junge Wurzel, aus
dem Stämmchen oder Hypokotyl (auch häufig Radicula genannt)
(Abb. 15 *w*), hervorbrechend, die Samenschale, dringt senkrecht in
den Boden ein und sorgt in später zu erörternder Weise für Wasser-
zufuhr, damit das junge Pflänzchen, welches zur Zeit noch nicht Nährstoffe aufnehmen und assimilieren kann, mit Hilfe dieses Wassers
die Nährstoffe des Samens oder der Keimblätter auflösen und zu
seiner Ernährung verwenden kann. Gleichzeitig streckt sich meist
das Hypokotyl, und das Knöspchen, das Ende der Sproßachse, Plu-

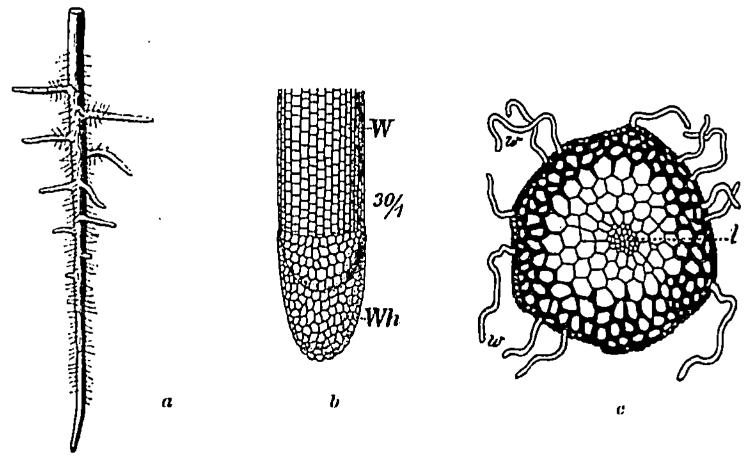

Abb. 17. *a* Wurzel mit Seitenwurzeln und ansitzenden Wurzelhaaren (10fach vergrößert),
b Wurzelende (*W*) mit der die Spitze bedeckenden Wurzelhaube (*Wh*) (30fach vergrößert),
c Querschnitt einer sehr jungen Wurzel mit zentralem Leitbündel (*l*) und ansitzenden Wurzelhaaren (*w*) (70fach vergrößert).

m u l a genannt (Abb. 15 *st*), richtet sich in die Höhe; die ersten Laubblätter (Abb. 15 *bl*) finden Gelegenheit, sich zu entfalten, und während
die Reste des ausgesaugten Samens oder die Keimblätter (K o t y l e -
d o n e n, Abb. 15 *c*) in Verwesung übergehen oder vertrocknen, hat
sich die junge Pflanze zum getreuen Ebenbild ihrer Mutterpflanze
entwickelt.

Die Wurzel (Abb. 16 *w*) zeichnet sich nächst ihrem, dem Erd-
mittelpunkte zugerichteten Wachstum dadurch aus, daß sie fast nie
grün gefärbt ist, nie Blätter trägt und daß die zahlreich aus ihr
hervorbrechenden Seitenwurzeln (Abb. 16 *sw*) e n d o g e n entstehen,
d. h. im Innern der aus dem Hypokotyl (Radicula) hervorbrechenden
Hauptwurzel und nicht an der Oberfläche ihren Ursprung haben, wie
es bei den Seitenachsen der Stammorgane der Blütenpflanzen der
Fall ist. Dies hat seinen Grund darin, daß der Gefäßbündelteil in
der M i t t e der Wurzelorgane liegt, wie dies in Abb. 16 durch die
starke schwarze Mittellinie, die sich weiter oben, im Stamme, teilt.

angedeutet ist (vgl. auch Abb. 17 *c*). Hiernach erklärt sich zugleich, in welcher Weise die Wurzel eine der Hauptaufgaben, welche
ihr zufallen, erfüllt. Die Wurzel dient nämlich zwei Aufgaben, einer
rein physiologischen und einer rein mechanischen. Der physio-
logische Zweck ist die Aufnahme von Wasser nebst den darin
gelösten mineralischen Bestandteilen, was durch die weiter unten zu
beschreibenden Wurzelhaare geschieht; der mechanische Zweck
hingegen ist die Befestigung der Pflanze in der Erde. Diesen Zweck
erfüllen die Hauptwurzel und ihre zahlreichen seitlichen Verzweigungen mit Hilfe ihres zentral gelegenen, zugfesten Leitbündelzylin-
ders etwa in gleicher Weise, wie zahlreiche Taue oder Kabel bei dem
Verankern eines Fahnenmastes.

Bei den Thallophyten und Bryophyten kommen echte Wurzeln
noch nicht vor. Diese werden bei den genannten Pflanzengruppen
durch die sog. Rhizoiden ersetzt, einfache oder seltener verzweigte
feine Zellfäden, welche die Funktionen der Wurzeln höherer Pflanzen,
Befestigung im Boden und teilweise auch Ernährung der Pflanze, ausüben, jedoch keine Wurzelhaube besitzen.

Da die echten Wurzelorgane fortgesetzt an ihrer Spitze im Boden
fortwachsen, so würden ihre sehr zarten Vegetationspunkte (d. h. diejenigen Punkte, an denen das Wachstum vor sich geht, vgl. unter
Anatomie) Verletzungen durch Steine und dgl. ausgesetzt sein, wenn
sie nicht durch eine darüber gebreitete Wurzelhaube geschützt
wären (Abb. 17 *b*, *Wh*).

Der Sproß (Abb. 16 *st*), dessen Wachstumsrichtung, wie schon
erwähnt, derjenigen der Wurzel im Prinzip entgegengesetzt ist, ist
in der Regel grün gefärbt und kann sowohl Blattorgane als auch
seitliche Wurzelorgane (Adventivwurzeln) entwickeln. Obgleich als
Grenze zwischen Wurzel und Sproß von jeher diejenige Stelle angesehen worden ist, in welchem die aufstrebende und die absteigende
Wachstumsrichtung zusammentreffen, so hat man doch früher häufig
den Irrtum begangen, die unter der Erde liegenden, in ihrem
anatomischen Bau deutliche Sproßnatur zeigenden Stammstücke (Rhizome) infolge ihres Vermögens, Seitenwurzeln zu bilden, fälschlich
als Wurzeln zu bezeichnen. — Der Vegetationspunkt des Sprosses
(Abb. 16 *v*) ist von keiner Haube bekleidet wie derjenige der Wurzel.
Schutz vor Verletzung gewähren ihm die darüber sich zusammen-
wölbenden Anlagen der jungen Blätter, wie dies aus Abb. 16 ersichtlich ist.

Am Sproß unterscheidet man leicht zwei meist sehr scharf gekennzeichnete Teile, die Sproßachse oder den Stamm und die
Seitenorgane darstellenden Blätter. Letztere werden unterhalb des
Vegetationspunktes, sei es des Hauptstammes oder seitlicher Stammorgane, durch Höckerbildung ausgegliedert, und zwar in der Weise,
daß stets das dem Scheitel am nächsten stehende Blatt das jüngste
ist. Die Blätter haben, wie die seitlichen Stammorgane, ihren Ursprung an der Oberfläche und nicht im Innern des Stammes, wie
dies in Abb. 16 durch die dunkle Linie, welche den sich in die
Blätter verzweigenden Leitbündelstrang darstellt, angedeutet ist. Sie

entstehen also exogen. Unter den Blattorganen sind keineswegs allein die gewöhnlich mit diesem Namen belegten grünen Laubblätter zu verstehen, sondern es gehören hierhin u. a. auch farblose und dunkle Knospenschuppen, sowie die Kelchblätter, Blumenblätter, Staubblätter und Fruchtblätter, d. h. alle Organe der Blüte.

Formen der Wurzel- und Stammorgane.

Die Hauptwurzel, deren die Pflanze nur eine einzige besitzt, entwickelt durch Verzweigung meist zahlreiche Seiten- oder Neben-

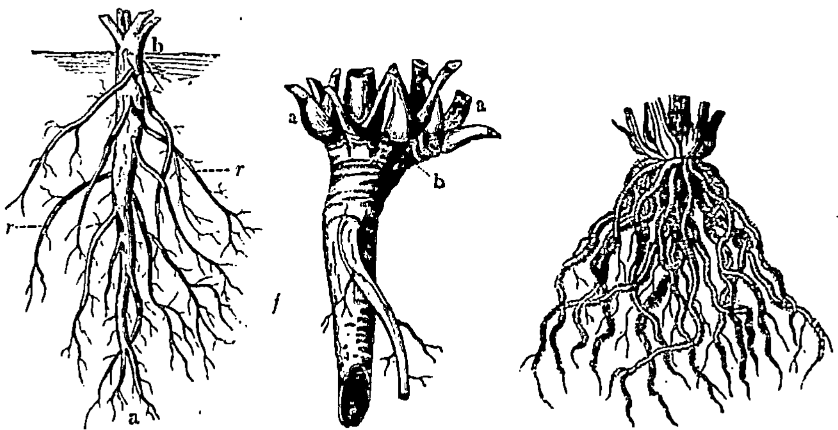

Abb. 18. Ästige Wurzel der Malve, Malva rotundifolia, *a* Pfahlwurzel, *r* Nebenwurzeln, *f* Faserwurzeln, *b* Stengel.

Abb. 19. Pfahlwurzel von Taraxacum officinale, *a* Basalstücke der Blätter u. Blütenstände *b* Stammteil.

Abb. 20. Faser- oder Büschelwurzeln der Gerste, Hordeum hexastichum.

wurzeln (Abb. 18). Ist die Hauptwurzel sehr stark ausgebildet, so nennt man eine solche Form Pfahlwurzel (Abb. 19). Bleibt die Hauptwurzel jedoch in der Ausbildung hinter den Nebenwurzeln zurück, wie dies bei den meisten Monokotylen der Fall ist, so spricht man von Faser- oder Büschelwurzeln (Abb. 20).

Nach ihrem Aussehen nennt man die Hauptwurzel fädlich, kegelförmig (Abb. 21 *a*), spindelförmig (Abb. 21 *b*), walzig, zylindrisch, rübenförmig (Abb. 21 *c*) oder kugelig.

Nach ihrer Härte bezeichnet man sie, übereinstimmend mit ihrem innern Bau, als holzig oder fleischig. Die fleischigen Wurzeln dienen meist als Speicherapparate, besonders bei Pflanzen mit überwinternden Wurzeln und jährlich absterbendem Kraut.

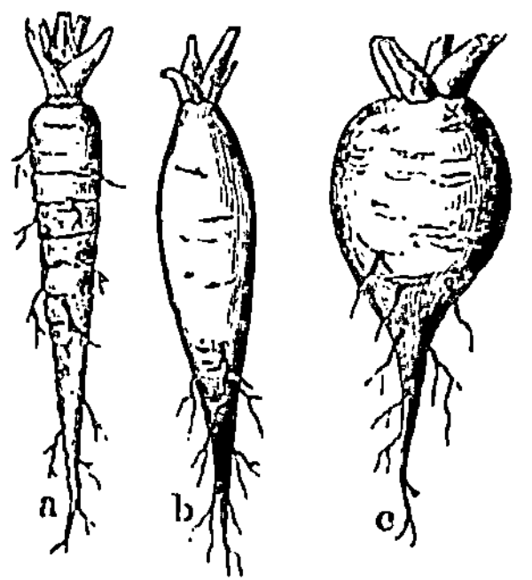

Abb. 21. *a* Kegelförmige Wurzel der Möhre, Daucus carota, *b* spindelförmige Wurzel, *c* rübenförmige Wurzel des Rettich, Raphanus sativus.

Solche Organe sind meist knollig verdickt und stellen häufig auch Mittelglieder zwischen Stamm- und Wurzelorganen dar (Wurzel- knollen, Abb. 22, 23 und 24).

Die Luftwurzeln, z. B. der Orchidaceen und Araceen, welche in erster Linie dazu bestimmt sind, Wasser aus der Luft aufzu- nehmen, die Haftwurzeln, z. B. des Efeus (Abb. 25 A) und der

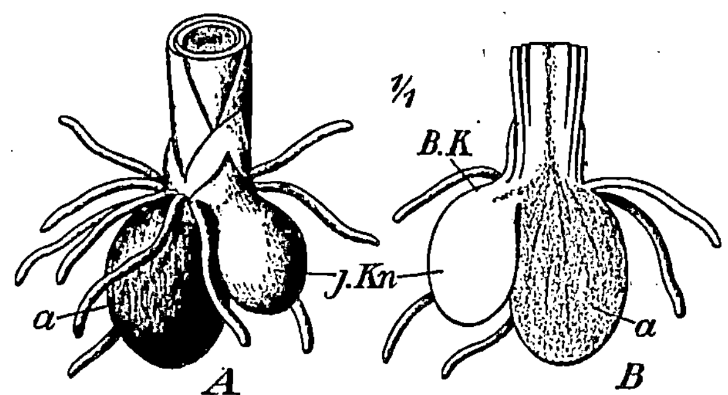

Abb. 22. Orchis militaris. *A* Knollen einer blühenden Pflanze, *B* dieselben längs durchschnitten (¹/₁) *a* alte, vorjährige Knolle, *j. Kn* junge diesjährige Knolle, die nächstes Jahr die blühende Pflanze *B.K* zur Entwicklung bringen wird.

Vanille, welche nur der Befestigung dienen, indem sie sich an andere Gewächse äußerlich anklammern oder in Ritzen von Mauern und dergleichen eindringen, ferner die besonders bei tropischen Feigen- bäumen vorkommenden Stützwurzeln, die den Mangrovepflanzen eigentümlichen Stelzwurzeln, weiter die bei manchen Sumpfpflanzen auftretenden, negativ geotro- pischen Atemwurzeln, die bei manchen Orchidaceen vorkommenden, Chlorophyll führenden und die Blätter ersetzenden Assi- milationswurzeln, endlich die Saug- wurzeln der Schmarotzergewächse, die die befallene Wirtspflanze aussaugen (Abb. 25 *B* und *C*), indem sie in das Gewebe derselben eindringen und sich an die Gefäßbündel an- legen, sind weitere besondere Formen der Wurzel.

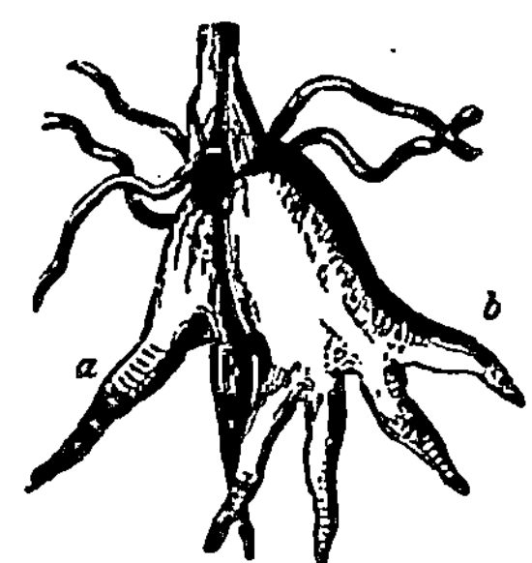

Abb. 23. Wurzelknollen von Gymnadenia odoratissima, *a* Mutterknolle, *b* Tochterknolle.

An den Stammorganen (Achsen, Kaulomen, Stengeln) entstehen Seitenachsen stets nur in den Achseln von Blättern (Trag- blättern), an den sogenannten Knoten, wie man die Stellen des Stengels nennt, an denen Blätter ansitzen. Die dazwischen liegenden Stengelglieder heißen Internodien. Stammorgane erkennt man als solche, selbst wenn sie unter der Erde kriechend gefunden wer- den, auch wenn eigentliche Blätter nicht mehr vorhanden sind, stets an den Ansatzstellen oder Narben von Blättern, welche den Wurzeln ausnahmslos fehlen. Die meistens unterirdischen, manchmal auch der Erde oberflächlich aufliegenden Stengelorgane treten in mannigfachen

Formen auf, z. B. als Ausläufer oder Stolonen (Abb. 26), das sind lange und dünne, schnell wachsende, kriechende und mit sogenannten Niederblättern versehene Stengel, ferner als Wurzelstöcke

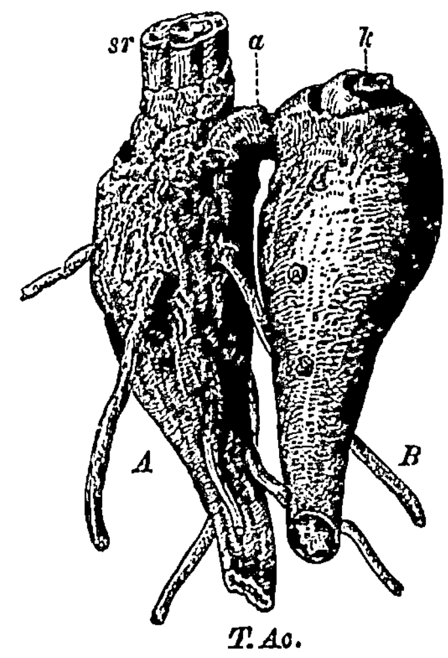

Abb. 24. Wurzelknollen von Aconitum napellus, *A* Mutterknolle, *B* Tochterknolle, *k* Knospe, *a* Verbindungsglied zwischen Mutter- und Tochterknolle, *sr* Stengelrest.

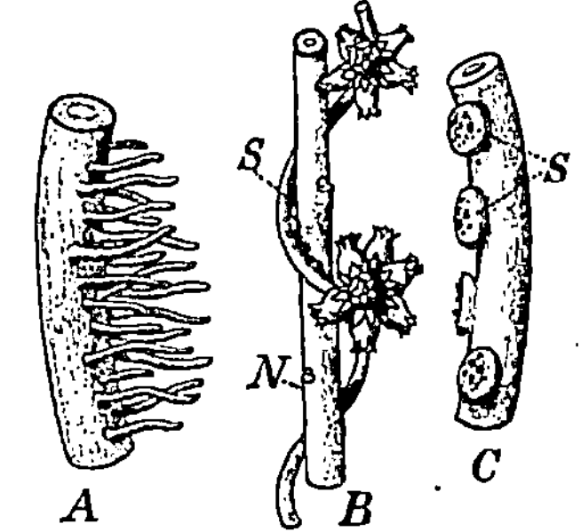

Abb. 25. *A* Haftwurzeln des Efeus, Hedera helix, *B*, *C* Kleeseide, Cuscuta europaea, um eine Wirtspflanze (N) herum windend, die Saugwurzeln (S) zeigend, *C* die Saugwurzeln (S) des Stengels stärker vergrößert.

oder Rhizome, das sind meist kurze, dicke und langsam wachsende, zuweilen hinten absterbende Stengelorgane, z. B. bei Polygonum bistorta (Abb. 27), Veratrum album (Abb. 28) und Cicuta virosa

Abb. 26. Ausläufer der Erdbeere, Fragaria vesca.

(Abb. 29), als Knollen, z. B. die Kartoffeln, welche den Wurzelknollen (siehe oben) in Form und Zweck gleichkommen, als Zwiebelknollen, z. B. Tubera Colchici (Abb. 30), das sind Verdickungen, an welchen sich neben dem Stengel ein oder mehrere Niederblätter

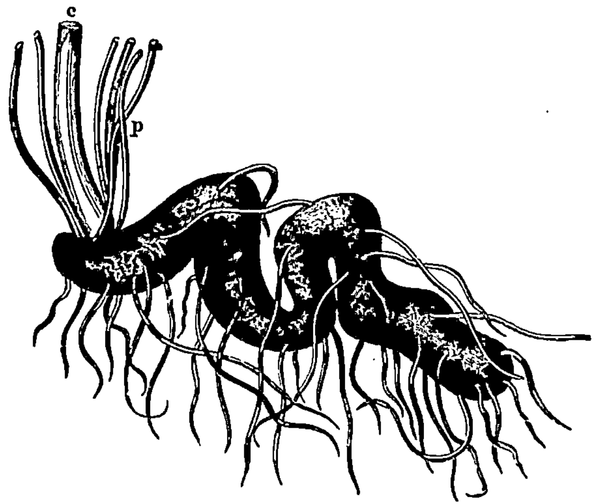

Abb. 27. Schlangenförmig gewundenes, hinten absterbendes Rhizom von Polygonum bistorta.

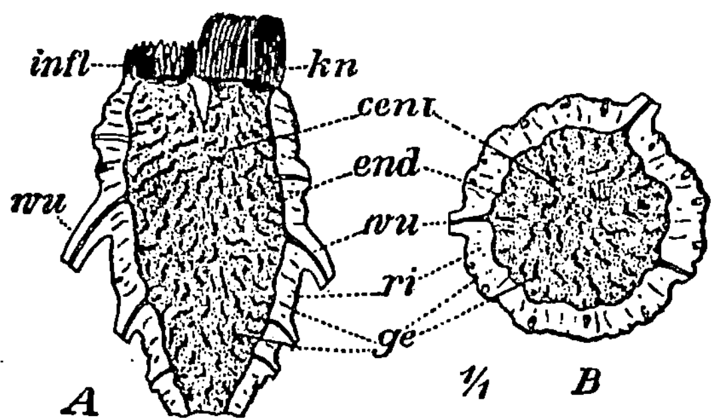

Abb. 28. Veratrum album. *A* Längs-, *B* Querschnitt durch das Rhizom. (¹/₁.) *infl* Stelle der diesjährigen, verblühten Pflanze, *kn* Knospe der nächstjährigen, *wu* Wurzelreste, *cent* Zentralzylinder, *end* Endodermis, *ri* Rindenschicht, *ge* Leitbündel.

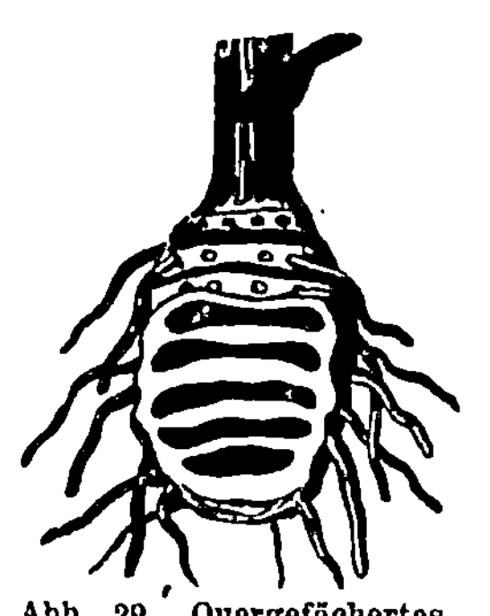

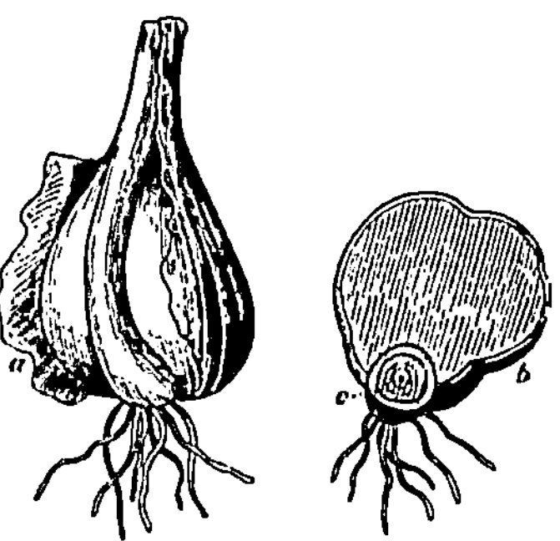

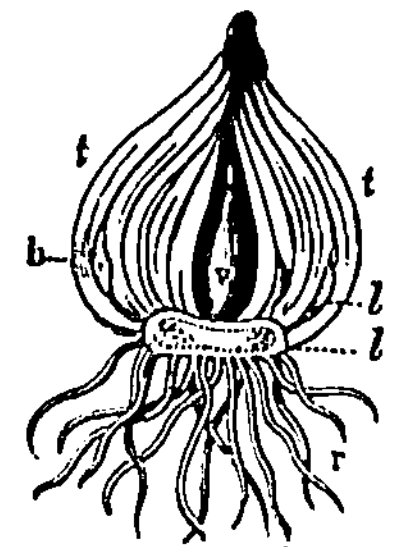

Abb. 29. Quergefächertes Rhizom des Wasserschierlings, Cicuta virosa, längsdurchschnitten.

Abb. 30. Zwiebelknolle der Herbstzeitlose, Colchicum autumnale, *a* von dem Niederblatt befreit, *b* querdurchschnitten, mit dem Stengelquerschnitt *c*.

Abb. 31. Eine Zwiebel längsdurchschnitten, *l* Stengelteil od. „Zwiebelkuchen", *t* die Niederblätter, *v* die Zwiebelknospe, *b* Seitenknospen, *r* Wurzeln.

beteiligen, und endlich als Zwiebeln (Abb. 31). An diesen letzteren beschränkt sich der Stengelteil auf ein tellerförmiges Gebilde, Zwiebelkuchen genannt (Abb. 31 *l*), am Grunde der Zwiebel, während die sogenannten Zwiebelhäute fleischig gewordene Niederblätter (s. S. 37 und Abb. 31 *t*) und demnach Blattorgane sind. Während also bei den Ausläufern die Internodien gestreckt entwickelt sind, sind sie bei der Zwiebel auf das äußerste verkürzt (unentwickelt), die Blätter mithin auf eine mehr breite als lange Stammachse zusammengestaucht.

Verzweigung.

Die Verzweigung sowohl des Stengels, als auch der Wurzel folgt bestimmten Gesetzen. Geht der Vegetationspunkt in zwei Vegetationspunkte auf, die in ihrer weiteren Entwicklung einander gleichen, so

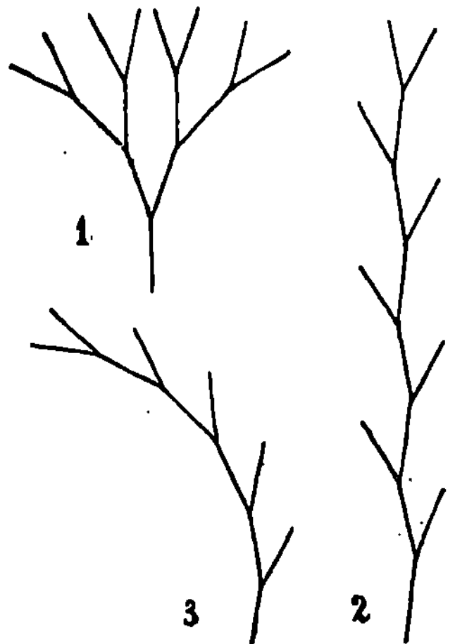

Abb. 32. Formen der dichotomen Verzweigung.

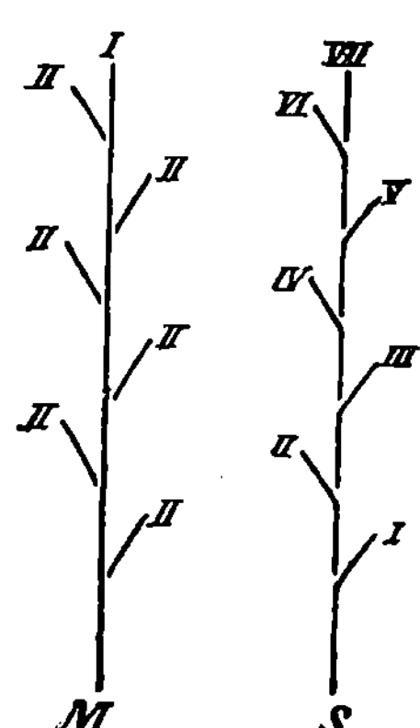

Abb. 33. Formen der monopodialen Verzweigung. *M* racemöse Verzweigung, *S* cymöse Verzweigung.

erhalten wir die dichotomische Verzweigung, wie sie besonders bei manchen Thallophyten, sowie Moosen und Farnen vorkommt. Behält jedoch der Vegetationspunkt seine ursprüngliche Richtung unverändert — ohne sich zu teilen — bei und gibt er nur seitliche Organe ab, so entsteht die monopodiale Verzweigung.

Die dichotomische Verzweigung wird gabelig genannt, wenn die beiden bei der Verzweigung entstandenen Sprosse sich gleichmäßig entwickeln (Abb. 32 *1*), schraubelähnlich, wenn bei fortgesetzter dichotomischer Verzweigung sich stets der nach der einen Seite liegende Sproß kräftiger entwickelt als der andere (Abb. 32, *3*), wickelähnlich, wenn abwechselnd der eine und dann wieder der andere Sproß kräftiger auswächst (Abb. 32, *2*).

Eine monopodiale Verzweigung heißt racemös, wenn der aus dem Vegetationspunkt hervorgehende Hauptsproß sich stets stärker entwickelt als die Seitensprosse (Abb. 33 *M*), dagegen cymös, wenn sich die Seitensprosse kräftiger ausbilden als der Hauptsproß (Abb. 33 *S*). Ist bei dieser cymösen Verzweigung mehr als ein Seitenzweig entwickelt, so entsteht bei regelmäßiger Ausbildung von zwei Seitenzweigen das Dichasium, von mehreren das Pleiochasium; kommt dagegen stets nur ein Seitensproß vor, so entsteht das Monochasium oder Sympodium. Dieses wird Schraubel genannt, wenn die Seitensprosse fortlaufend alle auf derselben Seite des Hauptsprosses auftreten, Wickel dagegen, wenn sich jene abwechselnd rechts und links vom Hauptsproß bilden (Abb. 33 *S*).

Es ist in manchen Fällen recht schwer, die wahre Natur der Verzweigungen festzustellen.

Symmetrieverhältnisse.

Läßt sich irgend ein Pflanzenkörper durch mindestens drei Längsschnitte in spiegelbildlich gleiche Hälften zerlegen, so ist er radiär (aktinomorph, multilateral) gebaut; ist jenes nur durch zwei Längsschnitte möglich, so wird er bisymmetrisch, nur durch einen Längsschnitt, dann monosymmetrisch (zygomorph, symmetrisch) genannt. Solche Pflanzenkörper, die nach keiner Richtung hin in zwei spiegelbildlich gleiche Hälften zerlegt werden können, sind unsymmetrisch. Pflanzenorgane, bei denen die rechte und linke Seite spiegelbildlich gleich, aber deren andere Seiten, d. h. Ober- und Unterseite oder Vorder- und Hinterseite, ungleich ausgebildet sind, werden bilateral genannt. Diese sind gewöhnlich, aber nicht immer, auch dorsiventral, d. h. ihre Rücken- und Bauchseite sind verschieden ausgebildet. Sie lassen sich höchstens durch einen Schnitt in spiegelbildlich gleiche Hälften teilen.

Formen der Blätter.

Blätter sind an der Pflanze in den verschiedensten Formen vorhanden. Man unterscheidet:

Keimblätter,
Niederblätter,
Laubblätter,
Hochblätter,
Blütenblätter.

Letztere sind die speziellen Organe der Blüte. — An den Blättern selbst unterscheidet man drei Teile, und zwar (Abb. 34):

die Blattscheide oder Vagina,
den Blattstiel oder Petiolus,
die Blattspreite oder Lamina.

Letztere kann ganz oder geteilt sein. Der Blattstiel und die Blattscheide fehlen häufig.

Keimblätter oder **Kotyledonen** sind die im Samen am Keimling bereits vorhandenen Blätter, welche bei den Monokotylen (Abb. 35) in der Einzahl, bei den Dikotylen (Abb. 36 und 37) zu zweien und bei manchen Nadelholzarten (Abb. 38) zahlreich vorhanden sind. Sie sind dünnhäutig (Abb. 37 c) oder fleischig (Abb. 36) und enthalten

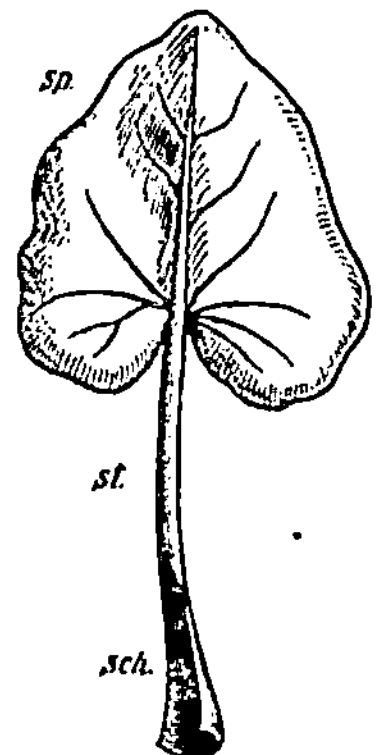

Abb. 34. Schematische Zeichnung eines vollkommenen Blattes; *sch* Blattscheide, *st* Blattstiel, *sp* Blattspreite.

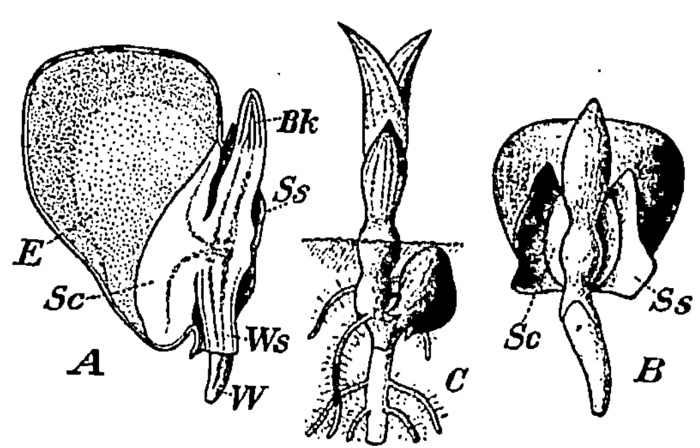

Abb. 35. Mais, Zea mays. *A* Längsschnitt durch den keimenden Samen. *B* Derselbe von vorn gesehen. *C* Weiter fortgeschrittene Keimung. *E* Endosperm. *Sc* Scutellum. *Ws* Wurzelscheide. *W* Wurzel. *Bk* Blattknospe. *Ss* Die aufgerissene Samenschale.

im letzteren Falle selbst die Reservestoffe für die erste Ernährung des Keimlings, oder aber sie besorgen zu dem gleichen Zwecke in manchen Fällen die Aussaugung des Nährgewebes der Samen (Abb. 35).

Niederblätter sind stets schuppenförmig gestaltet und besitzen nur selten grüne Färbung. Sie befinden sich meist an unterirdischen Stengelorganen, und zwar einzeln (Abb. 39) oder zu mehreren tutenförmig gruppiert (Abb. 40) oder bei verkürzten Internodien

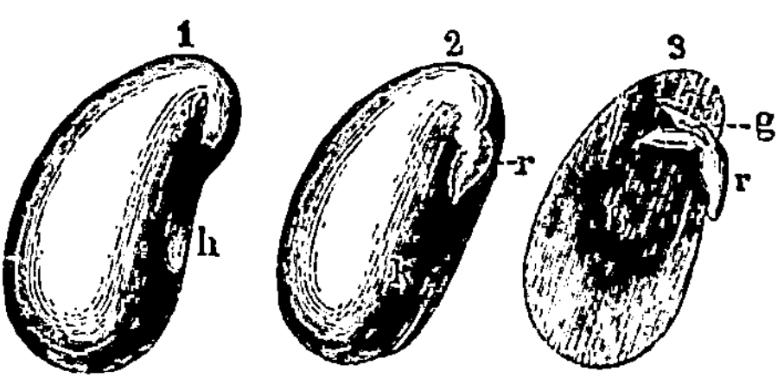

Abb. 36. Samen der Schminkbohne, Phaseolus multiflorus: *1* mit der Samenschale; *2* von der Samenschale befreit; *3* nach Entfernung des einen der beiden Keimblätter; *k* Keimblätter, *r* Radicula, *g* Laubblätter des Knöspchens, *h* Nabelfleck.

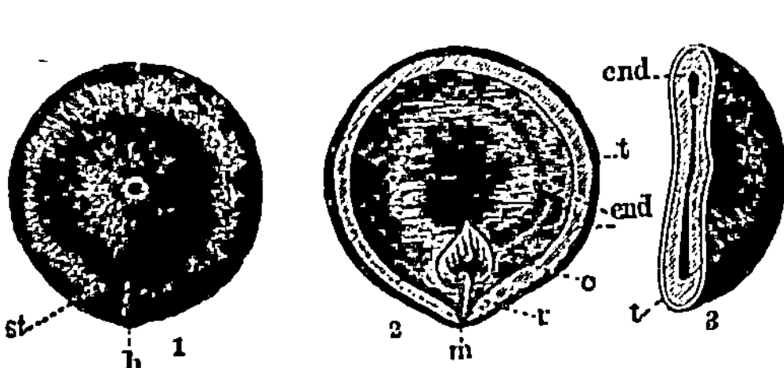

Abb. 37. Samen von Strychnos nux vomica: *1* der ganze Samen; *2* längsdurchschnitten; *3* querdurchschnitten. *r* Radicula, *c* Keimblätter, *end* Endosperm, *t* Samenschale.

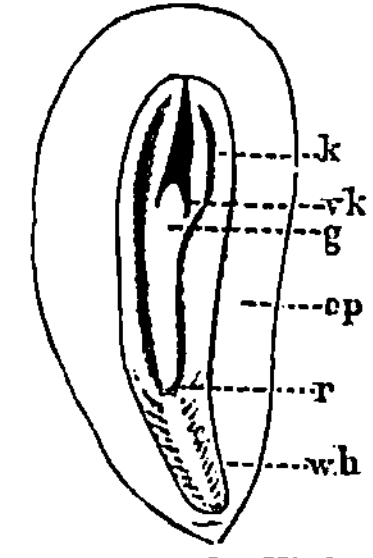

Abb. 38. Samen der Kiefer, Pinus silvestris, längsdurchschnitten. *r* Radicula, *wh* Wurzelhaube, *g* Stengel, *vk* Vegetationspunkt desselben, *k* Keimblätter, *ep* Endosperm.

dicht zusammengedrängt wie bei der Zwiebel (Abb. 31). Die Niederblätter sitzen mit breiter Basis ohne Blattstiel an, sind parallelnervig
und gewöhnlich ganzrandig.

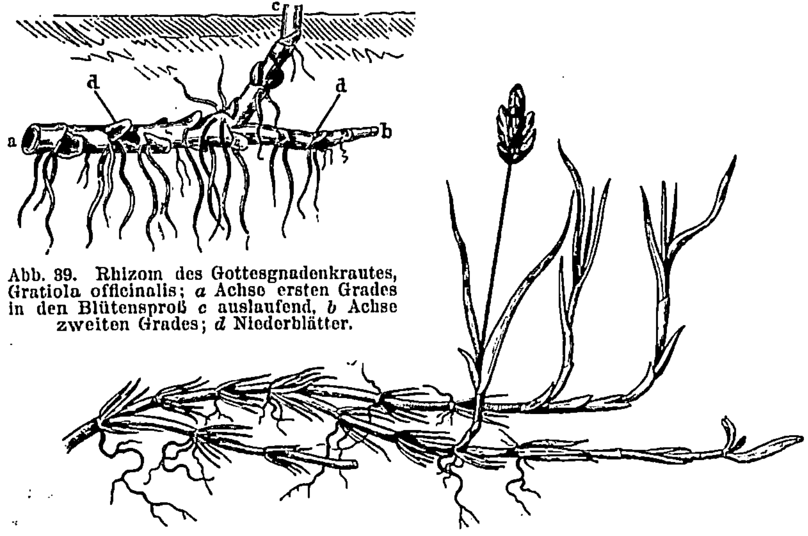

Abb. 39. Rhizom des Gottesgnadenkrautes,
Gratiola officinalis; a Achse ersten Grades
in den Blütensproß c auslaufend, b Achse
zweiten Grades; d Niederblätter.

Abb. 40. Rhizom der Sandsegge, Carex arenaria.

Laubblätter bilden die überwiegende Masse der Blätter an den
Pflanzen. Sie sind diejenigen, welche im Volksmunde allein als Blätter
im gewöhnlichen Sinne gelten. Ihre Form ist äußerst mannigfaltig.

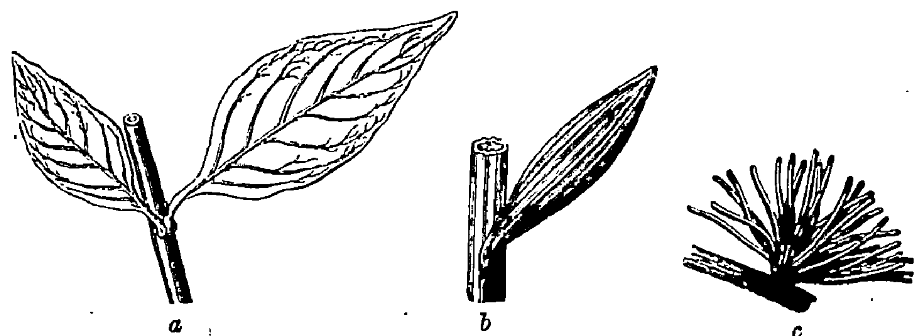

Abb. 41. a gestielte Blätter, b sitzendes Blatt, c Nadelblätter.

Je nach dem Vorhandensein oder Fehlen des Blattstieles unterscheidet
man gestielte Blätter (Abb. 41 a) und sitzende Blätter (b). Zu letzteren
gehören auch die Nadeln der Koniferen (c). Laubblätter sind meist
von grüner Farbe, auf der Unterseite in der Regel von einem etwas
matteren Ton. Die Laubblätter der Monokotylen sind gewöhnlich
parallelnervig (Abb. 41 b, 45 d), diejenigen der Dikotylen meist ver-

zweigtnervig (fiedernervig, Abb. 41 *a*). Den Hauptbestandteil der Nerven bilden die aus dem Stengel in die Blattspreite eintretenden

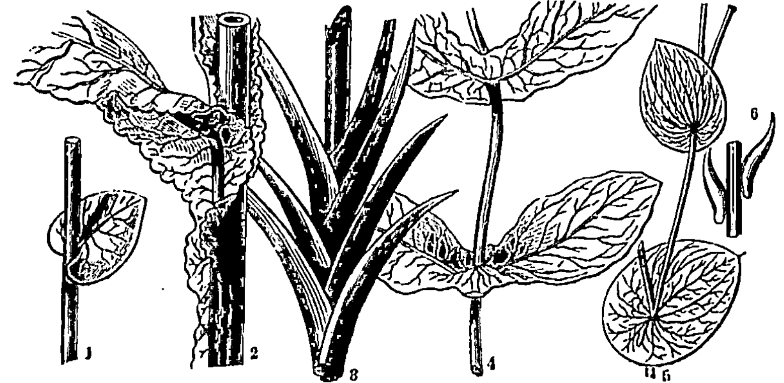

Abb. 42. Verschieden eingefügte Blätter: *1* stengelumfassend, *2* herablaufend, *3* reitend, *4* verwachsen, *5* durchwachsen, *6* ringsum gelöst.

und sich dort verzweigenden Leitbündel. Parallelnervige Blätter sind meist **sitzend**, verzweigtnervige meist **gestielt**, doch können die letzteren auch des Blattstieles entbehren und auch umgekehrt bei ersteren Blattstiele vorkommen (Araceen, Bambus). Die Blätter können ferner stengelumfassend, herablaufend, reitend, verwachsen oder durchwachsen sein (Abb. 42). Infolge der außerordentlich verschiedenen Gestalt, welche die **Blattfläche** annehmen kann, unterscheidet man, von verschiedenen Gesichtspunkten aus betrachtet, folgende mannigfache Formen:

nach dem **äußeren Umfange** und dem Längen- und Breitenverhältnis (Abb. 43): borstenförmige, pfriemenförmige, lineale (*a*), nadelförmige, keilförmige, spatelförmige, lanzett-

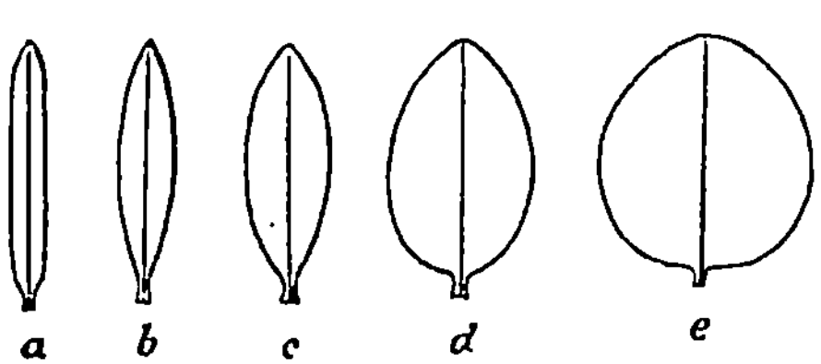

Abb. 43. Umrißformen der Blätter.

Abb. 44. Berandung des Blattes: *a* gesägt, 1. fein, 2. grob, 3. doppelt. *b* gezähnt, 1. fein, 2. grob, 3. doppelt. *c* gebuchtet. *d* ausgeschweift. *e* gekerbt, 1. grob, 2. doppelt.

liche (*b*), längliche (*c*), eiförmige (*d*), elliptische, kreisrunde (*e*), nierenförmige und rautenförmige Blätter;

nach der **Spitze**: ausgeschnittene, ausgerandete, abgestutzte, abgerundete, spitze, stachelspitzige und zugespitzte Blätter;

nach der B a s i s : herzförmige, pfeilförmige und spießförmige Blätter;
nach dem R a n d e (Abb. 44): ganzrandige, wellige, gesägte (*a*),
gezähnte (*b*), gewimperte, gekerbte (*e*), ausgeschweifte (*d*) und gebuchtete (*c*), sowie doppelt gesägte (*a 3*), doppelt gezähnte (*b 3*) und doppelt
gekerbte (*e 2*) Blätter;

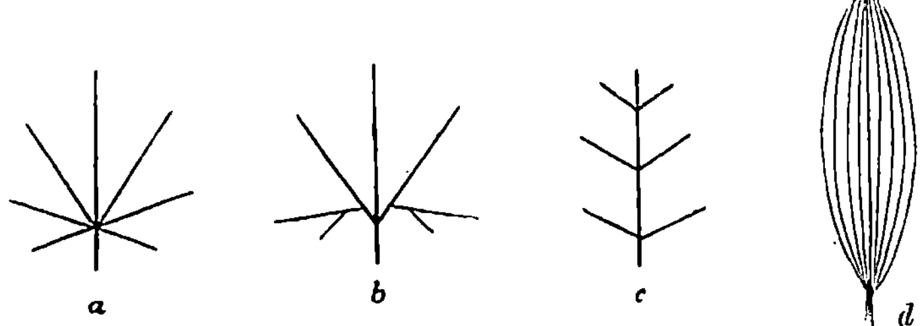

Abb. 45. Nervatur der Blätter.

nach der B e r i p p u n g (N e r v a t u r, Abb. 45): handförmige (*a*),
fußförmige (*b*), fiedernervige (*c*), endlich parallelnervige (*d*) Blätter;

Abb. 46. Teilungsformen der. Blattfläche.

nach der T e i l u n g der Blattfläche (Abb. 46): handförmig gelappte (*a*), handförmig geteilte (*b*) und gefingerte (*c*), ferner (Abb. 47)
fiederteilige (*a*), unpaarig gefiederte (*b*)
und paarig gefiederte (*c*) Blätter. Es
gibt auch doppelt, dreifach und vierfach gefiederte Blätter (Abb. 48), bei
denen jedes Fiederblättchen wiederum
eine entsprechende Teilung seiner Blattfläche aufweist. Und endlich unterscheidet man:

nach der K o n s i s t e n z : krautige,
häutige, harthäutige, lederige, fleischige
Blätter.

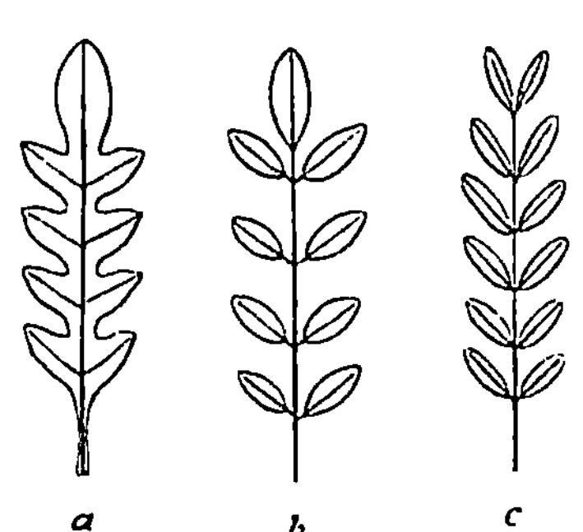

Abb. 47. Fiederteilung der Blätter.

Die K n o s p e n l a g e der Blattspreite
(V e r n a t i o n) genannt kann flach, gefaltet, eingerollt, zurückgerollt und
schneckenförmig, ihre Deckung (A e s t i v a t i o n genannt) offen,
klappig, dachig, gedreht oder reitend sein.

Der B l a t t s t i e l der Laubblätter besitzt auf seiner Oberseite meist
eine längsrinnenförmige Vertiefung, welche das Ablaufen des Regen-

wassers von der Blattfläche ermöglicht. Er ist zuweilen geflügelt (Abb. 49 *a*), zuweilen auch selbst blattartig verbreitert (Abb. 49 *b*) und wird, wenn eine Blattspreite fehlt, ein Phyllodium genannt.

Abb. 48. *a* doppelt, *b* dreifach, *c* vierfach gefiederte Blätter.

Die Scheide der Laubblätter ist diejenige Stelle, an welcher der Blattstiel oder, wenn dieser fehlt, die Blattfläche selbst mit dem Stengel verwachsen ist. In ersterem Falle trägt die Scheide häufig Nebenblätter (Abb. 50). Diese sind meist von der Farbe der Laubblätter und stehen seitlich am Blattstiel, zuweilen auch scheinbar im Winkel zwischen Blattstiel und Achse. Sie sind meist ganzrandig, oft jedoch selbst gefiedert (Abb. 50 *c*). Bei ungestielten Laubblättern trägt die Scheide an derjenigen Stelle, wo sie in das Blatt übergeht, häufig ein kleines, zartes, ungefärbtes Häutchen, Blatthäutchen oder Ligula genannt (Abb. 51), mitunter auch eine durch Verwachsung von Nebenblättern gebildete tutenförmige Umhüllung, eine Ochrea (Abb. 52).

Abb. 49. *a* geflügelter, *b* blattartig verbreiteter Blattstiel.

Die Blattscheide kann bei sitzenden Blättern gespalten, bauchig erweitert und dann nur an der Spitze gespalten, oder endlich geschlossen sein (Abb. 53).

Die Stellung der Blätter zueinander, ihre Insertion an der Achse, wird von bestimmten Regeln beherrscht, welche sich aus ihrer

Entstehungsfolge herleiten lassen. Es sei nur kurz darauf hingewiesen, daß an den Vegetationspunkten alle Seitenglieder da entstehen, wo sich zwischen den schon ausgegliederten Organen die größte Lücke findet.

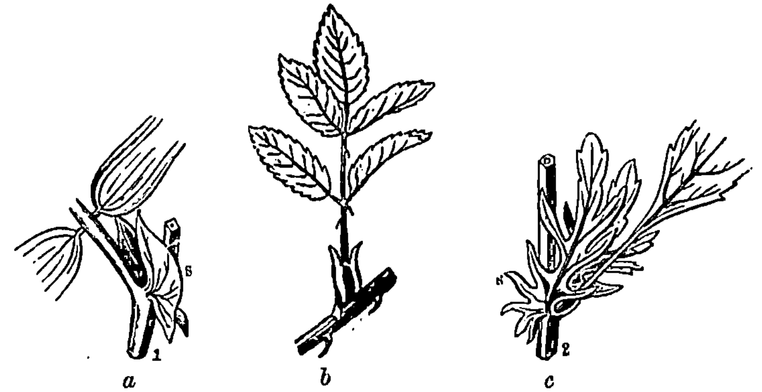

Abb. 50. Formen der Nebenblätter.

Man nennt die Blattstellung:

a) wechselständig oder spiralig, wenn die einzelnen Blätter, eine Spirale bildend, in ungleicher Höhe einzeln in die Achse eingefügt sind,

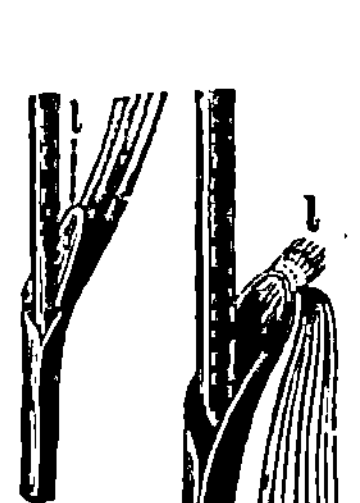

Abb. 51. Blatthäutchen oder Ligula (*l*).

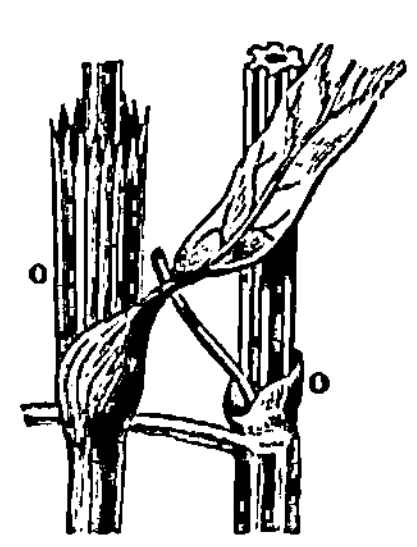

Abb. 52. Tutenförmiges Blatthäutchen oder Ochrea (*o*).

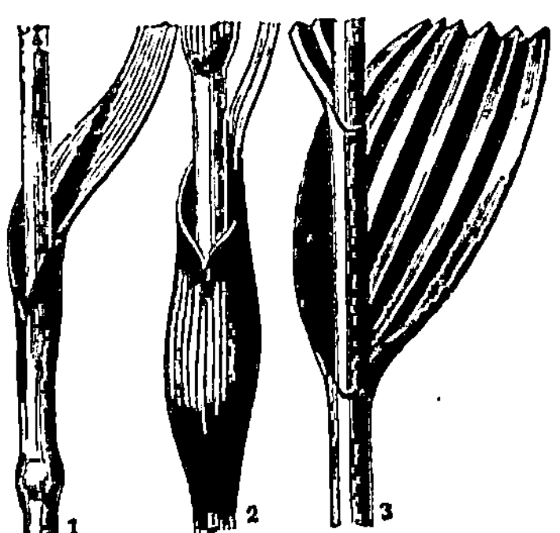

Abb. 53. Formen der Blattscheide: *1* gespalten, *2* bauchig, *3* geschlossen.

b) gegenständig, wenn je zwei derselben sich in gleieher Höhe gegenüberstehen, und

c) quirlständig, wenn mehr als zwei in gleicher Höhe der Achse entspringen.

Um die Gesetzmäßigkeit zu ergründen, welcher die wechselständigen Blätter im Einzelfalle folgen, ermittelt man zwei in senkrechter Linie übereinander eingefügte Blätter und sieht dann zu, wie man auf dem kürzesten Wege in einer, jedes dazwischen liegende Blatt berührenden Spirallinie von dem unteren zu dem darüber liegenden Blatte gelangt. Ein solcher Umlauf von einem Blatt bis zu dem senkrecht darüber stehenden heißt ein Cyklus. Im Falle A (Abb. 54) z. B. liegt stets das zweite Blatt in derselben Linie, man braucht somit, um in einem Umlaufe dahin zu gelangen, nur zwei Blätter, also a, b, c, d, e usw. zu berühren und drückt dies durch einen Bruch aus, in welchem die Zahl der Umläufe den Zähler und die Zahl der dabei berührten Blätter den Nenner bildet; in gegenwärtigem Falle also $^1/_2$. — In einem anderen Falle B kann man nicht mit zwei senkrechten Linien sämtliche Blätter treffen, sondern mit dreien, und man erreicht in Spirallinie das darüber liegende

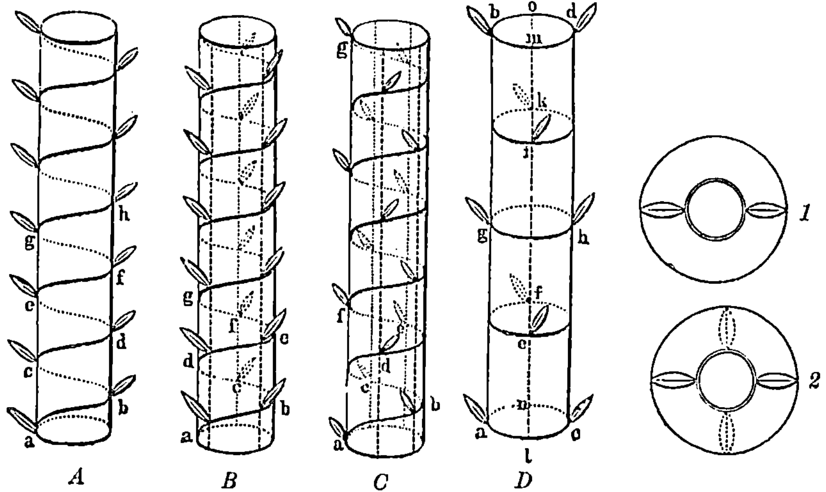

Abb. 54. Schema der Blattstellungen: A $^1/_2$, B $^1/_3$, C $^2/_5$, D gegenständige und dekussierte Blattstellung.

Abb. 55. In eine Ebene projizierte gegenständige Blätter; *1* ein Paar, *2* zwei übereinander liegende Paare.

Blatt, indem man auf einem Umlaufe drei Blätter berührt, also a, b, c, d, e, f, g usw.; man nennt diese Stellung $^1/_3$-Stellung. — In einem weiteren Falle C sind fünf senkrechte Linien nötig, um sämtliche übereinanderliegende Blätter miteinander zu verbinden, und man muß, um auf dem kürzesten Wege von einem Blatte zum nächsten, senkrecht darüber liegenden, zu gelangen, zwei Umläufe in Spirallinie vollziehen, indem man dabei fünf Blätter berührt, also a, b, c, d, e, f. Diese Anordnung bezeichnet man demgemäß als $^2/_5$-Blattstellung. Die senkrechten Linien, welche übereinander eingefügte Blätter miteinander verbinden, heißen Geradzeilen oder Orthostichen (von ὀρθός, orthos = gerade, und στίχος, stichos = Reihe), diejenigen Spirallinien jedoch, welche die Blätter miteinander verbinden, deren seitlicher Abstand an der Achse am geringsten ist, heißen Schrägzeilen oder Parastichen. Der Ausdruck der Blattstellung in Bruchzahlen hat außer seiner bezeichneten Kürze noch den Vorteil, gleichzeitig den Winkel (Divergenzwinkel) auszudrücken, welchen die Blätter, auf eine Ebene projiziert, zueinander einnehmen würden. Berührt man:

auf einer Umdrehung zwei Blätter, so ist der Divergenzwinkel
$^1/_2$ von $360^0 = 180^0$,

auf einer Umdrehung drei Blätter, so ist der Divergenzwinkel
$^1/_3$ von $360^0 = 120^0$,

auf zwei Umdrehungen fünf Blätter, so ist der Divergenzwinkel
$^2/_5$ von $360^0 = 144^0$ usw.

Man findet:

$^1/_2$-Stellung z. B. bei der Linde (Tilia),
$^1/_3$ „ „ „ „ der Erle (Alnus),
$^2/_5$ „ „ „ „ dem Hahnenfuß (Ranunculus),
$^3/_8$ „ „ „ „ der Stechpalme (Ilex),
$^5/_{13}$ „ „ „ „ dem Löwenzahn (Taraxacum).

Gegenständige Blätter (Abb. 54 *D*) lassen sich durch zwei Linien auf eine Ebene projizieren, auf welcher sie einen Divergenzwinkel von 180^0 bilden (Abb. 55 *1*). Hier ist der Fall häufig, daß jedes einzelne Paar mit dem vorhergehenden und dem folgenden derart abwechselt (alterniert), daß die die beiden gegenüberliegenden Blätter verbindenden Linien sich rechtwinklig schneiden (Abb. 55, *2*). Man nennt dies die gekreuzte oder dekussierte Blattstellung. Gegenständige und gekreuzte Blattstellung ist z. B. allen Lippenblütlern (Labiaten) eigen.

Quirlständige Blätter kann man sich zustande gekommen denken, indem mehrere Paare gegenständiger Blätter oder eine bis mehrere Umdrehungen wechselständiger Blätter durch Verkürzung der zwischenliegenden Achsenstücke (Internodien) in eine Ebene verlegt sind. In Abb. 55, *2* deuten die punktierten Blätter das darunterliegende Paar gegenständiger Blätter an. Liegen diese in einer Ebene, so stellt Abb. 55, *2* den Querschnitt durch einen viergliedrigen Blattquirl dar. Es gibt auch sechs-, acht- und mehrgliedrige Blattquirle. Quirlständige Blätter sind beispielsweise dem Tannenwedel, Hippuris vulgaris, eigen.

Hochblätter kommen nur an den Blütenständen vor und stehen mit den Blüten in gewisser örtlicher Beziehung. Sie sind den Laubblättern zuweilen ähnlich, zuweilen diesen sogar völlig gleich, häufiger aber von ihnen in Farbe, Gestalt, Konsistenz und Größe außerordentlich verschieden. So besteht z. B. die Blütenscheide (Spatha) vieler Monokotylen (Abb. 56) aus einem Hochblatte, ebenso werden die Außenhülle an den Blüten vieler Dikotylen (Involucrum, (Abb. 58), und der Hüllkelch, sowie die Spreublättchen der Kompositen (Abb. 57), von Hochblättern gebildet. Mit der Achse des Blütenstandes verwachsene Hochblätter besitzt die Linde (Abb. 59). Die meisten Blüten sitzen in der Achsel eines, wenn auch kleinen Hochblattes, welches als Deckblatt der Blüte bezeichnet wird. Solche Deckblätter können jedoch bei manchen Familien völlig fehlen, z. B. bei den Cruciferen. Auch am Blütenstiele sitzen häufig noch ein oder zwei weitere, oft schuppenförmige Hochblätter an, welche Vorblätter genannt werden.

Blütenblätter nennt man diejenigen Blätter, welche die Blüten der Pflanzen bilden. Als „Blüte" bezeichnet man die Vereinigung

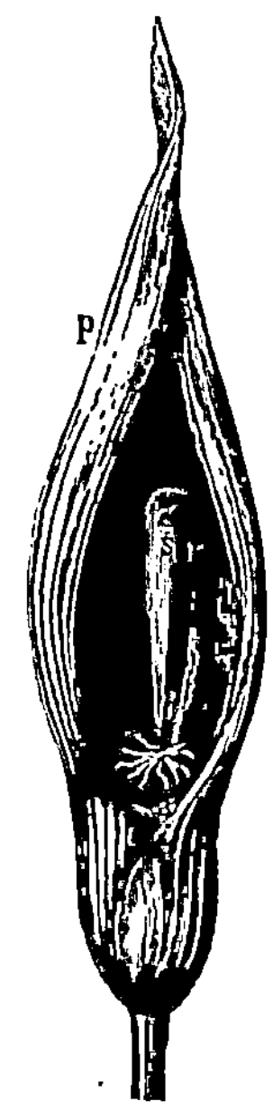

Abb. 56. Blüten-
scheide oder Spatha
(*p*) von Arum macu-
latum, *s* der Blüten-
kolben (Spadix).

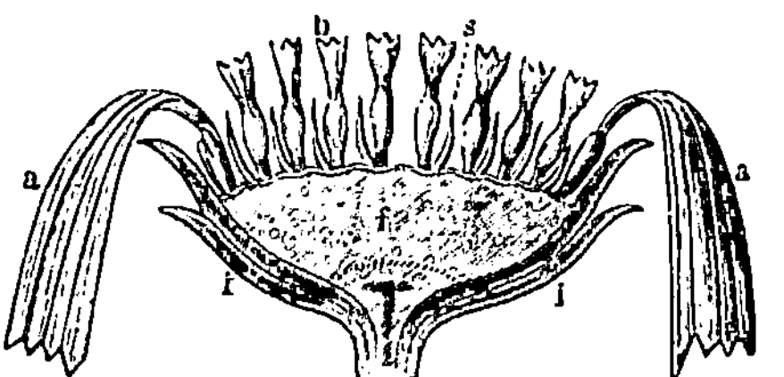

Abb. 57. [Hüllkelch (*i*) und Spreublättchen (*s*) eines Kompositen-
köpfchens; *a* und *b* Einzelblüten, *f* der Blütenboden.]

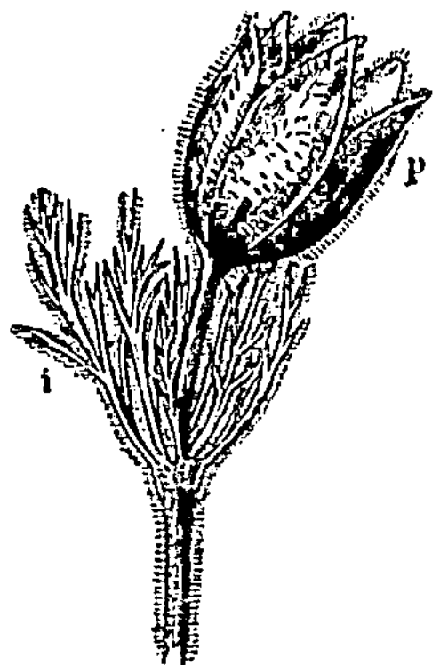

Abb. 58. Außenhülle oder Involucrum (*i*) von Anemone
pulsatilla, *p* die Blüte.

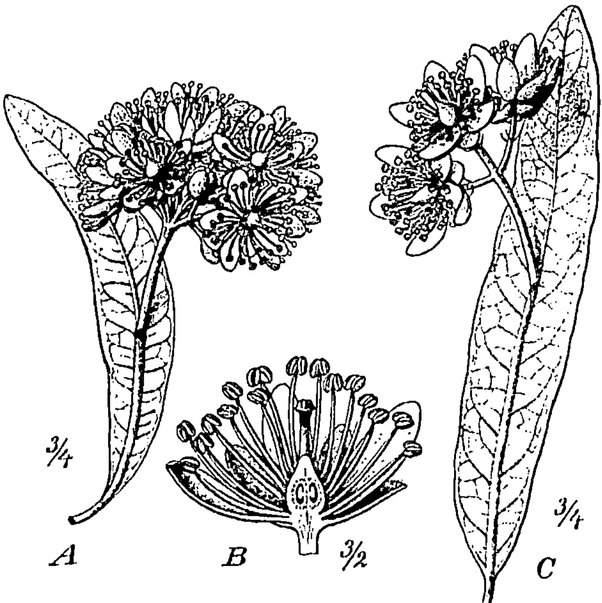

Abb. 59. *A* Blütenstand der Winterlinde (Tilia cordata.) (³/₄). *B* einzelne Blüte im Längsschnitt (³/₂). *C* Blütenstand der Sommerlinde (Tilia platyphyllos.) (³/₄).

aller Organe eines Sprosses, die in irgend einer Weise am Zustandekommen der geschlechtlichen Fortpflanzung beteiligt sind. Um zu
begreifen, daß sämtliche Teile der Blüte, auch Staubgefäße und Pistille, nichts anderes als umgewandelte (metamorphosierte) Blätter
eines Sprosses sind, muß man beachten, daß die Achse, an welcher
sie spiralig oder wirtelig angeordnet sind, meist reduziert, d. h. gestaucht ist.   Die Anheftungsstellen der Blütenblätter, welche man an
der gestreckten Achse übereinanderliegend erblicken würde, liegen
in einer horizontalen Ebene, und zwar so, daß — der Verjüngung
der Achse nach oben hin entsprechend — der unterste Kreis den

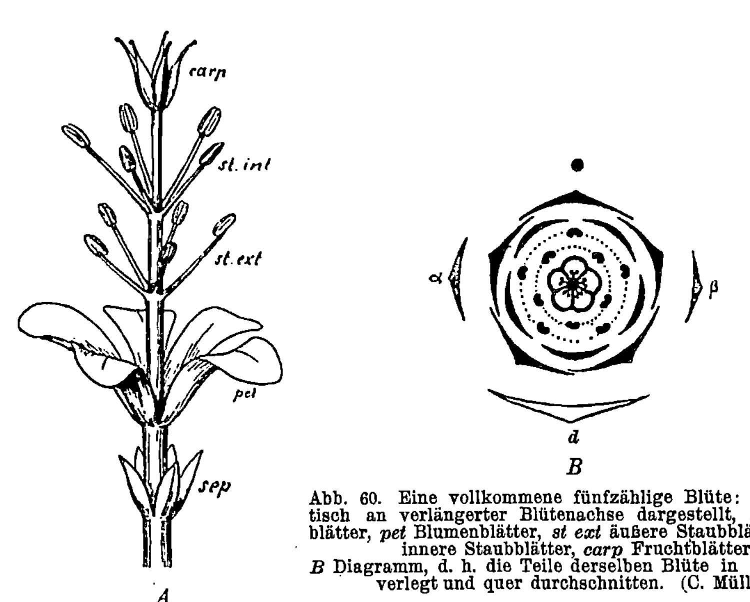

Abb. 60. Eine vollkommene fünfzählige Blüte: *A* schematisch an verlängerter Blütenachse dargestellt, *sep* Kelchblätter, *pet* Blumenblätter, *st ext* äußere Staubblätter, *st int*
innere Staubblätter, *carp* Fruchtblätter.
B Diagramm, d. h. die Teile derselben Blüte in eine Ebene
verlegt und quer durchschnitten. (C. Müller.)

weitesten und äußersten, die den Sproß abschließenden Fruchtblätter
hingegen den innersten Kreis bilden. Man vergleiche Abb. 60 *A*,
welche eine typische fünfzählige Blüte schematisch mit verlängerter
Achse darstellt, und Abb. 60 *B*, welche den Grundriß der in einer
Ebene liegenden Blütenteile wiedergibt. Einen solchen Grundriß nennt
man ein B l ü t e n d i a g r a m m (siehe Seite 58). Mit Hinweglassung
der Vorblätter *α*, *β* und *d*, sowie des oberen Punktes, welcher die
Hauptachse bedeutet, wird man in dem Diagramm Abb. 60 *B* alle
Teile der Abb. 60 *A* wieder erblicken.

Die Homologie der Blütenblätter und der Laubblätter tritt in den
mannigfachsten Erscheinungen zutage, so z. B. darin, daß Scheide,
Blattstiel und Blattfläche an ersteren mehr oder weniger deutlich
unterscheidbar sind, daß ihre Insertion an der Achse von denselben
Prinzipien beherrscht wird und ihre Knospenlage sowie Knospendeckung derjenigen der Laubblätter gleich ist.

Die Blüte.

Die vollkommensten Blüten setzen sich aus fünf Blütenblattkreisen zusammen, und zwar:

einem Kelchblattkreis,
einem Blumenblattkreis,
zwei Staubblattkreisen,
einem Fruchtblattkreis.

Einer oder mehrere dieser Kreise können an einfacheren Blüten fehlen. Ohne die letztgenannten Kreise, d. h. zwei oder mindestens einen Staubblattkreis und einen Fruchtblattkreis, würden jene jedoch aufhören, Blüten im botanischen Sinne zu sein. Ihr Vorhandensein bedingt vielmehr erst den Charakter der Blüte als Zeugungsort.

Sind sowohl der Fruchtblattkreis, als auch beide oder einer der beiden Staubblattkreise vorhanden, so ist die Blüte zwitterig oder monoklin, d. h. männliche und weibliche Organe sind auf einem Lager vereinigt (z. B. die Blüte vom Hahnenfuß, Ranunculus). Fehlt der Fruchtblattkreis, so heißt die Blüte männlich, fehlen beide Staubblattkreise, so ist sie eine weibliche; in beiden Fällen ist die Blüte eine eingeschlechtige oder diklinische, d. h. männliche und weibliche Organe sind auf zwei Lager verteilt. Sind die diklinischen Blüten beiderlei Geschlechts auf einer Pflanze vereinigt, so heißt diese monöcisch; sie wird diöcisch genannt, wenn sie nur Blüten eines Geschlechts, und polygam, wenn sie sowohl eingeschlechtige als zwitterige Blüten entwickelt. Den Kelchblattkreis und den Blumenblattkreis faßt man beide unter dem Namen Blütenhülle oder Perianth (von περί, peri = um, und ἄνϑος, anthos = die Blüte) zusammen. Fehlt das Perianth, so heißt die Blüte nackt (achlamydeisch), andernfalls ist sie behüllt. Ist nur ein Hüllblattkreis vorhanden, so nennt man die Blüte haplochlamydeisch, dagegen diplochlamydeisch, wenn beide Hüllblattkreise ausgebildet sind; sind in letzterem Falle (d. h. bei diplochlamydeischer Blüte) die beiden Hüllblattkreise gleichartig ausgebildet, so nennt man die Blüte homoiochlamydeisch; eine solche Blütenhülle kann entweder kelchblattartig (sepaloid) oder kronblattartig (petaloid) sein; zeigt dagegen eine Blüte typischen Kelch und Blumenkrone, so wird sie als heterochlamydeisch bezeichnet.

Die Staubblätter nennt man in ihrer Gesamtheit, da sie den männlichen Geschlechtsapparat bilden, das Androeceum (von ἀνήρ, ἀνδρός, aner, Genit. andros = der Mann, und οἶκος, oikos = das Haus); die Fruchtblätter, der weibliche Geschlechtsapparat, werden als Gynaeceum (von γυναικεῖον, gynaikeion = das Frauengemach) bezeichnet.

Die Kelchblätter.

Der Kelch, auch Calyx genannt, setzt sich aus Kelchblättern (Sepala) zusammen. Diese können grün und blattartig im gewöhnlichen Sinne oder aber buntgefärbt und dann blumenblattartig gestaltet sein, wie z. B. bei Iris (Abb. 61). Immer aber sind sie un-gestielt. Blumenblattartig ausgebildete Kelche nennt man corol-linisch oder petaloïd. Bei den unvollkommenen und unregel-mäßigen Blüten kann der Kelch auch nur aus einem einzigen Blatt bestehen, er kann sogar nur auf einen Höcker oder Wulst zurück-geführt sein. Bei den Korbblütlern ist er meist borstenförmig (Abb. 62) und wird Pappus genannt.

Verwachsung der Kelchblätter untereinander.

Häufig sind die Kelchblätter im ganzen Umkreise untereinander verwachsen. Die Blüte heißt dann synsepal (oder schlechter gamo-

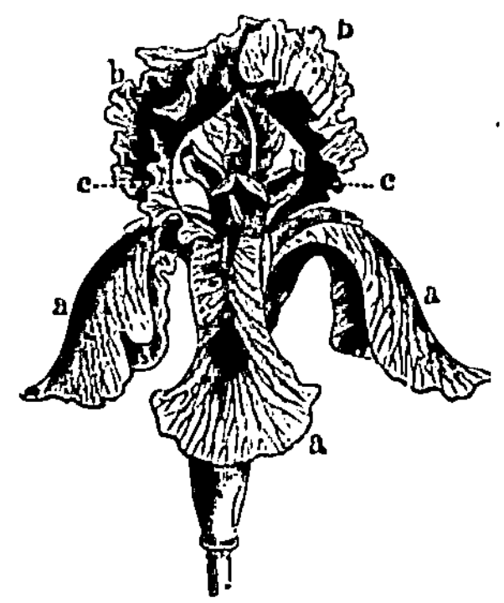

Abb. 61. Blüte von Iris pallida: *a* die blumenblattartigen, buntge-färbten Kelchblätter, *b* die Blumen-blätter, *c* die Narben.

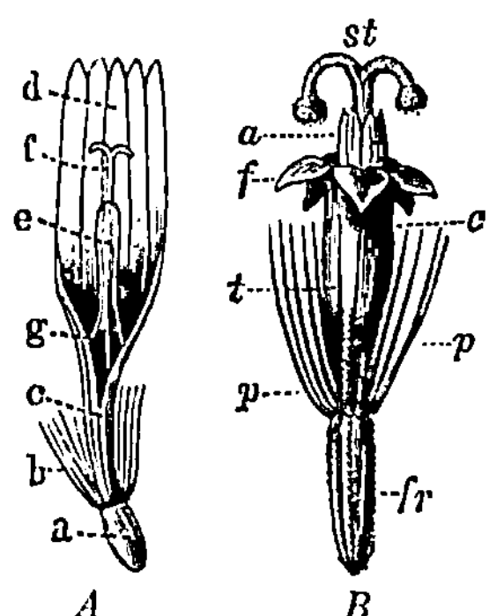

Abb. 62. *A* Zungenblüte einer Kom-posite: *b* der Kelch oder Pappus. *B* Röhrenblüte einer Komposite: *p* der Kelch oder Pappus, *c* die verwachsene Blumenkrone.

sepal) zum Unterschiede von der chorisepalen (auch manchmal dialysepal genannten) Blüte. Erstreckt sich diese Verwachsung bis zur Spitze, so heißt der Kelch ungeteilt, andernfalls besitzt er mehr oder weniger tiefe Einschnitte und heißt dann geteilt, wenn diese sehr tief, gezähnt, wenn sie ziemlich flach sind; die freigebliebenen Spitzen heißen der Saum des Kelches. Die Zahl der Zipfel entspricht der Anzahl der verwachsenen Kelchblätter. Bei unregelmäßigen Blüten pflegen ein oder zwei Einschnitte tiefer als die anderen zu sein und es kommt dadurch ein einlippiger oder zweilippiger Kelch zustande.

Die Blumenblätter.

Die Blumenblätter oder Petala bilden die Blumenkrone, auch kurzweg Krone oder Corolla genannt. Sie sind nicht immer sitzend, wie die Kelchblätter, sondern häufig mit einem schmalen, längeren oder kürzeren Stiele versehen, welchen man den Nagel (Abb. 63 *u*) nennt, zum Unterschied von dem flächenförmigen Teile des Blumenblattes, der Platte oder Spreite (Abb. 63 *l*). An der Verbindungsstelle von Platte und Nagel findet sich nicht selten ein

Anhängsel von mannigfaltiger Gestalt, die Ligula (z. B. Abb. 63 c);
sind die Ligulargebilde einer Blüte sehr kräftig ausgebildet, so spricht
man häufig von einer Nebenkrone.

Verwachsung der Blumenblätter untereinander.

Sehr häufig sind die Blumenblätter mit ihren Rändern verwachsen.
Solche Blüten heißen sympetal (häufig auch schlechter gamopetal),
zum Unterschied von den freiblätterigen, chori-
petalen (auch manchmal ·dialypetal oder
eleutheropetal genannten) Blüten. Die Blumenblätter bilden, wenn verwachsen, eine trichterförmige, röhrenförmige (Abb. 62 B, c) oder glockenförmige (Abb. 64) Blumenkrone. Glockenförmige
Corollen können auch im Grunde verengert sein,
wie bei Digitalis (Abb. 65). Vom Saum der Blüte
gilt dasselbe, was von dem des Kelches gesagt
wurde. Die Verwachsung kann sich nur. auf den
alleruntersten Teil erstrecken, wie z. B. bei der
Schwertlilie (Abb. 61), oder sie kann über alle
Zwischenstufen hinweg soweit gehen, daß die
Zipfel nur noch als unscheinbare Ausbuchtungen
(Abb. 62 A, d) sichtbar sind.

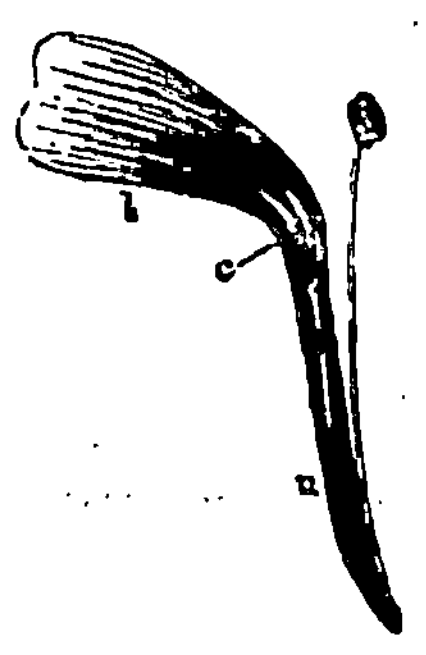

Abb. 63. Genageltes Blu-
menblatt: u der Nagel,
l die Spreite, c Blumen-
blattanhängsel.

Verwachsung der Blumenblätter mit den Kelchbättern.

Nicht selten sind Blumenblätter und Kelchblätter nicht allein unter
sich, sondern auch miteinander verwachsen, und zwar ist in diesen
Fällen der Kelch stets blumenblattartig ausgebildet (Abb. 77 A).
Die Mehrzahl der Liliengewächse veranschaulicht diese Verwachsung.

Abb. 64. Glockenförmige
Blumenkrone der Glocken-
blume, Campanula rotundi-
folia.

Abb. 65. Trichterförmige Blumenkrone des Fingerhuts, Digitalis purpurea; a von außen, b in der Längsrichtung aufgeschnitten.

Eine solche gemeinsame Blütenhülle nennt man ein Perigon; doch
bedingt dieser Begriff nicht hauptsächlich die Verwachsung der
Kelchblätter mit den Blumenblättern, sondern ihre gleichartige Ausgestaltung, z. B. die blumenblattartige Ausbildung der ersteren. Sind
Kelch und Blumenblätter nur am Grunde miteinander verwachsen,
so unterscheidet man den Kelchblattkreis als äußeres und den Blumenblattkreis als inneres Perigon.

Die Staubblätter.

Die Staubblätter, auch Staubgefäße oder Stamina genannt, stellen in ihrer Gesamtheit den männlichen Geschlechtsapparat oder das Androeceum dar. Obwohl die Mehrzahl der Staubgefäße nicht leicht ihre Blattnatur erkennen läßt, so tritt diese doch manchmal, wie z. B. bei Nymphaea, deutlich in die Erscheinung (vgl.

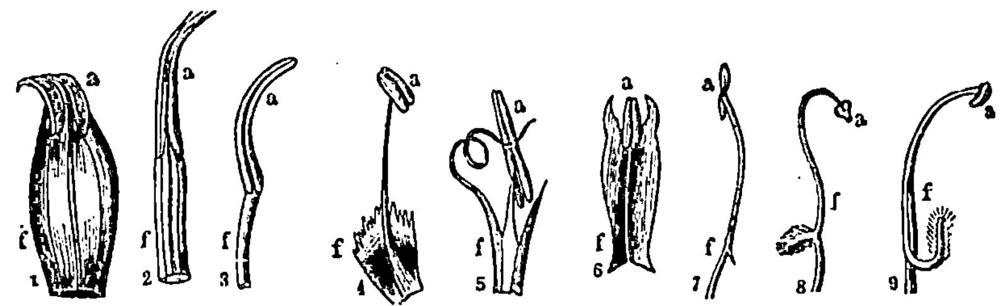

Abb. 66. Verschieden geformte Staubgefäße. *f* Staubfaden oder Filament, *a* Staubbeutel oder Anthere.

Abb. 66, *1, 2, 4, 5, 6*), ferner auch an jenen durch gärtnerische Kunst zu „gefüllten Blumen" gewordenen Blüten der Rose, des Mohns usw., an denen man, so lange die Füllung noch keine vollkommene ist, alle Übergänge von dem fadenförmigen Staubgefäß bis zu den völlig blumenblattartig gewordenen Gebilden beobachten kann.

An dem Staubgefäß typischer Form unterscheidet man den Staubfaden oder das Filament (Abb. 67*f*), dem Blattstiel entsprechend, und den diesem aufsitzenden Teil, welcher als Staubbeutel oder Anthere (Abb. 67 *a*) bezeichnet wird und die Blattspreite verkörpert. In den meisten Fällen besteht der Staubbeutel aus 2 Längshälften, Staubbeutelfächer oder Thecae genannt, welche einem, die Verlängerung des Staubfadens bildenden

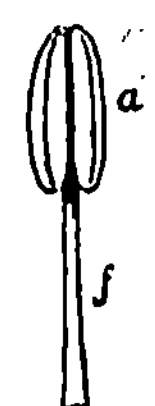

Abb.67.Ein Staubgefäß typischer Form: *f* Staubfaden oder Filament, *a* Staubbeutel oderAnthere.

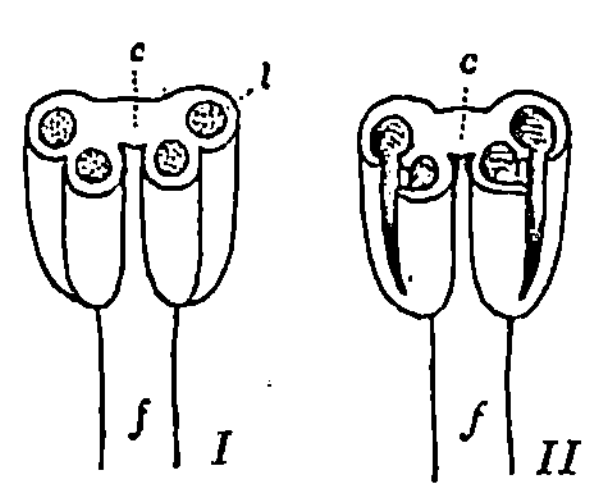

Abb. 68. Antheren zweier Staubgefäße, quer durchschnitten; *I* ge schlossen, *II* nach dem Ausstreuen des Pollens, *f* Filament, *c* Konnektiv, *l* Pollensäcke.

Mittelband oder Konnektiv (Abb. 68 *c*) ansitzen. Solche Antheren werden dithecisch genannt; monothecisch dagegen sind diejenigen, die nur eine Theca mit zwei Pollensäcken (wie z. B. bei den Malvaceen) tragen. Je nachdem die Thecae der Bauch- oder Rückenseite des Filaments angeheftet sind, wird die Anthere intrors oder extrors genannt. Jedes der Staubbeutelfächer schließt zumeist wiederum zwei nebeneinanderliegende Längshöhlungen in sich, welche die Pollensäcke (Abb. 68 *l*) genannt werden und welche den Pollen oder die Pollenkörner, d. i. die männlichen Befruchtungszellen der Pflanze, enthalten. Zur Zeit der Reife verschmelzen gewöhnlich die beiden

Pollensäcke miteinander und öffnen sich durch einen gemeinsamen Längsspalt, wie es Abb. 68 *II* veranschaulicht; auf diese Weise wird dem Pollen der Austritt gestattet, um durch den Wind oder durch Insekten auf die weiblichen Befruchtungsorgane übertragen zu werden.

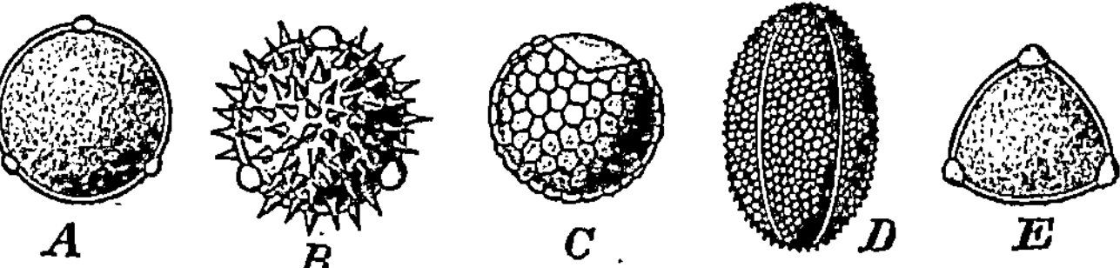

Abb. 69. Pollenkörner. *A* von Aloe, *B* Arnica, *C* Iris, *D* Acanthus, *E* Atropa belladonna.

Die Pollenkörner selbst sind verschieden gestaltet (Abb. 69). Sie sind trocken und glatt, so vorzugsweise in Windblüten, mehr oder weniger klebrig oder stachelig, hauptsächlich in Insektenblüten. Bei der Reife lösen sich gewöhnlich die Pollenkörner voneinander los; seltener bleiben sie zu vieren (nach der Art ihrer Entstehung aus einer Pollenmutterzelle) in Pollentetraden miteinander verbunden oder bilden, wie bei den Orchidaceen und Asclepiadaceen, eine keulenförmige, zusammenhängende, aus einzelnen Pollenzellgruppen, den Pollinien, bestehende, wachsartige Masse, das Pollinarium.

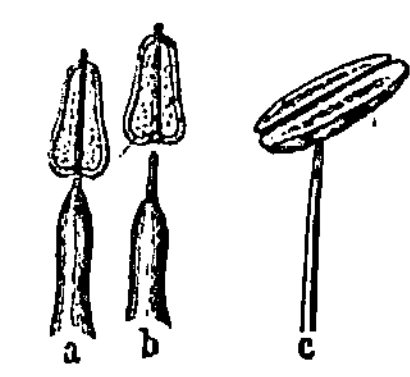

Abb. 70. Bewegliche Antheren: *a* und *b* der Tulpe, Tulipa Gesneriana, *c* der Lilie, Lilium candidum.

Die einfachste, häufigste und typische Form der Staubgefäße kann hier und da Abweichungen zeigen. So z. B. kann das Konnektiv nicht an seinem unteren Ende, sondern in seiner Mitte am Filament angefügt sein, wie man es an der Grasblüte oder bei der Lilie (Abb. 70 *c*) beobachten kann. Auch kann das Konnektiv ungewöhnlich lang sein und die Antherenfächer an seinen Enden tragen,

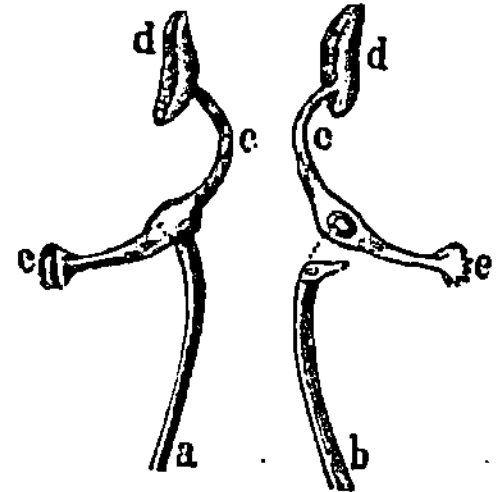

Abb. 71. Staubgefäß der Salbei, Salvia officinalis, mit zweischenkelig verlängertem Konnektiv (*c*) und einer halben Anthere (*d*).

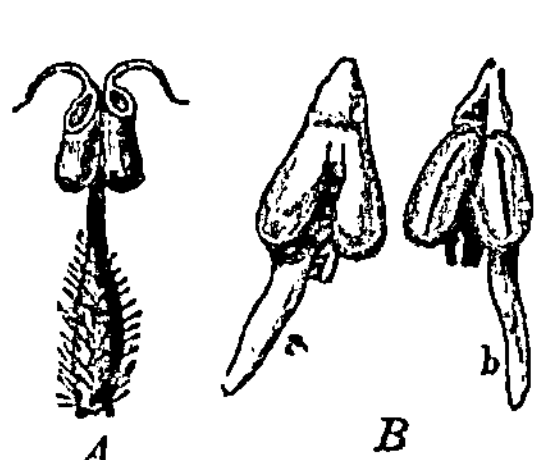

Abb. 72. *A* gehörnte Anthere der Bärentraube, Arctostaphylos uva ursi. *B* gespornte Antheren des Stiefmütterchens, Viola tricolor.

Abb. 73. *a* männliche Blüte und *b* ein einzelnes Staubblatt des Lebensbaumes, Thuja occidentalis, mit schildförmigem Konnektiv u. zahlreichen Pollensäcken.

wie bei Salvia officinalis (Abb. 71), wo außerdem das zweite Antherenfach verkümmert oder zurückgebildet ist. Auch verzweigte Staubgefäße kommen vor, z. B. bei Ricinus communis.

Ferner können die Antherenfächer gehörnt sein, wie bei der Bärentraube (Abb. 72 *A*), oder gespornt, wie bei dem Stiefmütterchen (Abb. 72 *B*).

Bei manchen Nadelhölzern und überhaupt bei den meisten nacktsamigen Gewächsen (Gymnospermen, siehe dort), sind nicht zwei, bzw. vier, sondern zahlreiche Pollensäcke vorhanden (Abb. 73).

Auch das Aufspringen der Antherenfächer kann Abweichungen von der oben geschilderten, typischen Art zeigen; so geschieht das Aufspringen bei dem Frauenmantel durch Querspalten (Abb. 74 *A*, *d*) oder mit Löchern bei den Nachtschattengewächsen (Abb. 74 *B*), mit

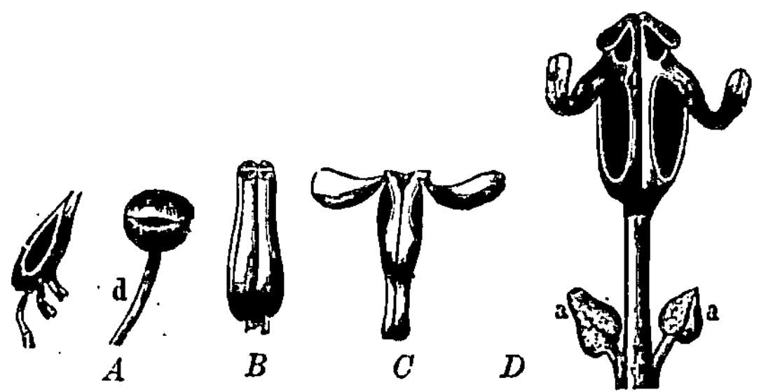

Abb. 74. *A* mit Spalten aufspringendes Staubgefäß des Heidekrautes, Calluna vulgaris, und des Frauenmantels, Alchemilla vulgaris (*d*). *B* mit Löchern aufspringendes Staubgefäß der Kartoffel, Solanum tuberosum. *C* mit zwei Klappen aufspringendes Staubgefäß der Berberitze, Berberis vulgaris. *D* mit vier Klappen aufspringendes Staubgefäß des Zimtbaumes, Cinnamomum zeylanicum.

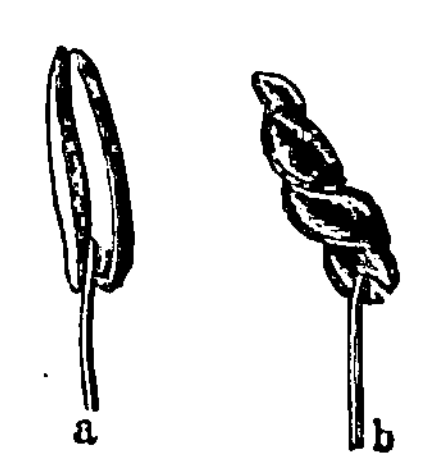

Abb. 75. Staubblatt des Tausendgüldenkrautes, Erythraea centaurium: *a* vor dem Ausstäuben, *b* nach dem Ausstäuben des Pollens.

zwei Klappen bei der Berberitze (Abb. 74 *C*) und vielen Lorbeergewächsen, mit vier Klappen bei manchen anderen Lorbeergewächsen (Abb. 74 *D*).

Das Ausstreuen der Pollenkörner wird zuweilen durch Drehung der Antheren unterstützt, wie z. B. bei dem Tausendgüldenkraut (Abb. 75).

Als Staminodien bezeichnet man unfruchtbare, sterile Glieder des Androeceums, welche keinen Pollen erzeugen und entweder verkümmert und funktionslos sind oder als kronblattähnliche oder aber als Nektar absondernde Gebilde Anlockungsmittel für Insekten bei Insektenblütengewächsen darstellen.

Verwachsung der Staubblätter untereinander.

Die Staubblätter können untereinander an ihren Rändern verwachsen, und zwar entweder im ganzen Umkreise, d. h. zu einer Röhre, oder nur teilweise, d. h. zu einzelnen Bündeln. Diese Verwachsung erstreckt sich jedoch fast niemals auf die Staubblätter in ihrer ganzen Länge, sondern es verwachsen entweder nur die Staubfäden (Leguminosae-Papilionatae) oder aber nur die Staubbeutel (Compositae). Sind Staubfäden und Staubbeutel miteinander verwachsen, so spricht man von einem Synandrium (Cucurbitaceae).

Beide Arten der Verwachsung haben für Linné, welcher Zahl und Anordnung der Staubgefäße seinem künstlichen System bei der Pflanzeneinteilung zugrunde legte, Veranlassung zur Bildung besonderer Klassen gegeben Zu einem einzigen Bündel sind die Staubfäden beispielsweise bei den Malven (Abb. 76 *A*), den Storchschnabelgewächsen und den Kürbisgewächsen verwachsen (XVI. Klasse Linnés); zwei Bündel finden sich bei den Polygalaarten und bei den Erdrauchgewächsen (Abb. 76 *B*), doch zählt Linné zu dieser seiner XVII. Klasse auch diejenigen Gewächse, bei denen neun Staubfäden zu einem Bündel verwachsen sind und das zehnte Staubgefäß allein freigeblieben ist; dies ist bei einem Teil der großen Familie der Schmetterlingsblütler der Fall. Staubfäden, welche zu mehr als zwei Bündeln verwachsen sind, besitzt das Johanniskraut, Hypericum.

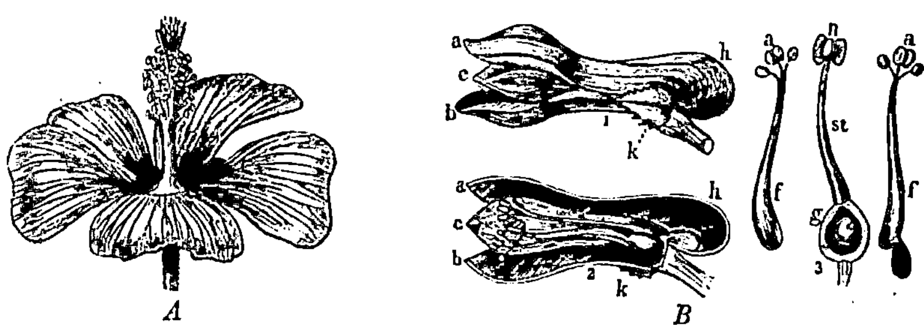

Abb. 76. *A* zu einem Bündel verwachsene Staubgefäße der Malve, Malva alcea. *B* zu zwei Bündeln verwachsene Staubgefäße des Erdrauchs, Fumaria officinalis.

Zu den Pflanzen mit untereinander verwachsenen Staubbeuteln (Linnés Röhrenbeutelige oder Syngenesia) gehört die große Familie der Korbblütler oder Kompositen (Abb. 62 *A, e* und Abb. 62 *B, a*).

Verwachsung der Staubblätter mit den Blumenblättern.

In vielen Fällen verwachsen die Staubfäden zum Teil mit den Blumenblättern, bzw. mit dem Perigon, und es bleiben nur die Staubbeutel nebst dem oberen Teile der Filamente frei, so daß es

Abb. 77. Mit der Blütenhülle verwachsene Staubgefäße: *A* des Maiglöckchens, Convallaria majalis, *B* der Ochsenzunge, Anchusa officinalis.

den Anschein hat, als entsprängen die Staubgefäße nicht dem gemeinsamen Blütenboden, sondern der Blütenhülle. Solche Beispiele bieten das Maiglöckchen (Abb. 77 *A*) und die Ochsenzunge (Abb. 77 *B*).

Eine Verwachsung der Staubblätter mit den Kelchblättern kommt im eigentlichen Sinne, d. h. abgesehen von den Fällen, wo der Kelch mit den Blumenblättern das Perigon bildet, wie bei dem Maiglöckchen (Abb. 77 *A*), nicht vor. Die Ansicht Linnés, daß bei seiner XIII. Klasse die Staubgefäße auf dem Kelchrande eingefügt seien, ist ein Irrtum, welcher später bei der Besprechung des Blütenbodens Aufklärung finden wird.

Die Fruchtblätter.

Die Fruchtblätter nehmen stets den innersten Kreis der Blüte, also den Gipfel der Blütenachse ein und bilden den weiblichen Geschlechtsapparat, das Gynaeceum. Sie heißen auch Karpelle oder Karpiden (von καρπός, karpos = die Frucht) und können entweder einzeln oder zu mehreren in einer Blüte vorhanden sein.

Das Fruchtblatt selbst ist fast nie gestielt, sondern sitzt mit breiter Basis der Achse, bzw. dem Blütenboden auf. Da die Fruchtblätter fast stets die Samenanlagen einschließen, so

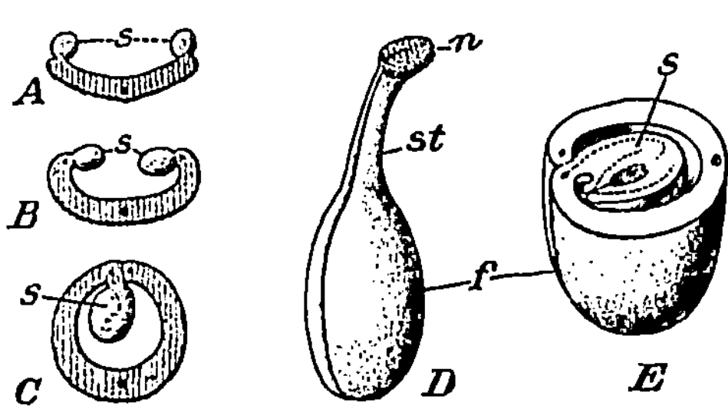

Abb. 78 *A—C.* Schematische Zeichnung zur Verdeutlichung des ausgebreiteten (*A*), des mit seinen Rändern einwärts gebogenen (*B*) und des geschlossenen Fruchtblattes (*C*) im Querschnitt. *D* Ein einzelnes geschlossenes Fruchtblatt, *E* dasselbe im Querschnitt. *s* Samenanlagen, *f* Fruchtknoten, *st* Griffel, *n* Narbe.

sind sie längs der Mittelrippe gefaltet und verwachsen meist an ihren Rändern. Stehen die Fruchtblätter einzeln, so verwachsen ihre beiden Ränder miteinander, wie es Abb. 78 *A, B, C* in entwicklungsgeschichtlicher Folge darstellt. Die Verwachsungsstelle bezeichnet man als

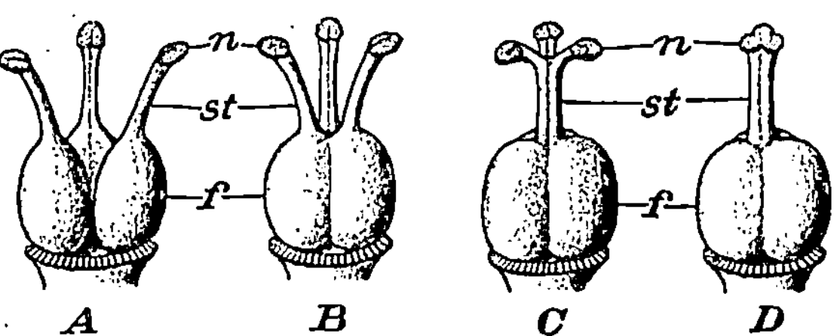

Abb. 79. Verschiedene Grade der Verwachsung der Fruchtblätter. *A* Die 3 Fruchtblätter vollkommen frei voneinander, *B* der untere Teil der 3 Fruchtblätter zu einem Fruchtknoten verwachsen, Griffel und Narben frei, *C* wie *B*, aber auch die Griffel verwachsen, *D* Fruchtblätter vollkommen, bis zu den Narben, verwachsen. *f* Fruchtknoten, *st* Griffel, *n* Narben.

Bauchnaht, die der Mittelrippe des Blattes entsprechende Linie als die Rückennaht. Offene, nicht geschlossene Fruchtblätter besitzt nur eine Abteilung von Gewächsen, die Gymnospermae, wogegen alle anderen Blütenpflanzen mit geschlossenen Fruchtblättern als Angiospermae bezeichnet werden.

Die Fruchtblätter heißen, gleichviel ob sie einzeln oder gemeinsam den Raum einschließen, welcher die Samenanlagen enthält, Fruchtknoten oder Ovarium (Abb. 78 *D* und *E*).

Die Spitze der Fruchtblätter wächst meist zu einem kürzeren oder längeren Fortsatz aus, welcher gerade oder gekrümmt sein kann und als der Griffel oder Stylus beschrieben wird (Abb. 78 *D st*). Seine Spitze ist meist verbreitert, von papillöser, drüsig-klebriger Beschaffenheit und wird als Narbe oder Stigma (Abb. 78 *D n*) von dem übrigen Teile des Griffels unterschieden. Die Narbe kann bei den Angiospermae niemals fehlen, weil sie zur Aufnahme der Pollenkörner bei der Befruchtung dient; wohl aber kann der Griffel fehlen; in solchem Falle heißt die Narbe sitzend, wie bei den Fruchtblättern des Mohns (Abb. 98). Das aus Fruchtknoten, Griffel und Narbe bestehende Gebilde wird Pistill oder Stempel genannt.

Verwachsung der Fruchtblätter untereinander.

Die Fälle, wo nur ein einziges Fruchtblatt vorhanden ist, sind verhältnismäßig selten (z. B. bei den Schmetterlingsblütlern). Meist enthält eine Blüte mehrere bis zahlreiche Fruchtblätter, und diese sind dann wiederum nur selten jedes für sich geschlossen und mehr oder weniger unabhängig voneinander, wie bei den Hahnenfußgewächsen (Abb. 79 *A* und 80, *1*). In diesem Falle spricht man von einem apokarpen Gynaeceum.

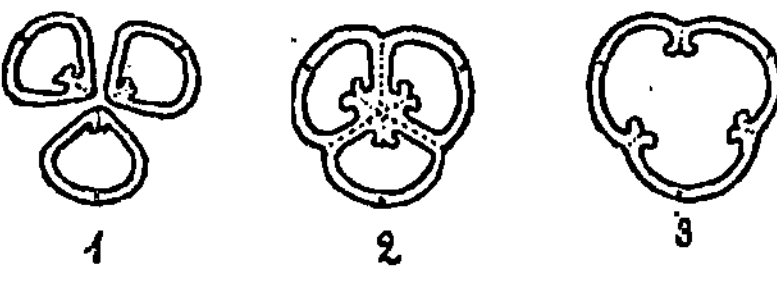

Abb. 80. *1* freie Fruchtblätter, *2* mit Scheidewänden verwachsene und *3* ohne Scheidewände verwachsene Fruchtblätter im Querschnitt.

Meist sind die Fruchtblätter untereinander mit ihren Rändern verwachsen und bilden ein synkarpes Gynaeceum. Diese Verwachsung kann wiederum den eigentlichen Blatteil allein betreffen, dann bleiben die Griffel, von denen gewöhnlich so viele vorhanden sind, als Fruchtblätter frei (Abb. 79 *B*). Die Verwachsung kann sich jedoch auch auf die Griffel, und zwar auf diese wiederum nur teilweise (Abb. 79 *C*) oder aber ganz (Abb. 79 *D*) erstrecken. In letzterem Fall ist die Anzahl der Fruchtblätter meist mit der Anzahl der Narbenlappen übereinstimmend.

Der Anzahl der verwachsenen Fruchtblätter entsprechend erscheint auch der Fruchtknoten meist gefächert oder geteilt, doch können auch mehrere Fruchtblätter einen einzigen, ungeteilten Fruchtknoten bilden. Abb. 80, *1* zeigt drei freie, getrennte Fruchtblätter im Querschnitte, Abb. 80, *2* zeigt jene derart miteinander verwachsen, daß durch ihre Ränder drei Scheidewände gebildet werden und Abb. 80, *3* zeigt dieselbe Verwachsung ohne Scheidewände.

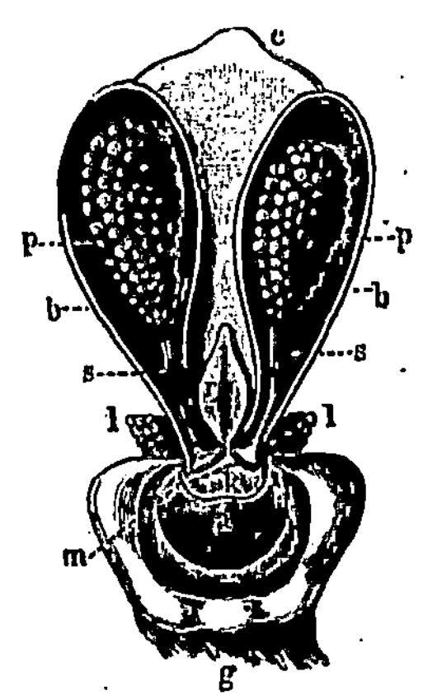

Abb. 81. Der Narbe (*a*) des Fruchtknotens *g* aufgewachsene Anthere (*b*) einer Orchis, *p* verklebter Pollen, *m* Klebscheiben, *c* Konnektiv, *r* das sogenannte Schnäbelchen, *l* verkümmerte Antheren.

Zuweilen stülpen sich nach erfolgter Befruchtung von der Rückennaht aus scheidewandartige Fortsätze in die Höhlung des Fruchtknotens hinein, welche man als falsche Scheidewände bezeichnet, z. B. beim Lein.

Verwachsung der Fruchtblätter mit den Staubblättern.

Eine Verwachsung zwischen Fruchtblättern und Staubblättern kommt fast nur bei den Osterluzeigewächsen (Aristolochiaceen) und bei den Knabenkrautgewächsen (Orchidaceen) vor. Bei letzteren ist die filamentlose Anthere (Abb. 81) mit ihren beiden Pollensäcken der Narbe unmittelbar eingefügt, welche den Endpunkt der Griffelsäule bildet. Linné machte diese eigentümlichen Verhältnisse zum Merkmale einer besonderen Klasse, der Gynandria oder der mann-weibigen Gewächse (XX. Klasse). Das durch Verwachsung des Fruchtblattkreises mit dem Staubblattkreise zustande kommende Gebilde nennt man ein Gynostemium.

Der Blütenboden.

Da, wie bereits erwähnt, angenommen werden muß, daß die Anordnung der einzelnen Blütenblattkreise in erster Linie durch die Stauchung sämtlicher, ursprünglich an einer Achse übereinander angeordneter Blütenteile zustande gekommen ist, so müßten bei der typischen Blüte auch die Einfügungs- oder Insertionsstellen

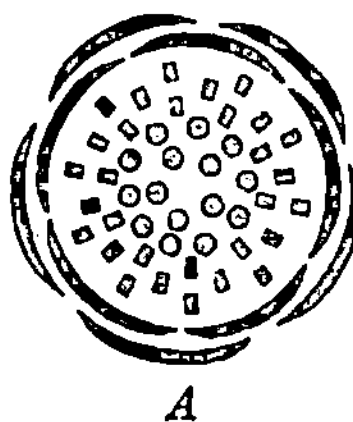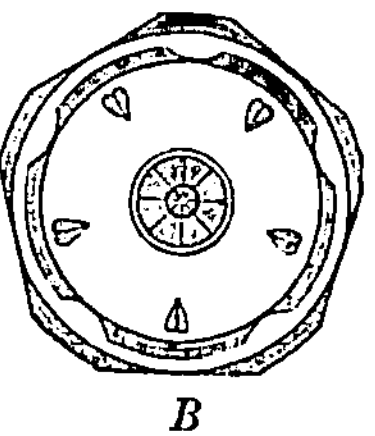

A   B

Abb. 82. Querschnitt der Blüten, *A* vom Hahnenfuß, Ranunculus acer, *B* der Schlüsselblume, Primula officinalis.

sämtlicher Blütenteile in einer Ebene liegen und ein etwas oberhalb dieser Ebene geführter Querschnitt den vollkommenen Grundriß der Blüte veranschaulichen, wie dies in ähnlicher Weise bei dem Bauplan eines Hauses der Fall ist. Diese Querschnitte würden bei dem Hahnenfuß und der Schlüsselblume etwa untenstehende Bilder ergeben (Abb. 82. *A*, *B*).

Indessen erfahren die eben geschilderten Verhältnisse häufig eine Verschiebung dadurch, daß der Achsenteil, welchem die Blütenteile eingefügt sind, sich vergrößert. Dieser Teil heißt der Blütenboden oder Torus. Er ist fast stets dicker als der Blütenstiel, dessen Gipfel er einnimmt, und erweitert sich häufig durch nachträgliches Wachstum zwischen Androeceum und Gynaeceum zu einem kegel-, scheiben-, becher- oder krugförmigen Gebilde, dem Receptaculum oder Achsenbecher. Die Stellung des Fruchtknotens zu den übrigen Teilen der Blüte (Abb. 83) wird durch diese Vergrößerung des Receptaculums entweder:

a) eine erhöhte, oder

b) eine vertiefte, oder

c) eine eingesenkte.

In dem Falle *a*, welcher der Anordnung des Fruchtknotens an der normal gestauchten Blütenachse entspricht, ist der Fruchtknoten o b e r s t ä n d i g, alle übrigen Blütenteile sind u n t e r w e i b i g oder h y p o g y n (von *ὑπό*, hypo = unter etc.).

Im zweiten Falle (*b*) hat sich der scheibenförmig verbreiterte Blütenboden mit seinen Rändern nach oben gewölbt, ohne jedoch über dem Fruchtknoten zusammenzuschließen. In diesem Falle ist der Fruchtknoten ebenfalls oberständig, aber vertieft (auch m i t t e l - s t ä n d i g genannt); es ist diese Form eine Mittelstellung zwischen der ersteren und der nachher zu erwähnenden dritten Form. Die übrigen Blütenteile, welche gemeinsam auf dem Rande des Blütenbodens eingefügt sind, nennt man dann in betreff ihrer Stellung zum Fruchtknoten u m w e i b i g oder p e r i g y n (von *περί*, peri = um etc.) (Abb. 83 *b*).

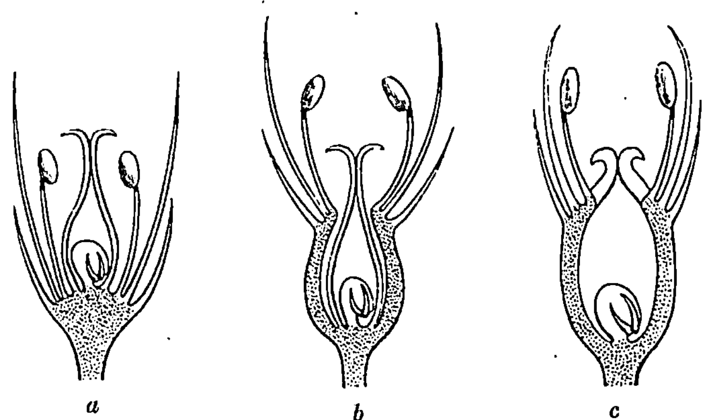

Abb. 83. Stellung des Fruchtknotens zu den übrigen Organen der Blüte: *a* erhöhte, *b* vertiefte, *c* eingesenkte Stellung.

Drittens endlich (*c*) kann unter sonst gleichen Verhältnissen der Blütenboden oberhalb des Fruchtknotens zusammenschließen und mit dessen Rändern verwachsen, so daß die übrigen Blütenteile unmittelbar ü b e r dem Fruchtknoten stehen. Dann heißt der Fruchtknoten u n t e r s t ä n d i g, die übrigen Blütenteile aber sind o b e r w e i b i g oder e p i g y n (von *ἐπι*, epi = auf etc.) (Abb. 83 *c*).

Man achte also darauf, daß in der hypogynen, u n t e r w e i b i g e n Blüte der Fruchtknoten o b e r ständig, in der epigynen, o b e r w e i b i g e n Blüte der Fruchtknoten u n t e r ständig ist, daß sich also o b e r und u n t e r in derselben Bezeichnung gegenüberstehen, weil es darauf ankommt, von welchem Teile man ausgeht, um die Stellung des anderen Teiles zu kennzeichnen.

Zu erwähnen sind hier noch Auswüchse des Blütenbodens, die sogenannten A c h s e n e f f i g u r a t i o n e n, welche nicht selten vorkommen. Zuweilen sind diese groß und blumenblattartig (z. B. bei Passiflora), meistens aber weniger auffallend, ungefärbt und wulstförmig. Man bezeichnet sie dann mit dem Namen D i s c u s. Dieser ist entweder ein zusammenhängender Ring oder bildet eine ringförmige Gruppe von Drüsen und Schuppen, die sich gewöhnlich zwischen Androeceum und Gynaeceum befinden. Der Discus scheidet in der Regel behufs Anlockung von Insekten eine zuckerreiche Flüssigkeit, den Nektar, aus und wird dann **Nectarium** genannt. Doch auch Blätter oder einzelne Teile von Blättern können in der Blüte als Nektarien ausgebildet sein, wie z. B. in einzelnen Fällen die Blumenblätter und die Staubblätter.

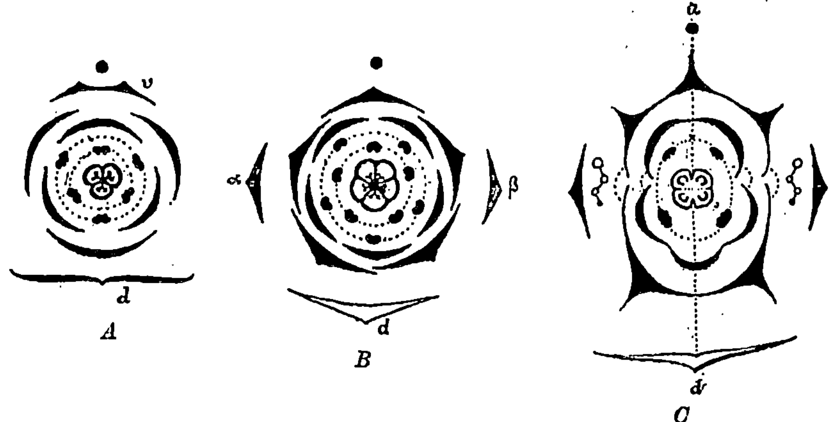

Abb. 84. Blütendiagramme: *A* einer dreizähligen Blüte, *B* einer fünfzähligen, aktinomorphen, obdiplostemonen Blüte, *C* einer fünfzähligen, median-zygomorphen Blüte.

Die Blütendiagramme.

Aus dem soeben Gesagten geht hervor, daß es bei einer großen Anzahl von Blüten nicht möglich ist, durch einen einzigen, in bestimmter Höhe geführten Querschnitt sämtliche Teile der Blüte so zu treffen, daß aus dem gewonnenen Querschnittsbilde die Stellung jener zueinander klar hervorgeht. Um jedoch die Vorteile auszunützen, welche ein vollkommenes Bild von der räumlichen Anordnung der Blütenteile in sich vereinigt, pflegt man sich nach den Gesetzen der geometrischen Projektionslehre die **Einfügungs-** oder **Insertionsstellen** sämtlicher Blütenteile, einschließlich des Fruchtknotens, in eine einzige geometrische Ebene verlegt zu denken. Das so entstehende Bild nennt man ein **Bütendiagramm.**

Ein Blütendiagramm ist imstande, fast alles über die Blüte Wissenswerte zu veranschaulichen. Es läßt sich aus ihm ersehen, ob die Blüte regelmäßig (strahlig oder aktinomorph) oder unregelmäßig (zygomorph) ist, wie viele Kelch-, Blumen-, Staub- und Fruchtblätter jene besitzt, ob letztere verwachsen oder getrennt sind und echte oder falsche oder beiderlei Scheidewände bilden, ob die Staubgefäße in einen einzigen Kreis oder in mehrere Kreise angeordnet sind, ob sie vor den Kelch- oder Kronblättern stehen oder spiralig angeordnet sind, ob ihre Antheren nach außen oder nach innen am

Staubfaden angeheftet sind, ob die Anordnung der Blütenteile eine kreisförmige, cyklische (von *κύκλος*, kyklos = der Kreis) oder spiralige (acyklische), ja sogar, ob die Blüte eine Endblüte (Terminalblüte) oder eine Seitenblüte ist, und in welcher Stellung sie sich zur Hauptachse, zu ihrem Deckblatt und ihren Vorblättern befindet.

So ist Abb. 84 *A* der Grundriß einer durchweg dreizähligen, aus fünf Kreisen aufgebauten, regelmäßigen Blüte mit einem Vorblatt, Abb. 84 *B* der Grundriß einer gleichfalls aus fünf Kreisen aufgebauten, aber durchweg fünfzähligen, regelmäßigen Blüte mit zwei Vorblättern, Abb. 84 *C* der Grundriß einer fünfzähligen, aber unregelmäßigen, jedoch symmetrischen Blüte mit zwei Vorblättern und je einem Deckblatt (*d*).

Die hier unter *A* und *B* dargestellten Blütendiagramme sind solche von sogenannten vollständigen Blüten, d. h. von Blüten, in denen sämtliche fünf Blütenblattkreise, nämlich

der Kelchblattkreis,

der Blumenblattkreis,

der äußere Staubblattkreis,

der innere Staubblattkreis,

der Fruchtblattkreis

vorhanden und auch der Zahl ihrer Organe nach vollkommen entwickelt sind. In den Fällen, wo einzelne Organe fehlen, deutet man sie in dem typischen (durch verwandtschaftliche Verhältnisse der Pflanze ermittelten) Grundriß durch Kreuze an (vgl. z. B. Abb. 84 *C*).

Jedoch noch weit mehr läßt sich in diesen Blütendiagrammen zum Ausdruck bringen.

In Abb. 84 *A* ist z. B. für Kelch- und Blumenblätter die gleiche Form gewählt, und es wird damit angedeutet, daß die Kelchblätter nicht als solche ausgestaltet, sondern blumenblattartig ausgebildet sind und mit den Blumenblättern zusammen ein Perigon bilden.

In den Abbildungen *B* und *C* hingegen sind die Kelchblätter als außenseitig deutlich gekielt markiert, wodurch die Kelchblattform angedeutet ist. In Abb. *A* stehen die Kelchblätter in einem Kreise, in Abb. *B* sind sie spiralig angeordnet.

In den Abbildungen *A* und *B* sind alle Kelch- und Blumenblätter frei, in Abb. *C* sind sie zu zweien oder dreien verwachsen.

Die Staubgefäße bilden in Abb. *A* und *B* zwei Kreise, in Abb. *C* nur einen, und auch in diesem ist ein Staubblatt nicht entwickelt und deshalb seine Stelle durch ein Kreuz angedeutet.

Im Fruchtknoten endlich läßt sich bei dem Blütendiagramm außer der Zahl der Fruchtblätter angeben, ob diese verwachsen sind, und daß sie in Abb. *A* drei echte, in Abb. *B* fünf echte und in Abb. *C* eine echte Scheidewand und zwei falsche (nicht bis zur Mitte reichende) Scheidewände besitzen.

Bilden die einzelnen Glieder der Blüte je einen Kreis, so heißt die Blüte cyklisch. Zeigt die Blüte jedoch spiralige Anordnung der

Gesamtheit ihrer Glieder, wie es bei den Ranunculaceen die Regel ist, so wird sie a cyklisch oder spiralig genannt, dagegen hemicyklisch, wenn ein Teil ihrer Organe, z. B. Blütenhüllblätter und Staubblätter, spiralig angeordnet ist, während der andere, z. B. die Fruchtblätter, eine cyklische Anordnung zeigt.

Meistens wechseln die einzelnen Organe der verschiedenen Kreise miteinander ab, so daß, von außen betrachtet, vor dem Kelchblatt nicht ein Blumenblatt, sondern erst ein Organ des auf den Blumenblattkreis folgenden Kreises, nämlich des äußeren Staubblattkreises zu stehen kommt, wohingegen das Blumenblatt an derjenigen Stelle eingefügt ist, an welcher zwei Kelchblätter mit ihren Rändern zusammenstoßen. Man nennt dies die alternierende Folge der Blütenblätter. So berührt z. B. bei Abb. 84 *A* ein Radius je ein Kelchblatt, ein äußeres Staubblatt und ein Fruchtblatt, ein anderer Radius hingegen die Organe der dazwischenliegenden Kreise, nämlich je ein Blumenblatt und ein inneres Staubblatt. Diese Stellung der Staubgefäße ist die normale und wird als diplostemones Androeceum bezeichnet. Eine nicht seltene Abweichung von diesem Blütenbau besteht aber darin, daß die äußeren Staubgefäße vor den Kronenblättern, die inneren vor den Kelchblättern inseriert sind. In diesem Falle wird das Androeceum obdiplostemon genannt. In dem in Abb. 84 *B* gegebenen Diagramm einer obdiplostemonen Blüte berührt also ein Radius je ein Kelchblatt und ein Staubgefäß des inneren (statt des äußeren) Staubblattkreises und ein anderer Radius führt durch ein Blumenblatt ein äußeres Staubgefäß und ein Fruchtblatt.

Blüten, bei denen das Androeceum nur von einem einzigen vollzähligen Kreis oder Wirtel gebildet wird, heißen haplostemon. Bei solchen unterscheidet man der Stellung nach episepale oder epipetale Staubblätter.

Regelmäßige Blüten nennt man strahlig, radiär oder aktinomorph (von ἀκτίς, aktis = der Strahl, und μορφή, morphe = die Gestalt); unregelmäßige, aber symmetrische Blüten nennt man zygomorph (von ζυγόν, zygon = das Joch oder das Paar). Wenn diejenige Linie, welche die Blüte in zwei spiegelbildlich gleiche Hälften teilt, auch die Achse schneidet, an welcher sie seitlich ansitzt, wenn jene also mit der Medianlinie zusammenfällt, so nennt man die Blüte median zygomorph, z. B. bei den Orchidaceen und Labiaten; bildet die Symmetrieebene mit der Mediane einen spitzen Winkel, so ist die Blüte schräg zygomorph, z. B. bei der Roßkastanie; ist der Winkel endlich ein rechter, so heißt die Blüte quer zygomorph oder transversal zygomorph, z. B. bei den Arten von Fumaria.

Die Blütenformeln.

Obgleich sich durch die Blütendiagramme ein fast vollkommenes Bild der Blüte geben läßt, so hat man doch weiterhin versucht, sich von der bildlichen Darstellung unabhängig zu machen und gibt jenen

Bildern in Formeln Ausdruck, welche, anfangs nur dazu bestimmt, die Zahlenverhältnisse wiederzugeben, durch eine Art Zeichensprache so weit ausgestaltet worden sind, daß man in ihnen fast ebenso viel ausdrücken kann, wie in der bildlichen Darstellung der Blütendiagramme.

Man bezeichnet mit K den Kelch, mit C (Corolla) die Blumenblätter, mit P ein Perigon, mit A (Androeceum) die Staubgefäße, mit G (Gynaeceum) die Fruchtblätter und stellt hinter diese Bezeichnungen die Ziffern, welche die Anzahl der einzelnen Organe in jedem Kreise angeben. So würde z. B. die Blütenformel für Abb. 84 A lauten:

$$P\,3 + 3,\, A\,3 + 3,\, G\,3.$$

Ist die Gliederzahl eines Kreises sehr groß oder unbestimmt, so wird dies durch das Zeichen ∞ ausgedrückt.

Fehlende Kreise läßt man nicht weg, sondern ersetzt ihre Zahlen durch 0; die Verwachsung von Gliedern eines Kreises deutet man durch Klammern an, und ob der Fruchtknoten ober- oder unterständig ist, durch einen Strich unter oder über der Zahl; z. B. $G\underline{(3)}$ bedeutet: dreiblättriger, verwachsener, oberständiger Fruchtknoten. Findet Verwachsung einzelner Kreise nur teilweise statt, so daß Ober- und Unterlippe gebildet werden, so setzt man die Zahl der zur Verwachsung der Oberlippe zusammengetretenen Blätter in den Zähler, die der Unterlippe in den Nenner eines Bruches. Endlich kann man auch die Aktinomorphie und die Zygomorphie durch Zeichen andeuten. $\oplus$ bedeutet aktinomorph, $\downarrow$ median zygomorph, $\diagup$ schief und $\leftarrow$ quer zygomorph. Die Blütenformel für Abb. 84 C würde, als eine der umständlichsten, also lauten:

$$\downarrow K\,\tfrac{3}{2},\, C\,\tfrac{2}{3},\, A\,4 + 0,\, G\underline{(2)}.$$

Die Blütenstände.

Nur selten stehen die Blüten einzeln und bilden das Ende des Sprosses, wie dies z. B. bei der Einbeere (Paris quadrifolia) der Fall ist (einachsige Pflanzen Abb. 85). Nicht zu verwechseln sind diese Fälle mit denjenigen, wo die Blütenstiele aus einer Blattrosette dicht über dem Erdboden entspringen, wie bei dem Veilchen (Viola odorata, Abb. 86); denn tatsächlich bildet in letzterem Falle eine der Blattachseln der Rosette die Ursprungsstelle des Blütenstieles, und die Blüte ist somit ebenso eine seitenständige, wie die Mehrzahl der Blüten überhaupt.

Meistens sind die Blüten, wenn deren zahlreiche vorhanden sind, an der Spitze des Haupttriebes oder seiner Seitentriebe dicht zusammengedrängt und bilden daselbst sogenannte Blütenstände. Ihre Anordnung unterliegt dabei bestimmten Gesetzmäßigkeiten, welchen wiederum die Gesetze der Verzweigung im allgemeinen (siehe S. 35) zugrunde liegen.

Abb. 85.   Endständige Blüte der Einbeere, Paris
quadrifolia.

Alle Blütenstände lassen sich auf zwei Grundformen zurückführen, da beide dem monopodialen Verzweigungssystem angehören (obgleich es scheinbar Ausnahmen gibt), nämlich:

a) die traubigen, botrytischen oder racemösen Blütenstände, und

b) die trugdoldigen oder cymösen Blütenstände.

Bei den traubigen oder racemösen Blütenständen wächst die Hauptachse unbegrenzt fort, und alle Nebenachsen sind Sprosse erster Ordnung, welche der Reihe nach gemeinsam aus einem und demselben Fußstück, der Hauptachse, hervorgegangen sind. Dieses Fortwachsen der Hauptachse bringt es mit sich, daß die innersten, bzw. obersten Blüten noch in der Entwicklung begriffen sind,

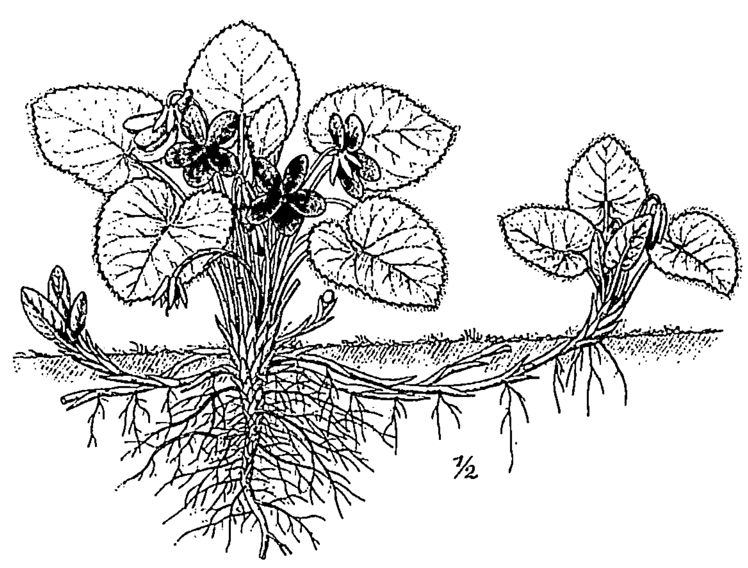

Abb. 86.   Seitenständige Blüten des Veilchens, Viola odorata.

während die äußeren, bzw. unteren Blüten zuweilen schon längst verblüht sind. Aus diesem Grunde kommt den traubigen oder racemösen Blütenständen auch die Benennung centripetale Blütenstände zu (d. h. in ihrer Blütenfolge dem Mittelpunkt zustrebend, z. B. Hyacinthe, Sonnenblume), während die trugdoldigen oder cymösen auch centrifugale Blütenstände genannt werden, da stets die Endblüte des jeweiligen Sprosses zuerst blüht, das Aufblühen also vom Mittelpunkt nach der Peripherie hin fortschreitet.

a) Bei den traubigen, racemösen oder centripetalen Blütenständen können je nach den Längsverhältnissen der Haupt- und Nebenachsen 4 Grundformen zustande kommen, und zwar:

1. Hauptachse verlängert — Nebenachsen verlängert: die **Traube** (Racemus), Abb. 87, *1*;

2. Hauptachse verlängert — Nebenachsen verkürzt: die **Ähre** (Spica), Abb. 87, *2*;

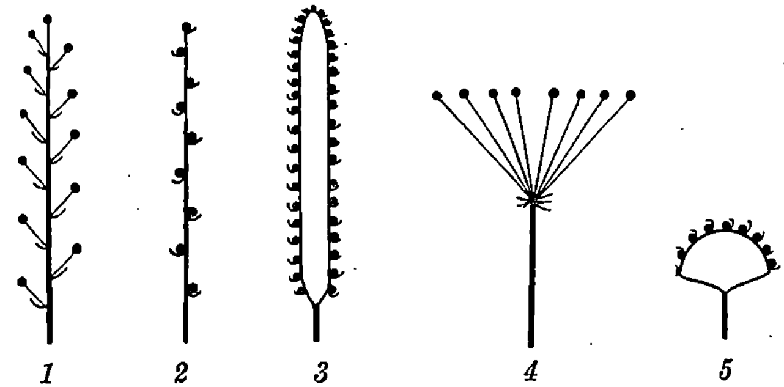

Abb. 87. Schematische Zeichnung der racemösen Blütenstände: *1* Traube, *2* Ähre, *3* Kolben, *4* Dolde, *5* Köpfchen.

3. Hauptachse verkürzt — Nebenachsen verlängert: die **Dolde** (Umbella), Abb. 87, *4*;

4. Hauptachse verkürzt — Nebenachsen verkürzt: das **Köpfchen** (Capitulum), Abb. 87, *5*.

Eine Unterform der Ähre ist der **Kolben** (Spadix), Abb. 87, *3*, bei welchem die Hauptachse (Spindel) fleischig verdickt ist.

b) Die trugdoldigen, cymösen oder centrifugalen Blütenstände lassen folgende Formen unterscheiden:

1. Das **Dichasium.** Dieses besteht aus einer Endblüte und zwei unterhalb derselben an der Hauptachse in gabeliger Verzweigung entstandenen Seitenblüten (Abb. 88, *1 a*). Fällt die Endblüte ganz weg, was, wenn auch sehr selten, vorkommen kann, so nennt man das Dichasium ein **gabeliges** oder **dichotomes** Dichasium (Abb. 88, *1b*). Eine Abart des Dichasiums ist das Pleiochasium, bei dem statt zweier Seitenachsen deren drei (Trichasium) oder mehrere ausgebildet werden.

2. Die **Wickel,** Cicinnus. Diese entsteht, wenn unterhalb der Endblüte am Hauptsproß sich nur ein Nebensproß entwickelt, aus diesem selbst wiederum nur ein Nebensproß zweiter Ordnung usf.

Voraussetzung ist, daß dies abwechselnd links und rechts von der Abstammungsachse geschieht (Abb. 88, *2 a*). Hat das Ganze eine gestreckte Form angenommen (Abb. 88, *2 b*), so ist der Blütenstand von einer Traube n u r dadurch zu unterscheiden, daß die Deckblätter den einzelnen Blüten gegenüberstehen. Häufig, besonders bei Borraginaceen und Leguminosen, kommen Doppelwickel vor, bei denen die beiden Seitenachsen eines Dichasiums je zu einer Wickel auswachsen.

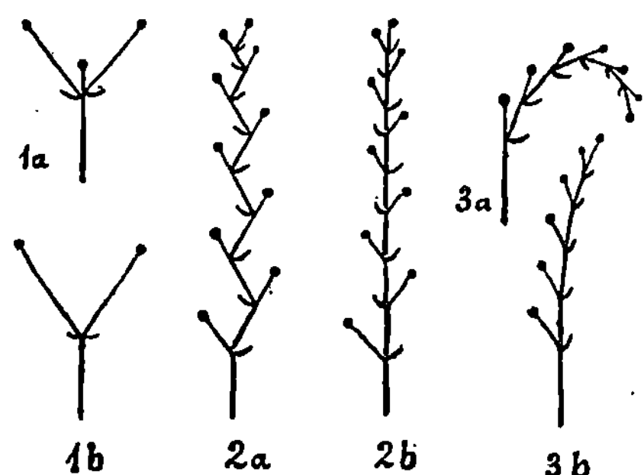

Abb. 88. Schematische Zeichnung der cymösen Blütenstände: *1a* Dichasium, *1b* gabeliges Dichasium, *2 a* Wickel, *2 b* gestreckte Wickel, *3 a* Schraubel, *3 b* gestreckte Schraubel.

3. Die **Schraubel,** B o s t r y x. Diese entsteht in ähnlicher Weise wie die Wickel, aber mit dem Unterschiede, daß die Verzweigung nur nach einer Richtung hin geschieht. Es existiert hier ebenfalls die gewöhnliche (Abb. 88, *3 a*) und die gestreckte Form (Abb. 88, *3 b*).

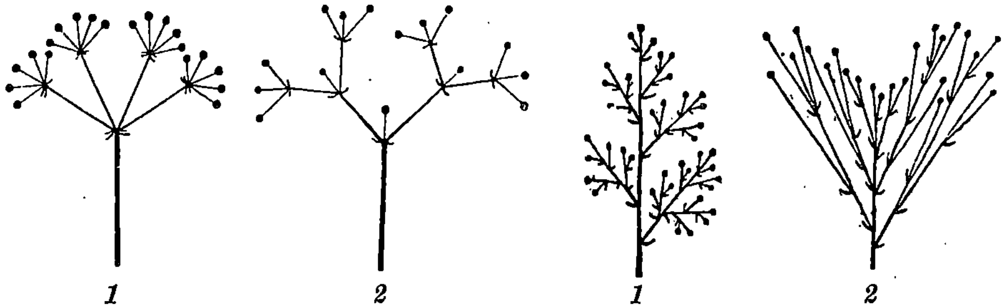

Abb. 89. Schematische Zeichnung zusammengesetzter Blütenstände: *1* Doppeldolde, *2* Trugdolde,

Abb. 90. Schematische Zeichnung zusammengesetzter Blütenstände: *1* Rispe, *2* Spirre.

c) D i e z u s a m m e n g e s e t z t e n B l ü t e n s t ä n d e können aus lauter racemösen, oder aus lauter cymösen Teilblütenständen, oder aus beiden zugleich gebildet sein. Zusammengesetzte Blütenstände kommen sehr häufig vor. Man bezeichnet sie zumeist der Zusammensetzung entsprechend, z. B. als Dichasien in Trauben, Köpfchen in Schraubeln usw. — Diese Ausdrücke erklären sich von selbst.

Einige, und zwar besonders häufig vorkommende, zusammengesetzte Blütenstände seien hier besonders erwähnt, da sie mit besonderen Namen belegt worden sind. Es sind dies:

1. Die **Doppeldolde** (Abb. 89, *1*), d. i. eine Dolde, deren einzelne Zweige abermals doldig verzweigt sind. Dies ist derjenige Blütenstand, welcher mit sehr wenigen Ausnahmen bei sämtlichen Doldengewächsen (Umbelliferen) vorkommt.

2. Die **Trugdolde.** Diese entsteht (Abb. 89, *2*), wenn sich die Seitenachsen eines cymösen Blütenstandes in gleicher Weise derart verzweigen, daß die Blüten ungefähr in einer Ebene liegen (Sambucus nigra). Sie ist im Grunde nichts anderes als ein vielfaches Dichasium.

3. Die **Rispe,** Panicula (Abb. 90, *1*), ist eine Traube, deren einzelne Zweige abermals traubig (oder auch ährenförmig) verzweigt sind, wie es z. B. bei dem Weinstock (Weintraube) der Fall ist.

4. Die **Spirre,** Anthela (Abb. 90, *2*), ist eine Trugdolde mit teils traubenförmigen, teils dichasienartig verzweigten, verlängerten Nebenachsen (Luzula pilosa).

Die Frucht.

Da die Blüte nur dem Zwecke der Befruchtung der (wenn wir von den Gymnospermen absehen) in ihrem Fruchtknoten eingeschlossenen Samenanlagen dient, so ist ihre Bestimmung erfüllt, sobald die Befruchtung, sei es durch Vermittelung des Windes oder bestimmter Insekten, stattgefunden hat. Staubgefäße, Blumenblätter und oft auch der Kelch sterben ab und lösen sich meist von der Pflanze los, während hingegen die Fruchtblätter zugleich mit der fortschreitenden Entwicklung der Samen zu mannigfach gestalteten Hüllen für die letzteren auswachsen. Wenn hierbei eine verschiedene Ausbildung der äußeren, mittleren und inneren Fruchtblattschicht stattfindet, so unterscheidet man danach an der fertigen Fruchtwandung, dem Perikarp (von außen nach innen): Exokarp, Mesokarp und Endokarp.

An dieser Hüllenbildung können sich jedoch noch andere Teile außer den Fruchtblättern beteiligen, so der Kelch, oder aber, wie es häufig geschieht, der Blütenboden. In diesem Falle spricht man von Scheinfrüchten oder Halbfrüchten.

Die echten Früchte sind ausnahmslos nur aus den Fruchtblättern (einschließlich der Samenanlagen) hervorgegangen, Man unterscheidet:

a) Trockenfrüchte und
b) Fleischfrüchte oder Saftfrüchte.

Bei ersteren ergibt sich ein wesentlicher Unterschied wiederum dadurch, daß die Früchte zur Zeit der Reife entweder geschlossen bleiben oder aber von selbst aufspringen, wonach man sie in Schließfrüchte und Springfrüchte einteilt. Man hat die echten Früchte also wie folgt zu unterscheiden:

a) Trockenfrüchte.

    I. Schließfrüchte:

        1. Nuß;

        2. Achaene;

    3. Doppelachaene;
    4. Caryopse.
II. **Springfrüchte:**
    1. Balgfrucht;
    2. Hülse;
    3. Schote;
    4. Kapsel.

b) Fleischfrüchte oder Saftfrüchte.
    1. Steinfrucht;
    2. Beere.

Die **Nuß** besitzt ein holziges Perikarp (z. B. die Hanffrucht, die Haselnuß, Abb. 91) und umschließt nur einen einzigen Samen.

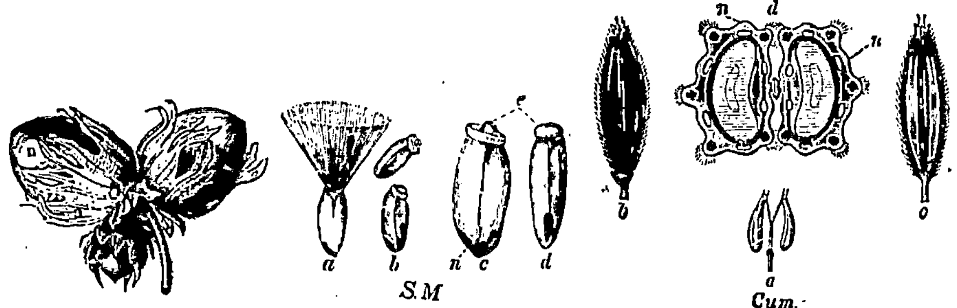

Abb. 91. Nuß vom Haselstrauch, Corylus avellana.

Abb. 92. Achaene von Silybum Marianum. (*c* u. *d* vergrößert).

Abb. 93. Doppelachaene vom Römischen Kümmel, Cuminum cyminum.

Die **Achaene** besitzt eine lederige Hülle mit nur einem Samen, der der Fruchtwandung fest angewachsen ist (z. B. Kompositenfrüchte, Abb. 92).

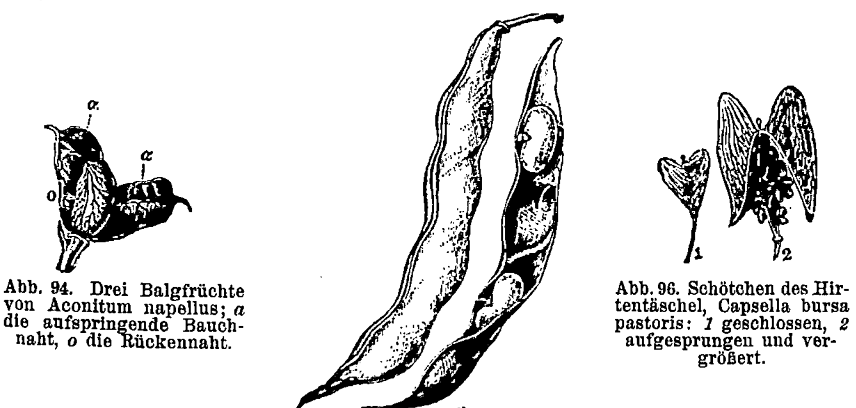

Abb. 94. Drei Balgfrüchte von Aconitum napellus; *a* die aufspringende Bauchnaht, *o* die Rückennaht.

Abb. 96. Schötchen des Hirtentäschel, Capsella bursa pastoris: *1* geschlossen, *2* aufgesprungen und vergrößert.

Abb. 95. Hülsenfrucht der Bohne, Phaseolus vulgaris: *1* geschlossen, *2* geöffnet.

Die **Doppelachaene** ist die den Umbelliferen eigentümliche Frucht, welche aus zwei Fruchtblättern hervorgeht. Jede von ihnen schließt einen Samen ein, welcher mit der Fruchtschale fest verwachsen ist.

Bei der Reife zerfallen die Doppelachaenen leicht in zwei Teile, Merikarpien oder Spaltfrüchte genannt (Abb. 93).

Die **Caryopse** ist die mit einer häutigen, der Samenschale fest angewachsenen Hülle versehene Frucht der Gräser (z. B. Körner des Roggens, des Weizens).

Die **Balgfrucht** (Folliculus) ist die aus einem einzigen, häutig gewordenen Fruchtblatt gebildete, besonders bei den Ranunculaceen vorkommende Frucht, welche zur Reifezeit an ihrer Bauchnaht aufspringt (Abb. 94).

Die **Hülse** (Legumen) wird ebenfalls aus einem Fruchtblatte gebildet, springt aber zur Reifezeit an Bauch- und Rückennaht meist gleichzeitig auf. Sie ist den Leguminosen eigen (Abb. 95).

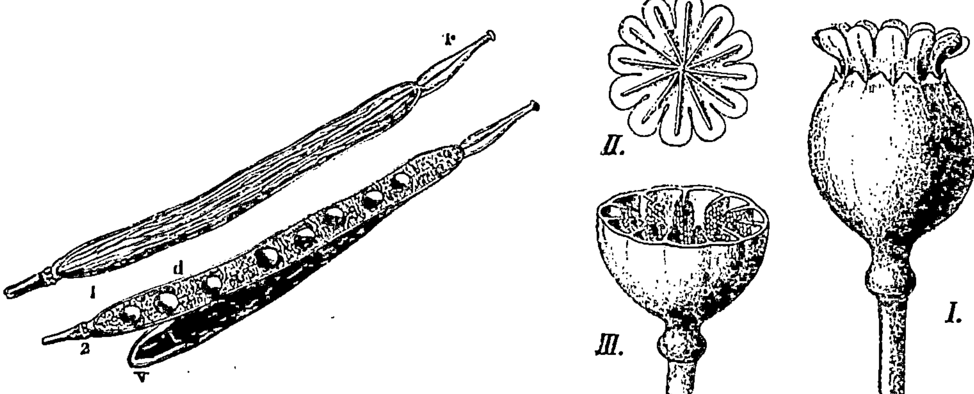

Abb. 97. Schote des Kohls, Brassica oleracea: *1* geschlossen, *2* aufgesprungen; die obere Klappe ist bei *2* entfernt.

Abb. 98. Papaver somniferum. *I.* Kapsel von der Seite gesehen. *II.* Narbe von oben gesehen. *III.* Kapsel im Querschnitt, die unvollständigen, mit Samen besetzten Scheidewände zeigend. Vergr. $^2/_3$.

Die **Schote** (Siliqua) wird aus zwei Fruchtblättern gebildet, zwischen denen sich eine falsche Scheidewand befindet. Zur Reifezeit lösen sich beide Fruchtblätter klappenartig von der Scheidewand ab. Die Schote ist z. B. den Cruciferen eigen (Abb. 97). Ist sie weniger als doppelt so lang wie breit, so nennt man sie gewöhnlich Schötchen (Silicula, Abb. 96).

Die **Kapsel** besteht aus zwei oder mehr Fruchtblättern, welche unter sich verwachsen sind (Abb. 98). Sie kann einfächerig sein, wenn die verwachsenen Ränder der Fruchtblätter sich nicht oder nur wenig nach innen einwölben, oder aber mehrfächerig, durch echte Scheidewände geteilt, wenn die verwachsenen Ränder der Fruchtblätter bis zur Mitte reichen oder noch weiter wachsen und innerhalb der Fächer von innen vorspringen. Auch können, durch Wucherung der Mittelrippen der einzelnen Fruchtblätter, nicht bis zur Mitte reichende, sogenannte falsche Scheidewände gebildet werden. Zur Zeit der Reife öffnet sich die Kapsel, um die Samen auszustreuen, und man unterscheidet nach der Art und Weise, in welcher das Öffnen vor sich geht, drei Typen:

1. Das Aufspringen findet längs der Scheidewand statt — scheidewandspaltige oder septicide Dehiszenz (Abb. 99 *b*).

2. Das Aufspringen findet durch einen Längsriß in der Mitte der Außenwand jedes Faches statt — fachspaltige oder lokulicide Dehiszenz (Abb. 99 *c*).

3. Das Aufspringen findet durch Trennung der Scheidewände und der Außenwände statt — wandbrüchige oder septifrage Dehiszenz (Abb. 99 *d*).

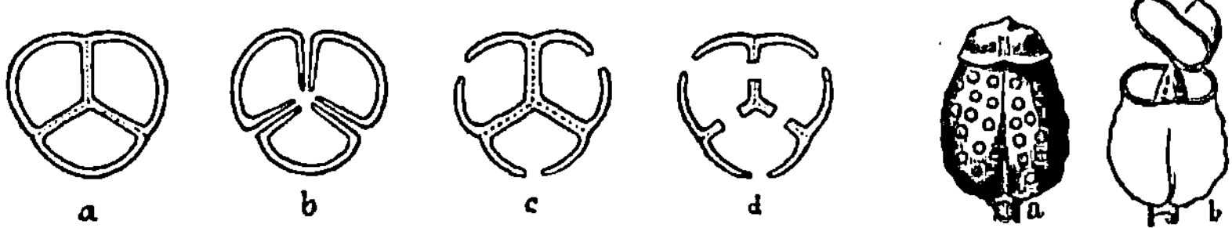

Abb. 99. Verschiedenartig aufspringende Kapseln querdurchschnitten: *a* dreifächerige, geschlossene Kapsel, *b* wandspaltig geöffnet, *c* fachspaltig geöffnet, *d* wandbrüchig geöffnet.

Abb. 100. Deckelkapsel des Bilsenkrautes, Hyoscyamus niger: *a* geschlossen, *b* mit abfallendem Deckel.

Weiterhin kann das Ausstreuen der Samen auch geschehen, indem sich Löcher in der Kapsel bilden, wie beim Mohn (Abb. 98) oder indem sich der obere Teil der Kapsel deckelförmig abhebt, wie beim Bilsenkraut (Abb. 100) oder manchen Primulaceen (Cyclamen, Anagallis). Man spricht dann von Porenkapseln und Deckelkapseln.

Die **Steinfrucht** (Drupa) ist eine Fleischfrucht; durch Verholzen der inneren Fruchtschicht wird eine steinharte Schale um den oder die Samen gebildet; jene ist von einer fleischig-weichen Schicht umgeben, wie es bei dem Steinobst: Kirschen, Pflaumen, Pfirsichen usw. der Fall ist.

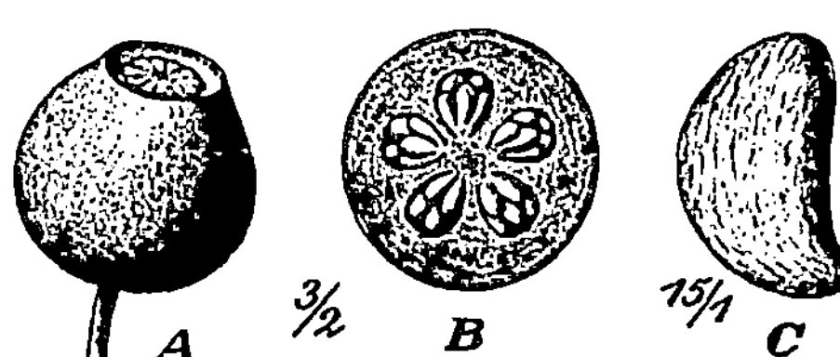

Abb. 101. Frucht der Heidelbeere, Vaccinium myrtillus. *A* die ganze Frucht, *B* Frucht querdurchschnitten, *C* Samen.

Die **Beere** (Bacca) ist eine Fleischfrucht, in welcher die meist zahlreichen Samen unmittelbar von dem weichen Fruchtfleische umgeben werden (Heidelbeere, Abb. 101, Stachelbeere).

Sammelfrüchte.

Diese entstehen dadurch, daß mehrere oder zahlreiche in einer Blüte vorhandene, ursprünglich freie Karpelle zu einem zusammenhängenden Gebilde verwachsen, wie es z. B. bei der Himbeere und Brombeere der Fall ist.

Scheinfrüchte oder Halbfrüchte.

Sie finden sich, streng genommen, bei sämtlichen Pflanzen mit unterständigem Fruchtknoten, da bei diesen stets die Blütenachse an der Fruchtbildung beteiligt ist. Man pflegt jedoch häufig, wie z. B. bei den Achaenen und Doppelachaenen, darüber hinwegzusehen.

Die Scheinfrüchte sind, wie bereits angedeutet, solche Früchte, an deren Zustandekommen sich auch andere Teile als allein die Fruchtblätter beteiligt haben. Immer aber sind sie, zum Unterschiede von den Fruchtständen, aus einer einzigen Blüte hervorgegangen. Wichtige Formen derselben sind:

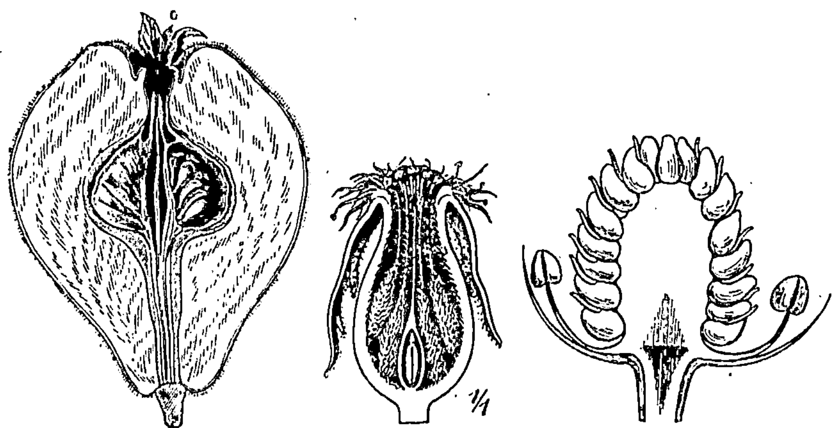

Abb. 102. Quittenfrucht, längs-durchschnitten.　　Abb. 103. Rosenfrucht, längsdurchschnitten.　　Abb. 104. Junge Erdbeerfrucht im Längsschnitt.

Die **Apfelfrucht,** welche außer bei dem Apfel auch bei der Birne, der Quitte, der Mispel angetroffen wird (Abb. 102). Hier ist nur der innere Teil mit den Samen (das sogen. Gehäuse) aus den Frucht-blättern hervorgegangen. Er unterscheidet sich beim Durchschneiden

Abb. 105. Granatfrucht von Punica granatum: *1* längsdurchschnitten, c der Kelchsaum, *d* der Blütenboden; *2* querdurchschnitten.

einer solchen Frucht durch eine scharf umschriebene Linie deutlich von dem ihn umgebenden fleischigen Teile, welcher aus dem Frucht-boden hervorgegangen ist und oben noch von den Überresten des Kelches gekrönt zu werden pflegt (Abb. 102 c).

Die **Rosenfrucht** (Abb. 103) ist in ähnlicher Weise zustande gekommen, nur sitzen hier die zahlreichen Einzelfrüchtchen auf der Innenseite des fleischig gewordenen, krugförmigen Fruchtbodens an.

Die **Erdbeerfrucht** (Abb. 104) zeigt umgekehrte Verhältnisse. Hier bildet der Blütenboden den mittleren, fleischigen Kegel, während die gleichfalls von je einem Fruchtblatte umschlossenen Samen, also Einzelfrüchtchen, jenem auf seiner ganzen Oberfläche aufsitzen.

Die **Granatfrucht** (Abb. 105) ist durch ein ungewöhnlich starkes Wachstum des Blütenbodens, die **Anacardienfrucht** (Abb. 106) durch Wucherung des Fruchtstieles zustande gekommen.

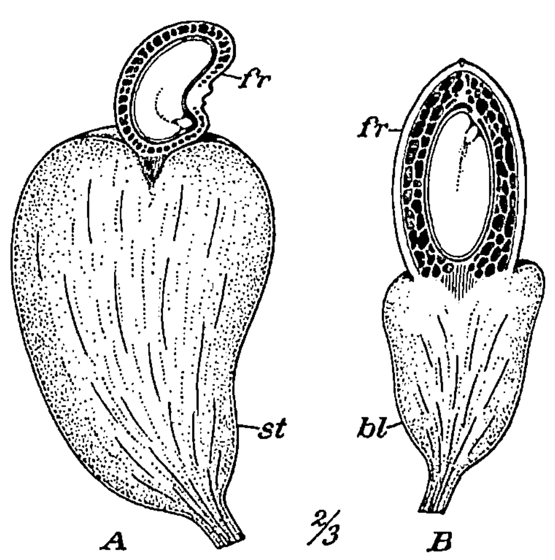

Abb. 106. *A* Fruchtbildung von Anacardium occidentale, *B* von Semecarpus anacardium, *fr* Frucht, *st* fleischig angeschwollener Fruchtstiel, *bl* fleischig angeschwollener Blütenboden.

Fruchtstände.

Die **Fruchtstände** sind, wie der Namen sagt, nicht aus einer einzigen, sondern einer gewissen Anzahl von Blüten hervorgegangen. Daß man oft scheinbar eine einzige Frucht vor sich zu haben glaubt, rührt daher, daß derjenige Achsenteil, welchem die Einzelfrüchtchen aufsitzen, fleischig, wie z. B. bei der Feige (Abb. 107),

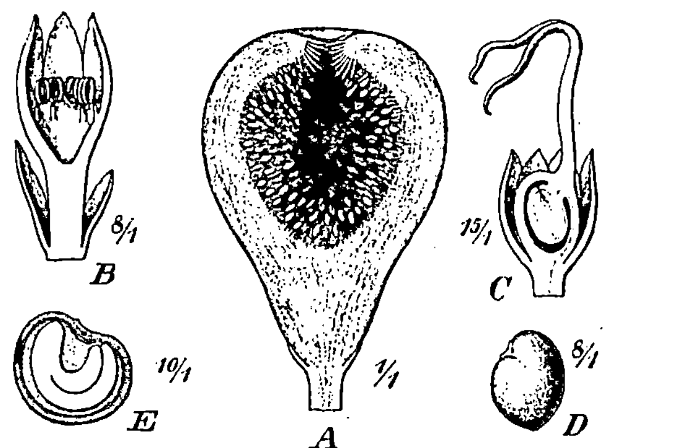

Abb. 108. Fruchtstand der Erle, Alnus glutinosa.

Abb. 107. Ficus carica. *A* Fruchtstand im Längsschnitt (¹/₁). *B* einzelne männliche Blüte im Längsschnitt (⁸/₁). *C* weibliche Blüte im Längsschnitt (¹⁵/₁). *D* steriler Samen aus einer sog. Gallenblüte (⁸/₁). *E* fertiler Samen, längs durchschnitten. (¹⁰/₁.)

Maulbeere und Ananas, oder samt seinen Deckblättern holzig geworden ist, wie z. B. bei der Erle (Abb. 108).

Besondere Erwähnung verdienen hier die Zapfen und Zapfenbeeren der Nadelholzgewächse (z. B. Wacholderbeeren). Ihrem

Zustandekommen liegen ganz besondere Verhältnisse zugrunde, welche im systematischen Abschnitte dieses Buches an betreffender Stelle erörtert werden sollen.

Die Samenanlage.

Der Samen, zu dessen Schutz oder Verbreitung die Frucht vorhanden ist, liegt einzeln oder zu mehreren (die Gymnospermen sind hier ausgenommen) innerhalb der Frucht und ist mit dieser an der Nabelstelle verbunden. Er stellt das aus der S a m e n a n l a g e (dem E i c h e n oder O v u l u m) hervorgegangene Gebilde dar.

Während die Samenanlagen der Gymnospermen frei an den Fruchtblättern stehen, sind sie bei den Angiospermen stets im Fruchtknoten

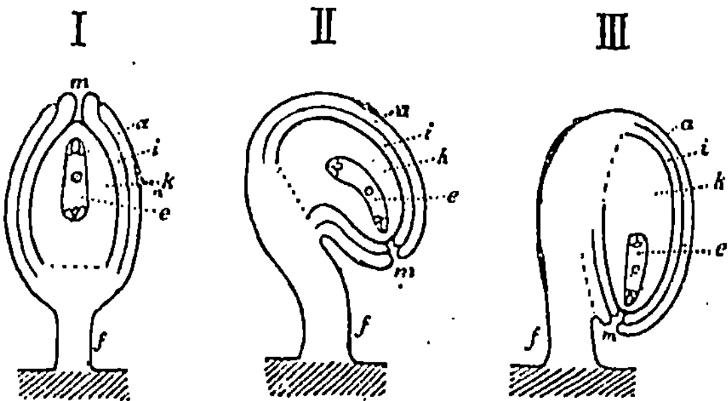

Abb. 109. Samenanlagen verschiedener Gestalt: *I* gerade, orthotrop oder atrop, *II* gekrümmt oder campylotrop, *III* umgewendet oder anatrop: *f* der Nabelstrang oder Funiculus, *a* äußeres, *i* inneres Integument, *k* Nucellus oder Knospenkern, *e* Embryosack, *m* Mikropyle.

eingeschlossen. Sie entspringen in der Regel aus den Randteilen der Fruchtblätter und sind dementsprechend im einfächerigen Fruchtknoten meist w a n d s t ä n d i g oder p a r i e t a l, im mehrfächerigen meist z e n t r a l w i n k e l s t ä n d i g. Abweichend hiervon ist die scheinbare Erzeugung der Samenanlagen durch die Blütenachse (g r u n d - s t ä n d i g e S a m e n a n l a g e n), welche z. B. bei den Reihen der Centrospermae und der Primulales vorkommt. Man ist jedoch vielfach geneigt, diese Erscheinung auf Verkümmerung, Verwachsung oder Verschiebung der Scheidewände zurückzuführen.

Die Stellen des Fruchtknotens, an denen die Samenanlagen entspringen, sind mehr oder weniger verdickt und heißen S a m e n - l e i s t e n oder P l a c e n t e n (P l a c e n t a e, die schraffierten Stellen in Abb. 109). Aus diesen Samenleisten erhebt sich der Nabelstrang, welcher das Verbindungsglied zwischen der Samenanlage und der Pflanze bildet.

Der N a b e l s t r a n g (F u n i c u l u s) besitzt eine sehr verschiedene Länge, je nachdem die Samenanlage und dementsprechend später der ausgereifte Samen gerade, gekrümmt oder umgewendet ist. Die drei Figuren in Abb. 109 veranschaulichen diese drei verschiedenen Arten von Samenanlagen.

Der Bau der Samenanlagen.

Die wesentlichsten Teile der Samenanlage sind:
a) Die Integumente,
b) Der Nucellus (Knospenkern),
c) Der Embryosack (Keimsack).

a) Die Integumente (Abb. 109 *a* und *i*) umhüllen becherartig den Nucellus und wachsen nach der Befruchtung zur Samenschale aus. Sie bilden an einer Stelle eine mundförmige Öffnung, Mikropyle oder Keimmund genannt (Abb. 109 *m*). Häufig ist nur ein einziges Integument vorhanden.

b) Der Nucellus oder Knospenkern (Abb. 109 *k*) wird von der gesamten Gewebemasse gebildet, welche die Integumente umschließen. In ihm fällt eine große Zelle, welche in der Nähe der Mikropyle liegt, besonders auf, es ist dies:

c) Der Embryosack oder Keimsack (Abb. 109 *e*). Seine nähere Beschaffenheit wird bei der Erläuterung des Befruchtungsvorganges (vergl. die Einleitung zu den Embryophyta siphonogama im systematischen Teil) Besprechung finden. Vorläufig genügt es zu wissen, daß innerhalb des Embryosackes sich nach erfolgter Befruchtung der gewöhnlich von einem Nährgewebe umgebene Embryo oder Keim bildet, aus welchem bei der Keimung des Samens die neue Pflanze hervorgeht. Der Embryosack vergrößert sich, sobald der Embryo nach erfolgter Befruchtung sich zu entwickeln beginnt, ja er kann so groß werden, daß von dem Gewebe des Nucellus zwischen Embryosack und Integumenten nichts mehr übrig bleibt, indem das Gewebe des Nucellus vom Embryosack völlig aufgezehrt (resorbiert) wird. Wenn der Embryo, wie gewöhnlich, nicht den ganzen vergrößerten Embryosack ausfüllt, so umgibt ihn ein Gewebe, welches die bei der Keimung nötigen Nährstoffe aufgespeichert enthält (Nährgewebe oder Endosperm).

Man ersieht hieraus, daß durch die Entwicklung des Keimes oder Embryos in seinem Verhältnis zu dem ihn umgebenden Gewebe des Embryosackes und dem außerhalb des Embryosackes liegenden Gewebe des Nucellus drei verschiedene Zustände herbeigeführt werden können, nämlich:

1. Der Embryosack vergrößert sich zwar, aber er zehrt das umliegende Gewebe des Nucellus nicht völlig auf. Dieses bleibt deshalb als Perisperm (d. h. um den Embryosack herum entstandenes Nährgewebe) im reifen Samen bestehen. Gleichzeitig nimmt auch meist der Embryo nicht den gesamten Raum des vergrößerten Embryosackes ein, und es bleibt um den Embryo herum noch Raum für Endosperm (d. h. innerhalb des Embryosackes entstandenes Nährgewebe).

2. Der Embryosack vergrößert sich derart, daß von dem Gewebe des Nucellus nichts übrig bleibt. Der Embryo selbst nimmt den Embryosack nicht völlig ein, sondern wird von einem innerhalb des Embryosackes entstandenen Nährgewebe, dem Endosperm, umgeben. Dies ist der am häufigsten vorkommende Fall.

3. Der Embryosack und der Embryo vergrößern sich derart, daß von dem Nucellargewebe nichts übrig bleibt. Der Embryo selbst nimmt den Embryosack völlig ein, und es bleibt auch kein Platz für ein weiteres, innerhalb des Embryosackes befindliches Nährgewebe. In diesem Falle spricht man von nährgewebelosen Samen, z. B. bei den Cruciferen und Leguminosen.

Da in ersterem Falle gelegentlich auch das Endosperm infolge der Vergrößerung des Embryos in Wegfall kommen kann, so existieren vier verschiedene Arten von Samen:

I. Samen mit Perisperm und Endosperm (z. B. bei den Pfeffergewächsen);
II. Samen nur mit Perisperm (sehr selten).
III. Samen mit Endosperm (bei den meisten Pflanzen);
IV. Nährgewebelose Samen (z. B. bei den Cruciferen und Leguminosen).

Wo weder Endosperm noch Perisperm ausgebildet wird, haben die Keimblätter des Embryos frühzeitig das Nährgewebe aufgezehrt, sind dick und fleischig geworden (z. B. Abb. 36) und haben die zur Keimung erforderlichen Nährstoffe in ihrem Gewebe gespeichert. Dieser Typus der Samenbildung ist als der fortgeschrittenste, höchst entwickelte anzusehen, da hier der sich entwickelnde Embryo alle zur Keimung notwendigen Nährstoffe in sich selbst enthält.

Die Gestalt der Samenanlagen.

Die Gestalt der Samenanlagen kann eine dreifache sein, und zwar:

1. Gerade oder orthotrop (auch atrop genannt).
2. Gekrümmt oder campylotrop.
3. Umgewendet oder anatrop.

Gerade Samenanlagen kommen verhältnismäßig selten vor. Bei ihnen liegt der Keimmund gegenüber der Anheftungsstelle (Abb. 109 *I*). (Piperaceae, Polygonaceae.)

Gekrümmte Samenanlagen, welche ebenfalls nur bei wenigen Gruppen des Pflanzenreiches vorkommen, besitzen einen bogenförmig nach der Anheftungsstelle zurückgekrümmten Nucellus. Die Mikropyle liegt seitlich oder ist der Ebene, aus welcher der Samen entspringt, mehr oder weniger zugewendet (Abb. 109 *II*) (Centrospermae).

Umgewendete Samenanlagen sind die häufigsten. Bei ihnen ist die Drehung nach der Anheftungsstelle hin eine so vollkommene, daß eine Krümmung des Kerns gar nicht stattfindet. Der Keimmund liegt unmittelbar neben der Anheftungsstelle (Abb. 109 *III*).

Die Anheftung der Samenanlagen.

Das Verbindungsglied zwischen der Samenanlage und der Samenleiste oder Placenta wird Nabelstrang oder Funiculus genannt. Er ist meistens:

kurz bei den aufrechten Samenanlagen;
lang und gekrümmt bei den gekrümmten Samenanlagen;

lang und der Samenanlage seitlich angewachsen bei den umgewendeten Samenanlagen (Abb. 109 *III f*).

Die oft langgestreckte Verwachsungsstelle von Samenanlage und Funiculus wird Raphe genannt und tritt bei Samen, die aus umgewendeten Samenanlagen hervorgegangen sind, häufig auffallend hervor.

Die Stelle, an welcher der Nabelstrang in den Samen eintritt, nennt man den Nabel (Hilum). Dieser liegt:

gegenüber dem Keimmunde bei den aufrechten Samenanlagen;

seitlich vom Keimmunde bei den gekrümmten Samenanlagen;

unmittelbar neben dem Keimmunde bei den umgewendeten Samenanlagen.

Die Stelle, an welcher der Nabelstrang endet, nennt man den inneren Nabel oder die Chalaza; sie ist in Abb. 109 durch eine punktierte Linie bezeichnet und liegt stets am Grunde des Nucellus.

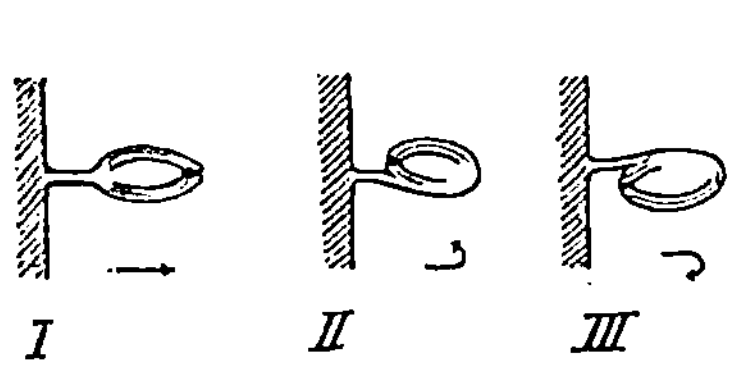

Abb. 110. Stellung der Samenanlagen zur seitlichen Samenleiste.

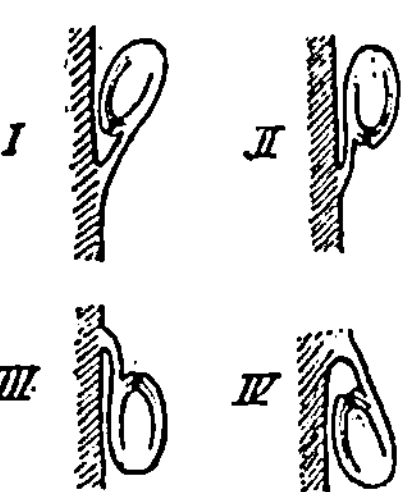

Abb. 111. Richtung der gekrümmten Samenanlagen.

Die Mehrzahl der Samenanlagen ist seitlich an den Placenten angeheftet, und man unterscheidet dann, ob sie wagrecht abstehend, aufwärts gekrümmt (aufsteigende Samenanlage) oder abwärts gekrümmt ist (hängende Samenanlage). Im ersteren Falle unterscheidet man z. B. wagrecht abstehende, gerade (Abb. 110 *I*), wagerecht abstehende, aufrecht umgewendete (*II*) und wagerecht abstehende, abwärts umgewendete (*III*) Samenanlagen. Bei hängenden und aufsteigenden umgewendeten Samenanlagen pflegt man einen Unterschied zu machen, je nachdem die Samenanlage zwischen Placenta und Funiculus liegt (dorsale Raphe) oder durch den Funiculus von der Plazenta getrennt wird (ventrale Raphe). In Abb. 111 zeigt beispielsweise Fig. *I* eine umgewendete aufsteigende Samenanlage mit dorsaler Raphe, Fig. *II* eine ebensolche mit ventraler Raphe, Fig. *III* eine umgewendete hängende Samenanlage mit ventraler Raphe und Fig. *IV* endlich eine solche mit dorsaler Raphe.

Der ausgewachsene Samen.

Nach erfolgter Befruchtung wächst die Samenanlage zum Samen aus und ihre einzelnen Teile erfahren dabei mannigfache Ausbildung. Immer aber entspricht am reifen Samen:

die Samenschale — den Integumenten,

das Nährgewebe (auch manchmal schlecht Sameneiweiß genannt) — wenn es außerhalb des Embryosackes entstanden
ist, dem Perisperm,
wenn es innerhalb des Embryosackes entstanden ist, dem
Endosperm.

Die Mikropyle schließt sich durch Verwachsung der Integumentränder, und die
Verbindung des Samens mit der Pflanze
löst sich an der Eintrittsstelle des Nabel-
stranges, einen sogenannten Nabelfleck
(Hilum) hinterlassend. Bei den aus umgewendeten Samenanlagen hervorgegangenen Samen ist der seitlich mit der Samenschale verwachsene Nabelstrang von außen
meist deutlich sichtbar und wird als
Raphe bezeichnet.

Die Samenschale, Testa genannt,
ist meist in zwei Schichten gesondert, eine
innere, sehr dünne, meist weiße und stets
häutige Schicht, welche gewöhnlich aus
dem inneren Integument hervorgegangen
ist, und eine äußere Schicht, welche
ebenfalls häutig sein kann, wie bei der

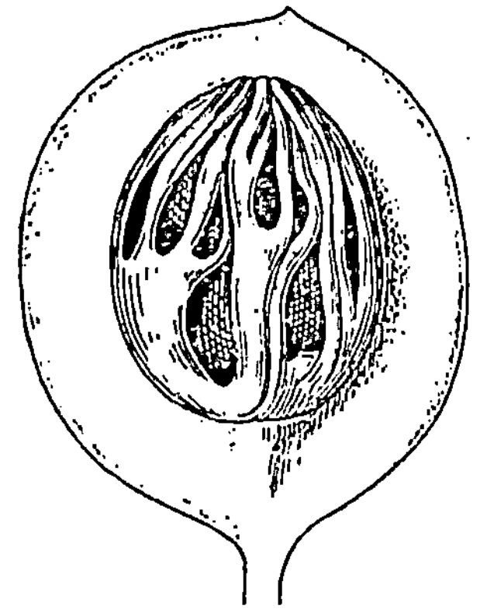

Abb. 112. Myristica fragrans, Samen vom Arillus umgeben, in der
Frucht liegend; die obere Fruchthälfte entfernt.

Walnuß, oder aber lederartig, wie bei der Bohne, oder endlich knochen-
hart, wie bei dem Weinstock.

Zuweilen, besonders bei Beerenfrüchten, wird die äußere Schicht
des Integuments fleischig wie das sie umgebende Fruchtfleisch, so bei

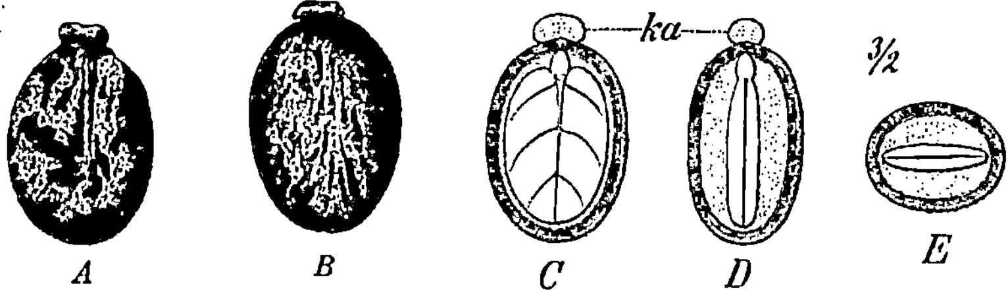

Abb. 113. Ricinussamen, A Samen von vorn, B von hinten, C und D die beiden verschiedenen
Längsschnitte, E Querschnitt (³/₂); ka Caruncula.

der Johannisbeere, oder sie besitzt Quellschichten, wie beim Leinsamen, welcher sich beim Einlegen in Wasser mit einer dicken Schleim-
schicht umgibt. Meist ist die Samenschale kahl, aber sie kann auch
behaart sein, wie bei den Baumwoll- und Strophanthussamen. Bei
letzteren und bei den Samen des Weidenröschens (Epilobium) trägt
die Spitze außerdem eine gestielte oder ungestielte, als Flugorgan
dienende Haarkrone.

Einige Samen besitzen außerdem nachträglich, d. h. nach erfolgter
Befruchtung der Samenanlage entstandene Wucherungen. Nehmen
diese von der Basis des äußeren Integumentes oder vom Funiculus

ihren Ausgang, so nennt man sie Samenmantel oder Arillus, z. B. die fälschlich „Blüte" genannte Muskatblüte, d. i. der Arillus der Muskatnuß (Abb. 112). Eine Wucherung der Mikropyle hingegen ist z. B. die sogenannte Caruncula der Ricinussamen (Abb. 113).

Verbreitung der Früchte und Samen.

Ganz kurz soll hier noch darauf hingewiesen werden, daß die Art der Verbreitung der Früchte und Samen durch gewisse morphologische Eigenschaften bedingt ist. So werden die Saftfrüchte und auch saftige Scheinfrüchte und Samen durch Tiere verbreitet, die sie meist im ganzen verzehren und die unverdaulichen Samen, die den Darmkanal, ohne Schaden zu nehmen, durchlaufen, an anderen Stellen wieder von sich geben. Andere, die sogenannten Klettfrüchte, zeigen Widerhaken, mit denen sie leicht am Fell von Tieren und auch den Kleidern der Menschen haften und so verschleppt werden. Groß ist die Zahl der Früchte und Samen, die eine bedeutende Oberflächenvergrößerung durch Ausbildung von Flügeln oder Haarkronen erfahren haben und daher, wie die staubfeinen Samen der Orchidaceen, Begoniaceen und Lobelien, sich durch den Wind weithin tragen lassen. Schließlich sind auch noch mit einem Schwimmgewebe ausgestattete Früchte zu erwähnen, die durch fließendes Wasser, durch Wellen oder Meeresströmungen, oft weit hinweggeführt werden.

Innerer Bau der Pflanzen.
Anatomie.

Um den inneren Bau der Pflanzen zu begreifen, muß man sich zunächst klar machen, auf welche Weise er zustande gekommen ist, d. h. wie das Werden neuer Pflanzen und Pflanzenteile sich vollzieht. Dies geschieht ausnahmslos durch die Tätigkeit der Protoplasmakörper oder Protoplasten. Ihnen allein wohnt Lebenskraft inne, welche nur zeitweise ruht, wie z. B. im Keimling der Samenpflanzen oder in den Sporen der Kryptogamen, unter bestimmten Umständen aber, die man als die Lebensbedingungen der Pflanzen bezeichnet, wieder in Tätigkeit tritt. Die Protoplasten sind zugleich die Träger aller Eigentümlichkeiten der einzelnen Pflanzen und übertragen diese Eigenschaften auf die Nachkommen.

Der lebendige Protoplasmakörper umgibt sich meist mit einer Haut, welche ihn vor äußeren Einflüssen schützt. Diese Haut wird Zellwand genannt und bildet in Gemeinschaft mit dem Protoplasten die lebende Zelle. Jedoch befinden sich im Organismus höher entwickelter Gewächse auch Zellen, welche später kein lebenstätiges Protoplasma mehr enthalten. Diese sind jedoch ausnahmslos einmal, und zwar bei ihrer Entstehung, sowie während der Dauer ihres Wachstums, lebende Zellen gewesen. Diese toten Zellen erfüllen ihre Bestimmung im Pflanzenorganismus nur im Verbande mit anderen, lebenden Zellen. Sie verdienen streng genommen die Bezeichnung „Zelle“ nicht mehr, obschon gerade sie diese Namengebung veranlaßten. Die ersten mit Hilfe starker Linsen arbeitenden Forscher nahmen eine Zusammensetzung des Pflanzenkörpers aus winzig kleinen Kammern wahr, welche sie Zellen (Cellulae) nannten, und lange Zeit hindurch galten auch diese Zellen als die Grundelemente der Lebewesen. Erst später, als das zusammengesetzte Mikroskop in der Erkenntnis weiterzuschreiten gestattete, nahm man wahr, daß als das Grundelement der Lebewesen nur ein ganz bestimmter Teil dieser Zellen zu bezeichnen war, nämlich das lebende Protoplasma. Nichtsdestoweniger ist die Bedeutung der „toten Zellen“ für den Organismus der höher entwickelten Gewächse eine erhebliche, denn sie bilden z. B. deren Wasserbahnen und verleihen ihnen die notwendige Festigkeit.

Zellenlehre.
Allgemeines über den Bau der Zelle.

Eine normale, jugendliche Zelle läßt folgende Teile erkennen (vergl. Abb. 114 *A*):

1. eine dünne, elastische Wandung, welche allseitig geschlossen ist und die Zellhaut, Zellwand oder Zellmembran genannt wird,
2. eine das gesamte Zellinnere ausfüllende farblose, weiche, zähschleimige, feinkörnige, wasserreiche Substanz, das Protoplasma, in welchem sich an beliebiger Stelle der Zellkern eingelagert findet.

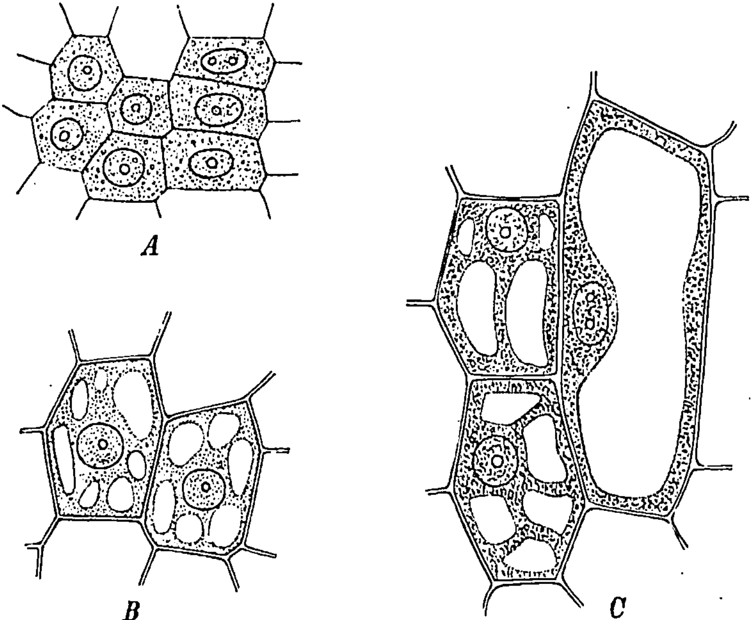

Abb. 114. Wachsende Zellen aus dem Gewebeverbande einer Phanerogame: *A* das jüngste *B* und *C* fortgeschrittenere Wachstumsstadien darstellend (etwas schematisiert).

Wächst diese jugendliche Zelle, so erkennen wir, daß im Protoplasma allmählich mehr und mehr kleine, in erster Linie aus Wasser bestehende Tröpfchen abgeschieden werden, die sogen. Vakuolen. Diese nehmen immer mehr an Größe zu und fließen meistens dann auch zu mehreren zusammen, so daß das Protoplasma an Masse oft weit hinter die Vakuolen zurücktritt. Die wässerige Flüssigkeit, welche die Vakuolen erfüllt, nennt man Zellsaft. In der definitiv ausgebildeten Zelle ist also das Protoplasma von zahlreichen kleinen oder wenigen großen Vakuolen dnrchsetzt oder aber das Plasma liegt als einfacher, mehr oder weniger dünner Schlauch der Wandung der Zelle an (Abb. 114 *B* u. *C*), so daß schließlich nur eine große, zentrale Vakuole vorhanden ist.

Es gibt auch Zellen, welche vollständig nackt sind, d. h. welchen die Zellwand fehlt. Solche nackte Zellen, die also nur aus Protoplasma mit eingelagertem Zellkern bestehen und die häufig als Primordialzellen bezeichnet werden, sind nicht etwa unvollkommen, nicht völlig ausgebildet, sondern sie sind sogar zu den allerwichtigsten Lebensäußerungen der Pflanze befähigt, wie zur Ausübung der Fortpflanzung (Gameten, Spermatozoiden) oder zur

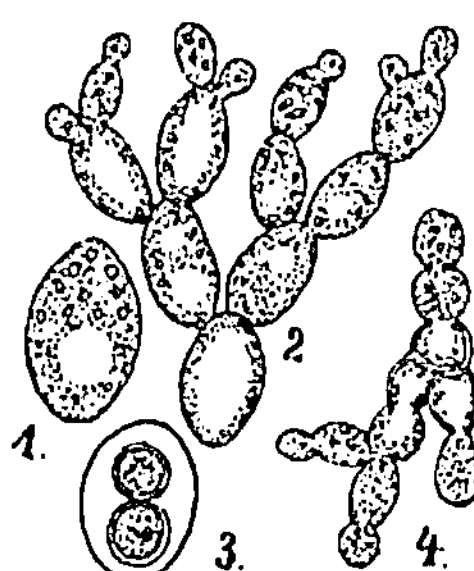

Abb. 115. Bierhefe, Saccharomyces Cerevisiae: *1* ein einziges Individuum, *2* eine durch Sprossung entstandene Kolonie. (*3* Sporenbildung, *4* Keimung von drei aneinanderliegenden Sporen).

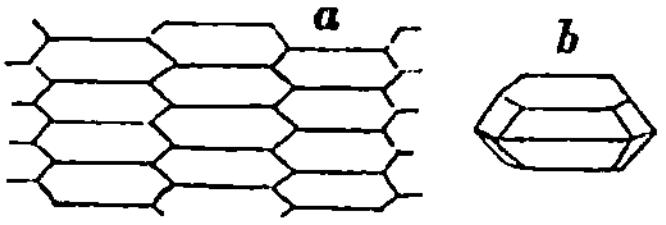

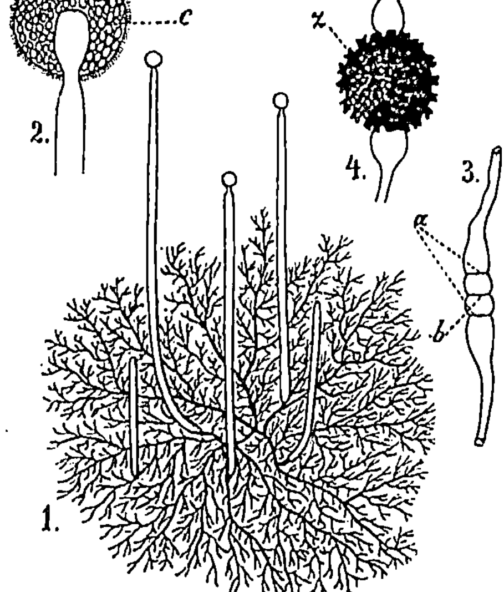

Abb. 116. *1* Ein Schimmelpilz; bis auf die Köpfchen der Fruchtträger aus einer einzigen Zelle bestehend (*2*, *3* und *4* Vermehrungs- und Befruchtungsorgane des Pilzes. siehe später.)

Abb. 117. *a* Querschnitt durch ein Markstrahlparenchym, *b* eine Zelle desselben körperlich dargestellt.

Vermehrung (Schwärmer). Erst wenn sie ihre Funktion erfüllt haben, umgeben sie sich mit einer vom Plasma ausgeschiedenen Wandung und zeigen hierdurch recht deutlich, daß eben die Hülle nicht, wie das Plasma, zu den unbedingt notwendigen Bestandteilen einer lebenden Zelle gehört.

Außerordentlich verschieden sind die Zellen im Hinblick auf Größe und Gestalt.

Sehr unvollkommene Pflanzen, wie viele Algen und Pilze, können nur aus einer einzigen Zelle bestehen. Diese kann äußerst klein sein, wie bei den Bakterien, die erst bei tausendfacher Vergrößerung im Mikroskop deutlich wahrnehmbar sind, und bei denen der Durchmesser manchmal nur $^1/_{2000}$ mm beträgt; größer sind z. B. die Zellen der Hefepilze, von denen ebenfalls jede einzelne

ein Pflanzenindividuum darstellt (Abb. 115). Einzelne Zellen können
aber auch beträchtlich groß werden und mannigfache Verzweigungen
erfahren. Das gesamte Mycelium mancher Pilze z. B. besteht nur aus
einer einzigen Zelle (Abb. 116, *1*), und die Internodialzellen mancher
Characeen können bis 10 cm Länge und 2 mm Durchmesser betragen.

Zellen, welche vollkommen frei existieren und nach keiner Seite
hin von umgebenden Zellen beengt werden, besitzen meist K u g e l -
oder S c h l a u c h f o r m (z. B. Hefepilze [Abb. 115], Bakterien und
Pilzhyphen). Stoßen nur zwei Zellen aneinander, so sind sie an der
Berührungsstelle bereits etwas abgeplattet. Stoßen mehrere Zellen
aneinander, so ergibt sich durch den gegenseitigen Druck eine polyedrische Form (Abb. 117).

Außer diesen von außen her bedingten Einflüssen auf die Gestalt
der Zellen liegen dieser jedoch innere Gestaltungskräfte zugrunde,
welche die Form der Tätigkeit anpassen, den die einzelnen Zellen
nach ihrer Vollendung im Organismus der Pflanze ausüben sollen,
ja diese Gestaltungskräfte sind weit mächtiger als äußere Faktoren,
so daß diese nur n zweiter Linie gestaltend wirken. Durch diese
Einflüsse wird die Entstehung zweier ganz verschiedener Formen der
Zellen herbeigeführt, nämlich:

a) die parenchymatische Gestalt,
b) die prosenchymatische Gestalt.

Beide lassen sich auf die obenerwähnten Gestalttypen der freien
Zellen zurückführen, und zwar die Gestalt der parenchymatischen
Zellen auf die Bläschen-(Kugel)-form, diejenige der prosenchymatischen
Zellen auf die Schlauchform.

Parenchymatische Zellen sind demnach polyedrische Zellen, deren
Form zwar auch eine gestreckte sein kann, deren Quer- und Längs-
schnittsbilder jedoch im allgemeinen keine große Verschiedenheit
aufweisen (z. B. Abb. 117). Der Namen (von $\pi\alpha\varrho\acute{\alpha}$, para = daneben,
darauf, und $\check{\epsilon}\gamma\chi\upsilon\mu\iota\alpha$, enchyma = das Eingegossene) deutet darauf hin,
daß bei diesem Bilde die Zellen aufeinander stehend gedacht sind
(Abb. 117).

Prosenchymatische Zellen sind (meist lang) spindelförmig, an
den Enden zugespitzt, ineinander eingekeilt; ihr Längsschnittbild
weist zwei spitze Winkel auf (vergl. die Abb. 147 *C—E* weiter hinten
unter „Mechanisches System"). Der Name ist von $\pi\varrho\acute{o}\varsigma$, pros = gegen,
zwischen, abgeleitet, d. h. es wird dadurch zum Ausdrucke gebracht,
daß die Zellen zwischeneinander geschoben sind.

Daß es zwischen diesen beiden Zellformen Zwischenglieder gibt,
ist selbstverständlich. Es läßt sich nicht immer mit Sicherheit ent-
scheiden, ob eine bestimmte Zelle in einem Zellgewebe zu dem
parenchymatischen oder prosenchymatischen Typus zu rechnen ist.

Zellinhalt.

Protoplasma. Das Protoplasma ist nicht als eine einfache Flüssigkeit aufzufassen, sondern es besitzt eine wahrscheinlich sehr komplizierte innere Struktur, die es ermöglicht, daß die mannigfaltigen

chemischen Reaktionen in einer Zelle nebeneinander vor sich gehen
können. Das Plasma setzt sich zusammen aus sehr verschiedenen
Eiweißstoffen und Wasser und es reagiert entweder alkalisch oder
neutral. Im Protoplasma vollziehen sich alle Lebensfunktionen der
Pflanze, wie z. B. Stoffwechsel, Stofftransport, Wachstumsbewegungen,
Fortpflanzung. Wir unterscheiden im Protoplasma
bestimmt geformte Teile, Zellkern und Chromatophoren (welche später gesondert behandelt werden),
und eine die Zelle oft mehr oder weniger vollständig
erfüllende, meist zähflüssige, ungeformte Grundsubstanz, das Cytoplasma, das aber auch oft
der Zellwand nur als ein sehr dünner, zuweilen
erst bei Kontraktion nach erfolgter Wasserent-
ziehung (Plasmolyse) sichtbar werdender Schlauch
anliegt. Das Cytoplasma wird nach seiner Struktur eingeteilt in die von zahlreichen Körnchen
(Mikrosomen) erfüllte Grundmasse, das Körnchenplasma oder Polioplasma, und die wasserhelle
Außenschicht, Wandplasma oder Hyaloplasma.
Diese grenzt das Protoplasma nach der Zellwand
als sogenannte Hautschicht, nach den Vakuolen
als Vakuolenwand ab.

Das Cytoplasma besteht, wie erwähnt, hauptsächlich aus Eiweißstoffen; deshalb wird es auch
durch Kochen, durch giftig wirkende Körper, wie
z. B. Sublimat, Chromsäure, Osmiumsäure u. a. m.
zum Gerinnen gebracht, „fixiert". Es nimmt dann
gierig Farbstoffe auf. Von Kalilauge wird es
gelöst. Besonders charakteristisch ist in physio-
logischer Hinsicht die osmotische Eigenschaft des
Cytoplasmas (Semipermeabilität), daß es zu den
Salzen, die im Zellsaftraum enthalten sind, reichlich
Wasser zutreten läßt, dieses Wasser aber außerordentlich zähe festhält, wodurch der Saftdruck
(Turgor) der Zelle hervorgerufen wird.

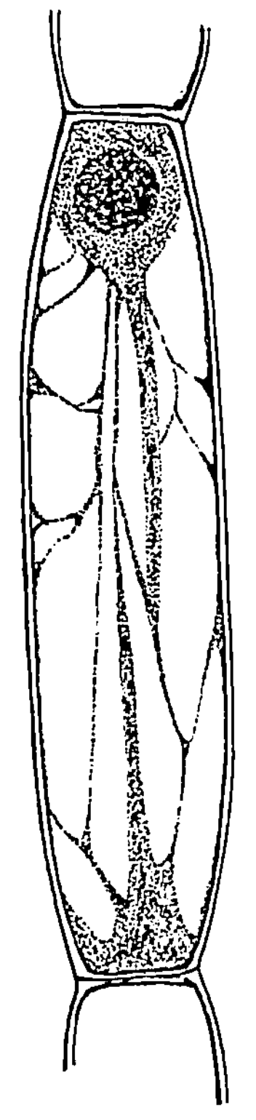

Abb. 118. Zelle eines
Staubfadenhaares von
Tradescantia virginica
mit Zirkulation des Pro-
toplasmas in den den
Saftraum durchziehen-
den Cytoplasma-
strängen. Stark ver-
größert. (Nach Kühne.)

In den Zellen mancher Pflanzen kann man unter dem
Mikroskop sehr deutlich eine Bewegung des Cytoplasmas,
die sogen. Plasmaströmung, wahrnehmen. Entweder
bewegt sich das Cytoplasma in einem einzigen Strom mit
konstanter Richtung der Zellwandung entlang, besonders
dann, wenn das Zellplasma einen der Wandung anliegenden,
die große zentrale Vakuole begrenzenden Schlauch bildet
(z. B. in einer Zelle, wie in Abb. 114 C rechts dargestellt). Man nennt diese Bewegung des Plasmas Rotation. Die Rotationsbewegung beobachten wir
besonders schön z. B. in den Blattzellen von Helodea canadensis, ferner in
den Wurzelhaaren von Vallisneria. Als Zirkulation wird im Gegensatz hierzu
die Strömung des Plasmas bezeichnet, wenn das Cytoplasma in isolierten Strömen
mit wechselnder Richtung die den Zellsaftraum durchsetzenden Stränge nach
dem verschiedenartig gelagerten, oft im Zellinnern aufgehängten Zellkern zu
oder von demselben weg durchzieht. Die Zirkulation läßt sich z. B. sehr gut
in den Staubfadenhaaren der Arten von Tradescantia (Abb. 118), ferner in den
Haaren mancher Solanaceen etc. wahrnehmen. Ganz fehlt die Bewegung im

Plasma überhaupt nie, doch geht sie in den meisten Fällen so langsam vor sich, daß sie nicht direkt wahrnehmbar ist. Niemals wandert die Wandschicht mit, und nur so ist die Möglichkeit eines lokalisierten Wachstums der Zellmembran zu erklären.

Die nackten Primordialzellen zeigen häufig eine sehr charakteristische Bewegung. So bewegen sich die nackten Zellen und Zellvereinigungen (Plasmodien) der sogen. Schleimpilze (Myxomycetes) dadurch langsam fort, daß aus den Plasmaklümpchen Ausstülpungen (Pseudopodien) hervortreten, in welche allmählich der Zellkörper nachkriecht, worauf sich dann wieder neue läppchenförmige Ausstülpungen bilden. Ganz anders erfolgt das sogen. Schwärmen der nackten Vermehrungs- und Fortpflanzungsorgane vieler Algen und Pilze. Hier treten aus dem nackten Protoplasten einzelne, wenige bis zahlreiche feine Cytoplasmafäden, die sogen. Geißeln oder Cilien, aus, welche eine lebhafte schlagende Bewegung ausführen und dadurch den Zellkörper rasch durch das Wasser wirbeln. Auch manchen mit Membran versehenen Zellen, z. B. manchen Bakterien und Volvocaceen, kommt eine solche Schwärmbewegung mittelst Geißeln zu.

Zellkern. Der Zellkern (Nucleus) findet sich an beliebiger Stelle, besonders da, wo in der Zelle gerade das lebhafteste Wachstum stattfindet, dem Cytoplasma eingelagert und ist, wie oben schon hervorgehoben wurde, nichts anderes als ein Protoplasmagebilde von bestimmter Gestalt, welches sich durch eine sogen. Plasmamembran (Kernmembran) vom umliegenden ungeformten Protoplasma abgrenzt. Die Gestalt des Kerns ist sehr wechselnd. Meistens ist er mehr oder weniger kugelig, seltener linsen- oder scheibenförmig, in einzelnen wenigen Fällen spindelförmig oder sogar gelappt. Innerhalb der Kernmembran liegt das den Kernsaftraum durchziehende sogen. Kerngerüst, d. h. ein Gewirr von Fäden, welchen zahlreiche, gewisse Farbstoffe (Hämatoxylin, Carmin etc.) speichernde Körnchen (die Chromatinkörner) eingelagert sind. Außer dem Kerngerüst findet man in jedem Kern einen oder mehrere, stark lichtbrechende, ebenfalls leicht färbbare Körper, die Kernkörperchen (Nucleoli). Allermeist enthält eine Zelle nur einen einzigen Kern; in einzelnen großen Zellen, wie in den Milchsaftschläuchen der höheren Pflanzen oder den großen, ganze Individuen zusammensetzenden Zellschläuchen mancher Algen (Vaucheria, Caulerpa) und Pilze (Phycomycetes) findet man jedoch regelmäßig mehrere bis zahlreiche Kerne. Bei den am tiefsten stehenden Pflanzen, den Bakterien und den Spaltalgen, ist der einwandfreie Nachweis eines Zellkerns noch nicht gelungen.

Niemals kommt es vor, daß sich der Zellkern, welcher offenbar der hauptsächlichste Träger der Vererbungserscheinungen ist, selbstständig neu aus dem Protoplasma bildet. Die Bildung von Zellkernen erfolgt stets nur durch eine meist sehr komplizierte Zweiteilung schon vorher vorhandener Kerne, und es ist deshalb klar, daß alle die unendlich zahlreichen Kerne einer höheren Pflanze, z. B. eines Baumes, aus dem befruchteten Kerne einer Eizelle hervorgegangen sind.

Die Zellkernteilung ist meistens ein sehr komplizierter Vorgang. Nur in recht vereinzelten Fällen findet eine direkte (amitotische) Teilung statt (z. B. in alternden Zellen einiger höherer Pflanzen), indem sich der mehr oder weniger kugelige Kern in der Mitte immer stärker biskuitförmig einschnürt, bis sich endlich die Hälften voneinander trennen. Wie jedoch schon soeben hervorgehoben wurde, ist eine andere, weit kompliziertere Art der Zellkernteilung als die normale zu bezeichnen; es ist dies die indirekte (mitotische) Zellkernteilung oder Karyokinese, mit welcher auch stets oder fast stets eine Zellteilung Hand in Hand geht (vergl. Abb. 119). Ein zur indirekten Teilung sich anschickender Zellkern vergrößert sich stark; Kernmembran und Nucleolen verschwinden, sein dicht verknäueltes Kerngerüst tritt dagegen immer deutlicher hervor, bis es sich allmählich zu einem Kernfaden vereinigt, der in eine bestimmte, für jede Pflanzenart fest normierte Zahl von gleichgestalteten Kernsegmenten oder Chromosomen zerfällt. Diese rücken nach der Mitte der Zelle zur sogen. Kernplatte zusammen, und hier erfolgt jetzt der wichtigste Vorgang: jedes Kernsegment teilt sich der Länge nach in zwei dünnere Hälften, welche im weiteren Verlauf nach den entgegengesetzten Polen der Zelle auseinander wandern. Hierdurch wird bewirkt, daß sich die Kernsubstanz der Mutterzelle gleichmäßig

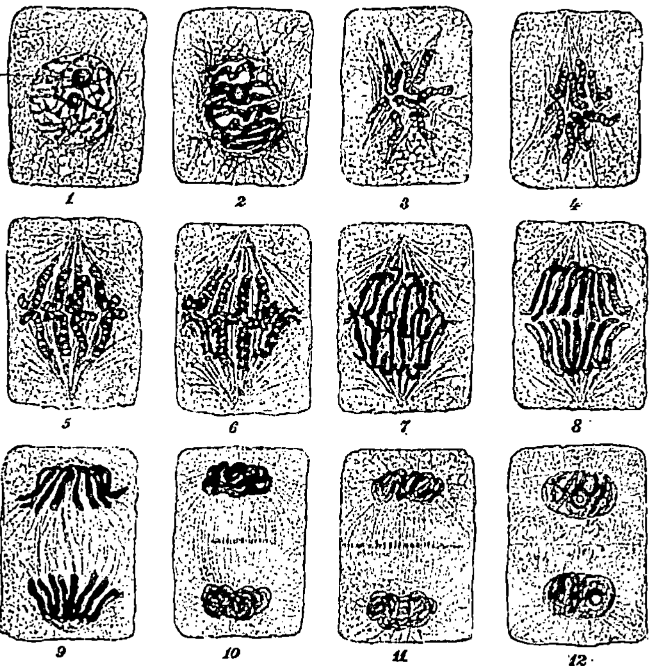

Abb. 119. Teilungsvorgänge im Zellkern: *1* bis *12* fortschreitende Entwicklungsstadien. Stark vergrößert. (Nach Strasburger.)

auf die nun entstehenden Kerne der Tochterzellen verteilt. Die bisher geschilderten und weiter zu schildernden Teilungs- resp. Bewegungsvorgänge der Kernbestandteile erfolgen natürlich durch die Tätigkeit des lebenden Cytoplasmas, und hierbei spielt besonders die sogen. Kernspindel eine große Rolle, d. h. von den beiden Polen der sich teilenden Zelle verlaufen gegen den Äquator derselben strahlenförmig sich erweiternde Cytoplasmafäden, welche wohl bei der Umlagerung der Chromosomen eine wichtige Rolle spielen. Die aus der Teilung der Kernsegmente hervorgegangenen dünneren Fäden rücken nun in der oben angegebenen Weise auf den Bahnen der Kernspindeln immer mehr den Zellpolen zu und bilden allmählich durch Aneinandergliederung zu Kernfäden zwei neue Kerne, die sich zuletzt auch wieder mit einer Kernmembran umgeben und neue Nucleoli erkennen lassen. Ehe dies erfolgt, treten in allen den Fällen, wo mit der Kernteilung auch eine Zellteilung Hand in Hand geht, die Kernspindeln sehr deutlich hervor, und in der Mitte zwischen den beiden Polen, d. h. in der Äquatorialebene der Mutterzelle, zeigen die einzelnen Fäden deutliche, von Cellulosemicellen herrührende Anschwellungen (Zellplatte), aus denen allmählich eine zarte Teilungswand hervorgeht. Nach der Ausbildung der Tochter-

6*

zellen verschwindet die Kernspindel. Der Zweck der komplizierten Kernteilung ist wohl in der gleichmäßigen Verteilung der Substanz des Mutterkernes auf die Tochterkerne (Vererbung) zu suchen.

Bei manchen niedrigstehenden Thallophyten ist die indirekte Kernteilung durch die Centrosomen, die auch bei der Teilung von tierischen Zellen zu beobachten sind, beeinflußt. Es sind dies kleine, kugelige Gebilde, die ursprünglich in der Einzahl jedem Kern anliegen, aber vor der Kernteilung sich teilen und dann je nach den beiden Polen des Kerns wandern. Um die Centrosomen bilden sich fädige Strahlungen, und auch die Fasern der Kernspindeln gehen von ihnen aus. Bei höheren Pflanzen sind die Centrosomen noch nicht festgestellt worden.

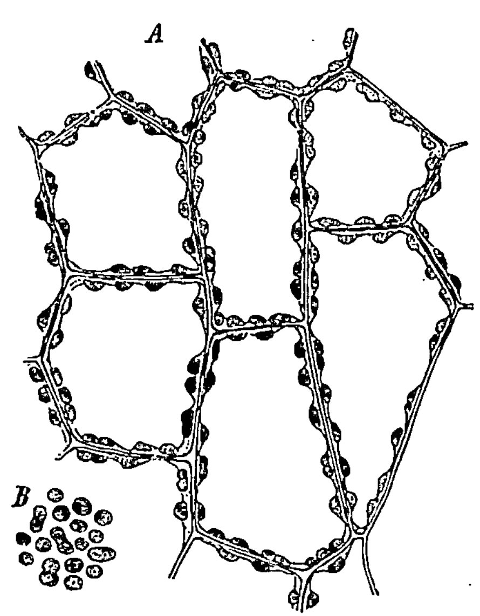

Abb. 120. Chlorophyllkörner im Cytoplasma der Zellen eines Farnprothalliums: A im optischen Durchschnitt der Zellen; B einzelne Körner, z. T. in Teilung begriffen. (400 mal vergrößert.)

Chromatophoren. Die Farbstoffträger oder Chromatophoren sind sehr wichtige und auch sehr charakteristische Inhaltsbestandteile der Zellen. Sie sind, ähnlich wie der Zellkern, Protoplasmagebilde von im allgemeinen sehr wechselnder, aber bei den einzelnen Pflanzen bestimmter Gestalt, die meist, wenigstens zu bestimmten Zeiten, als Träger von Farbstoffen fungieren. Sie vermehren sich in ganz ähnlicher Weise wie der Zellkern bei der direkten Zellkernteilung, d. h. sie schnüren sich in der Mitte immer mehr ein, bis die Tochterkörper sich voneinander loslösen. Die Chromatophoren bilden sich also — wie die Kerne — niemals frei aus dem Protoplasma heraus. Man unterscheidet drei Formen der Chromatophoren: Chloroplasten, Leukoplasten und Chromoplasten.

1. Chloroplasten. Die Chloroplasten oder Chlorophyllkörper sind diejenigen Farbstoffträger, welche den Pflanzen ihre charakteristische grüne Färbung verleihen. Fast durchweg finden wir sie in den Zellen der grünen Pflanzenteile in großer Zahl in Form von diskusförmigen (flach scheibenförmigen), selten fast kugeligen Körnern der wandständigen Protoplasmaschicht eingelagert (Abb. 120).

In sehr jugendlichen oder aber älteren, im Dunkeln gehaltenen, Pflanzenteilen erkennt man die Chlorophyllkörper als ungefärbte, feinkörnige Protoplasmakörper ohne besondere oder wenigstens deutlich erkennbare Struktur. Unter dem Einflusse des Lichtes entsteht erst der grüne Farbstoff, welcher in der Form von winzigen ölartigen Tröpfchen der protoplasmatischen Grundsubstanz des Kornes eingelagert ist. Dieser Farbstoff der Chlorophyllkörner läßt sich aus grünen Pflanzenteilen leicht durch Alkohol, Schwefelkohlenstoff oder andere Lösungsmittel extrahieren. Die Lösung erweist sich als fluoreszierend: bei durchfallendem Licht ist sie frisch grün, bei auffallendem Licht blutrot. An dieser Lösung läßt sich auch zeigen, daß der grüne Farbstoff nicht einheitlich, sondern ein Gemisch mehrerer Farbstoffe ist, deren Natur noch nicht mit vollster Sicherheit geklärt ist. Nach den neuesten Forschungen nimmt man an, daß wir es hier mit einem Gemisch von 4 verschiedenen Farbstoffen zu tun haben, den rein grünen, den Chlorophyllkomponenten A und B, einem gelben, dem Xanthophyll, und endlich einem nur in Spuren vertretenen orangeroten, dem Carotin. Setzt man einer alkoholischen Blattgrünlösung Benzol zu, schüttelt kräftig und läßt absetzen, so erhält man folgendes charakteristische Bild: das Benzol hat das Chlorophyll (und das nicht in die Erscheinung tretende Carotin) aufgenommen und bildet über dem schwereren Alkohol, dem das gelbe Xanthophyll geblieben ist, eine schön grüne Schicht.

Bei einigen wenigen Formen der grünen Algen ist das Chlorophyll nicht an diskusförmige oder mehr oder weniger kugelige, sondern an plattenförmige, sternförmige oder in Gestalt von Spiralbändern die Zelle umlaufende Protoplasmagebilde gebunden, welche manchmal sehr groß sind und nur zu wenigen oder sogar einzeln die Zelle erfüllen.

Wenn die Vegetationszeit der grünen Gewächse abgelaufen ist, meist also im Herbst, werden die Chloroplasten fast stets aufgelöst, die grüne Färbung verschwindet, winzige gelbe oder gelbrote Körnchen oder Tröpfchen treten auf und bilden die Ursache für die sogen. Herbstfärbung der Pflanzen.

Die Chloroplasten sind von großer Wichtigkeit für das Leben der Pflanzen. Ihnen kommt jene merkwürdige Tätigkeit zu, unter dem Einflusse des Lichtes aus anorganischen Substanzen (Wasser, Kohlensäure der Atmosphäre) organische (Kohlehydrate) zu bilden. Als erstes sichtbares Produkt dieses Vorganges, der Assimilation, erscheint die Stärke, und zwar in der Form winziger Körnchen in den Chlorophyllkörpern selbst. In grünen Pflanzenteilen, welche längere Zeit dem Sonnenlicht ausgesetzt waren, finden wir deshalb in jedem Chlorophyllkörper mehrere bis zahlreiche Stärkekörnchen, die dann beim Verdunkeln des Pflanzenteils wieder aufgelöst, d. h. in lösliche Kohlehydrate (Glukose etc.) übergeführt werden und in dieser Form nach den Verbrauchsstellen oder in die Reservestoffbehälter der Pflanze wandern. Wir werden hierauf später noch zurückkommen.

2. Leukoplasten. Man bezeichnet als Leukoplasten die in sehr jugendlichen Organen der Pflanze noch nicht ergrünten Anlagen der Chloroplasten; mit demselben Namen werden jedoch auch Gebilde bezeichnet, welche in den Reservestoffbehältern der Pflanzen (z. B. in Knollen) enthalten sind, niemals ergrünen, nicht die Fähigkeit besitzen, aus anorganischen Stoffen organische zu schaffen, sondern nur die Aufgabe haben, aus den den Rerservestoffbehältern zugeführten gelösten Kohlehydraten wieder Stärke zu bilden, und zwar meist in der Form größerer Körner von charakteristischer Gestalt (Reservestärke).

3. Chromoplasten. Unter dem allgemeinen Namen Chromoplasten („Farbstoffträger") faßt man alle im Pflanzenreiche vorkommenden Farbstoffträger zusammen, welche nicht grün sind. Sie können

aus Chloroplasten oder Leukoplasten durch Verwandlung entstanden
sein und sind den ersteren in der Form häufig noch vollständig gleich,
d. h. sie besitzen die diskusförmige oder kugelige Gestalt der Chlorophyllkörner. Häufig kommt es jedoch auch vor, daß die Chromoplasten infolge Auskristallisierens des Farbstoffes nadelförmige, spindelförmige oder mehr oder weniger tafelförmige Gestalt annehmen (Abb.
121). Der Farbstoff der Chromoplasten ist Carotin und Xanthophyll;
er verleiht den Pflanzenteilen, in welchen Chromoplasten vorkommen,
eine gelbe bis tief .orangerote Färbung.

Chromoplasten kommen hauptsächlich vor in gefärbten Früchten und in
Blumenblättern. Es leuchtet ein, daß nicht alle Färbungen des Pflanzenreichs
durch Chromoplasten hervorgerufen sein können, da diese stets nur gelb oder
orangerot erscheinen. Die blaue oder grellrote Farbe vieler Blumenblätter ist
darauf zurückzuführen, daß bestimmte Zellpartien derselben, meist die Epidermis,
einen im Zellsaft gelösten entsprechenden Farbstoff (Anthocyan) enthalten.
Die weiße Farbe ist (ähnlich wie bei Bierschaum) auf Lichtreflexe zurückzuführen,
nur das Weiß der Birke wird durch einen Farbstoff, das Betulin, hervorgerufen.

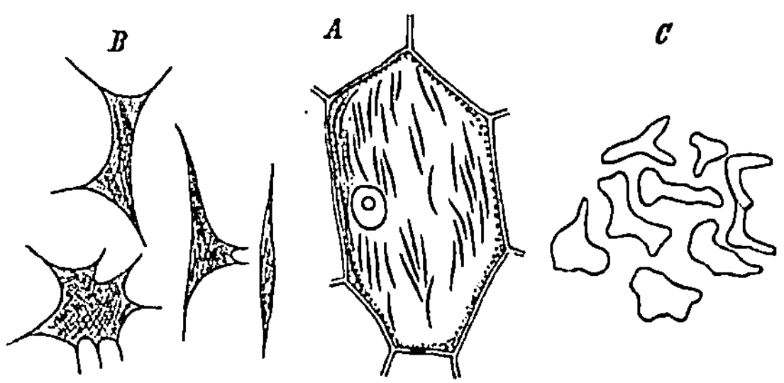

Abb. 121. *A* Zelle aus dem Perigonblatt von Hemerocallis fulva mit spindelförmigen Chromoplasten. *B* Chromoplasten aus dem Fruchtfleisch von Pirus aucuparia mit fädigen Farbstoff-
kristallen. *C* Gelappte Chromoplasten aus den Blumenblättern von Genista tinctoria. Stark
vergrößert. (Nach Schimper und Haberlandt.)

Zellsaft. Wie oben schon hervorgehoben wurde, ist das Protoplasma sehr saftreich. In der fertig ausgebildeten, lebendigen Zelle
sammelt sich der Zellsaft, der im Gegensatz zum Protoplasma stets
sauer reagiert, in mehr oder weniger zahlreichen Vakuolen an oder
die Vakuolen fließen sehr häufig zu einem großen Zellsaftraum zusammen, der von dem der Zellwand anliegenden Plasmaschlauche umschlossen wird (Abb. 114). Der Zellsaft ist nicht etwa reines Wasser,
sondern eine wässerige Lösung der verschiedenartigsten Substanzen,
welche als überflüssig und unbrauchbar von der Pflanze ausgeschieden
(Exkrete) oder aber als Nährstoffe hier abgelagert werden und die
später wieder im Stoffwechsel Aufnahme finden. Auf diese im Zellsaft enthaltenen Stoffe wird weiter unter genauer eingegangen werden.

Stärke. Es wurde bei der Besprechung der Chloroplasten gezeigt,
daß in ihnen durch die Assimilation winzige Stärkekörner (Assimilationsstärke) entstehen. Diese werden in ein wasserlösliches
Kohlehydrat (Zucker) übergeführt und gelangen so, wenn sie nicht
sofort für den Aufbau des Pflanzenkörpers verwendet werden, in
Reservestoffbehälter (Knollen, Wurzeln, Stämme etc.). Hier beginnt

dann, wie schon angeführt, die Tätigkeit der Leukoplasten: diese lagern an ihrem Rande oder in ihrem Innern Reservestärke ab. Manchmal kommt es jedoch auch vor, daß die sehr reichlich in den Chlorophyllkörnern gebildeten Kohlehydrate weder gleich gebraucht, noch infolge Überfüllung der Leitungsbahnen nach den Reservestoffbehältern transportiert werden; diese werden dann in der Form

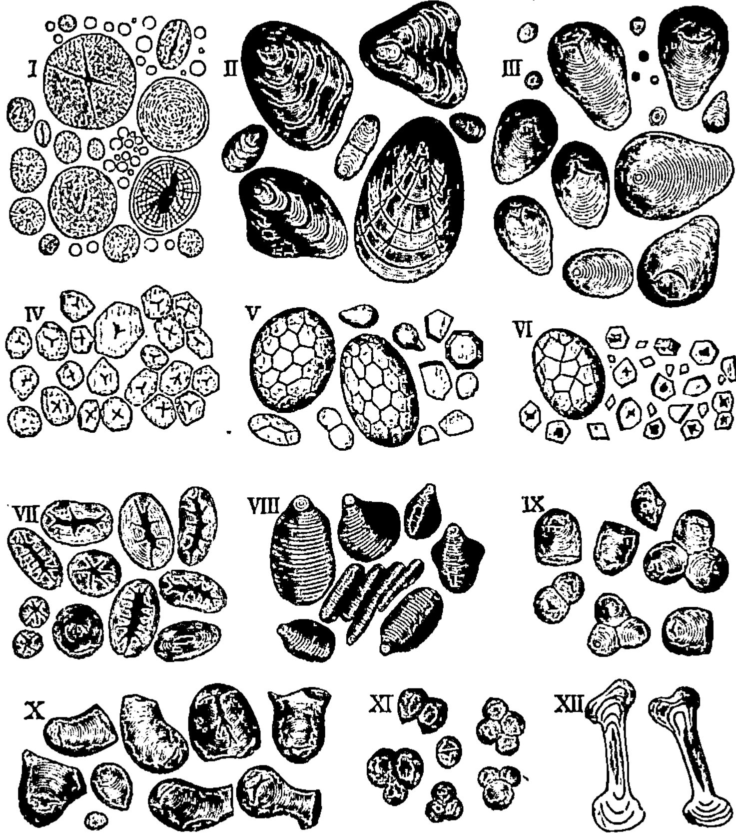

Abb. 122. Stärkekörner verschiedener Gestalt und Abstammung: *I* Roggenstärke, *II* Kartoffelstärke, *III* Marantastärke, *IV* Maisstärke, *V* Haferstärke, *VI* Reisstärke, *VII* Leguminosenstärke, *VIII* Curcumastärke, *IX* Manihotstärke, *X* Sagostärke, *XI* Sarsaparillestärke, *XII* Euphorbiastärke (475 fach vergrößert.) (Nach H. Warnecke.)

kleiner, wenig differenzierter Körnchen meist in der Nähe ihrer Bildungsstätten, in Blättern oder Stengeln, zeitweilig deponiert und als transitorische (Wander-)Stärke bezeichnet. Die Reservestärkekörner sind meist viel größer als diejenigen der Assimilationsstärke, ferner sind sie meistens durch eine charakteristische Schichtung ausgezeichnet. In den Reservestoffbehältern finden sie sich gewöhnlich in ungeheurer Anzahl (z. B. in der Kartoffel oder in den Getreidefrüchten). Ihre Gestalt ist fast immer mehr oder weniger rundlich, kugelig, auch häufig eiförmig, seltener linsenförmig oder bei großer Anzahl der Körner und starkem gegenseitigem Druck vieleckig.

Die Schichtung und auch die Gestalt der Körner ist meistens eine so charakteristische, daß man sie dazu benutzen kann, um die verschiedenen Stärkesorten unter dem Mikroskop zu unterscheiden. Die Schichtung selbst ist auf einen regelmäßigen Wechsel von dichteren und weicheren (substanzärmeren) Schichten um ein Zentrum (Kern genannt) zurückzuführen. Sind die Schichten allseitig gleich dick, liegt also der Kern im Zentrum, so bezeichnet man die Stärkekörner als konzentrisch (Stärke der Leguminosen, von Weizen, Roggen, Gerste etc., Abb. 122 *I, VII*). Sind dagegen die Schichten auf der einen Seite des Kerns stärker, dicker ausgebildet als auf der anderen, so daß der Kern mehr oder weniger weit an den Rand des Stärkekorns, manchmal bis in dessen unmittelbare Nähe, rückt, so werden die Stärkekörner exzentrisch genannt (Stärke der Kartoffel, Abb. 122 *II*, der Scitamineen, von welchen weitaus das meiste Arrowroot herstammt etc., Abb. 122 *III, VIII*). Nicht selten sind dann ferner die sogen. zusammengesetzten Stärkekörner, d. h. ein Korn besitzt ganz die Gestalt eines gewöhnlichen kugeligen oder eiförmigen Korns, erweist sich jedoch als zusammengesetzt aus mehr oder weniger zahlreichen vieleckigen, kleinen Körnchen (Stärke von Reis und Hafer, Abb. 122 *V, VI*). Nicht zusammengesetzte, aber doch eckige Körner besitzt z. B. der Mais (Abb. 122 *IV*). Hier sind die anfangs kugelig angelegten, kleinen Körner in den äußeren Partien des Samens in solcher Menge in den Zellen entwickelt, daß sie sich gegenseitig abplatten und polyedrisch werden. Endlich sind noch die wegen ihrer knochenförmigen oder hantelförmigen Gestalt sehr auffallenden Stärkekörner zu erwähnen, welche man in den Milchsaftschläuchen von Euphorbia antrifft (Abb. 122 *XII*).

Die Stärkekörner bestehen aus einem Kohlehydrat $(C_6H_{10}O_5)n$. Sie kommen bei fast allen Pflanzen vor; ausgenommen sind die Pilze und eine Gruppe von Algen (Rhodophyceae). Die Stärke ist mikrochemisch leicht nachzuweisen: beim geringsten Zusatz von Jod tritt sofort Blaufärbung ein; in heißem Wasser quillt die Stärke auf und wird zu Kleister. Ferner verkleistert die Stärke bei Zusatz von Kalilauge, während sie durch verdünnte Säure in Zucker übergeführt und gelöst wird. Reine Stärke, die sich als ein feines weißes Pulver darstellt, wird unschwer durch Auswaschen der Stärkekörner aus stärkereichen Pflanzenkörpern, wie z. B. Knollen, gewonnen.

Wird die Stärke der Reservestoffbehälter von der Pflanze wieder gebraucht, so werden die Körner durch ein Ferment, die Diastase, in eine lösliche Form übergeführt und wandern so nach den Verbrauchsstellen.

Zuckerarten (Rohrzucker, Traubenzucker etc.) finden sich ihrer leichten Löslichkeit wegen fast stets gelöst im Zellsafte. Nur aus sehr konzentrierten Lösungen scheiden sie sich, z. B. in den Datteln, dem Johannisbrot, der Meerzwiebel aus. Zuckerarten sind sehr verbreitet im Pflanzenreiche.

Reservezellulose. Ein Reservestoff (Kohlehydrat), der sich vielfach in Samen in Form charakteristischer Wandverdickungen findet. Er gehört zu den Hemicellulosen und unterscheidet sich von echter Cellulose durch seine Spaltbarkeit in verdünnten Säuren (Abb. 123).

Ätherisches und fettes Öl. Bei zahlreichen Pflanzen findet sich im Cytoplasma der Zellen ätherisches oder fettes Öl in der Form stark lichtbrechender, in der Größe sehr wechselnder, meist winziger Tröpfchen. Das fette Öl (Gemenge von Fettsäure-Estern) ist als ein Reservestoff aufzufassen und kann manchmal auch in der Form von unregelmäßig geformten, weißen Körnern oder von kristallinischen Nadeln auftreten. Das ätherische Öl tritt niemals als ein Reservestoff, sondern meist als ein Sekret (s. unter Sekretionsorgane!) auf.

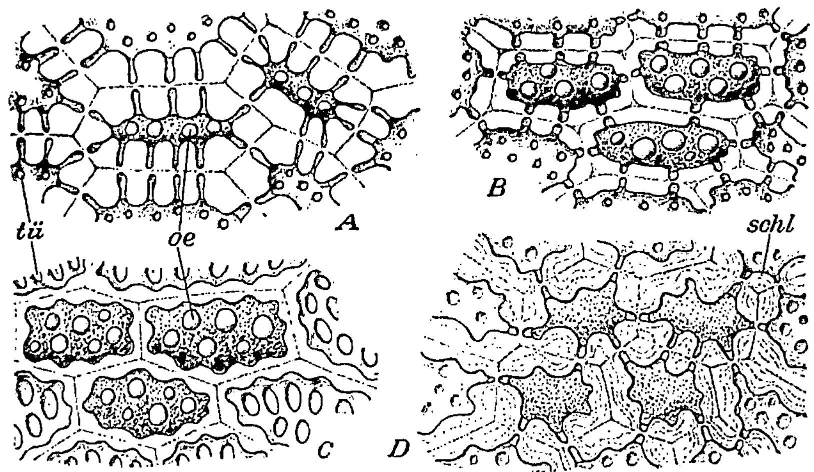

Abb. 123. *A* Ein Stück aus dem Endosperm der Steinnuß (Phytelephas macrocarpa), *B* aus dem Endosperm des Samens der Herbstzeitlose (Colchicum autumnale), *C* aus der Kaffeebohne, *D* aus dem Samen des Johannisbrotbaumes (Ceratonia siliqua, mit verschleimten Zellwänden). Die Zellen sind mit Protoplasma und fettem Öl *oe* gefüllt, wo dasselbe heraus gefallen ist, sieht man die Tüpfel *tü* der Zellwände.

In den Blumenblättern mancher Pflanzen (so z. B. der Rose) findet sich jedoch das ätherische Öl in Form feinster Tröpfchen im Cytoplasma der Zellen; es nimmt hier auch manchmal Kristallform an.

Inulin, ein Polysaccharid, vertritt die Stelle der Stärke in den Wurzeln und Rhizomen von Kompositen. Es ist in der lebenden Pflanze im Zellsaft gelöst und scheidet sich erst nach sehr raschem Trocknen oder noch besser nach längerem Einlegen der betreffenden Pflanzenteile in absoluten Alkohol in der charakteristischen Form von Sphärokristallen aus (Abb. 124). Diese lösen sich langsam in kaltem, rasch in warmem Wasser.

Eiweißkörper. Wie wir gesehen haben, besteht das Protoplasma in erster Linie aus Eiweißstoffen. Aber auch der Zellsaft enthält häufig Eiweiß in größeren oder geringeren Mengen gelöst, und aus dem Zellsaft werden die Eiweißkörper, die Protein- oder Aleuronkörner, ausgeschieden. Es geschieht dies dadurch, daß den Zellen ihr Zellsaft mehr oder minder entzogen wird, worauf das Eiweiß in sehr wechselnder Form ausfällt (Abb. 125).

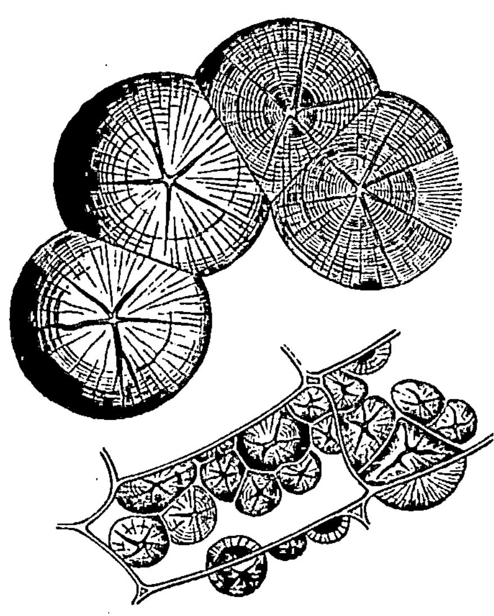

Abb. 124. Sphärokristalle von Inulin in den Zellen der Knollen von Dahlia variabilis. (Stark vergrößert.) (Nach Sachs.)

In zahlreichen Fällen stellen die Protein- oder Aleuronkörner winzige, rundliche Körner dar. Bei den Hülsenfrüchtlern finden wir z. B. in den Zellen der Samen zahlreiche große Stärkekörner, während der gesamte übrige Raum der Zellen mit den soeben beschriebenen winzigen Proteinkörnchen dicht erfüllt ist.

Manchmal erreichen die Proteinkörner eine ansehnliche Größe, so z. B. in den Samen von Ricinus und Bertholletia, überhaupt in Samen, die reich an fettem Öl sind. Wir finden im fettreichen Protoplasma der Zellen dieser Samen dicht gedrängt liegend rundliche Körner, welche aus Eiweißsubstanzen bestehen und die häufig, meist erst nach geeigneter Behandlung mit Reagentien, Einschlüsse erkennen lassen: Kristalloide von reiner Eiweißsubstanz, Globoide, rundliche, aus Phosphorsäure, Calcium und Magnesia bestehende Körper, und manchmal auch Kristalle

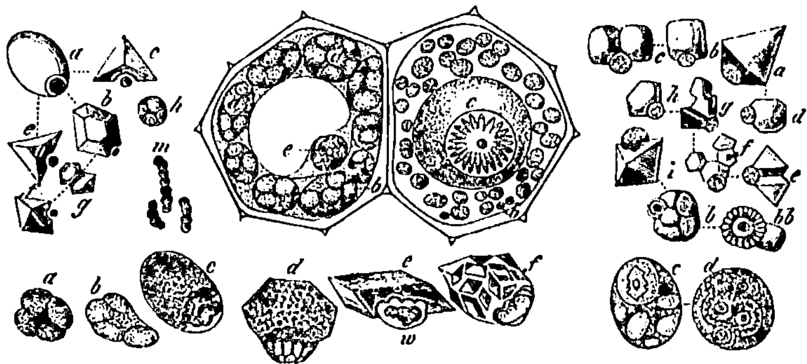

Abb. 125. Aleuronkörner verschiedener Gestalt; in der Mitte zwei Zellen mit Aleuronkörnern angefüllt. Stark vergrößert. (Th. Hartig.)

von oxalsaurem Kalk. Nicht immer kommen, wie schon angedeutet, diese Einschlüsse sämtlich nebeneinander vor; häufig findet man in den Körnern nur den einen oder den anderen.

In den äußersten Schichten mancher Kartoffelsorten, ferner auch in den Zwiebelschalen treten in den Zellen vereinzelte, selten zahl-

reichere, frei im Protoplasma liegende Proteinkörner in der Form
von Kristallen auf. Man bezeichnet diese als Kristalloide; sie
unterscheiden sich dadurch sehr leicht von echten Kristallen, daß sie
im Wasser quellen und sich allmählich vollständig auflösen.

Asparagin ist stets gelöst im Zellsaft und besitzt eine große Verbreitung im Pflanzenreiche. Es gilt als wichtiger Baustoff und spielt
bei der Eiweißsynthese eine Rolle.. Es kann durch Zusatz von Alkohol zum Auskristallisieren gebracht werden.

Alkaloide sind stickstoffhaltige Pflanzenbasen, die im Zellsaft gelöst vorkommen. Meist sind sie in der Pflanze an Säuren gebunden
(z. B. Apfelsäure, Gerbsäure), mit
denen sie leicht lösliche Salze
bilden. Läßt man zu einem
Schnitte unter dem Mikroskop
Kalilauge hinzutreten, so scheidet
sich das freie Alkaloid meist in
feinen Nadeln aus (Abb. 126).
Über die Funktionen der Alkaloide
(Reservestoff, Abbauprodukt oder
dgl.) besteht noch keine Klarheit.

Glykoside kommen ebenso wie
die Alkaloide im Zellsaft gelöst
vor. Es sind Stoffe, die sich in
eine Zuckerart und einen zucker-
freien Körper zerlegen lassen.
Häufig sind sie an Gerbstoffe gebunden. Nach Pfeffer sollen die
schwer diosmierenden Glykoside
zur Aufspeicherung von Zucker
dienen.

Abb. 126. Epidermiszellen eines Blattes von
Duboisia myoporoides mit durch Zusatz von
Kalilauge zur Ausscheidung gebrachten
Duboisinkristallen. (Stark vergrößert.)
(Nach J. Möller.)

Gerbstoffe sind ebenfalls meist
gelöst im Zellsaft. In getrockneten
Pflanzenteilen (Drogen) ist die Gerbstofflösung, wo sie vorhanden war,
meist zu durchsichtigen, eckigen Klumpen eingetrocknet oder von den
Wandungen der absterbenden Zellen aufgesaugt worden. In den
Rinden sind meist oxydierte Gerbstoffe (Phlobaphene) enthalten,
welche jenen die charakteristische braune oder rotbraune bis schwarze
Farbe erteilen.

Pflanzensäuren kommen frei oder an Alkalien, namentlich Kalk,
oder aber an Alkaloide gebunden im Zellsaft der Pflanze vor. Seltener
sind sie frei, wie z. B. Zitronensäure in der Zitrone, Weinsäure und
Zitronensäure in den Tamarinden. Von den meist gebunden vorkommenden Säuren sind zu nennen: Essigsäure, Propionsäure, Buttersäure, Baldriansäure, Oxalsäure, Bernsteinsäure, Weinsäure und Zitronensäure.

Kristalle. Sehr verbreitet sind in den Zellen der Pflanzen Kristalle, und zwar mit verschwindenden Ausnahmen Kristalle von
oxalsaurem Kalk. Diese finden sich immer in den Vakuolen
abgelagert, wo sie aus der Verbindung der im Zellsaft fast stets vor-

handenen, als Nebenprodukt des Stoffwechsels entstandenen und für die Pflanzen sehr schädlichen, freien Oxalsäure mit den aus dem Nährboden aufgenommenen Kalksalzen entstehen. Stahl deutet sie vielfach als Schutzmittel gegen Schneckenfraß.

Die Kristalle treten meistens auf als Einzelkristalle (Oktaeder oder klinorhombische Säulen) oder als Drusen, und in diesen Formen kommen sie häufig nebeneinander in denselben oder wenigstens in benachbarten Zellen vor (Abb. 127). Seltener trifft man die Kristalle in der Gestalt von Raphiden (Bündel zahlreicher, lang nadelförmiger Körper, Abb. 128) oder als Kristallsand (winzige, in ungeheurer Menge die Zelle erfüllende Körnchen). Das Vorkommen

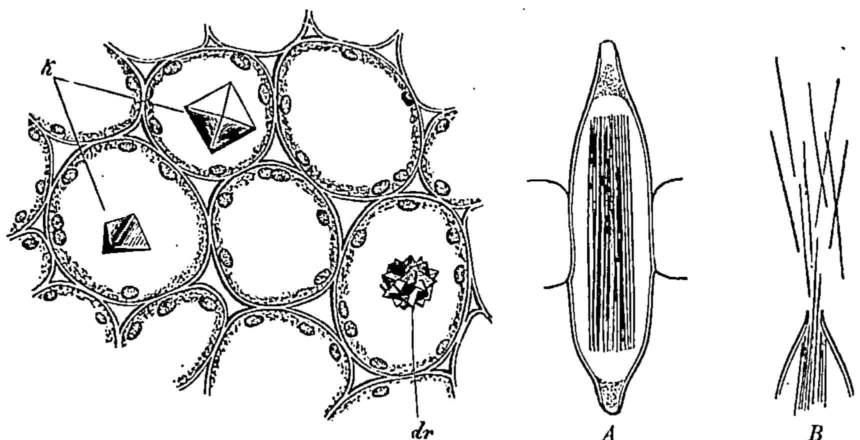

Abb. 127. Kristalle von oxalsaurem Kalk in den Zellen des Blattstieles einer Begonia (200-fach vergrößert); k Einzelkristalle, dr Druse.

Abb. 128. A Zelle mit Raphidenbündel aus dem Blatt von Pistia stratiotes, B Offenes Ende einer solchen Zelle mit teilweise entleerten Raphiden. (250-fach vergrößert.) (Nach Haberlandt.)

von Raphiden und von Kristallsand ist häufig für ganze Gruppen des Pflanzenreichs charakteristisch. So treffen wir z. B. in den Blättern sämtlicher Aloë-Arten massenhafte Raphiden, in den Blättern vieler Solanaceen, z. B. im Tabak, zahlreiche Zellen mit Kristallsand. Die Zellen, welche Kristalle, besonders diejenigen der beiden zuletzt beschriebenen Formen, enthalten, sind meistens stark vergrößert, treten in den Geweben sehr deutlich hervor und werden häufig als Kristallschläuche bezeichnet.

Bei zahlreichen Pflanzen liegen die Kristalle in sehr charakteristischer Weise in sog. Kristallkammerfasern angeordnet. Sie finden sich, meist in nächster Umgebung von mechanischen Elementen (Bastfaserbündeln, Steinzellgruppen), in regelmäßigen Zellzügen. Besonders in der sekundären Rinde vieler Dikotylen entsteht die Reihenbildung in der Weise, daß Kambiumzellen durch Querwände in kleine Kammerzellen zerlegt werden, von denen jede ein Einzelkristall, seltener eine Druse umschließt. Solche Kristallkammerfasern, die an

den Enden meist mehr oder weniger spitz auslaufen, können manchmal bis zu 30 Kristalle in ihren Kammern enthalten (Abb. 129 und 130).

Nur sehr wenige Vorkommen von Kristallen in der Form von
Gips oder kohlensaurem Kalk sind bekannt. Ihr Nachweis, resp. die

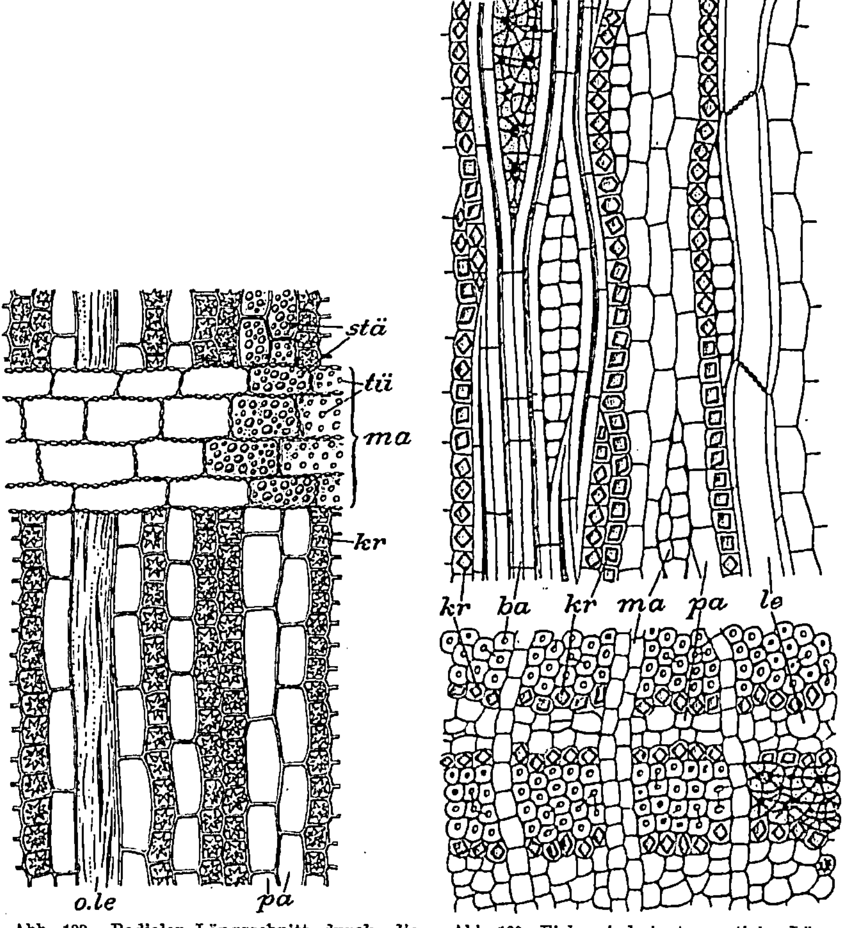

Abb. 129. Radialer Längsschnitt durch die Granatwurzelrinde. *kr* Kristallkammerfasern, *ma* Markstrahl, *stä* Stärkekörner, *tü* Tüpfel der Markstrahlzellen.

Abb. 130. Eichenrinde im tangentialen Längsschnitt und im Querschnitt. *kr* Kristallkammerfasern, *ba* Bastfasern, *ma* Markstrahl, *pa* Parenchym, *le* Siebröhren des Leptoms.

Unterscheidung von Kristallen aus oxalsaurem Kalk geschieht durch
die bekannten Reagentien sehr leicht.

Enzyme sind kolloide, stickstoffhaltige Körper. Sie spielen beim
Ab- und Aufbau der Körper eine hervorragende Rolle durch ihre
Eigenschaften als Katalysatoren. Durch hohe Temperaturen, Gifte,
konz. Säuren können sie unwirksam gemacht werden. Ihre Wirkung
ist meist spezifisch. Am bekanntesten ist das Stärke in Zucker ver-
wandelnde Enzym, die Diastase.

Weitere Inhaltsbestandteile der Zellen, auf welche an dieser Stelle nicht näher eingegangen sein soll, sind:

Harze, Gummi, Kautschuk. Die Entstehung mancher Gummiarten, sowie vieler Harze und Balsame beruht jedoch auf krankhaften (pathogenen) Veränderungen des Zellinhaltes oder der Membranen, oder jene entstehen in großen, nachträglich sich bildenden Zwischenzellräumen (Intercellularen), nicht in lebenden Zellen.

Die Zellwand.

Jede in einem Zellverbande bestehende Zelle und ebenso die überwiegende Mehrzahl der einzellebenden Zellen ist von einer Zellwand (Zellhaut) oder Membran umgeben, welche im jugendlichen Zustand ein dünnes, aus Cellulose bestehendes Häutchen darstellt, sich aber später in mancher Hinsicht verändert. Im Laufe des Wachstums wird die junge Zelle allmählich immer größer, sie erreicht zuletzt häufig das Hundert-, ja in manchen Fällen das Tausendfache der anfänglichen Größe, sie behält ihre ursprüngliche, mehr oder weniger kugelige, isodiametrische Gestalt oder sie kann eine durchaus abweichende Form (verzweigt, spindelförmig, lang-faserförmig) annehmen. Die Gestalt, welche eine Zelle annimmt, ist natürlich abhängig von der für den betreffenden Pflanzenteil auszuführenden Arbeit. Manche Leistungen für die Pflanze sind jedoch auch mechanischer Natur, d. h. nicht allein die Form und Größe, sondern die Stärke der Wand gewisser Zellen kommt für das Leben der Pflanze in Frage.

Aus dieser Betrachtung geht hervor, daß die Wandung einer jungen Zelle zwei verschiedene Wachstumserscheinungen zeigen muß: ein Flächenwachstum, durch welches das Volumen der Zelle vergrößert wird, und ein Dickenwachstum, welches der Zelle eine gewisse und oft sogar recht weitgehende Festigkeit verleiht.

Flächenwachstum. Die jugendliche Zellwand ist ein zartes, feinporöses, stark dehnbares, wasserhaltiges Häutchen. Ein Flächenwachstum erfolgt in der Weise, daß in die Poren der jungen Wand stets neue feine Cellulosemoleküle vom Protoplasma aus abgelagert werden, während gleichzeitig durch den mächtigen Turgor des Plasmas der jungen Zelle eine ständige starke Dehnung der Wandung stattfindet. Ein derartiges Wachstum wird als Intussusception (= Zunahme von innen heraus, Wachstum durch Einlagerung) bezeichnet.

Dickenwachstum. Dickenwachstum tritt ein, wenn das Größenwachstum der Zelle und damit das Flächenwachstum der Zellwand beendet ist. Das Dickenwachstum der Zellwand ist ein recht komplizierter Vorgang. Entweder wird vom Protoplasma der Zelle ganz allmählich Cellulosesubstanz auf die jugendliche Zellwand abgelagert oder aber, und dies dürfte der häufigere Fall sein, das Protoplasma scheidet plötzlich eine neue, dünne Cellulosemembran aus, welche an die erstvorhandene von innen angepreßt wird. Diese Art des Wachstums wird als Apposition (= Anlagerung) bezeichnet. Die so entstandene, junge Verdickungshaut wächst nun wieder durch Intussusception, bis sie eine gewisse Dicke erreicht hat, worauf auf sie durch Apposition vom Plasma wieder eine neue Verdickungsschicht abgelagert werden kann. Diese regelmäßige Schichtenauflagerung läßt sich an ausgewachsenen „mechanischen Zellen" oft noch sehr deutlich wahrnehmen (Abb. 131).

Der Wandverdickungsprozeß geht bei Zellen und Gefäßen (siehe S. 115 *A—F*) nicht immer über die ganze Wandfläche gleichmäßig

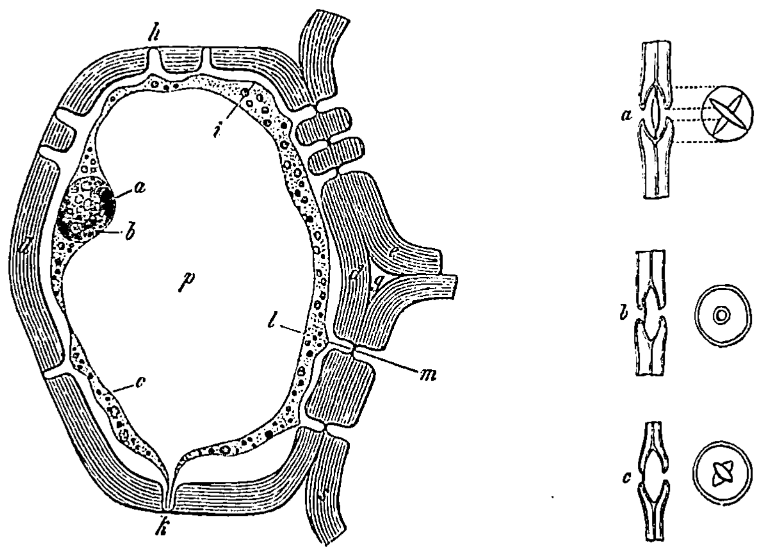

Abb. 131. Querschnitt einer parenchymatischen Zelle mit verdickten Wänden: *d, e* und *s* Zellwände dreier benachbarter Zellen, *a* Zellkern, *b* Nucleolus, *c* kontrahierter Protoplasmaschlauch, *p* zentrale Vakuole, *l* bis *m* korrespondierende Tüpfel. (Stark vergrößert.) (R. Hartig.)

Abb. 132. Behöfte Tüpfel verschiedener Form im Querschnitt, rechts daneben in der Aufsicht, *b* und *c* mit an die Wand gepreßter Mittellamelle. (Stark vergrößert.) (Th. Hartig.)

vor sich. Abgesehen davon, daß nur eine, zwei oder drei Wände verdickt sein können, während die vierte vollkommen frei davon bleibt, bleiben auch an den verdickten Wänden selbst wiederum unverdickte Stellen. Bei Zellen sowohl als auch bei Gefäßen zeigen die Verdickungen, wenn sie sich nicht über die ganze Fläche erstrecken, oft spiralförmige oder ringförmige Anordnung (Abb. 115 *A—C*). Durch Verzweigung dieser verdickten Partien auf der Wandfläche entsteht die Form der treppenförmigen und der netzförmigen Verdickungen (Abb. 115 *D, E*). Die von der Verdickung freibleibenden Wandpartien nennt man Tüpfel; diese können in ihrer Größe außerordentlich wechseln. Je nachdem die Wandverdickung stattgefunden hat, zeigen auch die Tüpfel zueinander eine sehr charakteristische und unter dem Mikroskop leicht zu erkennende Anordnung (Abb. 152 *d* und *g*). Da die Tüpfel den Zweck haben, den Saftaustausch dick-

wandiger Zellen oder Gefäße mit benachbarten Zellen oder Gefäßen
zu ermöglichen, so stoßen die Tüpfel benachbarter Elemente stets
aufeinander (Abb. 131 *l—m*). Man merke sich jedoch, daß diese
Tüpfel nicht Löcher in der Zellwand sind, sondern daß die ursprüngliche dünne, für Wasser und Flüssigkeiten durchlässige Membran
(Mittellamelle) vorhanden bleibt. Eine besondere Art von Tüpfeln,
sogenannte behöfte Tüpfel oder Hoftüpfel, entsteht dadurch,
daß eine unverdickt bleibende Stelle der ursprünglichen Zellwand
(Mittellamelle) von der Wandverdickungsschicht überwölbt wird
(Abb. 132). Die Mittellamelle kann innerhalb des entstehenden Hohlraums in der Zellwand dem größeren oder geringeren Flüssigkeits-
druck in der einen oder anderen Zelle entsprechend an die Wand
angedrückt werden und so einen Verschluß herbeiführen.

Die dünne Mittellamelle zwischen den Tüpfeln kann manchmal
eine nachträgliche Entwicklung erfahren. Liegt sie zwischen einer
lebenden, turgescenten und einer abgestorbenen Zelle oder Röhre
(z. B. einem Gefäß), so wird sie infolge des Turgordrucks in die
letztere hineingepreßt und rundet sich dort zu einer oft recht umfangreichen Blase ab, die manchmal das ganze Lumen ausfüllt und
die Röhre verstopft. Solche Neubildungen werden als Thyllen bezeichnet.

Die Wandverdickungen haben hauptsächlich die Aufgabe, zu verhüten, daß die Zellen und Gefäße von der Seite her zusammengedrückt
werden. Es geschieht dies etwa in gleicher Weise, wie z. B. eine
dünne Papphülse durch Einlegen einer Drahtspirale vor dem Zu-
sammendrücken geschützt werden kann.

Den innerhalb der Wandverdickung frei bleibenden Hohlraum der
Zellen, besonders der Dauerzellen oder Gefäße, nennt man das Lumen.

Nur verhältnismäßig selten besteht die Zellwand aus reiner Cellulose,
einem Kohlehydrat, welches genau dieselbe chemische Zusammensetzung zeigt,
wie die Stärke ($C_6H_{10}O_5$), sich durch die Reagentien Chlorzinkjod oder Jod und
Schwefelsäure schön blau färbt, durch Kupferoxydammoniak sowie durch kon-
zentrierte Schwefelsäure rasch löst, in Kalilauge quillt, während sie durch verdünnte Säuren und Alkalien nicht gelöst wird. Meist finden wir der Cellulose
Pektinstoffe in größerer oder geringerer Menge beigemischt, welche leicht
durch die Reaktion erkannt werden (keine Färbung durch Chlorzinkjod, Löslichkeit in Alkalien nach vorheriger Behandlung mit verdünnten Säuren). Auf
diesem abweichenden Verhalten der reinen Cellulose zu den Pektinstoffen beruht
das Verfahren der Maceration. Wir sahen soeben, wie durch ständig fortgesetzte Abscheidung (Apposition) vom Cytoplasma aus neue Wandungsschichten
auf die ursprünglich vorhandene dünne Primärwandung einer in der Verdickung
begriffenen Zelle abgelagert werden. Die jüngst gebildeten Schichten bestehen
aus fast reiner Cellulose, die älteren werden immer reicher an Pektinstoffen, die
Primärwandung besteht fast nur noch aus den letzteren. Kocht man nun Gewebekörper einer Pflanze, Holz, Rinde etc. in einer Mischung von chlorsaurem
Kali mit Salpetersäure, so erhält man die Zellen der betreffenden Gewebe völlig
isoliert, losgelöst voneinander, da die Primärwandung verschwunden ist. — An
Stelle der Cellulose tritt bei den Pilzen ein anderes Kohlehydrat, Pilzcellulose, auf. Bei den Bakterien besteht die Membran meist aus Eiweißstoffen.

Noch zahlreiche chemische Veränderungen kann die Zellwand im
Laufe der Entwicklung der Zellen erfahren, von denen die wichtigsten hier kurz
hervorgehoben sein mögen.

Soll die Zellhaut einen Abschluß bewirken, soll sie für Wasser in tropfbar
flüssiger wie in gasförmiger Gestalt undurchdringbar sein, so wird ein fettartiger

Stoff, das **Suberin**, eingelagert: die weiche und biegsame Zellwand ist verkorkt. Genau dasselbe wird erreicht durch die Einlagerung von Cutin. Verkorkte und cutinisierte Membranen färben sich mit Jod und Schwefelsäure gelb, mit Sudan III rot.

Verholzt nennen wir eine Membran, in welche ein **Lignin** genanntes Gemisch verschiedener chemischer Substanzen (z. B. Coniferin und Vanillin) abgelagert wurde, wodurch jene eine ansehnliche Härte erlangt, aber für Wasser in tropfbar flüssiger und gasförmiger Gestalt (überhaupt für Gase) leicht durchdringbar (permeabel) ist. Verholzte Membranen werden durch Phloroglucin mit Salzsäure rot, durch schwefelsaures Anilin, sowie durch Jod und Schwefelsäure, gelb gefärbt.

Schleimmembranen kommen besonders häufig in Samenschalen vor (Leinsamen, Quitten etc.), finden sich aber auch im Innern von Stengeln und Blättern. Im trockenen Zustande sind jene meist ziemlich hart, quellen jedoch bei Wasserzutritt sehr rasch mächtig auf und zerfließen häufig vollständig. — Pflanzenschleim kann recht verschiedenartigen Ursprung besitzen; außer dem eben beschriebenen sind festzuhalten die Entstehung desselben in Intercellularräumen (Schleimgänge, z. B. bei Malvaceen, Tiliaceen etc.) und auf pathologischem Wege (krankhafte Veränderung der Cellulose, wie z. B. Kirschgummi).

Kieselsäure und **Kalksalze** findet man häufig der Membran eingelagert, meist in amorpher Form, Calciumoxalat in sehr seltenen Fällen auch als Kristalle. Verkieselt ist z. B. die Oberhaut der Gräser und Schachtelhalme, ferner die Membran der sogen. Kieselalgen (Diatomeen); deshalb bleibt die Form dieser Körper beim Verbrennen und Verwesen unverändert erhalten.

An dieser Stelle sind die eigenartigen Körper zu erwähnen, welche man z. B. in Oberhautzellen der Moraceae, Urticaceae und Acanthaceae antrifft und die für diese Familien des Pflanzenreiches geradezu ein Charakteristikum darstellen, die **Cystolithen** (Abb. 133). Diese Gebilde sind als eine Art von

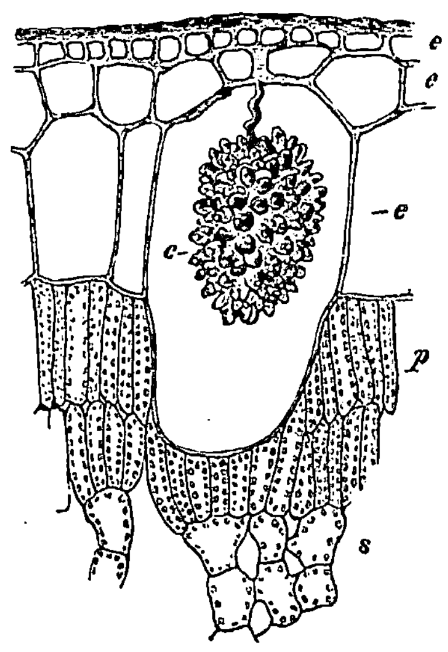

Abb. 133. Querschnitt aus dem Blatt von Ficus elastica (250 fach vergrößert): *c* Cystolith, *e* Epidermiszellen, *p* Palisadenzellen, *s* Schwammparenchym. (Nach Strasburger.)

Wandverdickung aufzufassen. Von irgend einer Stelle der Wandung einer sich allmählich stark vergrößernden Zelle erstreckt sich in das Zellinnere ein stielartiger Teil, aus reiner Cellulose bestehend, in welche sich Kieselsäure einlagert. An den unteren Teil dieses Stieles setzen sich sodann schichtenförmig Cellulose-lamellen an, wodurch allmählich ein traubenförmiger, warziger Körper entsteht, in welchen sich amorpher kohlensaurer Kalk einlagert. Setzt man einem Präparat, welches Cystolithen enthält, eine mineralische Säure zu, so kann man unter dem Mikroskop beobachten, wie der kohlensaure Kalk unter Aufbrausen sich löst, während der Stielteil unverändert bleibt und der Körperteil des Cystolithen als feines Celluloseskelett sich bemerkbar macht.

Entstehung der Zellen.

Die Entstehung der Zellen kann man auf zwei Typen zurückführen, welche prinzipiell voneinander verschieden sind.

1. **Zellteilung oder Zellfächerung.** Der Zellteilung geht die Teilung des Zellkerns voran, ein Vorgang, der oben schon beschrieben wurde. Wir sahen, daß nach dem Auseinanderweichen der Tochterkerne die Äquatorialplatte in eine Zellwand ausgebaut wird. Es entstehen hierdurch zwei Tochterzellen, auf welche Zellkern, Protoplasma, Chloroplasten und Wandung der Mutterzelle vollständig verteilt worden sind (Abb. 134).

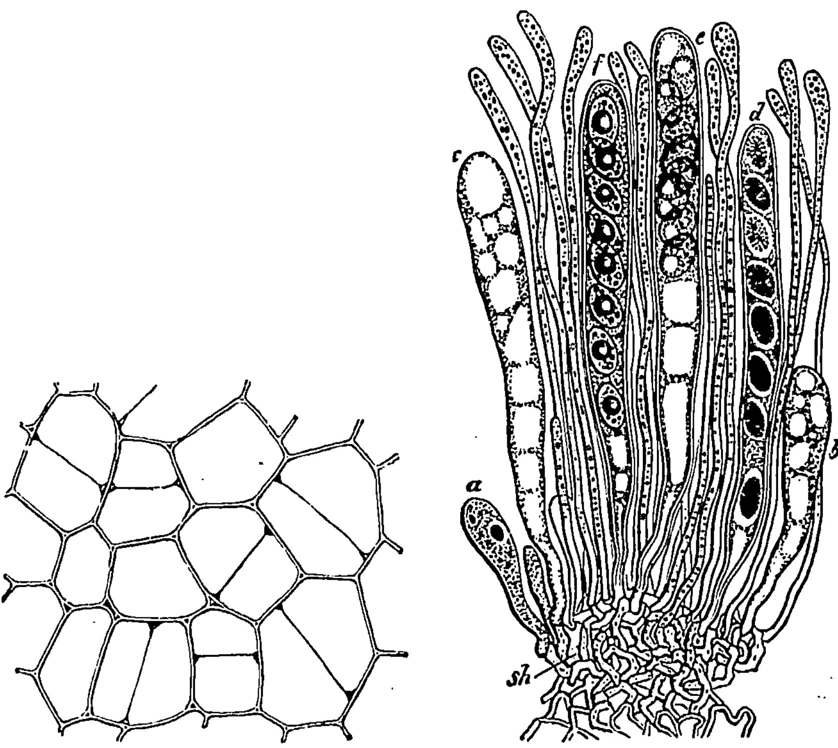

Abb. 134. In Teilung befindliche Parenchymzellen, stark vergrößert.

Abb. 135. Freie Zellbildung in den Schläuchen
von Peziza convexula. a—f Entwicklungsfolge
der Schläuche und Sporen. (Stark vergrößert.)
(Nach Sachs.)

Der Fall der Zellbildung, welchen man gewöhnlich als **Hefe-sprossung** oder auch als **Abschnürung** (bei Pilzen) bezeichnet, ist in mancher Hinsicht von dem soeben beschriebenen Typus abweichend. Eine Zelle treibt eine kleine seitliche Ausstülpung, in die Kern und Protoplasma hineinwandern und welche allmählich mehr und mehr anwächst, sich immer mehr von der Mutterzelle abschnürt, bis es endlich zu einer vollständigen Loslösung kommt (Abb. 115).

2. **Freie Zellbildung.** Im Gegensatz zur Zellfächerung erfolgt bei der freien Zellteilung die Bildung der neuen Zellwand unabhängig von der Kernteilung. Auch wird nicht das gesamte Protoplasma der Mutterzelle zum Aufbau der Tochterzellen verwendet, und vor allem

haben die Tochterzellen keinen Anteil an der Membran der Mutterzelle. Als Beispiel sei hier die Sporenbildung der Schlauchpilze (Ascomycetes) angeführt. Im jugendlichen, sehr plasmareichen Schlauche finden wir einen einzigen Zellkern. Durch wiederholte Zweiteilung entstehen aus diesem vier oder meist sogar acht Tochterkerne, von welchen jeder von einer bestimmten Menge von Cytoplasma umgeben ist. Von diesem Cytoplasma werden sodann feste Membranen gebildet, und es sind dadurch vier oder acht Zellen, die sogen. Sporen, entstanden, die jede mit Membran, Cytoplasma und Zellkern versehen und dem übrigbleibenden Protoplasma einer einzigen, stark schlauchartig angeschwollenen Mutterzelle eingelagert sind (Abb. 135). Dieses nicht zur Bildung der Sporen verbrauchte Plasma der Mutterzelle degeneriert allmählich, es wird gallertartig und dient zum Ausstreuen oder Ausschleudern der Sporen aus den Schläuchen.

Die Gewebe.

Gruppen von Zellen, welche sich in engerem Verbande zueinander befinden und denen in ihrer Gesamtheit eine gemeinsame Verrichtung im Pflanzenorganismus zufällt, nennt man Gewebe.

Die Entstehung der Gewebe. Wir kennen nicht wenige Pflanzen, deren Vegetationskörper aus einer einzigen Zelle besteht, z. B. viele Formen der Algen und Pilze. Weit häufiger — so bei allen höheren Pflanzen — ist der Vegetationskörper aus zahlreichen, ja meistens sehr zahlreichen Zellen gebildet, unter welchen eine strenge Arbeitsteilung stattfindet; sie sind jedoch sämtlich aus einer einzigen Zelle durch fortgesetzte Zweiteilung oder Fächerung hervorgegangen. (Echte Gewebebildung.)

Teilt sich diese Ursprungszelle stets nur nach einer Richtung des Raumes, so entstehen Zellreihen, Zellfäden, bei welchen die Zellen nur mit zwei gegenüberliegenden Endflächen zusammenstoßen. Zellflächen, d. h. einfache Zellschichten, entstehen, wenn die Ursprungszelle sich nach zwei Richtungen des Raumes teilt, endlich Zellkörper, wenn in der Ursprungszelle oder in den aus ihr hervorgegangenen Zellen Teilungen nach allen drei Richtungen des Raumes stattfinden.

Außer durch fortgesetzte Zweiteilung kann ein Gewebe auch durch Verwachsung ursprünglich vereinzelter Zellen oder Zellfäden zu einem Ganzen entstehen, wie dies besonders bei mehreren Gruppen der Pilze der Fall ist (unechte Gewebebildung). Die Fruchtkörper der höheren Pilze, d. h. eben das, was man gewöhnlich als „Pilz" bezeichnet, bestehen immer aus äußerst dünnen, oft stark verzweigten Zellfäden, Hyphen oder Mycelstränge genannt, welche in der verschiedenartigsten Weise zu Geweben zusammentreten: Entweder sie lagern sich, wie in den Stielen der Pilzhüte, parallel nebeneinander und bilden dadurch strangförmige Körper, oder sie verflechten sich so fest und wirr durcheinander, daß sie auf einem Querschnitt durch den betreffenden Teil ein echtes Gewebe vortäuschen (Pseudoparenchym).

7*

Die anatomisch-physiologische Einteilung der Gewebe (nach Haberlandt). Je nach der Aufgabe, welche die einzelnen Gewebe zu erfüllen haben, gruppiert man diese zu Gewebesystemen, und zwar unterscheidet man, da die Pflanze, wie jedes andere organische Wesen, 1. aufgebaut, 2. geschützt, 3. gefestigt und 4. ernährt werden muß, um ihrem Endzweck, der Fortpflanzung, zu dienen, im wesentlichen folgende vier Kategorien von Gewebesystemen:

1. Dem Aufbau dienend:
   Bildungsgewebesysteme (Meristeme).
2. Dem Schutze dienend:
   Hautsystem.
3. Der Festigung dienend:
   Skelettsystem.
4. Der Ernährung dienend:
   a) Absorptionssystem.
   b) Assimilationssystem.
   c) Leitungssystem.
   d) Speichersystem.
   e) Durchlüftungssystem.
   f) Sekretionssystem.

Das Bewegungsgewebe und die Sinnesorgane werden hier nicht behandelt.

Streng genommen wären hier auch die der Fortpflanzung dienenden Gewebesysteme zu behandeln. Jedoch ist es üblich geworden, sie bei den entsprechenden Abschnitten der Systematik zu besprechen. Dem Zweck dieses Buches entsprechend sollen die Gewebesysteme im folgenden in gedrängter Kürze dargestellt werden.

1. Der Aufbau der Pflanze. Die Bildungsgewebe.

Unter den mannigfachen Gewebeformen der Pflanzen befinden sich bestimmte Zellen oder Zellgruppen, welche durch die in ihnen sich vollziehenden Zellteilungen die Masse des Pflanzenkörpers und die Zahl seiner Elemente vermehren. Sie stehen mithin im völligen Gegensatz zu allen übrigen Gewebeformen, den Dauergeweben, und führen den Namen Bildungsgewebe oder Meristeme.

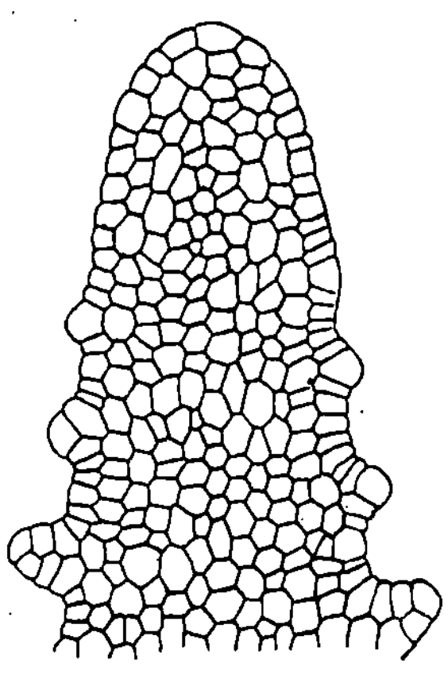

Abb. 136. Längsschnitt des Sproßgipfels der Wasserpest (Helodea canadensis), stark vergrößert. (Nach Kny.)

Bildungsgewebe, und zwar Urmeristem, das seinen Ursprung direkt von dem Meristem des Embryos genommen hat, findet sich, wie schon aus dem Namen und aus dem oben Gesagten hervorgeht, an allen wachsenden Teilen der höheren Pflanzen, also an den Spitzen des Stengels (Abb. 136) und der Wurzel (Abb. 137 und 138), an den

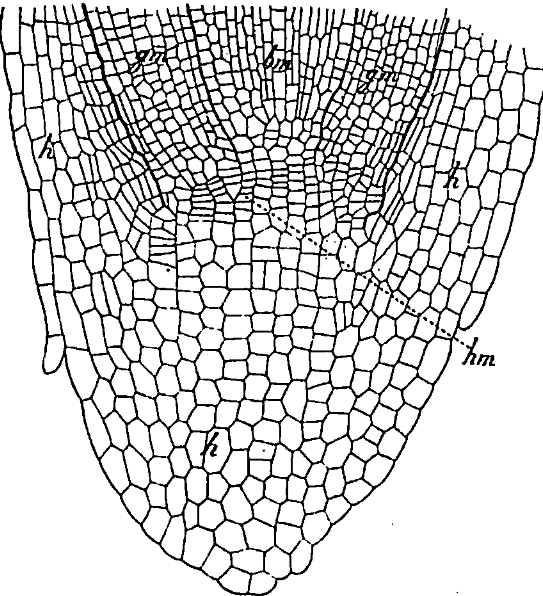

Abb. 137. Längsschnitt durch die Wurzelspitze von Pisum sativum: *h* Wurzelhaube, *hm* Bildungsgewebe, *bm* durch die Tätigkeit des Bildungsgewebes neuentstandene Zellen, welche zu Elementen der Gefäßbündel und des Markes (Plerom) werden, *gm* neuentstandene Parenchymzellen, aus denen später die Rinde (Periblem) hervorgeht. 140 fach vergrößert. (Nach Janczewski.)

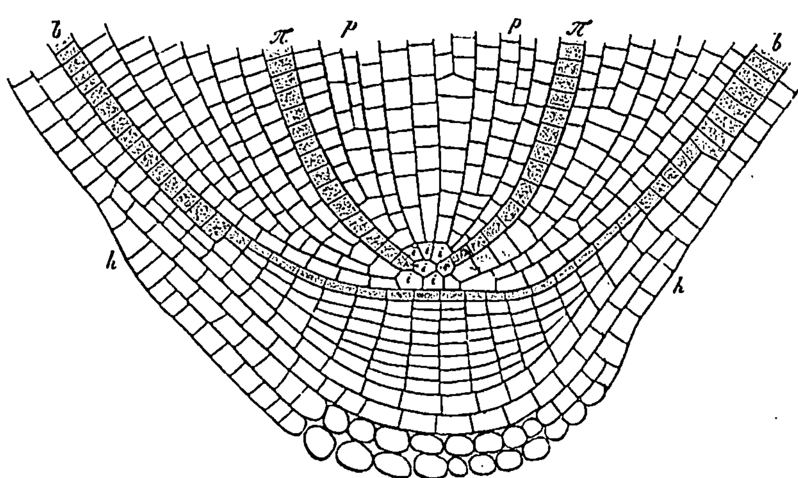

Abb. 138. Längsschnitt durch die Wurzelspitze von Helianthus annuus. *h* Wurzelhaube, *πp pπ* Plerom (d. h. das Gewebe, aus welchem später der Zentralzylinder hervorgeht), *b* Dermatogen (Gewebe, aus dem das Hautgewebe sich bildet), zwischen beiden das Periblem (Gewebe, das später zur primären Rinde wird), *i* die Meristemzellen, durch deren Teilung das Periblem und Plerom entstehen. Stark vergrößert. (Nach Reinke.)

Spitzen sämtlicher Seitentriebe beider, sowie in den Knospen. Sie bestehen aus kleinen, dünnwandigen, sehr reichlich Protoplasma führenden Zellen, welche sich ständig teilen. Man bezeichnet den Sitz der Bildungsgewebe an den Sproßspitzen (und auch in den Knospen, die ja noch nicht ausgewachsene Sprosse sind) als Vegetationspunkte (Abb. 136 bis 138).

Bei den Thallophyten sowie den Moosen und Farnpflanzen findet sich am Vegetationspunkt kein Bildungsgewebe, sondern eine einzige, große, sich stets lebhaft teilende Zelle, die Scheitelzelle, auf die das ganze Wachstum zurückzuführen ist.

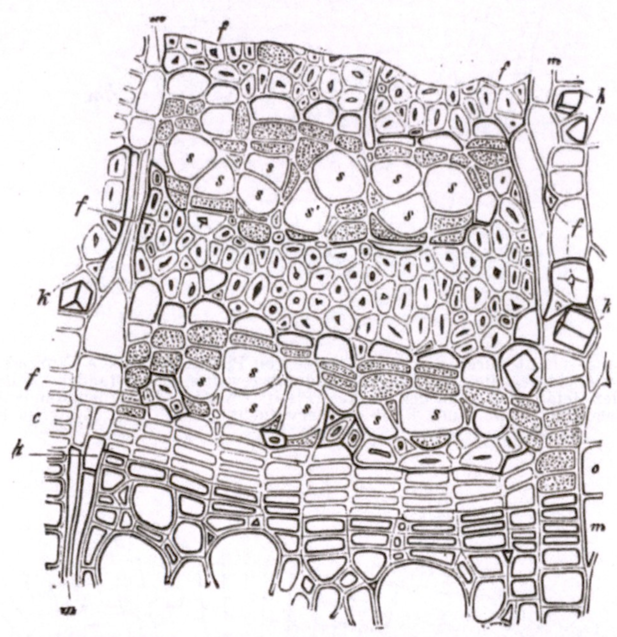

Abb. 139. Teil eines Querschnittes durch einen Lindenzweig: *h* äußere Grenze des Holzteiles, *c* Cambiumzone, von da ab die ganze obere Partie Siebteil, darin *s* Siebröhren, *f* Bastfasergruppen, *k* Zellen mit Kristallen. *m* Markstrahlen. 220 fach vergrößert. (Nach de Bary.)

Etwas unterhalb des Vegetationspunktes lassen sich bei den höheren Pflanzen meist drei verschiedene Schichten in den Stämmen und Wurzeln unterscheiden. Die äußerste, gewöhnlich nur eine Zellage starke Schicht wird Dermatogen genannt, und aus diesem geht die Oberhaut oder Epidermis hervor. An ihm bemerken wir auch zuerst die Blattanlagen in Form kleiner Höcker. In der Mitte liegt der viele Zellschichten starke, kegelförmige Zentralzylinder, das Plerom, aus dem sich allmählich Mark und Leitbündel entwickeln. Zwischen Plerom und Dermatogen liegt endlich der mehrere Zellschichten umfassende Hohlzylinder des Periblems, aus dem die Rinde hervorgeht. (Abb. 137 und 138.)

An allen echten Wurzeln entwickelt sich über dem Vegetationsscheitel zum Schutze gegen Verletzungen die Wurzelhaube, die bei den Farnen von der Scheitelzelle, bei den höheren Pflanzen vom Urmeristem aus stets durch neue Zellabscheidungen ergänzt wird.

Während die Mehrzahl der von den Vegetationspunkten gebildeten Zellen sich mit fortschreitendem Wachstum zu Dauerzellen umbildet, bleiben bei den Gymnospermen (z. B. Coniferen) und den dikotylen Gewächsen gewisse Partien als ein zwischen Holzteil und Siebteil der Gefäßbündel (siehe unten) gelegenes primäres Meristem, C a m b i u m , (Abb. 139 c) dauernd teilungsfähig, wodurch das sogenannte s e k u n - d ä r e D i c k e n w a c h s t u m ermöglicht wird (s. S. 122). Bei den monokotylen Gewächsen hingegen gehen alle Bildungsgewebezellen in die größeren, dickwandigeren, plasmaärmeren Dauerelemente über, und es bleibt kein Cambium zwischen dem Holzteile und dem Siebteile der Gefäßbündel erhalten (Abb. 158). Diese Pflanzen zeigen daher kein echtes sekundäres Dickenwachstum.

Es kommt aber auch vor, daß scheinbar schon in den Dauerzustand übergegangene Gewebe oder Gewebepartien (wie z. B. Epidermiszellen und Rindenparenchymzellen) sich plötzlich durch fortgesetzte Fächerung zu einem nachträglich entstandenen Meristem, einem F o l g e m e r i s t e m , entwickeln. Folgemeristeme sind z. B. das Phellogen, durch dessen Tätigkeit der Kork gebildet wird, sowie der sogenannte Wundkallus, der die Aufgabe besitzt, Wundstellen von Pflanzen zu überwallen und zu verschließen.

2. Schutzgewebe. Hautsystem.

Zum Schutze gegen äußere Einflüsse und zur Verhinderung der Wasserverdunstung sind alle Organe der höheren Pflanzen mindestens mit einer einschichtigen E p i d e r m i s oder O b e r h a u t bekleidet.

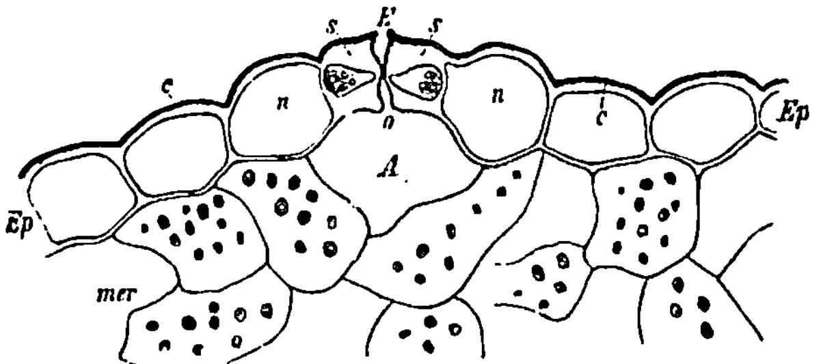

Abb. 140. Querschnitt durch die Epidermis (*Ep*) der Blattunterseite von Mentha piperita, *s* Schließzellen der Spaltöffnung, *n* Nebenzellen, *c* Kuticula, *mer* Schwammparenchym. Stark vergrößert. (Tschirch.)

Diese besteht aus tafel- oder plattenförmigen, lückenlos zusammenschließenden, nur wenig Protoplasma und meist kein Chlorophyll, dagegen meist sehr reichlich Wasser führenden Zellen, deren Außenwand verdickt und zum Teil kutinisiert (Kutikularschicht) und außen mit .einer kutinisierten Lamelle, der K u t i c u l a , bekleidet ist (Abb. 140 c). Kutinisierte Substanz ist für Wasser undurchdringlich, und die Kuticula verhindert so den Verlust von Feuchtigkeit aus den Pflanzen. Besonders bei den Gewächsen, die in sehr trockenen Gebieten gedeihen, ist die Kuticula oft von auffallender Dicke. Außerdem kann sie noch durch Auflagerung von Wachs in Form feinster Körnchen oder feiner Stäbchen unterstützt werden. Zur Regelung der Verdunstung und zur Zuführung von Luft nach den Intercellularräumen sind an oberirdischen Organen die Spaltöffnungen vorhanden (Abb. 140, *E*), welche sich dem jeweiligen Bedarf entsprechend öffnen oder schließen (vgl. hinten unter „Durchlüftungsystem").

Die Verdickung der Außenwände der Epidermiszellen, die bei manchen Pflanzen sehr weit gehen kann, verleiht diesen eine erhöhte Widerstandskraft. In stark wasserleitenden Teilen größerer Gewächse jedoch, wie z. B. bei den Stämmen und den Wurzeln der Dikotylen (Bäume und Sträucher) genügt eine einschichtige Epidermis zum Schutze der inneren Gewebeteile häufig nicht, besonders da die Epidermis der durch das Dickenwachstum bedingten Ausdehnung der betreffenden Organe nicht zu folgen vermag. In einem Ausnahmefall bei der Mistel (Viscum album) bleibt die Epidermis stets erhalten,

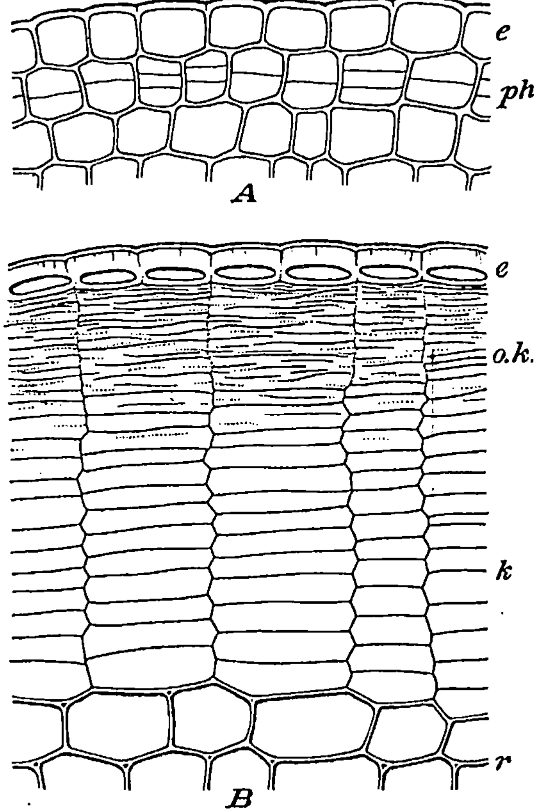

Abb. 141. *A* Beginn der Korkbildung, *e* Epidermis, *ph* Phellogen. *B* Älteres Korkgewebe, *o. k.* obliterierter Kork, *k* normaler Kork, *r* primäre Rinde (etwas schematisiert).

während sonst fast durchweg die Epidermis bei fortschreitendem Dickenwachstum durch vielschichtigen Kork (Periderm) ersetzt wird. Dieser wird aus platten- oder tafelförmigen Zellen gebildet (Abb. 141 *B*), deren meist dünne Membran jedoch mit Suberin durchtränkt und nicht nur, wie bei der Epidermis, mit einer Korklamelle versehen ist. Der Kork entsteht durch das nachträgliche Auftreten eines Korkcambiums (Phellogen, Abb. 141 *A*), welcher sich entweder in den äußeren Lagen der Rinde oder seltener in der Epidermis (als ein Folgemeristem, d. h. ein aus schon in den

Dauerzustand übergegangenen Zellen nachträglich entstandenes Meristem) selbst bildet. Das Korkcambium scheidet übrigens nicht nur

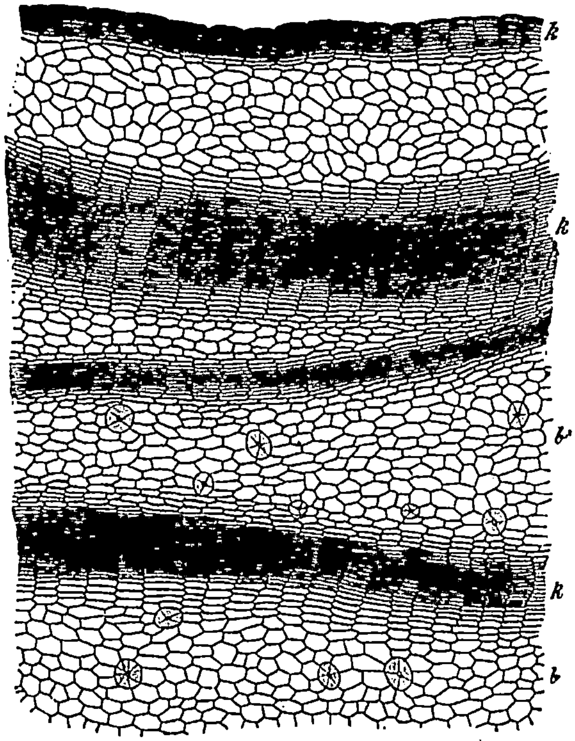

Abb. 142. Borkenbildung bei Cinchona calisaya. Querschnitt durch die Rinde. *k* Korkbänder; durch die Binnenkorkbänder wird Borke gebildet. *b* Rindengewebe. Stark vergrößert. (Berg.)

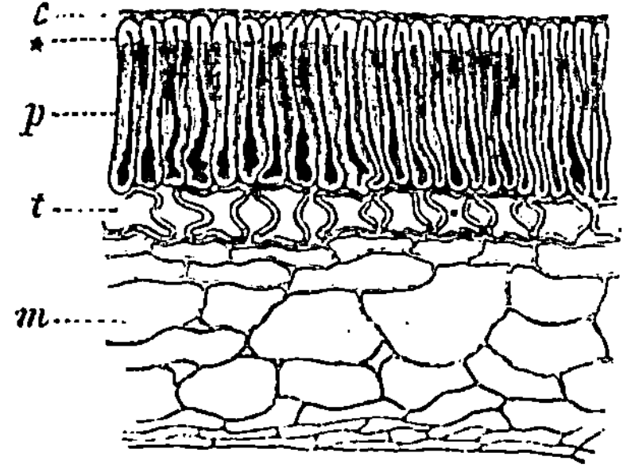

Abb. 143. Querschnitt durch die Samenschale einer Erbse: *p* Epidermis aus hartwandigen Palisadenzellen, *c* Kuticula. Stark vergrößert. (J. Moeller.)

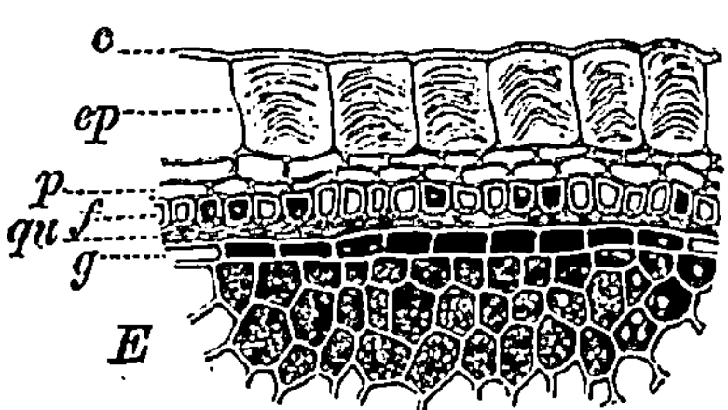

Abb. 144. Querschnitt durch die Randpartie eines Leinsamens: *ep* Epidermis mit den aufgequollenen' Schleimschichten, *c* Kuticula. Stark vergrößert. (J. Moeller.)

nach außen Korkzellen ab, sondern auch noch nach innen ein parenchymatisches Gewebe (Phelloderm), welches zur Verdickung der äußeren Rinde dient. Korkbildung läßt sich besonders schön an der Korkeiche studieren, von der der sehr vielschichtige Flaschenkork stammt.

Wenn nachträglich sich weitere (sekundäre, tertiäre etc.) Korkzellreihen in das Gewebe der Rinde hineinschieben, so sondern sie die außerhalb des Korkes liegenden Rindenzellen von dem Saftverkehr des Stammes ab, bringen sie zum Absterben und veranlassen so die sog. Borkenbildung (Abb. 142). Borke ist demnach Kork samt mehr oder weniger großen Partien abgestorbenen Rindengewebes.

Wo die Epidermis nicht durch Korkbildung ersetzt wird und dennoch gegen außen ein sehr starker Schutz nötig ist, wie z. B. bei den Samen, wird die Widerstandsfähigkeit durch ganz außerordentliche Verdickung ihrer Zellwand, die fast bis zum Verschwinden des Lumens führen kann, erhöht (Abb. 143).

Die Verstärkung der Zellwände kann dabei aus reiner Cellulose bestehen oder aus Schleimsubstanz (Abb. 144), welche im trockenen, wasserfreien Zustande kaum weniger widerstandsfähig ist als erstere, bei Wasserzutritt jedoch mächtig aufquillt. Auch Verkieselung der Membran zeigen einige Pflanzen (z. B. Schachtelhalmarten) zum Schutze gegen äußere Einflüsse.

Zur mechanischen Verstärkung der Epidermis, oder besonders häufig zur Herstellung eines äußeren Wasserreservoirs um die Pflanze, dient auch häufig das sogenannte Hypoderm (Abb. 145),

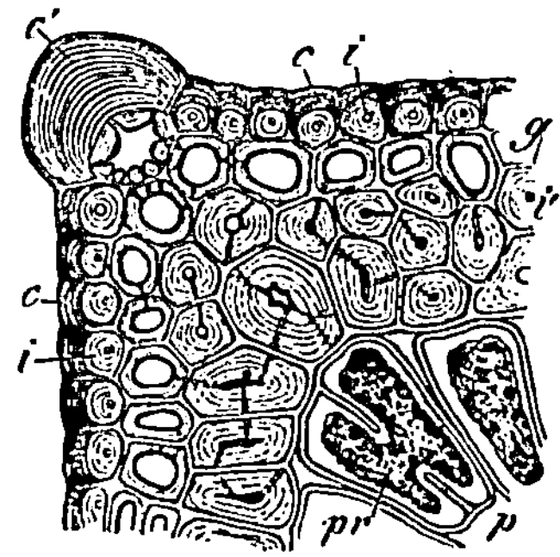

Abb. 145. Querschnitt durch die Nadel von Pinus pinaster (800). *c* kutikularisierte Hautschichten der Epidermiszellen, *i* innere, nicht kutikularisierte Schichten derselben, *c'* sehr stark verdickte Außenwand der an der Kante liegenden Epidermiszellen, bei *g* *i'* die hypodermalen Zellen, *g* die Mittellamelle, *i'* die geschichtete Cellulose, *p* chlorophyllhaltiges Parenchym, *pr* kontrahierter. Inhalt desselben. (Nach Sachs.)

d. h. unverdickte oder oft collenchymatisch oder sklerenchymatisch verdickte, unterhalb der Epidermis liegende, ein- oder mehrschichtige Zellagen.

Als Anhangsgebilde der Oberhaut sind die Haare oder Trichome zu bezeichnen, die sowohl an Wurzeln, als auch an Stengeln und Blättern vorkommen. Sie gehen aus der Oberhaut oder aber den alleräußersten Schichten jener Organe in der Weise hervor, daß einzelne Epidermiszellen oder auch Gruppen derselben auswachsen und sich in verschiedener Weise mehr oder weniger hoch über die Epidermis erheben. Sie zeigen fast niemals eine regelmäßige Anordnung. Man nennt sie schlechthin Haare, wenn sie durch Ausstülpung je einer Epidermiszelle entstanden sind, gleichviel ob das fertige Gebilde einzellig ist oder durch nachträgliche Teilung mehrzellig wird. Als Zottenhaare oder aber als Stacheln (z. B. die „Dornen" der Rosen) werden diejenigen Trichome bezeichnet, welche aus einer mehr oder weniger großen Gruppe von Oberhautzellen hervorgegangen sind.

Die Wurzelhaare (Abb. 17 und 148) sind diejenigen Organe der Wurzel, welche das Wasser mit den darin gelösten Nährsalzen aus dem Erdreich aufnehmen. Sie stehen stets einige Millimeter hinter der Wurzelspitze (Abb. 17 *a*) und sterben am älteren Teile der Wurzel in dem Maße ab, als die Wurzel fortwächst. Auf die bedeutungsvolle Tätigkeit der Wurzelhaare wird weiter unten, wo von der Ernährung der Pflanze die Rede ist, näher eingegangen werden.

Die Haare der oberirdischen Pflanzenteile, des Stengels und der Blätter, haben mannigfache Form (Abb. 146) und dienen ebenso mannigfachen Zwecken. In der Jugend sind alle Haarbildungen mit Protoplasma erfüllt, und viele behalten diesen Inhalt ständig, andere jedoch verlieren ihn allmählich und ersetzen ihn durch Luft, so daß sie (besonders wenn in größerer Anzahl vorhanden und schuppenförmig ausgebildet) wie ein schützender Mantel die Pflanze gegen Temperaturverschiedenheiten umhüllen und auch starke Verdunstung verhindern. Die Epidermiszellen sind manchmal höckerartig vorgewölbt, wie z. B. auf zahlreichen Blumenblättern, und durch diese Papillenbildung wird für unser Auge der charakteristische Samtglanz mancher Pflanzenorgane hervorgerufen. Bei weiterer Vorwölbung der Epidermiszellen entstehen dann die einfachen Haare, die

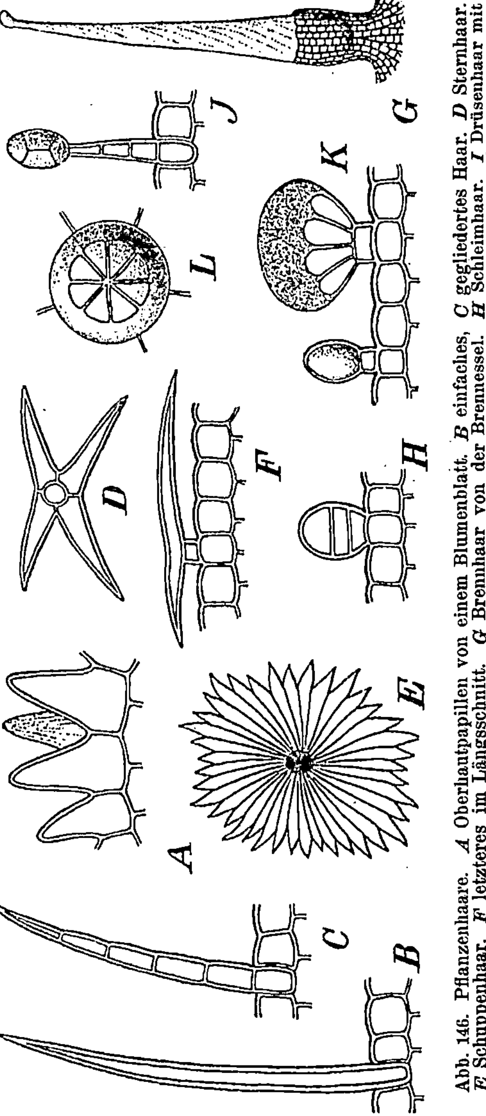

Abb. 146. Pflanzenhaare. *A* Oberhautpapillen von einem Blumenblatt. *B* einfaches, *C* gegliedertes Haar. *D* Sternhaar. *E* Schuppenhaar. *F* letzteres im Längsschnitt. *G* Brennhaar von der Brennessel. *H* Schleimhaar. *I* Drüsenhaar mit wenigzelligem Kopf. *K* Drüsenhaar mit vielzelligem Kopf (Drüsenschuppe), Letzteres von oben gesehen. Stark vergrößert.

einzellig oder durch Einschieben von Querwänden mehrzellig (Gliederhaare) sein können. Oft sind Haare auch verzweigt, und es entstehen so Etagenhaare, Büschelhaare, Sternhaare, Schuppenhaare. Besonders wichtig sind die Drüsenhaare, bei denen die Endzelle kugelig oder keulig anschwillt und sich noch häufig nachträglich mehrfach teilt;

von den Drüsenzellen wird mehr oder weniger reichlich Sekret abgeschieden, das sich zwischen der Außenwand der Zellen und der
abgehobenen, undurchlässigen Kuticula ansammelt. Besonders bemerkenswert sind die Brennhaare, lange, unten flaschenartig erweiterte,
einzellige, am oberen Ende knopfartig abgerundete Haare, deren
Membran mehr oder minder verkieselt ist. Unter dem Köpfchen befindet sich eine mikroskopisch gekennzeichnete Stelle, an der beim Berühren das Abbrechen erfolgt, worauf die scharfkantigen Ränder
kanülenartig in die Haut eindringen und der Inhalt der Haare sich
in die Wunde ergießt. Dieser Inhalt besteht nicht, wie man früher
gewöhnlich annahm, aus Ameisensäure, sondern vielleicht aus Toxinen
(einem den Eiweißkörpern ähnlichen Stoff).

3. Festigungsgewebe.   Skelettsystem.
(Mechanisches System.)

Während das Hautgewebe Schutz gegen schädliche Einflüsse örtlicher Natur bietet, bedarf die Pflanze auch eines inneren Schutzes,
welcher sie gegen die Wirkungen der Schwerkraft und des Windes
schützt. Diese Schutzvorrichtungen müssen natürlich um so bedeutender
sein, je größer die Pflanze ist, das heißt je mehr Angriffspunkte sie
den elementaren Gewalten bietet. Grashalme werden vom Winde
gebogen und müssen daher biegungsfest sein, Baumstämme müssen,
um unter dem Gewicht ihrer Kronen nicht zu brechen, strebefest
sein, Wurzeln müssen, um nicht zerrissen zu werden, zugfest sein usw.
Zu diesem Zwecke sind hauptsächlich die Bastfasern vorhanden
und finden sich je nach der Bestimmung, welche sie erfüllen sollen,
in der Masse des Pflanzenkörpers verschieden verteilt. Die Prinzipien
für ihre Verteilung sind dieselben, welche bei den Konstruktionen
der Technik maßgebend sind; deshalb schließen die zugfesten Organe
einen Bastfaserstrang kabelartig in ihrer Mitte ein. Biegungsfeste
Organe besitzen meist einen in der Peripherie gelegenen Bastfaserring,
strebefeste Organe sind ähnlich gebaut oder die festigenden Elemente
sind über den ganzen Querschnitt verteilt.

Die Elemente des Skelettsystems sind, wie diejenigen des Leitungs-
systems, entweder von prosenchymatischer oder aber von parenchy-
matischer Gestalt. Die ersteren spielen die Hauptrolle; sie heißen
Bastzellen, Bastfasern oder Sklerenchymfasern (Abb. 147 C,
D, E). Ihre Wandungen sind stets mehr oder weniger stark verdickt und haben nur spärlich enge, meist spaltenförmige Tüpfel,
durch welche sie mit den Nachbarzellen in Verbindung stehen. Ist
die Wandverdickung sehr stark vorgeschritten, was zuweilen bis fast
zum Verschwinden des Lumens geschieht, so bilden die Tüpfel auf
dem Querschnitt nur enge, schmale Kanäle. Bastfasern sind, ihrer
Bestimmung entsprechend, häufig sehr lang; solche von über 1 cm
Länge sind nicht selten (während Gefäße von solcher Länge viel
häufiger vorkommen). Andererseits kennen wir auch Bastfasern von
nur 0,01 mm Länge und weniger. Sie können einzeln stehen, können

aber auch Bündel von größerer oder geringerer Stärke bilden. Man bezeichnet die Fasern nur, wenn sie in den Siebteilen der Gefäßbündel (Rinde) vorkommen, als Bastfasern und nennt die im Holzteile vorkommenden gewöhnlich Libriformfasern. In Wirklichkeit sind beide physiologisch und auch morphologisch gleich oder fast gleich.

Zu den parenchymatischen Elementen des Skelettsystems gehören die Steinzellen, Sklerenchymzellen oder Sklereiden (Abb. 147 *A*). Sie besitzen, abgesehen von der parenchymatischen

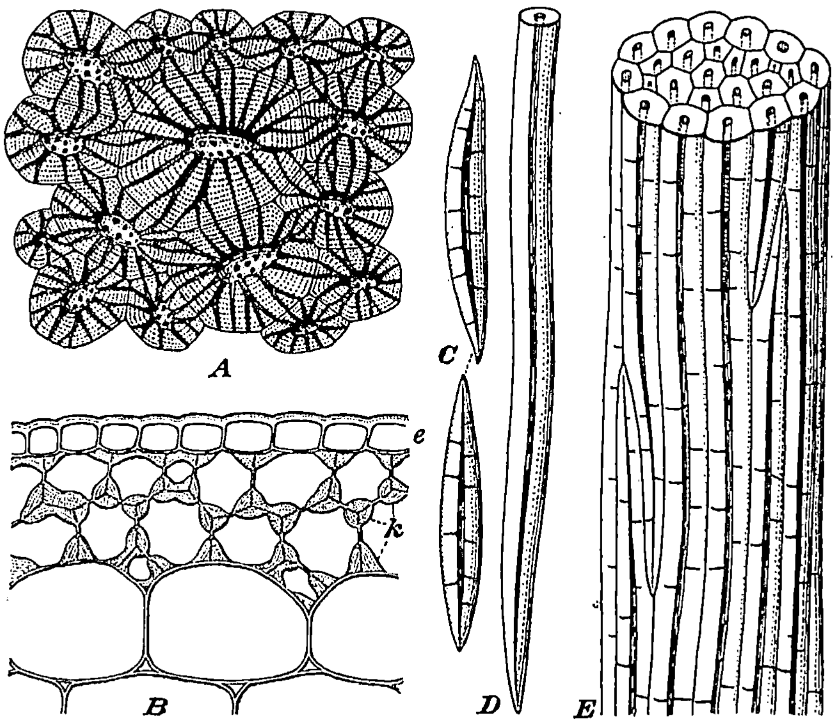

Abb. 147. *A* Gruppe von Steinzellen (Steinzellnest), *B* Collenchym (Querschnitt durch einen jungen Stengel, *e* Epidermis, *k* Collenchym), *C*, *D* isolierte Bastfasern (*C* kurze, knorrige Fasern mit reichlichen Tüpfeln, *D* langgestreckte typische Faser), *E* Bastfaserbündel.

Form, alle Eigentümlichkeiten der Bastfasern, sind aber meist viel reichlicher und grober getüpfelt als jene (besonders charakteristisch ist die häufige Verzweigung der Tüpfelkanäle); sie dienen im übrigen, wie schon aus ihren Formen hervorgeht, niemals der Zug- oder Biegungsfestigkeit, sondern sind hauptsächlich bestimmt, in oft lückenlosem Verbande, z. B. in Frucht- oder Samenschalen, gegen Druck oder das Eindringen fremder Körper schützend zu wirken.

Parenchymzellen mit vorwiegend an den Kanten verdickten Wandungen werden als Collenchymzellen (Abb. 147 *B*) bezeichnet. Während Bastfasern und Steinzellen im fertigen Zustand abgestorbene,

d. h. protoplasmalose Elemente sind, sind die Collenchymzellen stets lebend und führen auch häufig noch Chlorophyll. Sie finden sich hauptsächlich in jungen, noch wachsenden Organen und werden später, nach deren definitiver Ausbildung, meist bei Borkenbildung abgestoßen und durch Bastfasern ersetzt.

4. Die Ernährung der Pflanze.

Die elementaren Bestandteile der Pflanzen sind Wasserstoff, Sauerstoff, Kohlenstoff und Stickstoff, ferner Schwefel als notwendiger Bestandteil der Eiweißsubstanzen, Phosphor, Chlor, Kalium, Calcium, Magnesium und Eisen, welches letztere namentlich zur Chlorophyllbildung unerläßlich ist.

Diese sämtlichen Stoffe nimmt die Pflanze zum Teil aus der Erde, zum Teil aus der Luft in sich auf, und zwar aus der Erde namentlich Sauerstoff und Wasserstoff in Form von Wasser, welches gleichzeitig die obengenannten anorganischen Bestandteile in Gestalt von Salzen, wie Kaliumnitrat, Kaliumchlorid, Calciumphosphat, Magnesiumsulfat, Eisenchlorid u. a. mehr gelöst enthält. Kohlenstoff wird den Pflanzen in Gasform, und zwar durch die einen Bestandteil der atmosphärischen Luft bildende Kohlensäure, zugeführt. Die höheren Pflanzen vermögen ihren Stickstoffbedarf nur aus den Nährsalzen des Bodens zu decken.

Die Gewebesysteme, welche für die Ernährung in Frage kommen, wurden oben (Seite 100) angeführt und sollen im folgenden kurz geschildert werden.

a) Das Absorptionssystem (Aufnahmesystem).

Während bei Sumpf- und Wasserpflanzen die ganze Wurzel infolge der Durchdringbarkeit ihrer äußeren Haut zur Aufnahme von Wasser geeignet ist, haben die im Erdreich gedeihenden Pflanzen, welche die große Mehrzahl aller Gewächse bilden, dazu die bereits oben erwähnten Wurzelhaare nötig. Die Membran der Wurzelhaare ist für Wasser durchlässig. Die Wurzelhaare befinden sich, wie früher (S. 107) bereits erwähnt, stets einige Millimeter hinter der Wurzelspitze und sterben hinten in demselben Maße ab, wie die Wurzel fortwächst, während vorn stets wieder neue gebildet werden. Da nun die Wurzelhaare gleichzeitig mit dem Wasser auch gelöste Salze in sich aufnehmen und diese Lösung durch Zersetzung der im Erdreiche befindlichen kleinen und kleinsten Gesteinstrümmer vor sich geht, an welche sich die Wurzelhaare anlagern (Abb. 148), so ersieht man aus oben Gesagtem, daß beim Fortwachsen der Wurzeln immer neue Gesteinsteilchen in den Erdreichschichten mit neuen Wurzelhaaren in Berührung kommen und so eine fortschreitende Nutzbarmachung des Erdreiches durch die Pflanze sich vollzieht.

Bei vielen untergetaucht lebenden Wasserpflanzen dient die ganze Oberfläche der Aufnahme von Nährstoffen, und sogar die Gase werden so der Pflanze zugänglich gemacht (Helodea).

Bei den phanerogamen Schmarotzergewächsen vertreten Saugorgane (H a u s t o r i e n) die Stelle der Wurzelhaare (Abb. 25, *b, c*); bei Moosen und anderen Kryptogamen, denen Wurzeln überhaupt fehlen, nennt man die Wurzelhaar-ähnlichen Gebilde, welche dort unmittelbar an dem Grunde des Stengels entspringen, R h i z o i d e n.

Es soll endlich noch erwähnt werden, daß bei zahlreichen Pflanzen, ja sogar bei wichtigen, waldbildenden Bäumen, wie z. B. der Kiefer,

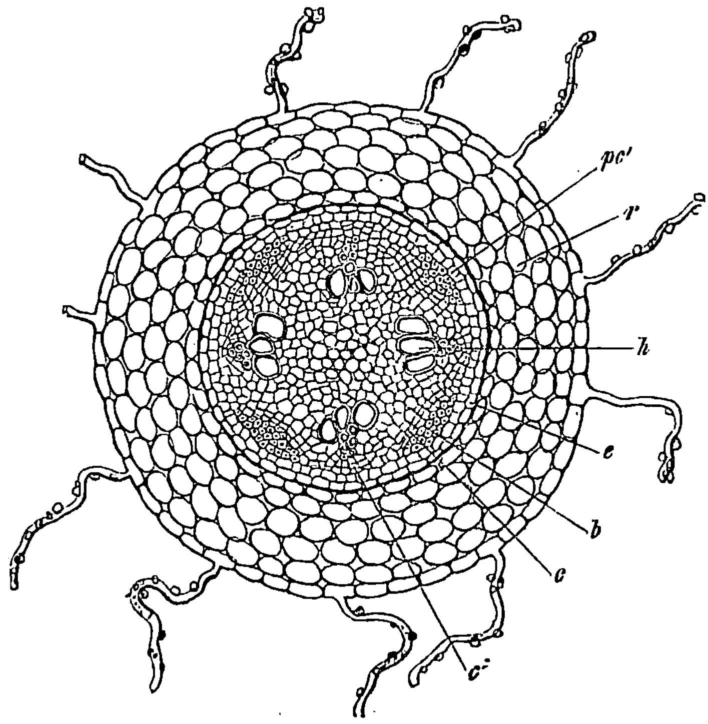

Abb. 148. Querschnitt durch eine junge Wurzel, um das Anlagern der Wurzelhaare an die Gesteinsteilchen zu zeigen. *h* Holzteile, *c* Siebteile. Stark vergrößert. (R. Hartig.)

Wurzelhaare nicht ausgebildet werden, sondern durch die sogen. M y c o r r h i z a ersetzt werden. Man versteht hierunter einen Mantel aus dicht verflochtenen Pilzfäden (die Arten der Pilze sind vielfach noch unbekannt), die entweder die Wurzeln nur oberflächlich umkleiden (ektotrophe M.) oder aber in die äußersten Schichten eindringen (endotrophe M.). Sie sind imstande, die im Boden, besonders im Waldboden, enthaltenen organischen Nährstoffe direkt aufzunehmen und ihrer Wirtspflanze zuzuführen. Andererseits leben sie aber auch auf Kosten der Nährstoffe, die die Wirtspflanze als Assimilate gebildet hat. Wir haben demnach hier einen Fall von Lebensgemeinschaft (Symbiose) zwischen Blütenpflanze und Pilz.

b) Das Assimilationssystem.

Die Gewinnung des Kohlenstoffs aus der Kohlensäure der Luft und seine Überführung in organische Substanz wird bei der Pflanze als Assimilationsprozeß bezeichnet, während man beim Tierreich diesen Namen für alle Ernährungsprozesse gebraucht, bei denen eine Umbildung der gebotenen Nährstoffe in die Körpersubstanz der Organismen stattfindet. Zur Arbeitsleistung der Assimilation sind alle Chlorophyllkörper besitzende, grün gefärbten Teile der Pflanze befähigt. In erster Linie hat daher das Assimilationssystem seinen Sitz in den der umgebenden Atmosphäre allerseits zugänglichen Blättern.

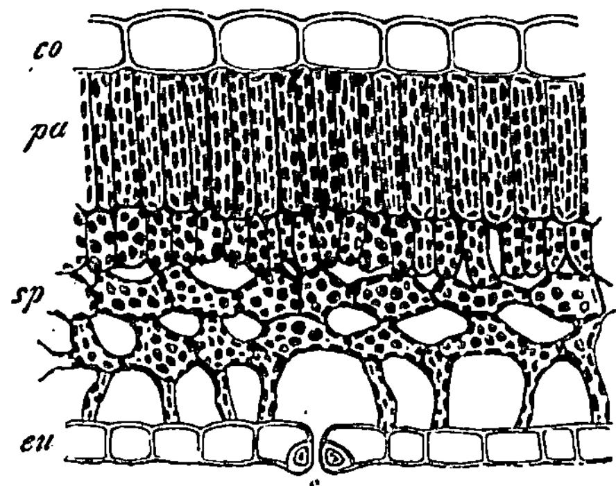

Abb. 149. Teil des Querschnittes durch ein Buchenblatt: *pa* Palisadenzellen, *sp* Schwammparenchym, *co* obere Epidermis, *cu* untere Epidermis, *s* Spaltöffnung. Stark vergrößert.

Die Chlorophyllkörper sind die Laboratorien, in denen sich dieser für die gesamte Lebewelt wichtigste chemische Prozeß ausschließlich abspielt. Höchst bemerkenswert ist jedoch, daß die Chlorophyllkörper nur mit Hilfe von Licht und Wärme diese ihre Funktion erfüllen können. Alle Blätter enthalten reichlich Chlorophyll, besonders reichlich aber auf der dem Lichte am meisten ausgesetzten, oberen Blattseite, welche meist schon oberflächlich betrachtet dem Auge tiefer grün erscheint, als die Unterseite.

Die Chlorophyllkörner sind an der Blattoberseite in schmalen schlauchförmigen, rechtwinklig zur Blattfläche pfahlartig nebeneinander gestellten Zellen, den sogenannten Palisadenzellen (dem Palisadenparenchym), angeordnet (Abb. 149 *pa*). Auf der Unterseite der Blätter befindet sich das sogen. Schwammparenchym (Abb. 149 *sp*). Nur sehr selten kommt es auch vor, daß — vor allem bei stielrunden Blättern — die Ober- und Unterseite von Palisadenparenchym oder auch von Schwammparenchym eingenommen wird. Letzteres ist von zahlreichen Intercellularräumen durchsetzt, in denen die durch die Spaltöffnungen (siehe weiter hinten) eintretende kohlensäurehaltige Luft zirkuliert, um durch die Lebenstätigkeit der sie umgebenden Zellen dem überaus interessanten, aber noch wenig aufgeklärten Prozesse der Zerlegung anheim zu fallen. Welche Produkte es sind, die aus diesem Vorgang unmittelbar hervorgehen, ist noch nicht mit voller Sicherheit bekannt. Man kann nur annehmen, daß Kohlensäure und Wasser sich unter Ausscheidung von Sauerstoff nach folgender Gleichung umsetzen:

$$CO_2 + H_2O = CH_2O + 2\,O.$$

Als einziges sichtbares Produkt der Assimilationstätigkeit erscheinen äußerst kleine Stärkekörnchen in den Chlorophyllkörnern derjenigen Zellen, in denen die Assimilationsvorgänge sich abspielen.

Jene sind besonders reichlich am Abend sehr sonniger Tage, also nach sehr lebhafter Assimilation, zu beobachten. Die Stärkekörnchen gehen im Pflanzenkörper bald wieder in lösliche Stärke oder in Zuckerarten über und werden als solche in gelöster Form fortgeführt, was sich bei Tage nur schwer beobachten läßt, in der Nacht aber besonders auffällig ist. Dies geschieht zunächst durch die Leitbündel der Blattnerven, welche mit denen des Blattstieles, wo solcher vorhanden ist, und weiterhin mit denen der Stengelteile in Verbindung stehen, um auf dieser Bahn entweder zu den Orten des Verbrauchs, den Vegetationspunkten, oder zu den Orten der Aufspeicherung, z. B. den Samen, Knollen, Rhizomen usw., hingeleitet zu werden.

Andererseits werden dem Assimilationsgewebe der Blätter durch die in den Blattnerven enthaltenen Leitbündel alle diejenigen Stoffe zugeführt, welche außer der Kohlensäure zum Zwecke der Assimilation nötig sind, also hauptsächlich Wasser, daneben aber auch die anorganischen Salze, deren Anwesenheit zur Umbildung des Kohlenstoffs in die Stickstoff, Schwefel und Phosphor enthaltenden Eiweißstoffe erforderlich ist. Über den Verlauf der Entstehung von Eiweißkörpern jedoch weiß man noch weniger Genaues, als über den der Kohlehydrate aus Kohlensäure und Wasser. Daß sie aber aus Kohlehydraten und gelösten Mineralstoffen erfolgt, schließt man aus der beobachteten Zufuhr und dem Verbrauch dieser Stoffe an den Plasmabildungsstätten.

Von den mineralischen Nährstoffen kommen hauptsächlich Kalium- und Magnesium-Nitrate, Sulfate und Phosphate zur Verarbeitung. Den Nitraten und Sulfaten werden dabei Stickstoff und Schwefel unter Zerstörung des Säureradikals vermutlich entrissen, während aus den Phosphaten die Säuregruppe als solche für den Aufbau der Zellkerne Verwendung finden dürfte. Die Anwesenheit der Basen, namentlich des Kalkes, erscheint notwendig zur Neutralisierung und Fällung der bei der Eiweißbildung entstehenden schädlichen Nebenprodukte, hauptsächlich der giftigen Oxalsäure; Kristalle von Calciumoxalat (Einzelkristalle, Drusen, Raphiden, Kristallsand) sind in großen Mengen in vielen Geweben abgelagert wahrzunehmen.

Das gasförmig entweichende Nebenprodukt der Kohlenstoffassimilation sowohl, als auch der Stickstoffverarbeitung ist Sauerstoff. Dieser wird durch die Lebenstätigkeit der Pflanzen in äußerst ausgiebigem Maße entbunden. Während aber zur Ernährung der Pflanzen bei Licht die Kohlensäure der Luft zerlegt und dabei Sauerstoff erzeugt wird, geht neben diesem Prozeß ständig ein zweiter einher, die Atmung, durch welchen umgekehrt Sauerstoff eingeatmet und Kohlensäure ausgeatmet wird. Quantitativ steht jedoch der Sauerstoffverbrauch der Pflanzen bei der Atmung der Sauerstoffentbindung bei der Assimilation so bedeutend nach, daß die Bedeutung der Pflanzen als Sauerstoffregeneratoren im Haushalte der Natur dadurch nicht beeinträchtigt wird.

Der Atmungsprozeß der Pflanzen ist genau wie beim tierischen Organismus ein Oxydationsprozeß, welcher zur Unterhaltung der Lebenstätigkeit erforderlich ist, weil durch ihn Energie erzeugt wird. Um die Betriebskraft zum Leben zu erlangen, opfert die Pflanze einen Teil ihrer organischen Substanz, namentlich Kohlehydrate, der physiologischen Verbrennung, deren Endprodukt Kohlensäure und Wasser ist:

$$C_6 H_{10} O_5 + 12\,O = 6\,CO_2 + 5\,H_2 O.$$
Stärke

Assimilation und Atmung sind also zwei Lebensprozesse, welche ganz unabhängig voneinander im pflanzlichen Organismus sich vollziehen. Während aber die Assimilation nur unter dem Einflusse des Lichtes durch die chlorophyllhaltigen Pflanzenteile bewerkstelligt wird, findet die Atmung durch alle lebenden Pflanzenteile ununterbrochen Tag und Nacht statt, denn der durch den Atmungsprozeß sich vollziehende Eintritt von Sauerstoff in den Chemismus der Zellen ist ununterbrochen erforderlich, um die lebendige Substanz des Protoplasmas im Zustande normaler Tätigkeit zu erhalten und Umsetzungen zu verhüten, welche die Lebenstätigkeit hemmen oder aufheben könnten.

c) Das Leitungssystem.

Die Elemente, welche alle höher organisierten Gewächse von den feinsten Wurzelenden bis in alle Blattspitzen durchziehen, durch welche, von osmotischen und anderen, teilweise noch unbekannten Kräften getrieben, beständig Ströme von Wasser und von Nährlösungen fließen, ja, welche sozusagen dem Adersystem mit Venen und Arterien im tierischen Körper zu vergleichen sind, sind die Leitbündel oder Gefäßbündel.

Dieser Ausdruck darf nicht zu der falschen Auffassung Veranlassung geben, als müßten die Bündel nur aus Gefäßen bestehen; es gibt sogar Bündel, die überhaupt keine Gefäße enthalten, sondern an ihrer Stelle nur Tracheiden besitzen. Der Ausdruck Fibrovasalstränge, welchen man für Gefäßbündel braucht, schließt jene Ungenauigkeit nicht aus, hingegen ist die Bezeichnung Leitbündel (Mestom) zutreffender. Alle drei Ausdrücke werden in gleichem Sinne gebraucht.

Die Leitbündel gehen, wie wir schon oben sahen, aus dem Plerom hervor, aus dem sich zuerst Reihen meristematischen Gewebes, die sogen. Procambiumstränge, differenzieren. Aus den äußeren Partien dieser Procambiumstränge entwickelt sich der Siebteil, aus den inneren der Holzteil der Leitbündel. Bei den Monocotyledoneen ist damit das Procambium erloschen, während bei Dicotyledoneen und Gymnospermen ein Teil desselben bestehen bleibt und — zwischen Sieb- und Holzteil liegend — später als Cambium das Dickenwachstum herbeiführt.

Jedes Leitbündel oder Gefäßbündel (Mestom) besteht aus zwei Teilen, dem Holzteil oder Hadrom (auch Vasalteil oder Xylem [von ξύλον, xylon = das Holz] genannt), und dem Siebteil oder Leptom (auch als Cribralteil oder Phloëm [von φλοῖος, phloios = die Rinde] bezeichnet)[1]).

---

[1]) Mit den Bezeichnungen Phloëm und Xylem umfaßt man allerdings nicht nur die leitenden, sondern auch zugleich die mechanischen Elemente

Die Elemente des Holzteils sind oder können sein:
1. Gefäße;
2. Tracheïden;
3. Libriformfasern;
4. Ersatzfasern;
5. Holzparenchym (Hadromparenchym).

Die Elemente des Siebteiles sind oder können sein:
1. Siebröhren;
2. Geleitzellen;
3. Cambiformzellen;
4. Siebparenchym (Leptomparenchym);
5. Bastfasern.

Elemente des Holzteils (vergl. hierzu Abb. 150, auch 152—154):

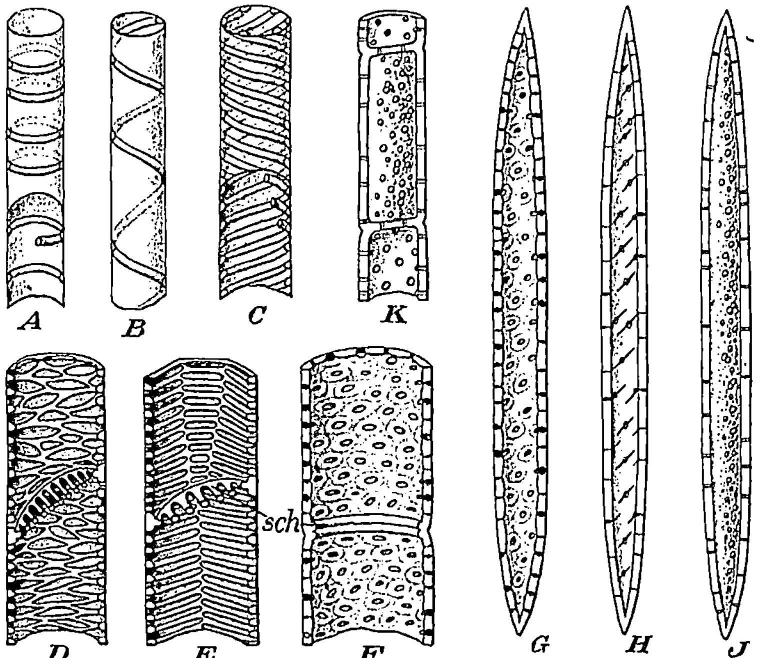

Abb. 150. Elemente des Holzteils. *A* Ringgefäß, *B*, *C* Spiralgefäße. *D* leiterförmig perforiertes Netzgefäß, *E* leiterförmig perforiertes Treppengefäß, *F* ringförmig perforiertes Hoftüpfelgefäß *sch* ursprüngliche Scheidewand der Gefäßglieder), *G* Tracheïde, *H* Libriformfaser, *I* Ersatzfaser, *K* Holzparenchym, letztere beiden mit Protoplasma und Stärkekörner gefüllt.

Die Gefäße, auch Tracheen genannt (von dem latein. *trachea,* die Luftröhre, da man als solche die Gefäße früher irrtümlich ansah), sind keine Einzelzellen, sondern Zellfusionen, d. h. lange Röhren, entstanden durch mehr oder weniger vollständige Auflösung der Querwände in langen Reihen übereinander liegender Zellen. Die Grenzen

(Stereom), welche im Siebteil, resp. im Holzteil vorkommen. Mit dem Namen Mestom bezeichnen wir sämtliche leitenden Elemente des Leitbündels; mit Leptom nur diejenigen des Siebteils, mit Hadrom nur diejenigen des Holzteils; Phloëm ist also Leptom + Stereom, Xylem = Hadrom + Stereom.

der einzelnen zu einem Gefäß verschmolzenen Zellen sind noch als ringförmiger Randwulst (ringförmige Perforation) an den Gefäßwandungen erkennbar; oder es werden von den Querwänden nur einzelne Streifen aufgelöst, so daß jene einer Leiter mit mehr oder weniger zahlreichen Sprossen gleichen (leiterförmige Perforation). Nach der Ausbildung der Gefäße verschwindet aus ihnen das Protoplasma; die Gefäße stellen dann tote Röhren dar. Die Länge der Gefäße erreicht niemals die Länge der ganzen Pflanze und beträgt z. B. bei der Erle durchschnittlich 5,7 cm, bei der Birke 12 cm, bei der Ulme 32 cm, bei der Eiche 57 cm, bei der Robinie (fälschlich Akazie genannt) 70 cm. Die Gefäße jüngerer Zweige sind stets kürzer als diejenigen älterer Zweige bis zum vierten Jahre. So beträgt ihre Länge z. B. bei einem einjährigen Zweige des türkischen Flieders 5 cm, bei einem zweijährigen 14 cm, einem dreijährigen 24 cm, einem vierjährigen 37 cm, einem fünfjährigen 36 cm, einem sechsjährigen 34 cm. Man darf daraus jedoch nicht schließen, daß die anfangs kürzer angelegten Gefäße etwa nachträglich an Ausdehnung gewinnen, sondern es beruht dies lediglich darauf, daß die während einer neuen Wachstumsperiode sich bildenden Gefäße eine bedeutendere Länge erreichen, als die Gefäße des Vorjahres im ausgebildeten Zustande

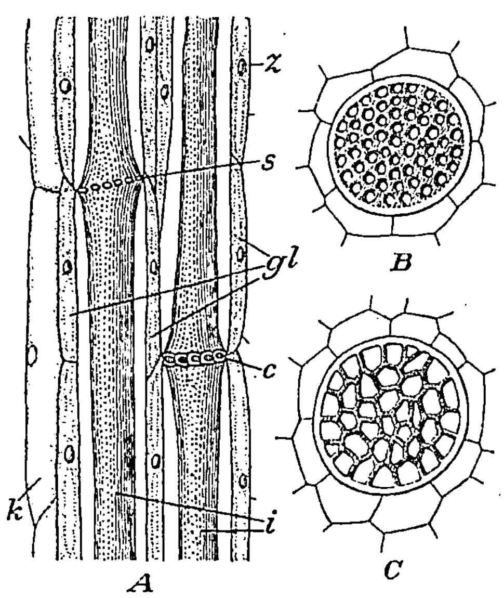

Abb. 151. Elemente des Siebteils. *A* Leptom im Längsschnitt, *B*, *C* zwei Siebplatten von oben, von Geleitzellen *gl* umgeben, *z* Zellkern, *s* Siebplatte, *i* Inhalt der Siebröhre, *c* Verdickung der Siebplatte, *k* Kambiformzelle. *B*, *C* n. Haberlandt.

besitzen. Auch im Verlauf eines einzelnen Zweiges selbst zeigen die Gefäße an verschiedenen Stellen verschiedene Längen, und zwar so, daß die Größe derselben von der Basis des Zweiges an stetig zunimmt, etwas über der Mitte des Zweiges ihren Höhepunkt erreicht und dann nach der Spitze zu rasch zu einem geringen Maße herabsinkt. Die Weite der Gefäße ist sehr verschieden und wechselt zwischen 0,004 mm bis 0,3 mm. Namentlich sind die erstentstandenen, primären Gefäße enger als später angelegte, sogenannte sekundäre Gefäße. Ganz besonders weite Gefäße treffen wir in den Lianenstämmen an.

Über die charakteristische Gestalt der Wandverdickungsformen, die bei den Gefäßen vorkommen, welche im Prinzip jedoch sich nicht von den Wandverdickungsformen der Zellen unterscheiden, ist S. 95 bereits berichtet worden. Die Namen Ringgefäße, Spiralgefäße,

Treppengefäße, Netzgefäße, Tüpfelgefäße (Abb: 150) beziehen sich nur auf die Art ihrer Wandverdickungen.

Die Tracheïden (von *trachea*, die Luftröhre, das Gefäß, und $\varepsilon l\delta o\varsigma$, eidos = das Aussehen, d. h. den Gefäßen oder Tracheen ähnlich) sind tote Zellen von prosenchymatischer (langgestreckter und meist an beiden Enden zugespitzter) Gestalt (Abb. 150 *G*) und im Gegensatz zu den Gefäßen Einzelzellen mit ringsum geschlossener Wandung. Sie können 1 mm lang, ja bei den Coniferen, wo sie am charakteristischsten vorkommen, sogar 4 mm lang sein. Die Verdickung der Wände findet in ganz ähnlicher Weise statt, wie bei den Gefäßen.

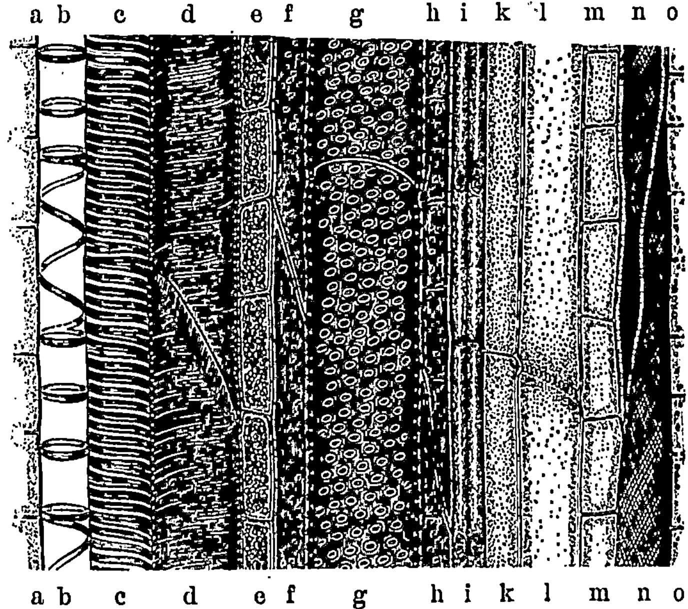

Abb. 152. Schematischer Radial-Längsschnitt durch das Leitbündel (Gefäßbündel) einer dikotylen Pflanze: *a* Markzellen, *b* Ringgefäß, *c* Spiralgefäß, *d* Netzgefäß, *e* Holzparenchym, *f* Libriformfasern, *g* Gefäß mit behöften Tüpfeln, *h* Holzparenchym, *i* Cambium, *k* Geleitzellen, *l* Siebröhre, *m* Siebparenchym, *n* Bastfasern, *o* Rindenparenchym (etwa 250fach vergrößert). (Nach Kny.)

Namentlich kommen sehr große behöfte Tüpfel bei den Tracheïden der Nadelhölzer vor (vgl. Abb. 13); die Nadelhölzer besitzen Gefäße (abgesehen von spärlichen, sehr engen Primärgefäßen) überhaupt nicht.

Die Libriformfasern lassen sich sehr zutreffend als die B a s t - f a s e r n d e s H o l z k ö r p e r s bezeichnen; sie haben mit der Saftleitung nichts zu tun und dienen nur mechanischen Zwecken. Meist sind sie länger als die Tracheïden und viel stärker verdickt, es fehlen ihnen auch durchweg die behöften Tüpfel; nur recht spärlich findet man bei ihnen enge einfache Tüpfel (Abb. 150 *H*). Es ist jedoch festzuhalten, daß sich zwischen Tracheïden und Libriformfasern einerseits und Libriformfasern und den gleich zu besprechenden Ersatzfasern, ja sogar zu dem Holzparenchym andererseits alle

Übergänge finden.   Echte Libriformfasern enthalten kein Protoplasma mehr.

Die Ersatzfasern sind Elemente, die den Libriformfasern sehr
ähnlich sind, sich aber dadurch von diesen unterscheiden, daß sie
gewöhnlich viel dünnwandiger und stets von lebendem Protoplasma
erfüllt sind (Abb. 150 *J*).

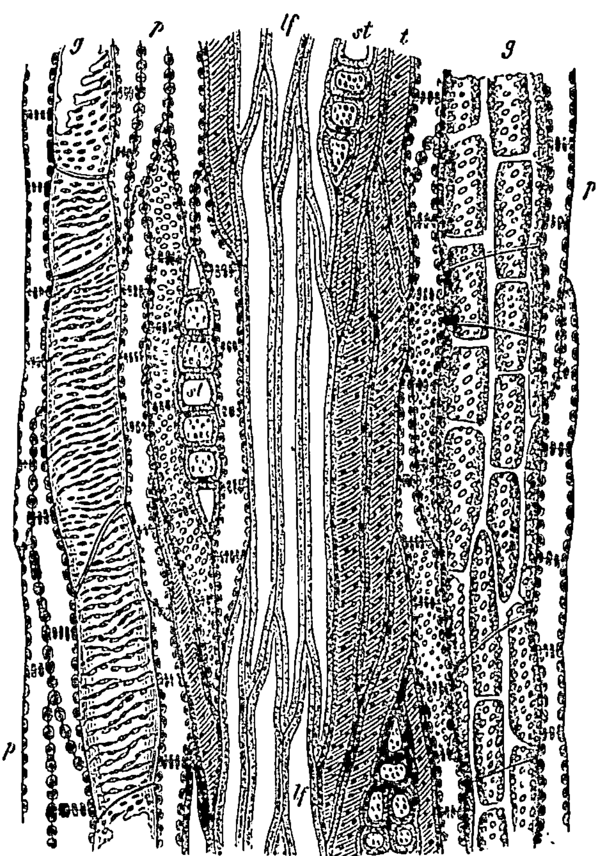

Abb. 153. Tangentialer Längsschnitt durch das sekundäre Holz von Ailanthus glandulosa.
g Gefäße, *st* querdurchschnittene Markstrahlen, *p* Holzparenchym, *t* Tracheïden, *lf* Libriformfasern.   Stark vergrößert. (Nach Sachs.)

Das Holzparenchym (Hadromparenchym) (Abb. 150 *K*) besteht,
wie schon der Name sagt, aus mehr oder weniger parenchymatischen,
lebenden Zellen mit verhältnismäßig dünnen, aber wie bei den vier
vorher genannten Elementen meist ebenfalls verholzten Wänden. Es
umkleidet oft die Gefäße, kommt aber auch in größeren Gruppen im
Holzkörper vor.   In seinen Zellen treten häufig nachträgliche Querwandbildungen auf.

Elemente des Siebteils (vgl. hierzu Abb. 151, auch 154 u. 155):

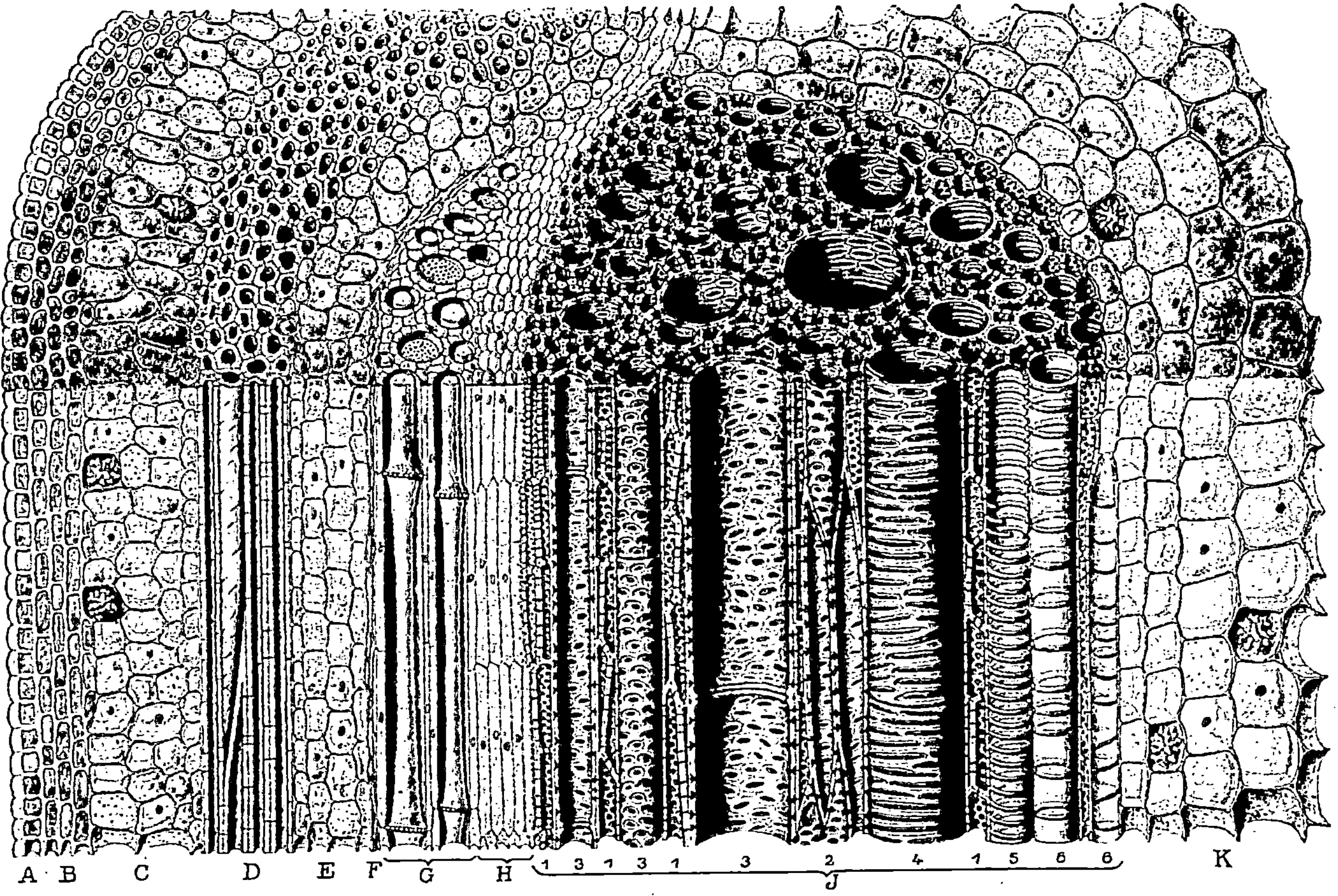

Abb. 154. Das Leitungsgewebe der Pflanzen.

Schnitt durch ein Stengelstück des Pfeifenstrauches, Aristolochia sipho, in 200facher Vergrößerung. *A* Epidermis, *B* Collenchym der Rinde. *C* dünnwandiges Parenchym der Rinde, *D* Bastfaser-Ring, *E* dünnwandiges Parenchym der Rinde, *F* zerdrücktes Siebgewebe, *G* leitungsfähiges Siebgewebe (mit Siebröhren und Geleitzellen), *H* Cambium, *J* Holzkörper des Leitbündels (*1* Holzparenchym, *2* Tracheïden, *3* Tüpfelgefäße, *4* Treppengefäße, *5* Spiralgefäß, *6* Ringgefäße), *K* aus dünnwandigem Parenchym bestehendes Mark. — Nach E. Gilg in H. Kraemer, „Mensch und Erde".

Die Siebröhren entstehen, wie die Gefäße, aus in Reihen über-
einanderliegenden Zellen, jedoch kommen die Querwände dieser Zellen
nicht zum Verschwinden, sondern sie bleiben als sogenannte S i e b -
p l a t t e n bestehen (Abb. 151, 155); diese werden teilweise verdickt,
die dünnbleibenden Stellen aber vollkommen aufgelöst. Häufig,
aber nicht immer, stehen diese
Siebplatten schief zur Längsrichtung der Siebröhren. Diese
können bis zu 2 mm lang und
bis 0,08 mm weit sein und enthalten stets lebendes Protoplasma. Das Protoplasma der
einzelnen Zellen der Siebröhren
steht durch die feinen Löcher
der Siebplatten in offener Verbindung miteinander. Da ihre
Wandungen nicht oder nur in
sehr geringem Maße sich verdicken, keinesfalls aber verholzen, so werden alle Siebröhren, welche der Leitung
(siehe oben) nicht mehr dienen,
häufig bis zum Verschwinden
ihres Lumens (Hohlraums) durch
kräftigere, ihnen benachbarte
Zellen zusammengepreßt und
bilden dann in ihrer Gesamtheit eine hornige Masse, das
sogen. K e r a t e n c h y m.

Die Geleitzellen (Abb. 151 *gl*,
155 *z*) umkleiden, bzw. ge-
leiten die Siebröhrengruppen
und unterstützen diese vermutlich in ihren Funktionen,
da in ihnen wahrscheinlich die
Eiweißsubstanzen gebildet werden. Sie entstehen mit der benachbarten Siebröhrenzelle aus
einer und derselben Mutterzelle,
enthalten sehr reichlich Proto-

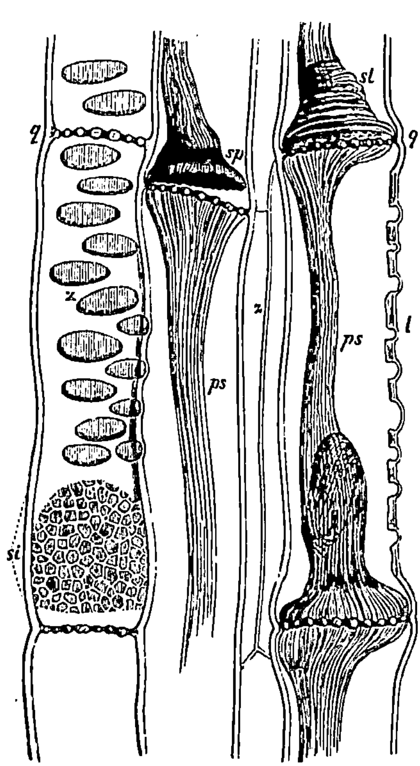

Abb. 155. Längsschnitt durch das Leptom von
Cucurbita pepo; *si* junge Siebplatte an einer Seiten-
wand; bei *x* und *l* bilden sich später gleichfalls
Siebplatten; *ps, sp* und *sl* kontrahierter Inhalt
der Siebröhrenglieder; *z* Geleitzellen. Stark vergrößert. (Nach Sachs.)

plasma und besitzen meist ein enges Lumen. Die an die Siebröhren
angrenzenden Wände sind fein getüpfelt.

Die Cambiformzellen sind dünnwandige, langgestreckte, reichlich
Protoplasma führende Zellen mit zugespitzten Enden. Sie unterscheiden
sich nur recht unwesentlich von den Geleitzellen. Ihre Funktion ist
noch nicht sicher erwiesen.

Siebparenchym (L e p t o m p a r e n c h y m, Abb. 152 *m*) nennt man
die gleichfalls dünnwandigen, parenchymatischen, protoplasmaführen-
den, mehr oder weniger kugeligen oder wenigstens nur unbedeutend

gestreckten Zellen, welche stets in Gemeinschaft mit den vorher genannten Elementen im Siebteil vorkommen.

Dem Holzteil der Leitbündel (Gefäßbündel) fällt die Aufgabe zu, das durch die Wurzeln aufgenommene, Nährsalze enthaltende Wasser nach den Stellen der Assimilation, namentlich den Blättern, zu führen, wo es zum Teil verdunstet, zum Teil nebst den mitgeführten Salzen in oben geschilderter Weise chemisch gebunden wird. Der Siebteil hingegen hat die Aufgabe, die durch die Assimilationstätigkeit der Pflanze entstandenen Kohlenstoff- oder Stickstoffverbindungen nach den Orten ihres Verbrauchs zu führen, also nach den Vegetationspunkten und dem Cambium, wo sie als Baustoffe für neue Zellen des Pflanzenkörpers verbraucht werden. Auch nach den Blüten und heranwachsenden Früchten ist ein starker Nahrungsstrom gerichtet, wo er zur Bildung der an Kohlenstoff- und Stickstoffverbindungen reichen Samen dient; im Herbst, wenn die Pflanze in den Zustand der Ruhe übergeht, werden die den Winter überdauernden Teile, wie Stamm, Rhizom, Knollen, Wurzeln usw. mit Nährstoffen angefüllt. Im Frühjahr, wenn die Wachstumsperiode der Pflanzen beginnt, steigen sie in gelöster Form mit dem Saftstrom auf, um Baustoffe für die neu zu bildenden Blätter und die jungen Sprosse zu liefern.

Anordnung der Leitbündel.
Konzentrische, kollaterale, bikollaterale und radiale Leitbündel.

Im Leitbündel (Gefäßbündel) können Holzteil und Siebteil verschieden zueinander angeordnet sein. Umschließt einer der beiden Teile den anderen ringförmig, also entweder der Holzteil den Siebteil oder der Siebteil den Holzteil, so wird das Bündel ein konzentrisches genannt. Dieser Fall kommt namentlich in Stämmen von Farnen, selten von Monokotylen, sehr selten von Dikotylen vor (Abb. 156, 157).

Liegen jedoch Holzteil und Siebteil nebeneinander, so sind zwei Fälle möglich, wenn man die gegenseitige Lage beider Teile zur Wachstumsachse des Sprosses in Betracht zieht, welchem das Leitbündel angehört, nämlich:

a) der Siebteil liegt, von der Peripherie des Sprosses aus betrachtet, in der Richtung des Radius vor dem Holzteil (Abb. 158 und 160 *A*), dann ist das Leitbündel ein kollaterales. Dies ist bei den Stengelorganen der Monokotylen und Dikotylen der normale Fall. In verhältnismäßig wenigen Fällen findet sich Siebgewebe außer vor dem Holzteil, auch noch hinter dem Holzteil. Man spricht in diesen Fällen (Cucurbitaceae, Solanaceae, Apocynaceae etc.) von bikollateralen Leitbündeln (Abb. 159);

b) der Siebteil liegt in der Richtung des Radius neben dem Holzteil (Abb. 148, 160 *B*), dann ist das Leitbündel ein radiäres oder radiales. Dies ist bei allen Wurzelorganen der Fall.

Bei den k o l l a t e r a l e n Leitbündeln der Gymnospermen und Dikotylen (Abb. 160 *A*) verläuft das neue Elemente erzeugende Bildungsgewebe, C a m b i u m genannt, in der Richtung der punktierten Linie rings um den Stammittelpunkt. Ursprünglich findet sich das Cambium nur in den Leitbündeln selbst (F a s c i c u l a r - C a m b i u m) und zwar als eine schmale Zone zwischen Siebteil und Holzteil (Abb. 161 *c*); es ergänzt sich jedoch zwischen den Leitbündeln durch

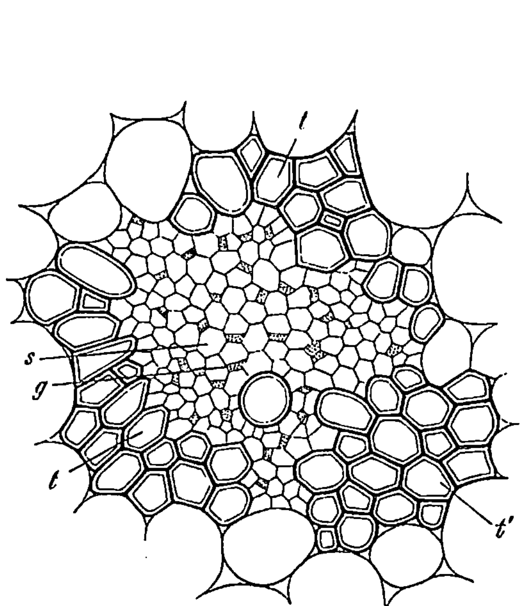

Abb. 156. Querschnitt durch ein konzentrisches Leitbündel im Rhizom von Iris (350 fach vergrößert); *t* Tracheen, *t'* zuerst entstandene Tracheen, *s* Siebröhren, *g* Geleitzellen.

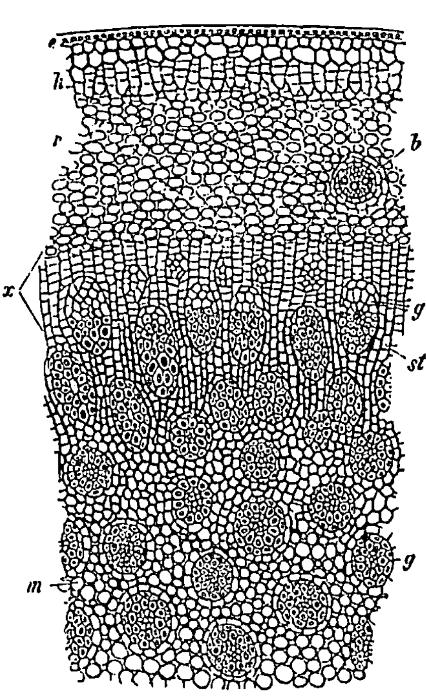

Abb. 157. Stück des Querschnitts eines etwa 13 mm dicken, 1 m hohen Stämmchens einer Dracaena, schwach vergrößert; *e* Epidermis, *k* Periderm, *r* primäre Rinde, *b* ein durch diese austretender Blattspurstrang, *g* primäre Bündel des Stammes zwischen Parenchym *m*, *x* Jungzuwachs-, Cambium-ähnliche Zone mit Initialsträngen; weiter nach innen fertiges Holz, *g'* sekundäre konzentrische Leitbündel, *st* markstrahlähnliche Parenchymstreifen. (De Bary.)

ein nachträglich aus dem Grundgewebe entstandenes Bildungsgewebe, das sogen. I n t e r f a s c i c u l a r - C a m b i u m (Abb. 161 *cb*), zu einem geschlossenen Ring, welcher nach außen fortwährend neue Siebelemente, nach innen neue Holzelemente erzeugt und hierdurch das s e k u n d ä r e D i c k e n w a c h s t u m d e r S t a m m o r g a n e bewerkstelligt.

In welcher Weise aus einer Anzahl ursprünglich voneinander getrennter k o l l a t e r a l e r Leitbündel bei fortschreitendem Wachstum ein Querschnittsbild von demjenigen Aussehen entsteht, wie es der Querschnitt durch einen beliebigen Dikotylenstengel, -stamm oder

-zweig zeigt, läßt sich aus Abb. 162 ersehen. Die in der ersten Anlage vorhandenen Holzteile unterscheidet man als **primäres Holz** (Abb. 162 h^1) im Gegensatze zu dem durch die Wachstumstätigkeit des Cambiums entstandenen **sekundären** Holz (h^2). Die ursprünglich vorhandenen radial verlaufenden Verbindungen von Mark zur Rinde (*mk*) bleiben bestehen, dadurch, daß das Cambium an den

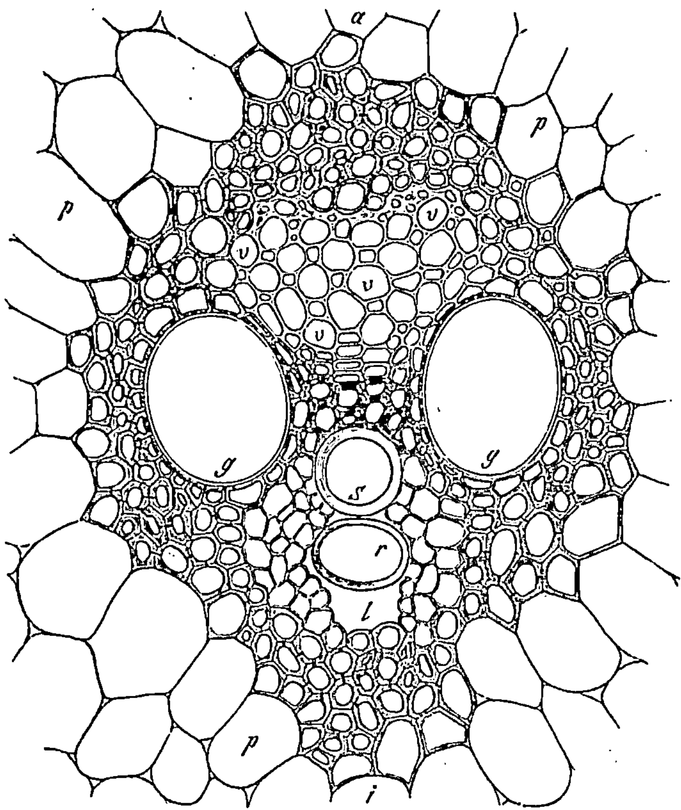

Abb. 158. Querschnitt eines geschlossenen Leitbündels im Stamm von Zea mays (550) *a* Außenseite, *i* Innenseite bezüglich der Stammachse, *p* Grundgewebe, *gg* zwei große getüpfelte Gefäße, *s* Spiralgefäß, *r* Ring eines Ringgefäßes, *l* lufthaltige Lücke, durch Zerreißen entstanden, umgeben von dünnwandigen Zellen. Zwischen den beiden Gefäßen *g* liegen kleinere, netzartig verdickte und gehöft getüpfelte Gefäße. Diese Zellformen bilden den Holzteil. — Im Siebteil liegen die Siebröhren (*v*), durch ihre Weite ausgezeichnet; die kleineren viereckigen Zellen dazwischen sind die Geleitzellen; der ganze Strang ist umgeben von einer Bastfaserscheide. (Nach Sachs.)

betreffenden Stellen parenchymatische, meist radial etwas gestreckte Zellen hervorbringt; sie kennzeichnen sich als die **primären** (ursprünglichen) **Markstrahlen** dadurch, daß sie das Mark mit der äußeren Rinde wie im anfänglichen, so auch im späteren Stadium miteinander verbinden, also den gesamten Holzkörper und die innere Rinde durchsetzen (mk^1); (in Abb. 163 die dunklen Linien, welche von innen nach außen das Holz durchlaufen). Sekundäre Mark-strahlen (mk^2) endigen innenseits im Holzteile, außenseits im Siebteile. Im Siebteile ist das Verhältnis natürlich insofern ein umge-

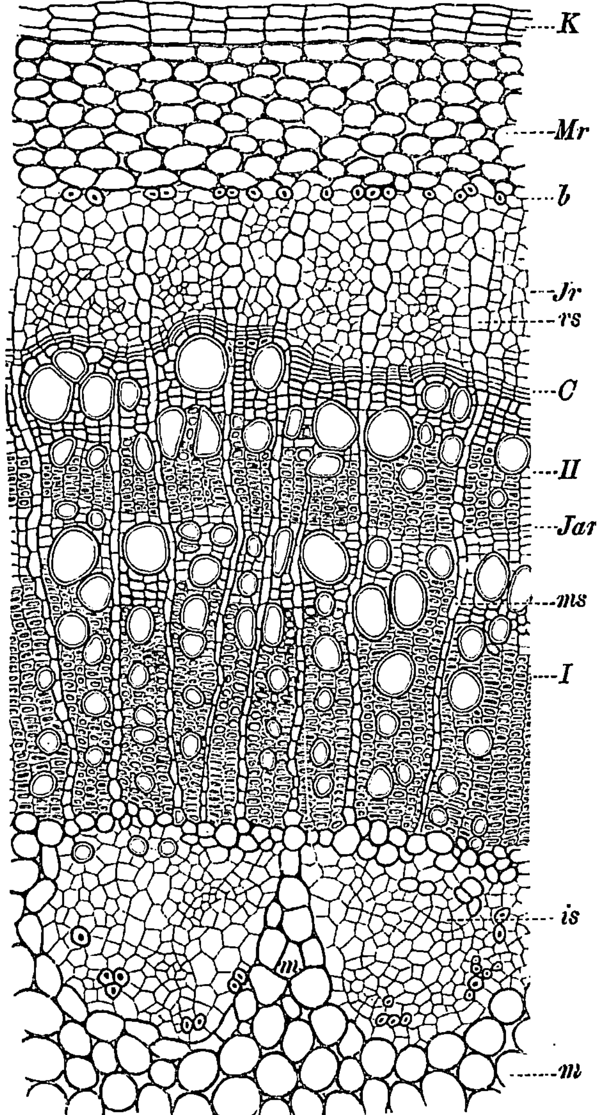

Abb. 159. Querschnitt durch einen zweijährigen Zweig von Solanum dulcamara mit bikollateralen Leitbündeln, stark vergrößert.

K Kork, *Mr* Außen- (primäre) Rinde, *b* Bastfasern, *Jr* Innen- (sekundäre) Rinde (äußerer Siebteil), *rs* Rindenstrahl, *C* Cambium, *Jar* Jahresring des Holzkörpers (*I* erstes Jahr, *II* zweites Jahr), *ms* Markstrahl, *is* innerer Siebteil, *m* Mark. (Nach Tschirch.)

kehrtes, als dort die **primären Elemente** (p^1) außen, die **sekundären** (p^2) hingegen innen, also ebenfalls wie im Holzteile dem
Cambium zunächst liegen.

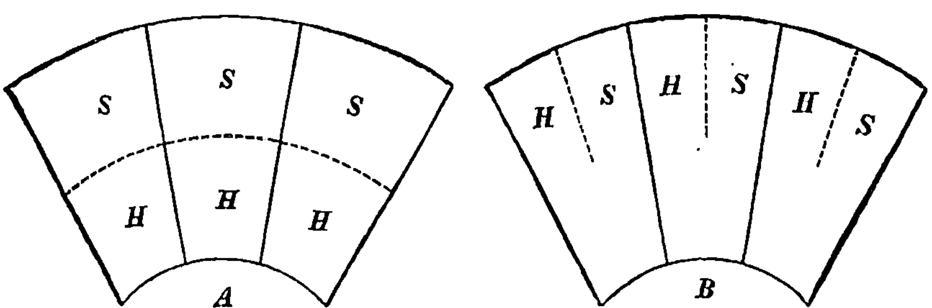

Abb. 160. Schematische Zeichnung zur Verdeutlichung der gegenseitigen Lage von Holzteil
und Siebteil: *A* in kollateralen Leitbündeln, *B* in radialen Leitbündeln, *H* Holzteil, *S* Siebteil.

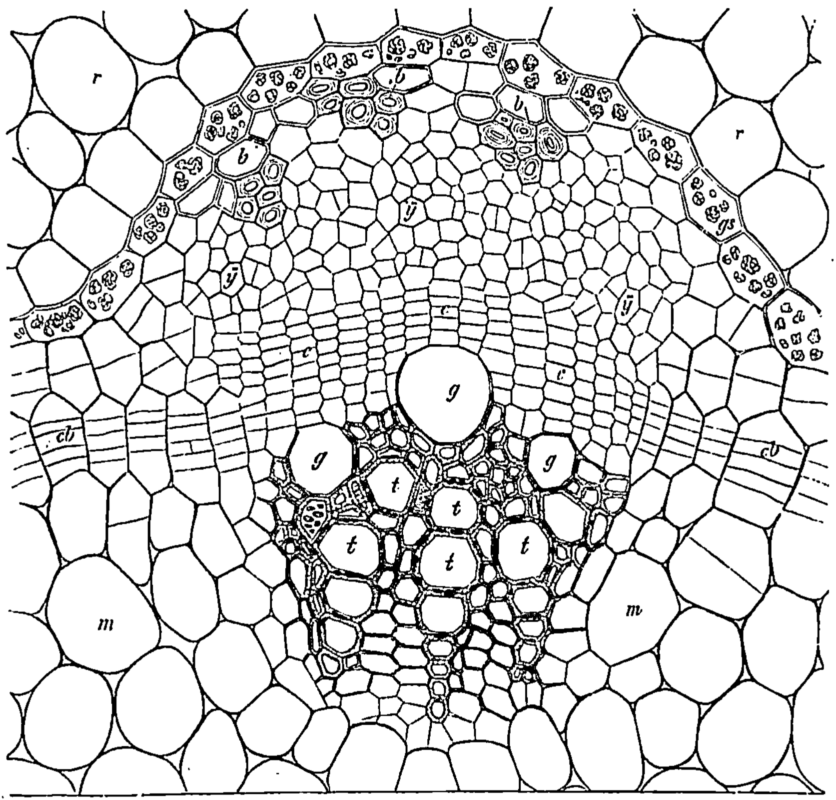

Abb. 161. Querschnitt durch das kollaterale, offene Leitbündel von Ricinus communis.
r Rinde, *m* Mark, *c* Fascicularcambium, *cb* Interfascicularcambium; innerhalb *c* der Holzteil,
in diesem bezeichnet *t* enge Tüpfelgefäße, *g* weite Tüpfelgefäße; außerhalb des Cambiums liegt
das Siebgewebe *y*; *b* Bastfaserbündel. — Das Leitbündel ist auf seiner Außenseite von einer
Stärkescheide umgeben. — Stark vergrößert. (Nach Sachs.)

Es mag hier erwähnt sein, daß infolge der im Frühjahr bedeutenderen, im Sommer geringeren Leitungstätigkeit des Holzkörpers sich deutliche konzentrische Kreise in vielen Dikotylenstämmen unterscheiden lassen, von denen jeder eine Wachstumsperiode umfaßt (Abb. 163). Denn im Frühjahr, zur Zeit, wo die neuen Triebe sich entwickeln, werden tracheale Elemente von größerer Weite und geringerer Wandungsdicke im Holzteile ausgebildet, als im Spätsommer. So entsteht abwechselnd Frühjahrsholz mit vielen und weiten Gefäßen und Tracheïden, und Herbstholz mit vorwiegend solchen Hadrom-Elementen, welche der Festigung dienen und deshalb eine geringere Weite ihres Lumens aufweisen. Aus der Anzahl der Ringe, welche auf dem Querschnitt eines Baumstammes schon mit bloßem Auge als solche erkennbar sind, kann man daher leicht das Alter des Stammes erkennen. Man nennt diese Ringe Jahresringe.

Solche Jahresringe findet man in der Regel nur in solchen Pflanzen, die eine scharf ausgeprägte Vegetationsruhe (Winterruhe oder Trockenruhe) durchmachen. Doch kann es selbst bei diesen vorkommen, daß Früh- und Spätholz kaum verschieden und daher die Jahresringe fast nicht zu unterscheiden sind.

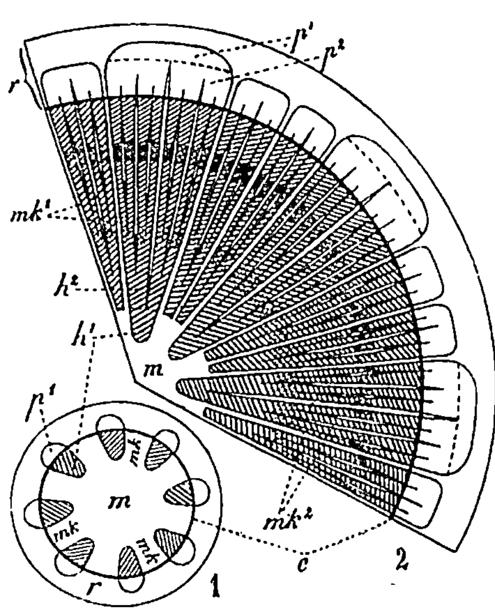

Abb. 162. *1* Schematischer Querschnitt durch einen einjährigen Stengel mit 8 Leitbündeln; *2* Teil des schematischen Querschnittes durch denselben Stengel nach dreijährigem Wachstum; *c* Cambiumring, *m* Mark, *mk* Markverbindungen, *mk¹* primäre und *mk²* sekundäre Markstrahlen, *h¹* primäres und *h²* sekundäres Holz (Xylem), *p¹* primäre und *p²* sekundäre Rinde (Phloëm). (H. Potonié.)

Die **Dicke** der Jahresringe wechselt sehr stark, einmal nach dem Alter des Baumes oder der betreffenden Zweige, indem die allerersten ziemlich schmal, die folgenden sehr breit werden, um dann mit zunehmendem Alter immer mehr abzunehmen; sodann prägen sich die günstigen oder ungünstigen Lebensbedingungen der einzelnen Vegetationsperioden sehr deutlich in der größeren oder geringeren Dicke der Jahresringe aus. — In tropischen Hölzern fehlen die Jahresringe meist völlig.

In Pflanzenteilen, welche ein hohes Alter erreichen, also in Baumstämmen, pflegen die älteren Teile des Holz- und Rindenkörpers mit der Zeit an dem Saftverkehr sich nicht mehr zu beteiligen. Man bezeichnet dann die älteren Holzteile, welche nur noch der Festigung dienen und sich meist auch (gewöhnlich infolge Einlagerung harzartiger Stoffe) durch dunklere Färbung auszeichnen, als **Kernholz**, zum Unterschiede von den jungen, leitungsfähigen Holzelementen, dem **Splint**.

In einem normal gebauten Stamm unterscheidet man dreierlei Hauptschnittebenen, von denen jede ganz besondere Eigenheiten zeigt:

1. Den **Querschnitt**, auch Hirnschnitt genannt, der rechtwinklig zur Wachstumsrichtung liegt. Auf ihm zeigen sich die Markstrahlen als radial verlaufende Streifen von größerer oder ge-

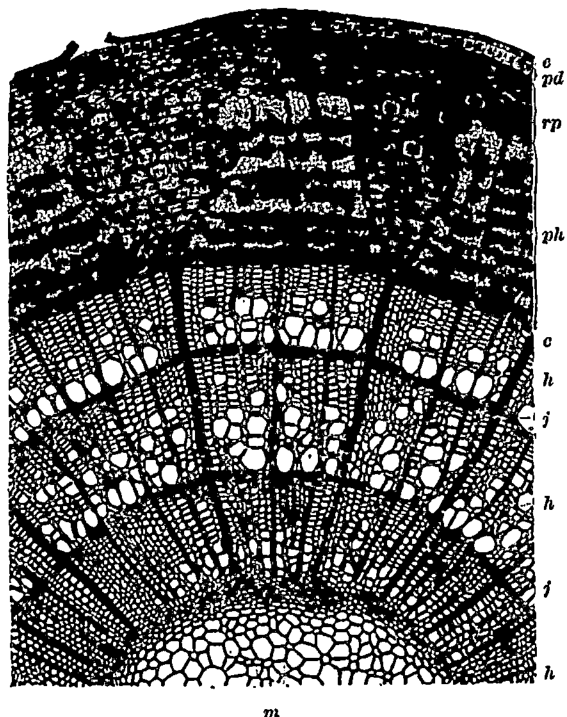

Abb. 163. Teil des Querschnittes durch einen dreijährigen Lindenzweig: *e* Epidermis, *pd* Periderm, *rp* primäre Rinde, *ph* sekundäre Rinde (Phloëm), *c* Cambium, *h* Holzkörper, *j* Grenze der Jahresringe. Schwach vergrößert. (Nach Kny.)

ringerer Breite, die die meist konzentrischen Jahresringe rechtwinklig durchsetzen;

2. den **radialen Längsschnitt**, der in der Längsrichtung des Stammes verläuft und die Mitte des Marks trifft; auf ihm treten die Markstrahlen als mehr oder minder breite, in der Schnittebene liegende Parenchymbinden auf;

3. den **tangentialen Längsschnitt**, der rechtwinklig zum vorigen und parallel zur Längsachse, aber als Tangente zu den Jahresringen oder Zuwachszonen geführt ist und die Markstrahlen so trifft, daß sie als eiförmige oder zweispitzige Gebilde auf ihm erscheinen.

Um ein vollständiges Bild vom Aufbau eines Holzkörpers zu gewinnen, sind stets die drei genannten Schnitte nötig. (Vergl. Abb. 164.)

Normalerweise sind die Jahresringe ringsum gleich stark, so daß das Dickenwachstum konzentrisch ist. Nicht selten tritt aber an Stämmen und fast regelmäßig an schräg aufwärts oder wagerecht wachsenden Zweigen eine einseitige Förderung, also ein exzentrisches Wachstum auf. Nimmt die Oberseite stärker zu, so spricht man von Epinastie, wird dagegen die Unterseite kräftiger ausgebildet, von Hyponastie.

Für gewisse Pflanzenfamilien und besonders für holzige Lianen ist eine mehr oder minder tiefgehende Zerklüftung des Holzkörpers

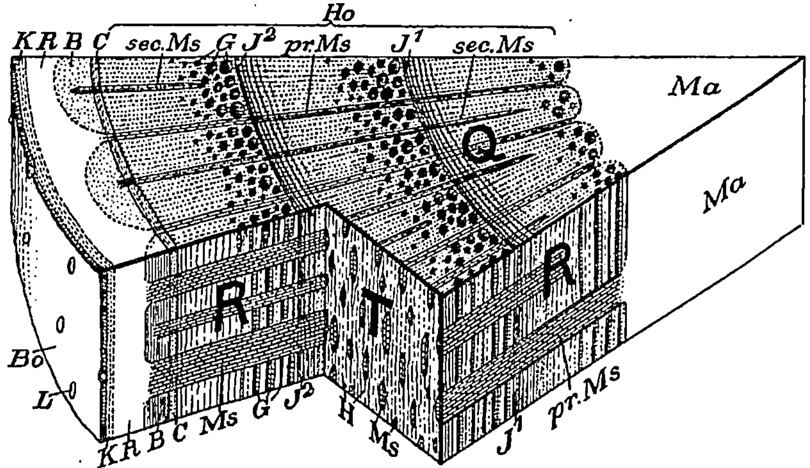

Abb. 164. Stammstück eines dreijährigen Zweigs einer Dikotyledonee, das die 3 Schnittebenen (*Q* Querschnitt, *R* Radialschnitt, *T* Tangentialschnitt) zur Darstellung bringt. *Bo* Korkaußenschicht mit Lentizellen (*L*), *K* Korkgewebe, *R* primäre Rinde, *B* Leptom (= sekundäre Rinde, Bast), *C* Cambiumring, *Ho* Holzkörper, *H* Holzfasern, *G* Gefäße, *J¹* erster, *J²* zweiter Jahresring, *Ms* Markstrahlen (*sec. Ms* = sekundäre Markstrahlen, *pr. Ms* = primäre Markstrahlen), *Ma* Mark.

charakteristisch, die entweder dadurch hervorgerufen werden kann, daß an gewissen Stellen die Tätigkeit des Cambiums erlischt oder von ihm nur einseitig Rindenelemente gebildet werden, oder daß innerhalb der sekundären Rinde eine Neubildung von Cambium auftritt, das in seiner weiteren Entwicklung neue, von dem ursprünglichen durch Rindengewebe getrennte Holzkörper hervorbringt.

So kommt es z. B. bisweilen vor, daß in einem konzentrisch gebauten Stamm das Cambium nur kurze Zeit tätig ist und in der Rinde immer von neuem Cambialzonen auftreten (Phytolacca); der Stamm besteht dann zuletzt aus zahlreichen konzentrischen wechselnden Holzteilen und Siebteilen.

Anders als bei den Stammorganen vollzieht sich das Dickenwachstum bei den Wurzelorganen, also beim Vorhandensein radialer Leitbündel (Abb. 165, 160 *B*). Hier verläuft das Cambium in radial gestellten Linien zwischen den Holzteilen und Siebteilen des Leitbündels (in der Abbildung 160 *B* die drei punktierten Linien zwischen *H* und *S*). Ferner entstehen an den Innenseiten der Siebteile durch Teilung des ·dort befindlichen Grundgewebes neue Cambiumstreifen, welche nach innen Holzelemente, nach außen Siebelemente bilden. Ihre Ränder treffen zuletzt vor den Holzteilen zusammen und bilden dann einen ununterbrochenen Cambiumring, dessen anfänglich buchtig verlaufende Linie sich durch seine Tätigkeit bald zu einem ringförmigen Verlauf wie bei kollateralen Leit-

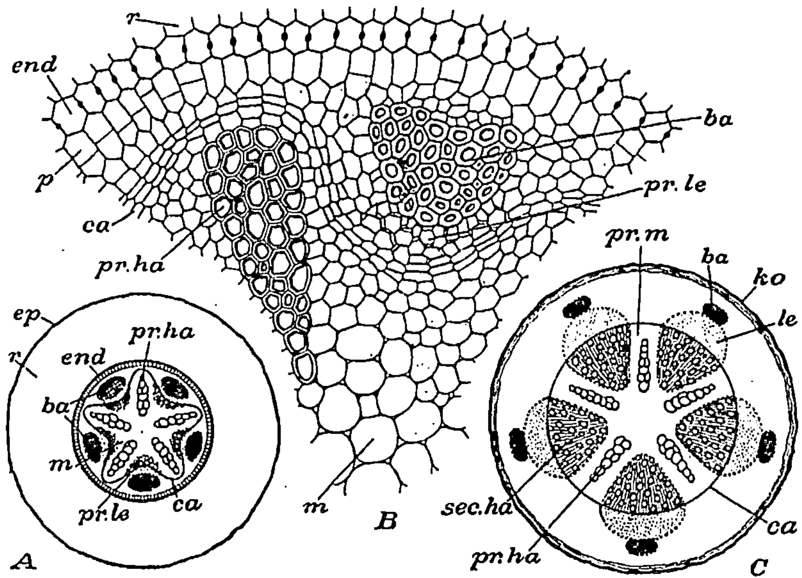

Abb. 165. Dickenwachstum der Wurzel. *A* Junge Wurzel im Querschnitt, in der sich das Cambium schon ausgebildet hat und kurze Zeit tätig war, schwach vergrößert, *ep* Epidermis, *r* Rinde, *end* Endodermis, *ca* Cambium (innerhalb der Einbuchtungen des Cambiums, unterhalb der Bastfaserbündel und des primären Leptoms, erkennt man schon die neugebildeten Gruppen von sekundärem Hadrom, Gefäße), *pr. ha* primäres Hadrom, *pr. le* primäres Leptom, *ba* Bastfaserbündel, *m* Mark. *B* Teil dieser Wurzel stärker vergrößert, das Cambium eben in der Bildung begriffen, *r* Rinde. *end* Endodermis, *p* Pericambium (vereinzelte tangentiale Teilungswände aufweisend), *ba* Bastfaserbündel, *ca* das sich eben bildende zwischen Leptom und Hadrom geschlängelt verlaufende Cambium, *pr. ha* primäres Hadrom, *pr. le* primäres Leptom, *m* Mark. *C* Etwas ältere Wurzel im Querschnitt, das Cambium schon einen regelmäßigen Ring bildend. *ko* Kork, *ba* Bastfaserbündel, *ca* Cambium, *pr. ha* primäres Hadrom, *pr. m* primäre Markstrahlen, *sec. ha* sekundäres Hadrom, *le* sekundäres Leptom.

bündeln ausgleicht, so daß stark in die Dicke gewachsene Wurzeln von Stammteilen nur dann zu unterscheiden sind, wenn noch im Zentrum die primären Holzteile vorhanden sind.

d) Speichersystem.

Die von der grünen Pflanze durch die Assimilation produzierten Baustoffe finden nur zum Teil sofortige Verwendung, und zwar, wie schon hervorgehoben wurde, an den Orten des Aufbaues, an den Vegetationspunkten des Stengels und der Wurzel. Es findet deshalb, besonders im Hochsommer und Herbst, wo das Wachstum der meisten Pflanzen schon völlig aufhört oder wenigstens sehr eingeschränkt wird, in den verschiedensten Organen eine Speicherung statt. Das typische Speichergewebe dieser Organe zeigt einen ganz charakteristischen Bau: mehr oder weniger kugelige, aber gegeneinander abgeplattete, meist dünnwandige Parenchymzellen, welche kleine oder wenigstens nur recht unbedeutende Intercellularräume besitzen. Das Speichergewebe findet sich vor allem in Wurzeln, Knollen, Zwiebeln, Samen, oft aber auch in Stengeln, selten in Blättern, und führt als Reservestoffe Stärke, Zucker, Eiweiß, fettes Öl, in manchen Fällen auch Reservecellulose.

Aber nicht nur die Behälter der Pflanze für organische Nährstoffe sind zum Speichersystem zu rechnen, sondern auch die Reservoire für Wasser, welche wir bei vielen Pflanzen heißer nnd trockener Standorte, den Steppen- und Wüstenpflanzen, antreffen. Diese eigenartigen, oft fleischigen Gewächse sammeln in mächtigen Speicherorganen während der oft nur kurzen feuchten Jahreszeit Wasser an, welches dann während der Trockenperiode allmählich verbraucht wird. In den Blättern, manchmal auch in den Stengeln zahlreicher derartiger Pflanzen finden wir verhältnismäßig riesige Wassergewebe, welche bei feuchtem Wetter völl gefüllt sind, deren Zellwände jedoch nach größerer oder geringerer Zeit der Dürre allmählich zusammenfallen in dem Maße, wie der wässerige Inhalt aufgebraucht wird. Bei Wasserzutritt schwellen die Zellen sofort wieder, an und die Zellwände führen in dieser Weise blasebalgartige Bewegungen aus.

e) Durchlüftungssystem.

Der Eintritt der atmosphärischen Luft in den pflanzlichen Organismus vollzieht sich bei höher organisierten Gewächsen, welche mit undurchlässigen Hautschichten versehen sind, durch die Spaltöffnungen und die Lenticellen. Nur Zellen, welche mit umgebendem Wasser oder umgebender Luft in unmittelbarer Berührung stehen, können die zur Assimilation und Atmung notwendigen Stoffe direkt aufnehmen, während die rings von anderen Zellen lückenlos umgebenen Zellen mehrschichtiger Gewebe auf die Zuführung der Gase durch Luftkanäle (Intercellulargänge) angewiesen sind. Diese durchsetzen den Pflanzenkörper und stehen durch die Spaltöffnungen und Lenticellen mit der Außenatmosphäre in Verbindung. Sie dienen auch dazu, die Verdunstung des Wassers zu bewerkstelligen, welches von der Wurzel aufgestiegen ist und die anorganischen Nährstoffe (die Salze der Erdschicht in gelöstem Zustande) den Orten des Verbrauchs zum Zwecke der Ernährung, d. h. zur Bildung neuer Baustoffe, zugeführt hat.

Die Spaltöffnungen oder Stomata (Abb. 166 und 167) sind namentlich an Blättern, und zwar meistens auf ihrer Unterseite (auf der Blattunterseite findet man auf einem Quadratmillimeter durchschnittlich 100 Spaltöffnungen, eine Zahl, die aber manchmal bis auf das Siebenfache steigen kann), aber auch an anderen grünen Teilen der Pflanze in der Epidermis zerstreut. Sie bestehen aus Zellenpaaren, zwischen denen je ein Intercellulargang spaltenförmig endigt.

Unter jeder Spaltöffnung befindet sich im Blattgewebe ein großer Intercellularraum, die Atemhöhle, wie auf Abb. 166 ersichtlich. Die Zellenpaare, Schließzellen genannt, sind durch ihren eigenartigen, komplizierten Bau befähigt, die zwischen ihnen liegende Öffnung zu erweitern, zu verengern oder ganz zu schließen und dadurch den Austausch der Gase zwischen den Intercellularräumen der Pflanzen und der Atmosphäre je nach Bedarf zu regeln. Die Schließzellen führen im Gegensatz zu den anderen Epidermiszellen Chlorophyll. Dadurch sind sie in der Lage, osmotisch unwirksame Substanz (Stärke) in osmotisch wirksame (Zucker) zu verwandeln.

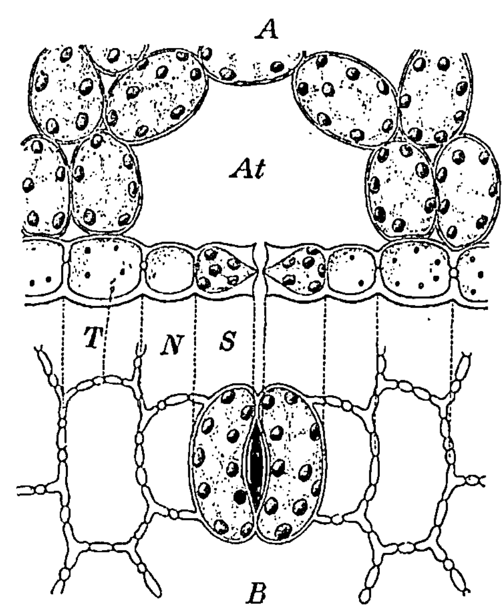

Abb. 166. Spaltöffnung von Tradescantia. *A* im Querschnitt (des Blatts), *B* von oben gesehen. *At* Atemhöhle, *S* Schließzellen, *N* Nebenzellen, *T* Tüpfel in der Zellwand.

Durch die Erhöhung oder Verminderung des Turgordruckes wird unter

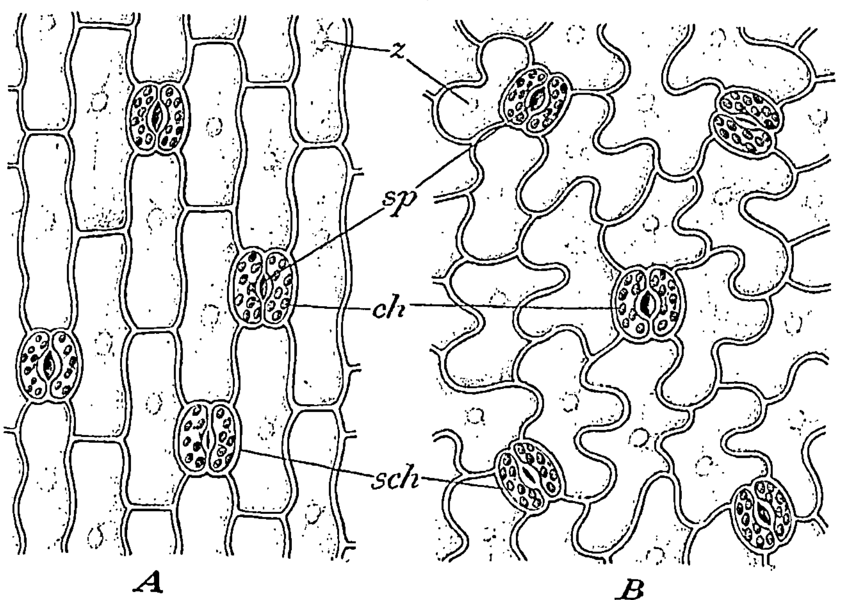

Abb. 167. Epidermis von Laubblättern mit Spaltöffnungen, von oben gesehen. *A* mit geraden, *B* mit gewundenen Zellwänden. *z* Zellkern, *sp* Spaltöffnung, *ch* Chlorophyllkörner, *sch* Schließzellen.

gleichzeitiger Ausdehnung oder Zusammenziehung der Zellen der Schließ-
mechanismus betätigt. Es ist festzuhalten, daß im allgemeinen tags-
über die Spaltöffnungen geöffnet sind, wenn die Pflanze Feuchtigkeit
genug besitzt, um nicht durch die mit Atmung und Assimilation Hand
in Hand gehende Transpiration geschädigt zu werden, daß sich jedoch die Spaltöffnungen allmählich schließen, sobald sich Wassermangel in der Pflanze fühlbar macht, d. h. sobald die Spannung,
der Turgor des Protoplasmas in den Zellen, nachläßt.

Die Lenticellen oder Rindenporen (Abb. 168) ersetzen die
Spaltöffnungen an denjenigen Stengelorganen, an welchen Korkbildung
stattfindet. Es sind vorgewölbte Partien im Korkgewebe, welche aus
lockeren, sogenannten Füllzellen bestehen, durch deren Intercellulargänge die atmosphärische Luft in die Stämme einzudringen vermag.
Sie vermitteln den Gasaustausch der inneren Gewebe mit der Atmosphäre sehr wahrscheinlich in der Weise, daß durch sie die Gase in
die Markstrahlen gelangen, von denen aus sie sich auf alle lebenden
Gewebe des Stammes von innen her zu verteilen imstande sind.

Besonders bei solchen Pflanzen, die in sumpfigem, sauerstoffarmem
Wasser oder aber im Salzwasser wachsen (z. B. bei den Mangrovepflanzen an den tropischen Meeresküsten), findet man besondere von
den Wurzeln ausgehende, über den Boden oder das Wasser hervorragende, negativ geotropische Organe, die Pneumathoden, die infolge ihres lockeren Baues befähigt sind, reichlich Luft zu den unter-
getauchten Organen der Gewächse zu leiten.

f) Sekretionssystem.

Wie vom Tier, so werden auch von der Pflanze zahlreiche,
chemisch sehr verschiedenartige Stoffe aufgenommen oder sogar gebildet, welche nicht vollständig verbraucht werden; die Reststoffe
werden späterhin meist nicht weiter umgearbeitet und spielen im
Haushalt der Pflanze keine Rolle mehr, sie werden als mehr oder
weniger unbrauchbar oder schädlich aus den Leitungsbahnen oder
den Reservestoffbehältern entfernt und als Sekrete in besondere
Sekretionsorgane abgeschieden.

Es sollen die wichtigsten derselben kurz hier angeführt werden.

Hydathoden. Bei zahlreichen Pflanzen kommt es vor, daß Wasser
in der Form von Wassertropfen meist aus den Blättern ausgeschieden
wird, wenn die Transpiration nur sehr gering, d. h. unter normal
ist. Das Wasser tritt hierbei allermeist durch sogenannte Wasserspalten aus, d. h. durch Gebilde, die oft ganz das Aussehen von
Spaltöffnungen besitzen, sich aber nicht öffnen und schließen können,
und die sich meistens an den randständigen Blattzähnen finden, z. B.
bei der Kapuzinerkresse oder aber an den Spitzen mancher Blätter,
wie bei den Gräsern und Araceen.

Drüsenhaare. Ein Drüsenhaar, das sich als Sekretionsorgan der
Epidermis bezeichnen läßt, gliedert sich in einen Stielteil und einen
oberen sezernierenden, kopfigen Teil, welch letzterer meistens aus
mehreren bis zahlreichen Zellen besteht. Das Sekret bildet sich, wie
neuerdings festgestellt wurde, in den äußeren Cellulosewandungen

des Haares, wird jedoch durch die Kuticula dieser Wandung festgehalten und sammelt sich häufig in der Form großer Blasen zwischen der Cellulosemembran und der weit abgehobenen Kuticula (z. B. bei

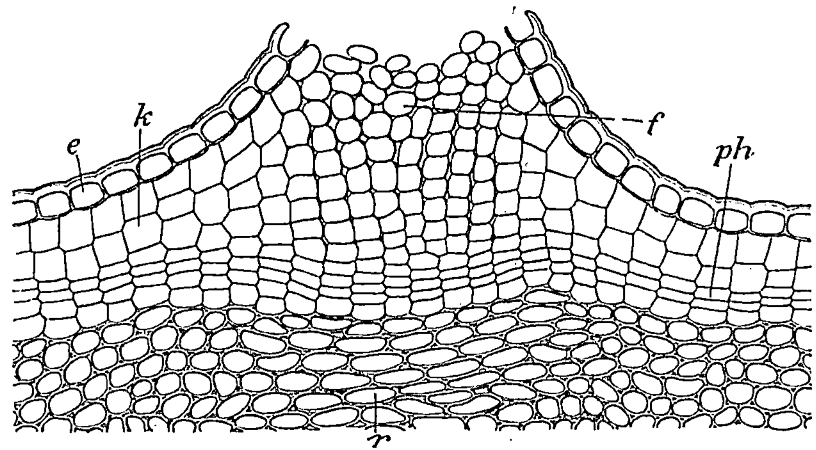

Abb. 168. Lentizelle an einem jungen Zweig. *e* Epidermis, *k* Korkgewebe, *ph* Phellogen, *f* Füllgewebe, *r* Rinde.

den Hopfendrüsen (vergl. Abb. 146, J—L). Es wird häufig dadurch frei, daß die sehr stark gespannte Kuticula aufplatzt.

Sekretzellen. Es sind dies mehr oder weniger rundlich-isodiametrische oder auch häufig schlauchartig langgestreckte Zellen, welche

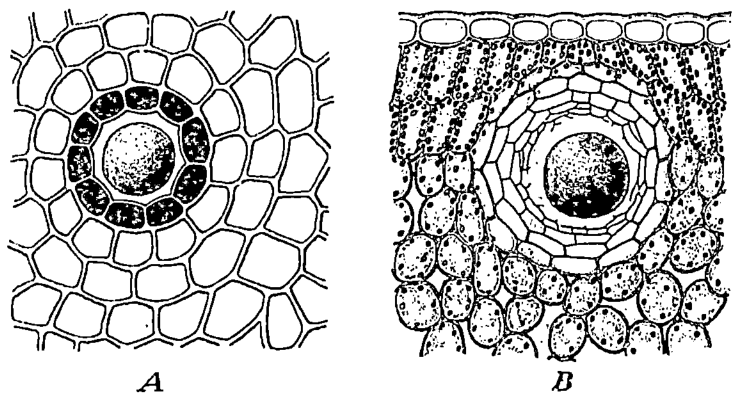

Abb. 169. *A* Schizogener Sekretbehälter aus der Wurzel von Arnica, *B* Schizolysigener Sekretbehälter aus dem Pomeranzenblatt. Stark vergrößert.

einzeln im Parenchym eingebettet oder zu größeren Gruppen oder Zellenzügen vereinigt sind. Es findet sich in ihnen Harz, ätherisches Öl, Schleim oder Gerbstoff.

Sekretbehälter. Man macht gewöhnlich einen Unterschied zwischen schizogenen (= durch Auseinanderweichen entstandenen) und lysigenen (= durch Auflösung entstandenen) Sekretbehältern.

Erstere bilden sich in folgender Weise: In jungen Organen findet man an der Stelle, welche später durch einen Sekretbehälter eingenommen wird, auf dem Querschnitt eine einzige plasmareiche Zelle, welche sich bald kreuzweise in vier oder in sechs Zellen spaltet. Diese bleiben sehr inhaltsreich und zartwandig und weichen in der Mitte auseinander, so daß ein anfangs nur enger Zwischenzellraum entsteht. Die zartwandigen Zellen (Epithelzellen) teilen sich darauf noch lebhaft, die Lücke vergrößert sich und verlängert sich oft nach oben im wachsenden Organ, so daß sie allmählich zu einem mehr oder weniger weiten Behälter oder einem sich langhin erstreckenden Kanal wird. In diesen wird sodann von den Epithelzellen Sekret abgeschieden (Abb. 169 *A*).

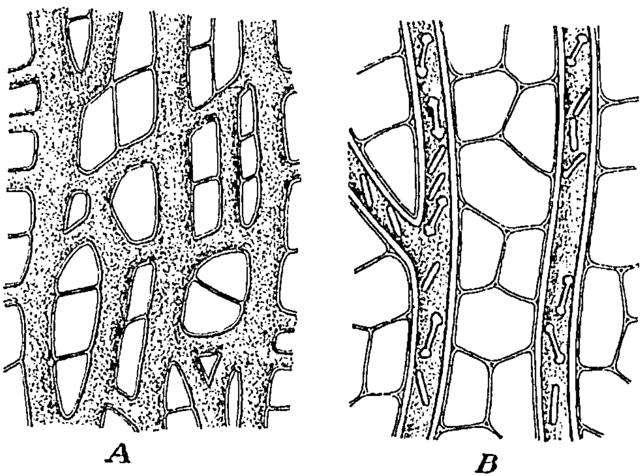

Abb. 170. Milchsaftschläuche im Längsschnitt; *A* gegliedert und anastomosierend aus der Schwarzwurzel. *B* ungegliedert von einer Euphorbia mit knochen- oder hantelförmigen Stärkekörnern. Stark vergrößert.

Die lysigenen Behälter entstehen in etwas komplizierterer Weise. In jungen Zuständen findet man an bestimmten Stellen Nester von zartwandigen und reichlich Protoplasma führenden Zellen. Die Wände dieser Zellen fangen nun plötzlich an sich aufzulösen und wandeln sich wie der Zellinhalt zu einem Sekret um. Später werden noch mehr Zellen in den Auflösungsprozeß hineingezogen, wodurch die Sekretlücke sich immer mehr vergrößert und reichlich mit Inhalt erfüllt wird (Abb. 169 *B*).

Sehr häufig kommt es vor, daß typisch schizogene Sekretbehälter sich nachträglich lysigen weiterbilden. Man sieht in diesem Fall, daß die anfangs normal ausgebildeten und einen secernierenden Kranz um den Behälter bildenden Epithelzellen allmählich aufgelöst werden, ja daß sogar auch weitere den Gang umgebende parenchymatische Zellen bald in den Auflösungsprozeß hineingezogen werden. Es ist in einem solchen Zustand nicht mehr festzustellen, daß der

Behälter ursprünglich schizogen entstanden war, und man bezeichnet einen solchen gewöhnlich als schizo-lysigen.

Es sei noch erwähnt, daß man in neuerer Zeit immer mehr der Ansicht zuneigt, es gäbe von Anfang an lysigene Behälter überhaupt nicht oder nur sehr selten; alle derartige Gebilde seien, wenn auch nur sehr kurze Zeit, schizogener Natur, worauf dann die lysigene Weiterbildung früher oder später — in manchen Fällen sehr frühzeitig — eintrete. Dies ist z. B. mit Sicherheit für die Rutaceae festgestellt, bei denen man bis vor kurzem echte lysigene Sekretbehälter annahm (Abb. 169 *B*).

Milchsaftschläuche oder **-Röhren.** Die Milchsaftschläuche können auf zwei ganz verschiedenartige Weisen entstanden sein. Entweder bilden sie sich ganz so wie die Gefäße, d. h. in geraden oder stark verzweigten Reihen von übereinander liegenden Zellen werden die Querwände aufgelöst, worauf mehr oder weniger lange Röhren (gegliederte [= aus einzelnen Gliedern entstandene] Milchsaftschläuche) entstehen; oder aber sie gehen aus dem fortgesetzten Wachstum und der Verzweigung von einzelnen, schon im jungen Keimling enthaltenen Zellen hervor, welche pilzfadenähnlich intercellular die ganze, allmählich heranwachsende Pflanze durchziehen; man bezeichnet diese letzteren als ungegliederte Milchsaftschläuche (Abb. 170).

Die Milchsaftschläuche besitzen einen sehr dünnen Protoplasmaschlauch und zahlreiche Kerne. Ihre Wandung ist meist nur schwach, kann aber auch eine ansehnliche Dicke erreichen. Der Milchsaft, weiß, gelb bis orangerot gefärbt, stellt eine Emulsion dar, d. h. eine wässerige Flüssigkeit, in der massenhaft Körnchen (Stärke) und Tröpfchen (Fett, Kautschuk, Guttapercha, Harz, Alkaloide) suspendiert sind. Gelegentlich trifft man im Milchsaft auch Zucker und Eiweiß vertreten, und es ist wohl kaum zweifelhaft, daß derartige für die Pflanze so außerordentlich wertvolle Stoffe später wieder in den Kreislauf ihrer Lebensprozesse einbezogen werden. Sicher besitzt jedoch der Milchsaft für die ihn führenden Gewächse die Bedeutung, daß er als Schutzmittel dient. Wird nämlich eine solche Pflanze verletzt, so tritt der unter starkem Druck in dem Individuum gehaltene Milchsaft rasch in großen Mengen aus und bedeckt, an der Luft schnell erhärtend, die Wundfläche mit festem Verschluß.

Einteilung der Pflanzen. Systematik.

Die Verwandtschaft der Pflanzen.

Eine einzelne Pflanze nennt man ein Individuum, d. h. ein Wesen, welches selbständig und ohne Beihilfe anderer, gleichgestalteter Wesen lebt und leben kann. Gleichgestaltete Individuen, welche durch ihre Abstammung miteinander verwandt sind, d. h. gemeinsame Nachkommen eines Urahns oder eines Urahnenpaares sind, gehören ein und derselben Art (Spezies) an. Um beurteilen zu können, welche Individuen gleichgestaltet sind, werden die durch unsere Sinne wahrnehmbaren Eigenschaften, insbesondere die Form und der Aufbau des Pflanzenkörpers berücksichtigt. Jede Art oder Spezies hat ihre besonderen Merkmale oder Kennzeichen, welche erblich sind und in der Nachkommenschaft nahezu unverändert hervortreten.

Falls jedoch durch Standort, Klima, Bodenbeschaffenheit oder gärtnerische Kunst Verschiedenheiten erzeugt werden, welche, obschon sie (in letzterem Falle besonders) sehr augenfällig sein können, dennoch das Wesen der Pflanze nicht ändern, so nennt man diese Varietäten. Blumenkohl, Kopfkohl, Blätterkohl und Kohlrabi sind z. B. Varietäten der Art Brassica oleracea.

Während die Zahl die Varietäten bei den Kulturgewächsen eine ungemein große ist, wird die Zahl der auf der ganzen Erde vorhandenen Arten auf zwei bis dreimal Hunderttausend geschätzt. In Deutschland allein mögen mit Einschluß der eingebürgerten Fremdlinge etwa 3000 Phanerogamen-Arten vorkommen. Die Zahl der Kryptogamen-Arten ist noch ganz erheblich größer.

Die Arten selbst zeigen untereinander wiederum eine größere oder geringere Ähnlichkeit. Einige weichen nur in einem, andere in mehreren, die meisten aber in zahlreichen Merkmalen voneinander ab. Von dieser größeren oder geringeren Ähnlichkeit schließt man auf einen näheren oder entfernteren Grad der Verwandtschaft und vereinigt näher verwandte Arten zu einer Gattung (Genus).

Die Zahl der bekannten Phanerogamen-Gattungen schätzt man auf über 10000.

Jeder Pflanze hat man einen aus zwei Worten gebildeten lateinischen Namen beigelegt, und zwar ist die Gattung in demselben durch ein Hauptwort vertreten, z. B. *Aconitum*, während die Art durch ein Eigenschaftswort, z. B. *ferox*, oder durch ein anderes wie ein Adjektivum gebrauchtes Wort, z. B. *napellus*, bezeichnet wird. Man nennt dies die binäre Nomenklatur, die durch Linné eingeführt wurde. Hinter dem Pflanzennamen pflegt man häufig den Namen desjenigen Botanikers anzuführen (Autornamen), welcher der Pflanze den betreffenden Namen gegeben hat, weil manche Arten von verschiedenen Forschern verschieden benannt worden sind.

Die wesentlichste Eigenschaft der Art ist die Beibehaltung ihrer spezifischen Merkmale bei der Fortpflanzung. Die Fortpflanzung wird von den Pflanzen in der verschiedensten Art und Weise ausgeführt, und es herrscht dabei eine solche Mannigfaltigkeit, daß jede Familie, jede Gattung, ja oft die einzelne Art hierfür besonders ausgeprägte Eigentümlichkeiten besitzt, namentlich wenn man die Gruppe der Kryptogamen in gleicher Linie mit den Phanerogamen in Betracht zieht. Auf diese Abweichungen in den Fortpflanzungsorganen und deren Funktionen ist die ganze Systematik so wesentlich begründet, daß sie in der Hauptsache auf eine spezielle Darstellung der Fortpflanzungsformen und -organe im Pflanzenreich hinausläuft.

Aus den überaus vielgestaltigen Formen der Fortpflanzungsart treten zwei verschiedene Wege scharf getrennt hervor: die ungeschlechtliche oder vegetative Fortpflanzung (welche man besser als Vermehrung bezeichnet) und die geschlechtliche oder sexuelle Fortpflanzung.

Die vegetative, ungeschlechtliche Vermehrung besteht in der Bildung von Zellen oder Zellkörpern (Stecklinge, Ableger), welche nach ihrer Lostrennung von der Mutterpflanze ohne weiteres, entweder sofort oder nach einer gewissen Ruhezeit, zu neuen, selbständigen Einzelwesen derselben Art heranwachsen.

Bei der sexuellen oder geschlechtlichen Fortpflanzung hingegen werden zweierlei Fortpflanzungszellen erzeugt, von denen jede zwar die Eigentümlichkeiten ihrer Art in sich trägt, welche jedoch nicht die Fähigkeit besitzen, zu Nachkommen ihrer Art auszuwachsen, bevor ihnen Gelegenheit geboten ist, miteinander zu verschmelzen. Man unterscheidet männliche und weibliche Zellen. Erst wenn die weibliche Zelle den Inhalt der männlichen Zelle in sich aufgenommen hat und ihr Kern mit dem männlichen vollständig verschmolzen ist, wird sie entwicklungsfähig und beginnt ein intensives Wachstum. Neue Spielarten und Varietäten entstehen fast nur auf sexuellem Wege, während vegetativ erzeugte neue Individuen meistens die Merkmale ihrer Mutterpflanze streng beibehalten.

Die ungeschlechtliche Vermehrung geschieht bei Phanerogamen meist neben der geschlechtlichen Fortpflanzung, und zwar spontan durch Brutknospen, Brutzwiebeln, Knollen oder Ausläufer, künstlich

durch Ableger, Senker oder Stecklinge, sowie durch Pfropfen, Okulieren und Kopulieren.

Auf der speziellen Charakteristik der Fortpflanzungs - Arten,
-Formen und -Organe begründet sich, wie schon erwähnt, die
Systematik. Sie gruppiert die Pflanzen nach übereinstimmenden
Merkmalen und stellt jene nebeneinander oder auseinander, indem
sie den Wert und die Bedeutung ihrer Ähnlichkeiten und Verschieden-
heiten abschätzt.

Ein in so geschilderter Weise zustande gekommenes System nennt
man Natürliches System, und zwar deshalb, weil es auf der
natürlichen Verwandtschaft der Gewächse untereinander beruht,
— ein Begriff, welcher durch die von Lamarck aufgestellte und
von Charles Darwin ausführlicher begründete Lehre, die sogenannte
Descendenztheorie oder Selektionstheorie, begründet und
näher erläutert wurde. Da diese Lehre das Prinzip vertritt, daß die
Ureltern eines jeden Individuums nicht diesem gleich, sondern niedriger organisiert gewesen sind, so stellt ein natürliches System gleichsam
den Stammbaum des gesamten Pflanzenreiches dar. Ein vollendetes
natürliches System würde aber aus demselben Grunde nur dann aufzustellen möglich sein, wenn ihr Verfasser die Entwicklungsgeschichte
sämtlicher Pflanzen kennte, selbst derjenigen, welche im Laufe der
Jahrmillionen bereits aufgehört haben zu existieren. Alle vorhandenen
natürlichen Systeme aber müssen unzulänglich sein und bleiben, weil
die durch Mangel der stammesgeschichtlichen Erkenntnis entstehenden
Lücken durch Spekulationen ausgefüllt werden müssen. Hieraus erklärt sich die Verschiedenheit der einzelnen Systeme verschiedener
Verfasser. In seinen Hauptumrissen könnnen wir den Entwicklungsgang des Pflanzenreiches gleichwohl als aufgeklärt betrachten,
und deshalb stimmen auch die Hauptabteilungen der natürlichen
Systeme — aber nur diese — im allgemeinen überein.

Künstliche Pflanzensysteme.

Als man begann, die Pflanzen zu klassifizieren, glaubte man sie
unbedingt nach einzelnen willkürlich gewählten, an allen Pflanzen
leicht erkennbaren Merkmalen ordnen zu müssen und schuf daher
künstliche Systeme, welche die Beschaffenheit der Wurzel, der
Blätter, der Blüten oder aber der Früchte zur Grundlage hatten.
Als Hauptzweck bei Aufstellung dieser Systeme galt das praktische
Ziel, die einzelnen Pflanzen mit Hilfe der Merkmale, nach denen sie
gruppiert sind, möglichst leicht auffinden und bestimmen zu können.
Unter ihnen allen hat das im Jahre 1735 von Carl von Linné
aufgestellte System nicht nur große Bedeutung erlangt, sondern eine
geraume Zeit hindurch sogar die Botanik allein beherrscht. Es hat
die Beschaffenheit der Befruchtungsorgane oder Geschlechtsorgane
der Pflanzen zum Ausgangspunkte und heißt deshalb auch Geschlechtssystem oder Sexualsystem.

Übersicht des Linnéschen Systems.

A. Die Klassen.

a. Pflanzen mit Staubgefäßen und Pistillen.
b. Staubgefäße und Pistille in jeder Blüte vorhanden.
c. Staubgefäße und Pistille getrennt.
d. Staubgefäße nicht miteinander verwachsen.
e. Die Länge der Staubgefäße bleibt unberücksichtigt.
f. Die Zahl der Staubgefäße bildet allein das Unterscheidungsmerkmal.

g. 1 Staubgefäß	I. Kl. Einmännige . .	Monandria.
g. 2 Staubgefäße . . .	II. Kl. Zweimännige . .	Diandria.
g. 3 „	III. Kl. Dreimännige . .	Triandria.
g. 4 „	IV. Kl. Viermännige . .	Tetrandria.
g. 5 „	V. Kl. Fünfmännige . .	Pentandria.
g. 6 „	VI. Kl. Sechsmännige . .	Hexandria.
g. 7 „	VII. Kl. Siebenmännige .	Heptandria.
g. 8 „	VIII. Kl. Achtmännige . .	Octandria.
g. 9 „	IX. Kl. Neunmännige . .	Enneandria.
g. 10 „	X. Kl. Zehnmännige . .	Decandria.
g. 12 bis 18 Staubgefäße .	XI. Kl. Zwölfmännige .	Dodecandria.

f. Zahl und Befestigungsstelle der Staubgefäße bilden das Unterscheidungsmerkmal.

g. 20 oder mehr Staubgefäße oberhalb des Fruchtknotens stehend	XII. Kl. Zwanzigmännige	Icosandria.
g. 20 oder mehr Staubgefäße unterhalb des Fruchtknotens stehend	XIII. Kl. Vielmännige . .	Polyandria.

e. Die Länge der Staubgefäße bildet das Unterscheidungsmerkmal.
f. Von den Staubgefäßen sind zwei länger und zwei kürzer (meist Lippenblütler) . . . .

XIV. Kl. Zweimächtige . Didynamia.

f. Von den Staubgefäßen sind vier länger und zwei kürzer (Frucht eine Schote oder Schötchen) .

XV. Kl. Viermächtige . . Tetradynamia.

d. Staubgefäße miteinander verwachsen.
e. Nur die Staubfäden sind verwachsen; die Staubbeutel sind frei.

f. Die Fäden bilden ein Bündel	XVI. Kl. Einbrüderige . .	Monadelphia.
f. Die Fäden bilden zwei Bündel	XVII. Kl. Zweibrüderige .	Diadelphia.
f. Die Fäden bilden drei oder mehrere Bündel	XVIII. Kl. Vielbrüderige . .	Polyadelphia.

e. Nur die Staubbeutel sind verwachsen; die Staubfäden sind frei . . . .

XIX. Kl. Röhrenbeutelige Syngenesia.

c. Staubgefäße dem Pistill angewachsen .

XX. Kl. Weibermännige . Gynandria.

b. Nur Staubgefäße oder nur Pistille in jeder Blüte vorhanden.
c. Männliche und weibliche Blüten auf derselben Pflanze . . . .
c. Entweder nur männliche oder nur weibliche Blüten auf je einer Pflanze . .
d. Daneben keine Zwitterblüten vorkommend . . . .

XXI. Kl. Einhäusige . . . Monoecia.

d. Daneben Zwitterblüten vorkommend.

	XXII. Kl. Zweihäusige . .	Dioecia.
	XXIII. Kl. Vielehige . . .	Polygamia.

a. Pflanzen ohne Staubgefäße und Pistille, zuweilen ohne Höhenwachstum, und dann ohne Blätter und Stengel . . . .

XXIV. Kl. Verborgenblütige Kryptogamia.

B. Die Ordnungen.

Von der I. bis zur XIII. Klasse werden die Ordnungen nach der Anzahl der Fruchtknoten, oder, wenn ein einzelner Fruchtknoten vorhanden ist, nach der Anzahl der Griffel oder der Narben genannt. Die Ordnung Monogynia hat also einen Fruchtknoten mit einem Griffel oder einer Narbe; die Ordnung Digynia hat zwei Fruchtknoten oder einen Fruchtknoten mit zwei Griffeln bzw. mit zwei Narben. Die zwölf Ordnungen der I. bis XIII. Klasse heißen:

1. Einweibige . . . . . . Monogynia,
Zweiweibige . . . . . . Digynia,
Dreiweibige . . . . . . Trigynia,
Vierweibige . . . . . . Tetragynia,
Fünfweibige . . . . . . Pentagynia,
Sechsweibige . . . . . . Hexagynia,
Siebenweibige . . . . Heptagynia,
Achtweibige . . . . . . Octogynia,
Neunweibige . . . . . . Enneagynia,
Zehnweibige . . . . . . Decagynia,
Zwölfweibige . . . . . Dodecagynia,
11. Vielweibige . . . . . Polygynia.

Die XIV. Klasse hat zwei Ordnungen: Gymnospermia mit vier sogen. nackten Samen im Kelch (in Wirklichkeit ist die Frucht tief vierspaltig, und der Griffel steht zwischen den vier Fruchtteilen) und Angiospermia mit meist vielen, in eine Kapsel eingeschlossenen Samen.

Die XV. Klasse hat ebenfalls zwei Ordnungen: Siliculosa, bei denen die Frucht ein Schötchen, d. h. höchstens wenig länger als breit ist, und Siliquosa, bei denen die Frucht eine Schote, d. h. bedeutend länger als breit ist.

Bei den Klassen XVI bis XXIII mit Ausnahme der XIX. Klasse werden die Ordnungen nach der Zahl der Staubblätter gebildet und benannt, also Monandria, Diandria etc.

Die XIX. Klasse teilte Linné wie folgt in fünf Ordnungen ein:
Die Einzelblüten besitzen eine gemeinsame Hülle.
Sämtliche Blüten sind Zwitterblüten . . . . . 1. Ordnung Aequalis.
Nur die Scheibenblüten sind Zwitterblüten, die
   Randblüten sind weiblich und zwar:
   Alle Blüten sind fruchtbar . . . . 2. Ordnung Superflua.
   Nur die Zwitterblüten sind fruchtbar . . . 3. Ordnung Frustranea.
   Nur die weiblichen Blüten sind fruchtbar . 4. Ordnung Necessaria.
Jede der Einzelblüten besitzt eine besondere Hülle 5. Ordnung Segregata.

Während die Namen Aequalis und Segregata sich von selbst erklären, diene zur Erklärung für die übrigen, daß in der 2. Ordnung die Randblüten überflüssig (superfluus) erscheinen, weil die zwitterigen Blüten der Scheibe selbst fruchtbar sind; in der 3. Ordnung sind die Randblüten, da sie noch dazu unfruchtbar sind, sogar vergebens (frustraneus); in der 4. Ordnung hingegen sind die Randblüten, da die zwitterigen Scheibenblüten nicht fruchtbar sind, notwendig (necessarius).

Die XXIV. Klasse teilte Linné nach der natürlichen Verwandtschaft in Filices, Musci, Algae, Lichenes und Fungi ein.

Der schätzbarste Vorzug dieser Einteilung ist der, daß sie, weil auf die einfachsten Begriffe begründet, für jeden Anfänger ohne größere botanische Vorkenntnisse faßlich ist. Ein Nachteil aber ist z. B. darin zu erblicken, daß die Geschlechtsorgane einzelner Arten zuweilen Unregelmäßigkeiten oder Abweichungen aufweisen und diese Arten dann in ganz andere Linnésche Klassen gestellt werden müssen als ihre allernächsten Verwandten.

Anderseits vereinigt das Linnésche System allerdings schon die wichtigsten und größten Familien der natürlichen Systeme fast vollzählig in bestimmten Klassen, so die Gramineen in Klasse III, 2; die Umbelliferen in Klasse V, 2; die meisten Labiaten in Klasse XIV, 1; die Cruciferen in Klasse XV, 1 und 2; die Papilionatae in Klasse XVII, 3; die Kompositen in Klasse XIX, 1 bis 5 und die Orchidaceen in Klasse XX. Diese Familien allein umfassen zusammen fast die Hälfte aller Phanerogamen.

Das Linnésche System zerfällt in Klassen und Ordnungen. Die Klassenmerkmale beruhen im wesentlichen auf der Beschaffenheit der Staubgefäße, also der männlichen Befruchtungsorgane, während. für die Bildung und Benennung der Ordnungen entweder die Zahl der Griffel, oder der Bau der Frucht, oder Zahl und Verwachsung der Staubgefäße, oder Geschlecht und Fruchtbarkeit der Einzelblüten (in der XIX. Klasse) usw. maßgebend sind.

Übersicht des Linnéschen Systems siehe Seite 139 und 140.

Natürliche Pflanzensysteme.

Der Begründer der Einteilung der Pflanzen nach ihrer natürlichen Zusammengehörigkeit ist Antoine Laurent de Jussieu. Dieser stellte im Jahre 1789 ein natürliches System auf, welches jedoch im Anklang an das ein halbes Jahrhundert vorher ins Leben gerufene Linnésche System noch vieles Künstliche an sich trug und vornehmlich auf der Zahl der Keimblätter, der gegenseitigen Stellung der Blüten- teile und der Beschaffenheit der Blumenkrone aufgebaut war. In dem System hingegen, welches im Jahre 1813 Auguste Pyrame de Candolle aufstellte, wurde der Versuch gemacht, den inneren Bau der Pflanzen zur Charakteristik der Hauptabteilungen zu ver- wenden, während in zweiter Linie dazu die Blütenhülle diente. Das im Jahre 1836 von Stephan Endlicher angegebene System ist auf den Wachstumsverschiedenheiten der Pflanzen begründet, und erst mit Adolph Brongniarts Einteilung im Jahre 1843 begann man der für die ganze Entwicklungsgeschichte des Pflanzenreiches so hochwichtigen Gruppe der nacktsamigen Gewächse, welche das verbindende Glied zwischen den sogenannten Kryptogamen und den Phanerogamen bildet, die gebührende Stellung im System zu geben. Seitdem sind hervorragende Pflanzensysteme von Alexander Braun 1864, von A. W. Eichler 1883 und von Adolf Engler 1886 auf- gestellt worden.

Den Systemen von Braun, Eichler und Engler liegt im Grund- prinzip wiederum die Einteilung Brongniarts zugrunde, während die Grundzüge der älteren Systeme durch den Fortschritt der morpho- logischen, anatomischen und physiologischen Forschung sich als auf mehr oder weniger irrtümlichen Voraussetzungen begründet erwiesen haben.

Die Grundzüge einzelner natürlicher Systeme.
Jussieus System.

Acotyledones, Pflanzen ohne Keimblätter.

Monocotyledones, Pflanzen mit einem Keimblatt.

Dicotyledones, Pflanzen mit zwei Keimblättern.

Apetalae, Blumenkronenlose.
Monopetalae mit verwachsenblättriger Blumenkrone.
Polypetalae mit getrenntblättriger Blumenkrone.
Diclines irregulares mit getrenntgeschlechtlichen, meist nackten, d. h. kronenlosen Blüten.

Brongniarts System.

Kryptogamae, Pflanzen ohne Blüten.
  Amphigenae, Pflanzen ohne Unterschied zwischen Blatt und Stengel.
  Akrogenae, Pflanzen mit Stengel und Blättern.
Phanerogamae, Pflanzen mit Blüten.
 Monocotyledoneae, einkeimblättrige Pflanzen.
  ↑ **Albuminosae** mit Eiweißgewebe in den Samen.
  ↓ **Exalbuminosae** mit eiweißfreien Samen.
 Dicotyledoneae, Mehrkeimblättrige Pflanzen.
  Angiospermae, Bedecktsamige, mit geschlossenem Fruchtknoten.
   ↑ **Gamopetalae** mit verwachsenen Kronenblättern.
   ↓ **Dialypetalae** mit freien Kronenblättern oder ohne solche.
  Gymnospermae, Nacktsamige, mit offenem Fruchtblatt.

Englers System [1]).

I. Abteilung. **Schizophyta.** Spaltpflanzen.
 Schizomycetes, Spaltpilze oder Bakterien; **Schizophyceae,** Spaltalgen.
II. Abteilung. **Phytosarcodina, Myxothallophyta, Myxomycetes.**
  Schleimpilze.
 Acrasiales, Plasmodiophorales, Myxogasteres.
III. Abteilung. **Flagellatae.** Geißeltragende, pilz- oder algenähnliche Körper.
IV. Abteilung. **Dinoflagellatae.** Geißeltragende, algenähnliche Körper.
V. Abteilung. **Bacillariophyta.** Kieselalgen.
VI. Abteilung. **Conjugatae.** Chlorophyllgrüne Algen, Fortpflanzung durch Kopulation.
VII. Abteilung. **Chlorophyceae.** Chlorophyllgrüne Algen, Fortpflanzung durch schwärmende Gameten oder durch Spermatozoiden und Oosphären.
VIII. Abteilung. **Charophyta.** Chlorophyllgrüne Algen von eigenartigem, hochentwickeltem Bau. Fortpflanzung durch Spermatozoiden und Oosphären.
IX. Abteilung. **Phaeophyceae.** Braunalgen. Fortpflanzung durch schwärmende Gameten oder durch Spermatozoiden und Oosphären.
X. Abteilung. **Rhodophyceae.** Rosenrote bis violette Algen. Fortpflanzung durch unbewegliche Spermatien und Eizelle.
XI. Abteilung. **Eumycetes.** Echte Pilze. Chlorophyllose Saprophyten und Parasiten.
XII. Abteilung. **Embryophyta asiphonogama.** (Archegoniatae.) Embryopflanzen mit Befruchtung durch schwärmende Gameten.
 Bryophyta, Moospflanzen; **Pteridophyta,** Farnpflanzen.
XIII. Abteilung. **Embryophyta siphonogama.** Embryopflanzen mit Pollenbefruchtung. (Phanerogamen).

---

[1]) Nach der 8. Aufl. von Engler-Gilg „Syllabus der Pflanzenfamilien" (Berlin 1919).

Gymnospermae, Nacktsamige: Cycadofilicales, Cycadales, Bennettitales, Ginkgoales, Coniferae, Cordaitales, Gnetales.

Angiospermae, Bedecktsamige.

Monocotyledoneae, Einkeimblättrige.

Pandanales. Fam.: Typhaceae. Pandanaceae. Sparganiaceae.
Helobiae. Fam.: Potamogetonaceae. Najadaceae. Aponogetonaceae. Scheuchzeriaceae. Alismataceae. Butomaceae. Hydrocharitaceae.
Triuridales. Fam.: Triuridaceae.
Glumiflorae. Fam.: Gramineae. Cyperaceae.
Principes. Fam.: Palmae.
Synanthae. Fam.: Cyclanthaceae.
Spathiflorae. Fam.: Araceae. Lemnaceae.
Farinosae. Fam.: Flagellariaceae. Restionaceae. Centrolepidaceae. Mayacaceae. Xyridaceae. Eriocaulaceae. Thurniaceae. Rapateaceae. Bromeliaceae. Commelinaceae. Pontederiaceae. Cyanastraceae. Philydraceae.
Liliiflorae. Fam.: Juncaceae. Stemonaceae. Liliaceae. Haemodoraceae. Amaryllidaceae. Velloziaceae. Taccaceae. Dioscoreaceae. Iridaceae.
Scitamineae. Fam.: Musaceae. Zingiberaceae. Cannaceae. Marantaceae.
Microspermae. Fam.: Burmanniaceae. Orchidaceae.

Dicotyledoneae, Zweikeimblättrige.

Archichlamydeae, mit Blütenumhüllung auf niederer Stufe.

Verticillatae. Fam.: Casuarinaceae.
Piperales. Fam.: Saururaceae. Piperaceae. Chloranthaceae. Lacistemaceae.
Salicales. Fam.: Salicaceae.
Garryales. Fam.: Garryaceae.
Myricales. Fam.: Myricaceae.
Balanopsidales. Fam.: Balanopsidaceae.
Leitneriales. Fam.: Leitneriaceae.
Juglandales. Fam.: Juglandaceae.
Batidales. Fam.: Batidaceae.
Julianiales. Fam.: Julianiaceae.
Fagales. Fam.: Betulaceae. Fagaceae.
Urticales. Fam.: Ulmaceae. Moraceae. Urticaceae.
Proteales. Fam.: Proteaceae.
Santalales. Fam.: Myzodendraceae. Santalaceae. Opiliaceae. Grubbiaceae. Olacaceae. Octoknemataceae. Loranthaceae. Balanophoraceae.
Aristolochiales. Fam.: Aristolochiaceae. Rafflesiaceae. Hydnoraceae.
Polygonales. Fam.: Polygonaceae.
Centrospermae. Fam.: Chenopodiaceae. Amarantaceae. Nyctaginaceae. Cynocrambaceae. Phytolaccaceae. Aizoaceae. Portulacaceae. Basellaceae. Caryophyllaceae.
Ranales. Fam.: Nymphaeaceae. Ceratophyllaceae. Trochodendraceae. Cercidiphyllaceae. Ranunculaceae. Lardizabalaceae. Berberidaceae. Menispermaceae. Magnoliaceae. Himatandraceae. Calycanthaceae. Lactoridaceae. Anonaceae. Eupomatiaceae. Myristicaceae. Gomortegaceae. Monimiaceae. Lauraceae. Hernandiaceae.
Rhoeadales. Fam.: Papaveraceae. Capparidaceae. Cruciferae. Tovariaceae. Resedaceae. Moringaceae.
Sarraceniales. Fam.: Sarraceniaceae. Nepenthaceae. Droseraceae.
Rosales. Fam.: Podostemonaceae. Hydrostachyaceae. Crassulaceae. Cephalotaceae. Saxifragaceae. Pittosporaceae. Brunelliaceae. Cunoniaceae. Myrothamnaceae. Bruniaceae. Hamamelidaceae. Eucommiaceae. Platanaceae. Crossosomataceae. Rosaceae. Connaraceae. Leguminosae.
Pandales. Fam.: Pandaceae.
Geraniales. Fam.: Geraniaceae. Oxalidaceae. Tropaeolaceae. Linaceae. Humiriaceae. Erythroxylaceae. Zygophyllaceae. Cneoraceae. Rutaceae. Simarubaceae. Burseraceae. Meliaceae. Malpighiaceae. Trigoniaceae. Vochysiaceae. Tremandraceae. Polygalaceae. Dichapetalaceae. Euphorbiaceae. Callitrichaceae.
Sapindales. Fam.: Buxaceae. Empetraceae. Coriariaceae. Limnanthaceae. Anacardiaceae. Cyrillaceae. Pentaphylacaceae. Corynocarpaceae. Aquifoliaceae. Celastraceae. Hippocrateaceae. Salvadoraceae. Stackhousiaceae. Staphyleaceae. Icacinaceae. Aceraceae. Hippocastanaceae. Sapindaceae. Sabiaceae. Melianthaceae. Balsaminaceae.
Rhamnales. Fam.: Rhamnaceae. Vitaceae.
Malvales. Fam.: Elaeocarpaceae. Chlaenaceae. Gonystilaceae. Tiliaceae. Malvaceae. Bombacaceae. Sterculiaceae. Scytopetalaceae.
Parietales. Fam.: Dilleniaceae. Eucryphiaceae. Ochnaceae. Caryocaraceae. Marcgraviaceae. Quiinaceae. Camelliaceae. Guttiferae. Dipterocarpaceae. Elatinaceae. Frankeniaceae. Tamaricaceae. Fouquieraceae. Cistaceae. Bixaceae. Cochlospermaceae. Winteranaceae. Violaceae. Flacourtiaceae. Stachyuraceae. Turneraceae. Malesherbiaceae. Passifloraceae. Achariaceae. Caricaceae. Loasaceae. Datiscaceae. Begoniaceae. Ancistrocladaceae.
Opuntiales. Fam.: Cactaceae.

Myrtiflorae. Fam.: Geissolomataceae. Penaeaceae. Oliniaceae. Thymelae-
aceae. Elaeagnaceae. Lythraceae. Heteropyxidaceae Sonneratiaceae.
Punicaceae. Lecythidaceae. Rhizophoraceae. Nyssaceae. Alangiaceae.
Combretaceae. Myrtaceae. Melastomataceae. Oenotheraceae. Halor-
rhagaceae. Hippuridaceae. Cynomoriaceae.
Umbelliflorae. Fam.: Araliaceae. Umbelliferae. Cornaceae.

Metachlamydeae oder **Sympetalae**, mit Blütenumhüllung auf vorgeschrittener Stufe.

Ericales. Fam.: Diapensiaceae. Clethraceae. Pirolaceae. Lennoaceae. Eri-
caceae. Epacridaceae.
Primulales. Fam.: Theophrastaceae. Myrsinaceae. Primulaceae.
Plumbaginales. Fam.: Plumbaginaceae.
Ebenales. Fam.: Sapotaceae. Ebenaceae. Symplocaceae. Styracaceae.
Contortae. Fam.: Oleaceae. Loganiaceae. Gentianaceae. Apocynaceae.
Asclepiadaceae.
Tubiflorae. Fam.: Convolvulaceae. Polemoniaceae. Hydrophyllaceae. Bor-
raginaceae. Verbenaceae. Labiatae. Nolanaceae. Solanaceae. Scro-
phulariaceae. Bignoniaceae. Pedaliaceae. Martyniaceae. Orobanchaceae.
Gesneriaceae. Columelliaceae. Lentibulariaceae. Globulariaceae. Acan-
thaceae. Myoporaceae. Phrymaceae.
Plantaginales. Fam.: Plantaginaceae.
Rubiales. Fam.: Rubiaceae. Caprifoliaceae. Adoxaceae. Valerianaceae.
Dipsacaceae.
Cucurbitales. Fam.: Cucurbitaceae.
Campanulatae. Fam.: Campanulaceae. Goodeniaceae. Brunoniaceae. Styli-
diaceae. Calyceraceae. Compositae.

Wenn es sich darum handelt, welchem System wir uns im folgenden anzuschließen haben werden, so kann nach dem heutigen Stande
der Wissenschaft nur das Englersche System in Frage kommen,
welches im besten Sinne des Wortes als ein phylogenetisches
System bezeichnet werden darf und, alle Resultate der neuesten
Forschungen berücksichtigend, nach bestimmten, fest formulierten
Grundsätzen von den einfachsten bis zu den kompliziertesten Gestalten
des Pflanzenreiches fortschreitet.

Übersicht über die wichtigsten Familien, Gattungen und Arten des Pflanzenreiches nach dem Englerschen System.

Noch vor verhältnismäßig kurzer Zeit glaubte man, daß die
Gliederung des Gewächsreiches in zwei große Gruppen, die Krypto-
gamen und die Phanerogamen, die einzig zutreffende wäre, wie wir
dies auch noch im Eichlerschen System durchgeführt finden. Die
Bezeichnung Kryptogamen und Phanerogamen für die zwei großen
Gruppen des Pflanzenreiches ist jedoch heutzutage nicht mehr richtig.
Dem Wortlaut nach würden die Kryptogamen (von $\varkappa\rho\upsilon\pi\tau\grave{o}\varsigma$, kryptos
= verborgen, und $\gamma\acute{\alpha}\mu o\varsigma$, gamos = die Ehe) Pflanzen sein, deren
Befruchtungsorgane dem menschlichen Auge nicht sichtbar sind, die
Phanerogamen (von $\varphi\alpha\nu\varepsilon\rho\grave{o}\varsigma$, phaneros = offenbar) hingegen solche
Gewächse, deren Befruchtungsorgane in Gestalt von Blüten dem mensch-

lichen Auge mehr oder weniger auffällig erscheinen. Seit der Vervollkommnung und allgemeinen Anwendung des Mikroskops und seit dem Studium der feineren Vorgänge bei der Befruchtung aber hat diese Unterscheidung ihre Bedeutung verloren; nur wenn die Übersetzung etwas anders gefaßt wird, d. h. wenn man unter dem Namen Kryptogamen diejenigen Pflanzen begreift, welche der Blüten im gewöhnlichen Sinne entbehren und deren Befruchtungsorgane meist nur unter dem Mikroskop deutlich gesehen werden können, hingegen unter dem Namen Phanerogamen jene Gewächse zusammenfaßt, welche Blüten tragen und deren (ohne Beihilfe des Mikroskops sichtbare) Befruchtungsorgane als metamorphosierte Blätter zu gelten haben, so könnten diese althergebrachten und eingebürgerten Bezeichnungen auch ihrem Wortlaute nach Geltung behalten.

Man ist jedoch in neuerer Zeit immer tiefer in die Kenntnis der sog. Kryptogamen eingedrungen und hat dabei die Erfahrung gemacht, daß unter den hierher gerechneten Formen sich ungemein tiefgreifende Unterschiede bemerkbar machen, Unterschiede, welche mindestens so schwerwiegend sind als die soeben zwischen Kryptogamen und Phanerogamen aufgeführten. Es hat sich deshalb die Notwendigkeit herausgestellt, nicht nur zwei, sondern zahlreiche gleichwertige Abteilungen des Pflanzenreiches aufzustellen. Gleichwertig sind diese Abteilungen natürlich nur in morphologischer, nicht in praktischer Hinsicht; und da wir im folgenden des Raumes wegen gezwungen sind, nur die „wichtigeren Pflanzen" zu berücksichtigen, so sollen einige Abteilungen nicht oder nur ganz kurz erwähnt werden.

I. Abteilung.

Schizophyta.   Spaltpflanzen.

Als Spaltpflanzen bezeichnet man winzige, nur mit starken mikroskopischen Vergrößerungen wahrnehmbare, einzellige Organismen, die entweder gänzlich ungefärbt sind oder aber die verschiedensten Farben zeigen, nie jedoch die rein chlorophyllgrüne. Die Individuen leben entweder einzeln oder sie sind zu sehr verschiedenartig gestalteten Kolonien lose vereinigt, wobei jede Einzelzelle vollständig selbständig ist, für sich allein zu leben vermag und sich zu vermehren befähigt ist. Eine geschlechtliche Fortpflanzung fehlt den Spaltpflanzen vollständig, die Vermehrung erfolgt nur durch fortgesetzte Zweiteilung; es finden sich bei ihnen häufig auch Sporen oder Dauerzellen, d. h. mehr oder weniger dickwandige Zellen, welche befähigt sind, ungünstige Vegetationsverhältnisse (Trockenzeiten, Winter u. dgl.) ohne Schaden zu überdauern, um dann beim Eintreten günstigerer Bedingungen wieder zum normalen, vegetativen Zustand zurückzukehren. Echte Kerne fehlen. Teilung stets quer zur Hauptachse.

1. Klasse.

Schizomycetes (Bacteria). Bakterien, Bazillen, Spaltpilze.

In neuerer Zeit haben die Bakterien eine solche Wichtigkeit für das Leben und den ganzen Haushalt des Menschen erlangt, daß es angebracht erscheint, sie hier etwas ausführlicher zu behandeln.

Die Gestalt der Bakterien ist überaus einförmig. Im allgemeinen können wir drei Formen unterscheiden, welche wir stets mit kleinen Abänderungen wiederfinden, die Kugel, das gerade und das krumme Stäbchen, oder nach De Bary die Formen der Billardkugel, eines Bleistifts und eines Korkziehers. Die Bakterien sind ganz außerordentlich klein. Der Durchmesser der Kugelbakterien beträgt meistens etwa $^1/_{1000}$ mm, man kennt jedoch auch Formen, welche nur $^1/_{2000}$ mm Durchmesser besitzen. Sehr selten finden sich Arten von einem Durchmesser von $^1/_{500}$ mm. Bei den Stäbchenbakterien beträgt die Dicke kaum jemals mehr als der Durchmesser der Kugelbakterien, ihre Länge dagegen ist außerordentlich schwankend, und wir kennen solche, welche sich der Kugelform stark nähern, und andere, deren Länge die Dicke vielfach übertrifft.

Wie oben bei der Charakteristik der Schizophyta hervorgehoben wurde, vermehren sich alle hierher gehörigen Formen nur durch Zweiteilung. Dabei können sich die hierdurch gebildeten Zellindividuen sofort nach der Ausbildung voneinander trennen oder aber in Verbänden oder „Kolonien" mehr oder weniger fest miteinander vereinigt bleiben, welche je nach der engeren oder lockereren Vereinigung regelmäßige oder unregelmäßige Umrisse besitzen.

Bleiben die Zellen nach erfolgter Spaltung fest miteinander vereinigt, so entstehen bei den Kugelbakterien bei einer Teilung nach einer Richtung des Raumes rosenkranzartige Ketten, eine Wachstumsweise, die man allgemein als die Streptococcusform bezeichnet. Bei einer Teilung nach zwei Richtungen des Raumes entstehen Zellplatten; erfolgt endlich die Spaltung der Zellen nach drei Richtungen des Raumes, so resultieren Zellhaufen von eigenartiger Gestalt, welche man am besten mit der von gleichseitigen,

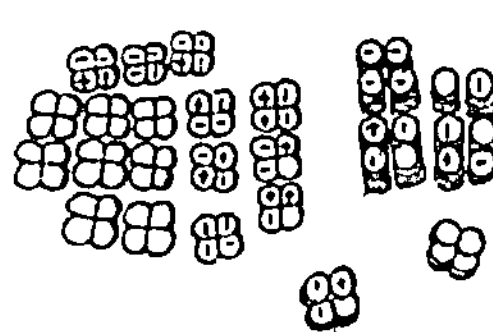

Abb. 171. Der Paketspaltpilz (Sarcina), etwa 1000mal vergr.

fest umschnürten Warenballen vergleichen kann (Sarcina, Abb. 171).

In weitaus den meisten Fällen trennen sich die einzelnen Zellen jedoch gleich nach erfolgter Spaltung und weisen dann keine weiteren Beziehungen zueinander auf.

Die Stäbchenbakterien zeigen lange nicht so verschiedenartige Wuchsformen, wie wir sie bei den Kugelbakterien beobachten konnten. Bei ihnen erfolgt nämlich die Teilung ausschließlich nach einer Richtung des Raumes, und zwar stets quer zu ihrer Längsachse, so daß bei einer bleibenden Vereinigung der durch die fortgesetzten Teilungen entstehenden Zellen mehr oder weniger lange Fäden entstehen. Es ist einleuchtend, daß bei geraden Einzelzellen auch die entstehenden

Zellfäden fast gerade sind und nur unbedeutende, sekundäre Krümmungen aufzuweisen haben, daß dagegen bei gebogenen Einzelzellen schraubenförmig gewundene Fäden resultieren müssen. Aber auch bei den Stäbchenbakterien ist der häufigste Fall der, daß sich die einzelnen Individuen nach erfolgter Spaltung voneinander loslösen.

Bei dem Teilungsvorgange selbst erreicht jede der Mutterzellen eine gewisse Maximalgröße, worauf sich in deren Mitte eine zarte Scheidewand bemerkbar macht, welche die Zelle in zwei gleiche oder wenigstens fast gleiche Tochterzellen zerlegt.

Unter günstigen Bedingungen können die Teilungen bei vielen Arten sehr rasch aufeinander folgen. Man kennt zahlreiche Bakterien, bei welchen bei Anwesenheit reichlicher Nährstoffe, günstiger Temperatur und Belichtung das Wachstum ein so rapides ist, daß durchschnittlich jede halbe Stunde eine Teilung der Zellen erfolgt, daß also aus einer einzigen Mutterzelle in sechs Stunden 4096, in 24 Stunden gar 280 000 000 000 000 Individuen hervorgegangen sind. Tatsächlich werden solche Fälle nur sehr selten eintreten, denn irgendwelche äußere Bedingungen werden sich meistens bald ändern, sei es, daß in dieser Zeit Nahrungsmangel eintritt oder doch die Konzentration der Nährstoffe eine geringere wird, oder daß sich bei der Vegetation der Bakterien Stoffwechselprodukte bilden, die hemmend auf die Entwicklung der Individuen einwirken. Immerhin zeigen aber diese Zahlen, welcher ungeheuren Vermehrung die Bakterien fähig sind, wenn ihnen die gegebenen Verhältnisse zusagen, daß sie reichlich durch ihre Zahl ersetzen können, was ihnen an Größe abgeht.

Als die höchststehenden, am weitesten differenzierten Bakterien faßt man eine Abteilung derselben auf, welche früher als Fadenbakterien bezeichnet wurde, welche man jetzt jedoch meist treffender unter dem Namen Scheidenbakterien zusammenfaßt. Denn das ausschlaggebende und ihre Stellung bedingende Moment ist nicht das, daß sie in einzelnen Fällen zu langen Fäden vereinigt sind, denn das finden wir auch noch bei anderen Bakterien, sondern daß um die Fäden eine zarte, aber deutlich nachweisbare, gemeinsame Gallerthülle oder -scheide abgesondert wird, welche mit dem Alter der Fäden an Dicke und Deutlichkeit zunimmt.

Über den genaueren Aufbau der einzelnen Zellen wissen wir im allgemeinen — eine Folge der Kleinheit der Bakterien — nur sehr wenig. In manchen Fällen verhält sich die Zellhaut der Bakterien gegen Reagentien so oder ähnlich wie die der höheren Pflanzen, oft aber auch so, wie wir sie bei den echten Pilzen finden; sie besteht dann aus einer Modifikation der echten Cellulose, welche man allgemein als Pilzcellulose bezeichnet. Ferner kennt man einige Formen, bei welchen die Zellhaut deutlich gefärbt ist. Die Zellhaut selbst erweist sich meist als fest und starr, so daß die Zellen ihre Form nicht ändern können; bei der wichtigen Gattung Spirochaete dagegen sind die Zellen schlangenartig biegsam.

Über den Zellinhalt der Bakterien ist nur verhältnismäßig wenig Sicheres bekannt, und besonders wenig weiß man über die Plasmastruktur. Ein Zellkern ist mit Sicherheit noch nicht nachgewiesen worden.

Sehr interessant ist es, daß eine große Zahl von Spaltpilzen die Fähigkeit der Eigenbewegung besitzt.

Bei den kugeligen Bakterien finden wir diese Beweglichkeit nur äußerst selten, um so mehr dagegen bei den Stäbchen- und Schraubenbakterien. Je nach der Art, der Gestalt und endlich auch dem Alter und der Größe erfolgt die Bewegung langsam oder blitzschnell, gleitend oder unregelmäßig hin und her zitternd oder endlich in auffallender Weise schlängelnd.

Früher hatte man gar keine Erklärung für die Bewegung der Spaltpilze, denn es war unmöglich, Bewegungsorgane zu erkennen.

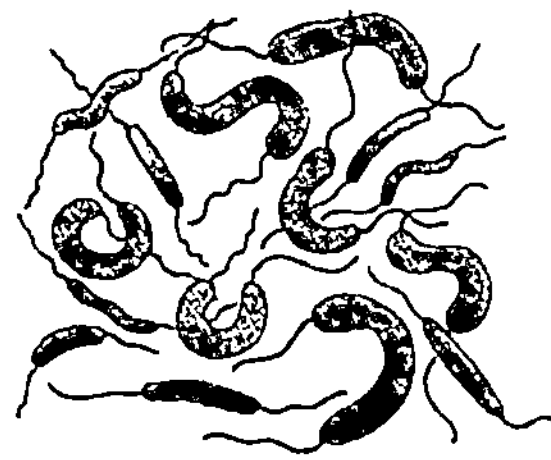

Abb. 172. Geißeltragende Bakterien, gefärbt. (1000mal vergr.) (Nach Migula.)

Vor verhältnismäßig wenigen Jahren ist es jedoch gelungen, durch komplizierte Färbungsmethoden die Bewegungsvermittler sichtbar zu machen: äußerst feine und zarte Protoplasmastränge, die sogen. Geißeln oder Cilien, die von sehr verschiedenartigen Stellen der Bakterienzellen ausgehen können und durch peitschenartiges Schlagen die Zelle durch die Flüssigkeit hindurchbewegen. Man kennt Formen, bei denen die Geißeln einzeln an einem oder beiden Enden der Zelle stehen (Abb. 172), oder aber auch solche, wo die Cilien zu mehreren oder sogar in größeren Büscheln und häufig von einem Punkte mitten am Körper ausstrahlen.

Die Bakterien besitzen niemals Chlorophyll, zeigen also nicht die Fähigkeit, wie die grünen Pflanzen aus Wasser und der Kohlensäure der Atmosphäre Kohlehydrate zu bilden und dieselben zum Aufbau ihres Körpers zu verwenden; sie vermögen nicht organische Verbindungen aus anorganischen herzustellen und sind infolgedessen auf die Annahme schon zubereiteter Nahrung angewiesen: sie gehören nicht zu den produzierenden, sondern zu den verzehrenden Lebewesen. In dieser physiologischen Hinsicht verhalten sie sich ganz wie die Pilze und wurden deshalb auch Spaltpilze genannt, obgleich sie zu den echten Pilzen keinerlei verwandtschaftliche Beziehungen aufweisen. Der eben angeführte Namen ist jedoch insofern für sie sehr bezeichnend, weil er dartut, daß ihre Vermehrung eben ausschließlich durch fortgesetzte Teilung, Spaltung der Zellen erfolgt.

Bei vielen Bakterien hat man auch die Bildung von Dauerzellen oder Sporen beobachten können. Diese tritt meist nur dann ein, wenn eine Erschöpfung des Nährbodens sich bemerkbar macht oder wenn ungünstige Vegetationsbedingungen herannahen; denn im Dauerzustand, als Sporen, sind die Individuen befähigt, Austrocknung, Nahrungsmangel und fast alle übrigen schädlichen Einflüsse zu überstehen.

Man unterscheidet zwei Arten von Sporen und hat nach ihrem Verhalten auch vielfach die Bakterien zu gruppieren versucht. Bei den einen bilden sich die Sporen im Inneren der vegetativen Zellen (endospore Bakterien), bei den anderen dagegen wird die ganze vegetative Zelle zur Spore (arthrospore Bakterien).

Eine Einteilung der Bakterien nach dem Bildungsprinzip der Sporen stößt jedoch auf erhebliche Schwierigkeiten, da man von einer großen Zahl von Spaltpilzen überhaupt noch keine Sporenbildung kennen gelernt hat und sie auch bei manchen genau bekannten Arten überhaupt zu fehlen scheint.

Die Bildung der Endosporen ist im allgemeinen ziemlich leicht zu beobachten (Abb. 173). Die zur Sporenbildung schreitende Zelle gibt zunächst die fortgesetzten Teilungen auf, ohne sich sonst von den vegetativen Zellen zu unterscheiden. In dem homogenen oder sehr feinkörnigen Plasma bildet sich nun aber bald an einer oft etwas anschwellenden Stelle ein heller Fleck, der meist allmählich stark heranwächst, selten schon von Anfang an (d. h. von dem Moment an, wo er überhaupt beobachtungsfähig wird) die definitive Größe besitzt. Dieser Fleck nimmt ständig an Helligkeit und Lichtbrechungsvermögen zu und scheidet zuletzt eine deutlich umschriebene starke Wand ab. Während dieses Prozesses zerfällt das bei der Sporenbildung nicht verwertete Protoplasma, die Zellwand der ursprünglichen Bakterienzelle wird allmählich resorbiert, d. h. sie wird immer undeutlicher und verschwindet zuletzt ganz, so daß die Spore völlig frei wird.

Abb. 173. Vorgang der Sporenbildung bei Bacillus subtilis, dem Heubazillus. Eine Zelle in verschiedenen Stadien, vom Beginn bis zur vollendeten Ausbildung der Spore. (Nach Migula.)

Der Vorgang der Arthrosporenbildung ist nun von dem soeben geschilderten Verfahren sehr abweichend und hat, ehe man ihn richtig erkannte, vielfach zu falschen Schlüssen und Theorien geführt. Der Hauptunterschied ist der, daß sich hier vegetative Zellen direkt zu Sporen verwandeln, ohne, wie bei der Endosporenbildung, neue Zellen in ihrem Innern zu erzeugen. Auffallend ist, daß meistens bei Beginn dieser Bildung die Bakterienfäden oder längeren Stäbchen in kürzere Gliederzellen zerfallen, welche außerordentlich an die Kugelbakterien erinnern und auch die Veranlassung waren, daß man noch vor verhältnismäßig kurzer Zeit manchen Bakterienarten großen Polymorphismus, eine große Formenmannigfaltigkeit, zuschreiben zu müssen glaubte. Es war damals von mehreren Forschern als zweifellos hingestellt worden, daß aus dem Zerfall der Stäbchen typische Mikrokokken hervorgehen könnten.

Wie oben schon ausgeführt wurde, können die Bakterien sich ihre organischen Nährstoffe, welche sie zum Leben brauchen, nicht selbst bereiten; sie sind deshalb darauf angewiesen, mindestens einen Teil ihrer Nährstoffe anderen lebenden oder toten Organismen zu entziehen. Man bezeichnet die Bakterien als parasitisch, wenn sie sich auf oder in noch lebenden, pflanzlichen oder tierischen Organismen ernähren, als saprophytisch dagegen, wenn sie die organischen Stoffe aus abgestorbenen Lebewesen entnehmen und auf oder in denselben vegetieren.

Zu ihrem Gedeihen bedürfen die Bakterien fast genau derselben Nährstoffe, welche auch für die höheren Pflanzen unbedingt notwendig sind. Nicht alle Bakterienarten besitzen jedoch organischen Verbindungen gegenüber die gleiche Zersetzungsfähigkeit. Es hat sich auch herausgestellt, daß z. B. ein gewisser Stoff noch sehr lebhaft von einer Bakterienart ausgebeutet werden kann, der vorher schon von einem anderen Spaltpilz befallen und nach Aussaugung gewisser Verbindungen wieder verlassen worden war. Es ergibt sich also hieraus, daß den organischen Körpern von irgend einem Bakterium nur gewisse Atomgruppen entzogen werden, während die zurückbleibende, einfachere chemische Verbindung dann später von anderen Bakterien noch weiter zerlegt werden kann, so weit, daß zuletzt von derselben nur noch die anorganischen Verbindungen: Wasser, Kohlensäure und Ammoniak übrig bleiben.

Es ist klar, daß sich nach der verschiedenartigen Zusammensetzung der Nährstoffe auch sehr verschiedenartige Vorgänge bei der Nahrungsaufnahme der Bakterien zeigen müssen. Man hat auch in der Tat drei Gruppen von Zersetzungserscheinungen unterschieden, welche jedoch vielfach ineinander übergehen, nämlich die Fäulnis, eine Zersetzung stickstoffhaltiger Verbindungen, die Verwesung, eine Zersetzung von Kohlenstoffverbindungen im allgemeinen, und endlich die Gärung als Zersetzung einiger bestimmter organischer Verbindungen der Kohlehydrate. Für alle drei Prozesse ist gemeinsam, daß den dabei beteiligten Verbindungen gewisse Atomgruppen entzogen werden und daß dadurch einfachere chemische Körper resultieren. Daß sich während dieser Vorgänge häufig noch sehr komplizierte Stoffe in geringerer Menge bilden können, ist bekannt, wir wissen jedoch noch nichts über die genaueren Bedingungen ihres Entstehens.

Eine sehr wichtige Eigenschaft vieler Bakterien ist die, daß sie imstande sind, Fermente oder Enzyme zu bilden, chemische Verbindungen, welche ganz die Arbeit lebender Zellen zu verrichten vermögen. Ihrer chemischen Natur nach sind diese Stoffe noch nicht vollständig aufgeklärt worden; man weiß jedoch, daß sie befähigt sind, gewisse und oft recht wichtige Veränderungen anderer chemischer Verbindungen zu bewirken. Die Bedeutung dieser Ausscheidungsprodukte der Bakterien liegt darin, daß ihnen Stoffe durch dieselben zubereitet werden, die sie für ihre Ernährung direkt verwerten können. So ist z. B. der Kohlenstoff in der Stärke und im Rohrzucker für die Bakterien nicht ohne weiteres zur Aufnahme vorbereitet, während er aus dem Traubenzucker sofort aufgenommen werden kann.

Wir finden ferner bei anderen Bakterien Fermente, durch welche die unverdaulichen Eiweißstoffe in Pepton verwandelt werden, oder solche, welche Cellulose in eine lösliche und assimilierbare Form überführen. Alle diese Fermente sind jedoch nicht etwa ausschließlich charakteristisch für die Bakterien, wir finden dieselben auch sowohl im Tierreich, als auch im Pflanzenreich bei anderen Gruppen.

Sie sind es, welche bei der Verdauung im Speichel, im Magensaft und im Pankreassaft eine sehr wichtige Rolle spielen, die auch bekanntlich bei den „insektenfressenden" höheren Pflanzen als Verdauungsvermittler auftreten, die endlich in den keimenden Samen häufig die Lösung der Stärke und anderer Reservestoffe für die junge Keimpflanze einleiten und ausführen.

Speziell charakteristisch dagegen für zahlreiche Bakterien sind die bei ihrer Vegetation und ihrer zersetzenden Tätigkeit auftretenden Nebenprodukte, welche man zum großen Teil erst in neuester Zeit näher kennen und würdigen lernte. Hierher zählen z. B. die Ptomaïne oder Leichengifte, welche z. T. zu den furchtbarsten Giften überhaupt gehören, basische Verbindungen, die manchen pflanzlichen Alkaloiden in ihrer Zusammensetzung sehr ähnlich sind, ja mit einzelnen derselben, so z. B. mit dem Gifte des Fliegenschwammes, dem Muskarin, völlig übereinstimmen. Die Ptomaïne entwickeln sich unter der Tätigkeit der Bakterien hauptsächlich in faulendem Fleisch und sind in den Körpern von Tieren und Menschen sehr schwer mit völliger Sicherheit nachzuweisen, besonders da sie eben kaum von manchen pflanzlichen Alkaloiden unterschieden werden können. Vielleicht noch weniger bekannt und noch schwieriger nachzuweisen sind auch die äußerst giftigen Eiweißverbindungen, welche man ebenfalls als Stoffwechselprodukte der Bakterien auffaßt.

Durch die Tätigkeit der Bakterien erhalten wir endlich eine Anzahl sehr wichtiger Stoffe, so Alkohol und zahlreiche organische Säuren, wie die Milchsäure, die Buttersäure, die Essigsäure etc. Sehr interessant ist es, daß diese Stoffwechselprodukte oft von den Bakterien in solchen Mengen hervorgebracht werden, daß sie selbst daran zugrunde gehen, oft lange bevor die ihnen gebotenen Nährstoffe aufgebraucht sind.

Die meisten Spaltpilze bedürfen zu ihrer Entwicklung unbedingt der Anwesenheit des atmosphärischen Sauerstoffes, d. h. sie sind Aërobionten, andere können sich sowohl bei Anwesenheit wie bei Fehlen des Sauerstoffs ungestört entwickeln und werden als fakultative Aërobionten bezeichnet. Es gibt aber auch Formen unter den Bakterien, die dadurch einzig im Pflanzen- und Tierreich dastehen, daß sie nur dann sich kräftig zu entwickeln vermögen, wenn der Sauerstoff der Luft nicht zu ihnen gelangt, und die bei Luftzutritt früher oder später zugrunde gehen, die Anaërobionten. Diese letzteren Spaltpilze sind demnach als bis aufs äußerste angepaßte Saprophyten und Parasiten befähigt, selbst den Sauerstoff, den jedes Lebewesen zur Atmung nötig hat, aus den ihnen gebotenen Nährstoffen zu entnehmen.

Man teilt die Spaltpilze gewöhnlich nach ihrem physiologischen Verhalten in drei Gruppen ein, von denen wir die eine, die der Gärungserreger (zymogene Bakterien), soeben schon besprochen haben.

In die zweite Gruppe rechnet man die Formen, welche in neuester Zeit besonders für die Medizin sehr wichtig geworden sind, die krankheitserregenden oder pathogenen Bakterien. Sie sind Parasiten, d. h. sie besitzen die Fähigkeit, aus dem lebenden Körper anderer

Organismen ihre Nährstoffe zu entnehmen, nachdem sie den Widerstand der lebenden Zellen gebrochen haben.

Die Arten der dritten physiologischen Gruppe endlich bezeichnet man als **chromogene Bakterien**. Sie scheiden während ihres Stoffwechsels Farbstoffe aus, wodurch ihre Kolonien oft ein farbenprächtiges Aussehen erhalten: rote, blaue, grüne, gelbe, braune, violette Farbstoffe, welche sich in ihrem chemischen und optischen Verhalten sehr eng an die Anilinfarbstoffe anlehnen. Als eines der bekanntesten und charakteristischsten Beispiele dieser Arten sei hier nur der „Bazillus der blutenden Hostie", **Bacillus prodigiosus**, erwähnt.

Für das ungestörte, vegetative Wachstum der Bakterien ist außer dem passenden Nährsubstrat die geeignete **Temperatur** von größter Wichtigkeit. Wie bei allen übrigen Lebewesen kennt man auch für die Bakterien ein Temperaturoptimum, bei welchem sie sich am kräftigsten entwickeln, und eine obere und untere Temperaturgrenze, bei deren Überschreitung das Wachstum aufhört. Die drei Grenzen sind jedoch je nach der Art sehr wechselnd; bei einzelnen Arten liegen sie nur wenige Grade auseinander, während sie bei anderen fast 50^0 Unterschied zeigen. Der Tuberkelbazillus, der Erreger der Lungenschwindsucht, wächst z. B. am besten bei 37^0, er stellt sein Wachstum ein über 42^0 und unter 28^0; dagegen zeigt der Heubazillus (Bacillus subtilis) sein Wachstumsoptimum bei 30^0, entwickelt sich aber auch noch in den Grenzen von 5 bis 50^0.

Völlig unempfindlich sind viele Bakterien gegen Kälte insofern, als selbst die höchsten Kältegrade ihrem Leben nichts schaden. Es ist selbstverständlich, daß unterhalb 0^0 bei allen, auch den ausdauerndsten Arten die Lebenstätigkeit, vor allem deren lebhafteste Äußerung, die fortgesetzte Spaltung der Individuen, sofort aufhört; man hat aber Bakterien in Kältegrade bis zu 110^0 gebracht und sie einfrieren lassen; sobald sie wieder aufgetaut waren, setzten sie ihr Wachstum, ohne nur die geringste Schädigung zu zeigen, sogleich wieder fort. Auf der anderen Seite gibt es aber auch Bakterien, die sehr hohe Temperaturen zu ertragen vermögen, z. B. solche, die sich noch bei 74^0 zu vermehren imstande sind und die man deshalb häufig in Thermalwässern findet.

Bei allen diesen soeben geschilderten Verhältnissen handelte es sich stets um die vegetativen Zustände der Bakterien. Ganz anders verhalten sich jedoch die Ruhezustände derselben, die **Sporen**. Diese besitzen eine erstaunliche Widerstandsfähigkeit gegen alle möglichen ungünstigen Verhältnisse, vor allem gegen hohe Temperaturen.

Die Versuche vieler Forscher früherer Jahre scheiterten oft an einer ganz unerklärlichen Erscheinung. Trotzdem dieselben nämlich die aufs beste verschlossenen Flaschen mit Nährflüssigkeit stundenlang der Siedetemperatur ausgesetzt hatten, entwickelten sich darin manchmal nach einiger Zeit Bakterien in großen Mengen, deren Auftreten dann als Beweismittel für die Theorie der „Urzeugung" angesprochen wurde. Jetzt wissen wir, daß das Erscheinen der Bakterien in dieser Weise durchaus nichts Auffallendes ist; denn es sind viele

Arten der Spaltpilze bekannt, deren Sporen ohne Schaden ein stunden-
langes Sieden zu ertragen vermögen. Nicht alle Bakteriensporen
sind jedoch so widerstandsfähig, und so ist man in manchen Fällen
imstande, durch längeres Kochen aus einer von vielen Bakterienarten
besiedelten Nährflüssigkeit eine ganz bestimmte Art zu isolieren und
rein zu erhalten. Um z. B. eine Kultur des Heubazillus anzulegen,
kocht man einen Heuaufguß etwa eine Stunde lang. Hierbei sterben
alle oder fast alle der im Aufguß enthaltenen Bakterien und deren
Sporen ab, bis auf die des Heubazillus, dessen Sporen im Gegenteil
durch das Kochen zu reger Wachstumstätigkeit und zu raschem
Keimen angeregt zu werden scheinen. Im übrigen kennt man keine
einzige Art, deren Sporen bei einem mehrstündigen Kochen in reinem

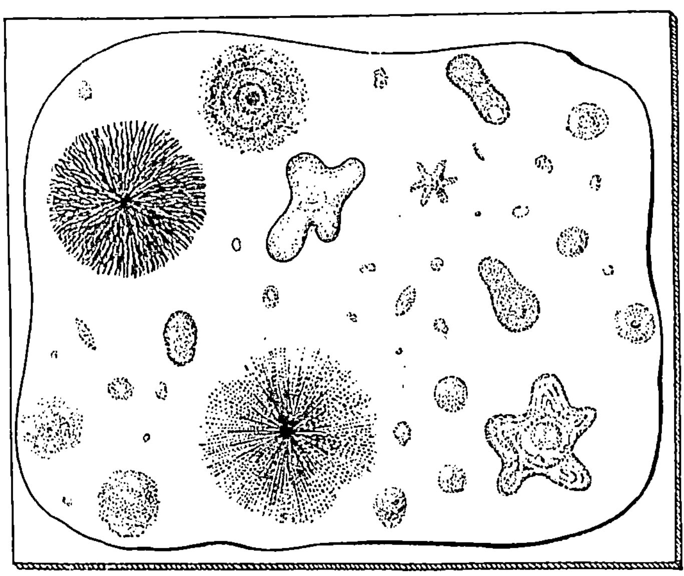

Abb. 174. Kulturplatte mit aus der Luft aufgefangenen Bakterienkolonien. (Nach Migula.)

Wasser nicht getötet werden. Die Flüssigkeit, in welcher sie sich
befinden, bedingt in dieser Beziehung große Unterschiede, denn es
hat sich herausgestellt, daß ihr Absterben in sauer reagierenden
Flüssigkeiten bei einer viel niedrigeren Temperatur, resp. bei anderen
Arten nach viel kürzerem Kochen erfolgt, als in neutralen oder
alkalischen; hierauf beruht auch die Bakterienfreiheit der Torfmoore
und des Torfmulls.

Sehr eigentümlich ist es, daß — wie es wenigstens nach neueren
Untersuchungen scheint — die Bakterien in der Milch am schwersten
zum Absterben zu bringen sind, da man selbst nach vielstündigem
Kochen fast stets eine nachträgliche Entwicklung einzelner derselben
nachweisen konnte. Auf der anderen Seite geht es nicht an, die
Milch stark über den Siedepunkt zu erhitzen, da sie sonst ihren Geschmack ändert und ungenießbar wird.

Auch gegen Austrocknung sind die Sporen der meisten Bakterien sehr widerstandsfähig, und man weiß mit Bestimmtheit, daß einzelne derselben im Trockenen mehrere Jahre hindurch ihre Keimkraft zu bewahren vermögen. Die vegetativen Zustände brauchen dagegen zu ihrem Gedeihen notwendig eine bestimmte Menge Wasser und vermögen meist Trockenheit nur wenige Tage lang auszuhalten; doch kennt man auch vereinzelte Formen, die, ohne Sporen zu besitzen, mehrere Monate hindurch der Austrocknung widerstehen.

Daß wir gegen die Bakterien wirksame Gifte besitzen, ist allgemein bekannt. Das wichtigste Abtötungsmittel der Spaltpilze ist das Sublimat (Quecksilberchlorid), welches in den meisten Fällen schon in einer Verdünnung von $^1/_{10000}$ die vegetativen Zustände zum Absterben bringt, während alle Sporen bei einer solchen von $^1/_{5000}$ nach mehrstündigem Einwirken, bei $^1/_{1000}$ in wenigen Minuten der Vernichtung anheimfallen.

Häufiger noch als das auch für den Menschen sehr stark giftige Sublimat wird die Karbolsäure verwendet, doch wirkt diese lange nicht in dem Maße vernichtend wie jenes. Denn um vegetative Zustände sicher abzutöten, bedarf man einer mindestens 3 prozentigen Lösung, und dauerhafte Sporen bleiben sogar in 5 prozentiger Lösung noch mehrere Tage lebend.

Wie wichtig die Methoden sind, um die Bakterien und ihre Sporen abzutöten, namentlich zum Zweck der Konservierung der Nahrungsmittel, zur Beseitigung der Krankheitsstoffe usw., ist jedermann be-

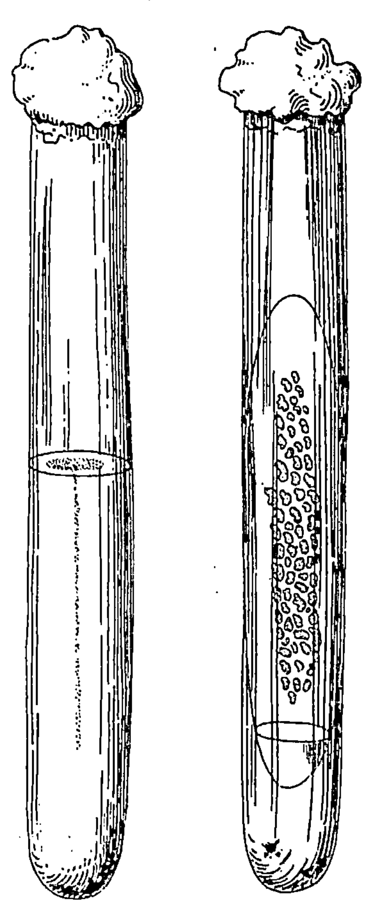

Abb. 175. Stichkultur des Typhusbazillus auf Nährgelatine. (Nach Migula.)

Abb. 176. Strichkultur des Tuberkelbazillus auf Blutserum. (Nach Migula.)

kannt. Je besser wir die Bakterien und ihre Lebensäußerungen kennen lernen, desto mehr werden wir auch Mittel und Wege finden, um ihnen erfolgreich gegenüber treten zu können.

Es erübrigt noch einige Worte über die Kulturmethoden der Bakterien zu sagen.

Vor den grundlegenden Arbeiten Robert Kochs hatte man kein Mittel, um die einzelnen Bakterienformen in Reinkulturen zu züchten.

Dieser Forscher zeigte nun, daß flüssige Nährmedien, welche bisher ausschließlich zur Bakterienkultur benutzt worden waren, unbrauchbar seien. Er fand dadurch, daß er den flüssigen Nährmedien Gelatine oder Agar-Agar zusetzte, einen Nährboden, welcher nach dem Wunsche des Forschers durch Temperaturveränderung stets in den festen oder den flüssigen Zustand übergeführt werden konnte und dabei völlig durchsichtig blieb. Es zeigte sich, daß die Bakterien auf dem ihnen gebotenen Nährboden ausgezeichnet gediehen, daß sie aber auch je nach der Art außerordentlich charakteristische Verschiedenheiten in ihrem Wuchs aufwiesen. Der größte und sofort in die Augen fallende Vorteil dieser Methode aber war der, daß es sich auf diese Weise als möglich herausstellte, die einzelnen in einer bestimmten Masse enthaltenen Bakterienarten voneinander zu trennen. Das Verfahren ist folgendes. Man bringt in ein Glas mit flüssiger Gelatine geringe Teile des zu untersuchenden Bakteriengemisches und gießt die Masse, nachdem sie gut durcheinander gemengt wurde, auf sterilisierte (keim-freie) Glasplatten aus. Beim Ausbreiten der Gelatine werden die einzelnen Bakterienkeime voneinander getrennt. Jeder der Keime beginnt nun zu wachsen, sich lebhaft zu teilen, und bald finden wir Kolonien entwickelt, welche ausschließlich aus einer einzigen Art be-stehen (Abb. 174). Diese können nicht verunreinigt werden, da ja infolge der erstarrten Gelatine eine Vereinigung der Kolonien nur dann möglich ist, wenn diese sich sehr weit ausgebreitet haben und sich mit den Rändern zu berühren beginnen. Es ist natürlich sodann ein leichtes, durch Überimpfen von diesen Kolonien in Reagenz-gläschen mit sterilisierter Nährgelatine Reinkulturen in völlig be-liebiger Menge herzustellen und alle ihre Vegetationsverhältnisse nach jeder Richtung hin zu erforschen (Abb. 175 und 176). Nur sehr wenige Arten von Bakterien sind bisher bekannt geworden, welche sich auf diese Weise nicht kultivieren lassen, welche an das Nähr-substrat ganz bestimmte und fest normierte Ansprüche stellen in bezug auf Zusammensetzung und Temperatur. Es leuchtet ein, von welcher Wichtigkeit bei im allgemeinen so übereinstimmenden Ansprüchen an das Nährsubstrat die Begründung der Methodik ihrer Kultur sein mußte.

Das einzige System der Bakterien, das auf streng wissen-schaftlicher, morphologischer Basis beruht, ist das von Migula auf-gestellte, welches im folgenden kurz wiedergegeben werden soll.

1. Reihe. **Eubacteria.**

Zellen ohne Schwefelkörnchen und ohne den roten oder violetten Farbstoff Bakteriopurpurin.

Familie **Bacteriaceae.** Stäbchenbakterien.

Die Zellen sind zylindrisch, kurz oder lang, meist gerade, seltener leicht gebogen, vor der Teilung sich stets auf die doppelte Länge streckend. Nicht selten sind fadenförmige Kolonien oder starke Auf-quellung der Membran.

Die Arten der Gattung **Bacterium** besitzen niemals Geißeln, zeigen also auch keine Bewegung.

Einige wichtige hierhergehörige Arten sollen kurz geschildert werden.

Bacterium acidi lactici tritt in der Form kleiner, kurzer Stäbchen auf, welche meistens zu zweien zusammenhängen. Seine Sporen sind imstande, ein kurz andauerndes Kochen ohne Gefahr zu überstehen. Er bewirkt in erster Linie das Sauerwerden der Milch, und zwar dadurch, daß er den Milchzucker in Milchsäure und Kohlensäure zu verwandeln vermag. Beim Sauerwerden der Milch, welche bekanntlich besonders an heißen Tagen sehr rasch infolge der Ansäuerung gerinnt, ist der genannte Bazillus allerdings nicht der einzige in Frage kommende Organismus; doch nimmt er unter jenen weitaus die Hauptstellung ein. — Sehr charakteristisch ist, daß die in der Milch erzeugte Säuremenge nie 1 % übersteigt; denn schon in dieser geringen Menge wirkt die Säure, welche doch das Produkt des Spaltpilzes ist, nachteilig und hemmend auf seine weitere Entwicklung ein.

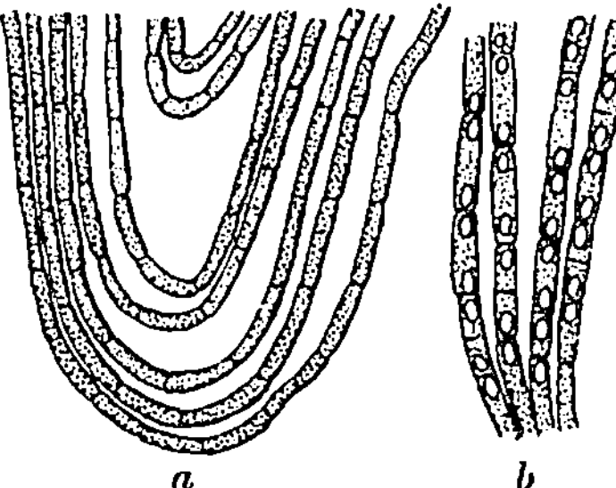

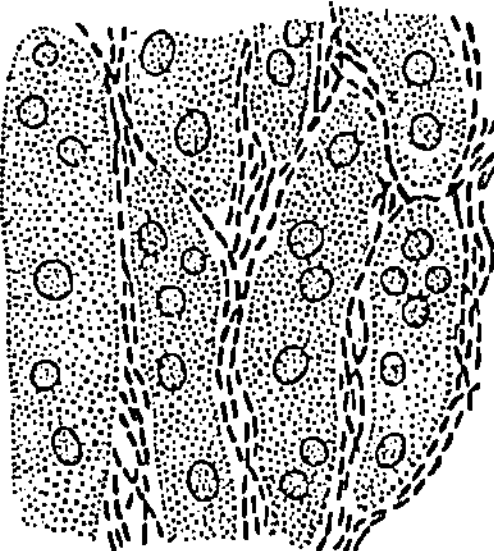

Abb. 177. Milzbrand. *a* Vom Rande einer im hängenden Tropfen auf Deckglas gewachsenen Kultur. — *b* Sporenhaltige Fäden. Die Sporen liegen genau in der Mitte der Zellen, doch sind die meisten zuletzt entstandenen Scheidewände nicht sichtbar, weshalb es scheint, als wenn jede Zelle zwei Sporen enthielte, die an den Polen liegen. (1000mal vergrößert.) (Nach Migula.)

Abb. 178. Milzbrand. Schnitt durch Gewebe (gefärbt). (400mal vergrößert.) (Nach Migula.)

Bacterium aceticum ist der Essigsäurebazillus. Er besitzt die Fähigkeit, in den Stoffen zu vegetieren, welche vorher schon von anderen Bakterien bereitet worden sind und in welchen jene nicht mehr weiterzuleben vermochten, d. h. er vegetiert in Alkohol, welcher für die meisten Spaltpilze als Gift wirkt, und vergärt ihn in Essigsäure. In den allermeisten Fällen ist auf ihn auch das Sauerwerden von Fruchtsäften, Wein und Bier zurückzuführen. Es ist ein Glück, daß der Essigsäurebazillus zu ungehindertem Wachstum großer Sauerstoffmengen bedarf, denn so ist ein rasches Wachstum in gut verschlossenen Flaschen für ihn ausgeschlossen.

Bacterium anthracis, der Milzbrandbazillus, läßt sich leicht kultivieren und tritt meist in der Form langer Fäden auf, welche aus verhältnismäßig großen und dicken Zellen bestehen (Abb. 177); seltener kommen die Zellen einzeln vor. Äußerlich zeigen sie große Übereinstimmung mit denen des Heubazillus, lassen sich aber doch leicht von diesem unterscheiden, da sie nie Geißeln besitzen, während jene Form (wenigstens in einzelnen Entwicklungsstadien) durch lebhafte Bewegung ausgezeichnet ist. Die Ähnlichkeit dieser beiden Spaltpilze hatte Veranlassung zu der Theorie gegeben, daß dasselbe Bakterium sowohl indifferent wie pathologisch auftreten könne. Robert Koch führte beim Milzbrandbazillus zum erstenmal den lückenlosen Beweis für die pathogenen Eigenschaften eines Organismus. Diese Art ist eines der vorzüglichsten Objekte für die Demonstration der Sporenbildung und die Keimung der Endosporen.

Im tierischen Organismus wächst der Milzbrandbazillus außerordentlich rasch und erfüllt bald nach dem Befallen die Kapillargefäße, besonders die der inneren

Organe, wie Milz, Leber, Niere (Abb. 178). Besonders für das Rindvieh ist dieser Bazillus außerordentlich gefährlich, er befällt jedoch auch Pferde, Schafe, gelegentlich auch den Menschen und kann sehr leicht tödlich werden.

Bacterium tuberculosis, der sogen. Tuberkelbazillus, ist einer der bestbekannten Spaltpilze. Er ist der Krankheitskeim der Schwindsucht, jener furchtbarsten Krankheit des Menschen, welche in unseren Klimaten etwa $1/7$ aller Todesfälle herbeiführt. Die Schwindsucht tritt nie epidemisch auf, wird aber sehr leicht übertragen. besonders wenn eine Prädisposition, z. B. eine schwache Lunge vorliegt. So kommt es auch, daß oft nacheinander ganze Familien dem Tode durch die Schwindsucht anheimfallen.

Gerade der Umstand, daß die Schwindsucht nie gleichzeitig größere Massen ergreift, war die Ursache, daß man sie noch vor verhältnismäßig kurzer Zeit nicht für ansteckend hielt. Villemine und Cohnheim gelang es zuerst, den Beweis für die Ansteckungsfähigkeit der Schwindsucht zu erbringen. Sie zeigten, daß die Krankheit durch Impfung von Tier zu Tier übertragbar ist. Aber erst 1882 wurde durch Robert Koch der Tuberkelbazillus wirklich zweifellos nachgewiesen, und diesem Forscher gebührt das große Verdienst, nicht nur diesen größten Feind des Menschen aufgedeckt, sondern auch durch die Art der Aufdeckung einen ungeahnten Fortschritt für die Bakteriologie herbeigeführt zu haben. Denn auch schon vor Koch hatten zahlreiche Bakteriologen in den kranken Geweben nach dem krankheitserregenden Mikroorganismus gesucht; sie konnten denselben aber nicht finden, da diese winzigen Wesen nie scharf zu beobachten waren. Koch dagegen gelang es, ein Verfahren festzustellen, mittelst dessen er den Bazillus färben konnte, so daß er sich scharf von den Geweben abhob. Dieses Verfahren ist so interessant und zugleich so wichtig für die Bakteriologie geworden, daß wir im nachfolgenden eingehender darauf zu sprechen kommen wollen. Der Tuberkelbazillus besitzt die Gestalt eines feinen, schlanken, meist sehr schwach gebogenen Stäbchens und kommt meist einzeln vor, selten zu zweien zusammenhängend (Abb. 179). Er bildet nie Sporen, die vegetativen Zellen sind jedoch ganz außer-

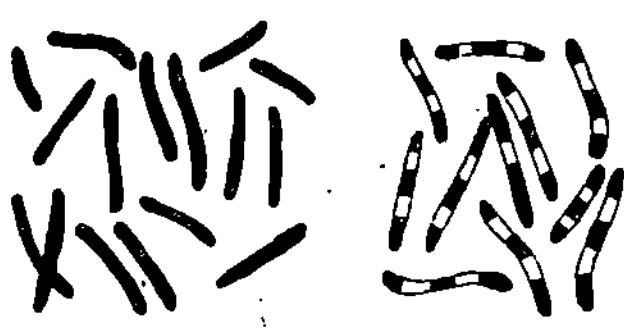

Abb. 179. Tuberkelbazillen. Links „sporenfreie"Bazillen, rechts Bazillen mit farblosen Stellen, die manchmal als Sporen oder Dauerzellen gedeutet werden. Färbung mit Anilinwassermethylenblau. (4000mal vergrößert.) (Nach Migula.)

ordentlich widerstandsfähig gegen äußere Einflüsse und sind imstande, längere Zeit hindurch hohe Temperaturen und Trockenheit ohne Schaden zu ertragen. Man hat früher geglaubt, daß Sporen gebildet würden, es scheint aber sicher zu sein, daß das Bild, welches oft gefärbte Präparate ergeben, nur darauf zurückzuführen ist, daß sich in einzelnen Zellen (den vermeintlich sporenhaltenden) das Plasma von Stellen zurückgezogen hat, die sich dann natürlich nicht färben.

Es hat sich nun gezeigt, daß der Tuberkelbazillus Farbstoffe nur sehr schwer aufnimmt und mit den gewöhnlichen Färbemethoden überhaupt nicht zu tingieren ist. Das beste Färbemittel, das man jetzt fast durchweg verwendet, ist eine Lösung, welche aus 100 g Wasser, 5 g Karbolsäure, 100 ccm Alkohol und 1 g Fuchsin besteht und die am besten heiß benutzt wird. Der Schwindsuchtsbazillus besitzt aber nicht nur die Eigenschaft, Farbstoffe sehr schwer aufzunehmen, sondern auch die, die einmal aufgenommenen Farbstoffe dann sehr fest zu halten, wodurch er sich sehr scharf von fast allen anderen Bakterien unterscheidet. Auf dieser Eigenschaft beruht nun das bekannte Verfahren der Doppelfärbung, welches gerade für das Erkennen des Tuberkelbazillus von großer Bedeutung geworden ist und deshalb hier (nach Migula) angeführt werden soll.

Man bringt eines der feinen, gelblichen, käsigen Bröckchen aus dem Auswurf Lungenkranker zwischen zwei Deckgläschen und sucht es durch Druck und Verschieben möglichst gleichmäßig zu verteilen. Ist dies gelungen, so zieht man die Deckgläschen voneinander in einer Weise ab, daß die Schicht auf beiden möglichst wenig verschoben wird, was anfangs nicht recht gelingen will. Dann läßt man die Gläschen lufttrocken werden, zieht sie mehrmals durch die Flamme und wirft sie auf eine heiße Karbolfuchsinlösung, auf welcher sie ungefähr fünf Minuten schwimmen müssen. Die so gefärbten Gläschen werden in Wasser abgespült, dann für einige Sekunden in etwa 15prozentige Schwefelsäure und aus dieser in 60prozentigen Alkohol gebracht. In der Schwefelsäure nimmt die gefärbte Sputumschicht zunächst eine violette, dann rasch gelbliche Färbung an und wird schließlich fast farblos. Ist dieser Zeitpunkt eingetreten, so werden die Deckgläschen in den Alkohol übertragen, in welchem sie bald wieder rot erscheinen und Wolken von Farbstoff von sich geben. Man spült so lange ab, bis sich kein Farbstoff mehr löst und die Sputumschicht fast farblos erscheint. Untersucht man dieses Präparat unter dem Mikroskop, so erscheinen die Tuberkelbazillen leuchtend rot auf farblosem oder nur hellrosa gefärbtem Untergrunde. Besser noch aber ist es, man bringt das Deckglaspräparat in eine gewöhnliche, wässerige Methylenblaulösung, in welcher sich mit Ausnahme der Tuberkelbazillen alle Bakterien, sowie die Sputummasse selbst blau färben. Durch den Kontrast zwischen den intensiv roten Tuberkelbazillen und der blauen Umgebung treten die ersteren noch weit schärfer hervor. Auf diese Weise lassen sich die Tuberkelbazillen überall mit Sicherheit nachweisen und von anderen Arten unterscheiden. Das Verfahren mit Gewebeschnitten ist ein ganz ähnliches. Man macht durch die als Tuberkelknötchen bekannten und charakteristisch tuberkulösen Teile des Gewebes feine Schnitte und bringt sie in die Farbstofflösung; sie werden besser mit Salpetersäure entfärbt und in Alkohol und Wasser ausgewaschen, nur müssen die Schnitte in den einzelnen Flüssigkeiten meist etwas länger verweilen.

Nachdem man erst einmal ein Mittel hatte, um den Schwindsuchtsbazillus mit Sicherheit erkennen zu können, gelang auch bald der Nachweis, daß zahlreiche andere Krankheiten außer der Schwindsucht, zwischen denen man bisher einen Zusammenhang nicht vermutet hatte, auf denselben Erreger zurückzuführen sind, so Darmtuberkulose, Lupus, Kniegelenkentzündungen.

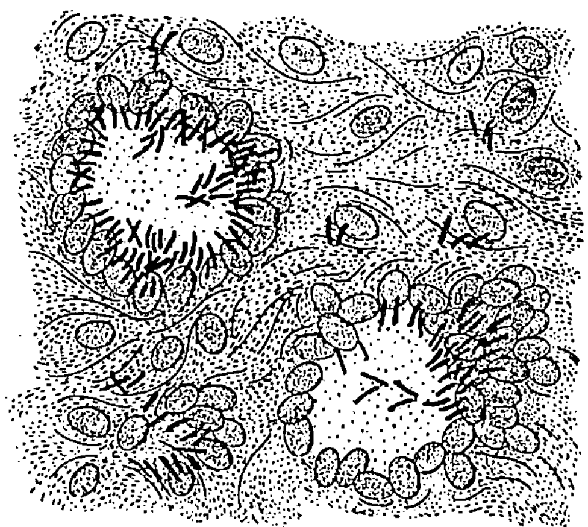

Abb. 180. Tuberkelbazillus. Schnitt durch einen Tuberkelknoten der Lunge, in der zwei mit zahlreichen Bazillen erfüllte Riesenzellen zu erkennen sind. Die Bazillen treten durch die Anilinwassermethylenblaufärbung als dunkle Striche sehr deutlich hervor. (1000mal vergr.) (Nach Migula.)

Der Tuberkelbazillus läßt sich auf den gewöhnlichen Nährsubstraten nicht kultivieren. Dagegen gedeiht er, wie Koch zeigte, sehr gut auf Blutserum, aber nur, wenn dasselbe Bluttemperatur besitzt. Sehr charakteristisch für dieses Bakterium ist, daß es außerordentlich langsam wächst, auch wenn man ihm die günstigsten Lebensbedingungen gewährt, so daß die Kolonien auf Nährböden erst nach einer vierzehntägigen Kultur sichtbar werden. Gerade diese Schwierigkeit der Kultur war aber auch die Ursache, daß Verfahren ersonnen wurden, um völlig reine Kolonien zu erhalten. Denn es leuchtet ein, daß, wenn auch nur zwei Keime auf die Platte gebracht würden, deren einer zu einer anderen Art gehört, unfehlbar die langsam wachsende Form von der schnellwüchsigen sehr bald überholt und „erstickt" würde. Es gehört deshalb immer noch zu den schwierigsten und die größte Vorsicht erheischenden Arbeiten in der Bakteriologie, Reinkulturen des Schwindsuchtsbazillus anzulegen, in denen eine Überwucherung durch andere Spaltpilze ausgeschlossen ist.

Es scheint zweifellos zu sein, daß der Schwindsuchtsbazillus kaum jemals außerhalb des tierischen Körpers längere Zeit vegetationsfähig bleiben kann, da er eben keine Sporen zu bilden vermag, da er ferner Blutwärme benötigt und infolge seines langsamen Wachstums stets den Fäulnisbakterien im Kampf ums

Dasein unterliegen würde, wenn er auch der Trockenheit Widerstand leistet. Er ist im Gegenteil ein echter Parasit, und zwar fast sämtlicher Warmblütler, denn es hat sich herausgestellt, daß nur sehr wenige Tiere seinen Angriffen Widerstand zu leisten vermögen.

Charakteristisch für alle tuberkulösen Krankheiten sind die eigentümlichen hirsekorn- oder bohnengroßen, gelblichen Knötchen, Tuberkeln, welche sich an den infizierten Stellen bilden und von denen die Krankheit auch ihren Namen erhalten hat. Am Rande dieser Knötchen findet man noch Bazillen, in der Mitte derselben, wo die Gewebe zu einer käseartigen Masse zerfallen und zerstört sind, ist oft nicht ein Tuberkelbazillus zu konstatieren, hier sind sie sämtlich abgestorben. Auffallend sind bei der Tuberkulose auch die sogen. Riesenzellen (Abb. 180), d. h. mit Bakterien erfüllte Hohlräume, um welche sich zahlreiche Zellkerne anhäufen.

Wir wissen jetzt mit vollster Gewißheit, daß der Tuberkelbazillus auf drei verschiedenen Wegen in den Körper einzudringen vermag und auf diese Weise auch verschiedene Krankheitsbilder hervorbringt: Er dringt ein mit der eingeatmeten Luft in die Lunge — Lungentuberkulose, oder er wird mit der Nahrung aufgenommen — Darmtuberkulose, oder endlich er gelangt in Verwundungszellen — Lupus. Zweifellos ist der hauptsächlichste Infektionsstoff der Auswurf Lungenschwindsüchtiger, welcher gewöhnlich nicht vorsichtig entfernt wird und so Veranlassung zur Ansteckung vieler anderer Menschen werden kann. Wir sahen ja oben schon, daß die vegetativen Tuberkelbazillen imstande sind, kürzere Zeit hindurch widrige Vegetationsverhältnisse ohne Schaden zu überstehen, besonders eine gewisse Austrocknung zu ertragen. Tierversuche haben ergeben, daß man den meisten warmblütigen Tieren durch Verfütterung, durch Inhalation und Impfung die Krankheit übertragen kann, und es ist zweifellos, daß auch der Mensch in ähnlicher Weise befallen wird. Es muß deshalb auf das allerdringlichste darauf hingewiesen werden, daß der Auswurf Schwindsüchtiger mit der größten Vorsicht entfernt und unwirksam gemacht wird (etwa dadurch, daß der Auswurf in Flaschen entleert wird, welche mit fünfprozentiger Karbolsäure gefüllt sind), da jener, auf den Boden gelangt, sehr bald zerstäubt und dann die Ursache für die Ansteckung zahlreicher Menschen, besonders aber für die Angehörigen des Erkrankten, werden kann. Daß auch nach dem Obengesagten Milch und Fleisch perlsüchtiger, d. h. schwindsüchtiger Kühe gemieden werden muß, ist selbstverständlich, solange nicht der sichere Beweis geführt ist, daß die Krankheit des Rindviehes auf den Menschen nicht übertragen werden kann. Ist die Milch gekocht, so ist die Ansteckungsgefahr natürlich geringer, da ja die Bakterien Siedehitze nicht zu überstehen vermögen; wohl aber muß darauf hingewiesen werden, daß Fleisch und Milch auch dann nicht ohne Gefahr genossen werden dürfen, da ja durch irgendwelche Zufälle doch einige Individuen dem Tode entgangen sein könnten.

Auf weitere wichtige Arten der Gattung Bacterium, so z. B. auf B. pneumoniae (Erreger der Lungenentzündung), B. leprae (Leprabazillus), B. influenzae (Keim der Influenza), B. diphtheritidis (Erreger der Diphtheritis) soll hier nicht näher eingegangen werden.

Die Gattung **Bacillus** unterscheidet sich dadurch von Bakterium, daß ihre Arten an ihrer ganzen Oberfläche mit zerstreuten Geißeln ausgerüstet sind.

Von den zahlreichen hierher gehörigen Arten sollen einige wichtige kurz geschildert werden.

Bacillus subtilis, der Heubazillus, kann fast als „indifferent" bezeichnet werden, da er weder pathogen, noch chromogen ist und nur sehr schwache Gärungen hervorruft. Diese Art ist in mehrfacher Hinsicht von historischem Interesse. An ihr wurde zuerst durch F. Cohn die Sporenbildung und -Keimung beobachtet. Ferner wurde oben schon darauf hingewiesen, daß sie infolge ihrer Ähnlichkeit mit dem Milzbrandbazillus sehr viel zur Theorie von der Veränderlichkeit der Bakterienarten beitrug.

Der Heubazillus ist ein sehr beliebtes Probeobjekt für mannigfache Bakterienuntersuchungen. Denn einmal ist er völlig harmlos und gibt nie zu Erkrankungen Veranlassung, dann ist er außerordentlich genügsam und gedeiht auf den denkbar dürftigsten Nährböden, endlich zeigt er, wie oben schon angeführt wurde, eine auffallende Widerstandsfähigkeit der Sporen. Um Reinkulturen zu erhalten, übergießt man Heu mit Wasser, das man einen Tag lang stehen läßt und dann, um eventuellen Schmutz zu entfernen, ganz roh filtriert. Die abgegossene Flüssigkeit wird sodann in eine mit einem Wattepfropf versehene Flasche gegossen und eine Stunde lang gekocht. Die meisten der außerordentlich zahlreichen in diesem Aufgusse enthaltenen Bakterien gehen samt ihren Sporen während des Kochens zugrunde, die Sporen des Heubazillus halten jedoch sehr gut aus und beginnen sofort nach erfolgtem Erkalten der Nährflüssigkeit mit dem Auskeimen. Es ist deshalb klar, daß man den so außerordentlich widerstandsfähigen Heubazillus sehr gern als Probeobjekt benutzt, um Desinfektionsapparate auf ihre Leistungsfähigkeit zu prüfen.

Bacillus prodigiosus, der sogen. Hostienpilz oder Blutwunderpilz, hat schon zu allen Zeiten viel von sich reden gemacht und rief besonders im Mittelalter abergläubische Vorstellungen hervor. Diese Art besteht aus kleinen, ovalen oder schmal eiförmigen Zellen, die bei genügendem Nährstoff sich außerordentlich schnell vermehren und einen grell karminroten oder blutroten Farbstoff ausscheiden. In der Auswahl der Nährstoffe ist diese Form nicht wählerisch und nimmt mit allerlei organischen Stoffen, wie Eiern, Milch, Rüben, gekochten Kartoffeln, Brot usw. vorlieb. Wenn der Pilz längere Zeit hindurch vegetiert hat, so produziert er Trimethylamin, einen nach Heringslake riechenden Stoff, dessen widerlicher Geruch alle befallenen Gegenstände völlig ungenießbar macht. Infolge des raschen Wachstums ist schon in sehr kurzer Zeit jedes bewohnte Nährsubstrat mit großen, blaßroten Flecken bedeckt, die eine etwas schleimige Beschaffenheit aufweisen. Daß dieser Spaltpilz in Massenkulturen auftreten kann, ist schon von manchen Stellen bekannt. Vor einigen Jahren machte er sich z. B. in Paris bemerkbar und rief eine „Blutkrankheit" des Brotes hervor. Nachdem sich der Bazillus zuerst hier und da an Broten gezeigt hatte, trat er nach kurzem in kolossalen Mengen auf, die Brote wurden an einzelnen Stellen blutrot und gaben einen so widerlichen Geruch von sich, daß sie durchaus ungenießbar erschienen. Besonders feuchte, dumpfige Orte sind für das Wachstum dieses Spaltpilzes sehr geeignet, und so kann es uns nicht wundern, daß er sich hier und da auch auf Hostien einstellte und das Volk in früheren Zeiten in Aufregung und Schrecken versetzte.

Bacillus amylobacter ist der Organismus, welcher die Buttersäure erzeugt. Er ist von allen zymogenen Bakterien dadurch ausgezeichnet, daß er nur bei Abschluß von Luft, besonders aber von Sauerstoff, sich lebhaft zu entwickeln vermag. Die Buttersäuregärung wird vom Bacillus amylobacter in sehr verschiedenen Stoffen hervorgerufen. so in Stärkelösungen, Dextrin, Zuckerarten und sehr wahrscheinlich noch in anderen Kohlehydraten. Besonders häufig findet man diese Gärung in der Milch auftreten, wenn die Milchsäuregärung, durch das Bacterium acidi lactici hervorgerufen, vorüber ist. Diese beiden Bakterien ergänzen sich insofern ausgezeichnet, als der letztgenannte auf den in der Milch enthaltenen Sauerstoff angewiesen ist und ihn auch fast völlig verbraucht, so daß dann nachher der sauerstoffeindliche Buttersäurebazillus den besten Nährboden vorfindet. Während der Milchsäurebazillus der Milch eine angenehme Säure verleiht, erhält jene durch den Buttersäurebazillus einen merkbar bitteren Geschmack, was sich bei zu lange stehengelassener Sauermilch oft recht deutlich fühlbar macht.

Bacillus typhi, der Typhusbazillus, ist bisher nur als ein Parasit des Menschen bekannt geworden, und es gelang bisher noch nie, mit ihm Tierversuche anzustellen. Er ist der Erreger der furchtbaren Krankheit, welche als Unterleibstyphus (Typhus abdominalis) bekannt und gefürchtet ist und sehr häufig zum Tode des Befallenen führt.

Der Typhusbazillus bildet ziemlich kleine, kurze Stäbchen, welche nur wenige Male länger als breit sind und häufig — in Kulturen — kurze, weniggliedrige Fäden bilden (Abb. 181). Besonders in jugendlichen Stadien sind die Einzelzellen sehr beweglich, und zwar geht diese Bewegung von einem Geißelbüschel aus, welches von einem Punkte an der Seite des Bazillus entspringt. Es gelang bisher noch nicht, Sporen desselben nachzuweisen. Er ist sehr leicht zu kultivieren und kommt auf den meisten Nährsubstraten fort, auf welchen er sehr charakteristische Kolonien bildet. Und doch ist der Typhusbazillus schwer zu erkennen, da er in der Gestalt sehr vielen anderen Formen nahesteht. Am leichtesten gelingt sein Nachweis auf Kartoffelkulturen, da er hier ein sehr charakteristisches Wachstum besitzt. Auf gekochten Kartoffeln entwickelt er sich nämlich sehr rasch und kann sehr leicht unter dem Mikroskop nachgewiesen werden, ohne daß durch ihn das Aussehen des Substrates auch nur im geringsten verändert würde.

Auffallend ist beim Typhusbazillus, daß sich die vegetativen Zellen außerordentlich widerstandsfähig erweisen und z. B. ein Austrocknen von mehreren Wochen unbeschadet zu ertragen vermögen. Es ist dies von großer Bedeutung für ihn, da er ja keine Sporen bildet und so im Kampfe ums Dasein viel schlechter ausgestattet ist als viele andere Bakterien.

Es ist zweifellos, daß der Bacillus typhi als „fakultativer Parasit" anzusehen ist, da er sich sehr gut außerhalb des menschlichen Körpers in feuchter Erde, im Wasser und in der Milch zu vermehren vermag, gelegentlich aber in den Körper eindringt und dort sein gefährliches Wachstum fortsetzt. Man hat ihn bei Unterleibstyphus stets angetroffen, und zwar tritt er hier besonders in der Milz, der Leber, den Darmzotten und den Mesenterialdrüsen auf, sehr selten dagegen in dem Blute der Erkrankten. Da das Tierexperiment — wie oben schon angeführt wurde — bei ihm nicht gelingt, so hat man ihn oft als alleinigen Erreger des Unterleibstyphus bestritten; doch ist jetzt kaum oder nicht mehr daran zu zweifeln, da man ihn, wie gesagt, stets bei dieser Krankheit und nie bei anderen angetroffen hat.

Die Ansteckung erfolgt nur durch Aufnahme des Bazillus mit der Nahrung in den Verdauungskanal oder natürlich auch dadurch, daß bakterienhaltige Gegenstände mit den Lippen in Berührung kommen, z. B. Finger, welche vorher Wäsche oder Kleidung Erkrankter berührt haben. In manchen Fällen ist aber auch schon der Beweis gelungen, daß Typhusepidemien durch das

Abb. 181. Typhusbazillus. Deckglaspräparat von einer vier Tage alten Kultur, gefärbt. (1000mal vergrößert.) (Nach Migula.)

Trinkwasser, oft auch durch das Spülwasser, herbeigeführt wurden. Man beobachtete anfangs, daß Gegenden eines Ortes, welche ihr Wasser einer bestimmten Wasserleitung oder einem bestimmten Brunnen entnahmen, epidemisch vom Typhus befallen wurden, während im übrigen Orte die Krankheit nicht oder nur sehr vereinzelt auftrat. Es lag also nahe, dem Wasser die krankheitserregenden Stoffe zuzuschreiben. Und es gelang in einzelnen Fällen auch wirklich, in dem verdächtigen Wasser den Bacillus typhi nachzuweisen. Daß es in sehr vielen anderen Fällen nicht gelang, kann uns nicht verwundern, wenn wir bedenken, wie leicht sich das Wasser erneut und wie lange es oft dauerte, bis ein bestimmter Verdacht auftauchte. Endlich ist auch zu erwägen, daß in einer Wasserleitung sehr leicht nur eine bestimmte Menge bakterienhaltigen Wassers enthalten sein konnte, durch welches dann ein großer Teil derjenigen Personen erkrankte, die gerade zu der betreffenden Zeit davon tranken. Es ist bekannt, daß besonders in den Kasernen der Typhus immer und immer wieder ausbrach, bis man endlich den alten Brunnen verließ und Wasser von neuen Brunnen bezog. Daß auch durch die Milch der Typhus verbreitet werden kann, ist zweifellos nachgewiesen. So berichtet Migula einen Fall, in welchem Milchgefäße in einem Grabenwasser gereinigt wurden, in welches Abgänge eines Typhuskranken beim Spülen der damit verunreinigten Wäsche gelangt waren. Da nun die Milch für den Typhusbazillus ein vorzüglicher Nährboden ist, so wucherte derselbe in der Milch sehr reichlich und verursachte auf diese Weise eine langandauernde Epidemie in dem betreffenden Orte, welche aber sofort aufhörte, als man die Ursache vermutete und zum Spülen der Gefäße anderes Wasser verwendete.

Die Gattung **Pseudomonas** unterscheidet sich von den Gattungen Bacterium und Bacillus dadurch, daß ihre Zellen mit polaren

G e i ß e l n versehen sind. Hierher gehört z. B. P s e u d o m o n a s
e u r o p a e a , der Erzeuger der Nitrifikation im Boden.

Familie **Spirillaceae.** Schraubenbakterien.

Zu dieser Familie stellt man die Bakterien von halbkreisförmiger
bis schraubenförmig gewundener Gestalt der Zellen. Die Zellen sind
geißellos oder durch polare Geißeln ausgezeichnet.

Die Arten der Gattung **Microspira** besitzen starre, nicht biegsame
Zellen mit meist einzelnen polaren Geißeln.

Zu dieser Gattung gehören nur wenige Arten von allgemeinerer
Bedeutung; eine Ausnahme macht jedoch M i c r o s p i r a c o m m a ,
der C h o l e r a b a z i l l u s , ein Spaltpilz, der zu den furchtbarsten
Schädlingen des Menschen gerechnet werden muß.

Der Cholerabazillus ist bei uns nicht einheimisch; die Seuche wird nur von
Zeit zu Zeit aus Indien, wo die Krankheit endemisch ist und in manchen Gegenden überhaupt niemals erlischt, zu uns überführt. Erst seit dem Jahr 1884 kennen
wir den Erreger der furchtbaren Krankheit, welcher von R o b e r t K o c h damals
auf einer Studienreise in Ägypten und Ostindien festgestellt wurde. Er besitzt
die Form kleiner, leicht gebogener Stäbchen, welche meistens
vereinzelt und frei voneinander vorkommen, in selteneren
Fällen jedoch auch zu mehreren in Form einer Schraube vereinigt bleiben können (Abb. 182). Die Einzelzellen besitzen
eine starre Membran und eine, seltener zwei bis drei polare,
wellig gebogene Cilien, wodurch die Individuen auf dem
Höhepunkt ihrer Entwicklung außerordentlich schnell sich
bewegen.

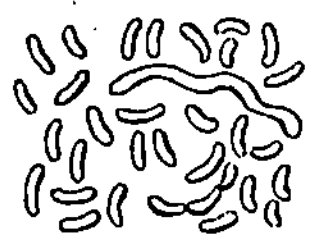

Abb. 182. Cholera-
bazillen, etwa
1000mal vergrößert.
(Nach Migula.)

Der Cholerabazillus ist unter dem Mikroskop sehr schwierig
zu erkennen da zahlreiche ihm nahestehende Formen bekannt
sind. In der Stichkultur verflüssigt er die Gelatine nur in
einem ganz dünnen Faden, während der nahestehende Er-
reger der sogen. Cholera nostras, welcher gewöhnlich als S p i r i l l u m F i n k l e r i
bezeichnet wird, in der gleichen Zeit einen breiten Gelatinetrichter verflüssigt.
Ferner ist charakteristisch für den Cholerabazillus, daß sich an der Mündung
des bei einer Stichkultur verflüssigten dünnen Trichters stets eine glänzend-
weiße Luftblase bildet, welche bei den Kulturen des S p i r i l l u m F i n k l e r i fehlt.

Gegen Trockenheit ist der Cholerabazillus außerordentlich empfindlich und
vermag nicht einmal ein Austrocknen von einigen Tagen zu überstehen. Es
wird dies klar, wenn man berücksichtigt, daß bisher bei diesem gefährlichen
Lebewesen Sporen noch nicht nachgewiesen werden konnten und diese also sehr
wahrscheinlich überhaupt fehlen. Aus diesem Grunde genügt es auch, Kulturen
etwa eine halbe Stunde lang auf 60° zu erwärmen, um alle darin enthaltenen
Cholerabazillen zu töten.

Dafür ist aber auch das Wachstum der Zellen ein außerordentlich rasches
und findet schon bei gewöhnlicher Zimmertemperatur statt. Doch sagt ihnen
eine höhere Temperatur noch mehr zu und kann bei passenden Bedingungen
ihre Vermehrung so erhöhen, daß gegen sie auf dem Nährsubstrat kein anderes
Lebewesen aufzukommen vermag. In bezug auf die Nährstoffe ist der Cholerabazillus sehr wenig wählerisch, und es ist deshalb kaum zu bezweifeln und
gerade in der letzten Zeit vielfach bestätigt worden, daß er auch außerhalb des
menschlichen Körpers zu vegetieren und sich wenigstens eine Zeitlang zu erhalten vermag.

Um krankheitserregend auftreten zu können, muß der Cholerabazillus in
den Darm des Menschen gelangen. Er muß also zu diesem Zweck den Magen
passieren, ohne daß seine Lebenskraft durch die Magensäure geschädigt ist. Da
wir nun wissen, wie wenig widerstandsfähig gerade dieser Bazillus ist, so leuchtet
ein, daß nur verhältnismäßig außerordentlich selten einmal dieser Fall sich er-
eignet und daß ein guter Magen die beste Schutzvorrichtung gegen die Krank-

heit bildet. Ist dagegen die Verdauung eines Menschen gestört, befindet sich
der Magen infolge irgendwelcher Exzesse in anormalem, geschwächtem Zustande
oder ist er überhaupt krank, so daß er seinen Funktionen nicht mehr ordentlich
nachkommen kann, so sind die günstigen Verhältnisse für das Eindringen des
Kommabazillus vorhanden.

Wenn man berücksichtigt, wie leicht eine Übertragung der Bakterien von
Mensch zu Mensch stattfindet, so sind zweifellos beim Auftreten der Seuche
die besten Mittel gegen diese: peinlichste Reinlichkeit, eine mäßige Lebensweise
und das Vermeiden des Genusses ungekochter Nahrungsmittel. Man könnte
vielleicht annehmen, daß gerade bei dieser Krankheit eine Übertragung der
Bakterien aus Dejektionen Kranker nach dem Munde anderer Individuen nur
sehr selten stattfinden möchte. Doch vergegenwärtigt man sich dabei nicht die
wirkliche Sachlage. Denn es ist kaum zu vermeiden, daß Leute, welche sich
mit Kranken beschäftigen, vielleicht unwillkürlich ihre Hände zum Munde führen,
welche vorher den Kranken berührt haben. Und daß infolge einer solchen
Berührung Mengen von Bakterien von der durch Dejektionen des Kranken verunreinigten Wäsche oder vom Körper selbst an die Hände des Wärters gelangen
können, ist gewiß selbstverständlich. Es ist ferner auch sehr wahrscheinlich,
daß die Krankheit durch Wasser, Milch und andere Nahrungsmittel verbreitet
wird, weiter, daß auch bei der Verbreitung die Fliegen und Mücken eine sehr
wichtige Rolle spielen, welche die Bakterien vom Kranken aufnehmen und sie
auf scheinbar sicher aufbewahrte Lebensmittel bringen. Daß die Cholera durch
die Luft verbreitet wird, ist nicht wahrscheinlich und kann so gut wie verneint
werden. Denn wir sahen ja, daß der Cholerabazillus ganz außerordentlich empfindlich gegen Austrocknen ist und nur sehr kurze Strecken durch den Wind
verweht werden könnte, ohne abzusterben. Sehr charakteristisch für die Ausbreitung der Krankheit ist jedoch, daß Leute, die mit Wasser zu tun haben,
welches leicht Bakterien von Kranken enthalten kann, auch stets am meisten
von der Seuche zu leiden haben, nämlich vor allem Schiffer und Wäscherinnen,
erstere, die in gleicher Weise ihre Dejektionen in die Flüsse zu entleeren und
andererseits daraus wieder ihr Trinkwasser zu entnehmen gewohnt sind, letztere,
welche beim Waschen nicht wissen können, ob die Wäsche von Gesunden oder
von Kranken stammt. Gerade durch die Wäsche von Cholerakranken wird
zweifellos die Seuche häufig weiter verbreitet, und es ist deshalb gerade für
diesen Punkt sorgfältigste Desinfektion am Platze, welche bei uns glücklicher-
weise durch die Behörde streng ausgeführt wird. Es hat sich stets gezeigt, daß
diese gefürchtete Krankheit an einem Orte nicht aufkommen kann, wo rechtzeitig, ehe die Seuche eine weitere Verbreitung erhalten hat, für vorsichtigste
Desinfektion aller der Gegenstände gesorgt wurde, welche aus Seuchengegenden
Zugereiste berührt hatten.

Die Gattung **Spirillum** umfaßt Bazillen von schraubig gewundener
Zellform, welche sich von Microspira hauptsächlich durch die
Büschel von Geißeln an beiden Polen unterschieden.

Zu **Spirochaete** stellt man Arten mit schlangenartig biegsamen Zellen und schlangenartiger Bewegung.

Hierher gehört z. B. Spirochaete Obermeieri,
der Erreger des Rückfalltyphus (Abb. 183). Diese Form
stellt sich dar als ziemlich lange, mehrfach schraubenförmig
gewellte Fäden, welche eine sehr lebhafte Bewegung
zeigen. Man hat sie bisher nur im Blut der an Rückfalltyphus Erkrankten nachweisen können; es gelang noch
nicht, den Spaltpilz in irgend einem Nährsubstrat zu
kultivieren. Sehr auffallend ist das Auftreten dieser Art.

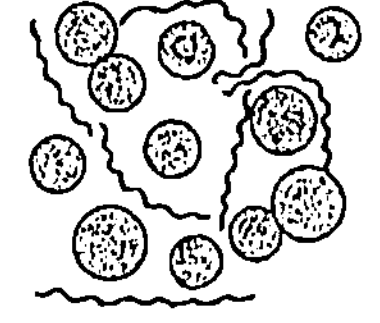

Abb. 183. Der Erreger
des Rückfalltyphus
(Spirochaete Ober-
meieri). (Nach Migula.)

Sie findet sich nämlich nur dann im Blut der periodisch Erkrankten, wenn bei
diesen das Fieber auftritt; sie ist dann geradezu massenhaft vorhanden, wenn
das Fieber seinen Höhepunkt erreicht hat, läßt sich dagegen in der fieberfreien
Zeit überhaupt nicht nachweisen. Man nimmt als Erklärung für dieses auffallende
Verhalten an, daß beim Blutkreislauf die meisten Spirochaeten von der Milz

aufgenommen und dort auf irgend eine Weise zerstört werden, daß aber offenbar noch einige zurückbleiben müssen, welche dann später nach erfolgter starker Vermehrung einen neuen Fieberanfall hervorrufen.

Spirochaeta pallida ist neuerdings als Erreger der Syphilis bekannt geworden.

Familie **Phycobacteriaceae** *(Chlamydobacteriaceae).* Scheidenbakterien.

Fadenförmige, von mehr oder weniger deutlich sichtbarer Gallertscheide umgebene, Kolonien bildende Zellen, welche sich nur selten nach drei Richtungen des Raumes teilen und dadurch körperförmige Kolonien bilden.

Die zu dieser Familie gehörige Gattung **Crenothrix** enthält nur eine Art, Cr. polyspora (Abb. 184, *b*), welche sich infolge ihrer ungeheuer schnell erfolgenden Vermehrung schon oft sehr unangenehm bemerkbar gemacht hat. Diese Art bildet unverzweigte Zellfäden, deren Zellen sich anfangs nur nach einer Richtung des Raumes teilen, später jedoch nach drei Richtungen des Raumes. Darauf runden sich die Teilungszellen ab und werden zu Vermehrungszellen. Die einzelnen Fäden, welche nur wenige Millimeter Länge erreichen, setzen sich in Büscheln an vom Wasser berieseltem Holz, an Mauern und Röhren fest und vermögen sich unter noch nicht völlig geklärten, für sie günstigen Bedingungen so auffallend zu vermehren, daß Gräben dicht erfüllt und Wasserleitungsröhren völlig verstopft werden können. Noch schlimmer ist die Anwesenheit dieser Art, wenn sie abzusterben beginnt, denn sie bringt dann einen so widerlichen Geruch hervor, daß das Wasser vollständig ungenießbar wird. Es ist deshalb verständlich, daß das Auftreten dieser Art in den Wasserleitungen großer Städte schon zu wahren „Wassersnöten" geführt hat.

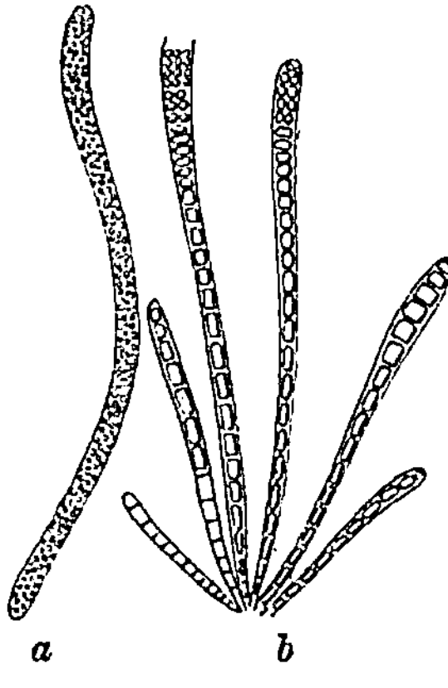

Abb. 184. *a* Beggiatoa alba, *b* Crenothrix polyspora.

Sphaerotilus dichotomus (= Cladothrix dichotoma) tritt in der Gestalt kleiner, in der Jugend festsitzender Fäden auf. Diese Art kommt in Sumpfwässern sehr häufig vor; sie vermehrt sich sehr stark und sammelt sich besonders an der Wasseroberfläche an, wo sie die bekannten auffallenden Kahmhäute bildet.

Familie **Coccaceae.** Kugelbakterien.

Die zu dieser Familie gehörigen Bakterien besitzen kugelige Zellen, welche sich vor der Teilung nicht in die Länge strecken. Die Zellteilung erfolgt nach einer, nach zwei oder aber nach drei Richtungen des Raumes. Die Zellen leben frei oder in Kolonien locker vereinigt. Sie besitzen nie Geißeln, zeigen deshalb auch keine Bewegung.

Streptococcus pyogenes ist ein gefährlicher Eitererreger, dessen Zellen meist eine Anordnung in perlschnurartige Reihen zeigen. Er dringt sehr oft von den Infektionsstellen in die Lymphbahnen weiter vor und bringt starke Entzündungen hervor, ja er greift nicht selten edlere Teile an und kann dann sogar den Tod herbeiführen, so z. B. beim Kindbettfieber.

Streptococcus mesenterioides, früher auch Leuconostoc mesenterioides genannt, ist der sogen. Froschlaichpilz (Abb. 185). In passenden Nährsubstraten entwickelt er sich ganz überraschend schnell: aus wenigen Zellen sind bald gallertige Klümpchen entstanden, und nach kurzer Zeit ist das ganze Kulturgefäß von einer schleimig-gallertigen Masse erfüllt. Bei mikroskopischer Betrachtung läßt sich zeigen, daß die verhältnismäßig kleinen, runden Zellen in mächtigen, dickwurstartigen Gallertscheiden eingebettet liegen. Früher war dieser Pilz besonders in Zuckerfabriken sehr gefürchtet, da er sich hier und da einzustellen pflegte, in kürzester Frist alle zuckerhaltigen Stoffe zerstörte und die befallenen Behälter vollständig ausfüllte, ja sogar oft die Abwassergräben verstopfte. Der Froschlaichpilz ist der Verursacher der Dextrangärung. Diese geht mit solcher Schnelligkeit vor sich, daß eine dünne Schicht des Froschlaichpilzes an den Wänden eines Bottichs genügt, um in einem halben Tage 50 hl einer 12% Zucker haltenden Melasselösung in eine Gallertmasse zu verwandeln, wobei die Gallertbildung hauptsächlich auf Kosten des Zuckergehalts erfolgt.

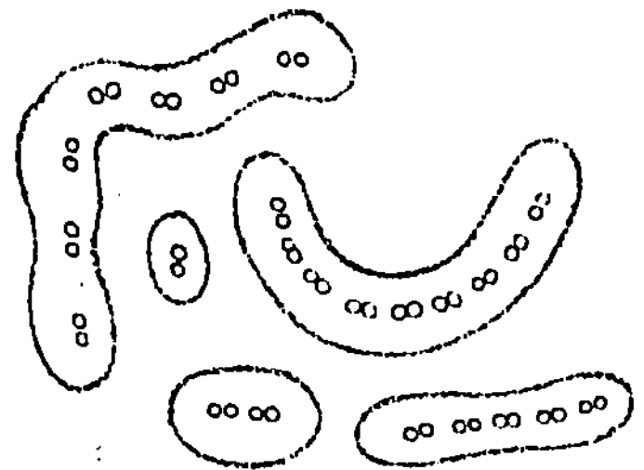

Abb. 185. Der Froschlaichpilz (Streptococcus mesenterioides), 1000mal vergrößert. (Nach Migula.)

Die Gattung **Micrococcus** enthält zahlreiche wichtige Arten zymogener, chromogener und pathogener Natur (M. gonorrhoeae, Erreger der Gonorrhoe, M. vacciniae, wirksamer Bestandteil der Pockenlymphe), auf welche hier jedoch nicht näher eingegangen werden soll.

Sarcina ventriculi, der Paket-Spaltpilz (Abb. 171), besitzt eine eigenartige Gestalt. Er findet sich häufig im Magen Magenleidender, ohne daß er die Ursache der Krankheit zu sein scheint. Die Annahme hat zum mindesten sehr viel Wahrscheinlichkeit für sich, daß er erst dann auftritt, wenn ihm andere Bakterien den Boden vorbereitet haben. Charakteristisch ist die Art dadurch, daß ihre Zellen sich nach drei Richtungen des Raumes teilen und in eigentümlich warenballenartigen Anhäufungen vereinigt bleiben.

Azotobacter chroococcus oxydiert Kohlenstoffverbindungen und spielt eine Rolle bei Stickstoffumsetzungen im Meer.

2. Reihe. Thiobacteria.

Zellen mit Schwefeleinschlüssen, farblos oder durch Bakteriopurpurin rot oder violett gefärbt.

Familie Beggiatoaceae.

Durch undulierende Membran bewegliche, fadenförmige, unbescheidete Kolonien bildende Zellen, welche Schwefelkörnchen enthalten.

Die Arten der Gattung **Beggiatoa** (Abb. 184, a) treten besonders häufig in schwefelhaltigem Wasser auf, fehlen auch meist nicht in Abwässern von Fabriken. Charakteristisch ist für sie, daß sie imstande sind, Schwefelverbindungen zu zersetzen und dadurch den bekannten Schwefelwasserstoffgeruch, d. h. den Geruch nach faulen Eiern, in Schwefelquellen hervorzurufen. Im Innern der Zellen finden wir stets feine, stark lichtbrechende Körnchen aufgespeichert, die als reiner Schwefel erkannt worden sind.

Familie Rhodobacteriaceae.

Der Zellinhalt der hierher gehörigen Spaltpilze ist durch den Farbstoff Bakteriopurpurin rosa, rot oder violett gefärbt, ferner sind in jenem Schwefelkörnchen enthalten.

Lamprocystis roseopersicina ist ein Spaltpilz, der sich häufig in Sümpfen und Gräben findet und dem Wasser derselben einen auffallend rosavioletten Farbenton verleihen kann.

2. Klasse.

Schizophyceae (auch Cyanophyceae, Phycochromaceae genannt). Spaltalgen.

Die Spaltalgen entsprechen in Bau und Vermehrung den Spaltpilzen. Ihre Zellen enthalten jedoch den Farbstoff **Phycocyan**, welcher mit **Chlorophyll** gemischt das **Phycochrom** bildet und den Individuen eine spangrüne, blaugrüne, seltener rote oder violette Färbung verleiht.

Ihre Vermehrung erfolgt durch fortgesetzte Zweiteilung; häufig werden auch ungeschlechtliche Dauersporen gebildet. Die Zellen sind häufig von Gallertscheiden umgeben. — Die hierher gehörigen Arten spielen im Haushalte der Natur meist nur eine untergeordnete Rolle und sollen deshalb nur kurz besprochen werden.

Familie **Oscillatoriaceae.**

Zu dieser Familie stellt man Individuen, welche aus geldstückartigen oder scheibenförmigen Zellen bestehen; diese sind stets zu einfachen, unverzweigten Fäden verbunden. Die Fäden besitzen meist die Gestalt von Geldrollen und sind fast immer von einer mehr oder weniger dicken Gallertscheide umgeben. Eine ganz besonders charakteristische Eigenschaft der Arten dieser Familie, woher letztere auch ihren Namen erhalten hat, ist die auffallende Eigenbewegung der Fäden. Diese gleiten nämlich stets langsam hin und her, indem unter einer fortgesetzten Drehung um ihre Längsachse die leicht gewundenen Enden pendelartig von einer Seite zur anderen schwingen. Ihre vegetative Vermehrung erfolgt häufig in der Weise, daß Stücke der Fäden durch ihre selbständige Bewegung in der Gallertscheide sich aus dem Fadenverbande lösen und zuletzt auch die Scheide selbst verlassen. Nachdem sie frei geworden sind, beginnen die Zellen dieses Teilfadens (**Hormogonium**) sich sehr lebhaft zu teilen und wachsen bald zu einem neuen Faden aus.

Die vegetativen Zellen besitzen eine ungewöhnliche Widerstandsfähigkeit; sie können eintrocknen, ja sogar einfrieren, ohne in ihrer Vegetationstätigkeit gestört zu werden. Besondere Dauerzellen kommen deshalb nicht vor.

Zu dieser Familie gehört z. B. die Gattung **Oscillatoria** (Abb. 186, *b*), welche über die ganze Erde mit sehr zahlreichen Arten verbreitet ist und sich auf feuchter Erde und besonders in schmutzigen Pfützen, Rinnsteinen, Abwässern überall findet. Häufig trifft man die **Oscillatoria**-Arten auch in heißen Thermalwässern an. In manchen Fällen sind sie durch einen eigenartig unangenehmen, modrigen Geruch ausgezeichnet.

Familie **Nostocaceae.**

Hierher werden zu fadenförmigen, unverzweigten Kolonien vereinigte Individuen gestellt, deren Zellen eine deutliche Kugelform aufweisen (Abb. 186, *a*). Die Kolonien besitzen eine sehr charakteristische, perlschnurartige oder rosenkranzförmige Gestalt. In den Fäden treffen wir hier und da einzelne größere Zellen, die **Grenz-**

zellen (Heterocysten), welche im Gegensatz zu den normalen vegetativen Zellen von gelblicher Farbe sind und nie die Fähigkeit, sich zu teilen, besitzen. Außerdem finden wir bei der Familie Sporen entwickelt, Dauerzellen, welche dadurch entstehen, daß gewöhnliche vegetative Zellen an Größe mehr oder weniger zunehmen und eine dicke Wandung erhalten. Infolge dieses Schutzes sind die Sporen imstande, der Kälte des Winters und den im Sommer häufig erfolgenden Austrocknungen ihrer Standorte erfolgreich Widerstand zu bieten.

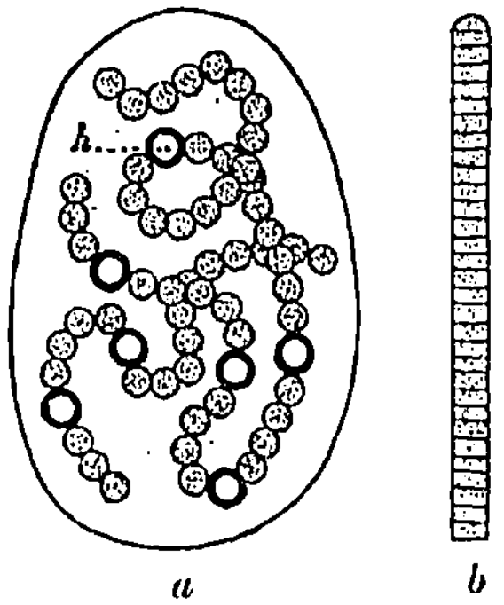

Bei den meisten Arten der Familie wird Gallerte ausgeschieden, und zwar in solcher Menge, daß die Zellfäden zu vielen in der bis zur Größe eines Apfels anschwellenden, strukturlosen Gallertmasse eingebettet liegen. Diese Kugeln schwimmen zum Teil an der Wasseroberfläche, teils sitzen sie anderen Pflanzen an.

Eine der häufigsten Arten, **Nostoc commune**, kommt oft auf feuchtem Boden vor und ist bei Feuchtigkeitsanwesenheit mit unbewaffnetem Auge leicht zu erkennen, da die Gallertmassen bis handgroß werden und unregelmäßig hirnartig gefaltet sind. Tritt jedoch Trockenheit ein, so schrumpft die Gallerte zusammen, und von den Kolonien ist kaum noch etwas wahrzunehmen. Auf der anderen Seite genügt aber auch ein Regenguß, um die auffallenden Körper in ihrer ganzen Größe wieder herzustellen, und dieser Umstand hat beim Volke in vielen Gegenden zu dem Märchen vom Gallertregen oder Froschlaichregen geführt. — Viele Nostocaceen gehören zu den „Wasserblüte" erregenden Organismen, die zeitweise in Seen eine Massenvegetation bilden. **Aphanizomenon flos aquae** und **Anabaena flos aquae** treten z. B. oft so massenhaft auf, daß sie ganzen Seen eine spangrüne Färbung und ölfarbenartige Beschaffenheit verleihen.

Abb. 186. *a* Eine Nostoc-Kolonie, von einer Gallerthülle umgeben. *h* Heterocysten; *b* Stück eines Oscillatoria-Fadens. — Stark vergrößert.

Familie **Chroococcaceae.**

Zu dieser Familie bringt man die Formen, deren Zellen eine rundliche, kugelige oder geldstückartige Gestalt besitzen. Die Zellindividuen leben einzeln oder sie sind durch eine Gallertausscheidung zu sehr verschiedenartigen Kolonien — jedoch nie fadenförmigen — vereinigt.

Sehr interessant ist die Art und Weise der Teilung. Bei einzelnen Arten, wie z. B. bei **Gloeothece** und **Aphanothece,** teilen sich die Zellen stets nur nach einer Richtung des Raumes, und die so gebildeten Individuen trennen sich bald voneinander. Bei anderen Gattungen dagegen, wie z. B. bei **Merismopedia,** finden wir eine Teilung nach zwei Richtungen des Raumes, und da hier die Einzelindividuen in einer Gallerte eingebettet liegen, so erhalten wir tafelförmige Kolonien. Wieder andere Formen teilen sich nun aber sogar nach drei Richtungen des Raumes, d. h. wir erhalten bei fortgesetzter Teilung und bei reichlicher Gallertausscheidung Kolonien von kugeliger oder sogar ziemlich streng würfelförmiger Gestalt, so z. B. bei **Gloeocapsa** und **Chroococcus.**

Sämtliche Arten dieser Familie findet man auf feuchter Erde, an feuchten Baumstämmen und besonders häufig in stehendem Wasser.

II. Abteilung.

Phytosarcodina, Myxothallophyta, Myxomycetes. Schleimpilze, Pilztiere.

Die hierher gehörigen Formen bilden einen Übergang zwischen dem Pflanzen- und dem Tierreich und werden auch noch häufig dem Tierreiche zugerechnet. Sie sollen, im folgenden ziemlich ausführlich

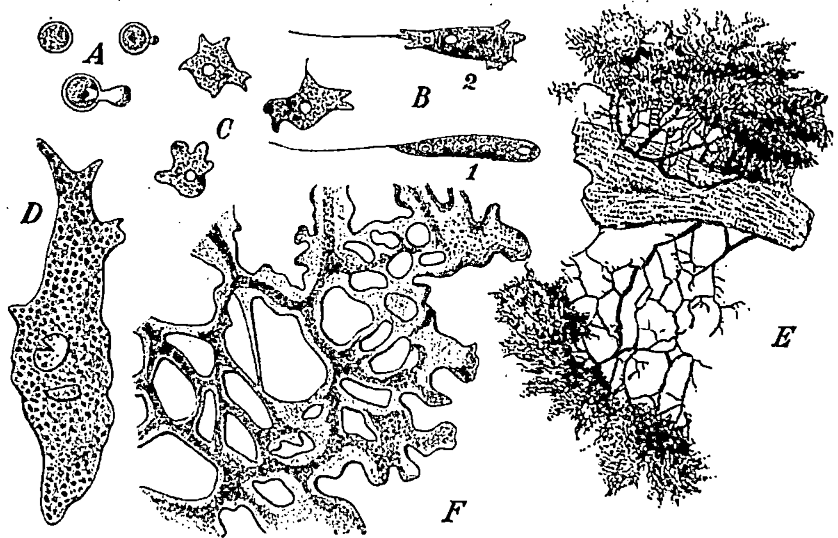

Abb. 187. *A* Sporen und Keimung von Comatricha nigra. *B* Schwärmer von Didymium serpula. *C* Amöben von Fuligo septica. *D* kleines Plasmodium derselben. *E* ausgebildetes Plasmodium von Didymium serpula. *F* ein Teil eines Plasmodiums von Didymium granulosum. (Nach Schröder in Natürl. Pflanzenfam.)

abgehandelt werden, da sie allen übrigen Vertretern der Pflanzenwelt recht schroff gegenüberstehen und ihre Lebensverhältnisse von großem morphologischem Interesse sind.

Die Schleimpilze sind chlorophyllfreie, d. h. nicht grün gefärbte Organismen, welche während ihres vegetativen Zustandes aus nackten, membranlosen Zellen bestehen und während dieser Zeit stets die Fähigkeit besitzen, sich zu bewegen. Eine geschlechtliche Fortpflanzung fehlt ihnen meist, dagegen finden wir bei ihnen eine sehr reichliche ungeschlechtliche Vermehrung. Diese erfolgt durch Vermehrungszellen, Sporen, welche frei oder in geschlossenen Behältern gebildet werden. Bei der Keimung der Sporen tritt ihr Protoplasma entweder als ein „Schwärmer" oder als ein amöboider Körper hervor, oder aber er erweist sich erst als Schwärmer, um dann später zu einem amöboiden Körper zu werden. Dieser vermehrt sich sehr lebhaft durch fortgesetzte Zweiteilung und tritt mit den aus anderen Sporen ausgetretenen Protoplasmamengen in Vereinigung, wodurch größere Plasmaansammlungen, sogen. Plasmodien, entstehen. Diese bewegen sich, geradeso wie die einzelnen amöboiden Körper, längere Zeit in eigenartig kriechender Weise fort, bis sie zum Vermehrungsakt schreiten und Sporen hervorbringen, die den Winter oder ungünstige Vegetationsperioden ohne Schaden zu überdauern vermögen.

Es sei hier ein Schleimpilz geschildert, welcher häufig in sehr auffallender Form auftritt, die sogen. L o h b l ü t e (**Fuligo** s e p t i c ä), da ohnedies die soeben gegebene Charakteristik der Abteilung für den Anfänger kaum verständlich sein dürfte, auch manche Punkte hier erörtert werden können, die bei der Besprechung der Thallophyta immer und immer wiederkehren (vergl. im folgenden Abb. 187).

Die derbwandigen Vermehrungszellen, die Sporen der Lohblüte, besitzen die Fähigkeit, bei geschützter, trockener Aufbewahrung mehrere Jahre hindurch ihre Keimkraft zu bewahren. Gelangen sie jedoch dann, eventuell auch schon bald nach der Bildung, unter günstige Vegetationsverhältnisse, d. h. ist ihnen genügend Feuchtigkeit und Wärme geboten, so keimen sie. Hierbei nimmt das Protoplasma der Spore reichlich Wasser auf, schwillt dadurch stark an und sprengt die Wandung. Darauf verläßt das Plasma die Sporenwandung und stellt ein winziges, nur mit starken Mikroskopvergrößerungen wahrnehmbares, hautloses Klümpchen dar, welches befähigt ist, seine äußere Gestalt zu verändern. Bald nach erfolgter Keimung nimmt das Plasmaklümpchen eine ungefähr wurstförmige Gestalt an; das vordere Ende, in dem der Zellkern liegt, läuft spitz aus und endet in einen langen, dünnen Faden, die Geißel oder Cilie, das hintere Ende ist abgerundet: wir haben das Schwärmstadium der Myxomyceten vor uns, die sog. M y x o m o - n a d e n. Man sieht unter dem Mikroskop, daß sich diese Protoplasmagebilde, die Myxomonaden, im Wasser rasch zu bewegen vermögen, indem sie, die stark-schlagende Geißel voran und ihren Plasmaleib stark biegend, schnell dahin-schwimmen oder, wenn weniger Feuchtigkeit vorhanden ist, mehr hüpfend oder sogar fast kriechend ihre Lage verändern. Sie vermehren sich lebhaft durch fortgesetzte Zweiteilung und sind befähigt, sich längere Zeit hindurch aus den in der umgebenden Flüssigkeit enthaltenen Nährstoffen zu ernähren.

Allmählich wird jedoch ihre Bewegung langsamer, und zuletzt kommen die Myxomonaden ganz zur Ruhe. Die Geißel wird in den Protoplasmakörper eingezogen, der Körper selbst rundet sich mehr oder weniger ab, und aus den Myxomonaden wird jetzt allmählich der Zustand der sogen. M y x a m ö b e n. Auch diese zeigen eine deutliche Ortsänderung, welche durch eine Art von Kriechen erfolgt, in der Weise, daß an einer oder mehreren Stellen Plasmafortsätze, die sogen. P s e u d o p o d i e n (= Scheinfüße) erscheinen, in welche allmählich das gesamte Plasma hineinwandert, worauf dann wieder neue Ausstülpungen ausgeschickt, andere eingezogen werden und dadurch der Plasmakörper willkürlich vorwärts bewegt wird. In dieser Weise leben die Myxamöben eine Zeitlang selbständig fort, indem sie sich durch fortgesetzte Zweiteilung in der Mitte lebhaft vermehren.

In ein drittes Stadium tritt die Lohblüte dann, wenn die Myxamöben ihre Zweiteilung einstellen. Wir sehen dann, wie die vereinzelten Protoplasmakörper allmählich zu mehreren miteinander zu verschmelzen beginnen. Die dadurch entstandenen größeren Plasmaportionen verlieren ihre Bewegungsfähigkeit nicht, sondern verändern, ganz wie früher die Myxamöben, durch ihre Pseudopodien ständig ihre Lage. Wenn auf dieser langsamen Wanderung andere derartige

Plasmaportionen angetroffen werden, so verschmelzen dieselben miteinander, und wir erhalten allmählich größere, dem bloßen Auge deutlich sichtbare, flache Plasmaklumpen, die sogen. P l a s m o d i e n. Diese Plasmodien bilden zusammenhängende Massen von weicher, rahmartiger Beschaffenheit und bestehen aus einer wasserhellen Grundsubstanz, in welche Plasmakörnchen, Fetttröpfchen und Kalkkörnchen eingebettet sind und in der wir noch deutlich die zahlreichen Zellkerne der Einzelamöben erkennen, aus denen sich das komplizierte Gebilde des Plasmodiums zusammensetzt.

Dieser Plasmodiumzustand d. h. dasjenige, was man gewöhnlich als „Lohblüte" bezeichnet, stellt den Hauptlebenszustand der Myxomyceten dar, da sie längere Zeit in demselben beharren. Die schleimige Masse ist in ständig fortschreitender Bewegung, indem sich ihre lang ausgezogenen, oft aderartig verzweigten Stränge auf der Oberfläche oder im Inneren der Haufen von Gerber-

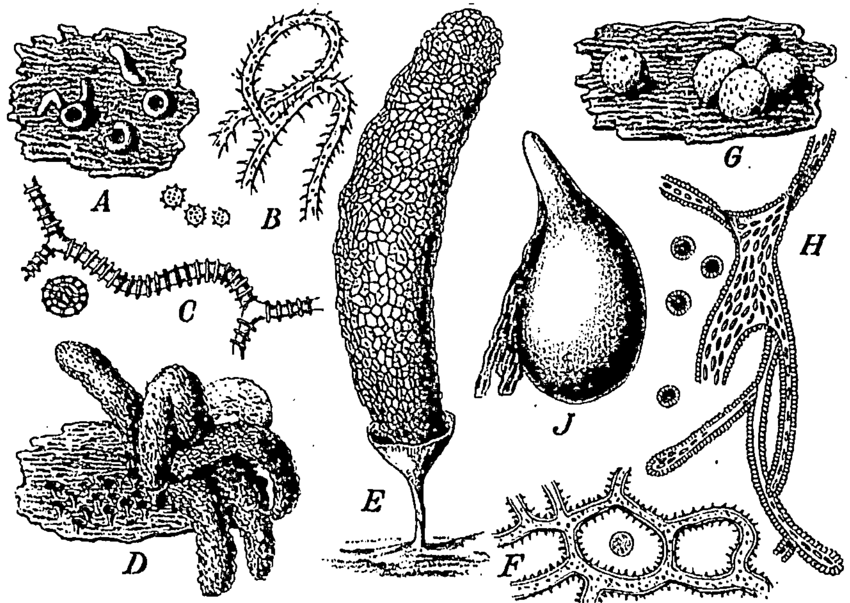

Abb. 188. Fruchtkörper verschiedener Myxomyceten (*A*, *D*, *E*, *G*, *J*) mit Haargeflecht oder Capillitium (*B*, *C*, *F*, *H*) und Sporen (*B*, *F*, *H*). (Nach Schröder in Natürl. Pflanzenfam.)

lohe hinziehen, sich immer wieder verästeln, netzförmig miteinander in Zusammenhang treten und oft langgestreckte, sehr verschieden dicke Äste bilden, die viele Zentimeter lang werden können. In diesen Strängen findet man stets nicht unbedeutende Massen von kohlensaurem Kalk abgelagert, ferner auch chromgelbe Farbstoffe, wodurch die Plasmodien so auffallend werden und sich von der dunkleren Lohe scharf und deutlich abheben.

Nachdem nun die Lohblüte längere Zeit im Plasmodienzustand gelebt und eine Art von Reife erlangt hat, schreitet sie, vielleicht hauptsächlich durch äußere Bedingungen beeinflußt, zur Vermehrung, resp. Sporenbildung.

Diese Sporenbildung erfolgt, nachdem sich die ersten Anfänge gezeigt haben, sehr rasch. Die Plasmodien treten in diesem Stadium aus dem Innern der Lohehaufen an die Oberfläche derselben und bilden dicke, korallenartig verzweigte und zu einem anastomosierenden Netzwerk verbundene Stränge, die in ihrer Gesamtheit oft mehr als faustgroße, anfangs schleimige Körper bilden. Sehr bald differenziert sich in diesen Plasmaklumpen der äußere Teil zu einer dicken, strukturlosen, festen Hülle, welche das innere weiche Plasma umschließt. In letzterem bilden sich sehr zahlreiche, kleine, von einer dünnen Haut umgebene, mit kernreichem Plasma angefüllte Kammern, die **Sporangien**. Nachdem sich dann die Kerne dieses Plasmas durch Zweiteilung noch sehr ansehnlich vermehrt haben, zerfällt dasselbe durch gleichzeitige reichliche Teilung in sehr zahlreiche, winzige Portionen, welche sich, nachdem sie sich abgerundet haben, mit einer starken Membran umgeben und so zu dicht nebeneinander liegenden Vermehrungszellen, **Sporen**, werden. Ein Teil des Plasmas der Sporangien jedoch, welcher zwischen den Kernen liegt, macht eine Art von Erstarrungsprozeß durch und wird zu einem fädig-netzartigen, stark entwickelten Gerüst, dem **Capillitium** oder **Haargeflecht** (vgl. Abb. 188). In letzteres werden, ebenso wie in die übrigen Teile der Wandungen, die in den Plasmodien in großen Mengen vorhandenen Kalkmassen abgelagert.

Mit der Bildung der Sporen ist der Lebenszyklus der Lohblüte abgeschlossen. Jene können lange Zeit hindurch in diesem latenten Zustand verharren, bis unter günstigen äußeren Bedingungen das Plasma der Sporen wieder austritt und nach Schwärmer- und Amöbenstadium zum Hauptlebenszustand, der Plasmodienbildung, schreitet.

Diese soeben ausführlich besprochene Art, **Fuligo septica**, die Lohblüte, gehört zu den **Myxogasteres,** einer Klasse der Myxothallophyta, welche weitaus die meisten bisher bekannten Arten dieser eigenartigen Lebewesen umfaßt. Sie sind sämtlich **Saprophyten**, d. h. sie leben auf abgestorbenen und vermodernden Pflanzenteilen. Keine derselben besitzt größere praktische Bedeutung.

Dagegen soll noch kurz eine Art besprochen werden, welche zu der Klasse der **Plasmodiophorales** gehört. Alle hierher gehörigen Formen — nur wenige sind bisher bekannt — sind **Parasiten** in lebenden Pflanzenzellen.

Bei der Keimung der Spore tritt ein Schwärmer aus, der dann zur Amöbe wird und zuletzt mit anderen zusammen ein echtes Plasmodium bildet, welches dem der Lohblüte gleicht. Bei der Sporenbildung zerfällt jedoch das ganze Plasmodium durch fortgesetzte Zweiteilung in zahlreiche Portionen, die sich sodann mit Membran umgeben und so zu Sporen werden. Diese liegen entweder frei in der Nährzelle und füllen dieselbe fast ganz aus oder sie lagern sich in Gruppen zusammen.

Von den hierher gehörigen Formen kommt für uns nur **Plasmodiophora Brassicae** in Betracht, ein gefährlicher Parasit der Kohlgewächse, welcher über ganz Europa und Nordamerika verbreitet ist und die in Deutschland gewöhnlich als „Kohlkropf" oder „Kohlhernie" bezeichnete Krankheit hervorruft. Man erkennt die Krankheit daran, daß die Nebenwurzeln der infizierten Kohlpflanzen sich stark verdicken und mit unregelmäßigen, wurst- oder knollenförmigen Auftreibungen versehen sind. Auch die Hauptwurzel wird von den Parasiten befallen und aufgetrieben, jedoch nicht so stark wie die Nebenwurzeln. Sehr häufig kommt es dann vor, daß infolge der Infektion nach kurzer Zeit das Wurzelwerk der Kohlpflanze ganz die Form einer verkrüppelten Hand annimmt, wobei die rübenförmige Hauptwurzel ungefähr der Handfläche, die angeschwollenen Nebenwurzeln den Fingern gleichen, woraus sich auch manche der Benennungen der Krankheit in anderen Sprachen (belgisch: vingerziekte oder maladie digitoire) erklären. Sehr bald fangen die kranken Wurzeln zu faulen an, und selbstverständlich leidet darunter die ganze Pflanze mehr oder minder, so daß sie sogar häufig ganz zum Absterben gebracht wird. Da die Krankheit sehr ansteckend und gefährlich ist, so sind schon mehrmals in einzelnen Gebieten, besonders in Rußland, förmliche Epidemien unter den Kohlpflanzen bekannt geworden.

III. Abteilung.

Flagellatae.

Mikroskopisch kleine, geißeltragende, pilz- oder algenähnliche Körper.

Diese Abteilung kann hier übergangen werden, da zu ihr keinerlei praktisch wichtige Arten gehören.

IV. Abteilung.

Dinoflagellatae (Peridineae). Peridineen.

Die Peridineen sind winzige, einzellige Lebewesen, welche mit
Membran versehen sind. Sie sind besonders dadurch charakterisiert,
daß um ihren Zellkörper
eine furchenartige Ein-
schnürung, die Quer-
furche, ringförmig her-
umläuft, welche von
einer zweiten Furche,
der Längsfurche, senk-
recht durchschnitten
wird. Nur bei wenigen
Formen fehlt dies Merk-
mal; dagegen finden wir
bei allen Arten eine
Einrichtung, welche mit
der Furchenbildung im
engsten Zusammenhang
steht, Bewegungsorgane

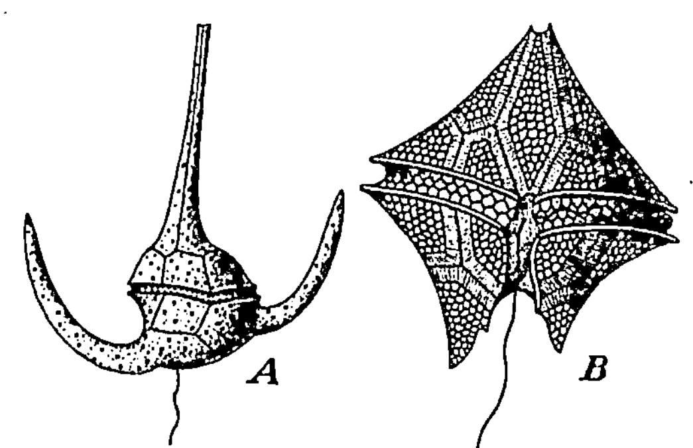

Abb. 189. Plankton-Peridineen.
A Ceratium tripos. *B* Peridinium divergens. Sehr stark vergrößert. (Nach Schütt.)

von auffallender Anordnung, wie wir sie sonst bei keiner Gruppe des
Pflanzenreiches antreffen. Die Peridineen besitzen nämlich durchweg
zwei Geißeln, deren eine in der Längsrichtung der Zelle getragen
und dabei meist in der Längsfurche geschützt wird, während die
andere sich entsprechend der Querfurche im Kreise um den Zellkörper herumlegt und wellenförmige Bewegungen ausführt (Abb. 189).
Die Membran der Peridineen ist unverkieselt. Sie besitzen ein
eigenartiges zentrifugales Dickenwachstum, wodurch Membranplatten
in der Form poröser Lamellen gebildet werden. Auf diese sind nach
außen oft hervorragende Verdickungsleisten aufgesetzt, welche in
manchen Fällen sehr bedeutende Dimensionen annehmen und den
einzelnen Arten abenteuerliche Gestalten verleihen können.
Weitaus die meisten Peridineen besitzen gelbe Chromatophoren,
welche von plattenförmiger Gestalt sind und infolge ihres Chloro-

phyllgehaltes diese Formen zur Assimilation befähigen, d. h. ihnen ermöglichen, unter dem Einfluß des Lichtes aus den ihnen in ihrem Lebenselement, dem Meere, nie fehlenden Substanzen Wasser und Kohlensäure organische Substanzen zu schaffen.

Über die Fortpflanzungsverhältnisse der Arten dieser Familie sind wir noch nicht in allen Punkten genau unterrichtet. Wir kennen dagegen gut die ungeschlechtliche Vermehrung, welche durch fortgesetzte Zweiteilung der Individuen erfolgt. Nur sehr selten findet die Teilung während des Umherschwärmens statt; meist geht ihr ein kürzer oder länger andauernder Ruhezustand voraus.

Die Peridineen sind deshalb von großer Wichtigkeit, weil sie einen großen Bruchteil des P l a n k t o n s darstellen, d. h. derjenigen Pflanzen, welche die F l o r a d e s h o h e n M e e r e s ausmachen und dort auch allein das Leben der Tiere ermöglichen. Bei den Bacillariophyta soll hierüber eingehender berichtet werden. Manche der Peridineen sind auch am Meeresleuchten beteiligt.

<h1 style="text-align:center">V. Abteilung.</h1>

<h1 style="text-align:center">Bacillariophyta. Diatomeen. Kieselalgen.</h1>

Die Diatomeen sind durchweg winzige, mikroskopische, einzellige Lebewesen, deren Protoplasmakörper von einer Zellmembran umhüllt

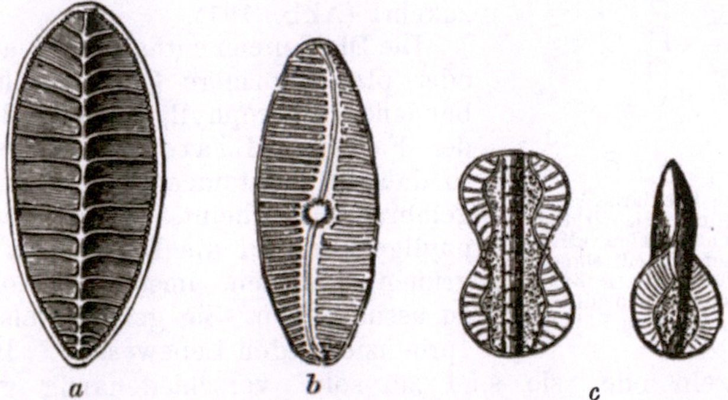

Abb. 190. Diatomeen: *a* Surirella gemma, *b* Scoliopleura Jenneri, *c* Amphiprora paludosa, sämtlich stark vergrößert.

wird. . Diese Membran besteht aus einer celluloseartigen Grundsubstanz; in ihr ist jedoch — dies ist für die Diatomeen charakteristisch — so viel Kieselsäure eingelagert, daß sie starr und panzerähnlich wird. Wird der Zellkörper der Diatomeen geglüht, so bleibt ihre Form deshalb unverändert erhalten: die Cellulose verbrennt zwar, dafür bleibt aber das Kieselgerüst zurück, und nun treten die Struktureigentümlichkeiten der Zellhülle, zarte Rinnen oder hervorragende Leisten (Abb. 190), nur um so deutlicher hervor. Eine solche verkieselte Membran finden wir auch noch bei anderen Klassen des

Pflanzenreiches, z. B. bei den Schachtelhalmen; bei den Diatomeen kommen jedoch noch Verhältnisse hinzu, welche für sie ganz ausschließlich charakteristisch sind. Die Diatomeen sind einzellebende Zellen, oder ihre Zellen sind zu fadenförmigen, von Schleim umhüllten Kolonien vereinigt; häufig sitzen die einzelnen Zellen auf Gallertstielen auf.

Die Membran der Diatomeenzelle besteht nicht aus einem einzigen, den Plasmakörper allseitig umschließenden Stück, sondern sie ist zusammengesetzt aus zwei Teilen, welche wie die Hälften einer Schachtel ineinander greifen. Geradeso nämlich, wie von den beiden Hälften einer Schachtel die eine mit ihren Rändern über die andere geschoben wird, so wird auch die Diatomeenzelle dadurch abgeschlossen, daß die Ränder der Hälften übereinander liegen, ohne jedoch zu verwachsen, wobei die Hälften stets in einer Richtung beweglich bleiben. Es ist demnach auch ganz selbstverständlich, daß eine unter dem Mikroskop beobachtete Diatomeenzelle zwei ganz verschiedene Bilder bieten muß, je nachdem sie ihre Deckel- oder aber ihre Seitenfläche, die S c h a l e n a n s i c h t oder die G ü r t e l b a n d a n s i c h t, dem Beschauer zukehrt (Abb. 191).

Die Diatomeen enthalten ein an körnige oder plattenförmige Chromatophoren gebundenes Chlorophyll, welches jedoch durch den Farbstoff D i a t o m i n verdeckt wird, so daß die Diatomeenzelle stets gelb bis gelbbraun erscheint. Durch den Chlorophyllgehalt sind die Diatomeen, wie alle grünen Pflanzen, imstande, Kohlensäure zu assimilieren. Sie gehören also zu den „produzierenden Lebewesen". Die Zellen leben einzeln oder sie sind zu sehr verschiedenartig gestalteten Kolonien vereinigt.

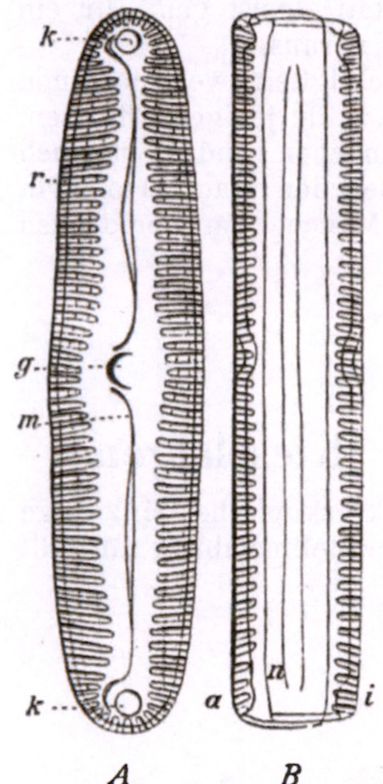

Abb. 191. Eine Bacillariacee oder Diatomee (Pinnularia viridis). *A* Schalenansicht: *r* Riefen, *m* Mittellinie, k Endknoten, g Mittelknoten, *B* Gürtelbandansicht: *a* äußere, i innere Schale, *n* Nebenlinien. (800 mal vergr.) (Nach Pfitzer.)

Die Vermehrung der Diatomeen erfolgt ausschließlich durch Teilung, welche stets nur in einer Richtung erfolgt, nämlich parallel der Schalenseiten. Die beiden Schalenhälften rücken dabei auseinander, der Zellinhalt, resp. das Protoplasma mit Inhaltskörper der sich teilenden Zelle, zerfällt in zwei gleiche Teile, von denen jeder mit einer der auseinander gerückten Zellhälften in Verbindung bleibt.

Durch diese Teilprotoplasmen werden sodann je eine neue Schalen-(resp. Schachtel-) Hälfte gebildet, welche mit ihren Rändern, resp. Gürtelbandseiten, in die beiden auseinander gerückten Schalenhälften der Mutterzelle eingeschachtelt sind und so wieder die ursprüngliche Gestalt des Individuums herstellen. Wir finden nun bei sehr vielen

Arten das Verfahren, daß die Teilung streng simultan erfolgt, d. h.
daß die beiden Tochterzellen eines Individuums zu ganz gleicher
Zeit wieder die Fähigkeit erlangen, eine neue Teilung einzugehen.
Wir kennen jedoch auch genug Fälle, wo eine sehr auffallende Erscheinung sich bemerkbar macht. Bei diesen Arten muß nämlich
das kleinere der durch die Teilung der Mutterzelle hervorgebrachten
Zellindividuen erst ein gewisses Reifestadium erreichen, und es schickt
sich erst dann zur Teilung an, wenn die größere Schwesterzelle zum
zweitenmal in das Teilungsstadium eintritt.

Es ist klar, daß die mit Kieselsäureeinlagerung versehenen, panzer-
artig festen Schalen der Diatomeen nicht die Fähigkeit besitzen können,
noch nachträglich zu wachsen, daß also bei fortgesetzter Zweiteilung
der Individuen infolge des ständigen Einschachtelns in die Schalen
der Mutterpflanze eine allmähliche Verkürzung im Längsdurchmesser
der Zellen eintreten muß.

Wenn diese Teilungsvorgänge unbegrenzt weitergehen würden,
so müßte selbstverständlich die Größe der Diatomeen ständig abnehmen. Wir können in der Tat auch die zunächst auffallende Erscheinung konstatieren, daß die Individuen einer und derselben Art
an Größe ganz außerordentlich variieren und daß ein Zellindividuum
ein anderes derselben Art oft um das Zehnfache übertreffen kann.

Damit aber diese Verkleinerung in Wirklichkeit nicht zu weit
geht, besitzen die Diatomeen ein Regulativ, das von außerordentlichem
Interesse ist, die sog. Auxosporenbildung. Sobald nämlich eine
Zelle durch die oft in ziemlich kurzen Zeitabständen erfolgende Zweiteilung eine gewisse Minimalgröße erreicht hat, so erfolgt eine eigenartige Bildung, welche den Erfolg hat, daß das Individuum wieder
die Maximalgröße seiner Art erlangt. Der Prozeß ist nach den einzelnen Arten sehr verschieden, dagegen ist der Erfolg genau derselbe.

Bei einzelnen im hohen Meer lebenden Arten öffnet sich die Schachtelzelle
eines Individuums etwas, es tritt ein gewisser Teil des Protoplasmas mit einem
Kern aus und wächst, während sich die Wände der Mutterzelle wieder schließen
und dieselbe bald ungestört die Zellteilungen wieder aufnimmt, sehr bald zu
einem neuen, die Maximalgröße der betreffenden Art besitzenden Individuum
heran. Bei anderen Arten wird das gesamte Plasma einer Zelle bei der Bildung
der Auxospore verbraucht.

Wieder bei anderen Arten finden wir ein Verhalten, das von dem soeben
geschilderten stark abweicht und in einzelnen Punkten schon an die bei den
höheren Algen zu beobachtenden Geschlechtsverhältnisse erinnert.

In manchen Fällen legen sich nämlich stets zwei Individuen der Minimalgröße zusammen, worauf ihr Protoplasma die Schalen verläßt und eine gemeinsame Gallerthülle ausscheidet. Ohne daß nun die Plasmamassen der zwei Exemplare in irgendwelche Verbindung miteinander treten, entsteht allmählich aus
jeder derselben wieder ein Individuum von der Maximalgröße der Art.

Noch weiter fortgeschritten und noch mehr an die obenerwähnten Beziehungen
erinnernd sind nun eine Anzahl von Arten, bei welchen es wirklich zu einer Vereinigung des Protoplasmainhaltes zweier Zellen kommt (Abb. 192). Die Inhalte
zweier nebeneinander liegender Zellen treten aus und verschmelzen vollständig
zu einer einzigen Auxospore; oder es teilt sich das Protoplasma jeder der beiden
Zellen kurz nach dem Austritt in je zwei gleiche Portionen, von welchen immer
zwei gegenüberliegende, je einem der beiden Individuen angehörige zur Auxospore zusammentreten. Es werden also durch den letzteren Vorgang zwei Auxosporen gebildet.

Die meisten Diatomeen sind durch eine eigenartige gleitende Bewegung ausgezeichnet, andere sind imstande, sich im offenen Tropfen frei, als ob sie schwämmen, zu bewegen. Wie diese Bewegung ermöglicht wird, ist noch nicht genügend aufgeklärt.

In bezug auf ihre Lebensverhältnisse teilt man die Diatomeen ein in Grunddiatomeen und Planktondiatomeen. Erstere sind

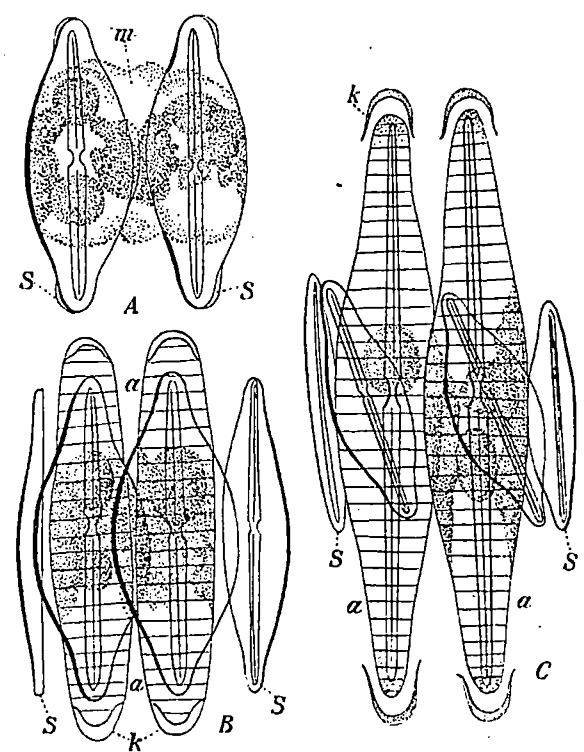

Abb. 192. Frustulina saxonica in Konjugation. *A* Berührung der beiden Mutterzellen der Auxosporen zwischen den geöffneten Schalen. *B* Auxosporen, welche eben ihre Kappen abstoßen, zwischen den vier leeren Schalen der kopulierenden Individuen. *C* Auxosporen, welche schon die Schalen der neuen sogenannten Erstlingszelle in sich entwickelt haben. *s* Schalen der in Konjugation befindlichen Zellen, *m* Gallerthülle der sich berührenden Plasmamassen, *a* Auxosporen und *k* deren Kappen. — In Abb. *C* wurde der Deutlichkeit wegen nur in der Auxospore rechts der gesamte Inhalt gezeichnet. 1200mal vergrößert. (Nach Pfitzer.)

mehr oder weniger an den Boden gebunden, d. h. sie sind so gebaut, daß sie nur in seichterem Wasser zu Hause sein können, während die letzteren an ein freischwebendes Leben in tiefem Wasser angepaßt sind. Die Grunddiatomeen werden sich also naturgemäß meist in Gräben, seichten Gewässern, kleinen Bächen, im Meer endlich längs der Küste finden, wo sie am Boden auf der nackten Erde, noch häufiger aber an Wasserpflanzen festsitzend vorkommen und hier oft braune Überzüge bilden. Die Planktondiatomeen dagegen sind die hauptsächlichsten Bewohner des hohen Meeres und bevölkern dieses in ungeheueren Schwärmen, indem sie mit den oben kurz besprochenen Peridineen zusammen fast ganz ausschließlich die Flora der Ozeane ausmachen und auf diesen infolge ihrer stoffaufbauenden Eigenschaften das tierische Leben ermöglichen. Jedoch erfüllen sie nicht das ganze Meer in gleicher Dichtigkeit, denn sie finden sich nur in einer Wasserschicht von einigen hundert Metern unter der Wasseroberfläche und nehmen nach unten zu schnell an Menge ab. Es ist dies auch ganz selbstverständlich. Denn wir wissen ja, daß die Diatomeen nur bei Anwesenheit von Licht aus Kohlensäure und Wasser organische Substanz erzeugen können, deren sie zu ihrer Lebenstätigkeit bedürfen. Schon in der Tiefe von wenigen Hunderten von Metern sind jedoch kaum noch Spuren von Licht nachzuweisen, bis dahin dringt kein Sonnenstrahl vor; in einer größeren Tiefe muß jedes auf das Licht angewiesene Lebewesen zugrunde gehen.

Von abgestorbenen Diatomeen verwest nur der Inhalt; das Kieselgerüst bleibt unversehrt erhalten. Die sogen. Kieselgurlager, die man stellenweise in großer Ausdehnung antrifft und die hauptsächlich zur Herstellung von Dynamit ausgebeutet werden, bestehen aus fast reinen Massen von Diatomeen-Kieselgerüsten.

Zu der Klasse der Bacillariales gehört nur die einzige sehr formenreiche Familie (über 2000 Arten sind bekannt) der

Familie **Bacillariaceae.**

Keine der Arten der Familie besitzt speziell größere Wichtigkeit, so daß auf sie nicht näher eingegangen werden soll. Ziemlich bekannt ist die Diatomee **Pleurosigma** angulatum, die eine besonders feine Schalenstruktur besitzt und deshalb zur Prüfung der Leistungsfähigkeit von Mikroskopen viel gebraucht wird.

VI. Abteilung.

Conjugatae. Jochalgen.

Hierher stellt man chlorophyllgrüne Algen, welche entweder einzellig sind oder aber einfache, unverzweigte Fäden bilden. Jede einzelne Zelle ist jedoch auch im letzteren Falle ein durchaus selbständiges, zur Teilung und Fortpflanzung befähigtes Individuum, welches nur in sehr lockerem Verhältnis zu dem Gesamtorganismus des Fadens steht. In jeder Zelle liegt ein einziger deutlicher Zellkern. Die geschlechtliche Fortpflanzung erfolgt in der Weise, daß die Inhalte zweier Zellen miteinander verschmelzen (kopulieren) und eine Spore bilden.

Die Conjugatae sind sicher mit den Bacillariophyta nahe verwandt; sie sind jedoch leicht von ihnen zu unterscheiden, da sie rein grün gefärbt sind und nie eine verkieselte Membran besitzen.

Familie **Desmidiaceae.**

Die Arten dieser Familie bestehen meist aus einzelnen Zellen selten sind diese Zellen zu sehr locker vereinigten Fäden verbunden. Die Zellen sind ferner meistens durch eine Einschnürung der Membran in der Mitte in symmetrische Hälften geteilt oder sie besitzen einen in symmetrische Hälften geteilten Protoplasmainhalt, was besonders infolge der sehr mannigfach gestalteten Chromatophoren scharf hervortritt. Hierher gehören ganz besonders schöne und zierliche Formen, die häufig in Moorgräben und in Wasserlachen gut zu beobachten sind. — Die geschlechtliche Fortpflanzung ist ähnlich derjenigen, die in der folgenden Familie besprochen werden soll.

Familie **Zygnemataceae.**

Hierher gehören nur Arten, deren zylindrische Zellen zu unverzweigten Zellfäden fest vereinigt sind. Im Protoplasma der Zellen liegen sehr verschieden gestaltete Chromatophoren, meist ein bis mehrere spiralige, die Zellwand beinahe berührende und sie oft vielmal umlaufende Chlorophyllbänder.

Die Kopulation erfolgt in folgender Weise (Abb. 193). Von den Zellen zufällig nebeneinander liegender oder durcheinander gewirrter Fäden, selten von Zellen desselben Fadens, wachsen Kopulationsfortsätze aus und solchen anderer Zellen entgegen, bis sie sich berühren. Darauf wird die trennende Membran aufgelöst, und nun strömt das Plasma der einen kopulierenden Zelle in die andere Zelle ein.

Nachdem sich dann die beiden Plasmamassen vereinigt haben, wird von ihnen aus durch Bildung einer festen Wand die Spore, die sogen. Z y g o s p o r e oder J o c h s p o r e, erzeugt. Sie ist befähigt, lange Zeit hindurch ungünstigen äußeren Verhältnissen, Kälte, Hitze, Austrocknung usw. Widerstand zu bieten und keimt dann, sobald ihr wieder zusagende Verhältnisse geboten werden. Bei der Keimung wächst aus der Spore sofort wieder ein neuer Zellfaden hervor. — Wir werden später sehen, daß ganz ähnliche Fortpflanzungsverhältnisse auch bei einer Gruppe der Pilze (Z y g o m y - c e t e s) vorkommen.

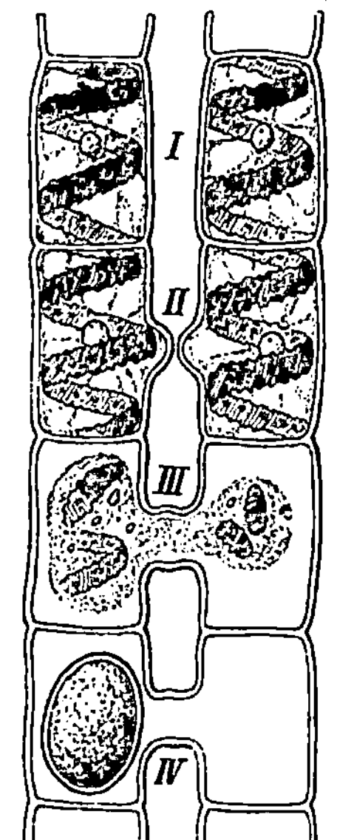

Abb. 193. Kopulation einer Spirogyra, *I* Ruhende Zellen, *II* eben zur Conjugation schreitende Zellen, *III* Vollzogene Kopulation; der Inhalt der rechten Zelle tritt in die linke über und bildet dort in *IV* die Zygospore.

Man kennt von dieser Familie etwa 100 Arten, die in süßem oder brackischem Wasser vorkommen. Es ist besonders die Gattung **Spirogyra** zu erwähnen, deren Arten durch die Spiralläufigkeit ihrer Chromatophoren ausgezeichnet sind.

VII. Abteilung.

Chlorophyceae. Grünalgen.

Chlorophyllgrüne Algen, welche entweder einzellig sind oder aber aus mehr- bis vielzelligen Fäden, Flächen oder Körpern bestehen. Sehr häufig sind auch hier noch die Zellverbände als Kolonien einzelliger Lebewesen aufzufassen, von denen jedes seine volle Selbständigkeit besitzt. Erst allmählich bildet sich in dieser Klasse eine Art von Arbeitsteilung aus, wo dann die vielzelligen Verbände wirklich ein Individuum darstellen, dessen verschiedene Zellen unter Umständen verschiedenartige Leistungen zu verrichten haben. Jede Zelle kann einen oder mehrere Zellkerne enthalten.

Bei den im folgenden zu beschreibenden Formen unterscheidet man scharf eine ungeschlechtliche Vermehrung von der geschlechtlichen Fortpflanzung.

Meistens wird die ungeschlechtliche Vermehrung durch Schwärmer (auch manchmal unkorrekt „Schwärmsporen" oder „Zoosporen" genannt) bewirkt. Diese entstehen in vegetativen Zellen und sind hautlose, kugelige, ei- oder birnförmige Protoplasmamassen, die sich meistens sehr lebhaft mittelst Geißeln (Cilien) im Wasser bewegen. Die Anzahl der Geißeln ist sehr wechselnd, auch ist der Ort ihrer Festheftung ein sehr verschiedener; meist jedoch finden sie sich zu zweien an einem Pol der Zelle, in der Regel dem spitzeren Ende eingefügt. Die Schwärmer führen Zellkern und Chlorophyll und sind gegen Licht, Wärme und chemische Reagentien empfindlich, d. h. sie werden von denselben angezogen oder abgestoßen. Häufig kommt bei ihnen auch ein kleiner roter „Augenfleck" vor.

Nachdem die Schwärmer nach ihrem Entstehen längere oder kürzere Zeit scheinbar ziellos im Wasser umhergeirrt sind, gelangen sie allmählich zur Ruhe und umgeben sich mit einer deutlichen, wenn auch nur dünnen Membran. Bald darauf beginnt die Zweiteilung, aus der zuletzt die fertige Alge resultiert.

Die geschlechtliche Fortpflanzung ist meist bedeutend komplizierter als die soeben betrachtete ungeschlechtliche Vermehrung. Sie läßt sich stets auf denselben Vorgang zurückführen: auf eine Verschmelzung zweier (gleichartiger oder ungleichartiger) Plasmamassen.

Der einfachste Fall ist der, daß die zur Vereinigung gelangenden Plasmamengen gleichartig sind, d. h. in Form und Größe miteinander übereinstimmen. Diese geschlechtlichen Protoplasten oder Geschlechtszellen werden Gameten, die Zelle, in der sie entstehen, Gametangium genannt. Die Geschlechtszellen sind allermeist schwärmend, d. h. sie unterscheiden sich in ihrem Aussehen oft in nichts von den ungeschlechtlichen Schwärmern. Die gleichartigen Gameten, auch Isogameten genannt, schwärmen kürzere oder längere Zeit im

Wasser umher, bis sie einem anderen Gameten begegnen. Beide eilen aufeinander zu und stoßen mit ihren vorderen farblosen Polenden, an denen die Cilien stehen, zusammen. Dann legen sie sich seitlich aneinander, allmählich werden die Cilien in den Plasmaleib eingezogen, die Kerne vereinigen sich, und die Gameten verschmelzen vollständig zu einem einzigen Plasmagebilde, das sich dann sehr rasch mit einer Zellwand umgibt und zur G a m o s p o r e (oder Gametospore) wird.

Man findet nun schon häufig Fälle, in denen zwar die Geschlechtszellen sämtlich noch beweglich sind, wo man aber deutlich größere, nur langsam bewegliche, und kleinere, sehr rasch dahineilende, unterscheiden kann. Hier ist schon eine Differenzierung erfolgt, und man spricht von H e t e r o g a m e t e n (= ungleichartigen Gameten, Anisogameten): die kleineren Gameten stellen die männlichen, die größeren die weiblichen Geschlechtszellen dar.

Noch weiter durchgeführt treffen wir dies dann bei einer großen Anzahl von Algen, wo die zur Vereinigung gelangenden Geschlechtszellen absolut keine Ähnlichkeit mehr miteinander besitzen. Diese Arten bilden in besonderen Zellen, die A n t h e r i d i e n genannt werden, kleine, mittelst Cilien schnell bewegliche, schwärmerartige und oft gelb gefärbte männliche Gameten, welche man in diesem Falle S p e r m a t o z o i d e n nennt, und sehr viel größere, kugelige, cilienlose und deshalb unbewegliche weibliche Protoplasmamassen, die E i z e l l e n oder O o s p h ä r e n (= Eikugeln). Letztere verlassen in den meisten Fällen nicht einmal mehr die Zelle, in der sie gebildet worden sind und die O o g o n i u m (= eibildende Zelle) genannt wird, sondern die Spermatozoiden dringen durch ein Loch in der Wandung des Oogoniums zu der Eizelle oder den Eizellen vor, um diese zu befruchten. Nach der Befruchtung entsteht aus der Eizelle die E i s p o r e oder O o s p o r e.

1. Klasse. **Protococcales.**

Hierher werden Pflanzen gestellt, welche einzellig sind oder zu locker vereinigten und außerordentlich verschieden gestalteten Verbänden und Kolonien zusammentreten und die nicht selten in Gallertmassen eingelagert erscheinen. Die Zellen besitzen nie ein Spitzenwachstum und haben meistens je einen Zellkern; selten sind mehrere Zellkerne in den Zellen anzutreffen.

1. Reihe. **Volvocales.**

Vegetative Zellen durch Geißeln aktiv beweglich.

Familie **Volvocaceae.**

Diese Familie wurde noch vor kurzem fast allgemein dem Tierreich zugezählt, weil die hierher gehörigen, einzelligen oder zu Kolonien vereinigten Lebewesen fast während ihres ganzen Lebens frei im Wasser umherschwärmen, und zwar mit Hilfe von Cilien, die von den mit Membran versehenen Einzelzellen ausgehen (Abb. 194, *1*). Jede der Zellen besitzt meist nur ein grünes Chromatophor, welches aber in manchen Fällen durch einen roten Farbstoff verdeckt sein kann.

Die hierher gehörige Gattung **Haematococcus** ist dadurch ausgezeichnet, daß ihre Zellen einzeln leben und in ihnen das Chlorophyll häufig durch einen roten Farbstoff, das H a e m a t o c h r o m, verdeckt wird. H a e m a t o c o c c u s p l u v i a l i s entwickelt sich häufig in Wasserlachen und stehenden Gewässern in solchen Mengen, daß das Wasser rot gefärbt erscheint. — C h l a m y d om o n a s n i v a l i s dagegen gehört zu jenen Lebewesen, die selbst auf Eis und Schnee lebensfähig bleiben, ja sich ungestört entwickeln und in den Hochgebirgen und den Polarländern oft auf weite Strecken hin den auffallenden „roten Schnee" bilden.

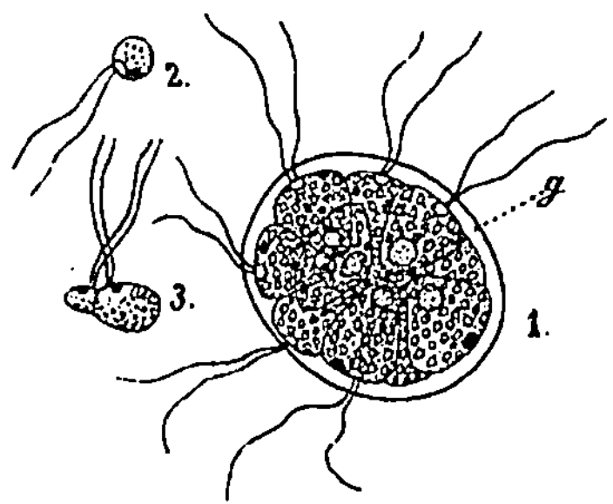

Abb. 194. *1* Pandorina morum, eine schwärmende Kolonie, *2* ein schwärmender Gamet derselben, *3* zwei solche in Verschmelzung begriffen. (Nach Pringsheim.)

Sehr viel komplizierter gebaut ist **Volvox** g l o b a t o r , welche stellenweise nicht selten in stehenden Gewässern, Altwassern u. dgl., sich findet. Die Einzelzellen leben in Kolonien, welche bis über 20000 Zellen umfassen und die am Rande einer Gallert-Hohlkugel eingelagert sind. Die Befruchtung findet hier statt durch Spermatozoiden und Eizellen.

2. Reihe. **Euprotococcales**. Vegetative Zellen nicht aktiv beweglich.

Familie **Pleurococcaceae.**

Die hierher gestellten Arten bestehen aus einzellebenden Zellen, die stets unbeweglich sind und sich durch fortgesetzte Zweiteilung vermehren. Sie kommen im Wasser oder auf feuchter Erde vor.

Pleurococcus v u l g a r i s ist diejenige Alge, welche meistens die Rinde von Bäumen in dichter, grüner Schicht überzieht. Doch nicht allseitig umkleidet sie bekanntlich den Stamm, sondern fast durchweg nur auf der Nordseite, so daß in nicht zu dichten Wäldern die Orientierung durch sie sehr erleichtert wird. Es hat dies den Grund, daß alle diejenigen Zellen, welche sich auf anderen Seiten des Stammes als der Nordseite bilden, stets wieder zugrunde gehen, sobald sie von der Sonne einmal intensiv getroffen werden.

2. Klasse. **Ulotrichales.**

Hierher gehören Arten, welche aus einfachen oder verzweigten Fäden oder ein- bis zweischichtigen Flächen bestehen mit fest vereinigten, meist einen, selten mehrere Zellkerne führenden Zellen. Die Einzelzellen der Individuen haben hier also ihre Selbständigkeit verloren, das Individuum ist mehrzellig geworden, und jede Zelle hat ihre ganz bestimmten Leistungen für den Gesamtorganismus beizutragen.

Familie **Ulvaceae.**

Zu dieser Familie gehört der sogen. „Meersalat", **Ulva** l a t i s s i m a, eine Alge, welche sich im Meer- und Brackwasser an den Küsten oft in großer Menge findet. Ihr Zellkörper besteht aus einer einschichtigen oder zweischichtigen Zellfläche von ansehnlicher Ausdehnung und unregelmäßig gelappter Form.

Familie **Chaetophoraceae.**

Zu dieser Familie wird eine Alge gerechnet, welche den bekannten Geruch des „Veilchensteins" hervorbringt, **Trentepohlia** iolithus. Sie besteht aus auf Steinen festsitzenden, verzweigten Zellfäden, deren Chlorophyll durch einen orangeroten Farbstoff verdeckt wird. Die ungeschlechtliche Vermehrung erfolgt durch Schwärmer, die geschlechtliche durch Isogameten. Der „Veilchenstein" findet sich nur in der reinen Luft der Berge, besonders auf alten, kalkfreien Gesteinen (Granit, Gneis, Glimmerschiefer) in ständig feuchter Atmosphäre.

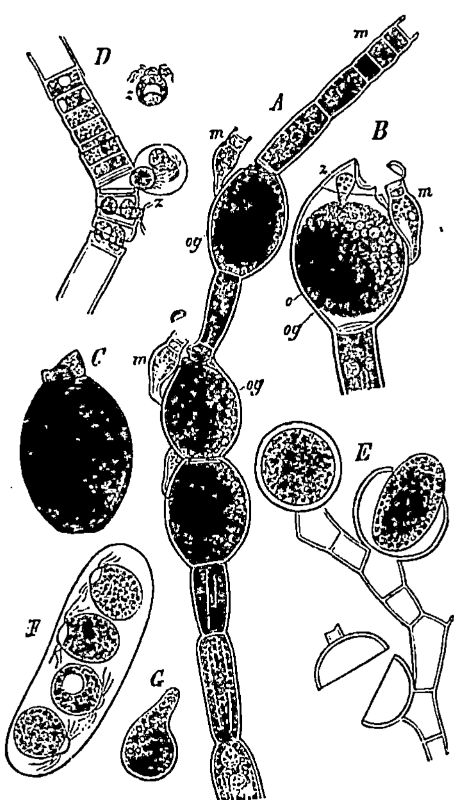

Abb. 195. *A* Oedogonium ciliatum. *og* befruchtete Oogonien; *m* die Zwergmännchen, welche die Spermatozoiden schon entlassen haben; sie sind erwachsen aus Schwärmern, die in den Zellen *m* am oberenEnde derFigur gebildet wurden. *B* ein Oogonium derselben Pflanze imAugenblicke derBefruchtung; *og* Oogonium, *o* Eizelle, *m* Zwergmännchen, *z* Spermatozoid. *C* reife Oospore derselben Pflanze. *D* Oedogonium gemelliparum; die Schwärmer *z* treten aus ihren Mutterzellen aus. *E* Stück einer Pflanze von Bulbochaete. *F* die durch Teilung der Oospore von Bulbochaete entstandenen vier Schwärmer, deren jede zu einer neuen Pflanze auswächst (*G*). (Nach Pringsheim.)

Familie **Oedogoniaceae.**

Von dieser Familie ist besonders die Gattung **Oedogonium** von Interesse, deren Arten, wenigstens zum großen Teil, durch eine auffallende Art der Fortpflanzung ausgezeichnet sind (Abb. 195).

Ihre Zellfäden sind einfach. Die ungeschlechtliche Vermehrung erfolgt durch große Schwärmer, welche an einem Pol einen ganzen Kranz von Cilien tragen. Die geschlechtliche Fortpflanzung wird durch Spermatozoiden und Eizellen bewirkt. Erstere werden in Antheridien gebildet, in kurzen, flachen und zu mehreren bis vielen übereinander liegenden Zellen, und zwar so, daß aus jeder der Zellen einzelne oder je zwei derselben hervorgehen, welche in der Form sehr an die Schwärmer erinnern. Die Eizellen entstehen einzeln in fast kugelförmig anschwellenden Zellen, den Oogonien, welche sich auch häufig zu mehreren nebeneinander im Faden entwickeln. Bei der Reife der Geschlechtszellen treten die Spermatozoiden aus den Antheridien aus, schwärmen im Wasser umher, dringen durch ein Loch der Oogonwandung zu den Eizellen vor und befruchten diese.

Manchmal kommt aber auch ein Verhalten vor, welches zu den wunderbarsten Erscheinungen der Pflanzenwelt überhaupt gehört. Man findet nämlich, daß ungeschlechtliche Schwärmer sich in der Nähe der Oogonien an den Faden ansetzen und sich mit einer Membran umgeben. Sehr bald wachsen sie dann zu einem kleinen, wenigzelligen Faden aus, von dem einige Zellen vegetativ bleiben, während wenige an der Spitze gelegene sich zu Antheridien von der normalen, flachen Gestalt umformen. Aus ihnen treten Spermatozoiden aus und dringen in die nahegelegenen Oogonien ein, wo sie die Befruchtung der Eizellen ausführen. Man hat die von den Schwärmern gebildeten, kleinen männlichen Fäden „Zwergmännchen" genannt und dadurch ihr physiologisches Verhalten sehr treffend ausgedrückt.

3. Klasse. **Siphonales. Schlauchalgen.**

Die Schlauchalgen sind von den bisher betrachteten dadurch unterschieden, daß ihre Zellen mit Spitzenwachstum versehen sind. Die Individuen selbst besitzen meist einen reich gegliederten Thallus, und doch besteht dieser im vegetativen Zustand durchweg nur aus einer einzigen, oft sehr großen Zelle, die zahlreiche Zellkerne enthält.

Familie **Vaucheriaceae.**

Zu dieser Familie gehört eine morphologisch wichtige Alge, **Vaucheria** sessilis, welche, wie die nahestehende Art Vaucheria dichotoma, in süßem und brackischem Wasser, aber auch auf feuchter Erde vorkommt und über die ganze Erde verbreitet ist.

Ihr Thallus ist im vegetativen Zustand stets einzellig, fadenförmig und unregelmäßig oder gabelig verzweigt. Wenn diese Formen zur ungeschlechtlichen Vermehrung schreiten, so gliedern sich die Astspitzen durch Querwände vom übrigen Thallus ab, und in diesen Endzellen werden meist zahlreiche Schwärmer erzeugt. Bei der geschlechtlichen Fortpflanzung werden zunächst seitlich am Thallus kurze und oft gekrümmte Seitenzweige gebildet, die sich durch eine

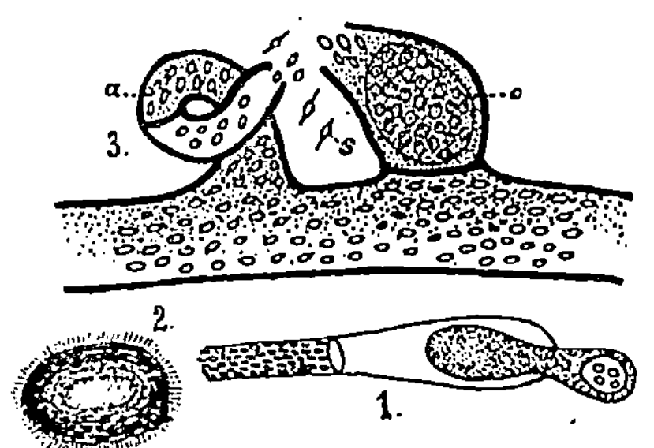

Abb. 196. Eine Schlauchalge, Vaucheria sessilis: *1* Austritt eines Schwärmers aus einem Astende. *2* Schwärmer, an seiner ganzen Oberfläche von Cilien besetzt. *3* Befruchtung der Oosphaere im Oogonium (*o*) durch die im Antheridium (*a*) enthaltenen Spermatozoiden (*s*). (Nach Pringsheim.)

Querwand abgliedern und von denen einzelne zu Antheridien, die anderen zu Oogonien werden. Beide Geschlechtsorgane (Abb. 196, *3*) befinden sich meist dicht nebeneinander auf dem Zellfaden. In den Antheridien werden nun sehr zahlreiche, mit zwei Geißeln versehene Spermatozoiden gebildet, während das Oogon nur eine einzige Eizelle enthält. Bei der Reife der Geschlechtszellen öffnet sich das Antheridium an der Spitze mit einem Loch, die Spermatozoiden schlüpfen aus und schwärmen zu dem benachbarten Oogon hinüber, wo sie durch eine Öffnung der Membran eindringen und eines von ihnen die Eizelle befruchtet.

Dieser Vorgang ist deshalb von Wichtigkeit, weil wir bei einer Gruppe der Pilze (Oomycetes) fast genau dieselbe Art und Weise der Fortpflanzung finden werden.

Familie **Caulerpaceae.**

Die hierher gehörigen Arten besitzen einen ganz auffallend gegliederten Thallus. Jedes Individuum besteht aus einer einzigen,

mächtigen, gegliederten Zelle, welche von sehr zahlreichen ausstützen-
den Cellulosebalken durchzogen wird. Die Zelle ist aber gegliedert
in einen wurzel-, stengel- und blattartigen Teil (Abb. 197) und er-

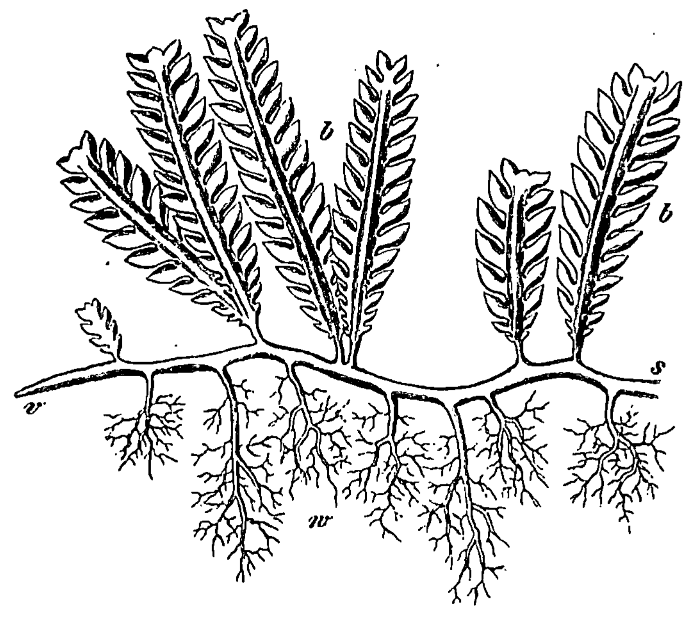

Abb. 197. Caulerpa crassifolia; einzellige Pflanze mit reich gegliedertem Thallus; *s* dem Stamm,
b den Blättern, *w* der Wurzel entsprechende Teile desselben, *v* Spitze. (Nach Sachs.)

hält dadurch ganz das Aussehen einer höheren Pflanze, bei welcher
sich die Einzelzellen in die Funktionen der Pflanze geteilt haben.
Die Vermehrung erfolgt dadurch, daß sich einzelne Thallusteile loslösen und zu neuen Pflanzen auswachsen.

Die zahlreichen Arten der Gattung **Caulerpa** sind Bewohner der Küsten
tropischer und suptropischer Meere.

VIII. Abteilung.

Charophyta.   Armleuchteralgen.

Es gehört hierher nur die eine

Familie **Characeae,**

deren Arten in süßem und brackischem Wasser über die ganze Erde
verbreitet sind und auch bei uns sehr häufig vorkommen. Sie gehören zu den charakteristischsten Bestandteilen der Bodenflora stehen-

der oder nur schwach fließender Gewässer oder flacher Seen und erinnern in ihrem Äußern in mancher Hinsicht an stark verkleinerte Schachtelhalme (Abb. 198).

Ihre Sproßachse ist in längere und kürzere Glieder geteilt und enthält reichlich reingrünes Chlorophyll. Die längeren Glieder, als Internodien bezeichnet, bestehen aus einer großen, oft bis zu 20 cm langen und dickzylindrischen Zelle (2). Die kürzeren Glieder werden als Knoten bezeichnet. Von ihnen gehen Quirle von ziemlich kurzen Seitenzweigen aus, welche sich allermeist nicht mehr verzweigen und an denen die Fortpflanzungsorgane, Antheridien und Oogonien, zur Entwicklung kommen (2). Ferner senden die Knotenzellen häufig sehr zahlreiche haarartige Zellen aus, die sich den Internodien fest anlegen und dieselben förmlich als Rindenschicht (Berindungszellen) umgeben.

Die Antheridien (*2 a*) zeigen einen sehr komplizierten und interessanten Bau. Sie sind von kugeliger Gestalt und besitzen eine aus acht flachen und rot gefärbten, einzelligen Schildern bestehende Hülle mit eigenartig eingefalteten Rändern. In der Mitte dieser Schilder sitzt innen ein kurzer Träger, das Manubrium, auf, von welchem wieder eine große Zahl von vielzelligen Zellfäden in das Antheridiuminnere ausstrahlt (3).

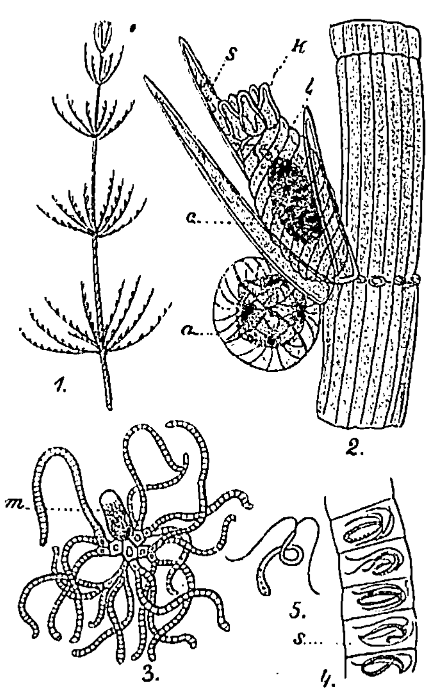

Abb. 198. Die Armleuchteralge Chara fragilis. *1* ein Zweigstück mit ansitzenden Geschlechtsorganen in natürlicher Größe. *2* ein Zweigstückchen stark vergrößert: *a* Antheridium. *s* Seitenzweigchen, in deren Achsel das Oogonium steht, *l* dessen Berindungszellen, *k* das Krönchen, *c* die befruchtungsfähige Eizelle, *3* Manubrium mit den die Spermatozoiden enthaltenden Zellfäden; *4* Stück eines solchen Zellfadens stärker vergrößert; *5* ein einzelnes Spermatozoid noch stärker vergrößert.

In jeder der kurzen Zellen dieser Zellfäden entsteht je ein Spermatozoid. Diese treten bei ihrer Reife aus und sprengen die Schilder des Antheridiums, wodurch sie in das umgebende Wasser gelangen (4, 5).

Die Oogonien bestehen im reifen Zustande aus der mächtigen Eizelle, welche durch fünf von ihrem Grunde heraufwachsende Hüllzellen berindet wird. Letztere verlängern sich meist noch über die Eizelle hinaus und drehen sich an der Spitze derselben zu einer krönchenartigen Bildung (*2 k*) zusammen. Bei der Reife des Oogoniums weichen die das Krönchen zusammensetzenden Zellen unterhalb der Spitze auseinander, oder aber das ganze Krönchen fällt ab, so daß die Spermatozoiden in das Oogon einzudringen und die Eizellen zu befruchten vermögen. Nachdem die Befruchtung erfolgt ist, entsteht aus der Eizelle eine derbwandige und reichlich mit Stärke erfüllte Oospore, welche imstande ist, den Winter oder eine Austrocknung ohne Schaden zu überstehen.

Sehr interessant ist, daß einzelne Arten der Familie durch eine parthenogenetische Entwicklung ausgezeichnet sind. Es kommt nämlich vor, daß die Antheridien und Oogonien auf getrennten Pflanzen auftreten, ferner daß an manchen Standorten stets nur Individuen weiblichen Geschlechts vorkommen. Und doch entwickeln sich die Oosphären regelmäßig zu Oosporen, geradeso als wenn sie normal befruchtet worden wären.

Besonders häufig sind die Arten der Gattungen **Chara** und **Nitella,** von welchen jedoch keine eine speziellere Bedeutung besitzt.

IX. Abteilung.

Phaeophyceae. Braunalgen oder Brauntange.

Vielzellige Algen, deren Chlorophyll durch einen braunen Farbstoff, das Phycophäin, verdeckt ist und die deshalb eine charakteristische braune Färbung aufweisen. Wie bei den Chlorophyceae kennen wir auch bei vielen hierher gehörigen Arten eine ungeschlechtliche Vermehrung durch Schwärmer und eine geschlechtliche Fortpflanzung durch Gameten, oder aber durch Spermatozoiden und Eizellen. Schwärmer wie Gameten sind dadurch ausgezeichnet, daß bei ihnen die beiden Cilien seitlich eingefügt sind.

1. Reihe. **Phaeosporeae.**

Fortpflanzungsorgane aus oberflächlichen Teilen der Sprosse auswachsend und frei am Thallus stehend.

Familie **Ectocarpaceae.**

Hierher gehört die große und an den deutschen Meeresküsten reich vertretene Gattung Ectocarpus. Ihre Arten bestehen aus einfachen oder verzweigten Zellfäden, welche in verschiedenartiger Weise dem Substrate aufsitzen. Die Fäden wachsen nicht durch Spitzenwachstum, sondern dadurch, daß wenigstens eine Zeitlang alle Zellen die Fähigkeit besitzen, sich zu teilen. An der Spitze der Fäden oder auch an Seitenästen entstehen die Geschlechtsorgane, und zwar so, daß entweder in der großen Endzelle direkt die Gameten entstehen oder aber, daß jene sich in sehr zahlreiche kleine Zellen teilt, von welchen jede einen Gameten hervorbringt. Diese Gameten sind stets gleichartig (Isogameten) und lassen sich nach den Geschlechtern nicht voneinander unterscheiden.

Familie **Laminariaceae.**

Zu dieser Familie werden die auffallendsten Formen unter den Algen gerechnet. Ihr Thallus ist, ähnlich wie bei den schon oben

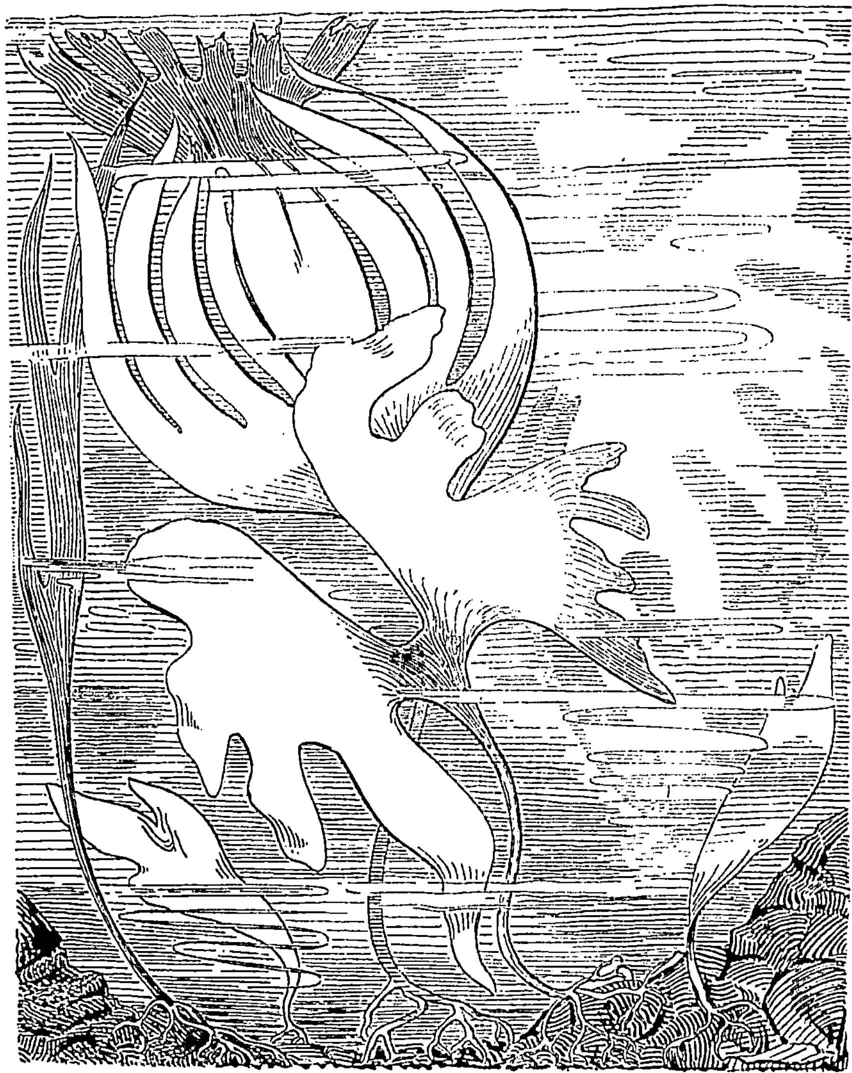

Abb. 199.ˑ [Laminaria Cloustoni, dem Boden einer Meeresküste aufsitzend, in verschiedenen Entwicklungsstadien.

behandelten C a u l e r p a c e a e, in einen wurzel-, stengel- und blattähnlichen Teil differenziert (Abb. 199), doch besteht hier das Individuum aus unzähligen kleinen Zellen, welche alle oder fast alle gleichartig und nicht zu einer bestimmten Arbeitsteilung fortgeschritten sind. Anfangs wächst die Pflanze dadurch, daß alle ihre Zellen teilungsfähig sind. Später aber sind die Wachstumszonen auf ganz bestimmte Punkte des Thallus beschränkt, und hierdurch werden dann die auffallenden Gestaltungsverhältnisse mancher Arten hervorgebracht (vgl. Abb. 199). Die Vermehrung erfolgt durch Schwärmer, welche in einfächerigen Sporangien gebildet werden; diese letzteren sitzen in großen Mengen herdenweise auf der Thallus-Blattoberfläche zusammen und bedecken diese oft fast vollständig. Aus den Schwärmern gehen aber nicht sofort die großen Tange hervor, sondern es entwickeln sich aus ihnen zunächst winzige Geschlechtspflanzen. Das befruchtete Ei derselben erzeugt dann erst wieder den großen Thallus. (Typischer Generationswechsel!)

Alle Laminariaceae sind typische Meerstrandsalgen.

Besonders verbreitet an den Küsten der Nord- und Ostsee ist **Laminaria digitata**, ausgezeichnet durch ihren meist handförmig geteilten Blattthallus. Die besonders in den Polarmeeren, aber auch in der Nordsee (Helgoland) verbreitete **Laminaria Cloustoni** (Abb. 199), liefert die früher offizinellen **Stipites Laminariae**, welche damals in der Chirurgie von großer Bedeutung waren, jetzt allerdings weniger Verwendung finden. Es wird von ihr der stammartige Teil verwendet. Dieser schrumpft beim Trocknen sehr stark zusammen, besitzt jedoch infolge seines großen Schleimgehaltes die Fähigkeit, bei späterem Feuchtigkeitszutritt stark aufzuquellen; die Stipites werden deshalb besonders dazu gebraucht, um ganz allmählich Wunden oder Körperhöhlen zu erweitern.

Eine andere Art dieser Gattung, **Laminaria saccharina**, enthält ziemlich viel Zucker und wird deshalb an den Küsten der Nordsee häufig gesammelt, um aus ihr einen allerdings nicht sehr geschätzten Sirup herzustellen.

Es ist dann endlich noch **Macrocystis pyrifera** anzuführen, ein Tang, welchen man mit vollstem Recht als die größte Pflanze bezeichnen kann. Sie ist besonders reich in den antarktischen Meeren verbreitet und findet sich an den Orten ihres Vorkommens in ungeheuren Mengen. Die einzelne Pflanze kann eine Länge von über 300 m erreichen.

2. Reihe. Cyclosporeae.

Fortpflanzungsorgane im Inneren von besonderen Behältern (Konzeptakeln) stehend. Keine ungeschlechtliche Vermehrung durch Schwärmer.

Familie Fucaceae.

Die hierher gerechneten Brauntange besitzen einen aus zahllosen fest vereinigten Zellen zusammengesetzten, fast lederartig harten Thallus. Zahlreiche Arten sind durch große, kugelige oder birnförmige Auftreibungen ausgezeichnet, d. h. durch mit Luft erfüllte Erweiterungen des Thallus, welche als Schwimmblasen fungieren und die Aufgabe haben, die am Meeresboden an den Küsten festsitzenden Pflanzen durch den starken Auftrieb in mehr oder weniger senkrechter Stellung zu erhalten. Die Geschlechtsorgane sind in eigenartigen Höhlungen der Thallusoberfläche, den Konzeptakeln, enthalten, welche sich meistens an den Enden der Thalluslappen in größerer Anzahl finden (Abb. 200). Diese Konzeptakeln entstehen in der Weise, daß um eine bestimmte Stelle, auf welcher sich die Geschlechtsorgane zu bilden beginnen, die oberflächlichen Zellen des Thallus ein starkes Wachstum erlangen. Sehr bald kommt es dann so weit, daß die

Geschlechtsorgane von einem Thalluswalle umgeben sind, und zuletzt entwickelt sich dieser Wall so stark, daß die Geschlechtsorgane in einem nur an der Spitze eine kleine Öffnung besitzenden Behälter liegen. Ein solches Konzeptakulum kann gleichzeitig beide Geschlechter enthalten, oder aber letztere sind auf verschiedene Konzeptakeln, ja sogar oft auf verschiedene Individuen verteilt. Die Antheridien entstehen in großer Menge an stark verzweigten Zellfäden und enthalten bei der Reife zahlreiche gelbe, birnförmige Spermatozoiden. Die

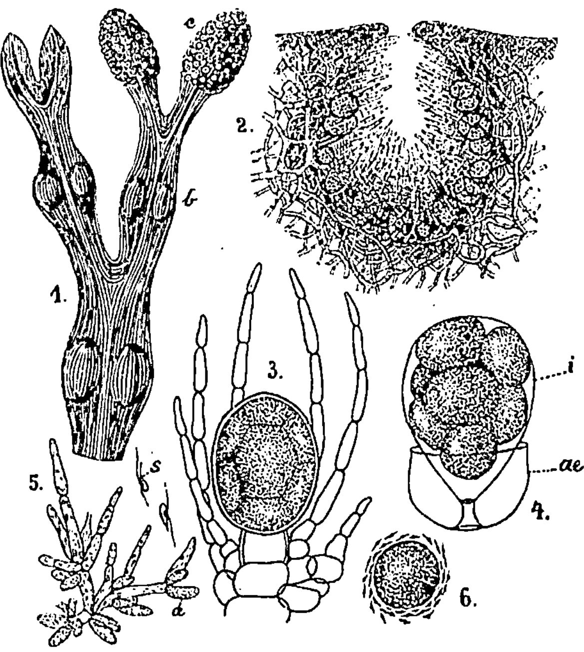

Abb. 200. Die Braunalge Fucus vesiculosus: *1* Stück des Thallus mit Schwimmblasen (*b*) und Behältern der Befruchtungsorgane (*c*); *2* eine kugelige Höhlung (Conceptaculum) des verdickten Thallusendes; *3* ein Oogonium; *4* ein solches im Begriff die Eizellen zu entleeren; *5* Antheridien (*a*), einem verzweigten Haare ansitzend, daneben zwei bewimperte Spermatozoiden (*s*); *6* eine Eizelle von Spermatozoiden umschwärmt. *1* in nat. Größe, *2—6* mehr oder weniger stark vergrößert. (Nach Thuret.)

Oogonien sind kurz gestielt, dunkelbraun, von ovaler Form und entwickeln zwei, vier oder acht Eizellen. Bei der Reife treten die Eizellen aus dem Oogon aus und bleiben unbeweglich in dem Konzeptakulum liegen. Die Eizellen werden von den Spermatozoiden in ungeheuren Mengen umschwärmt, so daß sie zuletzt in eine drehende Bewegung versetzt werden und allmählich die Konzeptakeln verlassen.

Der Transport der Eizellen wird besonders dadurch unterstützt, daß die Innenwandung der Konzeptakeln mit starren, nach der Ausgangsöffnung gerichteten Haaren ausgekleidet ist, wodurch erzielt wird, daß umgekehrt wie bei einer Fischreuse kleine Körper wohl den Hohlraum verlassen, dagegen nicht mehr in ihn eindringen können. Während dieses Transportes erfolgt die Befruchtung, indem eines der Spermatozoiden in die Eizelle eindringt. Sofort nach erfolgter Befruchtung umgibt sich die Eizelle mit einer Membran und wächst, sich an irgend einen Gegenstand ansetzend, zu einer neuen Pflanze aus.

Fucus vesiculosus und **F. serratus** kommen an den Küsten der nordischen Meere, in der Ost- und Nordsee, oft in ungeheuren Mengen vor. Sie werden stellenweise gesammelt, da man aus ihnen durch Verbrennen die sogen. **Tangsoda**, auch **Kelp** oder **Varek** genannt, gewinnt, welche zur Glasfabrikation hier und da noch verwertet wird. Diese Tange enthalten auch beträchtliche Mengen von Jod, weshalb sie früher medizinisch verwendet wurden.

Zu der Familie der **Fucaceae** gehört auch die Gattung **Sargassum**, deren Arten in erster Linie zu der Zusammensetzung des sogen. **Sargassomeeres** beitragen. Sie wachsen an den Küsten des mexikanischen Meerbusens, werden dort durch die Gewalt des Golfstromes losgerissen, in den Atlantischen Ozean getrieben und durch Strömungsverhältnisse an den Ort zusammengetragen, welcher nach ihnen den Namen Sargassomeer führt.

3. Reihe. Dictyotales.

Ungeschlechtliche Vermehrung durch Aplanosporen, d. h. nicht aktiv bewegliche, vegetative, sich teilende Zellen. Oogonium mit einer Eizelle.

Dictyota dichotoma, ausgezeichnet durch charakteristisches dichotomisches Scheitelzellwachstum, ist häufig an der Küste der Nordsee und des Mittelmeeres.

X. Abteilung.

Rhodophyceae. Rotalgen oder Rottange,

auch oft Florideen genannt.

Die Rhodophyceen (von ῥόδος, rhodos = rot) sind mit wenigen Ausnahmen Meeresalgen. Ihre lebhaft rote Farbe rührt von **Phycoërythrin** her, einem Farbstoff, welcher das Chlorophyllgrün verdeckt und im Seewasser unlöslich ist, durch kaltes Süßwasser hingegen ausgezogen wird. Alkalien, sowie der Einfluß des Lichtes zerstören den Farbstoff gleichfalls, weshalb die offizinellen Drogen dieser Algengruppe farblos sind. Die Rottange besitzen eine ungeschlechtliche Vermehrung und eine geschlechtliche Fortpflanzung. Erstere geschieht durch Sporen, welche meist zu vier (in **Tetraden**) in einzelnen Zellen (**Sporangien**) zusammenliegen und **Tetrasporen** genannt werden. Die geschlechtlichen Fortpflanzungsorgane bestehen in den männlichen **Antheridien**, welche nackte unbewegliche, kugelige Zellen (**Spermatien**) erzeugen, und den weiblichen **Karpogonien**, Zellen von eigenartiger Gestalt, mit einem basalen, etwas angeschwollenen Teil, von welchem ein fadenförmiger Teil (das **Trichogyn**, Abb. 201 t) ausläuft. An diesem haften die durch das Wasser herangespülten Spermatien und vollziehen die Befruchtung, deren Resultat ein sogen. **Fruchthaufen** (**Karposporen**) ist. Auf die Einzelheiten dieses oft sehr komplizierten Befruchtungsvorganges kann an dieser Stelle nicht näher eingegangen werden. — Schwärmer werden bei den Rottangen nicht gebildet.

Off. **Chondrus crispus** (Abb. 202) und **Gigartina mamillosa** (Abb. 203) wachsen an felsigen Küsten Europas sowie Nordamerikas und sind die Stamm-

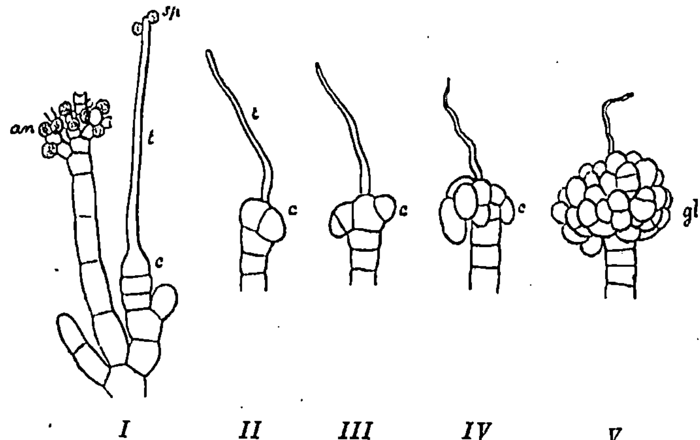

Abb. 201. Geschlechtsorgane einer Rotalge: *I* Ein Zweig mit Antheridien (*an*) und einem Karpogon (*c*), letzteres mit dem Trichogyn (*t*) versehen; an diesem sitzen zwei Spermatien an (*sp*), welche im Begriff sind, die Befruchtung zu vollziehen; *II* bis *V* stellen die nach erfolgter Befruchtung vor sich gehende Ausbildung des Karpogons (*c*) zu einem Fruchthaufen (*V gl*) dar.

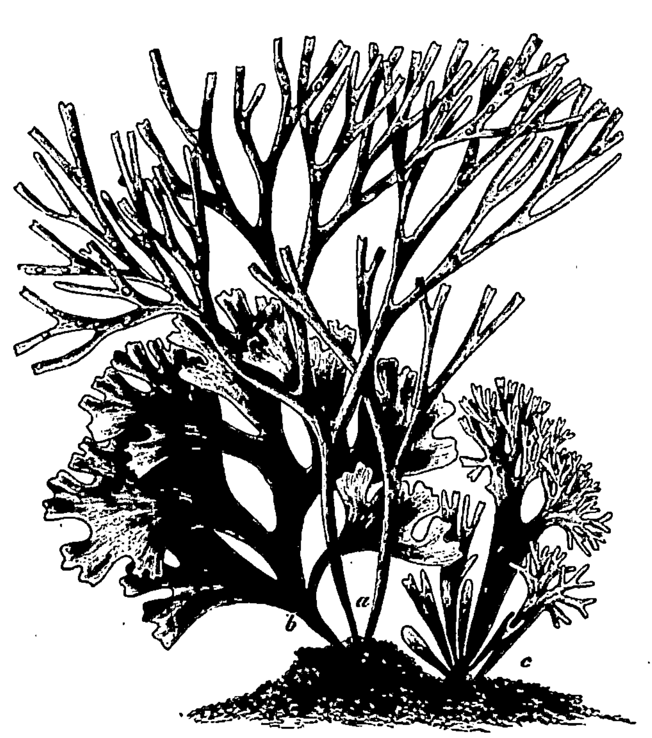

Abb. 202. Chondrus crispus.

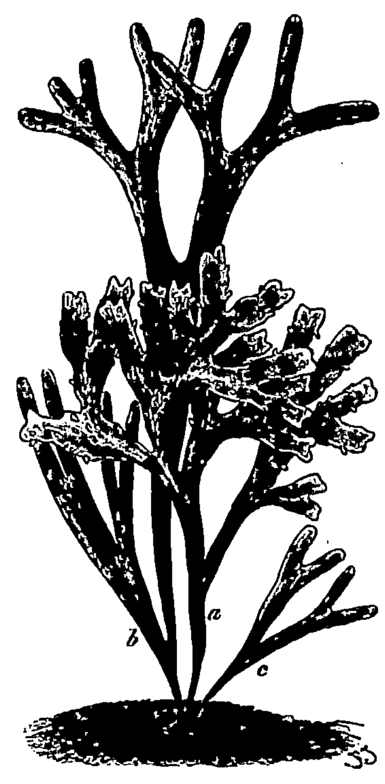

Abb. 203. Gigartina mamillosa.

pflanzen des „Carrageen", des sogen. „Irländisch Moos". — **Eucheuma spinosum** und **Gracilaria** lichenoides sind die Stammpflanzen der Droge „Agar-Agar".

Alsidium helminthochorton, eine Alge des Mittelländischen Meeres, wurde früher gleichfalls gesammelt und als Wurmmittel unter dem Namen „Helminthochorton" medizinisch gebraucht.

Sehr zahlreiche schleimhaltige Arten der Rottange werden in Japan gesammelt und bilden ein wichtiges Volksnahrungsmittel.

Batrachospermum moniliforme und andere Arten der Gattung kommen im fließenden Süßwasser vor und sind von reingrüner Farbe.

XI. Abteilung.

Eumycetes. Fungi. Echte Pilze.

Zwischen Algen und Pilzen besteht nur ein wirklich durchgreifender Unterschied: erstere enthalten Chlorophyll, während dieses den letzteren fehlt. Da also die Pilze nicht die Fähigkeit besitzen, aus anorganischen Stoffen organische zu bilden, und sich in dieser Hinsicht ganz analog den Tieren verhalten, so sind sie auf ein saprophytisches oder parasitisches Leben angewiesen, d. h. sie entnehmen anderen, toten oder lebenden Organismen die von jenen gebildeten oder wenigstens in ihnen enthaltenen organischen Stoffe.

Besonders mit der Algengruppe der Siphonales zeigen einige Gruppen der Pilze noch sehr große Übereinstimmung, in vegetativer wie in reproduktiver Hinsicht. Alle Pilze sind nämlich wie jene stets mit echtem Spitzenwachstum versehen; ihr Thallus besteht aus locker gelagerten oder eng verflochtenen, ein- bis außerordentlich vielzelligen Fäden, den Hyphen oder dem Mycelium, welche in das Substrat eindringen und diesem seine Nährstoffe entziehen. Die Vermehrung erfolgt auf ganz außerordentlich verschiedenartige Weise: Bei einer kleinen Gruppe der Phycomyceten durch bewegliche Schwärmer, bei allen übrigen Pilzen dagegen durch abgeschnürte oder im Innern vegetativer Zellen gebildete Sporen, die sog. Konidien. Eine unzweifelhafte geschlechtliche Fortpflanzung finden wir nur bei den niedrigsten Gruppen und auch hier nicht regelmäßig vertreten. Sie erinnert dann ganz an die geschlechtlichen Vorgänge, welche wir bei den Algengruppen der Siphonales oder der Conjugatae beobachteten. Neuerdings ist es gelungen, auch bei einzelnen höheren Pilzen (Ascomyceten und Basidiomyceten) sehr verwickelte Vorgänge zu verfolgen, die wohl als Geschlechtsakt zu deuten sind und die Bildung der Fruchtkörper bewirken.

1. Klasse. **Phycomycetes. Algenähnliche Pilze.**

Ihr Thallus besteht im vegetativen Zustand fast stets aus einer einzigen, meist sehr stark verzweigten und oft ungemein umfangreichen Zelle. Häufig finden wir noch eine geschlechtliche Fortpflanzung, oft allerdings in allen Stadien der Reduktion, d. h. der Rückbildung: wir nehmen wahr, daß allmählich die geschlechtliche Fortpflanzung überhaupt aufgegeben wird und dafür eine sehr weitgehende und energische ungeschlechtliche Vermehrung in den Vordergrund tritt.

1. Reihe. Zygomycetes.

Hierher gehören saprophytische und parasitische Pilze mit reich verzweigtem Mycel. Die ungeschlechtlichen Vermehrungssporen entstehen im Innern vegetativer Zellen oder werden von Mycelschläuchen abgeschnürt. Die geschlechtliche Fortpflanzung ist derjenigen, welche wir bei der Algengattung Spirogyra (Conjugatae) kennen lernten, sehr ähnlich.

Familie Mucoraceae.

Als Vertreter dieser Familie soll der sogenannte Köpfchenschimmel, **Mucor** mucedo (Abb. 204), besprochen werden.

Er kommt besonders häufig auf Pferdemist vor, oft aber auch auf allen möglichen nährstoffreichen Substanzen. Wenn auf diese Stoffe eine Spore des Pilzes gefallen ist, so keimt diese nach kurzem mit einem Keimschlauche aus, welcher sich bald mächtig durch Spitzenwachstum streckt, sich nach allen Seiten verzweigt und überall hin — stets einzellig bleibend — das Nährsubstrat durchzieht. Nachdem dann dieser vegetative Teil des Pilzes, das Mycelium, eine gewisse Stärke erlangt, d. h. genügende Nährstoffe aufgenommen hat, sehen wir ihn zur Vermehrung schreiten. Zu diesem Zwecke konzentriert sich ein großer Teil des in der oft riesigen Zelle enthaltenen Protoplasmas an einem oder einigen Punkten derselben, von welchen aus dann aufrechte, in die Luft hineinragende, plasmareiche, dicke Äste gebildet werden. Nach kurzer Zeit schwillt ihre Spitze kugelig an und gliedert sich durch eine gewölbte Querwand, die sogen. Columella, das Säulchen, von dem Stiele ab. In dieser abgeschnürten Zelle, dem Sporangium, zerfällt nun das Protoplasma in sehr zahlreiche, kleine Portionen, welche sich zuletzt mit einer festen

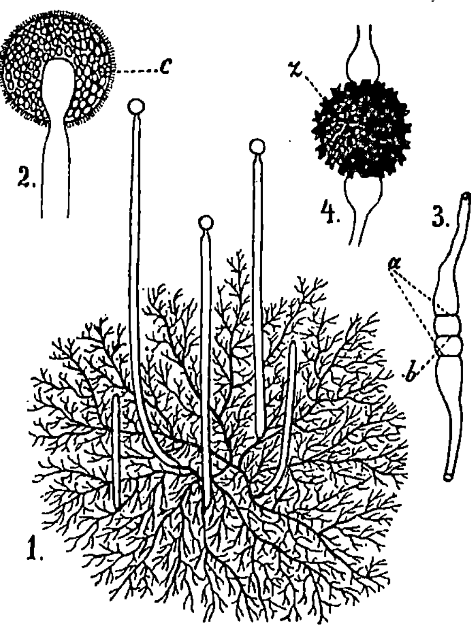

Abb. 204. *1* Phycomyces nitens mit drei reifen und zwei sich entwickelnden Sporangien; *2* Längsschnitt durch den Gipfel eines Sporangiums von Mucor mucedo, *c* Sporen; *3* zwei Mycelzweige in Kopulation begriffen; *4* die daraus entstandene Zygospore (*z*). (Nach Sachs und Brefeld.)

Membran umgeben und so zu Sporen werden. Es ist jedoch festzuhalten, daß nicht das gesamte Protoplasma zur Sporenbildung verbraucht wird, sondern daß zwischen den Sporen noch ein Teil desselben übrig bleibt, die sogen. Zwischensubstanz, welche außerordentlich stark quellungsfähig ist. Tritt bei der Sporenreife Feuchtigkeit zu dem Sporangium, so nimmt die Zwischensubstanz dieselbe auf, quillt sehr stark und sprengt so die Sporangienwand, worauf die Sporen, in die zähe Flüssigkeit eingehüllt, heruntertropfen und leicht verbreitet werden. Die Sporen besitzen die Fähigkeit, sofort, nachdem sie ein zusagendes, feuchtes Substrat gefunden haben, zu keimen und sehr rasch wieder neue Mycelien zu bilden. Wenn wir nun berücksichtigen, daß ein einziges Mycelium viele Sporangien hervorbringen kann, daß ein Sporangium meist außerordentlich zahlreiche Sporen enthält und diese sofort wieder keimungsfähig sind, so läßt sich begreifen, wie ungeheuerlich stark die Verbreitungsfähigkeit dieses Pilzes durch die ungeschlechtlichen Vermehrungssporen ist.

Enthält das Nährsubstrat, auf welchem sich der Mucor entwickelt hat, reichlich Nährstoffe und Feuchtigkeit, so bleibt der Pilz meist ständig bei dieser soeben geschilderten ungeschlechtlichen Vermehrung. Sobald aber die Nährstoffe abnehmen oder sonst ungünstige Vegetationsbedingungen eintreten, so schreitet der Pilz zur geschlechtlichen Fortpflanzung. Auch jetzt werden durch eine Protoplasmakonzentration dicke Äste am Mycel gebildet, welche sich aber nicht in die Luft erheben, sondern in der Höhe des Nährsubstrates bleiben. Je zwei derselben wachsen einander entgegen, schwellen an ihren Enden, nachdem sie sich aneinander gelegt haben, keulenförmig an, worauf sich die angeschwollenen Endzellen durch Querwände abgliedern. Sodann wird die trennende Membran zwischen den beiden Zellen aufgelöst, deren Inhalte vereinigen sich und bilden eine große, kugelige Spore, die sogen. Zygospore. Diese vergrößert sich noch nachträglich sehr stark, erhält eine dicke, warzige Wandung und wird allmählich dadurch frei, daß die Myceläste, aus denen sie hervorgegangen ist, die sogen. Suspensoren, verwelken und vermodern. Die Zygospore kann nicht, wie die Konidien, sofort keimen, sondern muß eine gewisse Ruheperiode durchmachen. Infolge ihrer dicken Wandung ist sie imstande, unbeschadet lange Zeit Austrocknung und Kälte zu ertragen.

Früher kannte man nicht die Bedingungen, unter denen Zygosporenbildung auftritt, und war bei Kulturversuchen auf den Zufall angewiesen. Der amerikanische Pilzforscher Harper entdeckte vor kurzem, daß gewisse Mucoraceen homoiothallisch sind, d. h. daß Zygosporen zwischen zwei Ästen desselben Thallus gebildet werden. Bei zahlreichen anderen jedoch fand er Heterothallie, d. h. bei ihnen werden Zygosporen nur beim Zusammentreffen von Ästen verschiedener Thalli gebildet, die zwar äußerlich nicht voneinander zu unterscheiden, aber offenbar physiologisch verschieden sind. Da man sie nicht als $\male$ und $\female$ bezeichnen kann, hat man die beiden Formen als + und — Thallus bezeichnet. Heute ist man imstande, leicht durch Aussaat der Sporen einer heterothallischen Mucoracee Zygosporen zu erhalten.

Von Interesse ist, daß bei anderen Arten der Gattung Mucor zwar die Konjugationsäste regelmäßig angelegt werden, ohne daß es aber zur Vereinigung zweier derselben käme, oder daß sich die Äste treffen, ohne daß die Plasmainhalte zusammentreten; und doch werden in diesen Fällen regelmäßig Sporen gebildet, welche sich von den normalen, geschlechtlich gebildeten Sporen in nichts unterscheiden. Man nennt diese Azygosporen. Sie sind als eine Reduktionserscheinung zu deuten, als einen Zurücktritt der Geschlechtlichkeit, und sind für das Verständnis der bei den höheren Pilzen zu beobachtenden Verhältnisse von großer Wichtigkeit.

Familie **Entomophthoraceae.**

Zu dieser Familie gehören allermeist parasitisch lebende Arten, von denen eine der bekanntesten besprochen werden soll, **Empusa Muscae**, der Pilz, welcher die in jedem Spätjahr zu beobachtende Fliegenseuche erregt.

Nach der Mitte jedes Jahres bis in den Spätherbst hinein sieht man tote Fliegen oft in großen Mengen an Mauern oder Fenstern sitzen, welche von einem hellgelben oder weißen Hofe umgeben sind. Dieser Hof besteht aus einem Haufen von Sporen, welche stark klebrig sind. Kriecht nun eine Fliege über einen solchen Sporenhaufen, so bleiben leicht einige der Sporen an ihrem Hinterleib hängen. Diese keimen sofort und bilden einen Keimschlauch, welcher durch die zarteren Partien des Fliegen-Hinterleibes sich einbohrt und, sobald er in den Körper gelangt ist, mächtig zu wuchern und sich auszubreiten beginnt. Sehr bald wird das Insekt nach allen Richtungen hin vom Mycel durchzogen, der Nährstoffe beraubt, zuletzt gänzlich ausgefüllt, förmlich ausgestopft und allmählich zum Absterben gebracht. Nun brechen kräftige Mycelfäden, die sogen. Konidienträger, zwischen den Hinterleibsringen in aufrechten Reihen hervor und schnüren in ungeheuren Mengen Sporen, Konidien, ab, welche oft zentimeterweit weggeschleudert werden und einem klebrigen Plasmatröpfchen eingelagert sind. — Bei dieser Familie werden also die Sporen abgeschnürt und nicht im Inneren von Sporangien gebildet wie bei den Mucoraceae.

Die geschlechtliche Fortpflanzung der Entomophthoraceae erfolgt ähnlich wie bei den Mucoraceae.

2. Reihe. Oomycetes.

Saprophyten oder Parasiten. Ungeschlechtliche Vermehrung sehr wechselnd. Geschlechtliche Fortpflanzung ähnlich wie bei der Siphonales- (Algen-) Gattung Vaucheria durch Bildung von Oosporen.

Familie **Peronosporaceae.**

Von dieser wichtigen Familie soll ein Vertreter genauer geschildert werden.

Die Arten der Gattung **Phytophthora** sind zum Teil als gefährliche Parasiten gefürchtet. Besonders Ph. infestans ist hier anzuführen, ein Pilz, welcher eine der gefährlichsten Erkrankungen der Kartoffelpflanze herbeiführt und in manchen Jahren schon kolossalen Schaden angerichtet hat. Man bemerkt an den erkrankten Pflanzen zuerst, daß die Blätter sich zu bräunen beginnen. Die Flecken nehmen an Größe immer mehr zu, und bald ist das Blatt vollständig abgestorben. Auch die Kartoffelknollen werden angesteckt, und zwar kann dies erfolgen, während die Knollen mit der Pflanze noch in Verbindung stehen, oder erst, wenn sie geerntet sind und überwintert werden. Hauptsächlich durch diese erkrankten Knollen, in welchen sich das Mycel lebend erhält, wird die Krankheit dann im folgenden Jahre wieder weiter verbreitet und tritt häufig so frühzeitig und gefährlich auf, daß Knollen gar nicht mehr entstehen. — Die ungeschlechtliche Vermehrung findet in folgender Weise statt:

Die konidienartigen Sporangien, von Birnform, entstehen an den Astenden reich verzweigter Träger, die einzeln oder oft auch in ganzen Büscheln durch die Spaltöffnungen der Wirtspflanze hervorbrechen (s. Abb. 205, *1*), während der vegetative Teil des Pilzes im Inneren der Wirtspflanze wuchert und derselben Nährstoffe entzieht.

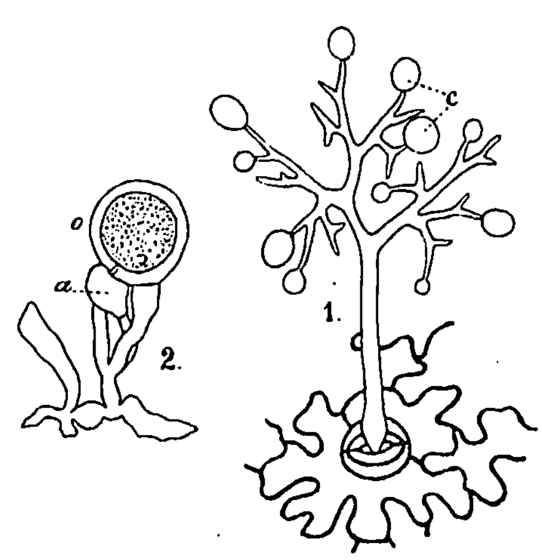

Abb. 205. Peronospora calotheca: *1* ein Sporangienträger aus einer Spaltöffnung der Nährpflanze hervortretend; c Sporangien; *2* geschlechtliche Fortpflanzung desselben Pilzes, a Antheridium, o Oogonium. (Stark vergrößert.) (Nach Kny.)

Die Sporangien fallen nun, sobald sie ihre Reife erreicht haben, von ihren Trägern ab und werden durch den Wind verbreitet. Wird ihnen dann genügend Feuchtigkeit geboten, so treten aus ihnen Schwärmer in großer Anzahl aus, welche eine Zeitlang schwärmen, dann zur Ruhe kommen und in das Substrat eindringen. Finden sie nicht die zusagende Nährpflanze, so gehen sie zugrunde. Die geschlechtliche Fortpflanzung erfolgt wie bei Pythium (s. S. 197).

Von den Arten dieser Familie sei endlich noch **Plasmopara** viticola erwähnt, der sogen. „falsche Mehltau" des Weinstockes, der oft großen Schaden anzurichten vermag. Man bemerkt auf den erkrankten Blättern einen mit bloßem Auge deutlich erkennbaren Schimmel, welcher sich unter dem Mikroskop als durch die Sporangienträger (vgl. Abb. 205) hervorgerufen erweist. Diese treten in großen Mengen aus den Spaltöffnungen der Blätter hervor und verbreiten infolge der Unzahl der gebildeten Sporangien die Krankheit sehr rasch, während die vegetativen Hyphen das Blattinnere nach allen Richtungen durchziehen, demselben die Nährstoffe entnehmen und so das Blatt zu frühzeitigem Welken und Abfallen bringen.

Familie **Saprolegniaceae.**

Die zu dieser Familie zu rechnenden Formen sind echte Wasserpilze, welche meist als Saprophyten auf abgestorbenen Pflanzen oder Tieren leben, die aber auch manchmal parasitisch werden und lebende

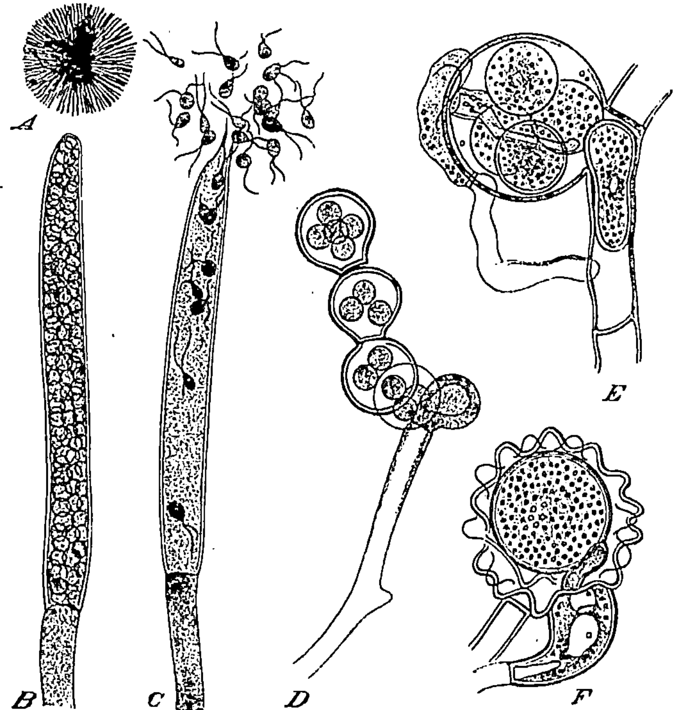

Abb. 206. *A—C* Saprolegnia Thuretii. *A* Fliege mit Saprolegnia-Rasen. *B* Schwärmsporangium vor, *C* nach Entleerung der Schwärmer. *D* S. monilifera. Oogonien. *E* S. Thuretii. Oogonium und Antheridium. *F* S. asterophora. Oogonium und Antheridium. *A* natürliche Größe, *B—D* etwa 200 mal, *E* 400 mal, *F* 600 mal vergrößert. (*A—C* nach Thuret. *D—F* nach De Bary.)

Tiere befallen (Abb. 206). Die ungeschlechtliche Vermehrung erfolgt geradeso wie bei vielen Algen durch Schwärmer, welche in ungeheurer Anzahl in langgestreckten Schläuchen, den Sporangien, entstehen. Die geschlechtliche Fortpflanzung wird durch Antheridien und Oogonien vermittelt, ähnlich wie wir dies bei der folgenden Familie kennen lernen werden.

Es ist jedoch festzuhalten, daß bei den Saprolegniaceae die Geschlechtlichkeit oft schon sehr zurücktritt; in manchen Fällen werden gar keine Antheridien mehr gebildet, und doch entwickeln sich die meist in der Mehrzahl entstandenen Eizellen regelmäßig — auf parthenogenetischem Wege — zu Oosporen.

Familie **Pythiaceae.**

Pythium De Baryanum ist ein winziger, mikroskopischer, fadenartiger Pilz, welcher besonders junge Keimpflanzen befällt und denselben häufig großen Schaden zufügt. Die ungeschlechtliche Vermehrung erfolgt durch mit zwei Cilien versehene Schwärmer, welche in meist kugeligen Sporangien in großer Menge gebildet werden (vgl. auch Abb. 206, *B, C*). Die geschlechtliche Fortpflanzung geht in folgender Weise vor sich. Einzelne Teile des einzelligen Thallus, meist die Spitzen der Zweige, schwellen an und trennen sich vom übrigen Thallus durch Querwände ab. Ihr Protoplasma differenziert sich in eine zentrale, mit körnigem Plasma erfüllte Kugel, die eigentliche Eizelle, welche von einem wasserhellen Protoplasma, dem sogen. Periplasma, umhüllt wird; es sind dies die Oogonien. In der Nähe dieser Oogonien entstehen an anderen Zweigenden kurze Zellen, die Antheridien, welche sich bald dem weiblichen Geschlechtsapparate anlegen. Sie treiben von der Anlegestelle aus einen kurzen Fortsatz, den Befruchtungsschlauch, durch die Oogonwandung und das Periplasma hindurch, welcher sich der Eizelle anlegt und dessen Plasmainhalt sich mit demjenigen der Eizelle vermengt. Darauf umgibt sich sofort die Eizelle mit einer starken Membran und wird zur Oospore, welche erst nach einer gewissen Ruheperiode wieder keimen kann.

2. Klasse. **Ascomycetes. Schlauchpilze.**

Das Mycel ist äußerst zart und fein, vielzellig. Die geschlechtliche Fortpflanzung ist vollständig oder fast vollständig erloschen. Die ungeschlechtliche Vermehrung ist sehr mannigfaltig: sie erfolgt durch Konidien (Nebenfruchtform) und Ascosporen (Hauptfruchtform). Erstere sind meist von Gattung zu Gattung wechselnd, letztere für die ganze Klasse durchaus gleichartig. Die Ascosporen entstehen in dem sogen. Schlauch, dem Ascus, d. h. in einem Sporangium, welches nach Form, Größe und besonders nach der Sporenzahl bestimmt, fixiert worden ist. Diese Sporangien oder Asci können an jeder beliebigen Stelle am vegetativen Mycel des Pilzes entstehen. Meist aber finden wir Fruchtkörper entwickelt, wo die Asci in besonderen und oft eigenartig differenzierten Fruchtanlagen entstehen: Hier treffen wir meist sehr zahlreiche Asci, welche gleichgerichtet, wie Pfosten, nebeneinander liegen und so ein Lager, ein Hymenium, bilden. Doch liegt meist nicht Ascus neben Ascus, sondern zwischen sie schieben sich stets sehr zahlreiche unfruchtbare Schläuche ein, die sogen. Paraphysen, deren genauere Bedeutung noch unbekannt ist. Meist finden wir im Ascus acht Sporen vor, doch wechselt die Zahl innerhalb ganz bestimmter Grenzen. Wir kennen auch Fälle, wo die Sporenzahl des Ascus 2, 4, 8, 16, 32, 64, 128 beträgt. Die Erklärung für diese bestimmte Zahlenreihe beruht darin, daß der ursprünglich einzige Kern des Ascus sich teilt, daß darauf meist die Tochterkerne noch mehrere Teilungen durchmachen und aus denselben dann Sporen hervorgehen.

Der Ascus entwickelt sich aus Endzellen der Mycelfäden, welche keulen- oder schlauchartig anschwellen. Bei der Sporenbildung wird nun nicht das gesamte Protoplasma des Ascus verbraucht, sondern es bleibt stets ein Teil desselben, das sogen. Periplasma, zurück, in welchem die Sporen eingebettet liegen und welches dann später zur Verbreitung der Sporen beiträgt. Bei der Sporenreife nimmt nämlich das Periplasma gierig Feuchtigkeit auf und quillt dadurch stark. Der Ascus wird dabei mehr und mehr aufgetrieben und seine Membran allmählich immer mehr gespannt, bis diese zuletzt dem Drucke nicht mehr widerstehen kann, am Scheitel aufreißt und sich zusammenzieht, wodurch der gesamte Inhalt, Sporen und Periplasma, mit großer Kraft herausgeschleudert wird. Das Periplasma ist klebrig, und die Sporen haften leicht anderen Gegenständen und Lebewesen an, durch welche sie dann verbreitet werden.

Familie **Aspergillaceae.** Schimmelpilze.

Die hierher gehörigen Formen werden gewöhnlich schlechthin als „Schimmelpilze" bezeichnet und spielen im Haushalte der Natur eine große Rolle.

Aspergillus herbariorum, der sogen. „blaue Schimmel", stellt sich auf allen vegetabilischen Substanzen ein und besitzt ein geradezu ungeheueres Verbreitungsvermögen. Sobald die Sporen auf irgendwelche organische Substanzen gelangt sind, bilden sie ein reich verzweigtes Mycel, an dem sehr bald die Nebenfruchtform auftritt. Es erheben sich vom Mycel zahlreiche dicke, senkrecht stehende Äste, welche an der Spitze kopfig anschwellen, die Konidienträger.

Von deren Köpfen entstehen sodann kurze, zylindrische Zellen, die sogen. Sterigmen, welche in großer Menge Konidien in langen Ketten abschnüren. Diese werden durch den Wind verweht und können, auf einen Nährboden gelangt, sofort keimen. Längere Zeit dauert diese Konidienbildung gleichmäßig fort, so daß also die Vermehrung des Pilzes eine ganz ungeheure sein kann. Erst wenn das Substrat nährstoffärmer wird, schreitet der Pilz zur Hauptfruchtform, zur Bildung der Ascosporen.

Man sieht dann an einzelnen Hyphen schraubenartig gewundene dicke Äste (fertile oder ascogene Hyphen genannt, siehe Abb. 207, *g*) auftreten, an deren Basis dünnere sterile Fäden aussprossen. Die letzteren verzweigen sich dann rasch sehr stark und umhüllen bald die fruchtbaren Hyphen vollständig, indem sie durch starkes Verflechten eine pseudoparenchymatische Hülle bilden. Erst dann beginnt in der fruchtbaren Hyphe, welche sich bisher nur wenig entwickelt hat, ein kräftiges Wachstum. Es treten Querteilungen auf und es bilden sich kurze verzweigte Äste, die sich zwischen die sterilen Hyphen einschieben und dieselben auseinander drängen. Ihre letzten Verzweigungen, die Enden der Seitenäste, schwellen dann schlauchartig an, während die unfruchtbaren Hyphen allmählich verdrängt und aufgelöst werden, und erfüllen zuletzt als Asci mit je acht Sporen (Abb. 207, *a*) den jetzt nur noch von einschichtiger, starker Wand umgebenen Fruchtkörper. Erst wenn dieser zerreißt oder verwittert, werden die Sporen frei.

Zu dieser Familie gehört auch **Penicillium** crustaceum, der gemeine Pinselschimmel (Abb. 207, *a*, *g*, *x*), welcher ebenfalls auf fast sämtlichen Substraten fortkommt und dieselbe kolossale Vermehrung zeigt wie der vorige

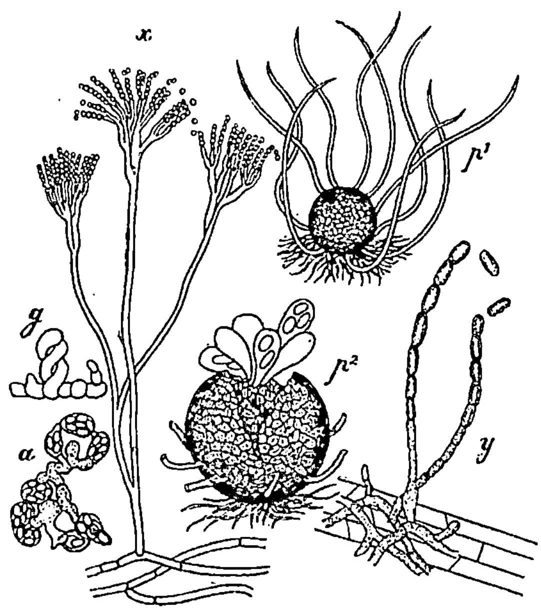

Abb. 207. Schimmelpilze: *a*, *g*, *x* Penicillium crustaceum, der Pinselschimmel; *x* ein Konidienträger, *g* fertile Hyphe, *a* Asci mit Sporen; *p*, *y* Erysiphe communis: *p*¹ Fruchtkörper, *p*² Fruchtkörper, die Asci entlassend, *y* Abschnürung der Konidien an vegetativen Mycelfäden. (Stark vergrößert.) (Nach Brefeld und Frank.)

Pilz. Er weicht hauptsächlich dadurch vom „blauen Schimmel" ab, daß bei ihm die Konidienträger an der Spitze mehrfach gegabelt sind (Abb. 207, *x*). Ascosporen werden nur sehr selten und nur auf bestimmten Substanzen (z. B. Brot) gebildet, auch fast durchweg erst vor Einbruch des Winters.

Familie **Eutuberaceae.** Trüffelpilze.

Die Trüffelpilze besitzen ein weit verzweigtes Mycel, welches in der Erde wuchert und wohl stets den Wurzeln holziger Pflanzen aufsitzt. Die Ascosporen werden gebildet in großen, unterirdisch liegenden, fleischig-knollenförmigen Fruchtkörpern, welche von unregelmäßig gewundenen Luftgängen durchsetzt sind (Abb. 208). Die Wände dieser Gänge sind mit der Schlauchschicht (Ascohymenium) ausgekleidet. In jedem Ascus liegen meist vier, manchmal aber auch zwei oder acht Sporen, welche ziemlich groß sind, gewöhnlich eine stachelige Membran besitzen und erst durch Verwitterung des Fruchtkörpers frei werden. Das Innere des Fruchtkörpers ist fleischig, die Außenwand ist jedoch fest und hart.

Tuber melanosporum ist die sogen. Perigordtrüffel, welche seit längerer Zeit schon auf den Wurzeln von Eichen in Südfrankreich kultiviert wird und auch in Süddeutschland wildwachsend vorkommt. Die Perigordtrüffel ist ungefähr nuß- bis faustgroß, schwarzrötlich und besitzt etwa die Konsistenz der Kartoffel. Ihr Wert beruht in ihrem feinen Geschmack und dem starken Aroma.

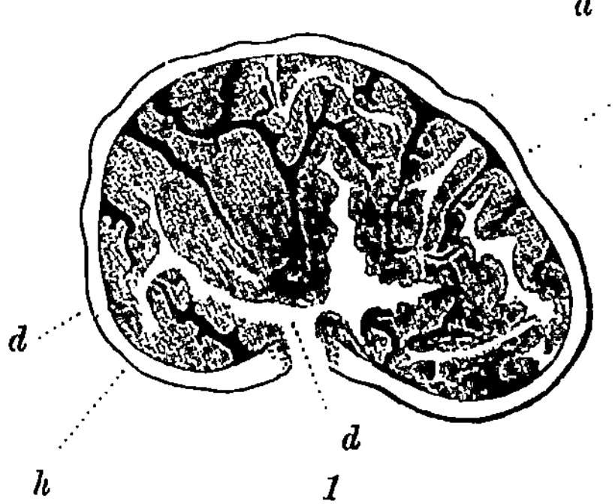

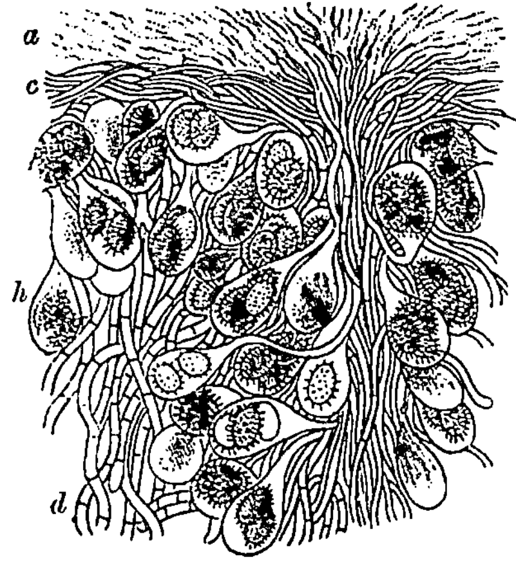

Abb. 208. Eine Trüffel (Tuber rufum). *1* Frucht-körper im Vertikalschnitt, 5 mal vergrößert, *a* die Rinde, *d* das lufthaltige Gewebe, *c* dunkle Adern lückenlosen Gewebes, *h* das askusbildende, später gekammerte Gewebe. *2* Ein Stückchen des Hymeniums, 450 mal vergrößert. (Nach Tulasne.)

Familie **Helvellaceae.**
Morchelpilze.

Für die hierher gehörigen Arten ist charakteristisch, daß das Ascohymenium (die Schicht der Asci) frei an der Außenseite sehr verschieden-artig geformter, fleischiger Fruchtkörper liegt.

Zu dieser Familie gehört die Morchel (**Morchella esculenta,** Abb. 209), ein Pilz, welcher zu den wichtigsten Speisepilzen gehört. Diese Art ist dadurch ausge-zeichnet, daß ihr Fruchtkörper in

Abb. 209.
Morchella esculenta,
die Speisemorchel.

einen unfruchtbaren Stiel und einen fruchtbaren, kopfförmigen oberen Teil ge-schieden ist. Die Morchel tritt stellenweise auf sandigem Boden und auf Wald-wiesen herdenweise auf, kann aber an denselben Stellen oft wieder jahrelang verschwinden. Sie enthält absolut keine giftigen oder schädlichen Stoffe und bildet eine geschätzte Delikatesse.

Auch **Gyromitra esculenta** (oder Helvella esculenta), die Stock-morchel oder Lorchel, welche der Morchel ziemlich ähnlich ist, wird gerne gegessen. Sie enthält jedoch im frischen und getrockneten Zustand ein heftiges Gift (Helvellasäure); dieses ist jedoch in kochendem Wasser löslich, so daß der Pilz nach dem Abgießen des Wassers ungefährlich und genießbar ist.

Familie **Hypocreaceae.**

Hierher gehört ein sehr interessanter Pilz, welcher auffallende Bildungen hervorbringt:

Off. **Claviceps** purpurea, der Pilz des Mutterkorns.

Die Entwicklung dieses Pilzes soll von Anfang bis Ende geschildert werden, da das Mutterkorn offizinell ist und wir hier auch ein Beispiel von einem überaus formenreichen Pilze besitzen.

Viele Gräser, besonders manche unserer Getreidepflanzen, werden zu ihrer Blütezeit von einem Pilz be-

Abb. 210. Roggenähre mit mehreren in Mutterkorn umgewandelten Früchten (³/₄).

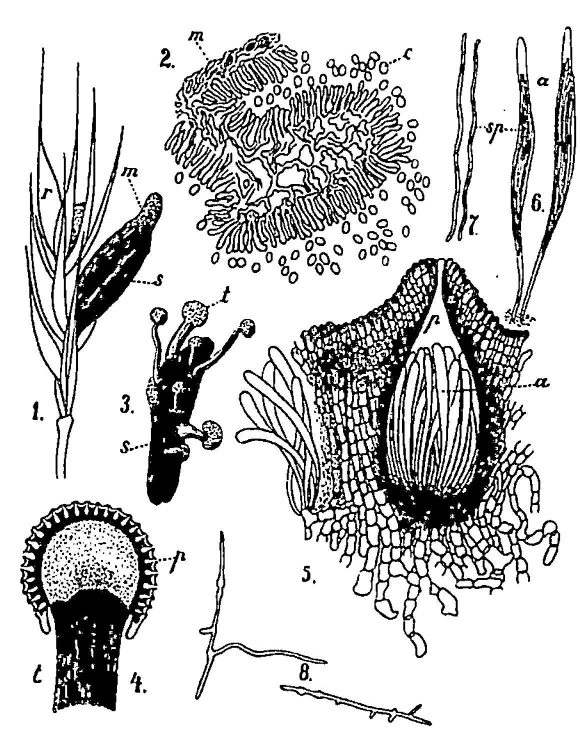

Abb. 211. Der Mutterkornpilz (Claviceps purpurea); *1* Grasähre mit dem Sklerotium (*s*) und Resten des vertrockneten Fruchtknotens (*m*) (natürl. Größe); *2* Bildung der Konidien: *m* Mycelium, *c* abgeschnürte Konidien (stark vergrößert); *3* Sklerotium (*s*) zu sogen. Perithecienträgern (*t*) auswachsend (natürl. Größe); *4* Längsschnitt durch das Köpfchen eines Perithecienträgers; *p* Perithecien; *5* Längsschnitt durch ein Perithecium (*p*) mit den Asci (*a*); *6* zwei Asci (*a*) mit den Sporen (*sp*); *7* letztere stärker vergrößert; *8* zwei Sporen in Keimung begriffen. (*4—8* stark vergrößert.) (Nach Tulasne.)

fallen. Die Sporen des letzteren gelangen auf die Blütenstände, keimen dort aus und senden einen Keimschlauch durch die Oberhaut des Fruchtknotens. In dem jungen Fruchtknoten, dem reichliche Nährsäfte (eigentlich zur Samenbildung bestimmt!) zuströmen, entwickelt sich der Pilz sehr rasch, so daß das Mycel ihn bald vollständig erfüllt. Hierdurch wird auch die Form des Fruchtknotens geändert. Es resultiert bald ein schmutzigweißes, fleischiges, überall von tiefen

Furchen durchzogenes, etwa zylindrisches Gebilde, durch dessen Oberhaut überall die Pilzhyphen hervortreten, d. h. der Grasfruchtknoten wird zu einem Lager, einem **Stroma**, des Pilzes. In den Furchen des Stromas (Abb. 211, *2*) schnüren nun die Hyphen sehr zahlreiche Konidien ab, zugleich wird dort aber auch eine süße Flüssigkeit produziert, in welcher die Sporen schwimmen und die man früher oft als Honigtau bezeichnet hat. Durch diesen süßen Saft werden zahlreiche Insekten herbeigelockt, welche beim Aufnehmen desselben sich mit den im Safte schwimmenden Konidien beladen und sie beim Besuchen anderer Grasblüten auf diese verschleppen. Auch diese Blüten werden dann sofort vom Pilze befallen, so daß also die Krankheit rasch eine große, fast epidemische Ausbreitung gewinnen kann und oft bedeutenden Schaden anrichtet.

Die geschilderte Konidienbildung dauert so lange an, als die Nährstoffe dem Fruchtknoten in reichlicher Menge zufließen. Sobald aber die Grasart dem Ende ihrer Vegetationsperiode zuschreitet, tritt der Pilz in ein anderes Stadium ein. Die Sporenbildung hört auf, dagegen zeigt das Mycelium ein um so energischeres Wachstum. Die Hyphen verzweigen sich sehr lebhaft, verflechten fest miteinander, und das bisher fleischige Stroma wird nun zu einem verlängert-zylindrischen, durch und durch festen, fast holzharten Körper, einem **Dauer-zustand** des Pilzes, einem sogen. **Sklerotium**. In ihm füllen sich die Zellen des Pilzes allmählich, nachdem ihr starkes Wachstum aufgehört hat, mit Reservestoffen (besonders fettem Öl), und das Sklerotium erhält zuletzt eine schwarz bis dunkelviolett gefärbte, harte, fast hornige Rindenschicht, die sich deutlich von der etwas weicheren Innenschicht abhebt. Das auffallende Gebilde ragt weit über die Spelzen des Grases hinaus und bildet so das **Mutterkorn**, das **Secale cornutum** (Abb. 210, u. 211, *1*), über dessen plötzliche Entstehung man sich früher natürlich keine Vorstellung machen konnte und das eine große Bedeutung als Heilmittel hatte. Auch jetzt wird das Mutterkorn noch sehr viel medizinisch verwertet und ist offizinell.

Mit Hilfe der geschilderten Sklerotien, welche zuletzt aus den Spelzen abfallen und auf dem Boden liegen bleiben, überdauert der Pilz den Winter. Sobald aber im Frühjahr reichliche Feuchtigkeit und Wärme erscheinen, beginnen die Sklerotien zu „keimen" (Abb. 211, *3*). Unter Zuhilfenahme der reichlich angesammelten Reservestoffe setzen die Hyphen das während des Winters unterbrochene Wachstum wieder fort. Durch die rissige Rindenschicht der Sklerotien treten mehrere bis viele dicke Bündel von Hyphen hervor, die an ihrer Spitze bald hellrote bis purpurrote kugelige Anschwellungen bilden. An der Peripherie derselben finden wir zahlreiche, flaschenförmige Einsenkungen, die sogen. **Perithecien** (Abb. 211, *4, 5*), in welchen die Ascusbildung erfolgt, und wir erkennen, daß diese Hyphenbüschel und -köpfchen als „stromatische Bildungen", d. h. als eine Vereinigung zahlreicher Ascusfrüchte aufzufassen sind. Die Asci besitzen die Form langer zylindrischer Schläuche, und in ihnen liegen je acht dünne und lange, fadenförmig gestreckte Ascosporen (Abb. 211, *6, 7*), welche bald aus den Schläuchen herausgeschleudert und dann durch die Luft weithin verweht werden. Gelangen sie rechtzeitig zur Keimung auf die Blütenstände der Gramineen, so wiederholt sich der soeben geschilderte Kreislauf von neuem.

In die Verwandtschaft der Gattung **Claviceps** gehört die interessante Gattung **Cordyceps**, welche besonders reich in den Tropen vertreten ist, bei uns aber nur mit einer einzigen Form auftritt. Während **Claviceps** parasitisch auf Pflanzen lebt, sind die Arten von **Cordyceps** fast durchweg auffallende Parasiten auf Raupen und Puppen. Wird eine solche von einer Spore befallen, so keimt diese bald und dringt mit einem Schlauche in das Lebewesen ein. Binnen kurzem wird das Insekt durch das ungeheuer wuchernde Mycel zum Absterben gebracht, und zwar so, daß die Form desselben völlig erhalten bleibt, da es förmlich ausgestopft worden ist. Der Körper des Tieres wird also selbst zum Sklerotium, aus dem dann später das ascusbildende Stroma hervorbricht.

Familie **Saccharomycetaceae.**

Die Arten der Gattung **Saccharomyces** sind stets winzige, nur mit starken Mikroskopvergrößerungen zu erkennende, rundliche

Zellen, welche sich außerordentlich lebhaft durch Sprossung vermehren: an dem Ende einer Zelle bilden sich Ausstülpungen in der Ein- oder Mehrzahl, welche rasch heranwachsen und sich zuletzt von der Mutterzelle abschnüren (Abb. 212).
Bei vielen Arten kommt es regelmäßig, bei anderen meist erst nach Erschöpfung ihres Substrates an Nährstoffen, zur Bildung von Sporen, d. h. die wenig veränderten Hefezellen werden zu Asci, in denen zwei oder vier Sporen entstehen. Offenbar sind die Saccharomycetaceae sehr reduzierte Formen.

Die **Saccharomycetaceae** stellen die typischen Gärungserreger dar, welche imstande sind, in zuckerhaltigen Säften Alkohol zu erzeugen. Ihr Studium hat in neuester Zeit besonders deshalb eine große Bedeutung erlangt, weil man nachweisen konnte, daß die verschiedenen Arten, Formen und Rassen ganz verschiedenartige Gärungen hervorrufen. Man ist deshalb jetzt bestrebt, Reinkulturen herzustellen, in welchen sich nur eine ganz bestimmte Art entwickelt und von welcher man dann auch eine ganz bestimmt verlaufende und gleichmäßige Resultate erzielende Gärung erwarten darf. Nur auf diese Weise ist es möglich, stets dieselbe Sorte Bier zu brauen, und in neuester Zeit ist es sogar wahrscheinlich, wenn nicht ganz sicher geworden, daß auch die Güte des Weines wesentlich durch die Art des Gärungserregers beeinflußt wird.

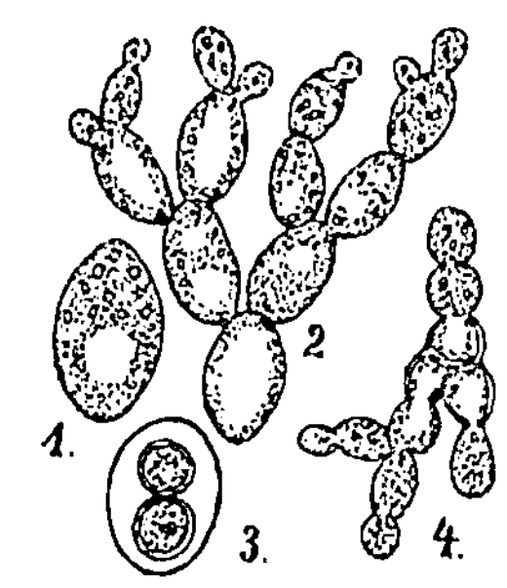

Abb. 212. Saccharomyces cerevisiae *1* Ein einzelnes Individuum; *2* eine durch Sprossung entstandene Kolonie; *3* ein Individuum mit zwei Sporen; *4* drei auskeimende Sporen (stark vergrößert). (Nach Reeß.)

3. Klasse. **Basidiomycetes. Basidienpilze.**

Die zu dieser Klasse gehörigen Formen besitzen geradeso wie die **Ascomycetes** ein vielzelliges, oft außerordentlich reich entwickeltes Mycel. Auch fehlt wie bei jenen durchweg eine deutlich erkennbare geschlechtliche Fortpflanzung. Wie bei den Ascomycetes

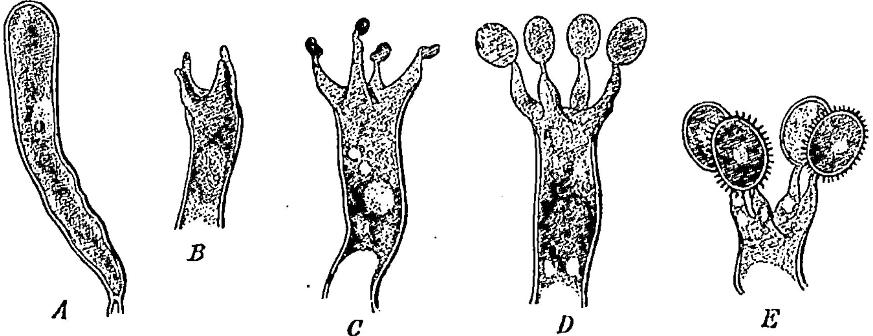

Abb. 213. Entwicklungsstadien einer Basidie (von Corticium amorphum) in der Reihenfolge von *A—E*, anfangs noch ohne Sterigmen und Sporen, zuletzt mit reifen Sporen. (Nach De Bary.)

kennen wir endlich auch hier Nebenfruchtformen und eine Hauptfruchtform. Erstere können sehr mannigfaltig sein und unterscheiden sich häufig in nichts von denjenigen, die wir bei der vorigen Klasse beobachteten. Die Hauptfruchtform ist dagegen durchaus verschieden. Sie kennzeichnet sich durch die Bildung von Konidien, und zwar an Trägern von eigenartiger Form. Bei den weitaus meisten Basidiomycetes entstehen die Konidien, die sogen. Basidiosporen, in fest normierter Zahl an Trägern (Basidien) von ganz bestimmter Gestalt und Ausbildung (Abb. 213).

1. Unterklasse. **Hemibasidii.**

Hier sind die Konidienträger basidienähnlich, stets aus Chlamydosporen entsprossen, mehrzellig oder einzellig und bringen stets Sporen in unbestimmter, sehr wechselnder Anzahl hervor.

Es gehört hierher eine größere Anzahl von parasitischen Pilzen, welche in vielen Fällen unseren Kulturgewächsen bedeutenden Schaden zuzufügen vermögen und deshalb von großer praktischer Bedeutung sind. Es soll aus diesem Grunde auf sie etwas genauer eingegangen werden.

Familie **Ustilaginaceae.** Brandpilze.

Eine der charakteristischsten und sehr häufig zu beobachtenden Formen der Brandpilze ist **Ustilago Avenae.**

Man bemerkt häufig auf Haferfeldern, daß in zahlreichen Fruchtständen keine Körner ausgebildet werden, sondern daß sich an deren Stelle ein dunkelbraunes Pulver findet (Abb. 214, *1*). Unter dem Mikroskop erweist sich dieses als eine dichte Masse derbwandiger, brauner Sporen, welche — wie zahlreiche Untersuchungen zweifellos ergeben haben — befähigt sind, lange Zeit hindurch trotz der ungünstigsten Verhältnisse ihre Keimkraft zu bewahren. Sobald man diese Sporen in Nährflüssigkeiten oder auch nur in Wasser bringt, treiben sie sehr rasch einen kurzen, drei- oder vierzelligen Keimschlauch aus, welcher sich als ein Fruchtträger erweist. Denn seitlich an den Zellen des Schlauches werden bald feine Anschwellungen gebildet, welche rasch heranwachsen, sich bei der Reife ablösen und Konidien darstellen (Abb. 214, *3*). Wenn die Konidien abgefallen sind, können von den Zellen des Keimschlauches immer und immer wieder neue Sporen hervorgebracht und abgeschnürt werden, so daß also die Vermehrung eine ganz enorme ist. Ist diesen Konidien nun flüssiger Nährstoff geboten, so beginnen sie sofort mit Hefesprossungen, in derselben Weise, wie wir dies früher bei den echten Hefen kennen gelernt haben, so daß die nach einiger Zeit gebildeten Sporen, resp. Zellen, nach vielen Hunderttausenden zählen können. Wenn jetzt aber die Nährflüssigkeit schwindet, tritt der Pilz in ein anderes Entwicklungsstadium ein. Die Konidien sowohl wie die Zellen des Fruchtträgers wachsen jetzt nämlich zu Hyphen aus, und diese sind befähigt, in junge Keimpflanzen einzudringen. Der Pilzfaden durchbohrt die Außenschicht jener kurz über dem Boden, dringt in das Pflänzchen selbst ein und breitet sich in dem ganzen Sproß aus, ohne dem Individuum vorläufig Schaden zuzufügen. Die junge Pflanze wächst rasch heran, und in ihrer Spitze wandert das Mycel stetig mit, während es in den unteren Partien der Wirtspflanze allmählich abstirbt und zuletzt völlig verschwindet. Die Haferpflanze bildet sich also ganz normal aus, bis sie zur Blütenbildung schreitet. Das im Stengel mitgewanderte Mycel dringt nun plötzlich in die jungen Fruchtknoten ein, wo es reichliche Nährstoffe zugeleitet erhält, verzweigt sich dort sehr rasch, so daß es den gesamten Raum füllt, und wandelt zuletzt seine sämtlichen Zellen zu Brandsporen (Chlamydosporen) um; die Mycelfäden zerfallen in zahlreiche kurze Gliederzellen, die sich etwas abrunden und eine starke Membran erhalten (Abb. 214, 2). Durch diese Chlamydosporenbildung wird natürlich die Ausbildung eines Samens des Hafers durchaus verhindert, und es ist klar, daß bei einem starken Auftreten des Parasiten ganze Ernten vernichtet werden können.

Es hat sich in neuerer Zeit herausgestellt, daß jede unserer Getreidepflanzen eine besondere Art dieser Brandpilze beherbergt, die man früher alle unter Ustilago segetum zusammengefaßt hatte. So wird der Hafer von U. Avenae, Gerste von U. Hordei, Weizen von U. Tritici befallen.

Bei dem Maisbrande, Ustilago Mayidis, ist die Entwicklung in vielen Punkten von dem eben geschilderten Typus abweichend. Werden von diesem Pilz junge Keimpflanzen befallen, so werden sie sehr rasch getötet. U. Mayidis ist jedoch auch befähigt, in die Gewebe der entwickelten Pflanze einzudringen. Er befällt dann meist nicht den Blütenstand, sondern er breitet sich an der Stelle des Stengels, welche er befallen hat, mehr oder weniger weit aus und regt diese Gewebe zu abnormem Wachstum an. Es entstehen dann an den Maispflanzen starke, kropfige Anschwellungen, in welchen sich die Chlamydosporen in ungeheurer Menge entwickeln und bei der Reife als ein dunkelbraunes Pulver frei werden, während alle übrigen Teile der Pflanze ganz normal bleiben und sich auch die Früchte gut entwickeln. Natürlich wird aber die Maispflanze durch den Parasiten doch sehr geschwächt, da dieser ihr viele Nährstoffe entzieht und zur Sporenbildung verbraucht.

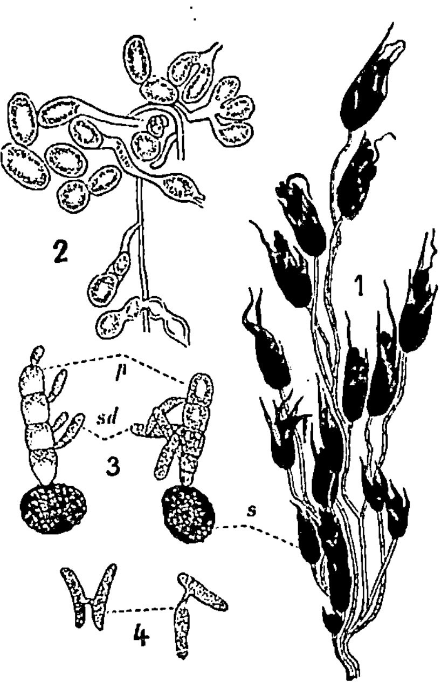

Abb. 214. *1* Ein Brandpilz (Ustilago Avenae) auf einer Haferrispe (natürl. Größe), *2* ein Teil des Myceliums in Chlamydosporenbildung begriffen (stark vergr.); *3* Keimschläuche mit Konidien; *4* beginnende Hefesprossung der Konidien. (Nach Frank und De Bary.)

Wir sahen oben, daß die Konidien in flüssigem Nährsubstrat zur Hefesprossung schreiten und daß die auf diese Weise gebildeten Konidien dann später wieder zu Mycelien auswachsen. Dies ist aber, wie genaue Untersuchungen gezeigt haben, nur dann möglich, wenn die Hefesprossung nicht zu lange angedauert hat. Läßt man nämlich den Pilz sich längere Zeit ständig durch Hefesprossung vermehren, so verlieren die Konidien allmählich die Fähigkeit, wieder zu Mycelien auszuwachsen. Auf die Praxis übertragen heißt dies also, daß die auf dem feuchten Ackerboden auskeimenden Chlamydosporen mittelst ihrer Konidienträger sehr zahlreiche Sporen hervorbringen und daß diese sich dann durch Hefesprossung bis ins Ungemessene vermehren können, ohne daß eine Ansteckung der Haferpflanzen zu erfolgen braucht — wenn nämlich die Witterung so feucht ist, daß ständig die Sprossungen fortdauern und es nicht zur Bildung von Mycelien kommen kann.

Familie **Tilletiaceae.** Brandpilze.

Biologisch verhalten sich die Arten dieser Familie fast ganz wie die der vorigen, besonders so, wie wir dies bei Ustilago Avenae kennen gelernt haben. Sie dringen meist in die Keimpflanzen ein, wachsen mit der Vegetationsspitze mit, ohne die Pflanzen zu schädigen, und bilden dann ihre Chlamydosporen (die auch hier als Brand-sporen bezeichnet werden) in den Fruchtanlagen der Wirtspflanzen. Morphologisch verhalten sich die Arten hingegen nicht wenig ab-weichend. Bei der Keimung der Chlamydosporen tritt nämlich ein dicker ungeteilter Keimschlauch aus, welcher an seiner Spitze eine unbestimmte Anzahl von fadenförmigen, langgestreckten Konidien ab-schnürt, deren Entwicklung im übrigen ähnlich verläuft wie diejenige der Konidien von Ustilago. Viele Arten dieser Familie bilden sehr gefährliche Parasiten unserer Getreidepflanzen.

Es ist vor allem **Tilletia** Tritici anzuführen, der Erreger des sog. Stink-brandes des Weizens. Bei den erkrankten Pflanzen sind die Fruchtknoten mit einer schmierig-klebrigen Masse, den Chlamydosporen, erfüllt, welche stark nach Heringslake riecht. Kommen solche erkrankte Körner unter das Getreide und werden gemahlen, so können dadurch große Mengen von Mehl total unbrauchbar werden.

2. Unterklasse. **Eubasidii.**

Die Konidienträger sind hier zu echten Basidien geworden, d. h. bei ihnen werden die Konidien (Basidiosporen) in fest nor-mierter Zahl an Trägern von bestimmter Form gebildet (Abb. 213 und 216).

1. Reihe. **Protobasidiomycetes.**

Die Basidien sind bei dieser Reihe quer oder längs geteilt.

Familie **Pucciniaceae.** Rostpilze.

Alle hierher gehörigen Arten sind echte Parasiten, welche lebende Pflanzen befallen und sich mittelst eines quer geteilten Mycels in deren Geweben ausbreiten. Teils durchwuchert ihr Mycel nur lokal bestimmte Stellen der Nährpflanzen, teils aber durchzieht es letztere auch mehr oder weniger vollständig. Infolgedessen fallen auch die Erkrankungen der Nährpflanzen je nach dem verschiedenartigen Ver-halten des Parasiten verschieden aus.

In manchen Fällen ist kaum oder nicht nachzuweisen, daß die Wirtspflanze irgendwelchen direkten Schaden genommen hat, in anderen Fällen dagegen wird die Pflanze abgetötet oder wenigstens so stark geschwächt, daß sie nicht zur Fruchtbildung zu schreiten vermag. Wieder in anderen Fällen werden die Gewebe so sehr defor-miert, oft zu übermäßigem, unnatürlichem Wachstum angeregt, oft auch im Wachstum zurückgehalten, daß dadurch Verunstaltungen hervor-gerufen werden, z. B. die sog. Hexenbesenbildungen, die den befallenen Pflanzen oder Pflanzenteilen ein abnormes, auffallendes Aussehen verleihen.

Auch ihr morphologisches Verhalten ist ein außerordentlich verschiedenes und von solchem allgemeinen Interesse, daß es angezeigt sein dürfte, mehrere charakteristische Vertreter kurz zu besprechen.

Eine Art, welche einen ziemlich einfachen Entwicklungsgang zeigt, ist **Puccinia Malvacearum.** Sie entstammt tropischen Gebieten, machte jedoch vor einigen Jahrzehnten einen plötzlichen Vorstoß bis in die gemäßigten Klimate und brachte eine förmliche Epidemie hervor. Sie hat die Fähigkeit, sämtliche oder fast sämtliche Malvengewächse (Malvaceae) befallen zu können, und schädigt diese oft in so intensiver Weise, daß sie zum Absterben gebracht werden. Und so kam es, daß in manchen Gegenden schon wenige Jahre nach dem Auftreten des Pilzes kaum noch Malvengewächse anzutreffen waren: sämtlich waren sie der „Epidemie" zum Opfer gefallen. Seitdem ist der Pilz bei uns einheimisch geworden. Er tritt jedoch nie mehr in so gefährlicher Form auf, ein Verhalten, wie wir es in ganz ähnlicher Weise von Bakterienepidemien kennen gelernt haben. Wenn ein Malvenblatt von einer Spore von Puccinia Malvacearum befallen wird, so keimt letztere sehr bald und sendet einen Keimschlauch in die Wirtspflanze hinein, wo sich dieser rasch verzweigt und in kurzer Zeit ein kräftiges Mycel entwickelt. Unter der Blattepidermis entstehen dann kleine polsterförmige Lager, in welchen sich die Myceläste stark verzweigen und nach außen strecken. Bald wird hierdurch das Oberhautgewebe an kleinen Stellen zerrissen, und die Hyphenlager liegen frei da. Am Ende jeder dieser gestreckten Hyphen nun wird eine zweizellige, spindelförmige Spore gebildet, welche mit fester Membran umgeben ist (Chlamydospore). Jede der Zellen besitzt jedoch in der dicken Wandung eine verdünnte Stelle, den Keimporus (vgl. Abb. 215, *II, III*). Sobald die Sporen gereift sind und etwas feuchte Witterung eintritt, erfolgt die Keimung der meist abgefallenen Sporen, und zwar so, daß aus dem Keimporus ein vierzelliger Keimschlauch austritt. Dieser Keimschlauch stellt nun die Basidie dar (Abb. 216). Jede der vier Zellen derselben treibt nämlich einen kurzen Fortsatz (Sterigma) aus, an welchem sich eine einzellige Spore bildet. Auch diese Sporen keimen bei günstigen Vegetationsbedingungen sofort, sie werden durch den Wind verweht, dringen mittelst eines Keimschlauches in eine Nährpflanze ein und von ihrem Mycel werden dann wieder Chlamydosporen in der erst geschilderten Weise gebildet. Es ist klar, daß bei einer so ununterbrochenen Fortentwicklung und der ungeheuren Anzahl der gebildeten Sporen die Verbreitung des Pilzes von Pflanze zu Pflanze sehr rasch erfolgen kann.

Bei vielen anderen Arten dieser Familie finden wir nun ein abweichendes Verhalten insofern, als hier zwei Arten Chlamydosporen gebildet werden: ziemlich zartwandige, einzellige (Abb. 215, *III ur*), welche gleich nach erlangter Reife auskeimen können, jedoch nicht fruktifikativ, d. h. ohne Basidien zu bilden, sondern vegetativ, einfach, indem sie einen Keimschlauch treiben, der in eine Wirtspflanze eindringt. Erst im Spätjahr oder bei Eintritt ungünstiger Vegetationsbedingungen treten allmählich zwischen den eben geschilderten Chlamydosporen andere auf, welche in der Gestalt stark abweichen und allmählich immer reichlicher gebildet werden, so daß zuletzt die Sporenhäufchen nur noch aus ihnen bestehen (Abb. 215, *II, III t*). Sie sind zwei- bis dreizellig, dickwandig, vermögen ohne Schaden den Winter zu überstehen und keimen im nächsten Frühjahr fruktifikativ aus, d. h. indem sie Basidien bilden. Die im Sommer gebildeten Sporen werden allgemein als U r e d o - oder S o m m e r s p o r e n, die im Spätjahr entstehenden als T e l e u t o - oder W i n t e r s p o r e n bezeichnet. Die zuletzt geschilderten Arten besitzen also zweierlei verschiedene Sorten von Chlamydosporen, welche zeitlich aufeinander folgen. — Die meisten Arten der Familie sind nun aber noch weiter entwickelt: wir finden bei ihnen drei verschiedene Chlamydosporenformen.

Befällt eine Spore dieser Arten eine Wirtspflanze, so treten meist im zeitigen Frühjahr zunächst an den erkrankten Pflanzenteilen kleine, oft hellgefärbte Becherchen auf, die sog. Äcidien (Abb. 215, *I, a*). Es sind dies Fruchtkörper, welche sich geschlossen unterhalb der Oberhaut der Wirtspflanze bilden. An ihrem inneren Grunde tritt eine Schicht nach außen gestreckter, dicker und kurzer Schläuche auf, von welchen mehr oder weniger lange Ketten von dickwandigen Sporen abgeschnürt werden. Sehr bald zerreißt über der Fruchtanlage die Oberhaut der Wirtspflanze, die von einer Hülle (Peridie) umgebenen Fruchtkörper öffnen sich becherartig, die unzähligen Sporen (Äcidiosporen) werden dadurch frei und von dem Wind verweht. Sobald diese auf eine Nährpflanze gelangen, keimen sie vegetativ durch Austreiben eines Mycelschlauches, welcher in das Gewebe eindringt und sich dort zum Mycel entwickelt. Sie verhalten sich also in diesem Punkte ganz wie die Uredosporen. Diejenigen Pucciniaceae,

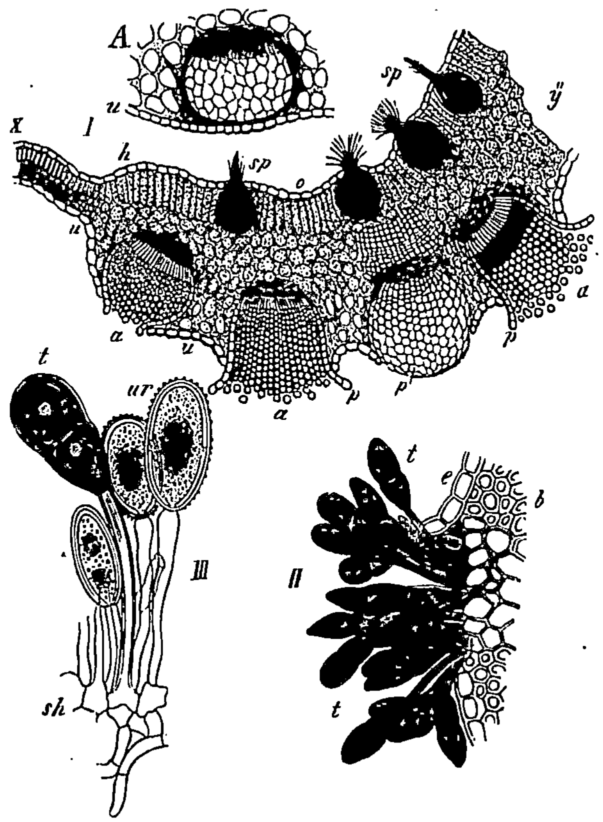

Abb. 215. Puccinia graminis. *I* Blattquerschnitt von Berberis mit cidien *a*; *p* deren Peridie; *u* Unter-, *o* Oberseite des Blattes, das an der Strecke *ny* durch den Schmarotzer verdickt ist; auf der Oberseite stehen Pycniden (*sp*). *A* ein junges, noch nicht hervorgebrochenes Acidium. *II* Teleutosporenlager (*t*) auf dem Blatt von Triticum repens, *e* dessen Epidermis. *III* Teil eines Uredolagers ebendort; *ur* die Uredosporen; *t* eine Teleutospore. (Nach Sachs und De Bary.)

welche durch diese letztbeschriebene Chlamydosporenbildung ausgezeichnet sind, zeigen nun meist noch eine sehr charakteristische Nebenfruchtform. Während nämlich die Äcidienbecher fast durchweg auf der Blattunterseite der Wirtspflanzen auftreten, findet man auch auf der Oberseite der Blätter kleine Fruchtkörper, die sogen. Pycniden oder Spermogonien (Abb. 215, *I*, *sp*.). Es sind dies meist etwa flaschenförmige, nach außen geöffnete Räume, um welche herum sich Mycelschläuche radial gerichtet legen und nach dem Inneren der Pycnide winzige und ziemlich dünnwandige Sporen, Konidien (Pycnosporen), abschnüren. Diese werden sehr leicht verweht und keimen stets vegetativ. Ihre Bedeutung für den Entwicklungsgang des Pilzes ist noch unbekannt.

Sehr charakteristisch und interessant ist es nun, daß die meisten Pucciniaceen-Arten, welche durch die Bildung der soeben geschilderten drei Hauptfruchtformen ausgezeichnet sind, eine ganz regelmäßige Fruchtfolge zeigen.

Wie wir schon sahen, entwickeln sich meist sehr zeitig im Frühjahr die Äcidien und mit ihnen zusammen die Pycniden. Die Äcidiosporen keimer. aus und treiben ein Mycel, von welchem dann den Sommer über gewöhnlich nur Uredosporen gebildet werden. Erst gegen den Herbst stellen sich die Teleutosporen ein, welche den Winter überdauern und durch deren fruktifikative Keimung dann im folgenden Frühjahr der Kreislauf der Art wieder aufgenommen wird.

Die auffallendste Erscheinung, welche bei den Pucciniaceae und vielleicht überhaupt im Pflanzenreiche auftritt, ist aber die, daß sich die Fruchtformen einer und derselben Art — wenigstens zum Teil — auf verschiedenen Nährpflanzen entwickeln. Es geschieht dies durchweg in der Weise, daß der Pilz auf der einen Nährpflanze mit Äcidiosporen und Pycnosporen, auf einer anderen mit Uredo- und Teleutosporen auftritt.

Es soll als Beispiel die Entwicklungsgeschichte des Pilzes angeführt werden, welcher infolge des großen, der Landwirtschaft zugefügten Schadens schon seit Jahrhunderten bekannt war, an welchem aber erst vor verhältnismäßig kurzer Zeit die interessante Tatsache des „Wirtswechsels" festgestellt wurde.

Schon den Bauern des Mittelalters war es aufgefallen, daß eine Rostkrankheit des Getreides sich immer nur da zeigte, wo in der Nähe der Felder Berberitzensträucher standen. Obgleich absolut kein Beweis für den Zusammenhang von Ursache und Wirkung erbracht werden konnte, war der Glaube doch schon so gefestigt worden, daß Gerichte die Entfernung von Berberitzensträuchern von Getreidefeldern beantragten. Erst vor verhältnismäßig kurzer Zeit wurde der Beweis erbracht, daß die Praktiker richtig erkannt hatten.

Einer und derselbe Pilz, **Puccinia graminis**, bedarf nämlich zu seiner

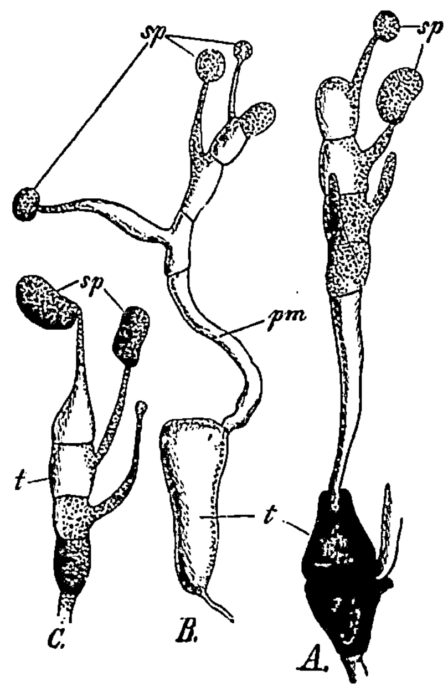

Abb. 216. Keimung der Teleutosporen verschiedener Uredineen; *A* von Puccinia (400), *B* von Melampsora (300), *C* von Coleosporium (280), *t* Teleutosporen, *pm* Basidie, *sp* Basidiosporen.

Entwicklung der beiden Wirtspflanzen Getreide und Berberitze. — Auf den Blättern der letzteren treten im zeitigen Frühjahr hellgelbe Pusteln, Becherchen (Abb. 215, *I*), auf, welche die Äcidienform von Puccinia graminis darstellen. Die Äcidiosporen werden dann verweht und müssen, wenn sie keimen sollen, auf bestimmte Grasarten gelangen. Alle übrigen Sporen gehen zugrunde. Auf den Gräsern, d. h. also in unserem Falle auf dem Getreide, keimen die Äcidiosporen aus, dringen mit dem Keimschlauch ein und bilden ein starkes Mycel, bis sie dann nach kurzer Zeit zur Uredo- (Abb. 215, *III*) und zuletzt zur Teleutosporenbildung (Abb. 215, *II*) schreiten, welche beiden Fruchtformen eben den gefürchteten Getreiderost ausmachen. Diese letzteren Sporen überwintern, bilden fruktifikativ (vgl. Abb. 216) im Frühjahr Basidiosporen, die zugrunde gehen, wenn sie nicht auf die Blätter der Berberitze gelangen. Dort beginnt dann der Pilz seinen Kreislauf wieder mit der Äcidienbildung. Bei diesem Entwicklungsgang des Pilzes ist es klar, daß dieser mit Notwendigkeit verschwinden muß, wenn ihm eine der beiden Wirtspflanzen entzogen wird, d. h. wenn eine Zeitlang kein Getreide mehr gebaut wird, oder noch besser, wenn die Berberitzensträucher sämtlich umgehauen werden. Ferner leuchtet ein, daß die Ansteckungsgefahr eines Getreidefeldes durch Rost dann am größten ist, wenn in unmittelbarer Nähe desselben Berberitzensträucher stehen, daß also die Praktiker des Mittelalters ganz richtig gesehen und geurteilt hatten.

Solche Arten der Pucciniaceae, welche sich wie Puccinia graminis verhalten, d. h. die notwendig an zwei Wirtspflanzen gebunden sind, werden obligatorisch heteröcisch genannt. Man kennt jedoch auch solche, welche wohl für gewöhnlich diesen Wirtswechsel durchmachen, die aber beim Fehlen der zweiten Wirtspflanze nicht zugrunde gehen, sondern imstande sind, eine der Fruchtformen, die Äcidienbildung, vollständig auszulassen. Es befallen im Frühjahr die aus den Teleutosporen hervorgehenden Basidiosporen wieder dieselbe Wirtspflanze, auf welcher der Pilz dann den ganzen Sommer über Uredosporen erzeugt, bis endlich im Herbste allmählich mehr und mehr Teleutosporen sich einstellen. Erscheint dann aber die zweite Nährpflanze in einem folgenden Jahre wieder, so bildet auf dieser im Frühjahr der aus den Teleutosporen hervorgehende Pilz sofort wieder Äcidien. — Derartige Formen, welche befähigt sind, in Fällen der Not den Wirtswechsel aufzugeben, werden als fakultativ heteröcisch bezeichnet.

Man weiß nun zwar, daß in den meisten Fällen zu einer Äcidienform auch die anderen Fruchtformen gehören und umgekehrt. Es ist aber oft sehr schwer, die zusammengehörigen Formen festzustellen, und in sehr zahlreichen Fällen ist dies auch noch nicht gelungen.

Die wichtigsten Formen der Pucciniaceae, der Rostpilze, sollen nun aufgeführt werden.

Uromyces pisi ist ein heteröcischer Pilz, dessen Uredo- und Teleutosporen auf den Blättern der Erbse vorkommen und dort kleine dunkle Pusteln bilden. Die Äcidien dagegen treten auf Euphorbia cyparissias, einer bei uns sehr verbreiteten Wolfsmilchart, auf. Auffallend ist, daß hier das Mycel nicht auf einzelne Stellen beschränkt ist, sondern daß die ganze Wolfsmilchpflanze von demselben durchzogen wird. In dem ausdauernden Wurzelstock überwintert das Mycel, wächst dann im nächsten Frühjahr mit den austreibenden Sprossen mit, verändert dieselben krankhaft (Hypertrophie), so daß sie sich von den gesunden Pflanzen sehr stark unterscheiden, und entwickelt an den grünen Teilen die Äcidienbecher, durch deren Sporen der Pilz immer und immer wieder verbreitet wird.

Von der Gattung Puccinia haben wir soeben schon den gefährlichen Parasiten P. graminis kennen gelernt. Es gehören hierher aber auch noch andere Arten, welche dem Getreidebau fast ebensolchen Schaden zuzufügen vermögen. Besonders ist dies der Fall bei P. rubigo vera, deren Äcidienform auf der Ackerochsenzunge (Anchusa arvensis) vorkommt. Ist einmal der Pilz in einer Gegend verbreitet, so kann er dem Getreidebau großen Abbruch tun. Es gibt dann nur eine Hilfe: die Unkräuter der Felder mit allen Mitteln auszurotten. Denn sobald Anchusa nicht mehr in der Nähe oder inmitten des Getreides wächst, muß der Pilz mit Notwendigkeit verschwinden. — Auch P. coronata ist ein gefürchteter Getreideschädling. Seine Äcidienform kommt auf dem Faulbaum zur Entwicklung, dessen Blätter im Frühjahr oft ganz mit den gelben Becherchen bedeckt sind.

Die Gattung Melampsora, zu welcher viele gefährliche Parasiten gehören, ist dadurch ausgezeichnet, daß bei ihr die teleutosporenbildenden Hyphen zu festen, krustenförmig zusammenhängenden Lagern vereinigt sind.

Melampsora pinitorquum ist der Pilz, welcher die sogen. Kiefern-Drehwüchsigkeit hervorruft. Die Uredo- und Teleutosporenform zeigt sich auf den Blättern der Zitterpappel in wenig auffälliger Form und fügt diesem Baume wohl kaum irgendwelchen Schaden zu. Dagegen tritt die Äcidienform in sehr gefährlicher Weise auf jungen Kiefern auf und kann unter günstigen Vegetationsbedingungen ganze junge Bestände zum Absterben bringen. — In ganz ähnlicher Weise zeigt sich M. tremulae, der sogen. Lärchenrost, dessen Uredo- und Teleutosporenform ebenfalls auf der Zitterpappel vorkommt, während die Äcidienform auf Lärchen auftritt. Sehr bald nach dem Erkranken werden die Nadelblätter gelb und fallen dann massenhaft ab, so daß die Bäume zugrunde gehen müssen.

Noch viele hierher gehörige Arten sind als Forstverwüster zu bezeichnen und vermögen großen Schaden anzurichten. Doch müssen sie hier übergangen werden, da ihre Aufzählung zu weit führen würde.

Nur die Gattung **Gymnosporangium** soll hier kurz besprochen werden, da sie in manchen Gegenden häufig in außerordentlich auffallender und charakteristischer Form auftritt. Die Gattung ist dadurch charakterisiert, daß bei ihr die Teleutosporen in großen, kegelförmigen, gallertartigen Fruchtkörpern erscheinen. — Gymnosporangium sabinae ist derjenige Pilz, welcher auf den Blättern des Birnbaumes den auffallenden und in manchen Distrikten Jahr für Jahr auftretenden Gitterrost hervorbringt. Die Uredo- und Teleutosporen zeigen sich in ansehnlichen, gelben, gallertähnlichen Massen auf der Rinde des Sadebaumes (Juniperus sabina). Die Äcidienform dagegen entwickelt sich auf den Blättern des Birnbaumes, wo große orangefarbene oder oft grellrote, stark vorgewölbte Polster hervorgebracht werden. Diese Äcidien brechen nun nicht, wie wir dies vorhin bei Puccinia sahen, becherartig auf, sondern sie bleiben am Scheitel geschlossen und öffnen sich nur seitlich gitterartig mit einigen Längsrissen. — Es ist klar, daß die Krankheit des Birnbaums verschwinden muß, sobald der Sadebaum aus dessen Nähe entfernt wird.

Familie **Auriculariaceae.**

Die Arten dieser Familie zeigen, was ihre Vermehrung betrifft, noch vielfache Übereinstimmung mit den Pucciniaceen insofern, als auch bei ihnen die Basidien quergeteilt, vierzellig sind und von jeder Basidienzelle eine einzige Spore auf einem langen Sterigma gebildet wird. Hier entspringt jedoch die Basidie direkt vom Mycel.

Auricularia auricula judae, ein Pilz, welcher sich an Holunderstämmen nicht selten findet, ist ausgezeichnet durch große, ohrförmige, gallertartige, aus dicht verflochtenen Hyphen gebildete Fruchtkörper und wird im Volksmunde häufig als „Judasohr" bezeichnet. Er war früher gebräuchlich und spielt auch jetzt noch hier und da in der Volksmedizin eine Rolle.

2. Reihe.   **Autobasidiomycetes.**

Die Basidien sind einzellig, ungeteilt, mehr oder weniger keulenförmig, mit meist 4, selten 2, 6 oder 8 apikal gestellten Sterigmen (Abb. 213). Die Fruchtkörper sind nur selten noch locker und gallertartig, meist besitzen sie einen festen, fleischigen oder holzigen Bau, d. h. sie sind aus derben, miteinander fest verwachsenen und verflochtenen Fäden zusammengesetzt. Die Basidien entspringen zwar dem Mycel, aber meist nicht an jeder beliebigen Stelle desselben, sondern vom Mycel werden bestimmt geformte, charakteristisch und zweckmäßig gebildete Fruchtkörper hervorgebracht, an denen oder innerhalb derer sich Basidien und Basidiosporen entwickeln. Nebenfruchtformen kommen nur noch sehr selten vor.

Familie **Clavariaceae.**   Keulen- oder Korallenpilze.

Hier finden wir recht auffallende, oft sehr große Fruchtkörper, bei denen wir deutlich eine Markschicht von einer Rindenschicht unterscheiden hönnen. Letztere ist von einer Basidienschicht (einem Basidiohymenium) allseitig dicht überzogen.

Clavaria botrytis (Ziegenbart) ist ein häufiger Pilz unserer schattigen, humösen Wälder, der wie alle Arten der Familie gegessen werden kann. Der

Fruchtkörper ist fleischig, stark korallenartig verzweigt, von auffallender schwefelgelber bis orangeroter Farbe und erreicht oft Kopfgröße.

Familie **Hydnaceae.** Stachelschwämme.

Bei den Arten dieser Familie erfolgt die Basidienbildung nicht mehr an jeder beliebigen Stelle des Fruchtkörpers, sondern jene ist auf bestimmte Gebiete beschränkt. Die Form der Fruchtkörper ist bei dieser Familie noch sehr wechselnd. Eine und dieselbe Art kann je nach der Art der Unterlage und der größeren oder geringeren Menge von Nährstoffen sehr verschiedenartige Fruchtkörper bilden, und diese können von der krustigen bis zu der hutförmigen Gestalt alle Übergänge zeigen. Die Basidien entstehen jedoch stets nur an eigenartigen stachelförmigen oder kammförmigen Vorsprüngen der Fruchtkörper, welche sich an hutförmigen Exemplaren meist auf der Unterseite entwickeln.

Alle Arten der Gattung **Hydnum**, welche fleischige und ansehnliche Fruchtkörper besitzen, werden gegessen; sie kommen in Wäldern oft massenhaft vor.

Familie **Polyporaceae.** Löcherschwämme.

Hierher gehören fast nur noch Formen, deren Fruchtkörper schon eine ganz bestimmte und für die Gattung und Art meist charakteristische Gestalt zeigen (z. B. Abb. 217) und nur an ganz besonders

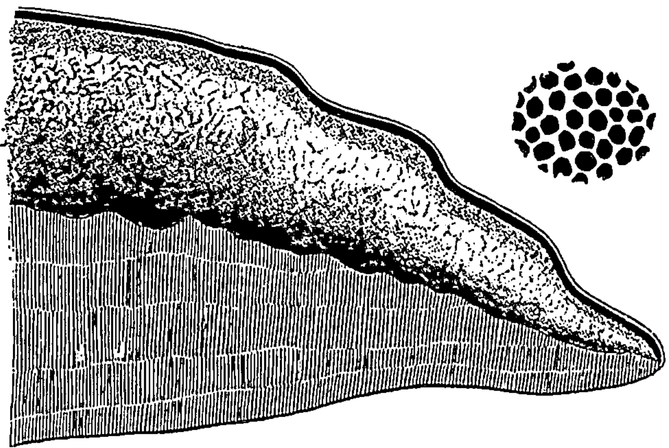

Abb. 217. Zunderschwamm (Fomes fomentarius). Links ein Pilzfruchtkörper in senkrechtem Durchschnitt, auf der Unterseite das Röhrenlager, oben die Zunderschicht aufweisend. Rechts oben ein kleines Stückchen der Unterfläche des Hutes (der Röhrenschicht) im Querschnitt, stark vergrößert.

ausgebildeten Teilen die Basidien bilden. Charakteristisch ist für alle Polyporaceae, daß auf einem Teile des Fruchtkörpers, meist auf der Unterseite des Hutteils, mehr oder weniger tiefe Gruben oder Löcher, oft von wabigem Bau, auftreten, oder daß sich röhrenförmige oder labyrinthartig gewundene Kanäle ausbilden, an deren Wandung die Basidien entstehen und in welche hinein die Basidiosporen abgeschieden werden (Abb. 218).

Merulius lacrymans, der Hausschwamm, ist eine derjenigen Formen, bei welchen der Fruchtkörper noch keine bestimmte und fest gewordene Gestalt besitzt. Er kommt in Wäldern nur ziemlich selten vor, besonders auf Nadelhölzern, und tritt hier in wenig auffälliger Form und nur wenig Schaden anrichtend auf. Kommt er aber mit solchem Holz in ein Haus, d. h. werden Balken, in welchen das ausdauernde Mycel wuchert, zu Bauzwecken verwendet, oder aber, entwickelt sich der Pilz erst aus Sporen in einem Haus, das nicht völlig ausgetrocknet ist, so breitet sich das Mycel mit großer Schnelligkeit nach allen Seiten aus. Besonders günstig sind für die Entwicklung des Pilzes solche Orte, welche wenig gelüftet werden und wo ständig eine feuchte Atmosphäre herrscht. Das Mycel wächst von Balken zu Balken, dringt auch durch starke Mörtellagen hindurch und durchzieht oft in wenigen Monaten bei günstigen Vegetationsbedingungen ganze Häuser. Von ihm werden Enzyme ausgeschieden, welche das Holz stark zersetzen und so mürbe machen, daß man es zwischen den Fingern zerreiben kann. Dieses mürbe Holz wirkt sodann wie ein Schwamm, d. h. es nimmt Wasser mit großer Leichtigkeit auf und leitet es weiter. Dazu kommt noch, daß auch das Pilzmycel wasserleitend wirkt und das Wasser ständig an das morsche Holz abgibt, wodurch vom Grund des Hauses oder von feuchten Stellen desselben ständig Wasser nach trockenen Stellen hingeleitet wird. Dies zeigt sich sehr rasch in den Häusern, welche vom Hausschwamm befallen sind. Die Wände derselben erweisen sich stets als feucht und übelriechend und wirken deshalb krankheitserregend. Hat sich nun das Mycel weithin ausgebreitet, sind genügend Nährstoffe gesammelt und gelangt jenes dann in einen Raum, wo ihm Licht und Luft geboten wird, z. B. in ein leerstehendes, wenig gelüftetes Zimmer, so schreitet der Pilz zur Fruchtkörperbildung. Die Frucht-

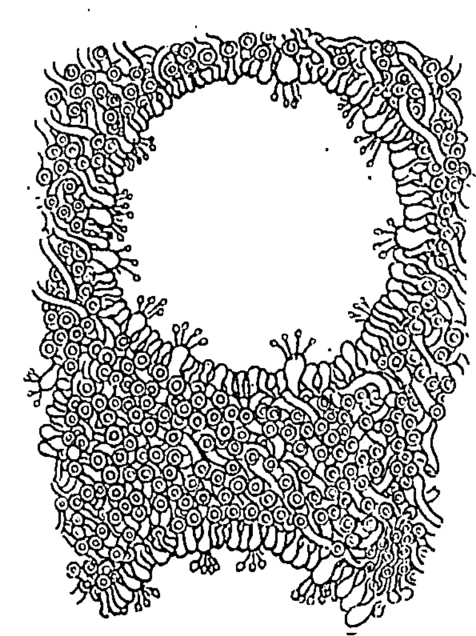

Abb. 218. Fomes igniarius, ein Röhrenschwamm. Ein Querschnitt der Röhren (Flächenschnitt zum Hut), welcher zeigt, wie diese auf der ganzen Innenfläche mit Basidien und den Paraphysen (dem sogen. Basidiohymenium) ausgekleidet sind.

körper sind sehr verschiedenartig, stets krustenartig der Unterlage angeschmiegt, fleischig, anfangs schneeweiß, später braun gefärbt und weisen auf der Oberseite flache Runzeln oder unregelmäßig geformte Gruben auf, in welchen sich die Basidien bilden und wo die Sporen in ungeheurer Anzahl entstehen. Auch diese Sporen, welche von jedem Lufthauche davongetragen werden, wirken stark gesundheitsschädigend, da sie zu schweren Reizungen der Atmungsorgane Veranlassung geben.

Bei den Gattungen **Polyporus** und **Fomes** ist der fertile Teil des konsolartig wachsenden Fruchtkörpers dicht von unzähligen tiefen, oft wabenartig angeordneten Poren durchsetzt, in welchen die Basidien und an diesen die Sporen entwickelt werden. Man erkennt die Poren schon mit bloßem Auge als feine, nadelstichartige Grübchen.

Polyporus destructor entwickelt sich häufig in Häusern in ganz ähnlicher Weise wie der Hausschwamm und wird mit diesem oft verwechselt. Schon dadurch ist er jedoch nicht schwer von jenem unterscheidbar, daß er das Wasser nicht so zu leiten vermag und deshalb auch keine Feuchtigkeit der Wände herbeiführt. Aber auch er ist sorgfältig zu bekämpfen, da er schon großen Schaden herbeigeführt hat.

Polyporus officinalis ist der sogen. Lärchenschwamm, welcher früher als „Agaricus albus" oder „Fungus laricis" häufig in der Medizin

Verwendung fand und auch jetzt noch nicht selten gebraucht wird. Er enthält ziemlich reichlich harzartige Stoffe und dient besonders als drastisch purgierendes Mittel.

Fomes (Polyporus, auch Ochroporus) fomentarius ist der Zunder- oder Feuerschwamm, welcher in früheren Zeiten große Wichtigkeit besaß. Er entwickelt sich meist auf Rotbuchen, seltener auf Birken, und kommt in manchen Gegenden sehr häufig vor; er bewirkt, wie die meisten verwandten Arten, eine Zersetzung und ein allmähliches Absterben der befallenen Bäume. Die Fruchtkörper erlangen eine bedeutende Größe und Härte. Ihre untere Schicht, die Röhrenschicht, ist hart und unbrauchbar, die obere, unfruchtbare Schicht dagegen besteht aus feinen, verflochtenen Mycelien, aus welchen der Zunder hergestellt wird. Diese Schicht wird stark geklopft und mit Salpeterlösung behandelt, worauf nach erfolgtem Trocknen das Handelsprodukt fertig ist. Es ist bekannt, welche große Bedeutung früher der Zunder für den Menschen besaß. Jetzt findet er nur noch als blutstillendes Mittel Verwendung und ist vielfach als Fungus chirurgorum offizinell (Abb. 217).

Fomes igniarius ist dem Zunderschwamm sehr ähnlich, besitzt aber ein härteres Mycelgewebe und darf deshalb als Wundschwamm nicht verwendet werden. Aus seinem Fruchtkörper werden häufig als Spielerei Ornamente geschnitzt.

Zur Gattung **Boletus** rechnet man Polyporaceae, welche einen typisch hutförmigen Fruchtkörper ausbilden. — Hierher gehören viele Speisepilze.

Boletus bulbosus (= B. edulis) ist der bekannte und geschätzte Steinpilz, welcher mit Recht als einer der beliebtesten Speisepilze gilt. Er findet sich in Nadelwäldern, aber auch häufig in Laubwäldern, massenhaft.

Familie **Agaricaceae.** Lamellen- oder Blätterschwämme.

Die Fruchtkörper besitzen fast durchweg Hutform und fleischige Konsistenz. Auf der Hutunterseite bilden sich die radial von dem

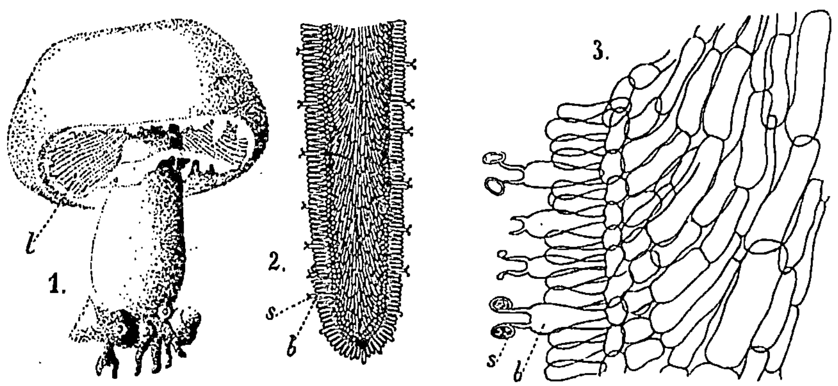

Abb. 219. *1.* Ein Basidienpilz (Hutpilz); Psalliota oder Agaricus campestris, der Champignon, 1. der gesamte Fruchtkörper, am Grunde mit den Resten des Myceliums, *l* Lamellen; *2.* eine Lamelle mit dem Hymenium im Querschnitt, vergrößert; *3.* die Randpartie einer Lamelle (das Hymenium) stärker vergrößert, *b* Basidien, *s* Sporen. (Nach Sachs.)

Stielansatze ausstrahlenden Lamellen oder Leisten, an denen die Basidien stehen (Abb. 219).

Das Mycel der Agaricaceae ist wie das der sämtlichen Basidiomycetes und Ascomycetes sehr zart und vielzellig.

Erwähnenswert ist, daß bei manchen Formen eine Art von Milchsaftschläuchen vorkommt; wir finden hier im Fruchtkörper lange, reichverzweigte und unregelmäßig verlaufende, dicke, schlauchförmige Hyphen, die einen weißen oder gelbroten Milchsaft enthalten, welcher unter starkem Drucke steht und sofort in großen Mengen austritt, wenn der Fruchtkörper verletzt wird.

Ferner ist auf die bei den Agaricaceae häufig vorkommenden Dauerzustände des Mycels hinzuweisen, die Sklerotien und Rhizomorphen.

Die Sklerotien entstehen durch eine starke Verknäuelung und Verästelung der Mycelien, in deren Zellen dann reichlich Nährstoffe, Reservestoffe, abgelagert werden. Die Außenschichten der Sklerotien werden oft dadurch sehr hart und fast holzartig starr, daß sich die Hyphen zu einem Pseudoparenchym vereinigen. Viele Sklerotien erhalten bedeutende Größen; solche von weit über Kopfgröße sind keine Seltenheit. Aus ihnen gehen nach einer gewissen Ruhezeit bei Anwesenheit genügender Wärme und Feuchtigkeit Früchtkörper hervor, manchmal, nachdem jene jahrelang scheinbar leblos gelegen hatten und den ungünstigsten Vegetationsverhältnissen ausgesetzt waren. Infolge der angesammelten Nährstoffe sind viele dieser Sklerotien eßbar.

Die Rhizomorphen (= wurzelähnliche Körper) entspringen sehr häufig aus Sklerotien und ähneln oft täuschend den Wurzeln höherer Pflanzen. Schneidet man eine solche Rhizomorpha quer durch, so findet man bei Betrachtung des Querschnittbildes unter dem Mikroskop, daß sich dasselbe nur aus Hyphen zusammensetzt, welche im Zentrum ziemlich locker verlaufen und meist von weißer Farbe sind, während sie in der Rindenschicht pseudoparenchymatisch dichtgedrängt liegen und eine braune bis tiefschwarze Färbung aufweisen. Ein bei uns sehr häufiger Parasit der Nadelhölzer, der als Speisepilz geschätzte Hallimasch (**Armillaria** mellea) ist ganz besonders ausgezeichnet durch charakteristisch ausgebildete Rhizomorphen. Diese werden oft viele Meter lang und mehrere Millimeter dick und wachsen mittelst Spitzenwachstums. Die Rhizomorphen entwickeln sich mit großer Schnelligkeit zwischen Rinde und Holz der Nadelhölzer und bohren sich ihre Bahn durch das weiche Cambium derselben, indem sie dort diesem Bildungsgewebe reichlich Nährstoffe entziehen. Von den Rhizomorphen gehen nach allen Richtungen feine Hyphenstränge ab, die ins Holz eindringen und hier Zerstörungen hervorrufen. Durch die Rhizomorphen verbreitet sich der Pilz auch von Baum zu Baum. Von einem pilzkranken Baum wachsen unterirdisch diese wurzelähnlichen Stränge nach einem benachbarten Baum hin, dringen dort in die Wurzeln ein und wachsen nach oben, um endlich, wenn sie später stark genug herangewachsen sind, reichlich Fruchtkörper zu bilden.

Von der formenreichen Familie der Agaricaceae sollen hier nur einige der allerwichtigsten Formen herausgegriffen werden.

Die Gattung **Lactaria** ist durch die Ausbildung von Milchsaftschläuchen in den Fruchtkörpern ausgezeichnet.

Lactaria deliciosa ist der sog. Blutreizker, einer der wohlschmeckendsten Speisepilze, welcher eigentlich ein sehr „giftiges“ Aussehen besitzt. Zerbricht man den schön gelb gefärbten Fruchtkörper, so tritt an der Bruchfläche sehr reichlich ein orangeroter Milchsaft aus, der an der Luft rasch erstarrt und eine grüne Färbung annimmt.

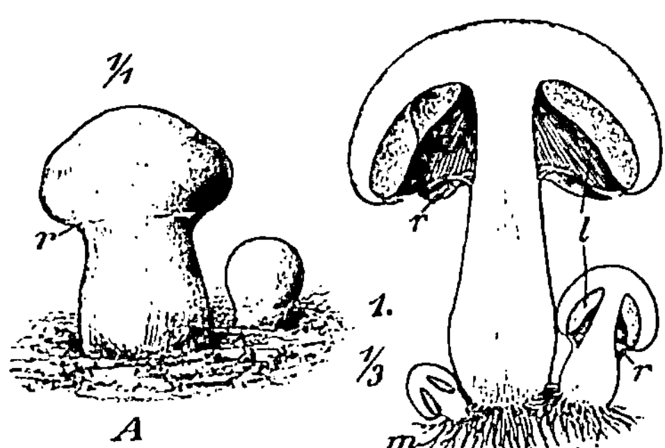

Abb. 220. Psalliota campestris, Feldchampignon. *A* Junges Exemplar aus der Erde hervorbrechend, der Ring noch mit dem Hutrand verwachsen. *B* Erwachsenes Exemplar mit 2 jüngeren rechts und links längs durchschnitten, *r* Ring, *l* Lamellen, *m* im Boden verlaufendes Mycel.

Am besten von allen Basidiomycetes ist dem Laien der Champignon (**Psalliota** oder **Agaricus** campestris) bekannt (Abb. 219 und 220). Dieser wertvolle Speisepilzkommt wildwachsend oft in großen Mengen auf sandigen Waldwiesen vor. Für den Handel wird der Pilz jedoch in großem Maßstabe kultiviert.

Amanita muscaria, der Fliegenschwamm (Abb. 221), stellt mit seinem roten, weißgefleckten Hute eine auffallende Erscheinung unserer Wälder dar. Er ist ein sehr gefürchteter Giftpilz. Sehr nahe mit ihm verwandt ist einer der beliebtesten Speisepilze des südlichen Europa, der besonders in Italien sehr häufig ist und allgemein gedessen wird, **Amanita** caesarea, der Kaiserschwamm. Er zeichnet sich gadurch aus, daß er auf der Hutunterseite gelbe Lamellen hat, während die·

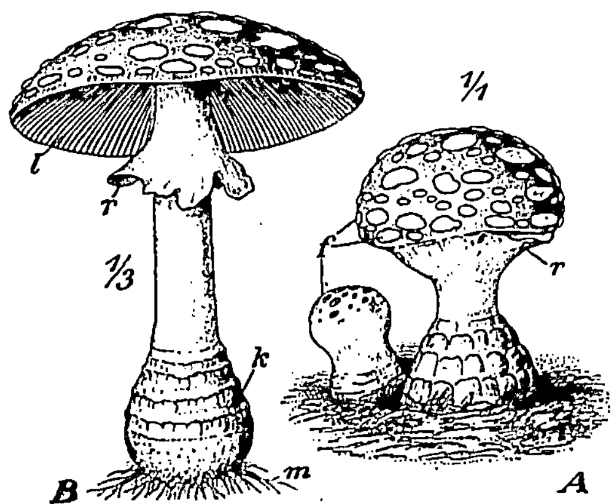

Abb. 221. Amanita muscaria, Fliegenpilz. *A* junges Stadium, die äußerste Hülle *f* löst sich links oben ab, rechts ist sie nur noch in Form weißer Fetzen auf dem Hut vorhanden, Ring *r* löst sich eben vom Hutrand. *B* ausgewachsener Pilz, *k* knollig verdickter Fuß, *l* Lamellen, *r* Ring am Stiel schlaff herabhängend, *m* in den Boden verlaufende Mycelstränge.

jenigen des Fliegenpilzes reinweiß sind. Der giftigste aller bei uns vorkommenden Pilze ist der Knollenblätterschwamm, **Amanita** phalloides.

Cantharellus cibarius, der Pfefferling, ist ein sehr beliebter Speisepilz, welcher durch seine hellgelbe Farbe sehr auffällt. Er ist leicht von den übrigen Agaricaceae dadurch zu unterscheiden, daß bei ihm die Lamellen noch an dem Stiel herab verlaufen. Diese Art kommt in Nadelwäldern, in trockenen wie in feuchten, oft in riesigen Mengen vor und hat als Volksnahrungsmittel eine nicht zu unterschätzende Bedeutung.

Familie **Phallaceae.**

Man hat die hierher gehörigen Formen als „Pilzblumen" bezeichnet,
und zwar aus mehreren sehr zutreffenden Gründen. Einmal finden
wir unter den Fruchtkörpern der Phallaceae sehr schöne und auffallende Gestalten, ferner hauchen diese einen sehr charakteristischen,
wenn auch nicht angenehmen Eigengeruch aus, welcher zum Herbei-

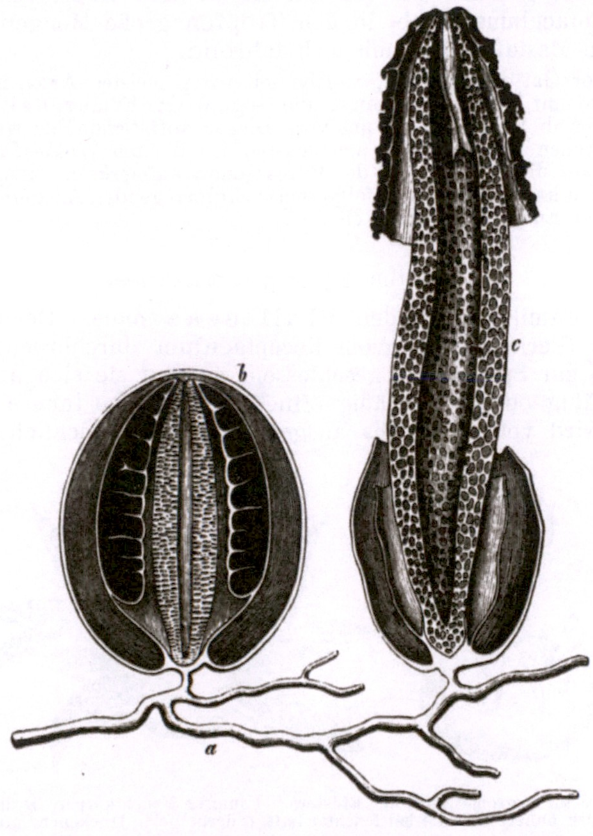

Abb. 222. Phallus impudicus; aus dem Mycelstrange *a* entspringen die Fruchtkörper *b* und *c*;
an ersterem ist die mit gallertartiger Mittelschicht versehene Peridie noch geschlossen, bei *c*
umgibt sie am Grunde den Stiel, der die Gleba an dem glockenförmigen Hut emporgehoben
hat. (Nach Sachs.)

locken von Insekten dient, und endlich wissen wir auch mit Sicherheit, daß die Sporen durch diese Insekten verschleppt und verbreitet
werden; also alles Fälle, welche wir auch bei der Blüten- resp.
Fruchtbildung der höheren Pflanzen beobachten werden.

Die Fruchtkörper der Phallaceae (vergl. Abb. 222) sind vor
der Reife kugelig oder eiförmig und werden umhüllt von einer
fleischigen oder gallertartigen, völlig geschlossenen Hülle, der Volva.
Im Innern finden wir einen Gewebekörper mit zahlreichen Kammern

(die sogen. Gleba), deren Wände aus einem Lager von Basidien bestehen und in welche dann die Sporen abgeschieden werden. Bei der Reife wird diese Gleba durch einen Stielteil, Träger oder Receptaculum genannt, in die Höhe gehoben, nachdem durch dessen gewaltiges Wachstum die Volva am Scheitel zerrissen worden ist und dann am Grunde des Receptaculums als eine gallertartige Hülle bestehen bleibt. Sobald das Receptaculum sich gestreckt hat, zerfließt das gesamte Gewebe der Gleba und tropft von der Spitze des Receptaculums herab, in den Tropfen große Mengen der vorher gebildeten Basidiosporen mit sich führend.

Von der Gattung **Phallus**, welche mit ihren meisten Arten in den Tropen gedeiht, kommt Ph. impudicus, die sogen. Gichtmorchel oder Stinkmorchel (Abb. 222), auch bei uns vor. Dieser auffallende Pilz wächst hier und da in trockenen Nadelwäldern, am liebsten im dichten Waldesdunkel. Häufig wird man auf die Anwesenheit des Pilzes schon aufmerksam, lange bevor man ihn erblicken kann, und zwar infolge seines ekelerregenden Aasgeruches, welchen er bei seiner Entfaltung entwickelt.

Familie **Lycoperdaceae.**

Diese Familie steht den Phallaceae nähe. Doch wird hier die Hülle (Peridie) nicht vom Receptaculum durchbrochen, sondern bleibt bis zur Sporenreife geschlossen, worauf sie sich an der Spitze unregelmäßig oder regelmäßig öffnet. Das ganze Innere des Fruchtkörpers wird von der Gleba ausgefüllt, welche reichlich gekammert

Abb. 223. Geaster hygrometricus, der Erdstern; *A* junger Fruchtkörper, *B* dieser entwickelt mit spreizender, äußerer Peridie bei feuchter Luft, *C* derselbe in trockener Luft. (Nach Corda.)

ist und deren Kammerwände von einem Basidiohymenium bedeckt sind.

Die Arten der Gattung **Lycoperdon** sind in der Jugend eßbar. Sie werden meist als Stäublinge bezeichnet. Sie besitzen einen schwachen Stielansatz und einen deutlich verdickten Kopfteil. In der Jugend ist der ganze Fruchtkörper durchweg von einem weißen Mycel zusammengesetzt und besitzt eine fleischige Konsistenz. Später ist auf einem Durchschnitt der gesamte Kopfteil schwarz, d. h. hier haben sich in den mit bloßem Auge nicht sichtbaren Kammern unzählige schwarze oder dunkle Sporen entwickelt. Bei der Reife reißt die Hülle am Scheitel unregelmäßig auf, so daß die Sporen bei jedem Windstoß als Staubwolke entlassen und weithin verbreitet werden.

Ganz ähnlich verhält sich auch der Riesenbovist, **Globaria** bovista, welcher bis zu 40 cm Durchmesser erlangen kann. Häufig findet man dieses riesige weiße „Ei" auf Wiesen vor. Es ist im Jugendzustande, d. h. solange sich die Sporen noch nicht entwickelt haben und der Fruchtkörper noch fleischig ist, eßbar.

In vielen Punkten abweichend verhält sich die Gattung **Geaster** (= Erdstern). Hier schlägt sich bei der Reife die äußere Peridienschicht in zahlreichen scharf geformten Lappen zurück, während die Gleba von einer dünnen Hüllschicht umgeben frei daliegt. Die eigenartige Form der zurückgeschlagenen äußeren Peridialhülle hat der Gattung ihren Namen eingetragen (Abb. 223).

Familie **Sclerodermataceae.**

Zu dieser Familie gehört die sogen. falsche Trüffel, **Scleroderma vulgare**, welche in unseren Wäldern nicht selten vorkommt. Sie besitzt einen kugeligen, harten Fruchtkörper, welcher einen undeutlichen Stielansatz aufweist. Beim Durchschnitt durch den Fruchtkörper erhalten wir ein Bild, das sehr an das entsprechende der echten Trüffel erinnert. Jener ist nämlich deutlich gekammert und wird von helleren und dunkleren „Adern" durchzogen, welche sich von der verschiedenartigen Stärke der Hyphenverflechtung herleiten. Die Kammern sind von den winzigen dunkeln Basidiosporen fast völlig erfüllt. Obgleich diese Art zweifellos giftig ist, wird sie doch recht häufig zur Verfälschung der echten Perigord-Trüffel verwendet. Für jeden Mikroskopiker ist es jedoch leicht, die Fälschung aufzudecken, da eben hier der Fruchtkörper Basidien mit winzigen, freiliegenden Sporen enthält, während bei der echten Trüffel die großen, dichtwarzigen oder stacheligen Sporen in kugeligen Schläuchen hervorgebracht werden.

Anhang zu Klasse 2 und 3:

Fungi imperfecti. Pilze mit mehrzelligem Mycel, von denen weder Asci noch Basidien bekannt sind, welche aber z. T. als Konidienformen von Ascomyceten anzusehen sind, oder aber auch Mycelformen von ganz unbekannter systematischer Stellung.

Hieher gehört vor allem Mycorrhiza, sehr fein gegliederte Mycelfäden, welche mit Wurzeln höherer Pflanzen in Symbiose leben.

Anhang zu den Pilzen.

Lichenes. Flechten.

Noch vor ungefähr 50 Jahren wurden die Flechten allgemein als eine gut geschiedene und charakterisierte Klasse des Pflanzenreiches angesehen. Man glaubte die Flechten den Klassen der Algen und Pilze gleichwertig an die Seite setzen zu müssen. Man hatte zwar schon unter dem Mikroskop wahrgenommen, daß sich der Flechtenthallus aus zweierlei Elementen aufbaut, von denen der eine starke Beziehungen zu bekannten Algen, der andere zu bekannten Pilzen aufwies. Aber erst damals wurde definitiv gezeigt, daß tatsächlich der Flechtenthallus durch Algen und Pilze gemeinsam aufgebaut wird, und seitdem haben zahlreiche Arbeiten keinen Zweifel darüber gelassen, daß die Flechtenbildung entweder als eine Symbiose, als eine Lebensgemeinschaft zwischen Pilz und Alge, aufgefaßt werden müsse, oder aber als ein Parasitismus des Pilzes auf der Alge (Abb. 224). Wir wissen nun auch mit vollster Bestimmtheit,

daß ständig Flechten auf diese Weise gebildet werden, daß frei
lebende Algenkolonien von Pilzfäden ergriffen und umsponnen werden
und daß dann zuletzt aus diesen beiden Komponenten das Produkt
hervorgeht, welches wir als Flechte bezeichnen und das oft so charakteristische und auffallende Formen annehmen kann.

In bezug auf den Thallus der Flechten kann man leicht zwei
ganz verschiedene Gruppen unterscheiden, welche man als homöomere oder als heteromere Flechten bezeichnet hat. Im ersteren

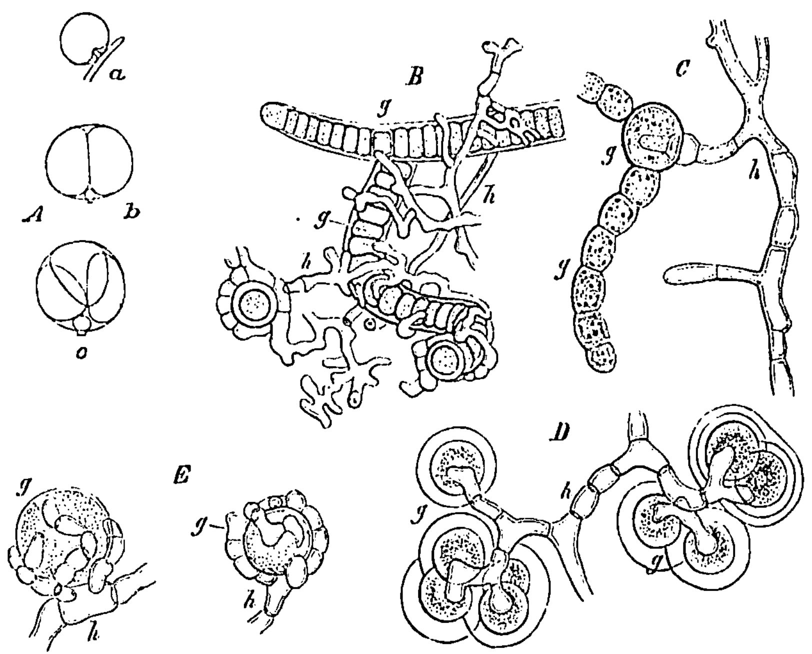

Abb. 224. Gonidientypen von Flechten, *g* Gonidien, *h* Hyphen; *A* keimende Spore von Xan-
thoria parietina auf Pleurococcus viridis. *B* Scytonemafäden von Stereocaulon ramulosum umsponnen. *C* Physma compactum, Hyphe in einen Nostocfaden eindringend. *D* Synalissa sym-
phorea, die Gonidien sind Gloeocapsazellen. *E* Cladonia furcata. (Nach Bornet.)

Falle lebt der Pilz auf Algenkolonien, welche ihm an Größe weit
überlegen sind und wo zwischen den zahlreichen Algenzellen (Gonidien genannt, Abb. 224) nur verhältnismäßig wenige Pilzfäden
anzutreffen sind. Die Pilzfäden nehmen in der Flechte hier auch
niemals eine bestimmte Lagerung ein, sondern durchziehen oder um-
wuchern regellos die Algen. Bei den heteromeren Flechten (Abb. 225)
finden wir nun gerade das umgekehrte Verhalten. Hier bildet der
Pilz den Hauptbestandteil der Flechte und die Alge tritt mehr oder
weniger zurück. Infolgedessen ist es hier auch der Pilz, der fast
oder ganz ausschließlich die Form der Flechte bedingt, während die
Algen sich in größerer Menge nur an bestimmten Partien, in ganz
bestimmten Schichten des Flechtenthallus finden.

Der Gestalt des Flechtenthallus nach unterscheiden wir Fadenflechten, Gallertflechten, Krustenflechten (Abb. 226 A), Laubflechten (Abb. 226 B) und Strauchflechten (Abb. 227 und 229), endlich noch die Steinflechten, welche durch Auflösungsmittel sich Höhlungen in Gesteinen schaffen, in welchen sie ihren Thallus aufbauen.

Die Fruchtformen der Flechten sind sehr wechselnd. Es kann uns dies nicht wundern, wenn wir bedenken, daß die mit den Algen zusammentretenden Pilze den verschiedensten Gruppen angehören können und daß es die Pilze ausschließlich sind, welche die Fruchtformen der Flechten bilden. Es ist deshalb in rein wissenschaftlichen Werken schon durchgeführt worden, die Flechten nicht gemeinsam, zusammenhängend darzustellen, sondern sie denjenigen Pilzgruppen anzuschließen, zu welchen in

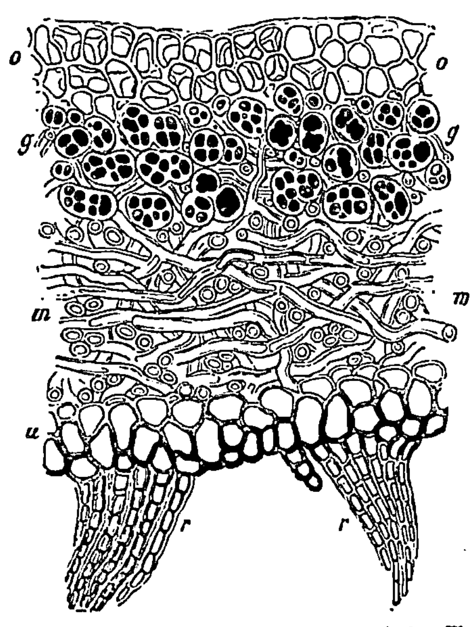

Abb. 225. Querschnitt durch den heteromerischen Thallus von Sticta fuliginosa (500 mal vergr.); *o* und *u* Rindenschicht der Ober- und Unterseite, *m* Markschicht, *g* Gonidienschicht, *r* Rhizoiden. (Nach Sachs.)

jedem Falle die symbiotischen Pilze gehören. Weitaus der größte Teil der Flechten gehört in diesem Sinne zu den Ascomycetes (Ascolichenes), und nur wenige Arten haben sich als Basidio-

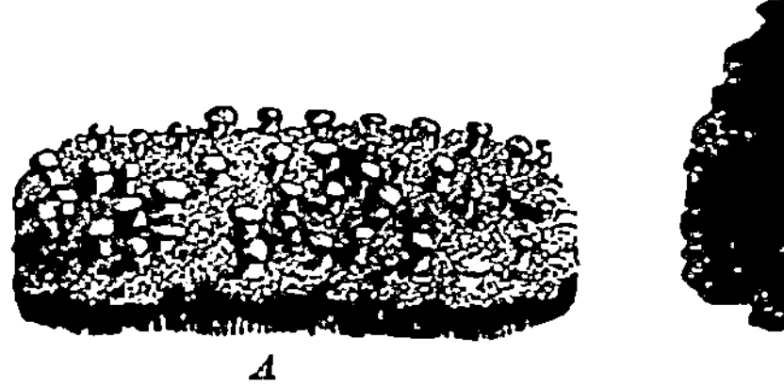

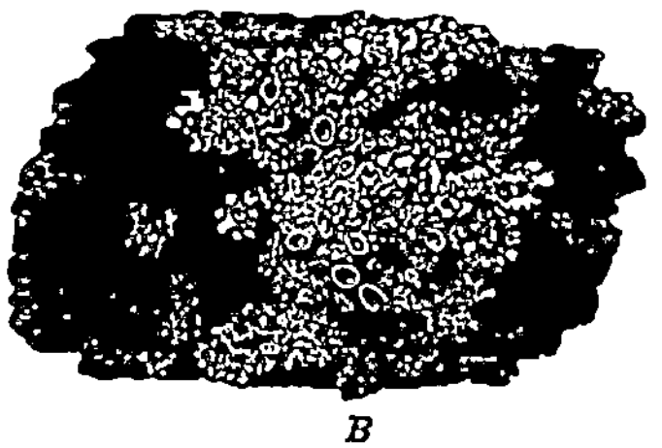

Abb. 226. *A* Eine Krustenflechte, Baeomyces roseus. *B* Eine Laubflechte, Parmelia parietina.

lichenes, d. h. Flechten mit einem Basidienpilz, herausgestellt. Die Algen der Flechten haben die Fähigkeit der Fortpflanzung vollständig verloren, sie vermehren sich nur durch fortgesetzte Zweiteilung.

Von größtem Interesse ist die sogenannte Soredienbildung der Flechten, eine rein vegetativ erfolgende Vermehrung, welcher hauptsächlich die Flechten ihre ungemein große Verbreitung verdanken. Es lösen sich vom Flechtenthallus, besonders zu bestimmten Zeiten und an bestimmten Stellen, einzelne Algenzellen oder Gruppen derselben vom Thallus los, welche von lebenden Bruchstücken der Hyphen umsponnen sind. Diese winzigen Gebilde besitzen natürlich nur ein minimales Gewicht und bieten doch der Luft infolge der

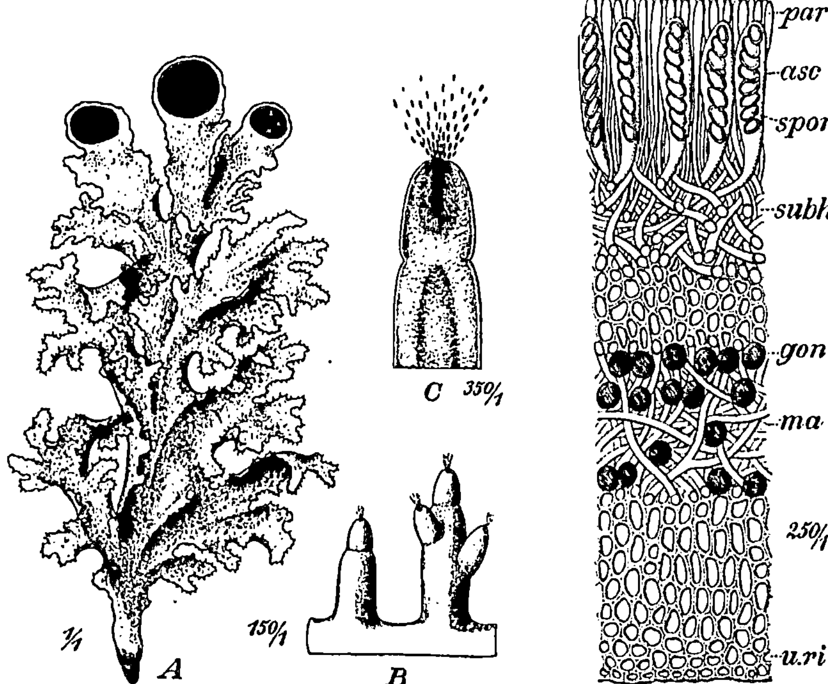

Abb. 227. Cetraria islandica. *A* Pflanze mit drei Apothecien an der Spitze (¼); *B* Stückchen von dem Lappenrand mit Spermogonien (¹⁵⁰/₁); *C* ein einzelnes Spermogonium im Längsschnitt mit austretenden Spermatien (⁵⁵⁰/₁).

Abb. 228. Cetraria islandica. Längsschnitt durch ein reifes Apothecium (⁵⁵⁰/₁) *par* Paraphysen, *asc* Schläuche (Asci) mit Sporen *spor*; *subh* Subhymenialschicht, *gon* Gonidien, *ma* Markschicht, *u. ri* Untere Rindenpartie.

abstehenden Hyphenhülle so viele Angriffspunkte, daß sie auf ungeheure Strecken hin verweht werden können. Kommen sie dann an irgend einem Orte zur Ruhe, wo ihnen nur eine einigermaßen genügende Feuchtigkeit geboten wird, so beginnt sich die Alge zu teilen und die Pilzhyphen fangen ein lebhaftes Wachstum an, so daß nach einiger Zeit wieder eine Flechte von der ursprünglichen Form resultiert. Es ist deshalb nicht verwunderlich, daß die Flechten durchweg die ersten Besiedler neuen Bodens und selbst an Stellen zu finden sind, wo keine andere Pflanze zu vegetieren vermag, auf den höchsten Berggipfeln und an den steilsten und völlig humuslosen

Felsen. Die Algen selbst sind ja an Feuchtigkeit gebunden und kommen mit sehr wenigen Ausnahmen niemals an ständig trockenen Orten vor. In der Flechte vermögen sich jedoch die Algen unter dem Schutze der dicht verflochtenen Hyphenhülle lebhaft zu entwickeln und der größten Trockenheit Widerstand zu bieten. Es dürfte wohl auch nicht von der Hand zu weisen zein, daß die Pilzhyphen die Fähigkeit besitzen, Luftfeuchtigkeit aufzusaugen.

In der Lebensgemeinschaft hat also die Alge den Vorteil, vor Wassermangel geschützt zu sein, so daß sie sich ungestört zu vermehren vermag; der Pilz dagegen wird durch die kräftig assimilierende Alge ernährt.

1. Reihe. Ascolichenes.

Ascomycetes (Schlauchpilze), welche mit Algen in Symbiose leben.

Sticta p u l m o n a c e a ist eine Laubflechte mit großem auffallendem Thallus, welche besonders in den höheren Lagen der Gebirge sehr häufig ist. Sie sitzt meistens an Baumrinden fest und war früher als „Lungenflechte" offizinell.

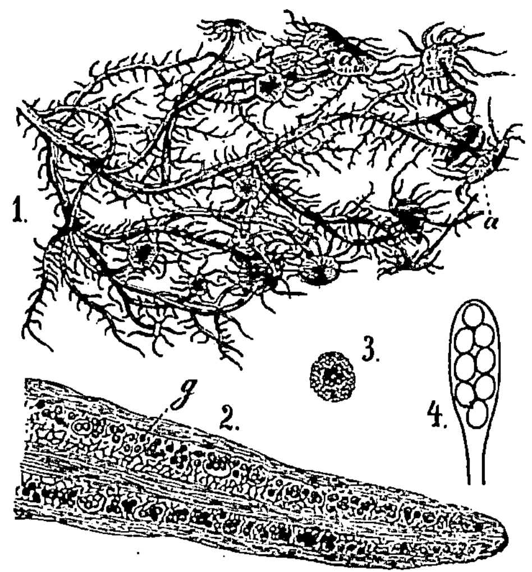

Abb. 229. Eine Strauchflechte. Usnea barbata; *1* Teil des Thallus, *a* Fruchtkörper, Apothecien; *2* Längsschnitt durch ein Thallus-Ende vergrößert, *g* die Gonidien in besonderer Schicht; *3* Soredienbildung, d. h. eine aus dem Verbande gelöste Alge, von Pilzhyphen umgeben; *4* ein Sporenschlauch des Apotheciums; letztere beide Figuren stark vergrößert. (Nach Sachs.)

Off. Cetraria i s l a n d i c a, das i s l ä n d i s c h e M o o s (Abb. 227, 228), ist auf trockenen Heideflächen der Gebirge überall häufig und kommt auch nicht selten in großen Massen in den Ebenen vor, wo sie stellenweise unfruchtbaren Boden weithin fast allein überzieht. Diese Flechte ist als Lichen islandicus offizinell und wird gegen Erkrankungen der Respirationsorgane mit Erfolg verwendet.

Cladonia r a n g i f e r i n a, die R e n t i e r f l e c h t e oder das R e n t i e r m o o s, besitzt eine große Bedeutung. Sie ist überall häufig und eine der gewöhnlichsten Flechten in trockenen Wäldern und auf Heiden, von Mitteleuropa an bis nach dem äußersten Norden. Nur ihr ist es zu verdanken, daß die Polargegenden überhaupt noch bewohnbar sind. Denn für eine lange Zeit des Jahres bildet die Rentierflechte die einzige Nahrung für das „Ein und alles" jener unwirtlichen Gebiete, das Rentier. Die Flechte enthält reichlich Nährstoffe.

Eine gewisse Bedeutung für den Handel mancher Gebiete besitzt dann ferner die Strauchflechte **Roccella** tinctoria. Sie ist fast reinweiß gefärbt und bewohnt die Felsen tropischer und subtropischer Gebiete, wo sie in Menge gesammelt wird. Man gewinnt aus ihr durch geeignete Behandlung die Orseille, einen sehr geschätzten roten oder violetten Farbstoff, welcher zum Färben der Seide und Wolle Verwendung findet. Nicht minder verdient sie aber auch deshalb angeführt zu werden, weil man aus ihr den Farbstoff Lackmus herstellt, der für unsere Chemie so große Bedeutung erlangt hat.

Endlich soll noch **Usnea** barbata (Abb. 229) angeführt werden, welche zwar als Nutzpflanze nicht von Bedeutung, dafür aber durch ihre auffallende Erscheinung und ihr stellenweise massenhaftes Auftreten ausgezeichnet ist. In den höheren Lagen der Gebirge, bisweilen allerdings auch in den Ebenen, hängt diese Flechte, weißlich oder grau gefärbt, in langen Strähnen bartartig von den Ästen herab, dieselben oft dicht bedeckend, weshalb der Volksmund für sie Namen, wie Bartflechte, Rübezahlsbart etc. erfunden hat.

2. Reihe. **Basidiolichenes.**

Basidiomycetes, welche mit Algen in Symbiose leben.

Man kennt diese Formen erst seit verhältnismäßig kurzer Zeit genauer, ihre Auffindung besitzt jedoch eine außerordentlich große morphologische Bedeutung. Denn an ihnen ließ sich schlagend der Nachweis führen, daß die Flechten kein den Algen und Pilzen gleichwertiges Reich darstellen, da eben nun Pilze verschiedenartiger Gruppen, der Ascomycetes wie der Basidiomycetes, bekannt waren, welche mit Algen symbiotisch zusammenleben.

Von den wenigen hierher gehörigen Arten sei nur die in Bergwäldern Westindiens häufig vorkommende Cora pavonia angeführt, eine sehr schöne Flechte, welche in ihrer Färbung und dem Oberflächenbau an das Auge einer Pfauenfeder erinnert.

XII. Abteilung.

Embryophyta asiphonogama (Archegoniatae).

Moose und Farnpflanzen.

Es sind dies allermeist Pflanzen mit Stamm und Blättern (Kormophyten), nur selten noch thalloidische Gewächse, bei welchen eine Trennung in Stamm und Blatt noch nicht eingetreten ist. In ihrem Entwicklungsgang finden wir zwei Generationen, eine geschlechtliche und eine ungeschlechtliche. Die geschlechtliche oder proembryonale Generation, der Gametophyt, entwickelt Antheridien, in denen Spermatozoiden gebildet werden, und Archegonien, welche als Hauptelement die zu befruchtende Eizelle enthalten. Aus dieser Eizelle entsteht nach erfolgter Befruchtung ein Gewebekörper, der Embryo, resp. die ungeschlechtliche oder embryonale Generation, der Sporophyt, welche noch längere Zeit mit der geschlechtlichen Generation in Verbindung bleibt und von ihr ernährt wird.

1. Unterabteilung. Bryophyta (Muscineae).
Moospflanzen.

Der normale Entwicklungsgang der Moose ist in kurzen Zügen folgender (vergl. Abb. 230):

Bei der Keimung der Spore entwickelt sich aus ihr ein in seiner Gestalt sehr wechselnder Vorkeim (Protonema), welcher sich

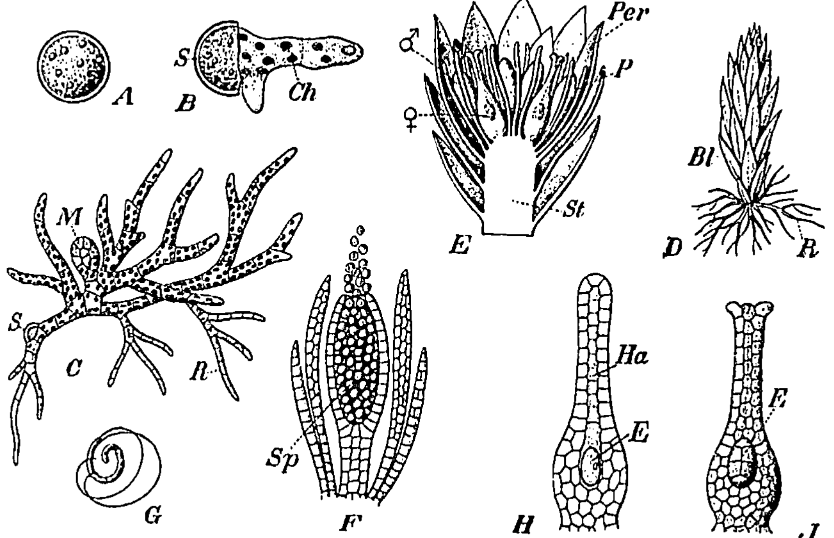

Abb. 230. Entwicklung eines Laubmooses. *A* Spore mit Fettröpfchen *B* Protonema aus der Spore *S* auskeimend, *Ch* Chlorophyllkörner. *C* Vorkeim, Protonema, *S* Rest der Spore, *R* Rhizoiden, *M* junge Moospflanzen-Knospe. *D* dieselbe zu einem jungen, noch sterilen Moospflänzchen herangewachsen, *Bl* Laubblätter. *E* Gipfel einer Moospflanze mit männlichen ♂ und weiblichen ♀ Befruchtungsorganen (Antheridien und Archegonien), umgeben von Paraphysen *P* und einer vielblätterigen Hülle, Perichaetium *Per. F* Antheridium im Längsschnitt, von 4 Paraphysen umgeben, das Innere mit Spermatozoiden erfüllt, deren oberste bereits ausschwärmen. *G* reifes Spermatozoid mit den beiden Geißeln. *H* junges Archegonium im Längsschnitt, *Ha* Halskanal, durch welchen die Spermatozoiden nach Öffnung der Spitze zur Eizelle *E* gelangen. *J* reifes Archegonium mit der befruchteten Eizelle *E* (Embryo).
(Alles etwas schematisiert.)

längere Zeit hindurch algenähnlich verhält; er gleicht entweder einer Fadenalge oder einer Blattalge und besitzt die Fähigkeit, sich beliebig lang durch seinen Chlorophyllgehalt und die damit verbundene Assimilation zu ernähren. Nach kürzerer oder längerer Frist geht nun aus diesem Vorkeim durch seitliche Sprossung die eigentliche Moospflanze hervor, d. h. entweder ein blattloses, thalloidisches Gebilde (so z. B. bei vielen Lebermoosen) oder aber meist ein in Stengel und Blatt gegliedertes Pflänzchen (so bei vielen Lebermoosen und fast allen Laubmoosen). Auf diesen Moospflänzchen (der proembryonalen oder geschlechtlichen Generation, dem Gametophyten), welche niemals echte Wurzeln entwickeln und keine Leitbündel enthalten, bilden sich nun die Geschlechtsorgane. Das männliche Organ, das Antheridium, besitzt meist einen deutlichen Stielteil und einen oberen keulenförmigen oder mehr oder weniger kugeligen Teil, der von einer einschichtigen Wandung umhüllt wird. Das ganze Innere des Antheridiums wird erfüllt von winzigen, durchaus gleichartigen Zellen, von welchen jede ein Spermatozoid von charakteristischer Form hervorbringt.

Das weibliche Organ, das Archegonium, ist um vieles komplizierter gebaut als das Antheridium. Im ausgebildeten Zustand besitzt es die Form einer Flasche, d. h. sein unterer Teil ist stark angeschwollen und läuft nach oben allmählich in einen mehr oder weniger langen Halsteil aus. Das ganze Gebilde besitzt wie das Antheridium eine einschichtige Wandung. Im unteren Teil des Archegons, dem Bauchteil, liegt die große Eizelle, oberhalb welcher sich bis zum Ende des Halses in einfacher Weise die sogen. Halskanalzellen anschließen.

Bei der Reife des Archegoniums verquellen die Kanalzellen, sobald sie genügende Feuchtigkeit zugeführt erhalten, und nun können die Spermatozoïden durch den so entstandenen Kanal zur Eizelle vordringen und diese befruchten. Der erste Erfolg dieser geschlechtlichen Vereinigung ist der, daß sich die Eizelle mit einer Zellwandung umgibt. Bald aber treten in der so gebildeten Zelle sehr reichlich Teilungen ein, durch welche zuletzt ein vielzelliger Körper, der Embryo, gebildet wird. Mit ihm beginnt nun die zweite Generation, die ungeschlechtliche oder embryonale, der Sporophyt, welche in der Hauptsache dasjenige Organ darstellt, welches man schlechthin als Mooskapsel bezeichnet, eine Generation, welche also niemals einen in Stamm und Blatt gegliederten Vegetationskörper besitzt. In der Mooskapsel, welche aus dem Embryo hervorgegangen ist, entwickeln sich auf ungeschlechtlichem Wege die Sporen. Auch die Archegonwand macht einen Wachstumsprozeß mit. Sie wächst mit der Mooskapsel mehr oder weniger stark heran und wird zur „Haube" oder Calyptra, welche entweder an der Spitze von der sich stark streckenden Mooskapsel durchbrochen wird und als ein Wulst (Volva) am Grunde des Kapselstieles bestehen bleibt (so bei den Lebermoosen) oder aber in wechselnder Form an der Basis abgerissen und als „Mütze" von der Kapsel hochgehoben wird (bei den Laubmoosen).

1. Klasse. **Hepaticae. Lebermoose.**

Hier finden wir noch zahlreiche thalloidische Formen, deren Vegetationskörper noch nicht in Stamm und Blatt gegliedert ist; aber auch kormophytische Formen kommen häufig vor, doch besitzen in diesem Falle die Blätter niemals Blattnerven. Das Protonema ist meist klein und rasch vergänglich; es schreitet meist fast sofort zur

Bildung des Moospflänzchens. Die Kapsel ist häufig ungestielt und bleibt dann stets von der Calyptra, dem angeschwollenen Bauchteil des Archegons, umschlossen. Ist dagegen das Sporogon (Kapsel) gestielt und wird die Calyptra durchbrochen, so bleibt diese einfach am Grunde des Kapselstieles als Wulst oder Manschette sitzen. Bei den Lebermoosen springt endlich die Kapsel fast stets mit vier Klappen auf, während sich die Kapsel der Laubmoose mittels eines Deckels öffnet; in den Lebermooskapseln finden wir häufig neben den Sporen auch noch unfruchtbare Schleuderzellen (Elateren) entwickelt, welche das Ausstreuen der Sporen vermitteln.

Familie **Marchantiaceae.**

Einer der bekanntesten Vertreter der Familie, **Marchantia** polymorpha (Abb. 231), kommt, wie viele andere Arten der Lebermoose, häufig herdenweise auf feuchten Sandplätzen, auf Blumentöpfen und an feuchten Felsen vor. Sie besitzt einen großen, flachen, dunkelgrünen, gabelig verzweigten Thallus, welcher mehr- bis vielschichtig ist und große Luftkammern umschließt. Diese Luftkammern stehen durch eigenartige Bildungen, die an die Spaltöffnungen der höheren Pflanzen entfernt erinnern, mit der atmosphärischen Luft in Verbindung.

Eine vegetative Vermehrung besitzt Marchantia in den sogenannten Brutbecherchen, in welchen kleine grüne Knöspchen gebildet werden (Abb. 231, 3 b²). Diese lösen sich los, fallen zu Boden und wachsen allmählich zu neuen Individuen heran. Die Geschlechtsorgane, die männlichen wie die weiblichen, entwickeln sich auf eigenartigen Trägern, und zwar auf verschiedenen Pflanzen (Diöcie). Die Kapseln sind fast ungestielt und enthalten neben den Sporen auch noch Schleuderzellen (Elateren). Sie sitzen auf der Unterseite schildförmiger Gebilde (Receptakeln), die nachträglich durch einen Stiel hoch über den übrigen Thallus emporgehoben werden.

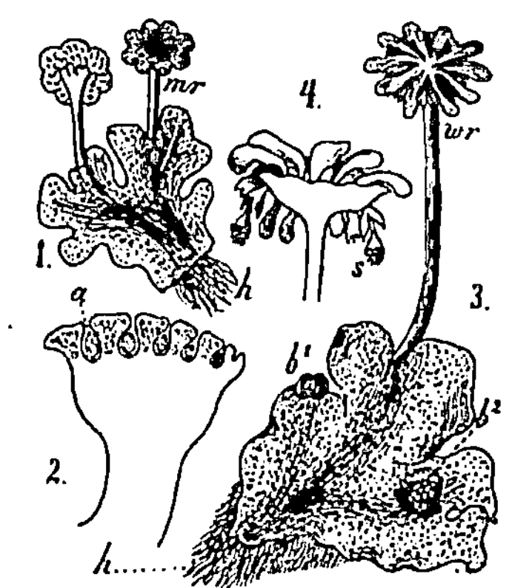

Abb. 231. Ein thalloidisches Lebermoos, Marchantia polymorpha: *1* Stück einer Pflanze mit männlichen Befruchtungsorganen (*mr*); *2* Längsschnitt durch den Gipfel des männlichen Receptaculums mit den vertieften Antheridien (*a*), vergrößert; *3* Stück einer Pflanze mit weiblichen Befruchtungsorganen (*wr*); *4* Längsschnitt durch das weibliche Receptaculum mit Kapseln (*s*), vergrößert.

Familie **Jungermanniaceae.**

Zu dieser außerordentlich formenreichen Familie gehören thalloidische und kormophytische Arten (Abb. 232 und 233 auf S. 228). Bei letzteren stehen die Blätter selten in zwei Reihen am Stämmchen, meist liegen sie in drei Zeilen, von denen zwei auf den beiden Rückenseiten des Stämmchens verlaufen, die Oberblätter, während die dritte Zeile sich auf der Bauchseite des dem Boden aufliegenden Stämmchens findet. Diese letzteren Blätter sind meist eigenartig krugförmig oder becherartig gestaltet und werden als Schattenblätter oder als Amphigastrien bezeichnet. Die Kapsel ist lang gestielt, enthält neben den Sporen reichlich Schleuderzellen und öffnet sich bei der Reife mit vier Klappen, worauf die Sporen mit ansehnlicher Kraft ausgeschleudert werden. — Die Arten der Familie sind, wie überhaupt sämtliche Lebermoose, typische Schattenpflanzen und bedürfen zu ihrem Gedeihen fast durchweg fortwährender und meist

Abb. 232. Ein in Stamm und Blatt gegliedertes (kormophytisches) Lebermoos, Jungermannia furcata.

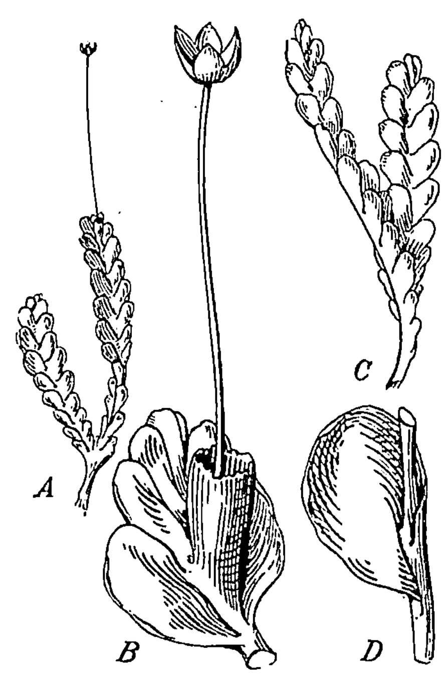

Abb. 233. Ein kormophytisches Lebermoos (Noteroclada porphyrorrhiza). *A* Fruchtende Pflanze in natürl. Größe. *B* Spitze derselben vergrößert. *C* Sterile Pflanze in natürlicher Größe. *D* Blatt, von der Rückenseite gesehen, vergrößert. (Nach Hooker.)

großer Feuchtigkeit. Sie finden sich in unseren Gebieten sehr reichlich und fehlen wohl nie in Wäldern, auf feuchten Felsen und auf quelligem Boden. Mit einer ganz außerordentlichen Formenfülle finden wir sie jedoch in den Tropengebieten vertreten, besonders in den ewig feuchten und dunkeln Urwäldern, und dort ist auch ihre eigentliche Heimat.

2. Klasse. Musci (Musci frondosi). Laubmoose.

Das Protonema der Laubmoose ist fadenalgenartig und verharrt meist längere Zeit in diesem Zustand, bis sich durch seitliche Sprossung ein Knöspchen bildet, aus dem dann allmählich die in Stengel und Blatt gegliederte Moospflanze hervorgeht (Abb. 230, *C, D, E*). Die Blätter sind stets mit einer Mittelrippe versehen. Der Stengel enthält niemals echte Leitbündel, auch wenn die Moospflanzen ansehnliche Höhen erreichen; ebenso fehlen echte Wurzeln vollkommen; wir finden an deren Stelle die sog. Rhizoiden, d. h. einfache oder ver-

zweigte Zellfäden, durch welche die Pflänzchen sich am Boden befestigen. Die Geschlechtsorgane unterscheiden sich in nichts von
denen der Lebermoose; sie stehen entweder seitlich am fortwachsen-
den Sproß, oder aber am Scheitel und begrenzen sein Wachstum.

Die Kapsel der Laubmoose (Abb. 234) ist dagegen von derjenigen
der Lebermoose sehr stark verschieden. Es soll an dieser Stelle nur
darauf hingewiesen werden, daß die langgestielte Laubmooskapsel
von der aus dem Archegon hervorgegangenen Haube oder Calyptra

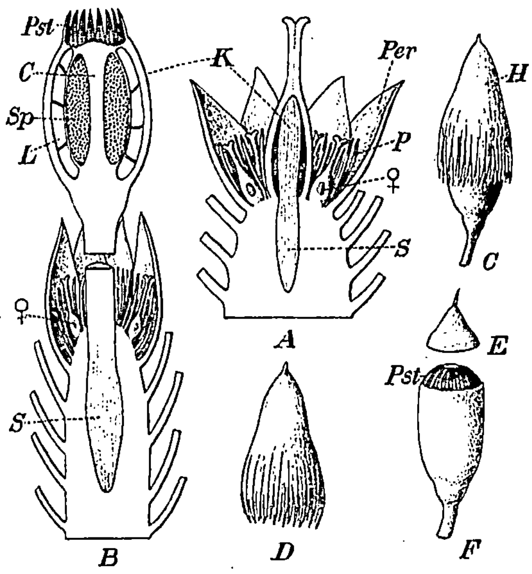

Abb. 234. Entwicklung einer Laubmooskapsel. *A* Der Embryo wächst durch den Boden des
Archegoniums ein Stück in den Gipfel des Moosstämmchens hinein und bildet hier den Schaft *S*
des die Mooskapsel *K* tragenden Stieles, ♀ unbefruchtete Archegonien, *Per* Perichaetial-
blätter. *B* Längsschnitt durch die reife Mooskapsel, der größte Teil des langen Stieles
ist weggelassen, *S* der Schaft des Stieles, ♀ unbefruchtete Archegonien, wie bei Fig *A*,
L Luftraum, den Sporensack *Sp* umgebend, in der Mitte die Columella *C*, oben am Rand die
Zähne des Peristoms *Pst*. *C* reife Kapsel mit der Haube *H*. *D* abgefallene Haube. *E* abgefallener
Deckel der Kapsel *F*, wo nun das Peristom *Pst* freiliegt. (Alle Figuren etwas schematisiert.)

bedeckt ist, daß sich in ihr sehr verschiedenartige Schichten unterscheiden lassen, in deren einer nur Sporen gebildet werden, daß
eine unfruchtbare Schicht, die sogen. Mittelsäule oder Columella,
von der Basis bis zur Spitze der Kapsel hindurchgreift, daß die
Kapsel sich stets mit einem Deckel öffnet und in ihr niemals
Schleuderzellen entwickelt werden. Wenn der Kapseldeckel bei der
Reife abgefallen ist, zeigt sich an der Kapselmündung eine dichte
Reihe von Zähnen, das Peristom; diese Zähne sind sehr stark
hygroskopisch, d. h. sie führen je nach den Änderungen der Luftfeuchtigkeit bestimmte Bewegungen aus: bei feuchtem Wetter verschließen sie fest die Kapsel (Urne), bei trockenem Wetter, das für
die Sporenverbreitung am zweckmäßigsten ist, klaffen sie auseinander,

so daß dann die Sporen aus der Kapsel herausfallen oder herausgeweht werden können. Sehr interessant ist endlich, daß man an der Basis der Laubmooskapseln echte Spaltöffnungen antrifft, während diese an den Blättern der Moospflanze selbst niemals vorkommen.

Laubmoose findet man in allen Zonen und Höhenlagen der Erde, soweit überhaupt Pflanzenleben anzutreffen und die

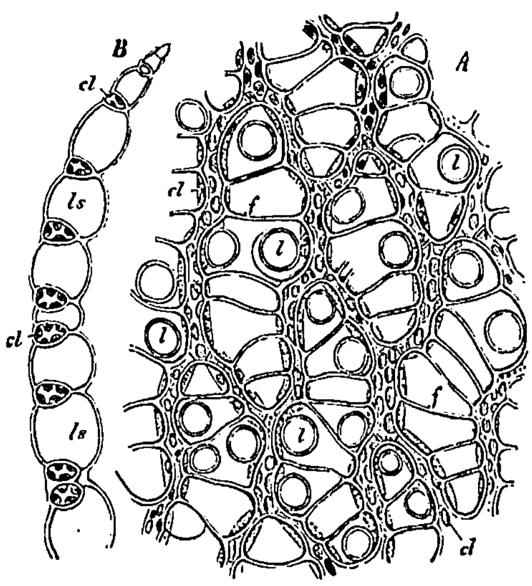

Abb. 235. Sphagnum acutifolium Blatt von der Fläche (*A*) und im Durchschnitt (*B*) gesehen. *cl* schlauchförmige, chlorophyllführende Zellen, *ls* große, leere Zellen mit den Löchern *l* und spiraligen Verdickungen *f*. (Nach Sachs.)

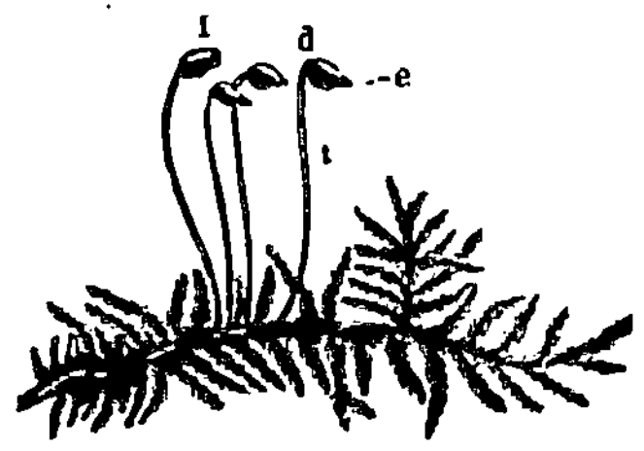

Abb. 236. Ein Zweig einer Hypnum-Art, *t* Kapselstiel oder Seta (Borste), *d* Kapsel, *e* Deckel, *i* Kapsel oder Büchse, welche den Deckel abgeworfen hat.

Zu Abb. 237. Polytrichum commune. Rechts eine männliche Pflanze blühend. In der Mitte eine Pflanze, deren Kapsel noch von der filzigen Haube bedeckt ist. Links eine Pflanze mit freier Kapsel. Natürl. Größe. (Nach Luerßen.)

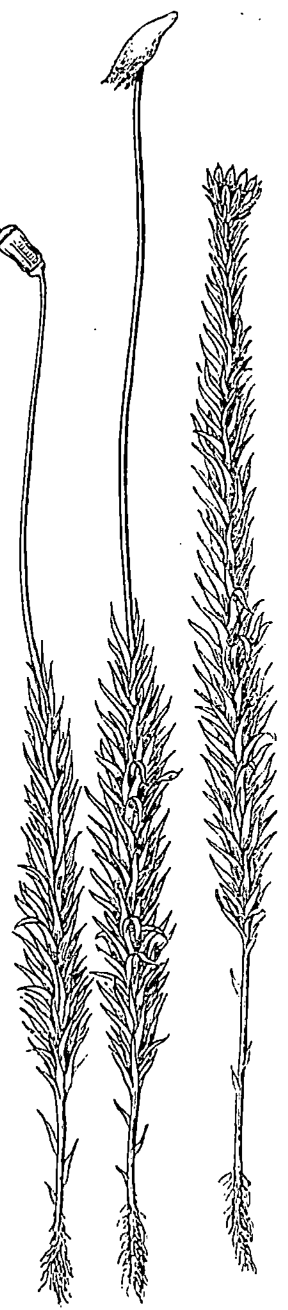

Abb. 237.

Menge der Niederschläge nicht allzu gering ist. Ihre Bedeutung im Haushalt der Natur und besonders für die Waldwirtschaft beruht auf ihrer großen und raschen Aufnahmefähigkeit für Wasser, das sie nur langsam wieder abgeben, wodurch der Boden stets feucht und locker erhalten wird.

Familie **Sphagnaceae.** Torfmoose.

Es gehören hierher die bekannten blassen Moose, welche auf keinem Hochmoor fehlen und die gerade hier, in ungeheueren Mengen auftretend, in dichter Schicht den Boden bedecken. Sie sind deshalb von Bedeutung, da sie das Hauptmaterial für die Torfbildung geliefert haben und auch jetzt noch ständig liefern.

Das Stämmchen ist sehr dicht mit den kleinen Blättchen besetzt. Wenn nun der Pflanze reichlich Wasser zufließt, so erscheint sie grünlich oder hellgrün; verdunstet aber allmählich das Wasser, so erhält jene eine blasse, weißliche oder weiße Farbe. Dies ist auf eine sehr eigenartige und für die Torfmoose charakteristische Erscheinung zurückzuführen, die auch mit der bekannten Eigenschaft jener zusammenfällt, das Wasser wie ein Schwamm aufzusaugen und festzuhalten. Die jungen Blättchen bestehen aus lauter gleichartigen Zellen. Bald aber tritt eine Sonderung insofern ein, als ein Teil von ihnen stark heranwächst und blasenartig wird, während sich die anderen lang und eng schlauchartig umbilden und sich, untereinander netzartig verbunden, zwischen den großen Zellen hinziehen.

Aber auch in anderer Hinsicht sind die beiden Zellformen stark voneinander geschieden (Abb. 235). Die großen blasigen Zellen verlieren allmählich ihren Plasmainhalt und sterben ab, nachdem ihre Wände sich schraubenartig verdickt haben und zwischen den Schraubengängen große, runde Löcher entstanden sind. Sie sind es, welche das Wasser aufnehmen und die Schwammnatur dieser Arten herbeiführen. Die kleinen Schlauchzellen dagegen behalten ständig ihren Plasmainhalt und führen reichlich Chlorophyll.

In bezug auf die Kapselbildung unterscheiden sich die Torfmoose (**Sphagnum-Arten**) dadurch von den übrigen Moosen, daß die Columella nicht die ganze Kapsel durchsetzt, sondern auch am Gipfel von dem sporenbildenden Gewebe kappenartig bedeckt wird.

Familie **Bryaceae.**

Es handelt sich hier um Waldmoose, die in größter Menge und auf weite Strecken den Boden bedecken können und auch den Fuß der Waldbäume häufig überziehen. — Die Bryaceae gehören zu den pleurokarpen Moosen, die meist stark verzweigt sind und die Geschlechtsorgane und später die Kapseln an den Seitenzweigen tragen (Abb. 236).

Familie **Polytrichaceae.**

Hierher gehört eine der häufigsten und charakteristischsten Arten unserer Waldmoose, **Polytrichum** commune. Diese Art, welche große, dicke Polster bildet, war früher unter dem Namen Herb. Adianti aurei in der Pharmazie gebräuchlich (Abb. 237). — Die Polytrichaceae gehören zu den akrokarpen Moosen, bei denen die Geschlechtsorgane und später die Kapseln sich am oberen Ende unverzweigter Stämmchen finden.

2. Unterabteilung. Pteridophyta.

Farnpflanzen.

(Auch Gefäßkryptogamen oder besser Leitbündelkryptogamen genannt.)

Wie bei den Moosen entsteht auch bei den Farnen nach erfolgter Befruchtung der Eizelle durch die beweglichen Spermatozoiden der Embryo, und wie jene zeigen auch die Farne einen ausgesprochenen Generationswechsel. Doch können wir gerade in der Ausbildungsweise der beiden Generationen einen einschneidenden Unterschied zwischen Moosen und Farnen konstatieren.

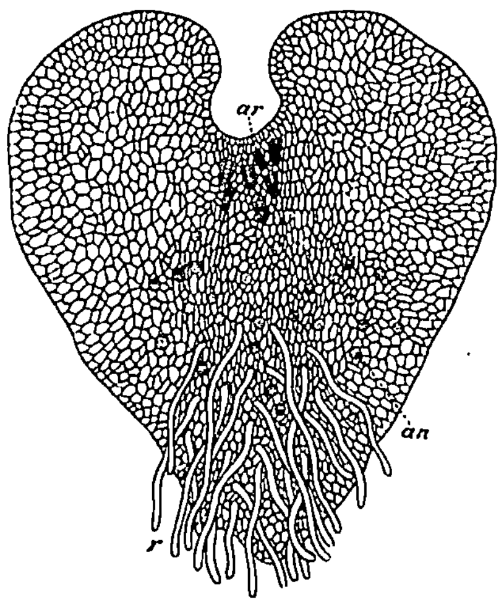

Wir sahen soeben, daß der Gametophyt, die geschlechtliche Generation der Moose, die Moospflanze, ein ziemlich hoch entwickeltes Pflänzchen darstellt, an welchem die Geschlechtsorgane entstehen und auf dem die ungeschlechtliche Generation, die Mooskapsel, fast parasitisch als ein ziemlich unscheinbares, wenn auch in mancher Hinsicht hoch entwickeltes Gebilde lebt. Bei den Farnen treffen wir nun gerade das umgekehrte Verhalten. Hier erweist sich die geschlechtliche (proembryonale) Generation (der Gametophyt) als ein winziges

Abb. 238. Prothallium eines Farns von der Unterseite gesehen: *an* Antheridien, *ar* Archegonien, *r* Rhizoiden. Stark vergrößert.

thalloidisches Gebilde, während die ungeschlechtliche (embryonale) Generation, der Sporophyt, die hoch entwickelte Farnpflanze darstellt, welche oft baumartig wird und zu den schönsten Typen der Pflanzenwelt überhaupt gehört.

Der Entwicklungsgang der Farne ist kurz folgender. Aus der S p o r e geht bei der Keimung ein winziger V o r k e i m, hier P r o t h a l l i u m genannt, hervor (Abb. 238). Auf diesem winzigen grünen Pflänzchen, das an sehr kleine, blattartige Algen erinnert und höchstens bis zu 1 cm groß werden kann, entstehen die Geschlechtsorgane, Antheridien und Archegonien, welche sich meist noch ganz wie bei den Moosen verhalten, bei den höheren Farnen jedoch große Reduktionen, Vereinfachungen erfahren (Abb. 239). Das Prothallium stellt also die geschlechtliche Generation, den Gametophyten, dar. Aus der befruchteten Eizelle entwickelt sich sodann die Farnpflanze (Abb. 240), die ungeschlechtliche Generation, der Sporophyt. Diese zeigt eine so hohe Ausbildung und Gewebedifferenzierung, daß sie schon in mancher Hinsicht an die Phanerogamen, besonders an die Monocotyledoneen erinnert. Wir finden hier typische, Wasser und die verschiedenen Nährstoffe leitende Zellen, welche zu geschlossenen Leitbündeln vereinigt sind. Nur ausnahmsweise sind jedoch bei den Farnen echte Gefäße entwickelt, meist findet die Wasserleitung in Tracheiden statt. Dabei sind die Bündel stets konzentrisch gebaut,

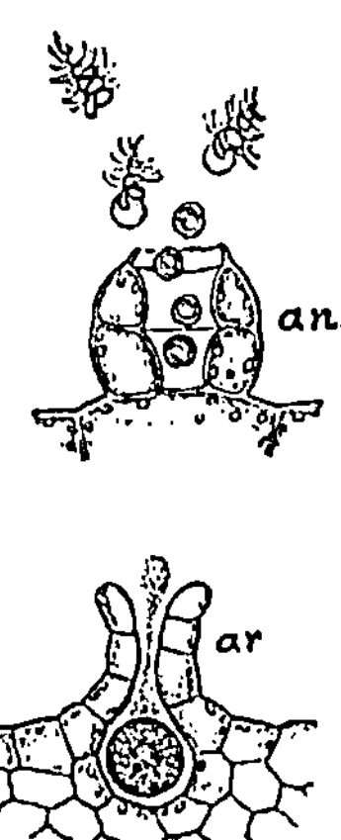

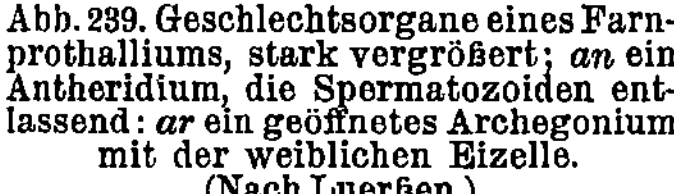

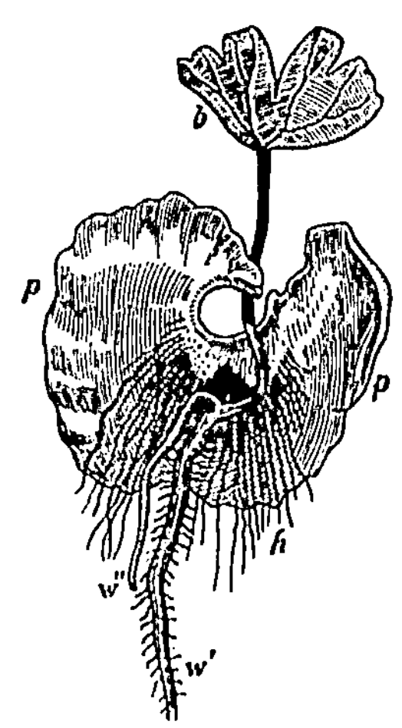

Abb. 239. Geschlechtsorgane eines Farnprothalliums, stark vergrößert; *an* ein Antheridium, die Spermatozoiden entlassend: *ar* ein geöffnetes Archegonium mit der weiblichen Eizelle.
(Nach Luerßen.)

Abb. 240. Eine junge Farnpflanze, welche aus der befruchteten Eizelle, dem Embryo eines Farnprothalliums, hervorgeht: *p* Prothallium, *w'* die erste Wurzel, *w''* eine Nebenwurzel, *b* das erste Blatt (Wedel) der Farnpflanze.
(Nach Sachs.)

d. h. ein zentraler Strang von Hadrom wird von reichlichem Leptom umschlossen. Die Farnpflanze besitzt ferner stets echte Wurzeln, welche Leitbündel führen.

Auf den Blättern der Farnpflanze, meist auf deren Unterseite, bilden sich haufenweise die Sporangien (Abb. 242, 243, 244, 245), d. h. die Sporenbehälter, in deren Innerem die Sporen entstehen. Während bei den Moosen von einer Art stets gleichartige Sporen hervorgebracht werden, finden wir bei den Farnen nicht selten das Verhalten, daß eine und dieselbe Art verschiedenartige Sporen produziert, kleinere und in Menge erzeugte (Mikrosporen), aus welchen dann bei der Keimung ein männliches Prothallium hervorgeht, und größere und nur zu wenigen im Sporangium produzierte (Makrosporen), welche zu weiblichen Prothallien auskeimen.

1. Klasse. Filicales.

Echte Farnkräuter.

Hierher gehören alle die Formen, welche wir als Farnkräuter bezeichnen, meist ausdauernde, mehrjährige Gewächse mit kriechendem oder sehr kurzem, gestauchtem, selten verlängertem bis hoch baumartigem Stamm und dicht gestellten, schönen, großen, meist ge-

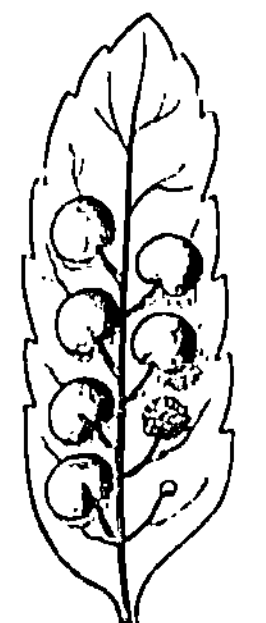

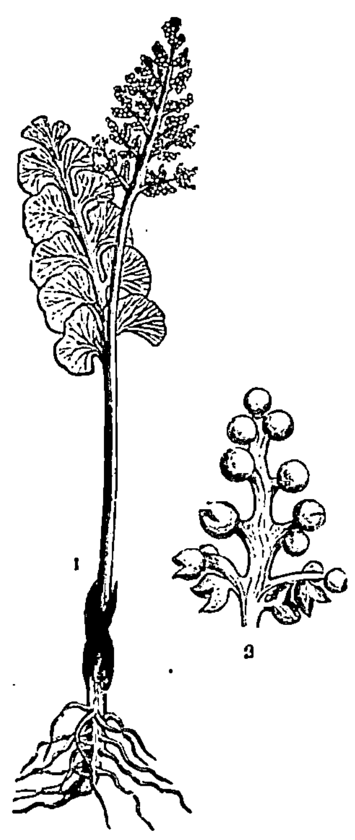

Abb. 241. *1* Botrychium lunaria, eineFarnpflanze mit besonders ausgebildeter sporentragender Wedelhälfte; *2* Teil der letzteren vergrößert.

Abb. 242. Unterseite eines Wedelabschnittes von Aspidium filix mas mit den Sporangienhäufchen.

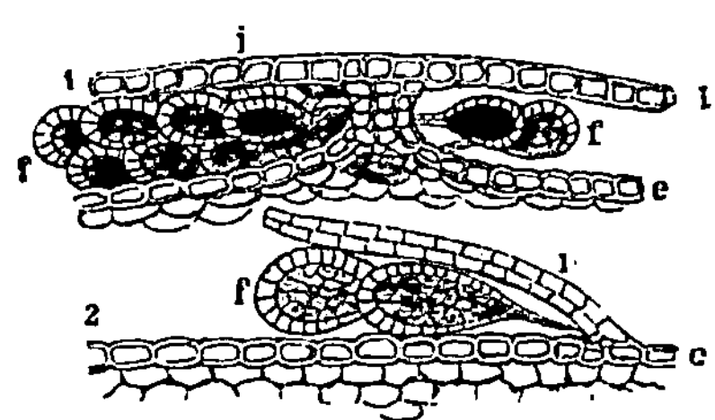

Abb. 243. *1* Sporangienhäufchen mit in der Mitte angeheftetem Indusium (*i*) von Aspidium filix mas; *2* Sporangienhäufchen mit seitlich angeheftetem Indusium (*i*) von Asplenium trichomanes: *e* die untere Epidermis derWedelfläche, *f* die Sporangien (vergrößert.)

fiederten Blättern. Auf der Blattunterseite finden wir die Sporangien, welche meistens in besonderen Gruppen (Sporangienhäufchen = Sorus) zusammenstehen (Abb. 242). Die Sori werden meist von einer haut- oder haarartigen Wucherung, dem Schleier oder Indusium, bedeckt. Die Sporangien bestehen im entwickelten Zustand aus einer einschichtigen Wandung mit dem Sporeninhalt. An der Zellschicht der Wandung bemerken wir stets verstärkte Zellpartien, welche bei verwandten Arten immer in gleichartiger Weise auftreten und deshalb für die Einteilung der Farne von großer Bedeutung sind, den sogen. Ring (Annulus, Abb. 244, 245). Dieser Ring hat die Aufgabe, das Aufreißen der Sporangien zu bewirken und damit zur Verbreitung der Sporen beizutragen.

1. Reihe Marattiales.

Die Sporangien der einzelnen Sori entwickeln sich als mehrschichtige Zellkomplexe und sind untereinander mehr oder weniger verwachsen.

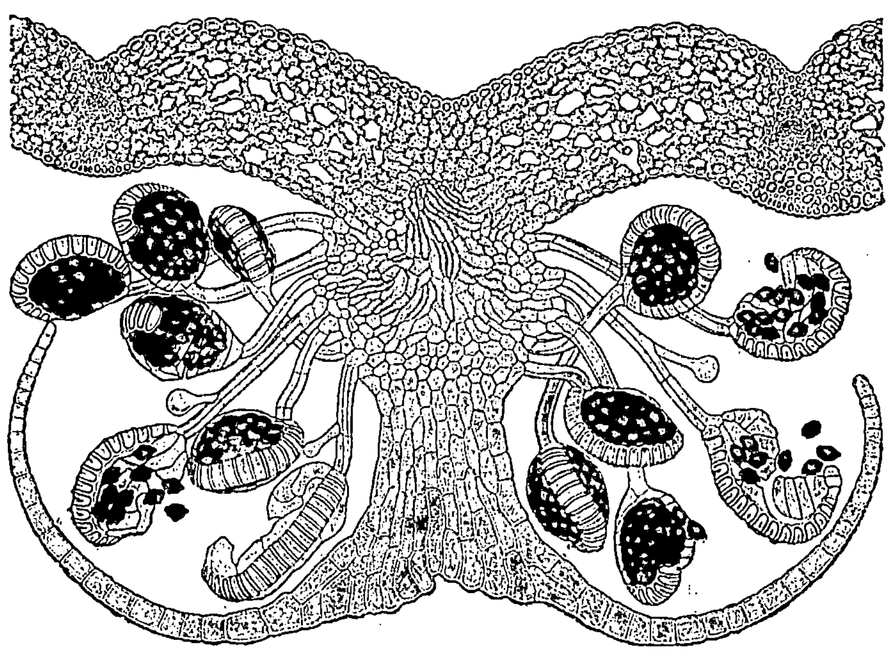

Abb. 244. Querschnitt durch einen Blattabschnitt von Aspidium filix mas, den von dem Indusium bedeckten Sorus zeigend; die gestielten Sporangien teils geschlossen, teils geöffnet. (Nach Kny.)

Familie Marattiaceae.

Es gehören hierher zahlreiche tropische Formen, welche ausgezeichnet sind durch mächtigen, dickkugeligen und nur wenig den Erdboden überragenden Stamm, von dem sehr große, viele Meter lange und schön gefiederte Blätter entspringen. — Einzelne Arten von **Marattia** werden in Warmhäusern kultiviert.

2. Reihe. Ophioglossales.

Das Prothallium entwickelt sich, abweichend von den meisten Farnen, ganz oder teilweise unterirdisch und ist mehrschichtig, fast knollenförmig.

Familie **Ophioglossaceae.**

Die Blätter verhalten sich ähnlich wie die des Königsfarn, d. h.
ein Teil derselben ist steril, während der andere, obere, fruchtbar
wird und durch die am Rande stehenden Sporangien ein eigenartiges
Aussehen erlangt. Die Sporangien entwickeln sich wie bei den
Marattiales aus Zellkomplexen.

Ophioglossum v u l g a t u m, die sogen. N a t t e r z u n g e, kommt bei uns
auf feuchten Wiesen nicht selten vor.

Botrychium l u n a r i a hat Fiederblätter, deren untere Abschnitte halbmond-
förmig sind. Sie findet sich auf sandigen Wiesen nicht selten, häufig besonders
in Gebirgsgegenden (Abb. 241).

3. Reihe. **Filicales leptosporangiatae.**

Die Sporangien entwickeln sich (ähnlich wie Drüsenhaare) aus
einzelnen Oberhautzellen des Blattes.

1. Unterreihe **Eufilicineae.**

Sporen alle gleichartig.

Familie **Cyatheaceae.**

Hierher gehören fast nur baumartige Formen von großer Schönheit. Bei ihnen ist das Sporangium mit einem vollständigen schiefen
Ring (Annulus) versehen.

Besonders **Alsophila** a u s t r a l i s ist zu nennen, welche im tropischen
Australien stellenweise in ausgedehnten Beständen auftritt und eine Zierde
unserer Warmhäuser bildet.

Familie **Polypodiaceae.**

Hierher gehören fast sämtliche bei uns vorkommende Farnkräuter,
diese bekannten Zierden unserer feuchten und dunkeln Wälder, welche
aber auch die mittleren Berghöhen in großen
Mengen besiedeln. Sie besitzen unterirdische,
kriechende, mit Spreuschuppen meist dicht besetzte
Stämme (Rhizome), aus denen die schönen gefiederten Blätter entspringen. Diese sind im
Jugendzustand spiralig eingerollt. Die Sporangien
springen mit Hilfe eines unvollständigen, vertikal
verlaufenden, an der Basis nicht geschlossenen
Ringes (Abb. 245) auf.

Pteridium (oder **Pteris**) a q u i l i n u m ist der bekannte
A d l e r f a r n, welcher über die ganzen gemäßigten und
warmen Gebiete der Erde verbreitet ist und bisweilen
3—4 m hoch werden kann.

Scolopendrium v u l g a r e, die H i r s c h z u n g e, ist
ausgezeichnet durch ganzrandige, einfache, lanzettliche
Blätter, was bei den Farnen nur sehr selten vorkommt.
Sie ist die Stammpflanze der früher gebrauchten Herb.
Scolopendrii.

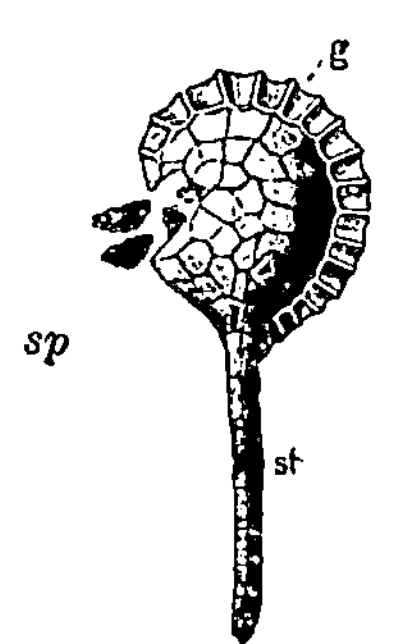

Abb. 245. Ein Farnspor-
angium von Polypodium
vulgare, im Aufspringen
begriffen: *st* der Stiel,
g der Annulus, *sp* Sporen
(vergrößert).

Off. **Aspidium** (oder **Nephrodium** oder **Dryopteris**) filix mas, der bekannte Wurmfarn (Abb. 244, 246), ist bei uns eines der häufigsten Farnkräuter, ausgezeichnet durch einen dicken Wurzelstock. Dieser ist (offizinell als Rhizoma Filicis) samt den ansitzenden Blattbasen als Wurmmittel sehr geschätzt.

Polypodium vulgare, der sogen. Engelsüß, ist bei uns sehr häufig. Er ist die Stammpflanze des Rhiz. Polypodii.

Adiantum capillus veneris, das sogen. Venushaar, ein sehr zierlicher Farn des Mittelmeergebietes, liefert Herb. Capilli Veneris.

Familie **Osmundaceae.**

Hierher gehört der weit verbreitete und auch in Deutschland häufig vorkommende Königsfarn, **Osmunda regalis**, der durch seine auffallende Blattbildung ausgezeichnet ist. Der untere Teil der Blätter ist nämlich steril und scharf gegen die obere, fruchtbare und sporangientragende Region abgesetzt. Sporangien an der Spitze mit einer einseitigen Gruppe stärker verdickter Zellen, mit Längsriß sich öffnend.

2. Unterreihe. **Hydropterides.** Wasserfarne.

Hier treffen wir in den Sporangien durchweg zweierlei Sporen, Mikrosporen und Makrosporen. Die Mikrosporen werden in großer Anzahl in Mikrosporangien erzeugt. Bei der Keimung entspringt aus ihnen ein kleines Prothallium, an

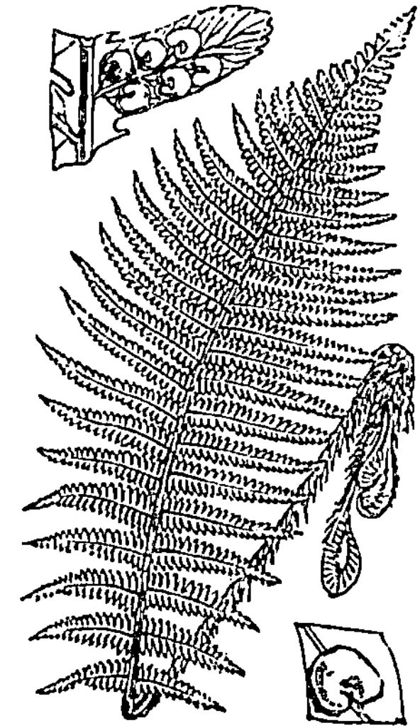

Abb. 246. Aspidium filix mas (stark verkleinert).

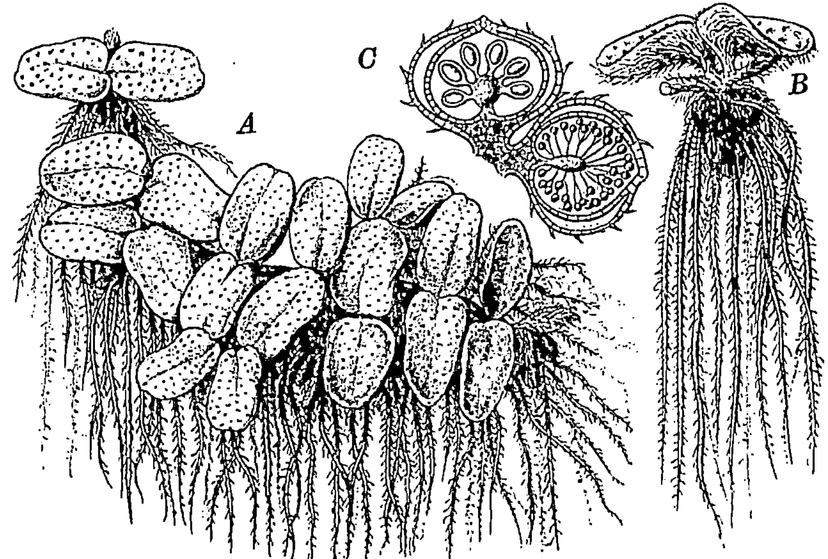

Abb. 247. Salvinia natans. *A* Schwimmende Pflanze in natürlicher Größe. *B* Stück des Stengels mit zwei Luftblättern und dem zugehörigen, fruktifizierenden Wasserblatt, natürl. Größe. *C* Zwei Sporokarpien im Längsschnitt, das obere mit Makro-, das rechte untere mit Mikrosporangien, schwach vergrößert und etwas schematisiert. (Nach Luerßen.)

dem nur wenige Spermatozoiden hervorbringende Antheridien entstehen. Die Makrosporangien bringen nur je eine Makrospore hervor. Aus dieser entwickelt sich ein großes grünes Prothallium, welches wenige Archegonien, ja sogar oft nur ein einzelnes trägt.

Die Wasserfarne sind in ihrer Ausgestaltung von den gewöhnlichen Farnen ganz außerordentlich verschieden und lassen es nicht vermuten, daß sie ihren Fortpflanzungsorganen nach aufs engste mit den Farnen verwandt sind.

Salvinia natans kommt bei uns in Altwassern und Seen nicht selten vor (Abb. 247). Sie besitzt ein horizontal dem Wasser aufliegendes Stämmchen, an dem die Blätter in drei Reihen stehen. Stets finden wir zwei Reihen von Rückenblättern, welche flach dem Wasser aufliegen und als Schwimmblätter bezeichnet werden. Häufig ist aber auch noch auf der Bauchseite, d. h. auf der Unterseite des Stengelteils, eine Reihe von zerschlitzten Wasserblättern entwickelt, die durchaus das Aussehen von Wurzeln besitzen und an denen die Sporangienfrüchte stehen.

Marsilia quadrifolia bewohnt Sümpfe oder niedrige Gräben, besitzt ein kriechendes, horizontal wachsendes Stämmchen, an dem zwei Reihen von in der Jugend farnartig eingerollten Rückenblättern stehen (Abb. 248). Diese sind im ausgebildeten Zustand kleeähnlich, vierzählig, die Blättchen am Tage ausgebreitet, nachts zusammengeklappt. Am unteren Teil des langen Blattstieles entspringen die Sporangienfrüchte von Bohnenform.

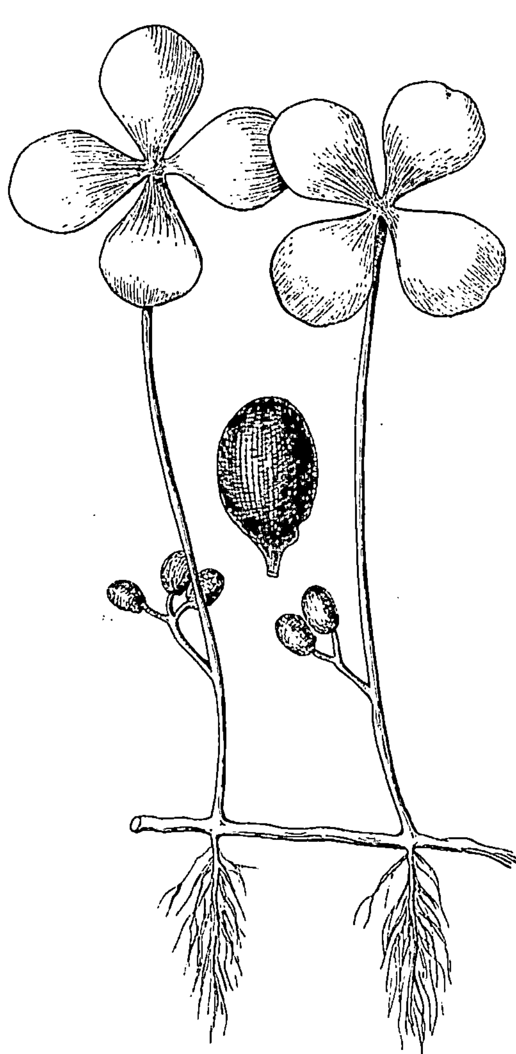

Abb. 248. Marsilia quadrifolia. Stück des kriechenden Stengels mit zwei fruktifizierenden Blättern in natürlicher Größe. In der Mitte die Sporangienfrucht vergrößert. (Nach Luerßen.)

Pilularia globulifera ist über ganz Europa verbreitet und bewohnt dieselben Standorte wie Marsilia, doch findet man sie fast stets völlig untergetaucht wachsend. Sie ist durch fadenförmige, schmal grasartige Blätter ausgezeichnet.

2. Klasse. Equisetales. Schachtelhalmgewächse.

Die Schachtelhalme sind ausgezeichnet durch ihren stets verlängerten, nicht gestauchten Stamm, an dem die winzigen Blättchen stehen. Diese sind linealisch, schuppenförmig, ungestielt, stehen in vielzähligen Quirlen am Stamm und sind untereinander häufig tütenförmig verwachsen. Die Sporangien entstehen auf Blattorganen, welche hierdurch sehr stark umgebildet werden und in nichts mehr an die gewöhnlichen vegetativen Blätter erinnern (Abb. 249). Diese

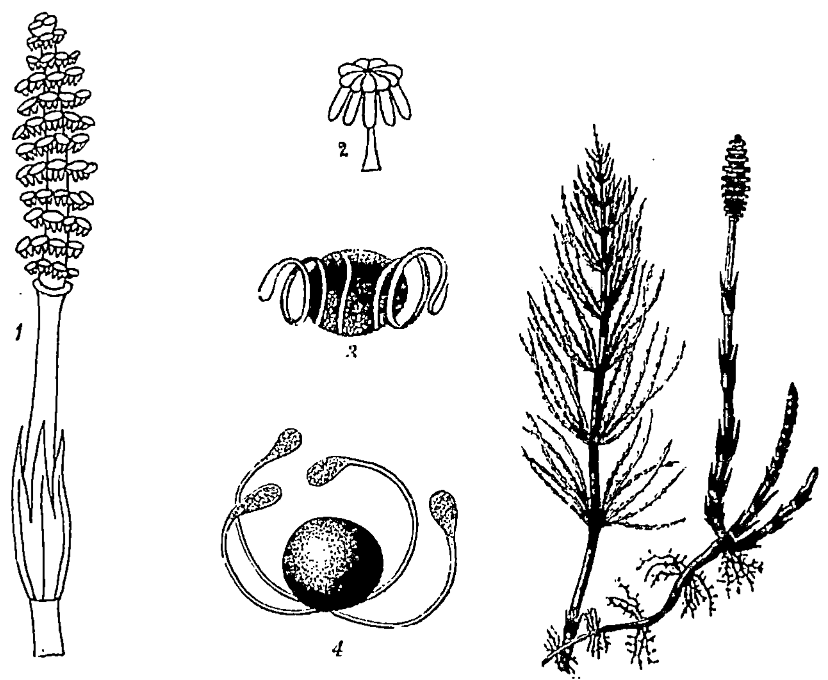

Abb. 249. *1* Sporangienähre eines Schachtelhalmes; *2* ein Sporangienträger von der Seite gesehen, etwas vergrößert; *3* eine Spore mit den sich aufwickelnden Schleudern und *4* mit aufgewickelten Schleudern, beide sehr stark vergrößert.

Abb. 250. Equisetum arvense mit fruchtbarem Stengel, links ein unfruchtbarer Stengel.

„Fruchtblätter" stehen in dicht gedrängten Quirlen zusammen und finden sich stets an der Spitze der Stengel und Zweige, deren Wachstum sie abschließen.

Die Sporangien tragenden Blätter entstehen entweder an der Spitze eigenartiger, chlorophylloser, braungefärbter Triebe (Abb. 250) oder aber (bei anderen Arten) an der Spitze der normalen grünen Sprosse. Sie bilden eine Ähre von kurzer, eiförmiger oder elliptischer Gestalt. Jedes einzelne Blatt ist schildförmig (Abb. 249, *2*), in der Mitte gestielt und trägt am Rande auf der Unterseite die Sporensäcke. Der Stengel ist deutlich längsgestreift und mit Ausnahme der Knoten hohl. Die Membran der ganzen Pflanze ist stets stark mit Kieselsäure imprägniert und dadurch sehr starr. Stets finden wir geschlossene Leitbündel, in denen kein Cambium vorhanden ist. In den Sporangien werden nur gleichartige Sporen (Isosporen) gebildet. Die Sporen sind mit sehr hygroskopischen Schleuderorganen versehen (Abb. 249, *3*, *4*), welche zu ihrer Verbreitung dienen.

<h2 style="text-align:center">Familie Equisetaceae.</h2>

Die Klasse der Equisetales umfaßt nur diese einzige Familie, diese nur die eine Gattung Equisetum.

Equisetum arvense, der Ackerschachtelhalm, mit blassen Frucht- und grünen Laubtrieben, ist als Herb. Equiseti minoris, E. hiemale, mit ausdauernden grünen, sporentragenden Stengeln, als Herb. Equiseti majoris in den Apotheken gebräuchlich. Die grünen, harten Stengel vieler Arten dienen wegen ihres Kieselsäuregehalts als „Zinnkraut" zum Scheuern.

<h1 style="text-align:center">3. Klasse. Lycopodiales. Bärlappartige.</h1>

Die Formen dieser Klasse sind ausdauernde, sehr selten einjährige Pflanzen, deren meist ansehnlich verlängerter Stengelteil mit ziemlich kleinen, spiralig angeordneten, selten quirligen Blättern dicht besetzt ist. Die Sporangien stehen nie auf der Blattunterseite, sondern entweder auf deren Oberseite oder aber in der Achsel derselben.

<h2 style="text-align:center">Familie Lycopodiaceae. Bärlappgewächse.</h2>

Die Stengel der hierhergehörigen Arten sind wie deren Wurzeln fast durchweg gabelig verzweigt. Die Sporangienblätter sind häufig

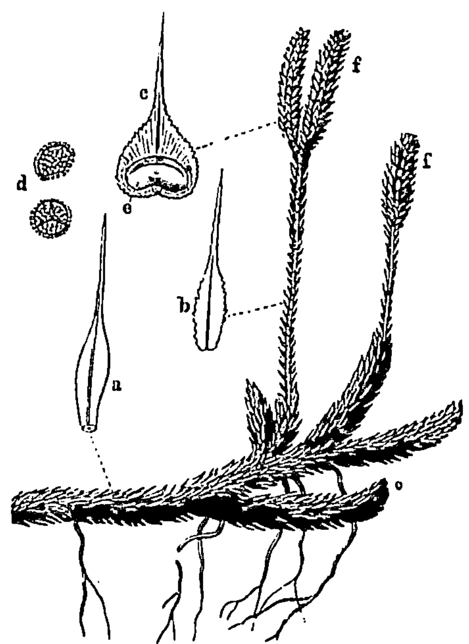

Abb. 251. Lycopodium clavatum; *o* ein Stück des Stengels mit den Sporangienähren (*f*); *a* und *b* Blätter des Stengels; *c* Sporangiendeckblatt mit dem ansitzenden Sporangium (*e*); *d* Sporen *a—d* vergrößert.

von den vegetativen Blättern verschieden und stehen an den Stengelenden in Ährenform. Die Sporangien enthalten stets nur einerlei Sporen (Isosporen).

Die Arten der allein noch jetzt vorkommenden Gattung Lycopodium, sind zwar hauptsächlich in den Tropengebieten der Erde verbreitet, doch kommen auch mehrere Arten in unserem Klima vor und sind besonders in unseren Gebirgsgegenden stellenweise sehr häufig.

Lycopodium selago, eine besonders in Gebirgsgegenden vorkommende, aufrecht wachsende Art, zeigt keine Differenzierung in sterile und fertile Blätter. Off. L. clavatum dagegen, eine der häufigsten Arten, hat ährenförmige Sporophyllverbände (Abb. 251), die sich von dem kriechenden Stamm senkrecht nach oben erheben. Die Sporen sind als Lycopodium, Hexenmehl oder Bärlappsamen offizinell.

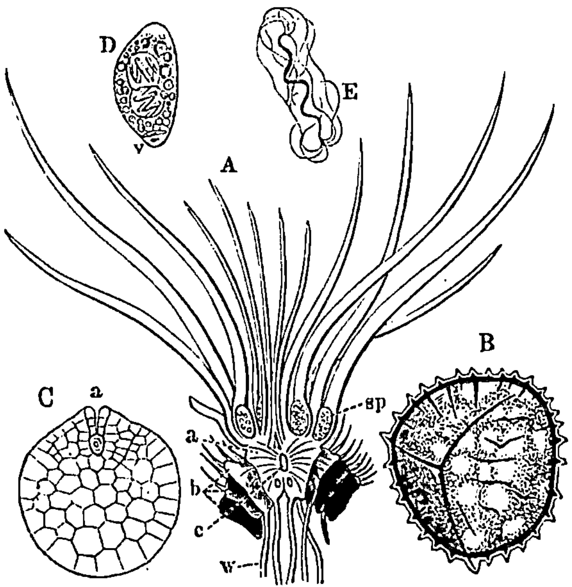

Abb. 252. Isoëtes lacustre. *A* ganze Pflanze im Längsschnitt, natürl. Größe, *a* Stengel, *b* dessen Rindenschichten, *c* zentrales Leitbündel, *w* Wurzeln, *sp* Sporangien. *B* eine Makrospore, 60mal vergrößert; *C* dieselbe im Längsschnitt nach der Keimung, *a* ein Archegonium. *D* Mikrospore, gekeimt, mit dem Prothallium *v*, 500mal vergr. *E* ein Spermatozoid, 500mal vergr. (Nach Sachs.)

Familie **Selaginellaceae.**

Die Arten dieser Familie ähneln denjenigen der Lycopodiaceae oft ganz außerordentlich. Die Sporangien stehen in ährenartigen Verbänden, welche dadurch auffallend sind, daß die fruchtbaren Blätter kleiner sind als die sterilen. Meistens werden in den unteren Teilen der Ähre Makrosporangien ausgebildet, während in ihrem oberen Teil Mikrosporangien entstehen. Die Selaginellaceae sind also „heterospor". Theoretisch wichtig für den Zusammenhang der Pteridophyten mit den Phanerogamen ist, daß bei einigen Selaginellen die Entwicklung des weiblichen Prothalliums schon auf der

Mutterpflanze stattfindet, in ähnlicher Weise, wie es gewöhnlich bei den Phanerogamen der Fall ist.

Die einzige Gattung **Selaginella** ist fast ausschließlich tropisch und zählt mehrere hundert Arten. In Mitteleuropa finden sich nur zwei Arten, S. spinulosa und S. helvetica, die aber meist nur auf Gebirgen anzutreffen sind.

4. Klasse. Isoëtales.

Grasrasenartige Pflanzen mit kurzem, in die Dicke wachsendem Stamm und zahlreichen, langen Blättern.

Familie Isoëtaceae.

Die Arten der einzigen, mit vielen Arten über die Erde verbreiteten Gattung **Isoëtes** besitzen einen auffallenden, von dem der Farne sehr abweichenden Habitus. Ihr Stamm ist knollenförmig, mehrjährig und durch offene Gefäßbündel ausgezeichnet, weshalb er auch ein Dickenwachstum besitzt. An diesem Stamm sitzen spiralig, dichtgedrängt, die binsenförmigen Blätter, in deren unterem Teil, dicht über der Basis, die Sporangien wie in einer Tasche eingesenkt liegen. Auch hier enthalten die Sporangien entweder Mikrosporen oder Makrosporen.

Isoëtes, das Brachsenkraut (Abb. 252), ist die einzige Gattung. Zu ihr gehören meist in Seen untergetaucht lebende Arten. In Mitteleuropa finden sich stellenweise, besonders in vereinzelten Gebirgsseen, I. lacustre und I. echinosporum.

XIII. Abteilung.

Embryophyta siphonogama.

Siphonogamen, Phanerogamen oder Samenpflanzen.

Wie schon bei einer Anzahl Pteridophyten (den Schachtelhalmen und einer Anzahl von Farnen) die sporenbildenden Blätter von anderer Gestalt sind als die Laubblätter, so bilden sich auch die Geschlechtsorgane der Phanerogamen auf besonders ausgebildeten Blättern, Blüte genannt.

Die Staubblätter tragen Pollensäcke, in denen die männlichen Zellen (Pollenkörner) enthalten sind, und die Fruchtblätter tragen die Samenanlagen, in denen sich die weibliche Eizelle findet.

Im Pollenkorn, das der Mikrospore der Embryophyta asiphonogama homolog ist, entwickelt sich das männliche Prothallium (geschlechtliche Generation) der Phanerogamen. Es besteht aus einer zum Pollenschlauch auswachsenden vegetativen Zelle, welche die Befruchtung vermittelt, und noch einer oder wenigen kleineren Zellen, von denen die eine dem Antheridium der Pteridophyten entspricht. Diese teilt sich in zwei nackte generative Zellen, welche sich in einzelnen, seltenen Fällen zu Spermatozoiden umbilden, meist aber als Spermakerne im Pollenschlauch zur zu befruchtenden Eizelle wandern. Jedes Pollenkorn ist von einer zähen Haut umgeben, die aus einer äußeren (Exine) und einer inneren Hülle (Intine) besteht. Die Oberfläche des Pollenkorns ist häufig von Stacheln, Warzen und ähnlichen Auswüchsen besetzt (Abb. 254), zwischen denen sich dünnwandige Austrittsstellen befinden, durch welche der Pollenschlauch bei der Keimung herauswächst.

Die Samenanlage enthält in der Regel einen einzigen Embryosack (Abb. 253 e), welcher der Makrospore der Pteridophyten gleichzusetzen ist. Innerhalb desselben werden vor der Befruchtung nur wenige Archegonien (Gymnospermen) oder sogar nur ein einziges Archegonium hervorgebracht, welches auf eine Eizelle und zwei Synergidenzellen reduziert ist (Angiospermen).

Im Embryosack finden wir zur Zeit der Geschlechtsreife sieben nackte Zellen: Die dem Mikropylarende (vergl. auch den Bau der Samenanlagen, S. 71 und Abb. 109) des Embryosackes benachbarte Gruppe von drei Zellen wird als der Ei apparat bezeichnet. Sie besteht aus der Eizelle und zwei steril bleibenden Zellen, welche bei der Befruchtung der Eizelle anscheinend eine Rolle spielen und deshalb Gehilfinnen oder Synergiden genannt werden. Die drei Zellen am entgegengesetzten Pole des Embryosackes werden als Gegenfüßlerinnen

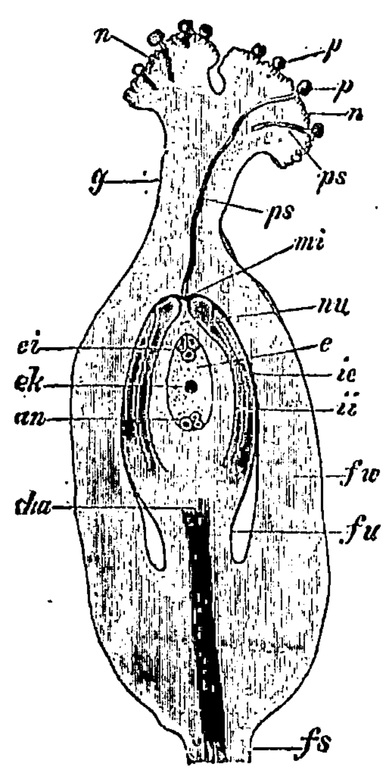

Abb. 253. Schematische Darstellung des Fruchtknotens einer bedecktsamigen Samenpflanze (Polygonum convolvulus: *n* die Narbe, *p* Pollenkörner, *ps* Pollenschlauch, *g* Griffel, *mi* Mikropyle, *nu* Nucellus, *e* Embryosack, *ek* Zentralkern desselben, *ei* Eiapparat, *an* Antipoden, *ie* äußeres Integument, *ii* inneres Integument, *fu* Funiculus, *fw* Fruchtknotenwandung.

oder Antipoden bezeichnet. In der Mitte zwischen diesen beiden Gruppen von nackten Zellen findet sich der sogen. Zentralkern, welcher aus zwei vereinigten Zellkernen hervorgegangen ist und aus dem sich nach erfolgter Befruchtung durch ständig fortgesetzte Teilung das den Embryosack ausfüllende Nährgewebe bildet. Die Antipoden und der Zentralkern bilden das weibliche, allerdings stark reduzierte Prothallium. Bei den Gymnospermen ist dieses mehr als sechszellig und füllt schon vor der Befruchtung den Embryosack aus.

Zwischen Pollenkorn und Eizelle vollzieht sich der Befruchtungsvorgang. Das Pollenkorn gelangt entweder unmittelbar in die

Mikropyle (bei den Gymnospermen, siehe weiter unten), oder auf die Narbe des Fruchtknotens (bei den Angiospermen, vergl. Abb. 253). Hier bildet sich aus einer der erwähnten Austrittsstellen der Pollenschlauch, welcher oft auf längerem Wege erst die zwei Spermakerne bis zu dem Embryosack führt (Abb. 253 *ps*). Der Pollenschlauch dringt durch den Keimmund oder die Mikropyle, sodann durch das Gewebe des Nucellus bis zur Spitze des Embryosackes vor, wo eine Auflösung der Membran an seiner Spitze erfolgt. Von den beiden mitgewanderten Spermakernen vereinigt sich der eine mit dem Kern der Eizelle, welche sich nun zum Embryo entwickelt, der andere mit dem Zentralkern des Embryosackes, durch dessen Teilung dann das Nährgewebe (Endosperm) entsteht. Gleich darauf gehen die beiden Synergiden zugrunde, indem ihre Substanz von dem befruchteten Ei aufgesogen wird. Weiterhin umgibt sich die Eizelle mit einer Zellhaut und bildet durch wiederholte Zellteilungen den Keimling oder Embryo, welcher durch einen Fortsatz, den sogen. Suspensor, in das Innere des sich bildenden Nährgewebes geschoben wird. Der weitere Entwicklungsgang des Samens ist S. 72 u. folg. beschrieben.

Zur Übertragung des Pollens auf die Narbe dienen bei den Phanerogamen verschiedene höchst sinnreiche Einrichtungen. Die Übertragung geschieht durch den Wind oder durch Tiere, selten durch Wasser. Letztere Art der Befruchtungsvermittlung ist vorwiegend den Kryptogamen eigen.

Abb. 254. Reifes Pollenkorn von Cichorium intybus. Die kugelige Zelle ist von mächtigen Verdickungsleisten besetzt, die wiederum in Stacheln auslaufen.

Bei windblütigen oder anemophilen Pflanzen wird durchweg eine enorme Menge von Pollen erzeugt, weil die Übertragungsweise von den Zufälligkeiten der Luftströmung abhängig ist. Behufs Aufnahme des Pollens durch den Wind sind die Blüten in Kätzchenform dem Luftzug ausgesetzt, wie bei den Nadelhölzern und Kätzchenblütlern, oder ihre Staubbeutel sind langen, schwanken Filamenten aufgesetzt, wie bei den Gräsern. Die Pollenkörner selbst kleben nicht und hängen nicht durch rauhe Oberflächen aneinander, sondern entfallen leicht und lose den geöffneten Staubbeuteln. Die weiblichen Organe wiederum sind zur Aufnahme des durch die Luft zugeführten Pollens mit pinselförmigen, behaarten, gefiederten oder langfädigen Narben ausgestattet.

Die große Mehrzahl der Phanerogamen ist bei der Befruchtung auf die Vermittlung von Tieren, namentlich Insekten, angewiesen (insektenblütige oder entomophile Pflanzen), seltener auf diejenige von Vögeln oder Schnecken. Die Zuführung des Pollens zur Narbe ist in diesem Falle nicht so sehr wie bei den Windblütlern dem Zufall anheimgegeben, so daß bei entomophilen Pflanzen der Pollen nicht in so verschwenderischer Fülle erzeugt zu werden braucht. Um den Besuch der Insekten in den Blüten herbeizuführen, wird in jenen Zuckersaft, welcher als „Nektar" an verschiedenen

Teilen der Blüte abgeschieden wird, dargeboten, und um sie von weitem her dazu anzulocken, werden Düfte und bunte Farben entweder von den Blütenblättern selbst oder in einzelnen Fällen auch durch Hochblätter erzeugt. Der Pollen der Insektenblütler ist in der Regel nicht staubartig trocken, sondern klebend, oder mit rauhen haftenden Oberflächen (Abb. 254) versehen, und der Bau der Blüten ist so eingerichtet, daß die Pollenkörner an bestimmten Stellen des Nahrung suchenden Tieres hängen bleiben und von ihm auf der filzigen oder klebrigen Narbe einer anderen Blüte abgestreift werden müssen.

Alle diese Einrichtungen sind dazu bestimmt, den Pollen einer Blüte auf die Narbe einer anderen zu übertragen und die Übertragung zwischen den Organen einer und derselben Blüte möglichst zu verhindern, weil auf diesem Wege eine Verschlechterung der Nachkommenschaft herbeigeführt werden würde. Am sichersten wird natürlich die Selbstbefruchtung vermieden, wenn die Blüten eingeschlechtig sind. Wo dies nicht der Fall ist, und das trifft für die meisten Phanerogamen zu, wird die Kreuzung mit anderen Individuen durch Dichogamie gesichert. Hierunter versteht man die ungleichzeitige Reife der männlichen und weiblichen Geschlechtsorgane. Denn wenn die männlichen Organe vor den weiblichen oder umgekehrt zur Reife kommen, so wird auch bei Zwitterblüten Selbstbefruchtung vermieden.

Besonders ist hier auch auf die Einrichtung der Heterostylie hinzuweisen (Abb. 255). Dies Wort bezeichnet die Eigentümlichkeit vieler

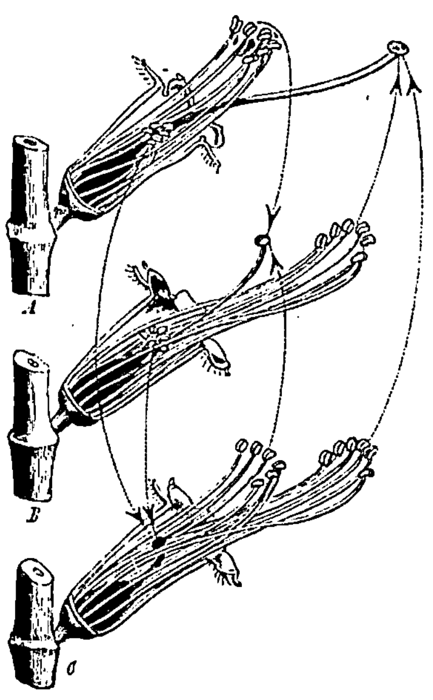

Abb. 255. Heterostylie bei den Blüten von Lythrum salicaria: *A* langgrifflige, *B* mittelgrifflige, *C* kurzgrifflige Blüte.

Pflanzen, ihre Narben und Staubbeutel in verschiedenen Blüten in verschiedener Länge resp. Höhe zu entwickeln, in der Weise, daß die eine Blüte lange Griffel und kurze Staubgefäße und die andere kurze Griffel und lange Staubgefäße hervorbringt. Dadurch nun, daß besuchende Insekten gleich hoch gestellte Sexualorgane mit derselben Körperstelle berühren, wird eine Wechselbefruchtung herbeigeführt. — Bei einer großen Zahl von Blüten endlich wird die Selbstbefruchtung mechanisch unmöglich gemacht, indem der Pollen durch die gegenseitige Lage der Sexualorgane daran verhindert wird, mit der Narbe derselben Blüte in Berührung zu kommen.

Die Phanerogamen oder Samenpflanzen zerfallen in zwei Gruppen, deren eine, bei weitem kleinere, den höchstentwickelten Kryptogamen entwicklungsgeschichtlich ziemlich nahe steht. Es sind dies die Gymnospermen oder nacktsamigen Gewächse, welche von der großen Gruppe der Angiospermen oder bedecktsamigen Gewächse streng zu unterscheiden sind.

1. Unterabteilung. Gymnospermae.
Nacktsamige Gewächse.

Die Samenanlagen der Gymnospermen (von γυμνός, gymnos = nackt, und σπέρμα, sperma = der Samen) sind nicht in einen Frucht-

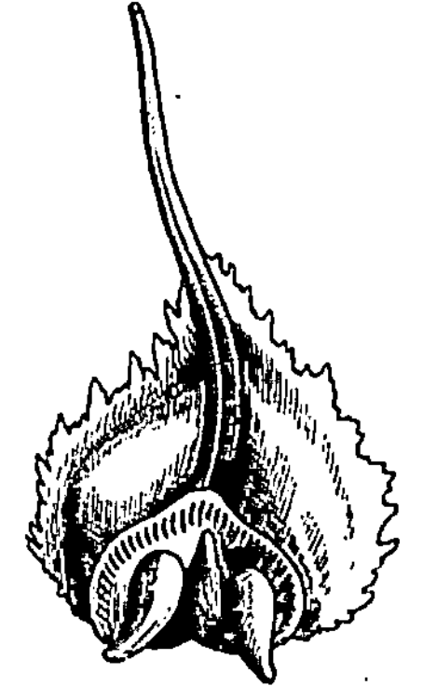

Abb. 256. Nicht zu einem Fruchtknoten verwachsenes Fruchtblatt mit 2 Samenanlagen.

knoten eingeschlossen, wie bei den Angiospermen, sondern sie stehen nackt auf einem offen ausgebreiteten Fruchtblatte (Abb. 256, 260 o). Im Embryosack bildet sich, die am Scheitel gelegenen Archegonien umgebend, schon vor der Befruchtung Endosperm, was bei den Angiospermen erst nach der Befruchtung geschieht. Dieses Endosperm ist als ein Prothallium gleich demjenigen der Gefäßkryptogamen anzusprechen. Auch die meist zahlreich (nicht regelmäßig zu zwei oder vier, wie bei den Angiospermen) an den Staubblättern gebildeten Pollensäcke (Abb. 259) erinnern an die in unbestimmter Zahl vorkommenden Behälter der männlichen Befruchtungsorgane bei den Gefäßkryptogamen. Die Pollensäcke sind Mikrosporangien, die Pollenkörner Mikrosporen (welche vor dem Ausstäuben ein wenigzelliges Prothallium mit ein bis zwei vegetativen Zellen und einer männlichen Sexualzelle erzeugen), die Samenanlagen Makrosporangien und der Embryosack die Makrospore.

1. Klasse. Cycadales.

Stamm nicht oder nur sehr wenig verzweigt, ohne Gefäße im Holzkörper. Blätter meist sehr groß und schön, in der Regel fiederteilig oder gefiedert, an der Spitze des Baumes einen Schopf bildend. — Nur eine

Familie Cycadaceae.

Die hierhergehörigen Arten sind fast ausschließlich Tropenbewohner und werden häufig in unseren Warmhäusern gezogen.

Die an den plumpen Stämmen einen dichten Schopf bildenden schönen Blätter (Abb. 257) mehrerer Arten, besonders von Cycas revoluta, welche gewöhnlich als „Palmzweige" oder „Palmwedel" bezeichnet werden, finden zu Trauerdekorationen häufig Verwendung.

2. Klasse. Ginkgoales.

Stamm stark verzweigt, ohne Gefäße im Holzkörper. Laubblätter eingeschnitten, keil- bis fächerförmig.

Abb. 257. Links Cycas Normanbyana, rechts zwei Stämme von C. media. (Nach F. v. Müller.)

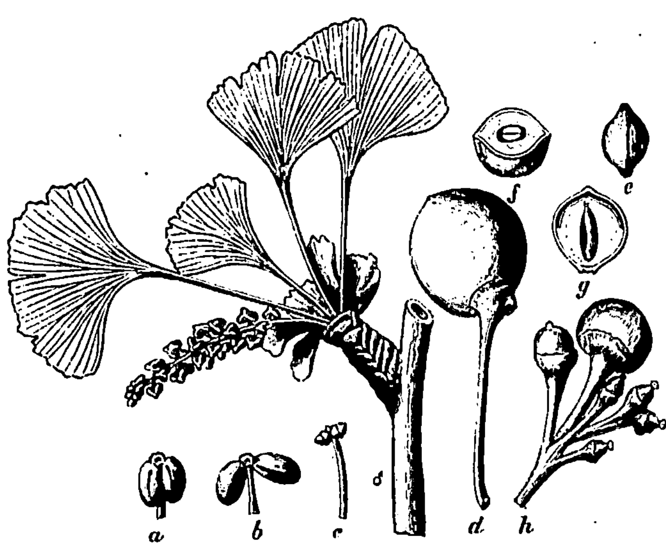

Abb. 258. ♂ Ginkgo biloba, der Ginkgo-Baum Chinas und Japans. Kurztrieb mit männlichen Blüten und Blättern, welche sich nach der Blütezeit noch ansehnlich vergrößern. Das übrige zeigt Blüten- und Fruchtverhältnisse. (Nach Eichler.)

Familie **Ginkgoaceae.**

Die einzige jetzt noch lebende Art dieser in früheren Erdabschnitten mit vielen Arten auftretenden Familie, **Ginkgo** b i l o b a , ist in Japan und China einheimisch und wird auch häufig bei uns kultiviert. Es ist dies ein schöner Baum, der durch seine auffallenden Blätter sehr charakteristisch ist (Abb. 258).

3. Klasse. **Coniferae. Zapfenträger, Nadelhölzer.**

Die Nadelholzgewächse sind Holzpflanzen mit verzweigtem, gefäßlosem (nur Tracheiden!) Stamm und nadel- oder schuppenförmigen Blättern (Abb. 261). Ihre Blüten sind nackt (ohne Blütenhülle), eingeschlechtig und meist einhäusig (XXI. Klasse nach Linné), selten zweihäusig (XXII. Klasse). Die männlichen Blüten bestehen nur aus Pollenblättern (Abb. 259), welche ährenförmig zu kleinen Zapfen (Kätzchen) angeordnet sind. Die weiblichen Blüten sind zapfenförmig, d. h. an einer gemeinsamen Spindel sitzen in spiraliger oder quirliger Anordnung Fruchtschuppen, welche auf ihrer Oberseite nahe an ihren Achseln die Samenanlagen tragen (Abb. 260, 262). Bei der Reife verholzen die Fruchtschuppen entweder und bilden Holzzapfen, wie bei der Kiefer, Fichte und Tanne (Abb. 265), oder sie werden fleischig und bilden Beerenzapfen wie bei dem Wacholder (Abb. 267, *H* und *J*). — Die Nadelholzgewächse enthalten in allen ihren Teilen in Harzgängen reichlich Harz und ätherisches Öl.

Man unterscheidet in der Klasse der Coniferae gewöhnlich nur zwei Familien.

Taxaceae.

F a m i l i e   d e r   E i b e n g e w ä c h s e.

Sie zeigen meist nur wenige Fruchtblätter in der weiblichen Blüte oder ein einziges endständiges mit je einer Samenanlage. Der Samen ist steinfruchtartig und überragt die Fruchtblätter.

Taxus b a c c a t a , die Eibe, früher in Mitteleuropa ein verbreiteter Waldbaum, jetzt überall sehr zurückgegangen, ist die einzige Konifere ohne Harzgänge in den Blättern. Sie ist ein beliebter Zierbaum für Parkanlagen und besitzt ein sehr hartes Holz. Der Samen ist bei der Reife von einem roten, fleischigen Samenmantel (Arillus) umhüllt (Abb. 261).

Pinaceae.

F a m i l i e   d e r   K i e f e r n g e w ä c h s e.

In der zapfenartigen männlichen wie weiblichen Blüte sind die Geschlechtsblätter stets zu mehreren oder vielen vereinigt. Die Samen sind zwischen den Fruchtblättern versteckt, mit lederiger, holziger bis knochenharter Schale.

Die Familie teilt man gewöhnlich folgendermaßen ein:

a) A r a u c a r i e a e,   Blätter und Fruchtblätter spiralig, letztere einfach, nicht in Deck- und Fruchtschuppen gegliedert; jedes Fruchtblatt mit einer einzigen Samenanlage.

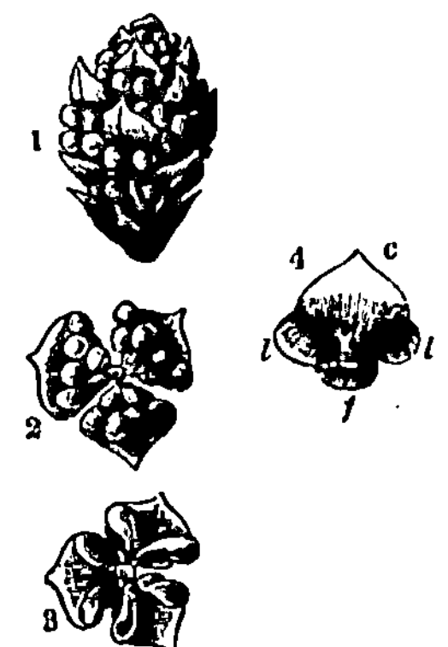

Abb. 259. *1* Männliche Blüte (Blütenkätzchen) des Wacholders, Juniperus
communis; *2* drei Staubblätter von
unten gesehen; *3* desgleichen von oben;
4 ein einzelnes Pollenblatt von der
Rückseite: *f* das Filament, *c* das Konnektiv, *l* die Pollensäcke.

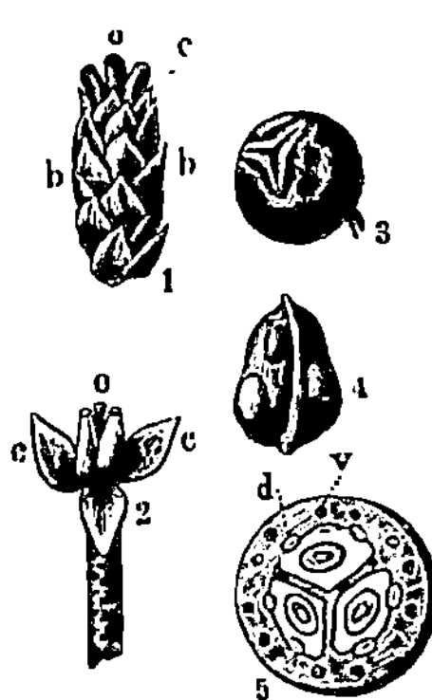

Abb. 260. *1* Weibliche Blüte des Wacholders, Juniperus communis: *b* schuppenförmige Blätter,
c Fruchtblätter, *o* die drei nackten Samenanlagen,
2 dieselben von den schuppenförmigen Blättern
befreit; *3* der aus der Verwachsung der drei Fruchtblätter hervorgegangene Beerenzapfen; *4* ein
Samen; *5* Querschnitt durch den Beerenzapfen mit
Balsamgängen (*v*).

Abb. 261. Taxus baccata, die Eibe, ♂ männlicher, ♀ weiblicher Blütenzweig, *fr* Fruchtzweig
in natürlicher Größe. — Das übrige zeigt die Verhältnisse des Blüten- und Fruchtbaues teilweise stark vergrößert. (Nach Eichler.)

b) **Abieteae.** Mit spiraliger Anordnung der Nadelblätter und Zapfenschuppen, deren jede aus Deckschuppe und Fruchtschuppe besteht. Jede Fruchtschuppe trägt zwei Samenanlagen. Die Zapfen sind stets holzig.

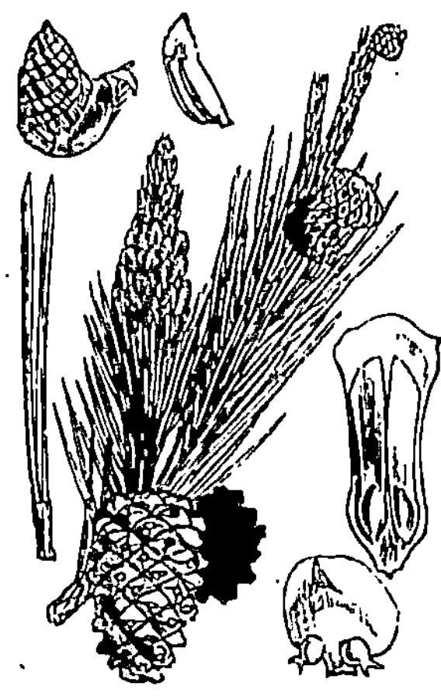

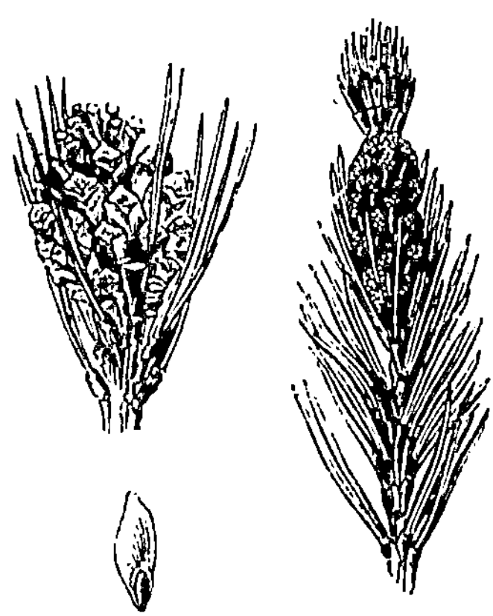

Abb. 262. Pinus silvestris.   Abb. 263. Pinus pumilio.

c) **Cupresseae.** Die Blätter sind gegenständig oder quirlig. Die Fruchtblätter stehen ebenfalls meist in quirliger Ordnung. Die Früchte sind entweder Trockenzapfen oder durch Saftigwerden und Verwachsen der Fruchtschuppen (z. B. bei Juniperus) sogen. Beerenzapfen.

Erwähnenswert sind:

a) Araucarieae:

Agathis dammara, ein immergrüner Baum des Indischen Archipels mit elliptischen Blättern und kugeligen Zapfen, liefert Manila-Kopal, **A. australis** auf Neuseeland den Kauri-Kopal, (nicht Dammar, wie man früher glaubte). **Araucaria excelsa,** von den Norfolkinseln (Australien), wird als „Zimmertanne" sehr viel kultiviert.

b) Abieteae:

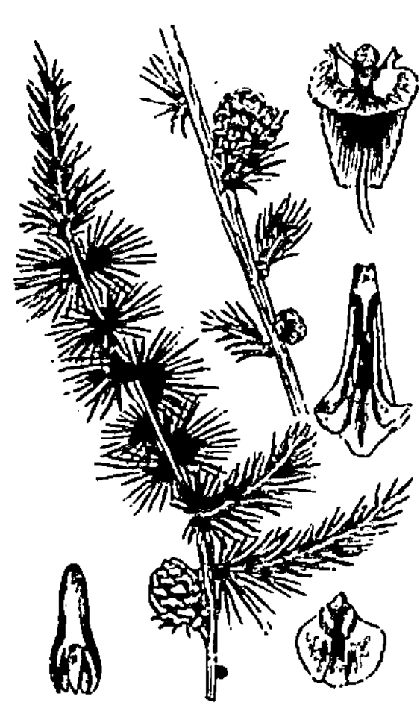

Abb. 264. Larix europaea.

Bei der Gattung **Pinus** stehen die Nadeln stets zu 2—5 vereinigt auf Kurztrieben beisammen. Off. **Pinus silvestris** (Abb. 262, 266 c), die besonders in Norddeutschland als verbreitetster Waldbaum auftretende Kiefer oder Föhre, **P. australis, P. taeda** (beide im südlichen Nordamerika sehr verbreitet), **P. pinaster** (Südfrankreich) und **P. nigra** (= **P.** laricio, (Südeuropa und Österreich) liefern eine Anzahl offizineller Produkte, nämlich Terebinthina, woraus durch Destillation Ol. Terebinthinae und als Rückstand Kolophonium gewonnen wird. Resina Pini ist das wasserhaltige Harz. Durch trockene Destillation des harzreichen Holzes von Arten dieser und der nachfolgenden Gattung wird Pix liquida gewonnen. **P. pumilio** (Abb. 263), die Latschenkiefer der höheren Gebirge, liefert Ol. Pumilionis.

Die Gattung **Larix** besitzt Langtriebe mit einzeln stehenden und Kurztriebe mit büschelig stehenden, sommergrünen Nadeln. Off. **Larix europaea** (Abb. 264) und **L. sibirica**, die Lärchen, liefern Lärchenterpentin (Terebinthina veneta) und Holzteer (Pix liquida).

Die **Tannen** unterscheiden sich von den im Wuchs ihnen oft sehr ähnlichen **Fichten** besonders durch aufrechtstehende Zapfen, während diese bei den letzteren herabhängen. **Abies balsamea**, die Balsamtanne, in Nordamerika einheimisch, ist die Stammpflanze des Bals. Canadense; **A. alba** ist die auf den Gebirgen Mitteleuropa einheimische und weit verbreitete Weiß- oder Edeltanne (Abb. 266 *b*).

Abb. 265. Blütenkätzchen und Fruchtzapfen der Fichte, Picea excelsa.

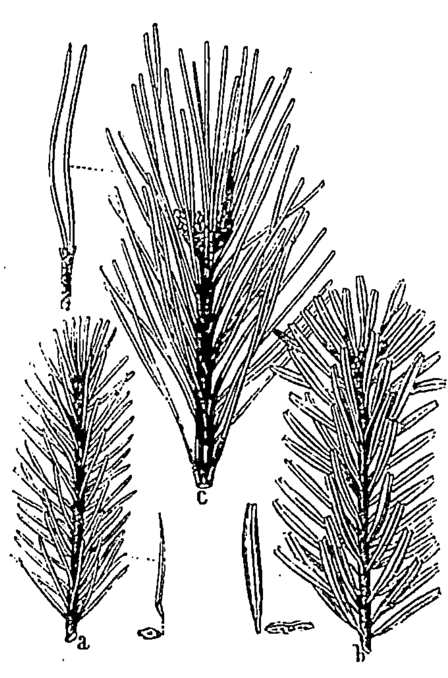

Abb. 266. Zweige von: *a* der Fichte, Picea excelsa mit ringsumstehenden, vierkantigen, einzelnen Nadeln; *b* der Edeltanne, Abies alba, mit zweizeiliggewendeten, flachen, an der Spitze ausgerandeten einzelnen Nadeln; *c* der Kiefer, Pinus silvestris, mit auf Kurztrieben paarig aufsitzenden, langen und spitzen Nadeln.

Picea excelsa, die Fichte oder Rottanne (Abb. 265, 266 *a*), ist einer der verbreitetsten Waldbäume Mitteleuropas. (Betreffs der Unterschiede ihrer Nadeln vergl. Abb. 266).

c) Cupresseae:

Callitris quadrivalvis, in Nordwestafrika (besonders im Atlasgebirge) heimisch, ist die Stammpflanze des Sandarak-Harzes.

Off. **Juniperus communis**, der Wacholder (Abb. 259, 260 u. 267), ein häufiger Strauch unserer heimischen Wälder mit quirlig gestellten Nadeln, trägt Beerenzapfen, welche durch Fleischigwerden der drei Deckschuppen der Samenanlagen entstehen und als Fruct. Juniperi offizinell sind. — **J. sabina**, der Sadebaum (Abb. 268), in Südeuropa heimisch, in Deutschland leider in Gärten noch ziemlich viel kultiviert, liefert die Summitates Sabinae (Zweigspitzen mit Nadeln).

4. Klasse. **Gnetales.**

Stamm einfach oder verzweigt, mit echten Gefäßen im Holzkörper. Blätter ungeteilt, gegenständig. Blüten mit unscheinbaren Blütenhüllen.

Hierher gehören drei Familien oder drei Unterfamilien einer einzigen Familie von ganz außerordentlich voneinander abweichendem Aussehen, deren Arten fast ausschließlich den Tropengebieten angehören. Sie sind von großem morphologischem Interesse, besitzen aber keinerlei praktische Bedeutung.

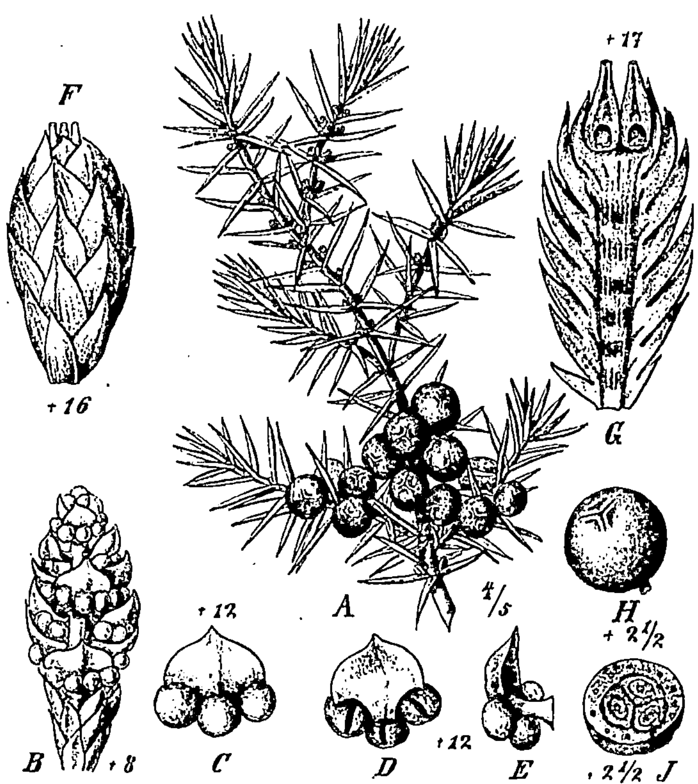

Abb. 267. Juniperus communis. *A* blühender und fruchtender Zweig, *B* männliche Blüte, *C* Staubblatt von außen, *D* von innen, *E* von der Seite gesehen, *F* weibliche Blüte, *G* diese im Längsschnitt, *H* Beerenzapfen, *I* Querschnitt desselben.

2. Unterabteilung. **Angiospermae.**

Bedecktsamige Gewächse.

Die Samenanlagen der Angiospermen (von ἀγγεῖον, angion = der Behälter, und σπέρμα, sperma = der Samen) sind stets einzeln oder zu mehreren in einem Fruchtknoten eingeschlossen, auf dessen Narbe die Pollenkörner zur Keimung gelangen. Die Eizelle bildet sich im Embryosack (= Makrospore) durch freie Zellbildung aus, die Endosperm-bildung geht erst nach erfolgter Befruchtung vor sich. Die in den Antherenfächern der Staubgefäße gebildeten Pollensäcke sind nur in regelmäßig beschränkter Zahl vorhanden (zwei oder vier), niemals aber in unbestimmter Zahl wie bei den Gymnospermen.

Mit Rücksicht auf die Entwicklung der Blütenhülle werden folgende Stufen unterschieden:

1. Blüten ohne Blütenhülle: Blüten nackt, achlamydeisch (auch oft ungenau als apetal bezeichnet).

2. Mit einfacher Blütenhülle (mit einem Kreis von Blütenhüllblättern): haplochlamydeisch. Die Blütenhüllblätter (Tepalen) entweder:

   a) hochblattartig (brakteoid) oder

   b) blumenblattartig (petaloid, korol-linisch).

3. Mit doppelter Blütenhülle (mit zwei Kreisen von Blütenhüllblättern): diplochlamydeisch; dabei

   a) beide Kreise von Blütenhüll-blättern (Tepalen) gleichartig, homoiochlamydeisch, bis-weilen durch Vereinigung der beiden Kreise scheinbar haplo-chlamydeisch:

      α) Tepalen getrennt (choritepal),

      β) Tepalen vereint (syntepal); oder

   b) beide Kreise ungleichartig, heterochlamydeisch, hier-bei gewöhnlich der äußere Kreis sepaloid (Kelchblätter: Sepalen), der innere Kreis petaloid (Blu-menblätter: Petalen):

      α) Blumenblätter getrennt (chori-petal);

      β) Blumenblätter vereint (sym-petal);

      γ) Die Blumenblätter sind infolge einer zweckmäßigen Re-duktion abortiert (apopetal).

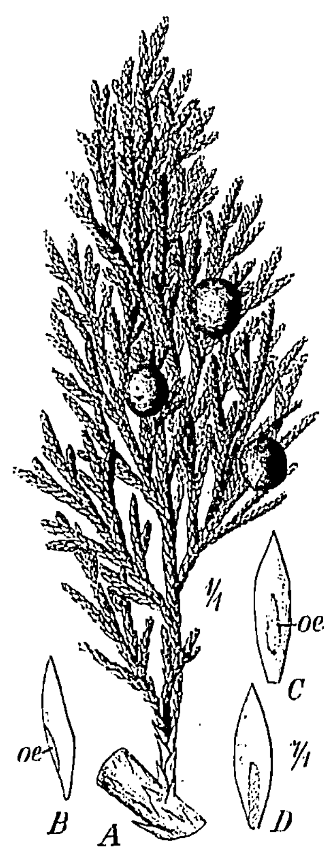

Abb. 268. Juniperus sabina. *A* Frucht-tragender Zweig, *B* Blatt von der Seite gesehen, *C* Blatt von außen, *D* Blatt von innen gesehen, *oe* Ölgang.

Unter den Bedecktsamigen Pflanzen werden zwei große Klassen unterschieden, nämlich:

   a) mit einem Keimblatt versehene: Monocotyledoneae,

   b) mit zwei Keimblättern versehene: Dicotyledoneae.

Die Zahl der Keimblätter ist jedoch nicht der einzige Unterschied dieser beiden großen Pflanzengruppen, sondern es gehen damit meist eine ganze Reihe wesentlicher Unterschiede Hand in Hand. So sind in der Regel:

	bei den Monokotylen:	bei den Dikotylen:
die Blätter . . .	parallelnervig	fiedernervig
die Blüten . . .	dreizählig	vier- oder gewöhnlich fünfzählig
die Leitbündel auf dem Querschnitt des Stengels	zerstreut, ohne Cambium (geschlossene Leitbündel)	ringförmig gelagert, mit Cambium (offene Leitbündel).

1. Klasse. Monocotyledoneae. Einkeimblättrige Gewächse.

1. Reihe. Pandanales. Schraubenbaumartige.

Die getrenntgeschlechtigen Blüten stehen noch auf einer sehr niedrigen Stufe. Sie sind entweder nackt oder mit einer aus winzigen, unscheinbaren Blättchen gebildeten, gleichartigen (homoiochlamydeischen) Blütenhülle versehen. Die Zahl der Staubblätter in den männlichen und der Fruchtblätter in den weiblichen Blüten ist stark schwankend. Samen mit Nährgewebe. Die Blüten stehen in zusammengesetzten, kugeligen oder kolbenähnlichen Blütenständen.

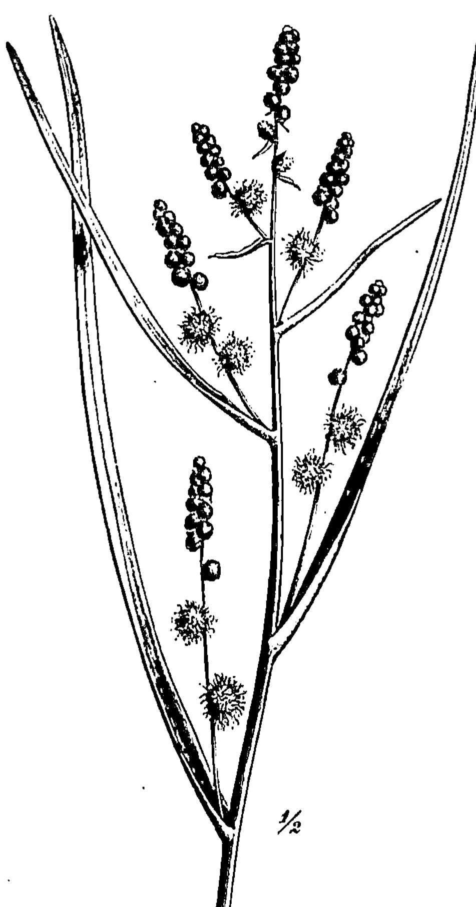

Abb. 269. Sparganium ramosum, der Igelkolben. (Nach Engler.)

Typhaceae.

Familie der Lieschkolbengewächse.

Blüten vollständig nackt.

Die Arten der Gattung Typha sind als Lieschkolben bekannt und gehören zu den charakteristischen Erscheinungen unserer Sumpf- und Teichflora.

Sparganiaceae.

Familie der Igelkolbengewächse.

Blüten mit winziger, unscheinbarer Blütenhülle.

Die Gattung **Sparganium**, Igelkolben genannt (Abb. 269), kommt in unserer Flora mit zwei Arten häufig vor.

2. Reihe. **Helobiae.**

Sumpfbewohnende.

Blüten nackt oder mit einfacher oder doppelter Blütenhülle, hypogynisch oder epigynisch. Staubblätter $1 - \infty$ Fruchtblätter $1 - \infty$, meist frei voneinander, unverwachsen. Nährgewebe meist fehlend. Sumpf- und Wasserkräuter.

Abb. 270. Sagittaria sagittifolia. *A* Blatt und Blütenstand; *B* Frucht in Seitenansicht nach Entfernung einer Anzahl Früchtchen; *C* Knolle, zu einer jungen Pflanze auswachsend; *D* eine solche in weiter vorgerücktem Stadium. (Nach Buchenau.)

Potamogetonaceae.

Familie der Laichkräutergewächse.

Untergetauchte oder mit den Blättern auf der Wasseroberfläche schwimmende Kräuter. Blüten völlig nackt, klein, meist in dichten, aus dem Wasser hervorragenden Ähren.

Die Gattung **Potamogeton** (Laichkräuter) ist in unserer Flora mit zahlreichen Arten vertreten.

Alismataceae.

Familie der Froschlöffelgewächse.

Blüten mit Kelch und Blumenkrone, hypogynisch, mit der Formel K 3, P 3, A 6 — ∞, Cp. 6 — ∞.

Hierher gehört **Alisma** plantago, der „Froschlöffel", eine sehr charakteristische Pflanze unserer Teichränder, ferner **Sagittaria** sagittifolia (Abb. 270), das Pfeilkraut, welches an denselben Standorten sich findet.

Hydrocharitaceae.

Familie der Froschbißgewächse.

Blüten fast dieselben Blütenverhältnisse zeigend wie bei voriger Familie, aber der Fruchtknoten unterständig.

Hydrocharis morsus ranae, der Froschbiß, und **Stratiotes** aloides, die Wasseraloë, sind zwei in unserer Flora heimische, frei auf der Wasserfläche schwimmende Arten dieser großen Familie.

Helodea canadensis, die Wasserpest, stammt aus Nordamerika, ist aber jetzt (nur in der weiblichen Pflanze!) bei uns eingebürgert.

3. Reihe. Glumiflorae. Spelzenblütige.

Blüten von Hochblättern (Spelzen) bedeckt, unterständig, zwitterig oder eingeschlechtig, nackt oder selten mit sehr einfachem Perigon, mit einfächerigem, eine Samenanlage enthaltendem Fruchtknoten. Infloreszenz viel- und kleinblütig. Blätter linealisch, parallelnervig, „grasartig".

Gramineae.

✦ Familie der Grasgewächse.

Die Grasgewächse besitzen kleine und durch das Fehlen des Perigons sehr unscheinbare Blüten. Diese sind in zusammengesetzten Ähren oder Rispen vereint, deren einzelne Glieder stets aus Ährchen bestehen. Als häufigste Blütenformel (Abb. 271) läßt sich die folgende ansehen: $P\,0$, $A\,3+0$, $G^{\underline{1}}$ oder aber $P\,0+2$, $A\,3+0$, $G^{\underline{1}}$ (wenn man die Lodiculae als reduzierte Perigonblätter auffaßt, wie es gelegentlich geschieht). Sowohl die Blüte selbst, als auch das ganze Ährchen sind von schmalen, harten, oft mit einer Granne versehenen Hüllblättern, Spelzen genannt, umgeben. So folgen z. B. am Weizenährchen (Abb. 272, vergl. auch Abb. 273) auf die beiden Hüllblätter des Ährchens (g_1 und g_2), welche Hüllspelzen oder Glumae

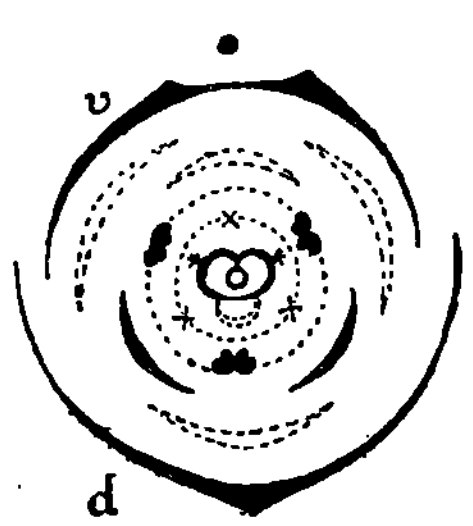

Abb. 271. Grundriß einer Grasblüte: *d* das Deckblatt (Deckspelze), *v* das Vorblatt (Vorspelze.)

genannt werden, vier Blüten mit je einem Deck- und Vorblatt (*d* und *v*), meist Deck- und Vorspelze genannt, welche beide zusammen auch den Namen Paleae führen. Zwei am Grunde des Fruchtknotens stehende Schwellschüppchen werden als Lodiculae (vergl. Abb. 272 *C*, *l*) bezeichnet; diese werden manchmal (aber wohl unrichtig) als reduzierte Perigonblätter gedeutet; vergl. Abb. 271. Die Staubfäden der Gramineen sind sehr dünn, lang und leicht beweg-

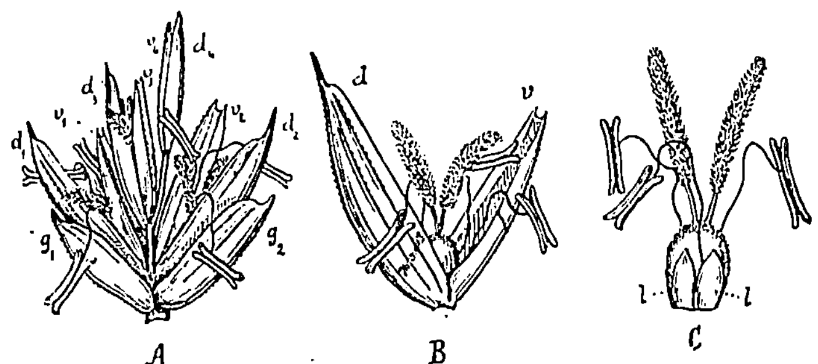

Abb. 272. *A* Ein Weizenährchen mit den beiden Hüllspelzen g_1 und g_2 und vier von je einer Deckspelze (*d*) und einer Vorspelze (*v*) umhüllten Einzelblüten; *B* eine Einzelblüte; *C* dieselbe von Deck- und Vorspelze befreit; *l* Lodiculae.

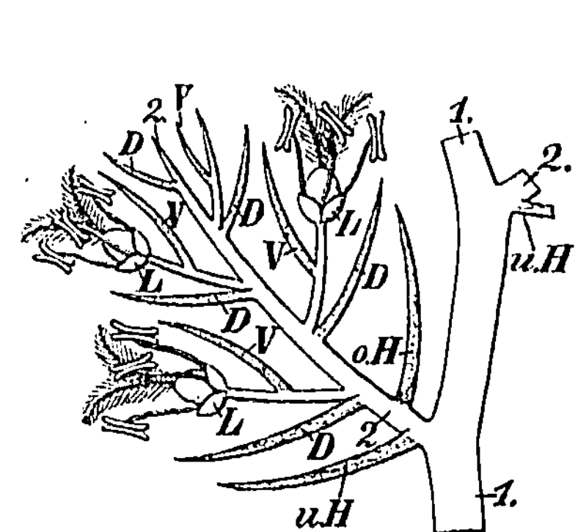

Abb. 273. Schema eines Grasährchens. *1* Hauptachse, *2* Seitenachsen des Teilblütenstandes, *uH* untere Hüllspelze, *oH* obere Hüllspelze, *D* Deckspelze, *V* Vorspelze, *L* Lodiculae.

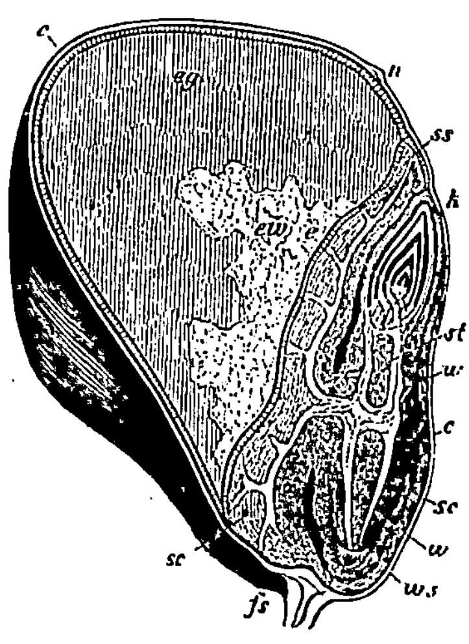

Abb. 274. Längsschnitt der Frucht (Caryopse) von Zea mays. 6 mal vergr. *c* Fruchtschale, *fs* Basis der Frucht, *ey* fester, *ew* weicher Teil des Endosperms, *sc* Scutellum (Cotyledon), *ss* dessen Spitze, *k* Knospe des Keimpflänzchens, *w* Wurzel, *ws* Wurzelscheide, *st* Stämmchen des Keims. (Nach Sachs.)

lich; desgleichen die Staubbeutel, welche in der Mitte ihrer Längsseite am Filament angeheftet sind und durch den Wind mit Leichtigkeit bewegt werden können, damit der Pollen ausstäubt. Der Fruchtknoten ist aus einem einzigen Fruchtblatt hervorgegangen, aber fast durchweg von zwei federigen Narben gekrönt. Der Samen (Abb. 274) verwächst bei der Reife auf das engste mit der dünnen Fruchtwand

und bildet eine Hautfrucht oder Caryopse. Die Getreidekörner sind
also keine Samen, sondern Früchte. Im Samen findet sich reichliches
Nährgewebe, an dessen Vorderseite und Basis der nur von der Fruchtwandung bedeckte Embryo außen anliegt. Der Embryo besitzt eine
schildförmige Erweiterung des Cotyledons (Scutellum), welche bei
der Keimung des Samens als Saugorgan dient (Abb. 35, 274, *sc*).

Die Grasgewächse sind einjährig oder unterirdisch ausdauernd
(z. B. Triticum repens, Bambusa). Charakteristisch für den ganzen
Habitus der Gräser ist der Stengel, welcher meist hohl ist und Halm
genannt wird. An jeder Einfügungsstelle eines Blattes befindet sich
ein sogen. Knoten, d. h. eine Verdickung des Stengels, welche auch

Abb. 275. Zea mays.

Abb. 276. Saccharum officinarum.

innen ausgefüllt ist, also die röhrenförmige Höhlung des Stengels
(Halmes) durch eine Scheidewand unterbricht.

Die Blätter der Grasgewächse sind meist sehr lang, linealisch und
oben zugespitzt. Sie sind am Grunde mit einer gespaltenen Scheide
versehen, welche von einem Knoten bis zum andern reicht, so daß
die eigentliche Blattfläche erst an dem nächsten, über der Einfügungsstelle gelegenen Knoten beginnt. An der Stelle, wo die Scheide in
die Blattfläche übergeht, befindet sich ein farbloses, häutchenartiges
Züngelchen, Ligula genannt (Abb. 51).

Alle Grasgewächse, mit Ausnahme des Mais, des Reis und der
Bambusarten, gehören nach Linné der III. Klasse 2. (bezw. 3.)
Ordnung an.

Die Gattungen dieser Familie lassen sich in zwei Gruppen ein-
teilen, und zwar in solche, bei denen jedes Ährchen von 3—6 Hüll-

spelzen (Glumae) umhüllt ist; diese werden nach der Gattung **Panicum:** Panicoideae genannt; — und solche mit nur 2 Hüllspelzen vor jedem Ährchen; letztere werden nach der Gattung **Poa:** Poaeoideae genannt.

a) Panicoideae:

Andropogon sorghum, wichtigste Körnerfrucht der Tropen, besonders Afrikas.

Panicum miliaceum, echte Hirse, aus Ostindien stammend, wird bei uns in sandigen Gegenden als Nahrungsmittel angebaut.

Zea mays, Mais, Türkischer Weizen (Abb. 274, 275), stammt wahrscheinlich aus Zentralamerika und zeichnet sich dadurch aus, daß sein Halm mit Mark erfüllt ist. Er ist als Nähr- und Futterpflanze gleich wichtig. Der Mais ist getrenntgeschlechtig und gehört deshalb in die XXI. Klasse 3. Ordnung nach Linné.

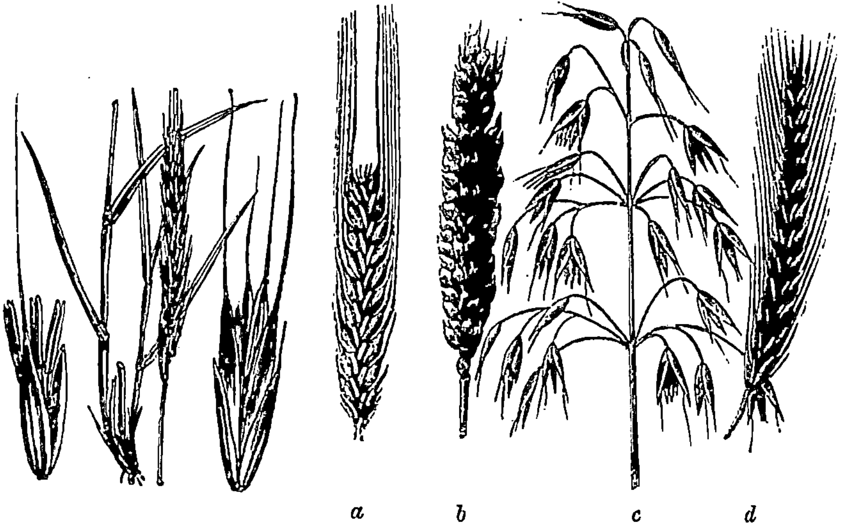

Abb. 277. Triticum repens.

Abb. 278. *a* Hordeum vulgare, *b* Triticum vulgare, *c* Avena sativa, *d* Secale cereale.

Oryza sativa, der Reis, wahrscheinlich im tropischen Afrika heimisch, in feuchten Gegenden aller wärmeren Klimate als Volksnahrungsmittel gebaut, ist neben Bambusa das einzige Gras, welches 6 Staubgefäße besitzt. Er gehört daher zur VI. Klasse 2. Ordnung nach Linné.

Saccharum officinarum, das Zuckerrohr (Abb. 276), besitzt wie der Mais mit Mark gefüllte Halme. Es ist in Ostindien heimisch, wird in allen feuchtwarmen Tropengebieten, im größten Maßstab auf den Antillen, angebaut und liefert einen Teil des Rohrzuckers, sowie den Rum.

b) Poaeoideae:

Poa annua, Rispengras, und andere im Gegensatz zu diesem ausdauernde Poa-Arten sind verbreitete Wiesengräser.

Triticum repens (auch Agropyrum repens genannt), Quecke (Abb. 277), liefert Rhizoma Graminis. T. vulgare, Weizen (Abb. 278*b*), **Secale** cereale, Roggen (Abb. 278*d*), **Hordeum** vulgare, Gerste (Abb. 278*a*), **Avena** sativa, Hafer (Abb. 278*c*), sind die wichtigsten Getreidearten.

17*

Lolium perenne, englisches Raygras (*L.* temulentum, Taumellolch, enthält dagegen in den Früchten stets einen giftigen Pilz!), **Anthoxanthum** odoratum, Ruchgras (cumarinhaltig), **Alopecurus** pratensis, Fuchsschwanz, **Holcus** lanatus, Honiggras, **Dactylis** glomerata, Knäuelgras, **Briza** media, Zittergras. **Arrhenatherum** elatius, Festuca-Arten sind häufige Wiesengräser und gute Futtergräser. **Phragmites** communis, „Schilf“, ist an Flüssen und Seen über die ganze Erde verbreitet.

Bambusa arundinacea ist das größte aller Gräser und wird bis über 20 Meter hoch. Es gehört der VI. Klasse 1. Ordnung nach Linné an. In Ostindien einheimisch.

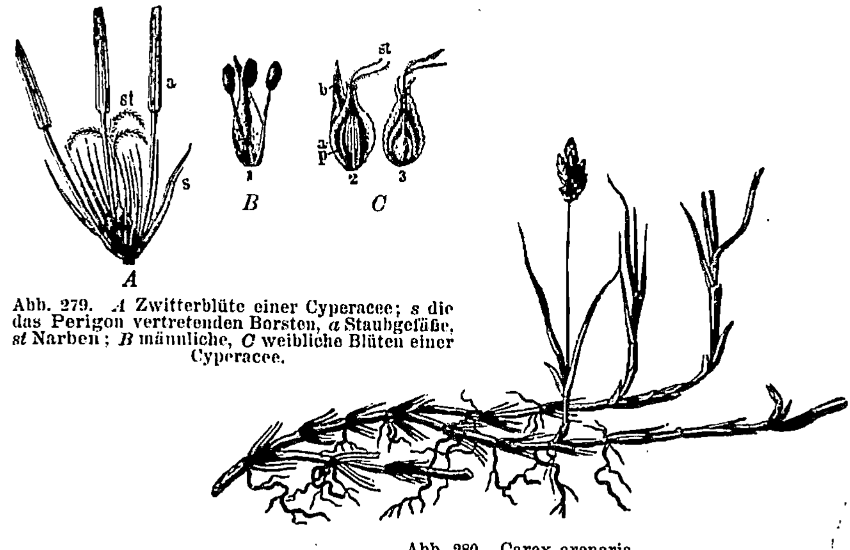

Abb. 279. *A* Zwitterblüte einer Cyperacee; *s* die das Perigon vertretenden Borsten, *a* Staubgefäße, *st* Narben; *B* männliche, *C* weibliche Blüten einer Cyperacee.

Abb. 280. Carex arenaria.

Cyperaceae.

Familie der Riedgrasgewächse.

Die unterscheidenden Merkmale dieser Familie von der Familie der Grasgewächse sind folgende:

Die Ährchen besitzen keine Hüllspelzen (Glumae), und jede Blüte ist meist nur mit einer Spelze (Palea) versehen. Das Perigon fehlt oder ist durch Borsten oder Haare vertreten (Abb. 279 *A, s*). Der Fruchtknoten ist einfächerig und wird von zwei oder drei Fruchtblättern gebildet; der Griffel besitzt zwei oder drei Narben. Die Frucht ist ein einsamiges Nüßchen. Die Halme sind knotenlos und dreikantig, auch die Blätter sind dementsprechend dreizeilig angeordnet. Die Scheiden der Blätter sind nicht gespalten wie bei den Grasgewächsen, sondern geschlossen und besitzen keine Ligula. Bisweilen fehlen auch Blätter vollkommen (Scirpus lacuster). Die Riedgräser gedeihen vorzugsweise auf feuchtem Boden und sind der Hauptbestandteil der sogenannten „saueren Wiesen“. Die Blüten der Riedgrasgewächse sind häufig zweigeschlechtig und gehören daher, wenn nicht der Linnéschen III. Klasse 1. bezw. 3. Ordnung, der XXI. (selten XXII.) Klasse 3. Ordnung an.

Man unterscheidet zwei Unterfamilien:

a) Scirpoideae: mit Zwitterblüten.

Die Gattung **Scirpus**, Binse, ist in zahlreichen deutschen Arten vertreten.

Cyperus flavescens, Cypergras, hat der Familie den Namen gegeben. Sie ist auf nassen Triften häufig. **Cyperus papyrus**, in Afrika massenhaft, auch vereinzelt in Südeuropa, lieferte in dem Mark seiner Stengel den Rohstoff zu dem „Papyrus" des Altertums.

Eriophorum latifolium und andere Arten, Wollgras, durch ihre nach der Blütezeit zu langen weißen Haaren auswachsenden Perigonborsten charakteristisch, auf Sumpfwiesen gemein.

b) Caricoideae: mit getrenntgeschlechtigen Blüten.

Carex arenaria, die Sandsegge (Abb. 280), wächst am Meeresstrande und auf sandigen Äckern Mitteleuropas. Sie zeichnet sich durch lange zähe Rhizome aus, welche als Rhiz. Caricis auch medizinisch gebräuchlich sind.

Zahlreiche andere Arten der großen Gattung **Carex** sind in unserer Flora einheimisch.

4. Reihe. Principes. Palmen.

Blüten hypogyn, meist diklinisch, aktinomorph, sehr klein, mit 2 Kreisen winziger Blütenhüllblätter, 2 Kreisen von Staubblättern und einem Fruchtblattkreis. Blütenstand einfache oder zusammengesetzte, kolbige Ähren. — Einzige Familie:

Palmae.

Familie der Palmengewächse.

Die Palmen sind fast durchweg in tropischem Klima einheimische, stammbildende Pflanzen mit einfachem, meist unverzweigtem

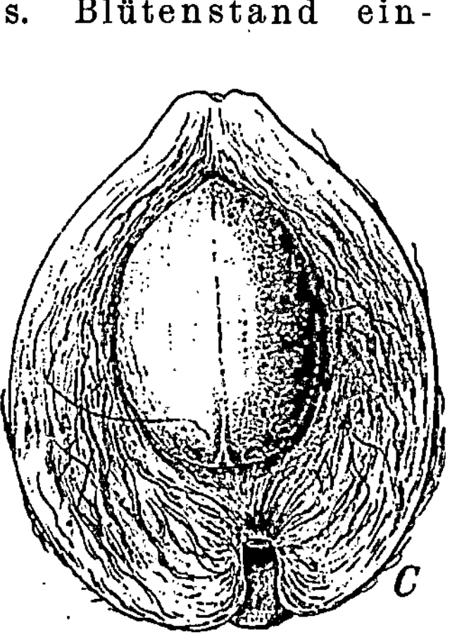
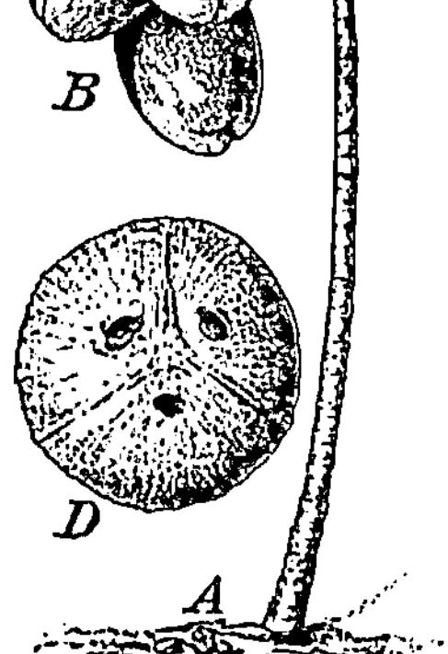

Abb. 281. Cocos nucifera, die Kokospalme. *A* Habitusbild, *B* Fruchtbündel, *C* Frucht im Längsschnitt, *D* der freigelegte Steinkern von unten gesehen, mit den drei Keimlöchern. — Alles stark verkleinert.

Stamme und großen fächerförmigen oder fiederförmig zerteilten Blättern (Abb. 281, 283). Das Stehenbleiben der Scheiden der abgestorbenen Blätter gibt den Stämmen meist ein eigentümliches und für die

Palmen charakteristisches Aussehen. Die Blüten der Palmen stehen meist in hängenden Rispen (Abb. 282, *A, E*) oder in Kolben (Abb. 284); der ganze Blütenstand ist von einem Hochblatt umgeben. Die Blüten sind entweder Zwitterblüten, zusammengesetzt nach der Formel P3 + 3A3 + 3G$^{(3)}$, oder sie sind getrenntgeschlechtig. Die Perigonblätter sind meist unscheinbar, von lederiger Beschaffenheit, verwachsen oder frei. Die Frucht der Palmen ist eine Beere, eine Steinfrucht oder eine Nuß; sie ist ursprünglich dreifächerig, wird aber durch Fehlschlagen oft einfächerig und einsamig. Die Palmen

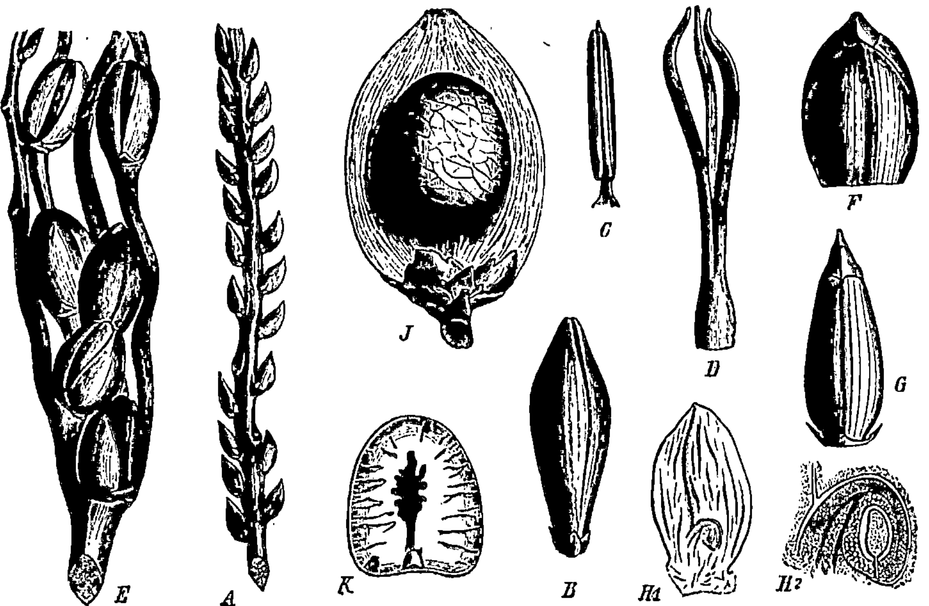

Abb. 282. Areca catechu. *A* oberer Teil eines männlichen Blütenstandszweiges, *B* einzelne männliche Blüte, vergrößert, *C* Staubblatt, *D* Rudiment des unfruchtbaren Fruchtknotens, *E* untere Kolbenverzweigung mit vier, unten weibliche Blüten tragenden Zweigen. — Das übrige zeigt Verhältnisse der weiblichen Blüte, der Frucht und des Samens. (Nach Drude.)

gehören nach Linné der VI. Klasse 1. Ordnung, Hexandria Monogynia, oder der XXI., bezw. XXII. Klasse 6. Ordnung, Monoecia, bezw. Dioecia Hexandria, an.

Off. Cocos nucifera, die Kokospalme (Abb. 281), in allen Tropengegenden verbreitet, liefert Kokosnüsse und Ol. Cocos, d. i. das fette Öl des Nährgewebes; das getrocknete Nährgewebe ist unter dem Namen Kopra im Handel. Es liefert den Rohstoff zur Herstellung von Palmin und Palmona und anderer als Butterersatzmittel verwendeter Pflanzenfette.

Off. Areca catechu (Abb. 282), in Ostindien einheimisch, ist die Stammpflanze des Sem. Arecae.

Daemonorops draco liefert Resina (Sanguis) Draconis, das ostindische Drachenblut.

Elaeïs guineensis ist die afrikanische Ölpalme, aus deren Fruchtfleisch das Palmöl gewonnen wird, während die Samen das Palmkernöl liefern.

Chamaerops humilis, die einzige in Europa heimische Palme, tritt in Portugal, Südspanien und Sizilien auf.

Abb. 283. Phoenix dactylifera, die Dattelpalme. *A* Fruchttragende Pflanze. *B* Diagramm der Blüte, *C* Fruchtbündel, *D* Frucht, *E* Fruchtlängsschnitt.

Calamus rotang, Liane von oft über 200 m Länge, liefert im indisch-malayischen Gebiet Spanisches Rohr und Stuhlrohr.

Copernicia cerifera, im tropischen Südamerika, liefert das Carnauba-Wachs. Auch andere Palmen liefern sog. Pflanzenwachs.

Phoenix dactylifera (Abb. 283) ist die Stammpflanze der Datteln. Sie ist am Südrand des Mittelmeergebiets verbreitet und für die Araber von höchster Wichtigkeit.

Metroxylon Rumphii (Abb. 284) liefert aus dem Mark seines Stammes den echten Sago.

Phytelephas macrocarpa besitzt Samen mit überaus hartem Endosperm (Reservezellulose), welche als sogenanntes vegetabilisches Elfenbein zu Drechslerarbeiten für Knöpfe etc. Verwendung finden. Auch noch andere Palmensamen (z. B. von der Gattung **Coelococcus**) werden zu denselben Zwecken gebraucht.

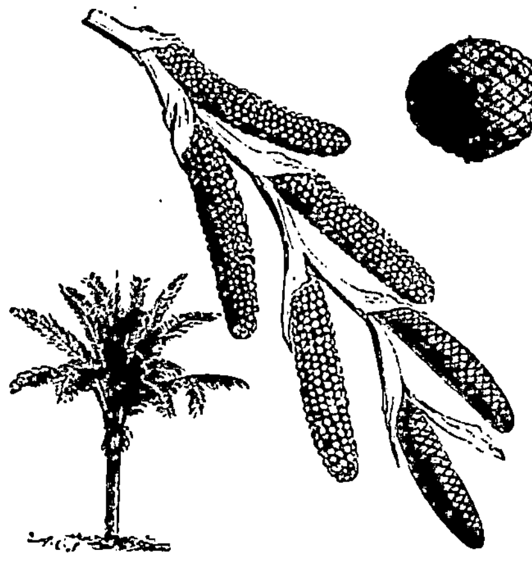

Abb. 284. Metroxylon Rumphii.

5. Reihe. **Spathiflorae.**

Scheidenblütler.

Blüten klein, mit einfacher oder doppelter, unscheinbarer Blütenhülle oder durch Reduktion nackt und oft nur aus 1 Staubblatt oder 1 Fruchtknoten bestehend, zweigeschlechtig oder eingeschlechtig, stets an einfacher, von einem auffallenden Hochblatt (Spatha) umschlossener, kolbiger Ähre (Spadix).

Araceae.

Familie der Aronsstabgewächse.

Zu den Aronsstabgewächsen gehören sowohl Wasserpflanzen als auch Sumpf- und Landpflanzen. Sie zeichnen sich besonders durch ihre Blütenstände aus; diese sind kolbenförmig und meist, wenigstens im jugendlichen Zustande, von einem Hochblatte, der sogen. Spatha, umhüllt (Abb. 285, p). Der Kolben (Spadix) ist zuweilen ganz (Abb. 286), zuweilen nur teilweise (Abb. 285) mit Blüten besetzt; die Spitze bildet im letzteren Falle eine fleischige Keule. Die Blüten sind entweder Zwitterblüten (Abb. 287), nach der Formel $P\,3 + 3\,A\,3 + 3\,G^{(3)}$ zusammengesetzt, oder sie sind getrenntgeschlechtig und häufig auffallend reduziert. In letzterem Falle stehen meist am unteren Teile des Kolbens die weiblichen, am oberen die männlichen Blüten. Zwischen beiden und oberhalb der männlichen Blüten befinden sich z. B. bei Arum solche mit unausgebildeten Geschlechtsorganen (Abb. 285, rechts).

Von den zahlreichen Arten dieser Familie seien nur die folgenden hier erwähnt:

Arum maculatum, Gefleckter Aronsstab (Abb. 285), besitzt spießförmige, oft braungefleckte Blätter. Der Kolben ist purpurrot, keulig, und wird von der Blütenscheide überragt. Die Früchte sind scharlachrote Beeren. Liefert Tubera Ari.

Off. **Acorus** c a l a m u s , Kalmus (Abb. 286, 287), besitzt schwertförmige Blätter, durch welche der Kolben zur Seite gedrängt wird. Die Pflanze ist sehr wahrscheinlich in Ostindien heimisch und bei uns vielleicht nur verwildert; sie wächst hauptsächlich an den Rändern sumpfiger Seen. Liefert Rhizoma Calami.

Monstera d e l i c i o s a , oft fälschlich **Philodendron** p e r t u s u m genannt, ist als Zimmerpflanze sehr beliebt.

Anthurium S c h e r z e r i a n u m u. a. A. mit schön gefärbter Spatha werden als Zierpflanzen in Warmhäusern viel kultiviert.

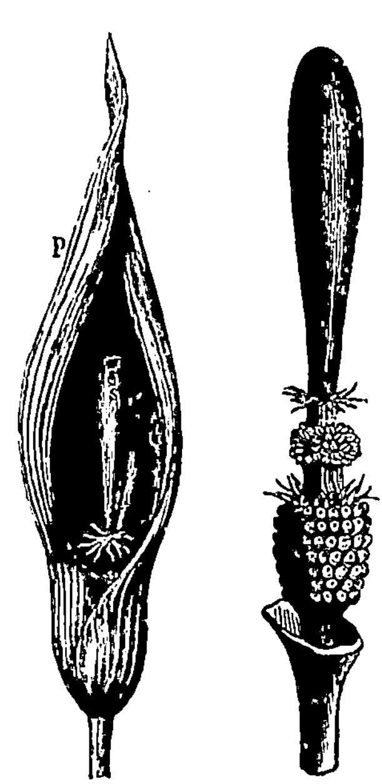

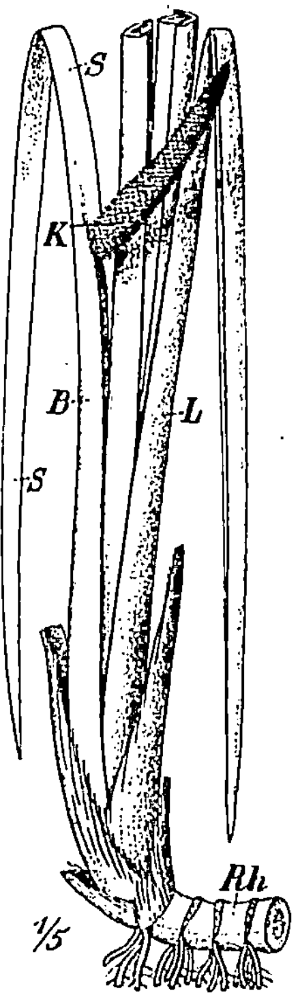

Abb. 285. Blütenkolben von Arum maculatum, rechts von der Spatha befreit und vergrößert.

Abb. 287. Blüte von Acorus calamus, vergrößert.

Abb. 286. Acorus calamus. Habitusbild der blühenden Pflanze. *Rh* Rhizom, *B* Blütenstiel. *K* Blütenkolben, *S* Spatha (Deckblatt des Kolbens), *L* Laubblätter.

Lemnaceae.

Familie der Wasserlinsengewächse.

Blüten getrenntgeschlechtig, sehr reduziert, d. h. die ♂ Blüten aus 1 Staubgefäß, die ♀ aus 1 Fruchtknoten bestehend. — Frei schwimmende Wasserpflanzen mit sehr reduziertem Vegetationskörper.

Lemna m i n o r und andere L.-Arten, Wasserlinsen, überziehen stehende Gewässer mit ihren grünen, linsenförmigen. teilweise unterseits bewurzelten Pflanzenkörpern.

6. Reihe. **Farinosae.** Mehlsamige.

Blüten mit meist doppelter, unscheinbarer oder hochblattartig gefärbter Blütenhülle nach der Formel

P3 $+$ 3, A3 $+$ 3, G$\underline{(3)}$ (5 Kreise zu je 3 Gliedern = pentacyklisch trimere Blüte). Manchmal kommt eine mehr
oder weniger weitgehende Verkümmerung der Staubblätter vor. Samen stets mit mehligem, stärkehaltigem
Nährgewebe.

Von den zahlreichen hierhergehörigen, sämtlich oder fast sämtlich
tropischen Familien soll nur die folgende hier angeführt werden.

Bromeliaceae.

Familie der Ananasgewächse.

Blüten mit Kelch und Blumenkrone, 2 Kreisen Staubblättern und
einem dreifächerigen, ober- oder unterständigen Fruchtknoten. Die
Frucht ist eine Beere oder Kapsel.

Ananas sativus liefert in ihren fruchtähnlichen, fleischigen, von einem
Blattschopf gekrönten Fruchtständen die Ananas.

7. Reihe. Liliiflorae. Lilienblütige.

Regelmäßige (aktinomorphe), selten schwach zygomorphe, hypogyne oder epigyne Blüten, stets mit Perianth und aus vollständigen, vollkommen ausgebildeten,
dreizähligen Quirlen bestehend, meist das pentacyklisch-
trimere Schema repräsentierend (5 Kreise zu je 3 Gliedern), Fruchtknoten dreifächerig, Samenanlagen anatrop
oder campylotrop, selten atrop; Embryo von fleischigem,
d. h. ölreichem Endosperm umgeben.

Juncaceae.

Familie der Binsengewächse.

Blüten homoiochlamydeisch, strahlig, hermaphroditisch mit hochblattartiger Blütenhülle. Die Blütenformel ist wie die der Liliaceae,
doch ist manchmal der innere Staubblattkreis nicht entwickelt. Fruchtknoten oberständig, ein- oder dreifächerig mit je einer oder zahlreichen Samenanlagen. Kapsel fachspaltig. — Meist einjährige Kräuter
mit schmalen, grasartigen Blättern und mannigfach zusammengesetzten,
reichblütigen Blütenständen.

Juncus-Arten, Binsen, sind auf feuchtem Boden fast auf der ganzen Erde
verbreitet.

Luzula-Arten, Simsen, meist in Wäldern massenhaft auftretend.

Liliaceae.

Familie der Liliengewächse.

Alle Gattungen und Arten dieser Familie besitzen vollkommen
regelmäßige Blüten (Abb. 288). Diese sind nach der Formel zusammengesetzt: P3 $+$ 3A3 $+$ 3G$\underline{(3)}$. Der Kelchblattkreis und der

Blumenblattkreis sind gleichmäßig, blumenblattartig ausgebildet und bilden ein Perigon. Der Fruchtknoten ist stets dreiteilig und oberständig und bildet zur Zeit der Reife eine Kapsel oder eine Beere mit meist zahlreichen Samen.

Die Mehrzahl der Liliengewächse stirbt in ihren oberirdischen Teilen alljährlich ab, während die unterirdischen Wurzelstöcke (z. B. Spargel) oder Zwiebeln (z. B. Hyacinthe oder Tulpe) den Winter überdauern. Nur einige in den Tropen wachsende Liliengewächse, wie z. B. die Aloë und der Drachenbaum, sind ausdauernd.

Die sehr zahlreichen Gattungen dieser Familie lassen sich in folgende Unterfamilien bringen.

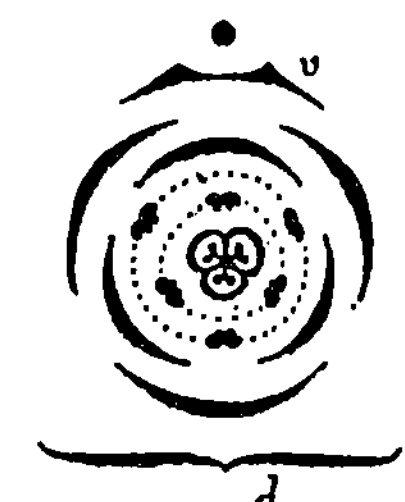

Abb. 288. Grundriß der typischen (pentacyklisch trimeren) Monokotylenblüte: *d* Deckblatt, *v* Vorblatt.

a) Melanthioideae:

Pflanzen mit Rhizom oder Zwiebelknolle und endständigem Blütenstand. Kapsel meist septicid aufspringend.

Off. **Colchicum** a u t u m n a l e, die Herbstzeitlose (Abb. 291), ist die Stammpflanze von Bulbus und Semen Colchici. Die Pflanze zeichnet sich dadurch aus, daß sie im Herbst blattlos blüht (daher der deutsche Namen) und im Frühjahr Blätter und Früchte trägt.

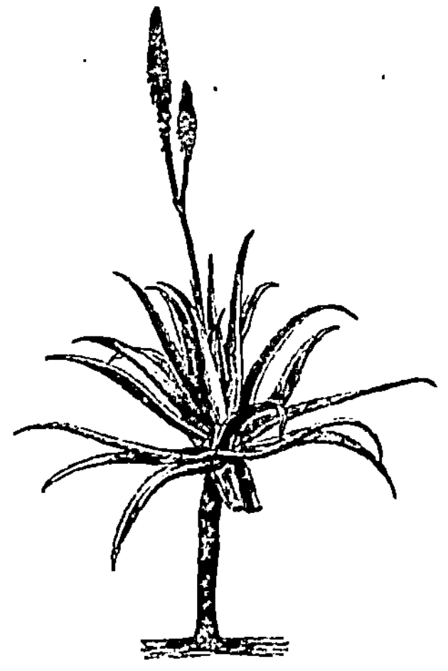

Abb. 289. Aloë vulgaris.

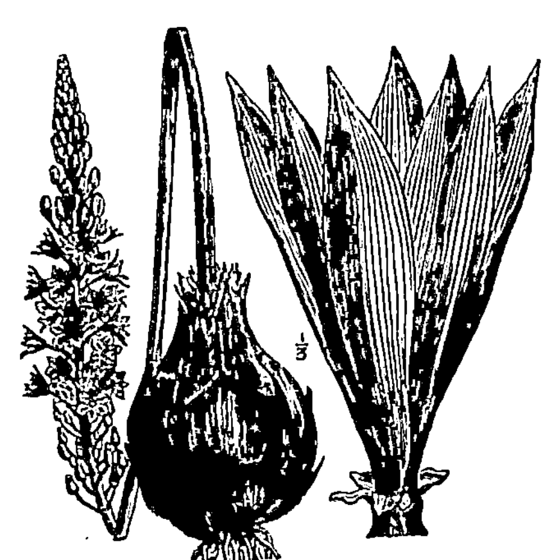

Abb. 290. Urginea maritima.

Off. **Veratrum** a l b u m, die Nieswurz oder der weiße Germer (Abb. 292) liefert Rhiz. Veratri; sie ist in den Gebirgen Europas einheimisch.

Off. **Sabadilla** o f f i c i n a l i s, auch Schoenocaulon officinale oder Veratrum sabadilla genannt, kommt in Zentralamerika vor und liefert Sem. Sabadillae.

b) Asphodeloideae:

Pflanzen meist mit Rhizom und grundständigen Blättern oder mit Stamm, der an seiner Spitze einen Blattschopf trägt. Kapsel loculicid aufspringend.

Abb. 291. Colchicum autumnale.

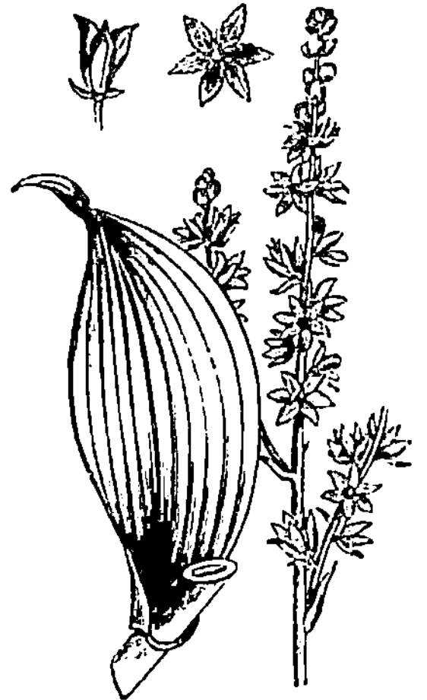

Abb. 292. Veratrum album.

Abb. 293. Smilax pseudosyphilitica.

Phormium tenax, in Neu-Seeland einheimisch, liefert neuseeländischen Flachs.

Off. **Aloë** vulgaris (Abb. 289), A. spicata, A. africana, A. ferox A. lingua und andere Arten sind sämtlich in den Tropen und Subtropen Afrikas einheimisch und liefern die Droge Aloë. Da ihre Blüten typische Lilienblüten sind, gehört die Gattung Aloë nach Linné in die VI. Klasse 1. Ordnung.

Xanthorrhoea hastile und X. australe, in Australien heimisch, liefern das Akaroidharz.

c) Allioideae:

Pflanzen mit Zwiebel oder kurzem Rhizom. Blütenstand eine Schraubeldolde von 2 breiten Hüllblättern umschlossen.

Allium sativum ist der Knoblauch, A. schoenoprasum der Schnittlauch, A. ascalonicum die Schalotte, A. cepa die sogen. Bolle oder Speisezwiebel, A. fistulosum die Winterzwiebel.

d) Lilioideae:

Pflanzen mit Zwiebel. Blüten in Trauben. Kapsel loculicid aufspringend.

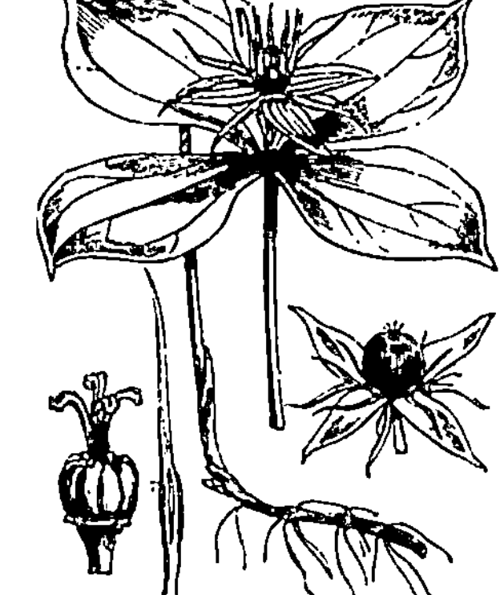

Abb. 294. Paris quadrifolia.

Off. **Urginea** maritima (auch Scilla maritima genannt), die Meerzwiebel (Abb. 290), an den Küsten des Mittelmeeres heimisch, liefert Bulbus Scillae.

Lilium candidum, die weiße Lilie, **Tulipa** Gesneriana, die Garten-

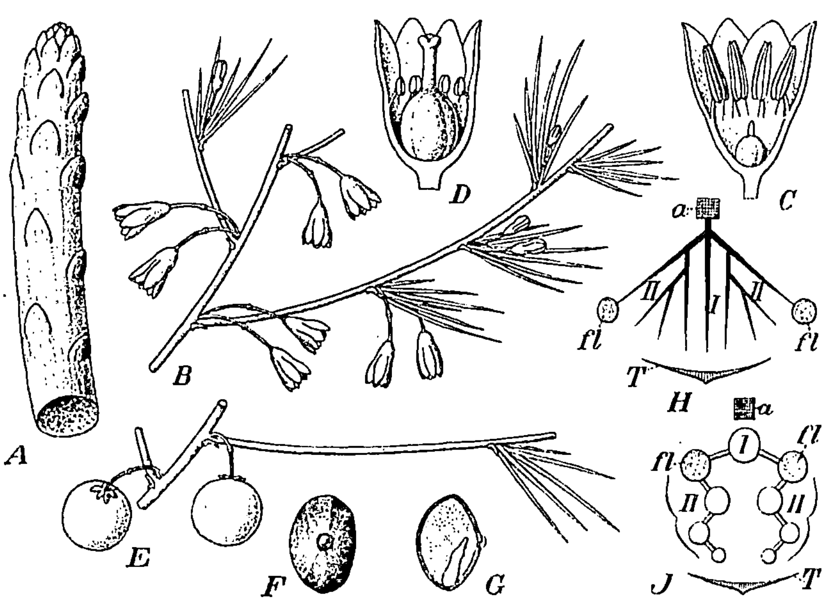

Abb. 295. Asparagus officinalis. *A* junger Sproß, der eßbare Spargelkopf. *B* Laubzweig mit nadelförmigen Blättern und ♂ Blüten, *C* eine ♂ Blüte im Längsschnitt am Grund mit rudimentärem Fruchtknoten, *D* ♀ Blüte im Längsschnitt mit verkümmerten Staubblättern, *E* Früchte tragender Zweig, *F* Samen, *G* derselbe im Längsschnitt, *H* Schema der Büschel von nadelartigen Blättern und Blüten im Aufriß, *J* im Grundriß, *a* Stengelachse, *I* Primärsproß, *II* Sekundärsproß, welcher zuerst eine Blüte *fl* und dann nadelartige Blätter trägt, *T* Tragblatt des ganzen Büschels.

tulpe, **Fritillaria** imperialis, die Kaiserkrone, **Hyacinthus** orientalis, die wohlriechende Hyacinthe u. v. a. m., sind beliebte Ziergewächse.

e) Dracaenoideae:

Meist große, oft baumförmige Gewächse mit eigenartigem Dickenwachstum des Stammes. Frucht Beere oder Kapsel.

Dracaena draco, Drachenbaum, auf Teneriffa, und **D.** cinnabari, auf Socotra, liefern Drachenblut.

Sansevieria-Arten liefern im tropischen Afrika wichtige Gespinstfasern.

f) Asparagoideae:

Pflanzen mit unterirdischem Rhizom, in oberirdische, blühende Zweige endigend. Frucht eine Beere.

Asparagus officinalis (Abb. 295) ist der Spargel, **Convallaria** majalis (Abb. 296) das Maiglöckchen, **Paris** quadrifolia (Abb. 294) die Einbeere.

g) Smilacoideae:

Kletternde Sträucher oder Halbsträucher. Beerenfrucht.

Off. **Smilax** Kerberi, **S.** medica (beide in Mexiko), S. utilis und S. Tonduzii (beide in Costarica und Honduras), (vergl. auch Abb. 293) und wahrscheinlich noch andere in Zentralamerika wachsende Smilaxarten sind die Stammpflanzen der Sarsaparillsorten; jedoch ist die Abstammung der offizinellen Sarsaparille noch nicht mit vollster Sicherheit festgestellt. S. china, in Japan und China heimisch, liefert Rhiz. oder Tubera Chinae.

Amaryllidaceae.

Familie der Amaryllisgewächse.

Diese Familie zeigt dieselben Blütenverhältnisse wie die Liliaceae, besitzt jedoch einen unterständigen Fruchtknoten.

Hierher gehören viele unserer Zierpflanzen, so **Galanthus** nivalis, das Schneeglöckchen, **Leucojum** vernum, der Märzbecher, die Gattung **Narcissus** mit zahlreichen Arten, die Narcissen. Ferner ist hierher die Gattung **Agave** zu stellen, welche mit zahlreichen Arten im tropischen Amerika einheimisch ist. **A.** americana, die sogen. „hundertjährige Aloë“, hat sich in allen tropischen und subtropischen Gebieten (z. B. in den Mittelmeerländern) akklimatisiert; von ihr wird in Mexiko ein alkoholartiges Getränk gewonnen. Andere Arten der Gattung (**A.** rigida, var. sisalana, in Deutschostafrika viel gebaut) liefern wertvolle Fasern (Sisalhanf).

Dioscoreaceae.

Familie der Yamsgewächse.

Blüten homoiochlamydeisch, hermaphroditisch oder getrenntgeschlechtig, mit hochblattartiger Blütenhülle, die am Grunde meist zu einer kurzen Röhre vereinigt ist. Von den 6 Staubblättern die 3 inneren häufig als Staminodien ausgebildet. Fruchtknoten unterständig, 3- oder 1-fächerig mit zentralwinkelständigen oder wandständigen Plazenten. Frucht eine Kapsel oder Beere. — Kletternde oder schlingende Kräuter mit meist knolligen, stärkereichen Rhizomen, meist pfeilförmigen Blättern und in Trauben stehenden kleinen Blüten.

Dioscorea batatas, in China und Japan heimisch, und mehrere andere in Ostasien und dem südlichen Nordamerika heimische Arten, liefern die wie Kartoffeln genossenen Yamsknollen und werden deshalb viel kultiviert.

Iridaceae.

Familie der Schwertliliengewächse.

Von den ihnen nahestehenden Liliengewächsen unterscheiden sich die Schwertliliengewächse erstens durch ihren unterständigen Fruchtknoten und zweitens dadurch, daß nur der äußere der beiden Staubblattkreise ausgebildet ist. Die Gattungen dieser Familie gehören daher sämtlich der III. Klasse 1. Ordnung nach Linné an, und ihre Blütenformel ist $P\,3 + 3\,A\,3 + 0\,G\overline{(3)}$. Die beiden Kreise des Perigons sind bei Crocus (Abb. 299) gleichartig gestaltet, bei Iris (Abb. 298) verschieden ausgebildet. Bei Gladiolus ist die Blüte median-zygomorph. Bei Iris sind die Narbenlappen blumenblattartig gestaltet, bei Crocus sind sie tief gespalten. Die Frucht ist eine dreifächerige Kapsel.

Abb. 296. Cavallaria majalis.

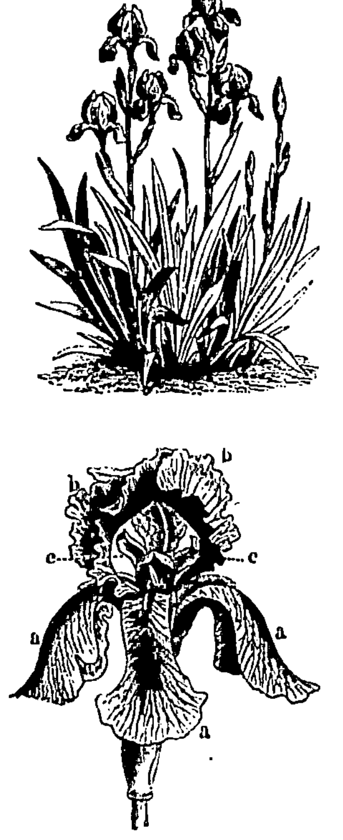

Abb. 298. Blüte von Iris pallida: *a* die blumenblattartigen, buntgefärbtenKelchblätter, *b* die Blumenblätter, *c* die Narben.

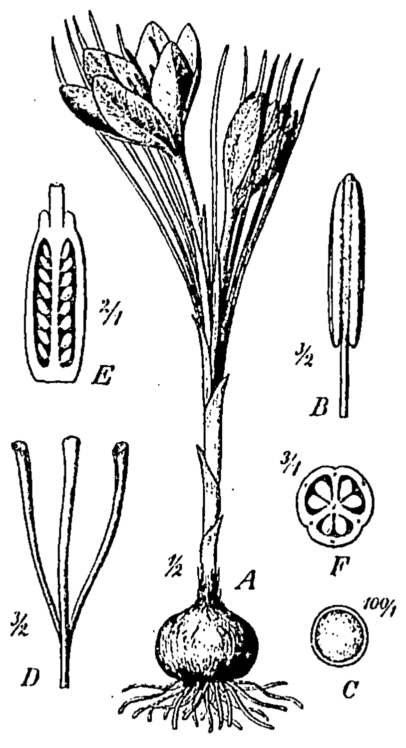

Abb. 299. Crocus sativus. *A* Blühende Pflanze (¹/₂); *B* Staubblatt von der Innenseite (³/₁); *C* Pollenkorn (¹⁰⁰/₁); *D* Griffel mit den 3 Narben (³/₂); *E* Fruchtknoten im Längsschnitt (²/₁); *F* im Querschnitt (³/₁).

Die Schwertliliengewächse sind unterirdisch ausdauernd und besitzen knollige oder gestreckte Wurzelstöcke.

Abb. 300. Gruppe der Banane, Musa sapientum, an der Loangoküste. (Nach Pechuel-Lösche.)

Off. Iris germanica (Abb. 297), I. pallida (Abb. 298) und I. florentina, Schwertlilien, liefern Rhizoma Iridis. Sie sind in den Mittelmeerländern heimisch, werden jedoch bei uns in Gärten häufig gezogen. I. pseudacorus hingegen wächst in Deutschland wild und unterscheidet sich von jenen durch gelbe Blüten

Off. **Crocus sativus**, der Safran (Abb. 299), ist in den Mittelmeerländern verbreitet. Von dieser Pflanze dient die dreispaltige Narbe der Griffel unter dem Namen Crocus oder Safran zu pharmazeutischem und anderweitigem technischem Gebrauch.

Gladiolus communis, Allermannsharnisch, in Deutschland sehr selten wild, häufiger in Südeuropa vorkommend, ist die Stammpflanze des Bulbus Victorialis rotund. Mehrere andere G.-Arten werden als Zierpflanzen in Gärten kultiviert.

8. Reihe. Scitamineae, Gewürzlilien.

Blüten epigyn, stark zygomorph oder asymmetrisch, Androeceum reduziert, meist teilweise blumenkronartig (petaloid) ausgebildet, Fruchtknoten meist dreifächerig, Samen mit Perisperm und Endosperm, Samenschale von einem Arillus umhüllt. — Meist durch Rhizome perennierende Kräuter mit fiedernervigen Blättern und ansehnlichen, auf Insektenbestäubung angewiesenen Blüten. Ölzellen in allen Teilen der Pflanzen.

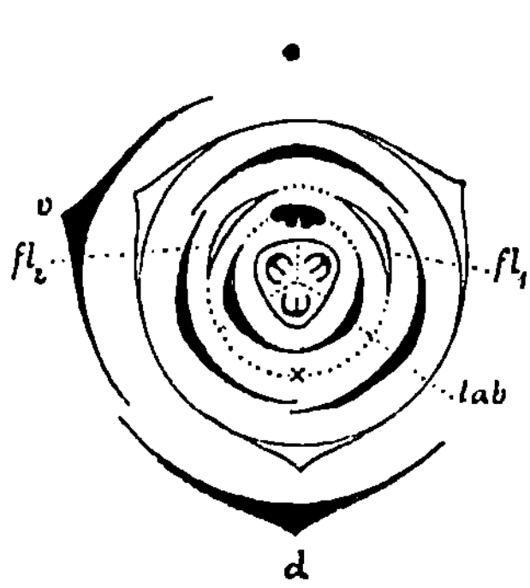

Abb. 301. Grundriß einer Zingiberaceenblüte: *d* das Deckblatt, *v* das seitliche Vorblatt, *fl* die verkümmerten beiden hinteren Staubgefäße des äußeren Kreises, *lab* die zu einem lappigen Blattorgan umgebildeten zwei vorderen Staubgefäße des inneren Kreises.

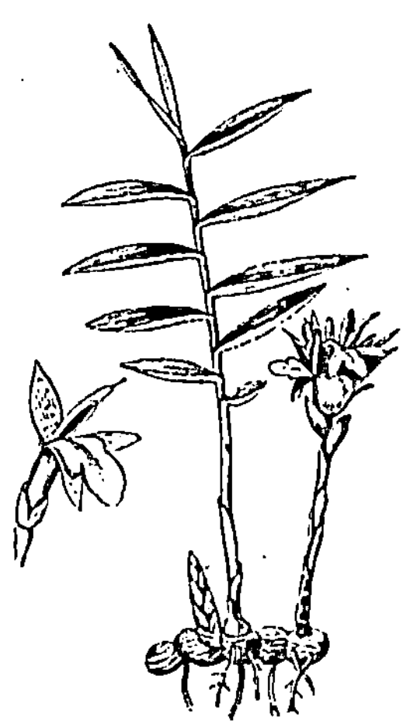

Abb. 302. Zingiber officinale. Sehr stark verkleinert.

Musaceae.

Familie der Bananengewächse.

Die Blüten besitzen zwei Kreise von Blütenhüllblättern, meist nur 5 fruchtbare Staubblätter und Beeren- oder Kapselfrucht. — Auffallende „Krautbäume" der Tropengebiete mit einer schönen Krone riesiger, ungeteilter Blätter und einem aus den Blattscheiden gebildeten Scheinstamm, der erst beim Auftreten des Blütenstandes von einem echten, dünnen Stammgebilde im Zentrum durchwachsen wird.

Musa sapientum (Abb. 300) und **M. paradisiaca**, Banane, Plantain Pisang, werden wegen der eßbaren, zucker- oder mehlreichen Früchte überall in den Tropen kultiviert, bei uns auch vielfach als dekorative Pflanzen den Sommer über im Freien aufgestellt. Bei den Kulturbananen bilden sich keine Samen mehr aus.

Zingiberaceae.

Familie der Ingwergewächse.

Die Blüten der Ingwergewächse besitzen nur ein einziges Staubblatt, und alle Gewächse dieser Familie gehören daher der I. Klasse nach Linné an. Alle übrigen Staubgefäße sind verkümmert, die

Abb. 303. Elettaria cardamomum. Blatt, Blütenstand, Blütenverhältnisse, Frucht und Samen. (Nach Luerßen, mit Benutzung von Berg und Schmidt.)

drei des äußeren Kreises zuweilen zu einem lappigen Blattorgan mit größerem Mittellappen umgebildet. Nur das schuppenförmige Vorblatt der Blüte (s. Abb. 301, *v*) beeinträchtigt durch seine seitliche Stellung den sonst symmetrischen Blütenbau. — Die drei vollkommen ausgebildeten Fruchtblätter bilden einen unterständigen dreifächerigen Fruchtknoten mit vollständigen Scheidewänden. Die Frucht ist eine fachspaltige Kapsel oder eine Beere. Die Ingwergewächse sind mit Rhizomen versehene, ausdauernde Pflanzen, welche ausschließlich in den Tropen gedeihen. Sie enthalten meist reichlich ätherisches Öl in Ölzellen.

Off. **Zingiber** officinale, Ingwer (Abb. 302), ist in Ostindien heimisch und liefert Rhiz. Zingiberis.

Off. **Elettaria** cardamomum (Abb. 303), sowie andere E.-Arten liefern Fruct. Cardamomi. Vaterland gleichfalls Ostindien.

Off. **Alpinia** officinarum, in Südostasien heimisch, liefert Rhiz. Galangae.

Off. **Curcuma** longa, Gelbwurz, liefert Rhiz. Curcumae; und **C.** zedoaria, Zittwer, Rhiz. Zedoariae. Die Heimat beider ist Ostindien.

Cannaceae.

Familie der Cannagewächse.

Diese Familie zeichnet sich dadurch aus, daß fünf ihrer Staubgefäße in blumenblattartige Organe umgewandelt sind und nur eins, nämlich das der Achse zugekehrte (hintere) Staubblatt des inneren Kreises eine halbe Anthere trägt (Abb. 304, *st*), wodurch die Blüte unsymmetrisch wird. Die Gewächse dieser Familie gehören also, wie die Zingiberaceae, der I. Klasse 1. Ordnung nach Linné an. Die Fruchtfächer sind mehrsamig und der Keim der Samen gerade.

Canna indica, das indische Blumenrohr (Abb. 304), ist eine bei uns sehr beliebte, aus Indien stammende Zierpflanze.

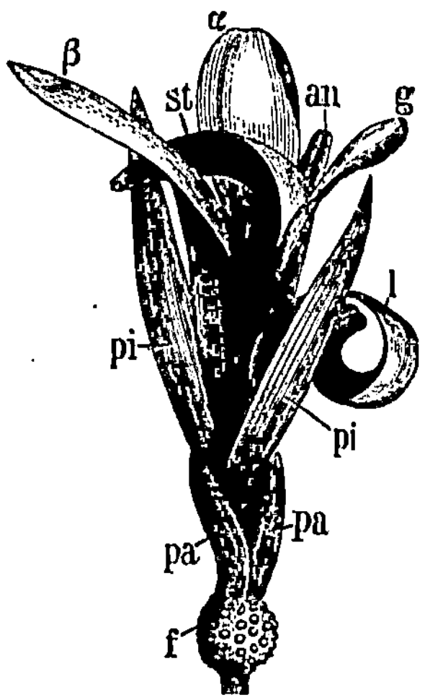

Marantaceae.

Familie der Marantagewächse.

Diese Familie ist in ihren äußeren Merkmalen den Cannaceen ganz ähnlich; die Blüten sind ebenfalls unsymmetrisch, und nur das hintere Staubblatt des inneren Kreises trägt eine halbe Anthere. Jedoch sind die Fruchtfächer nur ein- bis dreisamig und der Keim der Samen gekrümmt.

Abb. 304. Blüte von Canna indica (natürl. Größe). *f* der unterständige Fruchtknoten, *pa* äußere, *pi* innere Blütenhülle, *g* Griffel, *st* das fertile Staubblatt mit der halben Anthere *an*, *l* Labellum, *α* und *β* die beiden anderen Staminodien. (Nach Natürl. Pflanzenfamilien.)

Maranta arundinacea, die Pfeilwurz, liefert neben anderen Arten dieser und der vorhergehenden Familie das Westindische Amylum Marantae (Arrowroot), d. i. das in den Rhizomen enthaltene Stärkemehl, zu pharmazeutischem und diätetischem Gebrauch.

18*

9. Reihe. **Microspermae.** Kleinsamige.

Blüten epigyn, meist zwitterig, zygomorph; Perigon corollinisch; das Androeceum auf zwei oder nur ein Glied reduziert, meist aus nur einem mit Anthere versehenem Staubgefäß bestehend, mit dem Griffel zu einer Säule verwachsen; Fruchtknoten drei- oder oft einfächerig; Frucht meist eine Kapsel; Samen äußerst zahlreich und sehr klein.

Orchidaceae.

Familie der Orchisgewächse.

Die ausnahmslos unregelmäßigen, aber symmetrischen Blüten der Orchisgewächse sind durch Drehung um 180⁰, welche am Fruchtknoten deutlich erkennbar ist, derartig an der Achse eingefügt, daß der

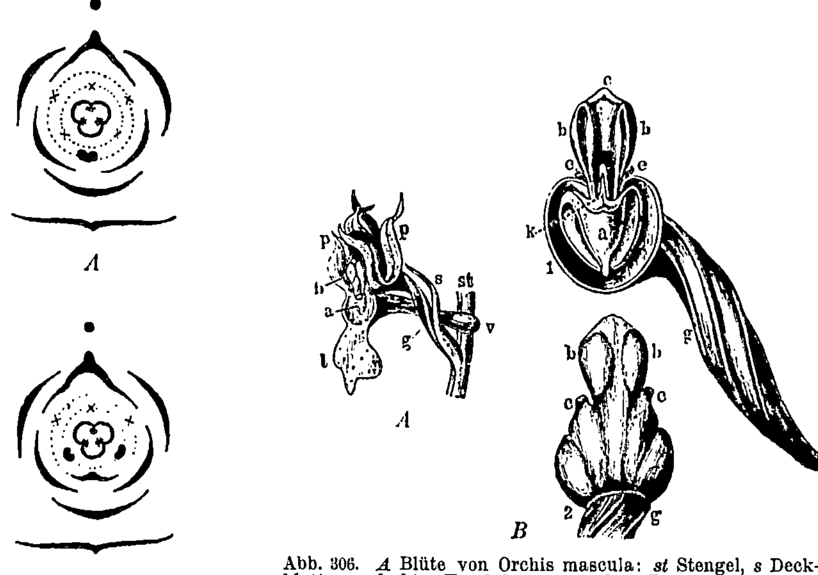

Abb. 305. Grundriß zweier Orchidaceenblüten: *A* mit einem, *B* mit zwei Staubgefäßen.

Abb. 306. *A* Blüte von Orchis mascula: *st* Stengel, *s* Deckblatt, *g* gedrehter Fruchtknoten, *p* obere Perigonzipfel, *l* das Labellum, *v* der Sporn, *a* Narbenfleck, *b* Anthere; *B 1* Gynaeceum und Androeceum derselben Blüte vergrößert; *g* der gedrehte Fruchtknoten, *b* die beiden Antherenfächer, *c* Konnektiv, *e* die beiden verkümmerten Antheren; *2* die Griffelsäule von hinten, *c* die verkümmerten Antheren.

eigentlich obere Teil zum unteren geworden ist und umgekehrt (Resupination, Abb. 306, *B*, *g*). Von den Perigonblättern ist das eine, Labellum genannt (Abb. 306, *A*, *l*), stets größer und anders geformt, als die übrigen, häufig auch mit einem Sporn versehen. Von den Staubgefäßen ist gewöhnlich nur eins des äußeren Kreises ausgebildet (Abb. 305, *A*), seltener (z. B. bei Cypripedilum) zwei des inneren Kreises (Abb. 305, *B*); die übrigen fehlen oder sind verkümmert. Der Fruchtknoten ist unterständig. Die Staubgefäße sind mit dem

Griffel zu einer Säule (Gynostemium genannt) verwachsen (Abb. 306 *B*, 307). Die Pollenkörner sind meist zu zwei gestielten keulenförmigen Pollenmassen verklebt (Abb. 306 *B*, *b*), welche am Rüssel

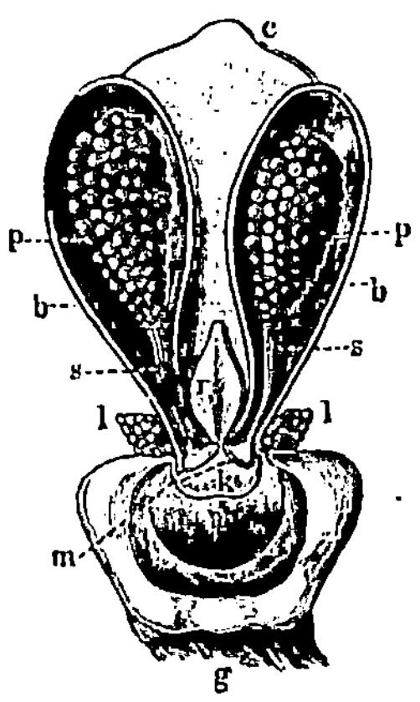

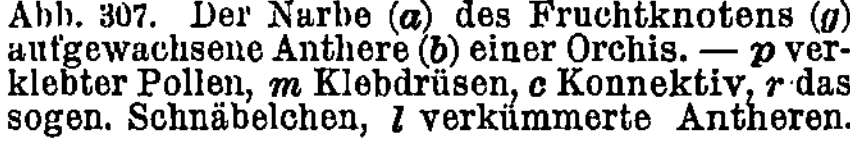

Abb. 307. Der Narbe (*a*) des Fruchtknotens (*g*) aufgewachsene Anthere (*b*) einer Orchis. — *p* verklebter Pollen, *m* Klebdrüsen, *c* Konnektiv, *r* das sogen. Schnäbelchen, *l* verkümmerte Antheren.

Abb. 308. Orchis mascula.

der die Befruchtung ausführenden Insekten vermittels der am Fuße ihres Stieles vorhandenen Klebdrüsen haften bleiben. Die Orchidaceen bilden Linnés XX. Klasse (Gynandria). Die Blütenformel ist P $3 + 3$

Abb. 309. Orchis morio,

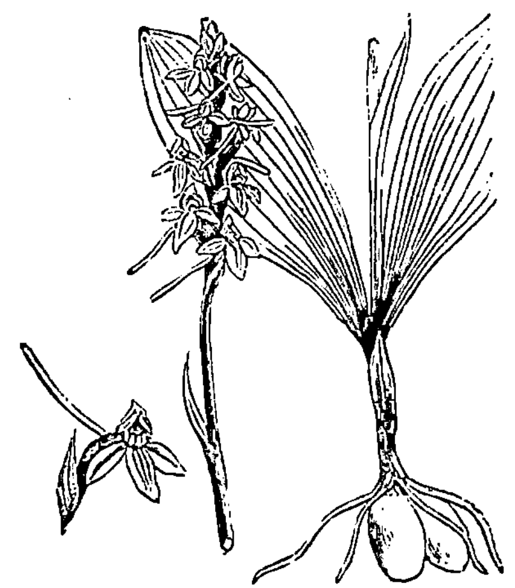

Abb. 310. Platanthera bifolia.

A $1 + 0$ oder $0 + 2 \, G_{\overline{(3)}}$ (Abb. 305). Die Frucht ist eine Kapsel, selten eine Beere.

Die einheimischen Orchidaceen besitzen meistens Knollen oder Rhizome und wachsen in Wäldern oder auf feuchten Wiesen. Sehr reich an

Orchidaceen sind die Tropenländer, wo diese Gewächse meist als Epiphyten auf Bäumen gedeihen und sogen. Luftwurzeln treiben. Die Samen der epiphytischen Orchidaceen entwickeln sich nur in Boden, der gewisse Mycorrhizen enthält.

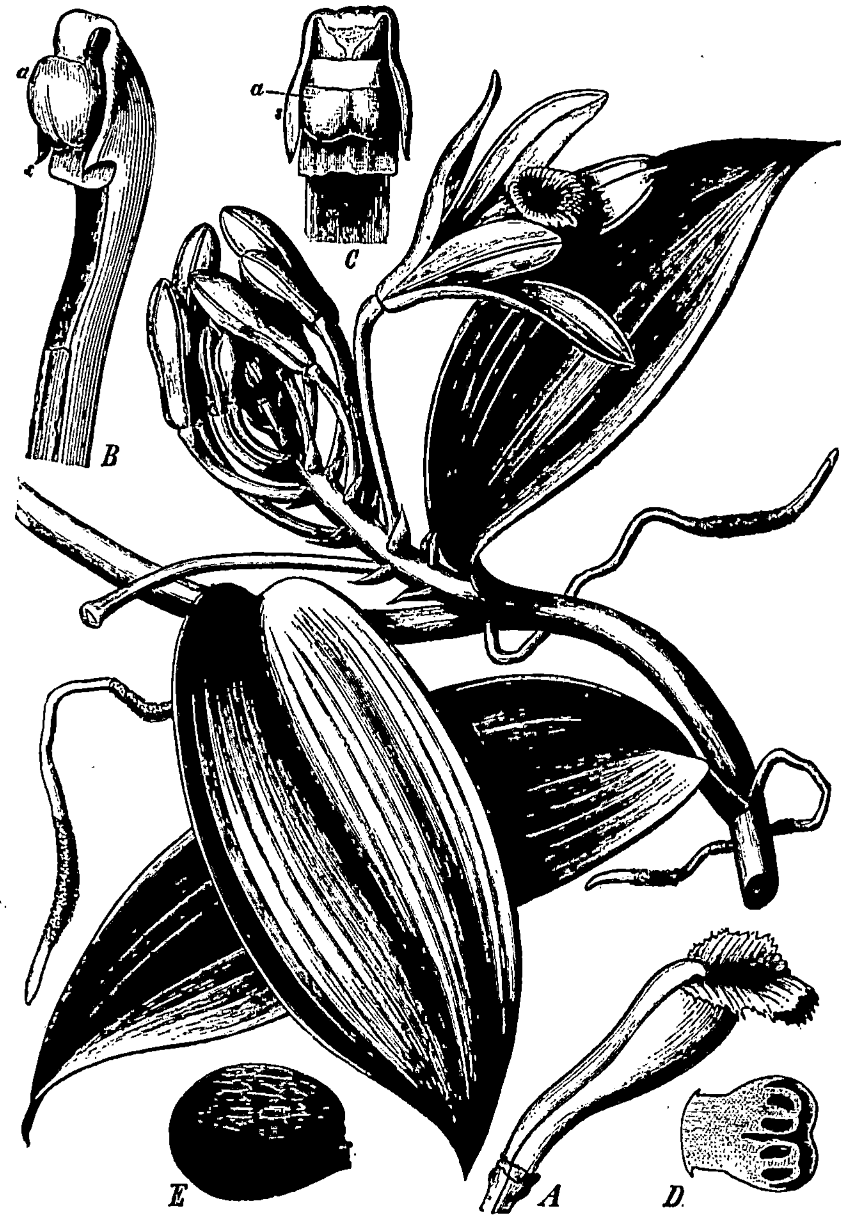

Abb. 311. Die blühende Vanillepflanze (Vanilla planifolia). *A* Säule und Lippe. *B* Säule von der Seite, *C* Säulenspitze von vorn gesehen, *D* Anthere, *E* Samen. (Nach Berg u. Schmidt.)

Off. **Orchis** mascula (Abb. 308), **O.** morio (Abb. 309), O. militaris, O. ustulata, **Anacamptis** pyramidalis, **Gymnadenia** conopea, **Platanthera** bifolia (Abb. 310), sämtlich bei uns einheimisch, sowie andere verwandte Arten dar Mittelmeerländer liefern Tubera Salep, d. s. die Wurzelknollen dieser Pflanzen.

Cephalanthera pallens und C. ensifolia, sowie **Epipactis** latifolia, **Listera** ovata, **Neottia** nidus avis und **Cypripedilum** calceolus gehören zu den in Deutschland meist zerstreut vorkommenden Orchidaceen.

Off. **Vanilla** planifolia (Abb. 301) ist in Mexiko einheimisch und die jetzt in den Tropen vielfach kultivierte Stammpflanze der Fruct. Vanillae.

Als Zierpflanzen werden zahlreiche tropische Orchidaceen mit herrlichen Blüten in Gewächshäusern gezogen, z. B. Arten der Gattungen **Epidendrum**, **Catasetum**, **Dendrobium**, **Oncidium**, **Paphiopedilum** u. v. a. m.

2. Klasse. Dicotyledoneae. Zweikeimblättrige Gewächse.

Die zweikeimblättrigen Gewächse, welche sich von den einkeimblättrigen nicht nur durch die Anzahl der Keimblätter, sondern auch, wie oben bereits erwähnt, durch verzweigt-nervige Blätter, meist fünfzählige Blüten und durch ringförmige Anordnung der offenen Leitbündel im Stamme auszeichnen (vergl. S. 254), lassen sich in folgender Weise klassifizieren:

A. Mit fehlenden oder getrennten Blumenkronblättern **Archichlamydeae**.
B. Mit Blumenkronblättern, welche zu einer röhren- oder glockenförmigen, nur am Rande geteilten Hülle verwachsen sind . . . . **Metachlamydeae**.

Beide Abteilungen zerfallen in Reihen, von denen jede eine gewisse Anzahl von Familien in sich schließt.

1. Unterklasse. Archichlamydeae.
(Apetalae und Choripetalae.)

Blütenhülle auf niederer Stufe, d. h. (vergl. S. 252 u. 253) 1. entweder ganz fehlend (achlamydeisch), oder 2. einfach (haplochlamydeisch), oder 3. doppelt (diplochlamydeisch), in letzterem Falle beide Kreise gleichartig (homoiochlamydeisch) oder ungleichartig (in Kelch und Blumenkrone differenziert, heterochlamydeisch). Bisweilen können die Blumenblätter durch Rückbildung (Reduktion) verloren gehen (apopetale Blüten). Die Blumenblätter allermeist nicht miteinander verwachsen.

1. Reihe. Piperales. Pfefferartige.

Blüten nackt oder selten mit einfacher Blütenhülle. Staubblätter in der Zahl sehr wechselnd, 1—10. Fruchtblätter 1—4, frei oder verwachsen: Blüten sehr klein, in Ähren.

Piperaceae.
Familie der Pfeffergewächse.

Die Pfeffergewächse sind zumeist Klettersträucher, welche nur in den Tropen gedeihen. Ihre Blüten sind hermaphroditisch oder eingeschlechtig und stehen in dichten Ähren. Jede Blüte ist nur von einem Deckblatt gestützt und entbehrt jeglicher Blütenhülle. Die männlichen bestehen aus je zwei oder mehr Staubgefäßen, die weiblichen aus je einem unbehüllten, eine geradläufige Samenanlage einschließenden Fruchtknoten; bei hermaphroditischen Blüten (Abb. 312 *a*) liegen die Verhältnisse entsprechend. Die Frucht ist eine steinfruchtartige Beere. Die Samen besitzen Perisperm und Endosperm und

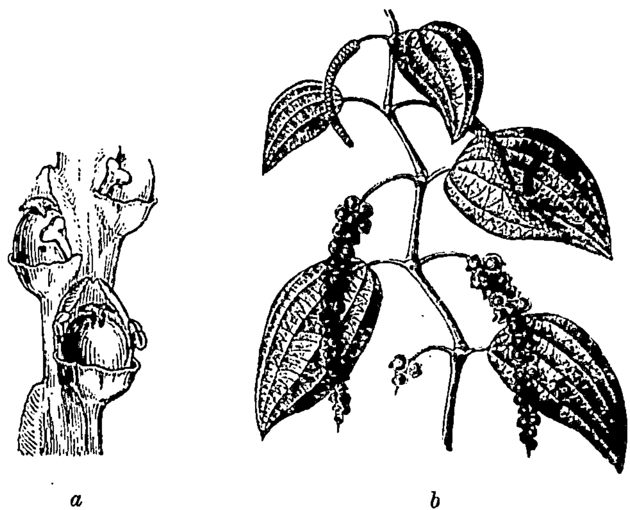

Abb. 312. Piper nigrum: *a* Stück einer Ähre mit Zwitterblüten, stark vergrößert: *b* Zweig mit Fruchtständen.

einen winzigen Embryo. In allen Teilen der Pflanzen finden sich Zellen mit ätherischem Öl.

Piper nigrum, der schwarze Pfeffer (Abb. 312), im indisch-malayischen Gebiet einheimisch, liefert die Drogen Fructus Piperis albi (reife Früchte) und Fructus Piperis nigri (unreife Früchte).

Off. Piper cubeba (auch Cubeba officinalis genannt), der Stielpfeffer, aus dem indisch-malayischen Gebiet stammend, ist die Stammpflanze der Cubebae.

Piper longum liefert Fructus Piperis longi, **P.** betle den Betelpfeffer.

2. Reihe. Salicales. Weidenartige.

Blüten nackt, diöcisch, mit seitlichem oder becherförmigem Diskus. Staubblätter 2 — ∞. Der Fruchtknoten ist einfächerig und wird aus zwei Fruchtblättern zusammengesetzt. Samenanlagen zahlreich. Kapsel mit zahlreichen Samen; diese winzig, mit basalem Haarschopf. Die männlichen und weiblichen Blüten stehen in Kätzchen.

Salicaceae.

Familie der Weidengewächse.

Die getrenntgeschlechtigen Blüten dieser Familie stehen stets auf verschiedenen Bäumen, respektive Sträuchern; sie sind diöcisch. Die männlichen Blüten bestehen aus je 2—5 oder zahlreichen Staubgefäßen (Abb. 313. *A*), die weiblichen aus einem Fruchtknoten (Abb. 313. *B*). Die Weidengewächse sind Bäume und Sträucher meist unserer Klimate.

Salix fragilis, die Bruchweide, S. alba, die gemeine Weide, S. pentandra, die Lorbeerweide u. a., sind bei uns häufig und liefern Cortex Salicis; aus S. viminalis, der Korbweide, werden die Weidengeflechte angefertigt. —

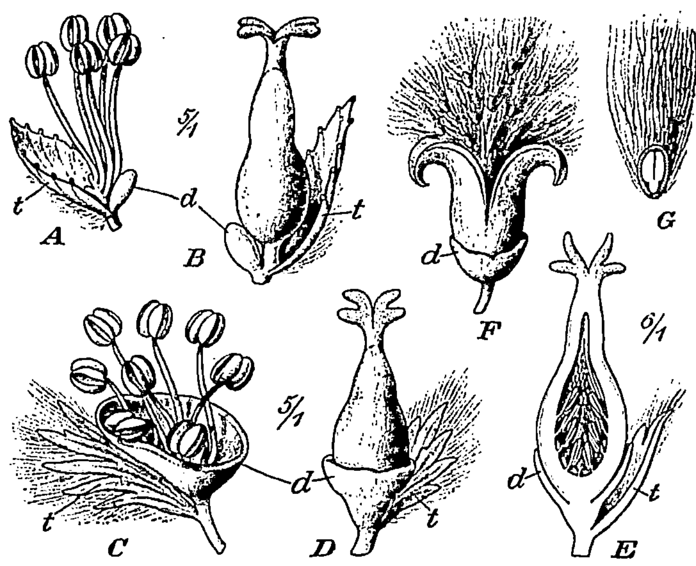

Abb. 313. *A, B* Salix pentandra, Lorbeerweide. *A* männliche Blüte, *B* weibliche Blüte, *t* Tragblatt, *d* Diskus. *C—G* Populus tremula, Zitterpappel. *C* männliche, *D* weibliche Blüte, *E* dieselbe im Längsschnitt, *t* Tragblatt, *d* Diskus, *F* aufspringende Frucht mit den hervorquellenden Samen, *G* ein Samen im Längsschnitt, oben mit den langen Haaren.

Die Weiden, die neben den Staubblättern je einen seitlichen, Honig abscheidenden Diskus tragen, werden durch Insekten bestäubt.

Populus alba, die Silberpappel, und P. nigra, die Schwarzpappel, desgl. P. tremula (Abb. 313, *C—G*), die Espe oder Zitterpappel, sind unsere Pappelbäume, deren junge Blattknospen früher als Gemmae Populi medizinisch angewendet wurden. Neuerdings wird die sehr raschwüchsige P. canadensis viel angepflanzt und verwildert massenhaft. — Bei den Pappeln erfolgt die Bestäubung durch den Wind.

3. Reihe. **Juglandales.** Walnußartige.

Blüten nackt oder selten mit einfacher Blütenhülle, getrenntgeschlechtig, monöcisch. Staubblätter 3 — ∞. Fruchtknoten einfächerig, aus zwei Fruchtblättern gebildet, eine geradläufige Samenanlage einschließend. Blüten in Kätzchen.

Juglandaceae.

Familie der Nußbaumgewächse.

Die männlichen Blüten stehen in langen Kätzchen (Abb. 314) und besitzen 4 oder mehr Staubgefäße mit unscheinbarer Blüten-

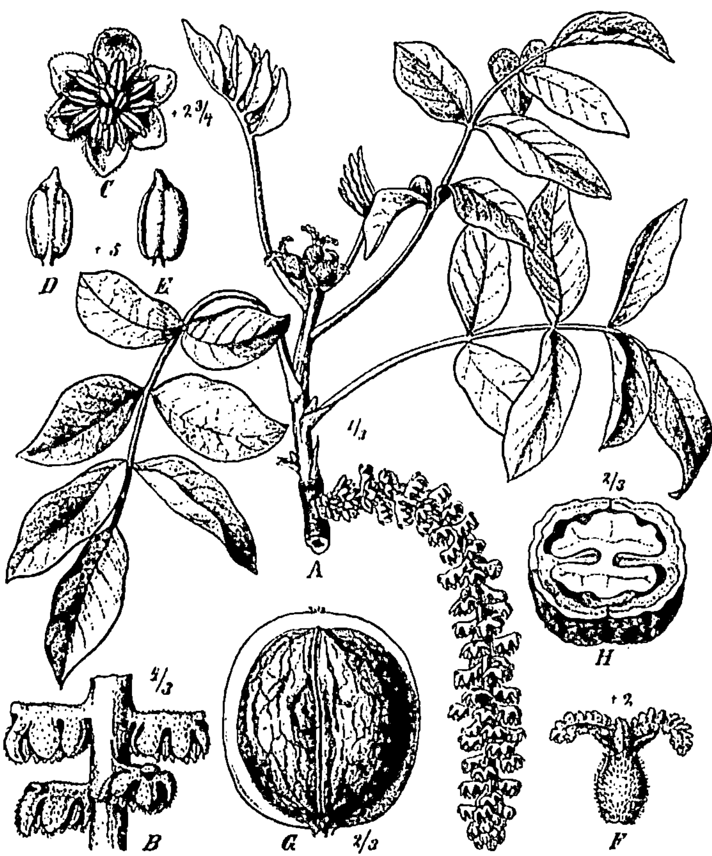

Abb. 314. Juglans regia. *A* blühender Zweig, *B* Stück eines männlichen Kätzchens. *C* männliche Blüte von oben gesehen. *D* Anthere von hinten, *E* von vorne gesehen, *F* weibliche Blüte, *G* Frucht nach Entfernung der oberen weichen Fruchtwandung, *H* Frucht und Samen im Querschnitt.

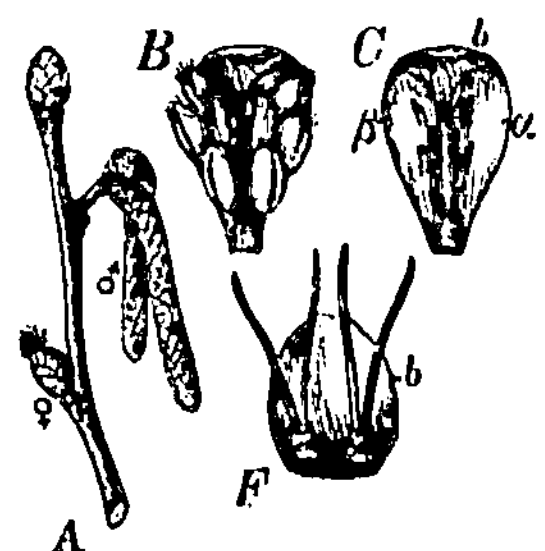

Abb. 315. Corylus avellana; *A* blühender Zweig, *B* männliche Blüte mit Deckschuppe von oben, *C* dieselbe nach Wegnahme der Antheren, *F* weibliche Blütengruppe von innen, *b* Deckschuppe. (Nach Eichler.)

Abb. 316.
Fruchtstand der Erle
Alnus glutinosa.

hülle. Die weiblichen Blüten stehen zu wenigen beisammen (Abb. 314).
Die Nußbaumgewächse sind sämtlich Bäume mit gefiederten Laubblättern.

Off. **Juglans** regia, der Walnußbaum (Abb. 314), ist im Balkan und im
Himalaya einheimisch, bei uns vielfach kultiviert und liefert außer den eßbaren
Walnüssen und dem sehr wertvollen Holz die Droge Fol. Juglandis und die
medizinisch nur wenig mehr gebräuchliche Droge Cortex nucum Juglandis.

4. Reihe. **Fagales.** Buchenartige.

Blüten epigyn, eingeschlechtig, mit scheinbar einfachem, in Wirklichkeit doppeltem, unscheinbarem
Perigon; männliche Blüten in Kätzchen, die weiblichen
in verschiedenartigen Infloreszenzen. Zahl der Staubblätter schwankend, häufig vor den Blütenhüllblättern
stehend, Gynaeceum zwei- bis sechsgliedrig, Samen ohne
Endosperm. Sämtlich Holzgewächse.

Betulaceae.

Familie der Birkengewächse.

Der unterständige Fruchtknoten besteht aus zwei verwachsenen
Fruchtblättern, ist meist zweifächerig und besitzt zwei Griffel. Die
Samenanlagen besitzen stets nur ein Integument. Die Frucht ist eine
Schließfrucht mit einem Samen ohne Nährgewebe.

Carpinus betulus ist die Hain- oder Weißbuche, ein in Mitteleuropa
stellenweise Bestände bildender Waldbaum.

Corylus avellana, die Haselnuß (Abb. 315), ist ein in Mitteleuropa überall
an Wegen und Waldrändern verbreiteter, auch viel kultivierter Strauch.

Betula verrucosa und B. pubescens sind die in Mitteleuropa verbreiteten Birken. Erstere wächst vorzugsweise auf Sand, letztere mehr auf Moorboden und geht bis zum 71° n. B. nach Norden. Sie gehören stellenweise auch
in den Hochgebirgen zu den am höchsten aufsteigenden Holzgewächsen.

Alnus glutinosa (Abb. 316) und A. incana sind die in Deutschland
vorkommenden, typische Bestände der Waldmoore bildenden Erlen.

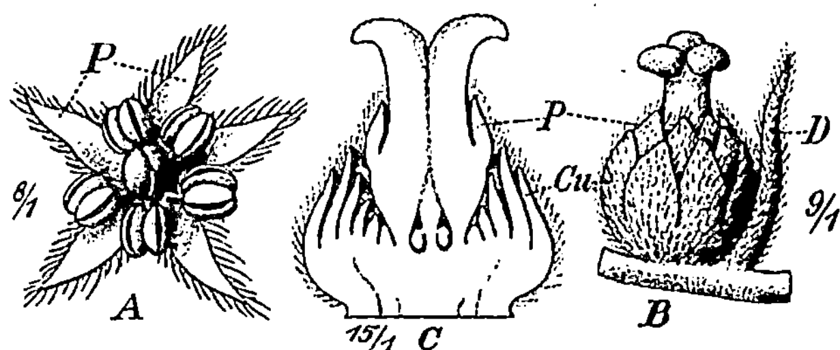

Abb. 317. Quercus sessilis. *A* männliche Blüte von oben gesehen, *B* weibliche Blüte mit Deckblatt (*D*) von der Seite gesehen, *C* weibliche Blüte im Längsschnitt, *P* Perigon, *Cu* Cupula.

Fagaceae.

Familie der Buchengewächse.

Der unterständige Fruchtknoten ist dreifächerig mit je zwei
hängenden Samenanlagen; diese besitzen stets zwei Integumente.

Fruchtknoten und Frucht einzeln oder gruppenweise von einer becher-
förmigen Achsenwucherung, dem sogen. Fruchtbecher (Cupula)
umgeben. Frucht eine Schließfrucht mit einem Samen ohne Nährgewebe.

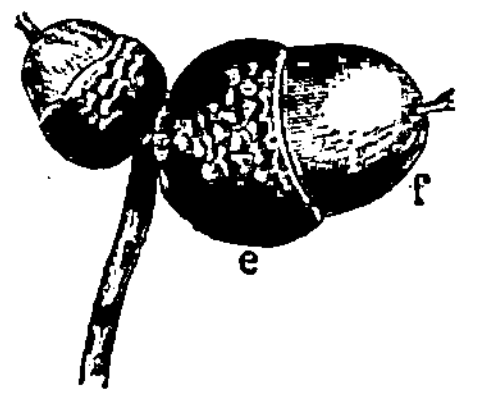

Abb. 318. Frucht von Quercus pedunculata: *e* Cupula, *f* die Eichel.

Fagus silvatica, die Rotbuche, ist einer
der bekanntesten und schönsten europäischen
Waldbäume, welcher bis zum 60° nach Norden
geht.

Castanea vulgaris, die echte oder Edelkastanie, bildet in Südeuropa Wälder, gedeiht
auch noch gut in Süd-Deutschland. Sie liefert
die Kastanien oder Maronen.

Off. **Quercus** sessilis (= sessiliflora), die
Wintereiche, und **Qu.** pedunculata, die
Sommereiche (Abb. 317, 318, 319), sind die Eich-
bäume der deutschen Wälder und liefern die Eicheln sowie Cortex Quercus.
(Linné faßte beide Arten mit Recht als **Qu.** robur zusammen.) **Qu.** suber,
die Korkeiche, ist in den feuchten Teilen des westlichen Mittelmeergebiets einheimisch und liefert den Flaschenkork. Auf den jungen Trieben von **Qu.** infectoria (auch Qu. lusitanica var. infectoria genannt) entstehen im östlichen
Mittelmeergebiete durch den Stich einer Gallwespe die Gallae (aleppicae).

5. Reihe. **Urticales.** Nesselartige.

Blüten hypogyn, oft eingeschlechtig, klein, mit meist
doppeltem, aber scheinbar einfachem kelchartigem

Abb. 319. Quercus pedunculata. Blühender Zweig.

Perigon. Staubgefäße den Perigonblättern gleichzählig,
vor ihnen stehend. Gynaeceum aus einem oder selten
zwei Karpellen bestehend, in letzterem Falle das eine

verkümmernd. Fruchtknoten einfächerig, mit einer Samenanlage. Kräuter und Holzgewächse mit dichten, meist trugdoldigen Blütenständen.

Ulmaceae.

Familie der Ulmengewächse.

Bäume mit zwitterigen oder durch Fehlschlagen eingeschlechtigen Blüten mit meist 4—5 Perigonblättern und in der Knospenlage ge-

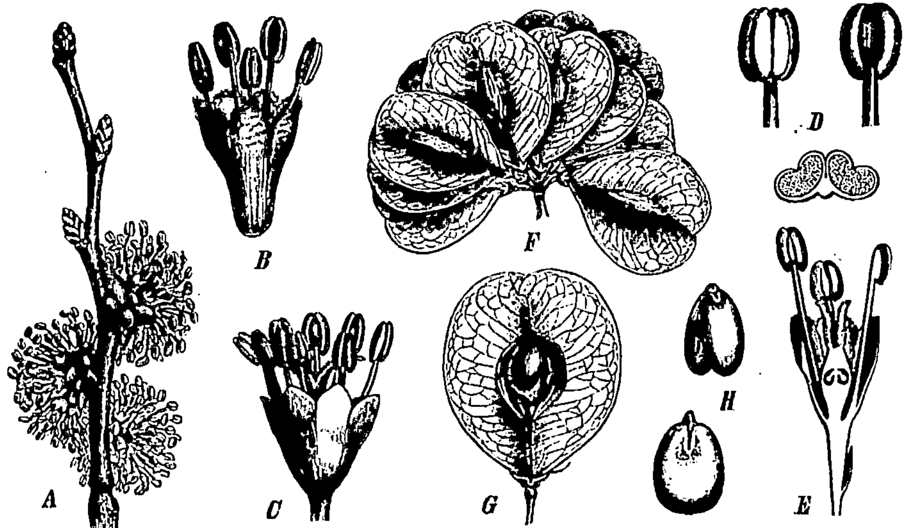

Abb. 320. Ulmus campestris, Feldrüster, *A* blühender Zweig mit drei Laubknospen oberhalb der Blütenstände; *B* eine 5-männige Blüte ohne Fruchtknoten; *C* eine 8-männige Blüte; *D* Antheren von vorn, von hinten und im Querschnitt; *E* Längsschnitt durch eine Blüte; *F* ein Fruchtbüschel; *G* eine Frucht, geöffnet; *H* Keimling in beiden Seitenansichten. (Nach Engler.)

raden Staubgefäßen. Der Fruchtknoten besteht aus zwei Fruchtblättern, ist aber einfächerig, mit einer hängenden anatropen Samenanlage. Die Frucht ist eine geflügelte Nuß oder eine Steinfrucht. In den Blättern finden sich Cystolithen.

Ulmus campestris, die Feld-Ulme oder Rüster (Abb. 320), und U. effusa sind einzeln vorkommende Laubholzbäume und beliebte Alleebäume unseres Klimas sowie die Stammpflanzen von Cortex Ulmi interior.

Moraceae.

Familie der Maulbeergewächse.

Bäume oder Sträucher, seltener Kräuter, mit oft fleischig werdender Blütenhülle und getrenntgeschlechtigen Blüten. Perigonblätter meist vier; Staubblätter ebensoviel und vor den Perigonblättern (Abb. 321, *A*). Der Fruchtknoten ist aus zwei Fruchtblättern gebildet, einfächerig und enthält eine hängende, meist umgewendete Samenanlage. Frucht eine Nuß oder eine Steinfrucht. Blüten klein, in trugdoldigen Blütenständen, welche oft Köpfchen oder Ähren bilden

und infolge von Wachstumsvorgängen der Blütenstandsachse zu Scheiben
oder Bechern werden. — In allen Teilen der Pflanzen kommen Milchsaftschläuche vor; auch sind Cystolithen sehr häufig.

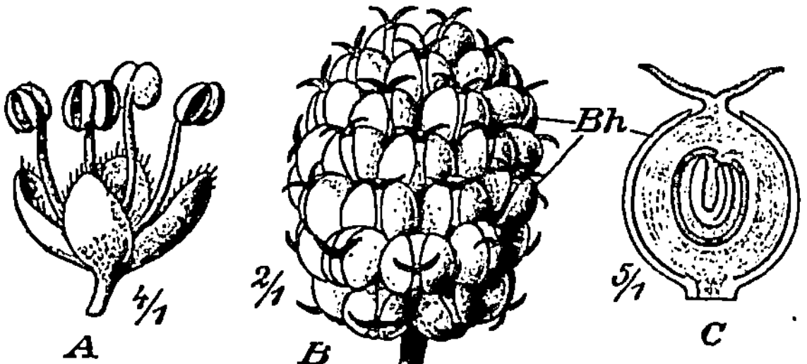

Abb. 321. Morus alba, Weißer Maulbeerbaum. *A* männliche Blüte. *B* reifer Fruchtstand, *C* eine
Beere davon im Längsschnitt, *Bh* Blütenhülle.

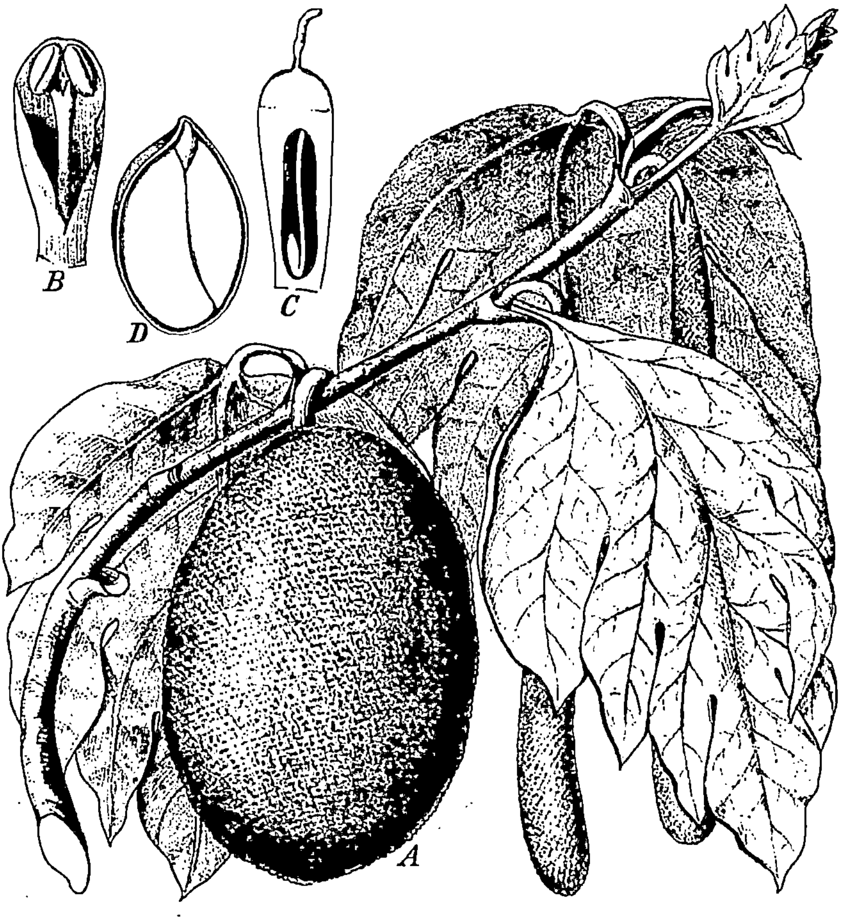

Abb. 322. Artocarpus incisa, der Brotfruchtbaum. *A* Zweig mit männlichen und weiblichen
Blütenständen. *B* männliche Blüte. *C* weibliche Blüte im Längsschnitt. *D* Samen im Längsschnitt.

Morus alba und **M.** nigra sind die durch ihre eßbaren Fruchtstände (Abb. 321, *B*) bekannten Maulbeerbäume. Die Blätter der M. alba bilden die Hauptnahrung der Seidenraupen.

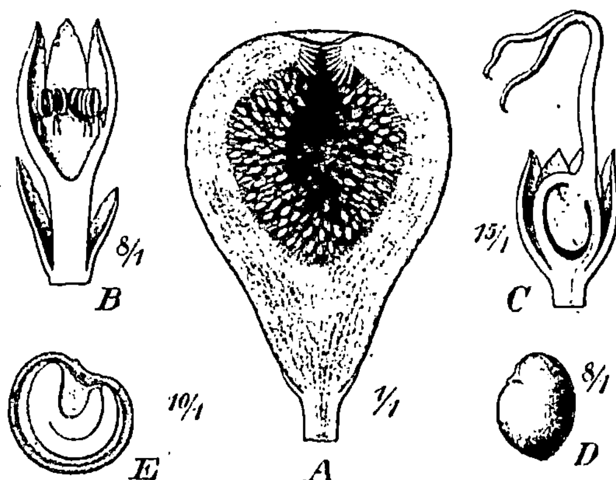

Abb. 323. Ficus carica. *A* Fruchtstand im Längsschnitt ($^1/_1$). *B* einzelne männliche Blüte im Längsschnitt ($^8/_1$). *C* weibliche Blüte im Längsschnitt ($^{15}/_1$). *D* steriler Samen aus einer sog. Gallenblüte ($^8/_1$). *E* fertiler Samen, längs durchschnitten ($^{10}/_1$).

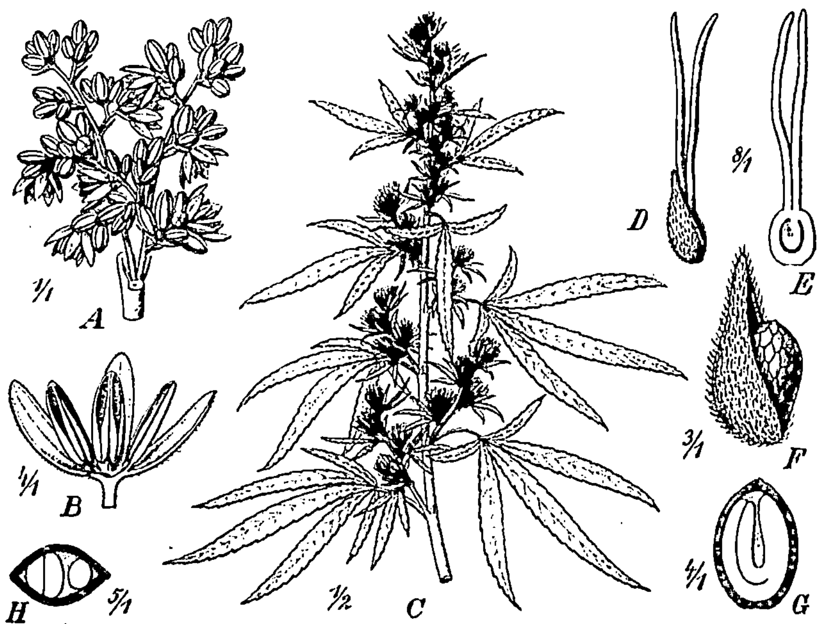

Abb. 324. Cannabis sativa. *A* Blütenstand der männlichen Pflanze ($^1/_1$); *B* männliche Blüte ($^4/_1$); *C* blühender Zweig der weiblichen Pflanze ($^1/_2$); *D* weibliche Einzelblüte ganz, *E* dieselbe längs-durchschnitten ($^8/_1$); *F* Frucht ($^3/_1$); *G* Längsschnitt, *H* Querschnitt derselben ($^4/_1$ u. $^5/_1$).

Ficus carica, der Feigenbaum (Abb. 323), ist in den Mittelmeerländern heimisch und liefert Caricae. Viele andere Arten dieser in den Tropen ungeheuer reich entwickelten Gattung liefern Kautschuk, z. B. **F.** elastica aus dem indisch-malayischen Gebiete. Die Feige ist ein fleischig gewordener Fruchtstand, und die im Inneren derselben enthaltenen „Körner" sind die Früchte, jedes ein einsamiges Nüßchen darstellend.

Artocarpus integrifolia, der Jackbaum, und **A. incisa**, der Brotfruchtbaum (Abb. 322), beide dem indisch-malayischen Gebiete entstammend, sind wichtige Nährpflanzen der Tropen.

Castilloa elastica, in Zentralamerika heimisch, liefert Kautschuk.

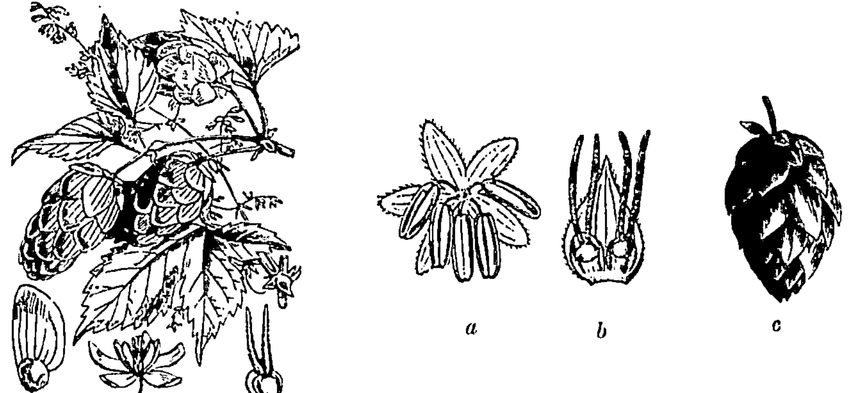

Abb. 325. Humulus lupulus: *a* männliche Blüte, *b* zwei weibliche Blüten, *c* Fruchtstand.

Cannabis sativa, der Hanf (Abb. 324), ist in Persien und Indien einheimisch und gedeiht zwar ebenfalls bei uns, liefert aber dann keine narkotische Droge, dafür aber die wichtige Hanffaser. Er ist die Stammpflanze von Fruct. Cannabis und von Herb. Cannabis Indic. (Haschisch), sowie dementsprechend von Extract. Cannabis Ind.

Humulus lupulus, der Hopfen (Abb. 325), dient zur Bierbereitung und liefert Glandul. Lupuli. Den Fruchtstand des Hopfens nennt man einen Strobilus (Abb. 325, *c*).

Urticaceae.

Familie der Nesselgewächse.

Kräuter, seltener Sträucher mit meistens getrenntgeschlechtigen, selten hermaphroditischen, winzigen Blüten. Blütenhüllblätter 4—5, Staubblätter ebensoviel und vor den Perigonblättern. Der Fruchtknoten ist stets einfächerig und enthält eine grundständige, geradläufige Samenanlage. Frucht eine Nuß oder eine Steinfrucht. — Milchsaft fehlt. Charakteristisch sind die langen Bastfasern und die in den Blättern vorkommenden Cystolithen.

Urtica urens, einjährig, und **U. dioica**, ausdauernd, sind die als Unkräuter bekannten Brennesseln. Sie liefern sehr schöne Gespinstfasern.

Boehmeria nivea, einheimisch in Ost-Indien, gibt hervorragend schöne Gespinstfasern, welche als **Ramie** bekannt sind.

6. Reihe. Santalales. Santelbaumartige.

Blüten aktinomorph mit meist einfacher Blütenhülle, die Staubblätter vor den Blütenhüllblättern, der unterständige Fruchtknoten meist aus 2—3 Fruchtblättern zusammengesetzt, zu jedem Fruchtblatt meist nur eine unbehüllte, d. h. integumentlose Samenanlage gehörig.

Santalaceae.

Familie der Santelholzgewächse.

Diese sind belaubte, halbschmarotzende Bodenpflanzen, vorwiegend der tropischen Zone mit regelmäßigen (aktinomorphen) zwitterigen Blüten und einfächerigem Fruchtknoten.

Santalum album, der Santelholzbaum oder Sandelholzbaum, ein Baum Ostindiens, ist die Stammpflanze des Lignum Santali album und des Oleum Santali.

Thesium kommt mit einigen Arten in Mitteleuropa vor. Es sind dies niedrige chlorophyllführende Wurzelschmarotzer.

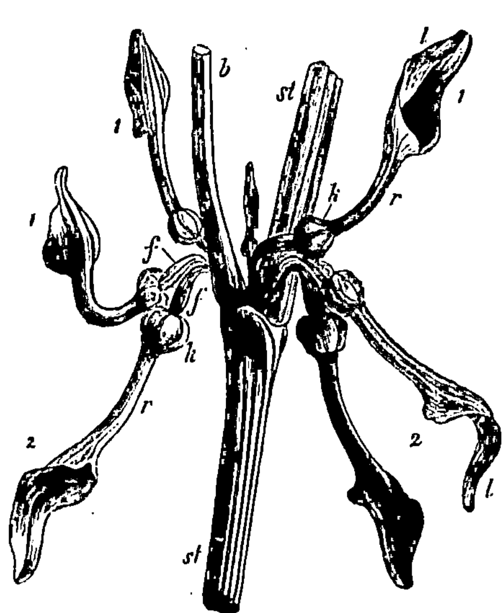

Abb. 326. Aristolochia clematitis. Ein Stengelstück *st* mit Blattstiel *b*, in dessen Achsel nebeneinander verschieden alte Blüten stehen; *1* eine junge, noch unbefruchtete, *2* zwei befruchtete, abwärts gewendete Blüten; *k* kesselförmige Erweiterung der Blumenkronröhre *r*; *f* der unterständige Fruchtknoten. Natürliche Größe. (Nach Sachs.)

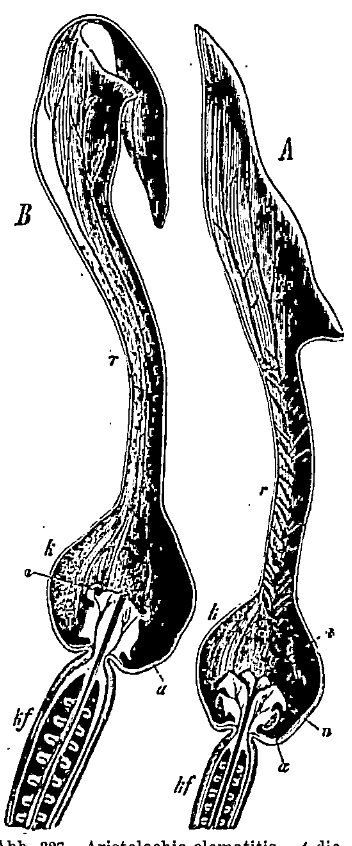

Abb. 327. Aristolochia clematitis. *A* die proterogynische Blüte vor und *B* nach der Bestäubung im Längsschnitt, vergr. (Nach Sachs.)

Loranthaceae.

Familie der Mistelgewächse.

Auf Baumästen schmarotzende, belaubte Sträucher vorwiegend der tropischen Flora, mit aktinomorphen Blüten und einfachem, entweder corollinischem oder kelchartigem, vier- bis sechszähligem Perigon.

Loranthus europaeus, Riemenstrauch, kommt auf Eichen und Kastanien schmarotzend im Mittelmeergebiet und noch in Süddeutschland vor.

Viscum album, Weiße Mistel, schmarotzt, mit besonderen Rassen auf den verschiedenen Wirtspflanzen, auf sehr vielen Baumarten (Apfel, Birne, Kiefer,

Fichte, Pappel, Linde) als kleiner, immergrüner Strauch, auffällig durch seine gabelige Verzweigung. Die Pflanze treibt zwischen Rinde und Holz ihres Nährastes einen aus wurzelartigen Strängen bestehenden, holzigen Saugapparat. Die Verbreitung des Schmarotzers geschieht durch Vögel, welche die weißen, klebrigen Beeren verzehren und die Samen unverdaut wieder abgeben. Die ganze Pflanze war als Stipites Visci früher medizinisch gebräuchlich.

7. Reihe. Aristolochiales. Osterluzeiartige.

Blüten mit einfacher, corollinischer Blütenhülle, strahlig oder zygomorph. Fruchtknoten meist unterständig, drei- bis sechsfächerig mit zentralwinkelständiger Placenta, oder einfächerig mit wandständiger Placenta und stets zahlreichen Samenanlagen.

Aristolochiaceae.
Familie der Osterluzeigewächse.

Die Osterluzeigewächse sind Kräuter oder Klettersträucher mit herz- oder nierenförmigen Blättern, einfacher blumenkronartiger, verwachsenblättriger Blütenhülle und mit 6 oder 12, oft mit dem Griffel verwachsenen Staubgefäßen (Gynostemium). Der Fruchtknoten ist unterständig, vier bis sechsfächerig, die Frucht kapselartig. — Meist tropisch, nur wenige Arten gehören unserem Klima an.

Aristolochia clematitis, Osterluzei (Abb. 326, 327), eine stattliche Staude mit gelblichem, zygomorphem Perigon und Gynostemium, lieferte früher Rad. et Herb. Aristolochiae. A. serpentaria, in Nordamerika heimisch, ist die Stammpflanze des Rhiz. oder Rad. Serpentariae. A. sipho, der Pfeifenstrauch, ebenfalls aus Nordamerika stammend, wird bei uns als Schlinggewächs an Lauben häufig angebaut und zeichnet sich durch sehr große Blätter und eigentümliche, pfeifenartige Blüten aus.

Asarum europaeum, Haselwurz, eine niedrige Pflanze mit nierenförmigen Blättern und ganz versteckten grünbräunlichen Blüten, in Gebüschen und Laubwäldern vorkommend, ist die Stammpflanze des Rhizoma oder Rad. Asari.

8. Reihe. Polygonales. Knöterichartige.

Blüten mit einfacher oder doppelter Blütenhülle. Fruchtknoten oberständig, einfächerig mit einer aufrechten Samenanlage. Blätter gewöhnlich mit der sogen. Ochrea versehen.

Polygonaceae.
Familie der Knöterichgewächse.

Die in Rispen oder Ähren angeordneten Blüten der Knöterichgewächse sind meist zwitterig und besitzen eine ursprünglich dreizählige unscheinbare Blütenhülle, welche jedoch bei manchen Gattungen in den zweizähligen Typus übergeht. Die ebenfalls ursprünglich in der Dreizahl angeordneten Staubgefäße sind im äußeren Kreise zuweilen verdoppelt (z. B. bei Rheum, Abb. 328). Die Blütenformel ist $P\,3 - 6\;A\,3 - 9\;G^{(2)-(3)}$. Im Grunde des Fruchtknotens steht eine einzige gerade Samenanlage (Abb. 329). Die Frucht ist eine nußartige, scharfkantige Hautfrucht. Die wechselständig angeordneten

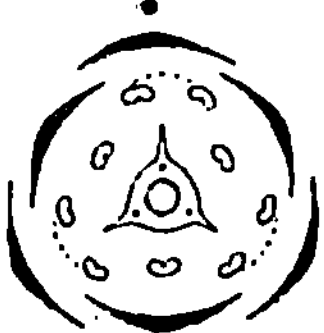

Abb. 328. Grundriß der Rhabarberblüte.

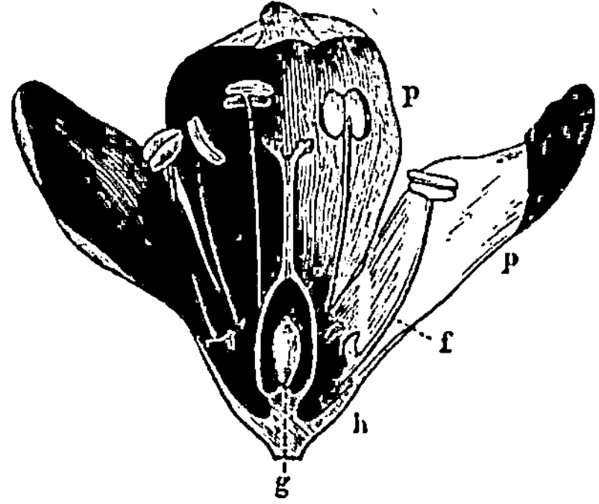

Abb. 329. Blüte von Polygonum; *g* die Samenanlage, *p* Perigon, *f* Staubgefäße.

Abb. 330. Polygonum bistorta

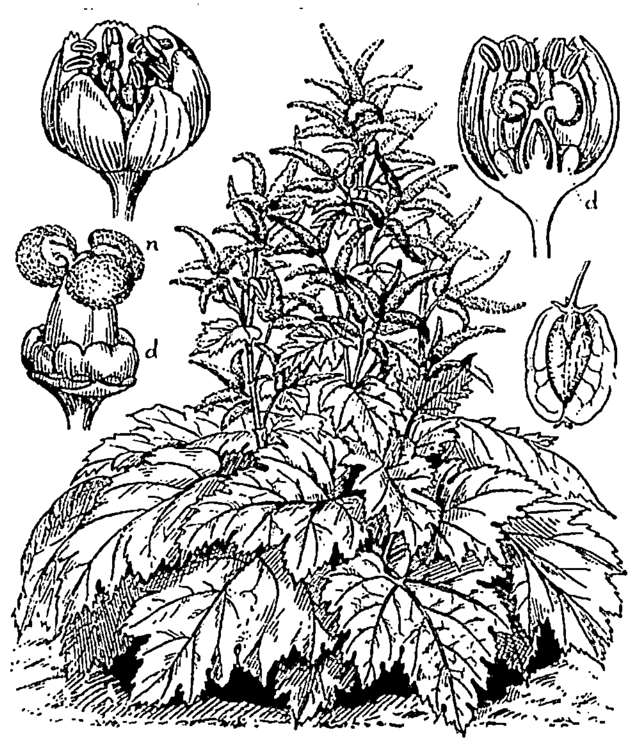

Abb. 331. Rheum officinale, ganze Pflanze, Einzelblüten und Frucht: *n* Fruchtknoten von Staubgefäßen und Perigon befreit, *d* Honigwulst.

Laubblätter sind mit je einer großen Nebenblatt-Tute (Ochrea) versehen. In der Knospenlage sind die Blattränder stets nach außen umgerollt.

Polygonum bistorta (Abb. 330), der Natternknöterich, auf Bergwiesen häufig, liefert Rhiz. Bistortae, **P.** aviculare, Vogelknöterich, ein gemeines Unkraut, den Homeriana-Tee.

Fagopyrum esculentum (= Polygonum fagopyrum), der Buchweizen, aus Ostasien stammend, ist eine in Sandgegenden angebaute Mehlfrucht.

Rumex acetosa u. **R.** acetosella, Sauerampfer, und eine große Anzahl anderer, nicht sauer schmeckender Arten der Gattung Rumex sind in unserem Klima überaus verbreitete Vertreter dieser Familie.

Off. **Rheum** palmatum und **Rh.** officinale (Abb. 331), vielleicht auch andere in China einheimische **Rh.**-Arten liefern Rhiz. Rhei; **Rh.** rhaponticum liefert den obsolet gewordenen pontischen Rhabarber, Rad. Rhapontici. Die Blütenformel von Rheum ist $P\,3 + 3\,A\,3^2 + 3\,G\,\underline{(3)}$ (Abb. 328).

9. Reihe. **Centrospermae.** Gekrümmtsamige.

Blüten zwitterig, meist hypogyn, fünfzählig, mit einfacher oder doppelter Blütenhülle, meist mit kelchartigem Perigon oder mit Kelch und Korolle. Das Androeceum ist haplo- oder diplostemon, der Fruchtknoten meist einfächerig, mit einer basalen Samenanlage oder mehreren, an freier zentraler Placenta sitzenden, campylotropen Samenanlagen. Die Samen sind perispermhaltig, mit gekrümmtem Keim. Vorwiegend krautige Gewächse mit einfachen, nebenblattlosen Blättern.

Chenopodiaceae.

Familie der Gänsefußgewächse.

Die Chenopodiaceen besitzen Blüten mit doppeltem, nur scheinbar einfachem, kelchartigem, krautigem Perigon und sind zuweilen eingeschlechtig. Das Androeceum ist haplostemon und epitepal. Der einfächerige Fruchtknoten besteht aus zwei bis fünf Fruchtblättern mit einer Samenanlage und entwickelt sich zu einer nußartigen Frucht. Vorwiegend Kräuter mit zerstreuten, häufig fleischigen Blättern und dichten, kleinblütigen Infloreszenzen.

Chenopodium-Arten, Gänsefuß, sind bei uns überaus häufige Unkräuter. **Ch.** botrys war früher als Herb. Botryos, **Ch.** bonus henricus als Herb. Boni Henrici, **Ch.** ambrosioides als Herb. Chenopodii mexicani arzneilich gebräuchlich.

Beta vulgaris, die Rübe oder Mangold, heimisch an den Küsten des Mittelmeeres, ist in vielen Varietäten, als Runkelrübe, Zuckerrübe, weiße Rübe, rote Rübe etc. für Garten, Landwirtschaft und Zuckerfabrikation von großer Bedeutung.

Spinacia oleracea, der Spinat, ist eine verbreitete Gemüsepflanze.

Verschiedene **Atriplex**-Arten, Melde, sind gemeine Unkräuter.

Salsola soda u. a. liefern Soda.

Caryophyllaceae.

Familie der Nelkengewächse.

Die Blüten der Nelkengewächse sind regelmäßig (aktinomorph) und die Glieder sämtlicher Kreise meist in der Fünfzahl vorhanden. Die typische Blütenformel ist daher $K 5\ C 5\ A 5 + 5\ G^{\underline{(5)}}$ (Abb. 332).

Allen Nelkengewächsen gemeinsam ist der einfächerige Fruchtknoten, in welchem an einer Mittelsäule die meist zahlreichen Samenanlagen eingefügt sind (Abb. 334). Die Frucht ist eine Kapsel, welche teils fach-, teils wandspaltig, teils auch nur mit Zähnen an der Spitze aufspringt. Bemerkenswert sind die in dieser Familie vorkommenden, sogenannten genagelten Blumenblätter (z. B. bei Saponaria, Abb. 334).

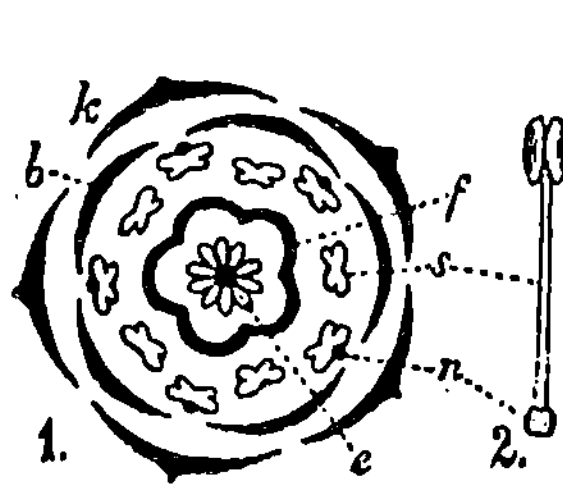

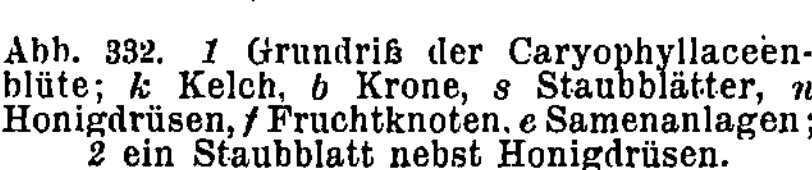

Abb. 332. *1* Grundriß der Caryophyllaceenblüte; *k* Kelch, *b* Krone, *s* Staubblätter, *n* Honigdrüsen, *f* Fruchtknoten, *e* Samenanlagen; *2* ein Staubblatt nebst Honigdrüsen.

Abb. 333. Silene nutans.

Dieselben sind oft dort, wo der Nagel in die Blattspreite übergeht, mit einem häutchenförmigen Anhängsel (einer Art Ligula, Abb. 334) versehen. Die Blütenstände sind durchweg cymös; die häufigste Form ist das Dichasium; an der Spitze der Triebe gehen die Dichasien häufig in Wickel über.

Man unterscheidet zwei Unterfamilien.

a) Alsinoideae:

Kelchblätter frei. Staubblätter meist perigynisch. Griffel frei oder verwachsen.

Alsine v e r n a, Miere, ist eine kleine, rasenartige Frühlingspflanze unseres Klimas.

Spergula a r v e n s i s, Spark, ein auf Sandboden gedeihendes Futterkraut.

Stellaria m e d i a, Hühnerdarm, gemeine Sternmiere, Vogelmiere, sowie andere Stellaria-Arten, u. **Cerastium** a r v e n s e (Abb. 336), Ackerhornkraut, sind häufige Garten- und Wiesen-Unkräuter.

Scleranthus a n n u u s und **Sc.** p e r e n n i s, Knäuelkraut, sowie **Herniaria** g l a b r a und **H.** h i r s u t a, Bruchkraut, sind häufig vorkommende sandliebende Gewächse; letztere sind als Herb. Herniariae medizinisch gebräuchlich.

b) Silenoideae:

Kelchblätter verwachsen, Blumenblätter und Staubblätter hypopynisch. Griffel frei.

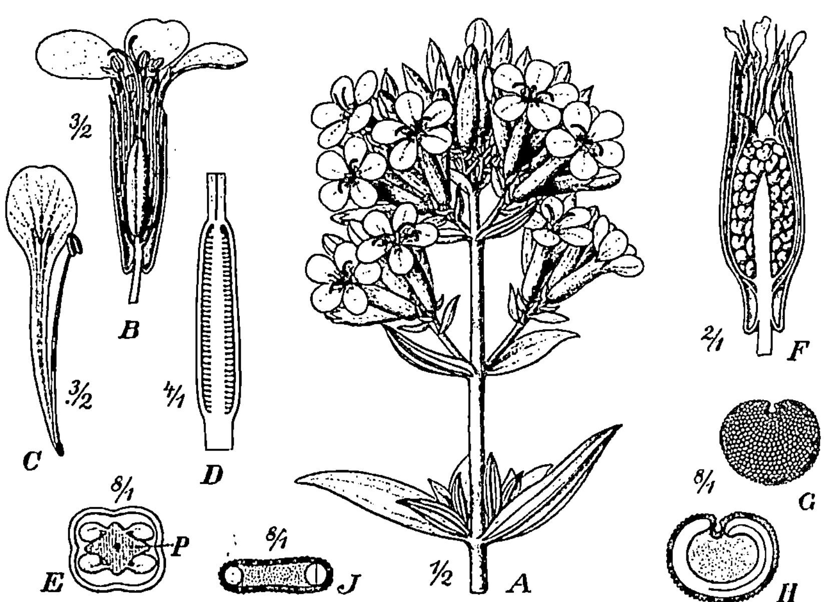

Abb. 334. **Saponaria officinalis.** *A* Spitze der blühenden Pflanze, *B* Blüte im Längsschnitt, *C* Blumenblatt mit davorstehendem Staubblatt, *D* Längsschnitt durch den Fruchtknoten, *E* Querschnitt durch denselben; man sieht die zentrale Plazenta *P* und die daran befestigten 4 Reihen Samenanlagen. *F* reife Frucht im Längsschnitt, Samen meist schon von der in der Mitte stehenden Plazentarsäule losgelöst, *G* Samen, *H* Längsschnitt, *J* Querschnitt durch denselben.

Abb. 335. **Agrostemma githago.**

Abb. 336. **Cerastium arvense.**

Silene inflata, Blasiges Leimkraut, und S. nutans (Abb. 333) sind bei uns häufig vorkommende Vertreter der Gattung Silene.

Dianthus caryophyllus, die Gartennelke, wegen ihres an Gewürznelken erinnernden Geruches so benannt, hat der Familie Caryophyllaceae den Namen

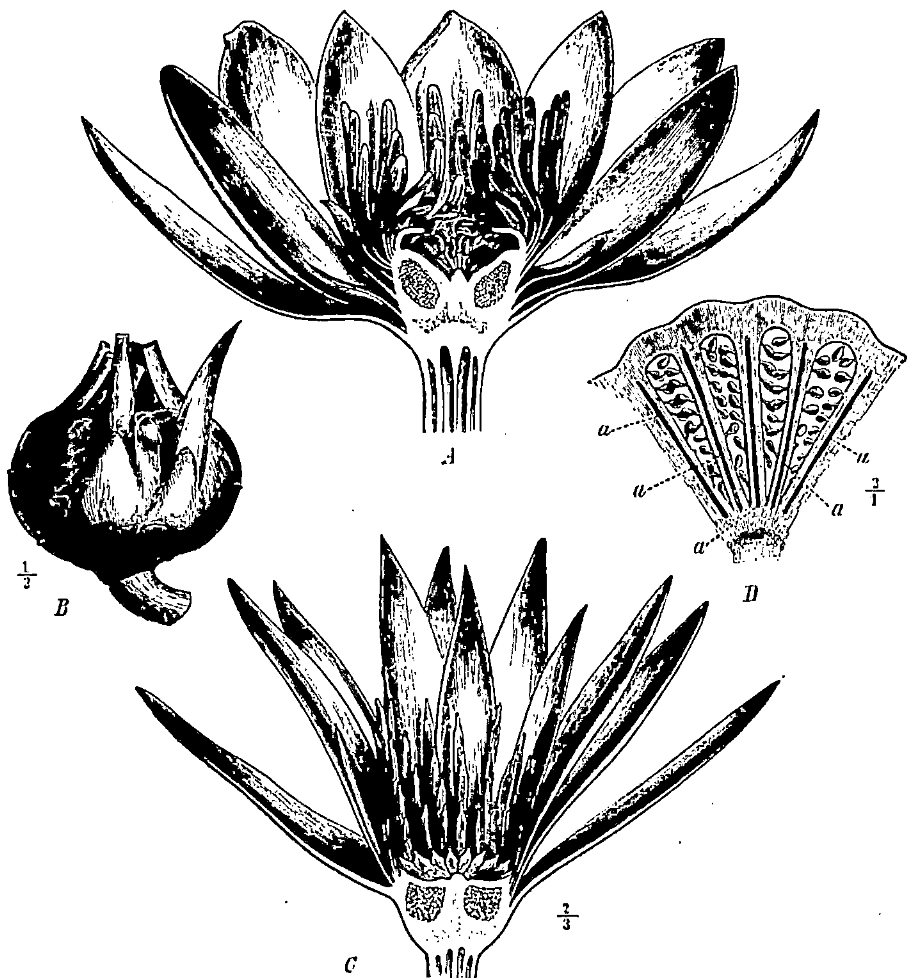

Abb. 337. *A, B* Nymphaea lotus, die echte, weißblühende Lotosblume aus Ägypten. *A* Längsschnitt durch eine Blüte, *B* Frucht nach Entfernung des stehenbleibenden Kelches. *C* Nymphaea coerulea, der blaue Lotos aus Ägypten. *D* Nymphaea sansibariensis, Querschnitt des Fruchtknotens. *a, a, a, a, a* die Spalten zwischen den einzelnen Fruchtblättern.

gegeben, obwohl die Droge „Caryophylli" mit dieser Familie nichts zu tun hat. Zahlreiche Sorten und Bastarde werden in Gärten und als Topfpflanzen kultiviert.

Saponaria officinalis, die Seifenwurzel (Abb. 334), ist in Europa heimisch, aber nicht gerade häufig; sie liefert die saponinhaltige Rad. Saponariae.

Agrostemma git h a g o, die Kornrade (Abb. 335) und verschiedene **Lychnis-Arten** (Lichtnelken) sind bei uns häufige Unkräuter; erstere Art ist wegen ihrer giftigen Samen im Getreide gefürchtet.

Gypsophila Arrostii, paniculata u. a. liefern die weiße Seifenwurzel.

10. Reihe. Ranales. Hahnenfußartige.

Blüte hypogyn, perigyn oder epigyn, zwitterig, meist teilweise oder ganz spiralig, mit meist zahlreichen Staubgefäßen und zahlreichen, freien Karpellen. Samen meist mit Endosperm. Kräuter und Holzgewächse.

Nymphaeaceae.

Familie der Seerosengewächse.

Die Blüten sind meistens spirocyklisch gebaut, d. h. die Glieder einzelner der Blütenhüllkreise sind spiralig, andere in Kreisen angeordnet. So gehen z. B. bei Nymphaea die Kelchblätter ganz allmählich in die Blumenblätter, diese ganz allmählich in die Staubblätter über, während die Fruchtblätter in einem scharf abgesetzten Kreise stehen. Die Blumenblätter, Staubblätter und Fruchtblätter sind meist in großer Zahl vorhanden. Letztere sind frei voneinander oder fest miteinander verwachsen. — Meist Wasser- oder Sumpfpflanzen mit auf der Wasseroberfläche schwimmenden Blättern und schönen, großen Blüten.

Die Gattung **Nymphaea** (Abb. 337) tritt in den Tropengebieten mit zahlreichen Arten auf; in Mitteleuropa z. B. N. alb a, die weiße Seerose. N. l o t u s , fast in ganz Afrika verbreitet, ist die echte Lotosblume der Ägypter (Abb. 337 *A, B*).

Nuphar luteum ist die gelbe Seerose unserer Teiche.

Nelumbo n u c i f e r a (trop. Asien) mit großen, schildförmigen, über das Wasser hoch emporragenden Blättern und schönen großen Blüten wird häufig in warmen Teichen kultiviert. Sie wird oft fälschlich als Lotosblume bezeichnet.

Victoria r e g i a, im nördlichen Südamerika heimisch und häufig in Gewächshäusern kultiviert, ist durch die rasche Entwicklung ihrer riesigen Blätter auffallend.

Ranunculaceae.

Familie der Hahnenfußgewächse.

Die Gewächse dieser Familie haben mit den andern Familien ihrer Reihe das gemein, daß die Anordnung ihrer Blütenkreise meist nicht eine cyklische, sondern teilweise eine spiralige ist, d. h. daß z. B. die Blumenblätter und die Staubblätter nicht für sich abgeschlossene Kreise bilden, sondern daß namentlich die meist zahlreichen Staubblattkreise, zuweilen auch die Fruchtblattkreise, spiralig ineinander übergehen (Abb. 338).

Die Ranunculaceen sind eine, wenn auch nicht gerade sehr gattungsreiche, so doch für den Pharmazeuten ziemlich wichtige Familie. Die Blüten derselben weisen mannigfache Verschiedenheiten auf. So können Kelch und Krone vorhanden sein, oder eines von beiden kann fehlen, oder es können die Kelchblätter blumenblattartig ausgebildet sein, während die Blumenblätter (z. B. bei Helleborus) zu eigentümlich gestalteten, der Form von Blumenblättern keineswegs mehr ähnlichen Honigbehältern umgestaltet sind. Unter den Blüten der Ranunculaceen kommen ebensowohl aktinomorphe als median-zygomorphe vor. Zuweilen kommt unterhalb der Blumenkrone am Stengel durch eng zusammengestellte, der Blüte nicht angehörige Hochblätter ein sogenannter Hüllkelch von rosettenartiger Form zustande (z. B. bei Pulsatilla und bei Hepatica).

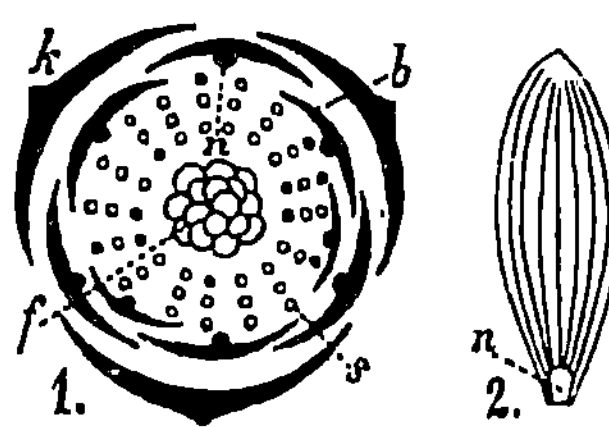

Abb. 338. *1* Grundriß einer Ranunculaceenblüte: *k* Kelch, *b* Blumenblätter, *s* Staubblätter, *f* Fruchtblätter; *2* ein Blumenblatt mit der ansitzenden Honigdrüse (*n*).

Die Staubgefäße der Ranunculaceenblüten sind stets zahlreich, und alle Gewächse dieser Familie gehören deshalb der XIII. Klasse nach Linné an, da die Staubgefäße dem Fruchtboden eingefügt sind. Die nur aus einem einzigen Fruchtblatt bestehenden, meist zahlreichen Fruchtknoten sind einsamig oder vielsamig und wachsen bei der Reife zu Hautfrüchten oder zu Balgfrüchten aus; nur selten (bei Actaea) ist die Frucht eine Beere.

Abb. 339. Clematis vitalba.

Abb. 340. Anemone nemorosa.

Die Ranunculaceen sind fast durchweg Kräuter, selten Halbsträucher mit nebenblattlosen, häufig hand- und fußförmig geteilten Blättern.

Clematis vitalba (Abb. 339), die Waldrebe, und andere Cl.-Arten sind Klettergewächse, welche bei uns teils wild wachsen, teils beliebte Gartenpflanzen sind.

Anemone nemorosa (Abb. 340), das Windröschen, ist eine sehr bekannte und verbreitete Frühlingsblume.

Abb. 341. Pulsatilla vulgaris.

Abb. 342. Pulsatilla pratensis.

Abb. 343. Ranunculus acer.

Abb. 344. Helleborus viridis: *1* der Blütenboden mit drei Fruchtblättern, nebst den Staubblättern und den zu Honigbehältern umgebildeten Blumenblättern; *2* ein Staubgefäß, *3* die zu drei Balgfrüchten ausgewachsenen Fruchtblätter, *4* ein Samen im Längsschnitt.

Pulsatilla vulgaris (Abb. 341) und **P.** pratensis (Abb. 342), die beiden Küchenschellen, sind die Stammpflanzen der Herb. Pulsatillae und kommen in Norddeutschland namentlich auf sandigen Hügeln vor.

Hepatica triloba, das Leberblümchen, ist wie das Windröschen eine in Laubwäldern verbreitete Frühlingsblume Deutschlands. Sie ist die Stammpflanze von Herb. Hepaticae. — Die Gattungen Pulsatilla und Hepatica werden häufig als Untergattungen zu Anemone gestellt.

Adonis vernalis, das Frühlings-Adonisröschen, liefert die sehr giftige Herba Adonidis.

Ranunculus acer (Abb. 343), der scharfe Hahnenfuß, und zahlreiche andere Ranunculus-Arten sind namentlich auf Wiesen bei uns gemein. Das gleiche gilt von **Ficaria** ranunculoides, der Feigwurz.

Helleborus viridis (Abb. 344) und **H.** niger, die grüne und schwarze Nieswurz, sind in Gebirgsgegenden, namentlich Süddeutschlands, heimische Gewächse, welche oft im Januar bereits zu blühen beginnen. Sie zeichnen sich, abgesehen von den bereits geschilderten Eigentümlichkeiten ihrer Blüten, durch die fußförmig geteilten Blätter aus. Sie liefern Rad. Hellebori viridis und nigri.

Off. Aconitum napellus, blauer Eisenhut, hat unregelmäßige, zygomorphe Blüten (Abb. 345 u. 346). Die Blütenhülle besteht aus blauen, blumenblattartig ausgebildeten Kelchblättern, während von den acht Blumenkronblättern nur zwei in eigentümlicher Form ausgebildet sind (Abb. 345 *C*). Die übrigen sind nur als unscheinbare Schüppchen vorhanden. Blütenformel K 5 C 8 A ∞ G$^{3-5}$ (Abb. 346). Die Pflanze liefert Tubera Aconiti.

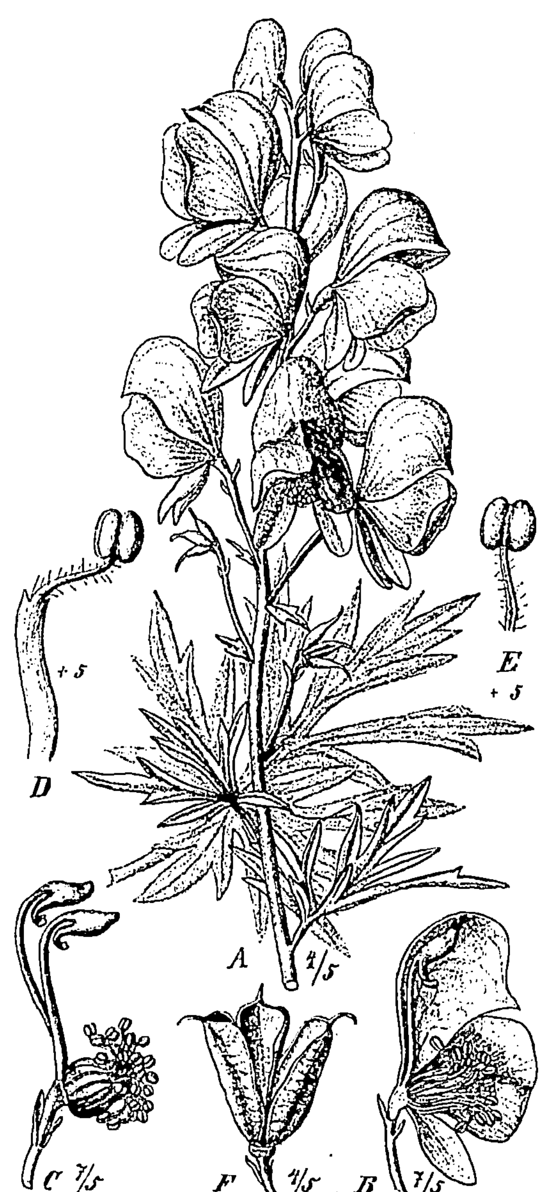

Abb. 345. Aconitum napellus: *A* blühende Pflanze, *B* Blüte im Längsschnitt, *C* Blüte nach Entfernung der Hüllblätter, *D* und *E* Staubblätter, *F* Balgfrüchte.

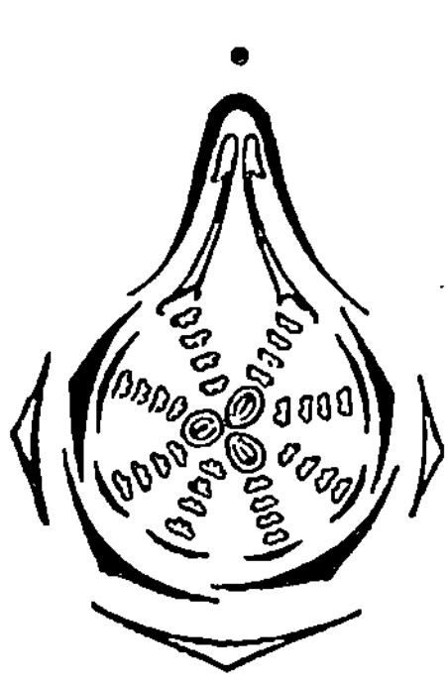

Abb. 346. Grundriß der Blüte von Aconitum.

Abb. 347. Delphinium consolida.

Abb. 348. Aquilegia vulgaris.

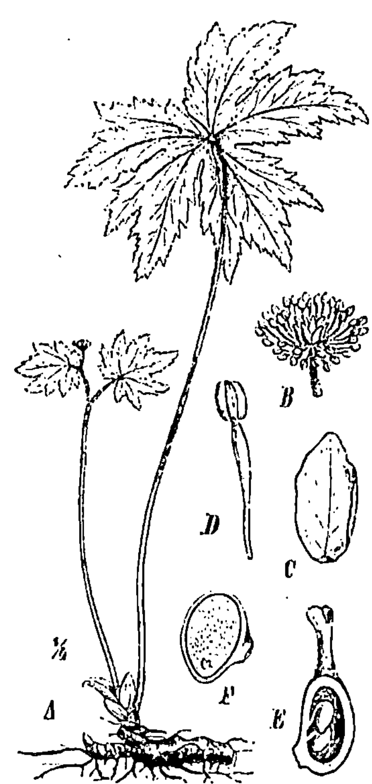

Abb. 349. Hydrastis canadensis: *A* Blühende
Pflanze, *B* Blüte, *C* Blumenblatt, *D* Staubgefäß,
E Fruchtblatt im Längsdurchschnitt, *F* Samen
im Längsschnitt.

Delphinium consolida (Abb. 347), der Feldrittersporn, bemerkenswert durch ein gesporntes Kelchblatt, ist ein bekanntes Unkraut und liefert Herb. Consolidae, **D.** staphisagria, in Südeuropa einheimisch, ist die Stammpflanze des Sem. Staphisagriae.

Aquilegia vulgaris (Abb. 348), die Akelei, mit strahligen, fünffach gespornten Blüten, fand in früheren Zeiten ebenfalls medizinische Anwendung.

Nigella sativa, der Schwarzkümmel, ist die Stammpflanze von Semen Nigellae, **N.** damascena dagegen eine Gartenzierpflanze, deren Samen zu medizinischer Anwendung ungeeignet sind.

Paeonia officinalis, die Pfingst- oder Gichtrose, eine bei uns beliebte Gartenzierpflanze, liefert Flores, Semen und Rad. Paeoniae.

Berberidaceae.

Familie der Berberitzengewächse.

Diese Familie hat Zwitterblüten, deren einzelne Glieder meist in der Dreizahl vorhanden sind. Der Fruchtknoten wird stets von einem

Abb. 350. Grundriß der Blüte von Podophyllum peltatum: *L* Laubblätter.

Abb. 351 Podophyllum peltatum.

einzigen Fruchtblatt gebildet (Abb. 350). Die typische Blütenformel ist: $K 3 + 3 C 3 + 3 A 3 + 3 G^{(1)}$. Die Antheren springen oft mit Klappen, seltener mit Längsspalten auf. Das Fruchtblatt schließt stets mehrere Samenanlagen ein.

Die Berberitzengewächse sind Sträucher und Kräuter der gemäßigten Zone.

Abb. 352. Anamirta cocculus: *a* männliche Blüte *b* Einzelfrucht längsdurchschnitten.

Off. **Hydrastis** canadensis (Abb. 349), in Nordamerika einheimisch, ist die Stammpflanze des Rhiz. Hydrastis.

Berberis vulgaris, die Berberitze oder der Sauerdorn, ein bei uns verbreiteter dorniger Strauch mit gelben Blüten und roten Beeren, liefert Fruct. Berberidis und ist eine der Wirtspflanzen des Rostpilzes Puccinia graminis.

Off. **Podophyllum** peltatum (Abb. 350 u. 351), in Nordamerika einheimisch, liefert Rhiz. Podophylli und Podophyllin.

Menispermaceae.

Familie der Mondsamengewächse.

Die Familie hat ihren Namen von der halbmondförmigen Krümmung der Samen; diese Krümmung erstreckt sich, da die Einzel-

Abb. 353. Jatrorrhiza palmata.

früchte stets einsamig sind, auch auf die Früchte (Abb. 352 *b*). Die Gewächse dieser Familie sind tropische Schlingpflanzen mit getrenntgeschlechtigen, meist zweihäusigen Blüten (Abb. 352 *a*). Ihre häufigste Blütenformel ist K 3 $+$ 3 C 3 $+$ 3 A 3 $+$ 3 G$\underline{3}$.

Off. **Jatrorrhiza** palmata (Abb. 353), auch Cocculus palmatus, Menispermum palmatum, oder Menispermum calumba genannt, ist im tropischen Ostafrika heimisch und liefert Rad. Colombo.

Anamirta cocculus ist in Ostindien heimisch und liefert die sehr giftigen Fruct. Cocculi.

Chondrodendron tomentosum, in Nordbrasilien und Peru heimisch, liefert die echte, medizinisch verwendete Radix Pareirae bravae.

Magnoliaceae.

Familie der Magnoliengewächse.

Die Gewächse dieser Familie sind fast ausnahmslos in den Subtropen oder Tropen einheimische Holzpflanzen, bei denen die Spiralstellung der Blütenorgane meist sämtlichen inneren Kreisen von den Blumenblättern an eigen ist, während die Kelchblätter cyklisch angeordnet sind. Die Blütenformel ist $K\,3\,C\,\infty\,A\,\infty\,G\underline{\infty}$. Meist ist

Abb. 354. Blüte von Drimys Winteri, längsdurchschnitten.

gleichzeitig eine Streckung der Blütenachse vorhanden (Abb. 354), und da infolgedessen die Staubgefäße unterhalb der Fruchtblätter auf dem Fruchtboden eingefügt sind, gehören alle Gewächse dieser Familie, wie die der vorhergehenden, zur XIII. Klasse nach Linné. — Ölzellen.

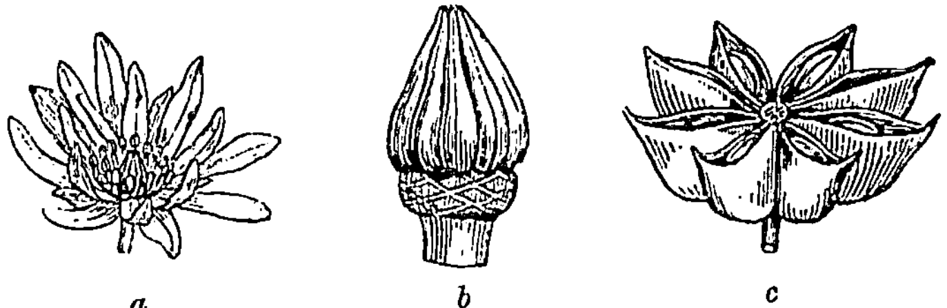

a   *b*   *c*

Abb. 355. Illicium anisatum: *a* Blüte, *b* Fruchtblätter der Blüte vergrößert, *c* Frucht.

Magnolia grandiflora, die großblütige Magnolie, ist im südl. Nordamerika einheimisch und wird bei uns oft als Zierstrauch kultiviert.

Illicium verum, der Sternanisbaum, ist im südöstlichen Asien (China) einheimisch; seine aus zahlreichen sternförmig gestellten Balgfrüchten, deren jede von einem einzigen, an seiner Bauchnaht sich öffnenden Fruchtblatt gebildet wird, bestehenden Sammelfrüchte sind die vielfach offizinellen Fruct. Anisi stellati. I. anisatum (= I. religiosum) (Abb. 355), hat fast die gleiche Verbreitung (Japan) und besitzt giftige Früchte, Sikkimi genannt, welche leicht mit den Sternanisfrüchten verwechselt werden können.

Drimys Winteri (Abb. 354), in Südamerika einheimisch, liefert die früher gebräuchliche Droge Cortex Winteranus.

Liriodendron tuli pifera, Tulpenbaum, ist in Nordamerika heimisch und wird als prächtig blühender Alleebaum oft bei uns angepflanzt.

Anonaceae.

Familie der Gewürzapfelgewächse.

Alle hierhergehörigen Arten sind echt tropische Bäume oder Sträucher, deren Blütenbau sehr charakteristisch ist. Die Blüten besitzen (wie diejenigen der vorigen Familie) in den meisten Kreisen Spiralstellung ihrer Glieder. Die Blütenformel ist meistens K 3 C 3

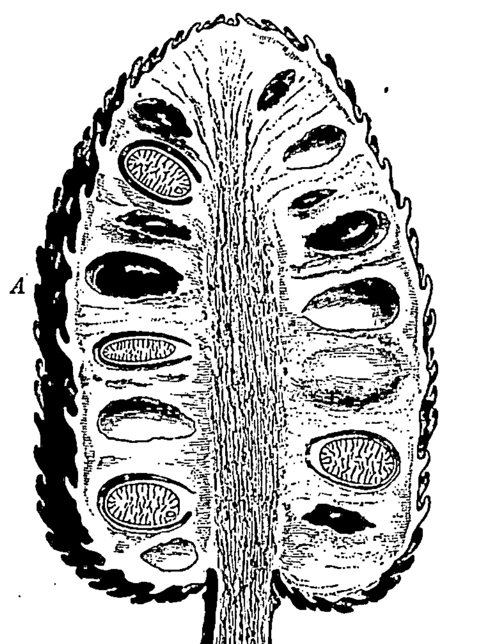
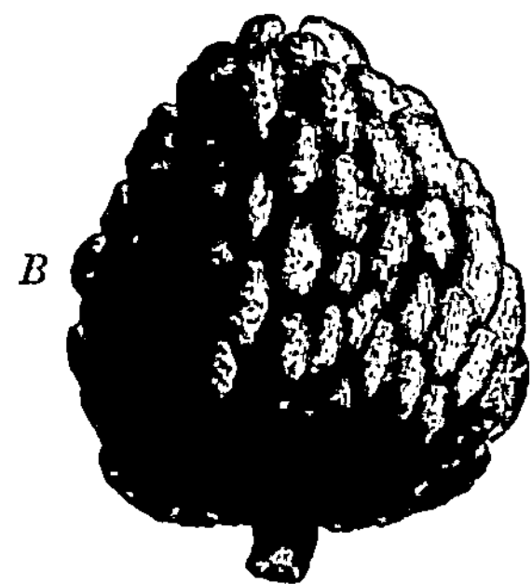

Abb. 356. *A* Frucht von Anona muricata im Längsschnitt. *B* Frucht von Anona squamosa. *C* dieselbe im Querschnitt. (Nach Baillon.)

$+$ 3 A ∞ G ∞. Die Fruchtblätter sind meist frei voneinander und werden bei der Reife beerenartig; die Früchte zeigen oft sehr auffallende Bildungen (vergl. Abb. 356 und 357). — Ölzellen.

Anona muricata und andere Arten (Abb. 356) liefern in ihren Früchten ein geschätztes Tropenobst, das gelegentlich auch nach Deutschland eingeführt wird.

Xylopia aethiopica gibt in den Früchten (Abb. 357) den sogenannten Mohrenpfeffer, ein scharfes Gewürz, das stellenweise in Westafrika sehr beliebt ist.

Cananga odorata, Ilang-Ilang, liefert aus den Blüten das Makassar-Öl.

Myristicaceae.

Familie der Muskatnußgewächse.

Die Muskatnußgewächse sind tropische Holzpflanzen mit getrenntgeschlechtigen, diöcischen Blüten. Sie besitzen, wie die Gewächse der vorhergehenden Familie, nur eine einfache Blütenhülle. Die Staubgefäße, welche in der Zahl von 3 bis 15 vorhanden sind, sind zu einer Säule verwachsen (Abb. 358, *a*). Die weiblichen Blüten besitzen

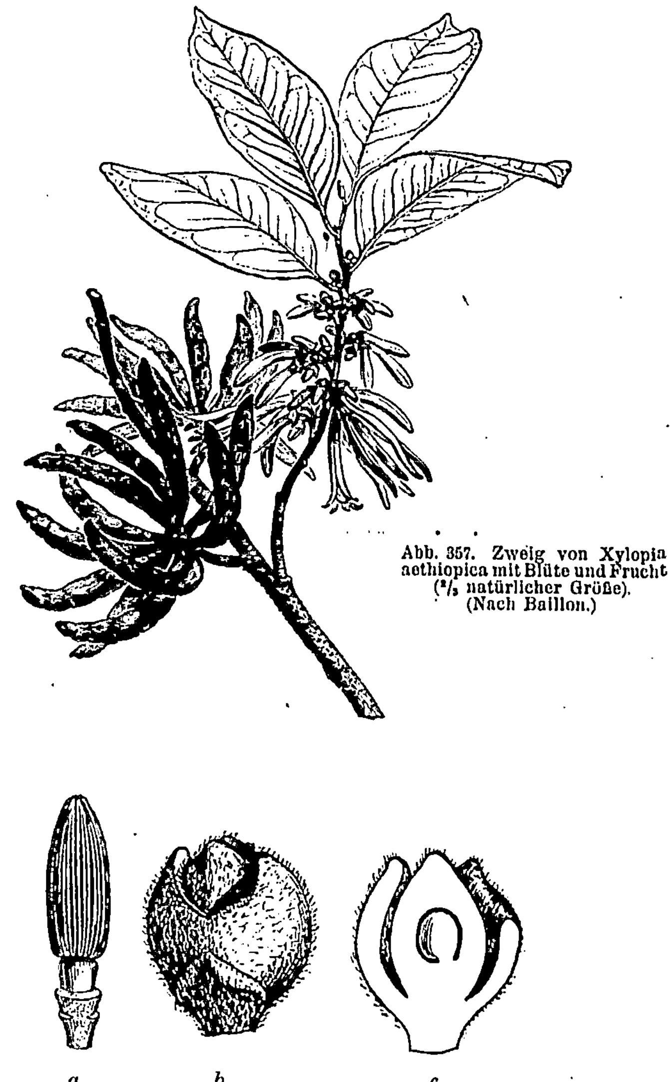

Abb. 357. Zweig von Xylopia aethiopica mit Blüte und Frucht (¹/₃ natürlicher Größe). (Nach Baillon.)

a   b   c

Abb. 358. Myristica fragrans: *a* die verwachsenen Staubgefäße der männlichen Blüte, *b* die weibliche Blüte, *c* dieselbe längsdurchschnitten.

stets einen einzigen Fruchtknoten, welcher von der verwachsenen Blütenhülle eingeschlossen wird (Abb. 358, *b*, *c*). Die Frucht ist eine Beere, welche bei der Reife, noch am Baume hängend, aufzuplatzen pflegt und zwischen dem Fruchtfleisch und der Samenschale den nach der Befruchtung herangewachsenen Samenmantel (Arillus) zeigt (Abb. 359 und 360). — Ölzellen.

Abb. 359. Myristica fragrans; Zweig mit Frucht.

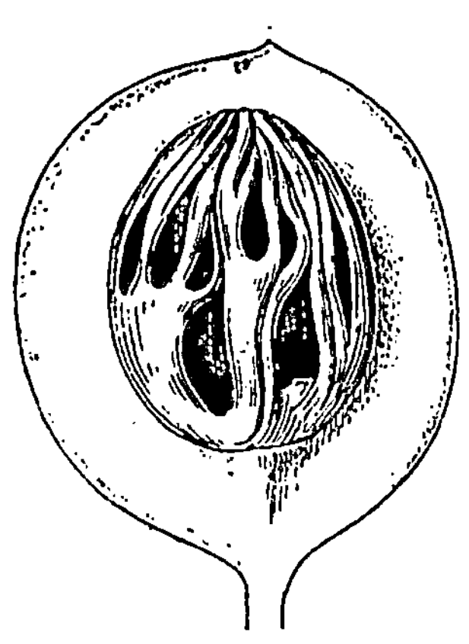

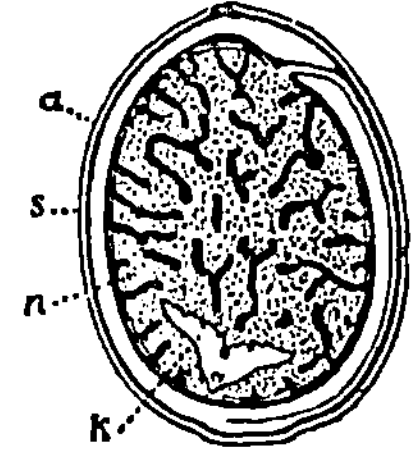

Abb. 360. Myristica fragrans. Samen vom Arillus umgeben, in der Frucht liegend; die obere Fruchthälfte entfernt.

Abb. 360a. Samen von Myristica, samt dem Arillus (Macis) im Längsschnitt, *a* Arillus, *s* Samenschale, *n* Endosperm und Perisperm, *k* Keimling.

Off. Myristica fragrans, der echte Muskatbaum (Abb. 358 bis 360a), auf den Molukken einheimisch und in fast allen Tropengegenden kultiviert, liefert Semen Myristicae, Oleum Myristicae, Macis und Ol. Macidis.

Lauraceae.

Familie der Lorbeergewächse.

Die Lorbeergewächse sind immergrüne Holzpflanzen der warmen und tropischen Zone. Ihre Blüten zeichnen sich dadurch aus, daß sie eine doppelte, aber nicht als Kelch und Krone unterschiedene, kelchartige Blütenhülle besitzen. Die Antheren öffnen sich mit auf-

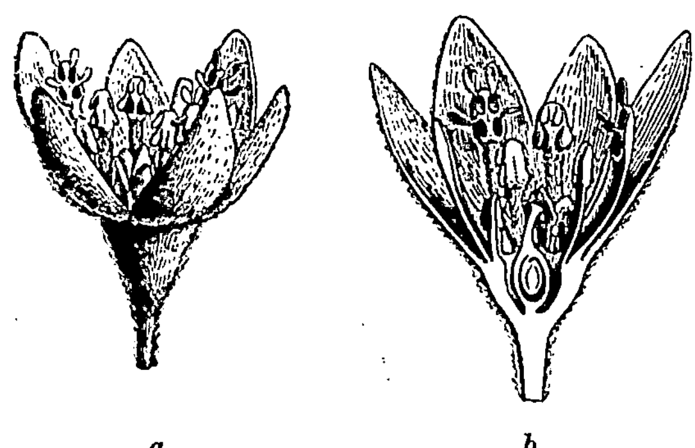

Abb. 361. *a* Blüte von Cinnamomum zeylanicum, *b* dieselbe längsdurchschnitten.

springenden Klappen, von denen oft jedes der zwei in jeder Antheren-hälfte übereinander liegenden Pollenfächer eine besitzt, so daß jede Anthere mit vier Klappen aufspringt (Abb. 361 und 362). In den inneren Kreisen kommen verkümmerte Staubgefäße (Staminodien)

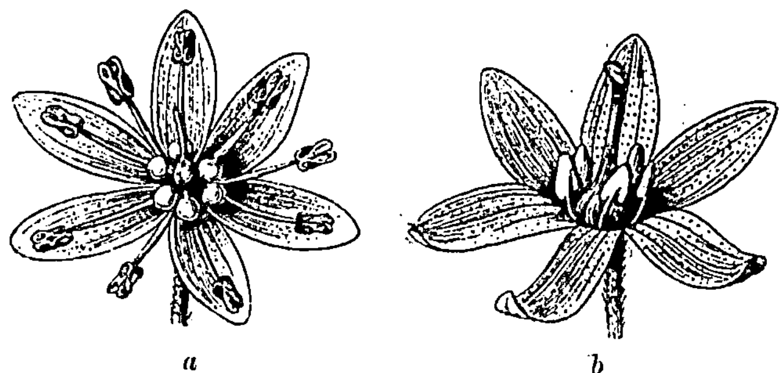

Abb. 362. *a* Männliche, *b* weibliche Blüte von Sassafras officinale.

vor. Der Fruchtknoten ist einfächerig und enthält eine einzige Samen-anlage. Den Blütenblattkreisen liegt meist die Dreizahl zugrunde; die typische Blütenformel ist P 3 + 3 A 9 G$\underline{(9)}$. Es kommen zwei-geschlechtige und eingeschlechtige Blüten vor; die Arten, welche Zwitterblüten tragen, gehören der IX. Klasse nach Linné an.

Off. **Laurus nobilis**, der Lorbeerbaum, gedeiht in allen Mittelmeerländern und liefert Fruct. Lauri, sowie Ol. Lauri, desgl. Fol. Lauri.

Off. Cinnamomum zeylanicum, der Zimtbaum (Abb. 361 und 363), auf Ceylon heimisch, in Zimtgärten gezogen, liefert Cort. Cinnamom. Zeylan. — C. cassia, im südöstlichen Asien heimisch, liefert Cort. Cinnamom. Cassiae und Flores Cassiae. — C. camphora (auch Laurus camphora oder Cam-

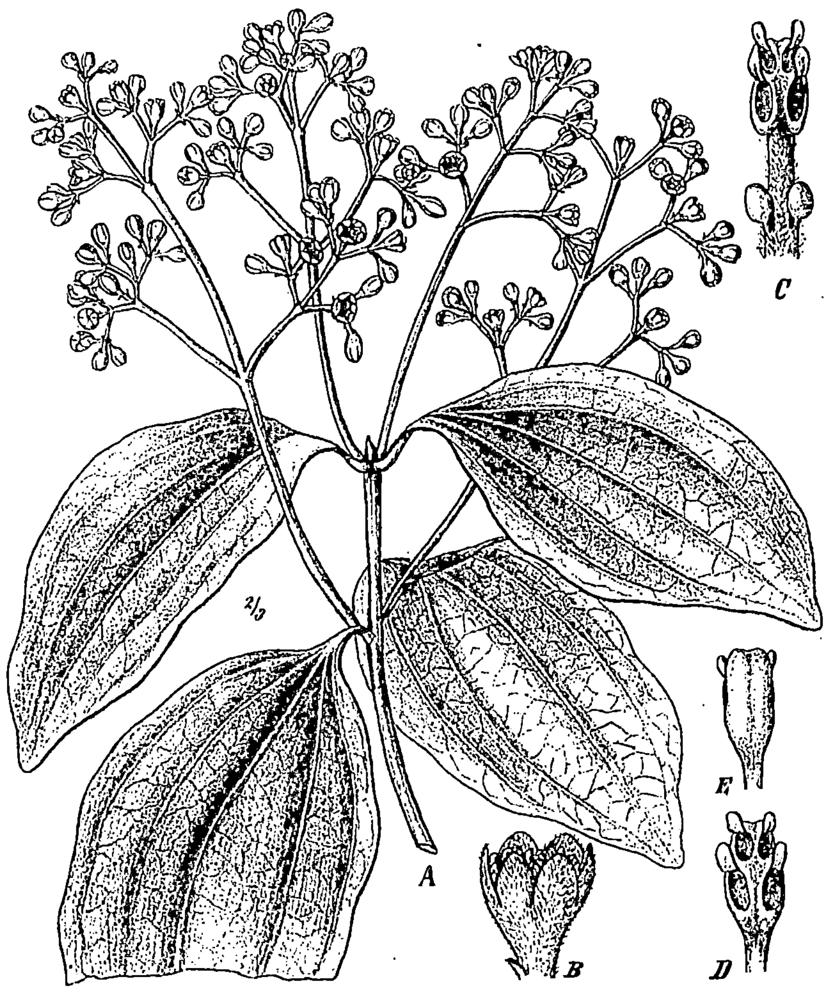

Abb. 363. **Cinnamomum zeylanicum.** *A* blühender Zweig, *B* Blüte, *C* Staubblatt des innersten Kreises mit Drüsen, *D* Anthere von vorn, *E* von hinten gesehen.

phora officinarum genannt) (Abb. 364), im südöstlichen Asien heimisch, liefert Camphora und Safrol.

    Off. Sassafras officinale (Abb. 362), (auch Laurus sassafras genannt), im östlichen Nordamerika heimisch, liefert Lignum Sassafras.

    Nectandra puchury, in Brasilien heimisch, ist die Stammpflanze von Sem. Pichurim.

    Interessant ist die Gattung Cassytha, im Habitus ganz abweichende, blattlose, schlingende Parasiten.

11. Reihe. **Rhoeadales.** Mohnartige.

Blüte hypogyn, mit doppelter Blütenhülle, zwitterig, vorwiegend zweizählig; das Perianth besteht meist aus drei zweigliedrigen oder viergliedrigen, das Androeceum oft aus zwei zweigliedrigen Quirlen. Der Fruchtknoten ist einfächerig oder mehrfächerig. Es sind meist Kräuter mit wechselständigen, einfachen Blättern ohne Nebenblätter.

Abb. 364. Cinnamomum camphora.

Papaveraceae.

Familie der Mohngewächse.

Die Mohngewächse besitzen hermaphroditische, strahlige oder zygomorphe Blüten, die sich besonders durch die Zweizähligkeit ihrer Blütenblattkreise auszeichnen. Auffällig sind die zwei Kelchblätter, welche beim Entfalten der Blüten meist abfallen und daher nur an den Knospen zu finden sind. Die 4 Blumenblätter liegen in der Knospe meist nicht gefaltet, sondern zerknittert (Abb. 365). Die Staubgefäße sind meist zahlreich, seltener in begrenzter Anzahl vorhanden. Die

Fruchtblätter sind mit ihren Rändern verwachsen und bilden, auch wenn zahlreich vorhanden, einen einfächerigen Fruchtknoten, welcher zuweilen mit falschen, nie aber mit echten Scheidewänden versehen

Abb. 365. Aufbrechende Blütenknospe von Papaver rhoeas.

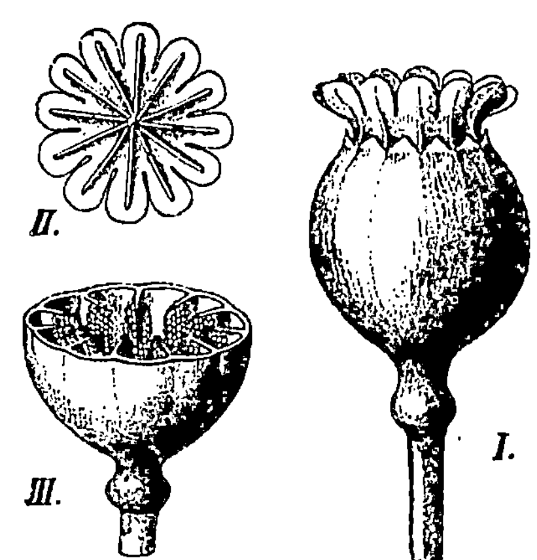

Abb. 366. Papaver somniferum.
I. Kapsel von der Seite gesehen. *II.* Narbe von oben gesehen. *III.* Kapsel im Querschnitt, die unvollständigen, mit Samen besetzten Scheidewände zeigend. Vergr. $^2/_3$.

ist. Die Samen sind wandständig. Die Frucht ist eine schotenförmige (Abb. 368) oder eine oft mit Löchern aufspringende Kapsel (Abb. 366). Die Blütenformel ist: K 2 C 2 $+$ 2 A ∞ $\underline{G^{(2)}}$ oder $\underline{(\infty)}$. Die Samen der

Abb. 367. Papaver rhoeas.

Abb. 368. Chelidonium majus.

Mohngewächse besitzen Endosperm und unterscheiden sich dadurch wesentlich von denen der Kreuzblütler. Die meisten Mohngewächse sind reich an Milchsaft, der aber manchmal wasserhell ist.

Man unterscheidet zwei Unterfamilien:

a) **Papaveroideae.** Blüten strahlig. Blumenblätter ohne Sporn. Staubblätter und Fruchtblätter meist zahlreich.

Off. **Papaver** somniferum, der Schlafmohn (Abb. 366), ist im Orient heimisch, wird aber auch bei uns kultiviert: er liefert Fructus Papav. immat., Semen Papav., sowie das Opium. Von **P.** rhoeas (Abb. 367), Klatschrose oder Feuermohn, stammen die Flores Rhoeados. **P.** dubium, **P.** argemone und **P.** hybridum sind häufige Unkräuter, namentlich in Getreidefeldern.

Chelidonium majus, das Schöllkraut, durch lebhaft gelben Milchsaft ausgezeichnet (Abb. 368), ist gleichfalls ein häufiges Unkraut. Herb. Chelidonii wurde früher arzneilich angewendet.

b) **Fumarioideae.** Blüten transversal zygomorph. Der Kelch ist zweiblätterig, die Korolle besteht aus zwei zweiblätterigen Quirlen, von den äußeren Blumenblättern ist das eine oder beide mit einem Sporn versehen. Die zwei vorhandenen Staubblätter sind dreiteilig und erscheinen wie zwei aus je drei Staubgefäßen mit nur halben Antheren verwachsene Bündel; daher nach Linné XVII, 1. Der Fruchtknoten ist einfächerig, ein- oder vielsamig.

Fumaria officinalis, Erdrauch, ein auf Äckern sehr gemeines Unkraut, liefert Herba Fumariae (Abb. 76, *B*).

Corydalis cava, in Laubgebüschen verbreitet, ist die Stammpflanze der früher viel gebrauchten Radix Aristolochiae rotundae cavae.

Dicentra spectabilis und formosa, aus Nordchina stammend, unter dem Namen Flammendes Herz beliebte Gartenzierpflanzen, sind durch ihre schlanken, einseitswendigen Blütentrauben und die herzförmige Gestalt ihrer Blüten auffällig.

Capparidaceae.

Familie der Kapperngewächse.

Blüten (Abb. 369) besonders durch ihre Blütenachse sehr auffallend, welche ring- oder schuppenförmig oder seltener zu einem röhrenförmigen Gebilde innerhalb der Blüte entwickelt und meist unter den Carpiden, oft auch noch unterhalb der Staubblätter lang stielartig verlängert ist (Gynophor resp. Androgynophor). Die Blütenformel lautet: $K 4 C 4 A \infty - 6 - 4 G^{\underline{(2-5)}}$. Die Samenanlagen sind zahlreich, kampylotrop. Die Samen sind nierenförmig mit gekrümmtem Embryo.

Capparis spinosa, im Mittelmeergebiet heimisch, liefert in ihren Knospen die Kappern, das bekannte Gewürz.

Cruciferae.

Familie der Kreuzblütlergewächse.

Die zu dieser Familie gehörigen Gewächse sind stets Kräuter. Alle Blüten stehen seitlich und sind in Trauben angeordnet, an denen man während der vorgeschrittenen Jahreszeit meist schon reife Früchte am unteren Teile findet, während an der Spitze noch Knospen vorhanden sind. Deckblätter fehlen.

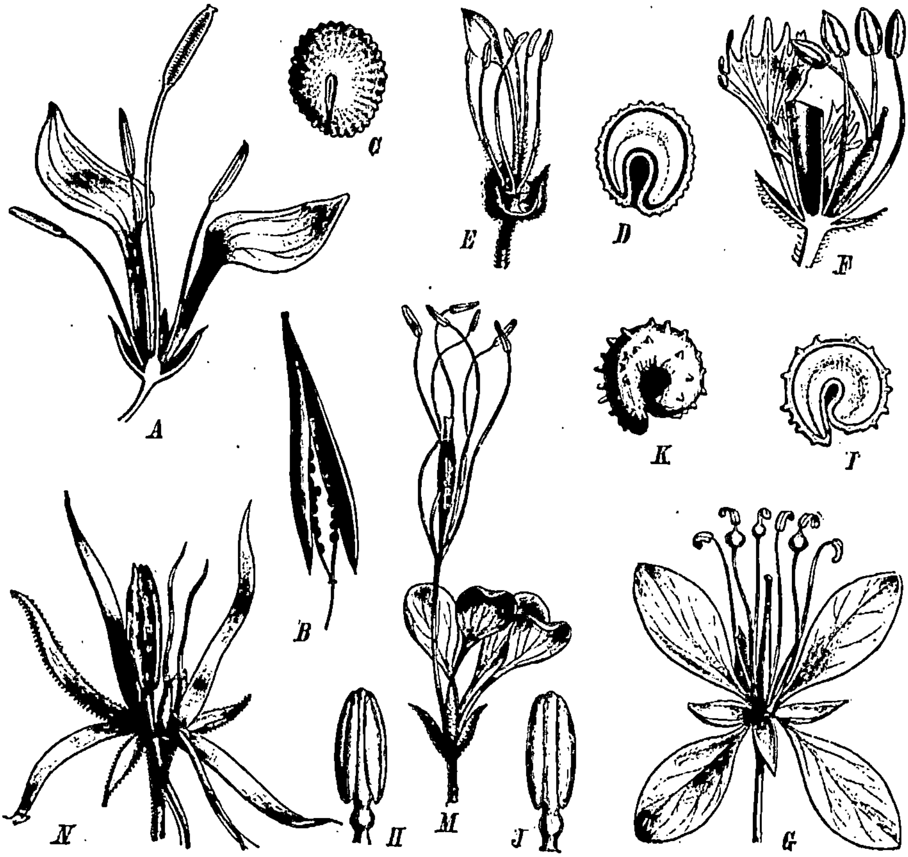

Abb. 369. Blüten, Früchte und Samen aus verschiedenen Gattungen der Capparidaceae; besonders charakteristisch ist das Gynophor, resp. das Androgynophor mancher Blüten. (Nach Pax.)

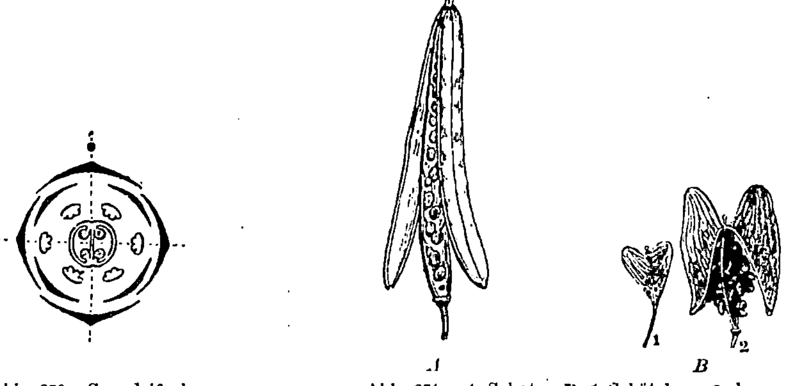

Abb. 370. Grundriß der Cruciferenblüte.

Abb. 371. *A* Schote, *B 1* Schötchen, *2* dasselbe geöffnet und vergrößert.

Die Blüten der Kreuzblütlergewächse (Abb. 370, 374) besitzen vier
Kelchblätter, welche in zwei Kreisen angeordnet sind, ferner vier
Blumenblätter in einem Kreise, welche durch ihre kreuzförmige
Stellung der Familie den Namen gegeben haben (*crux, crucis*, das
Kreuz). Der äußere Staubblattkreis wird von zwei (kürzeren) Staub-
gefäßen, der innere von zweimal zwei (längeren) Staubgefäßen ge-
bildet. Dieses Vorhandensein von vier längeren und zwei kürzeren
Staubgefäßen nennt man Viermächtigkeit (Tetradynamie von τετρά,
tetra = vier, und δύναμις, dynamis = die Kraft oder Macht); diese
bildet zugleich die charakteristische Eigentümlichkeit von Linnés
XV. Klasse. Die Cruciferen füllen diese Klasse (Tetradynamia) vollkommen aus. Der Fruchtknoten besteht aus zwei Fruchtblättern,

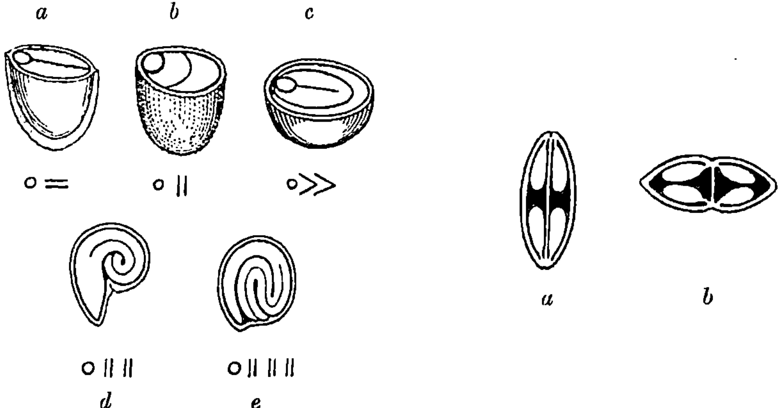

Abb. 372. *a*, *b* und *c* Querschnittbilder, *d* und *e*
Längsschnittbilder durch verschiedene Cruci-
ferensamen; links das Würzelchen, rechts die
Keimblätter. (C. Müller.)

Abb. 373. Querschnitt durch *a* ein lati-
septes, breitwandiges, *b* ein angustiseptes,
schmalwandiges Schötchen.
(C. Müller.)

welche zur Zeit der Reife eine Schote (Siliqua) oder ein Schötchen
(Silicula), selten andere Fruchtformen bilden. Die Blütenformel
(Abb. 370) ist: $K \, 2 + 2 \, C \, 4 \, A \, 2 + 2 \times 2 \, G \underline{(2)}$.

Schoten und Schötchen sind fast allein den Kreuzblütlergewächsen
eigen, und dieser Umstand hat Linné Veranlassung gegeben, die
Ordnungen seiner XV. Klasse danach abzugrenzen und zu benennen.
Der Unterschied zwischen Schoten und Schötchen ist der, daß die
Schote mindestens $1^1/_2$ mal so lang als breit, meist aber viel länger
ist (Abb. 371 *A*), während das Schötchen jenes Längenmaß niemals
erreicht (Abb. 371 *B*). Schoten und Schötchen haben zwischen den
beiden Randleisten, welche die Samen tragen und von denen sich
die Fruchtschalen zur Zeit der Reife von unten her ablösen (Abb. 371),
eine papierdünne Scheidewand, welche, weil sie nicht durch Ein-
stülpung der Fruchtblätter, sondern als eine Wucherung der Randleisten entstand, als eine sogen. falsche Scheidewand anzusehen ist. Einige Abarten dieser Fruchtform, nämlich die dem Rettich
(Raphanus) eigene Gliederschote (Lomentum, Abb. 374 *L*) und

das dem Färberwaid (Isatis) eigene Nußschötchen (Nucamentum) verdienen hier nur dem Namen nach erwähnt zu werden.

Die Samen der Kreuzblütlergewächse sind sämtlich nährgewebelos,
d. h. sie besitzen fleischige Keimblätter, welche das Nährgewebe völlig
aufgezehrt und in ihrem Inneren die Nährstoffe für die Keimpflanze
gespeichert haben. Die Lage, welche das Würzelchen und die beiden
Keimblätter auf dem Querschnitt des Samens zueinander einnehmen,
kann eine fünffach verschiedene sein, wie in Abb. 372 veranschaulicht ist. Man drückt dies, wo erforderlich, durch die unter den
Figuren befindlichen Zeichen aus, wobei ○ das Würzelchen und ‖

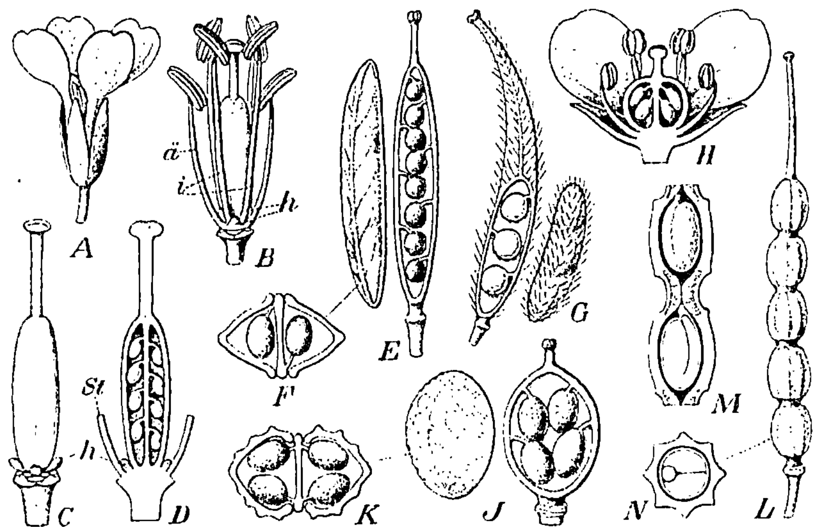

Abb. 374. Blüten und Früchte von Cruciferen. *A—F* Brassicanigra, *A* Blüte, *B* dieselbe nach
Entfernung der Kelch- und Blumenblätter, *ä* äußere, *i* innere Staubblätter, *h* Honigdrüsen am
Grunde derselben, *C* Fruchtknoten, *D* derselbe im Längsschnitt, *St* Staubfaden, *h* Honigdrüsen,
E reife Frucht, die vordere Klappe losgelöst, *F* Querschnitt durch dieselbe, *G* Sinapis alba,
reife Frucht, die vordere Klappe losgelöst, *H—K* Cochlearia officinalis, *H* Blüte im Längsschnitt.
J reife Frucht, die vordere Klappe schon losgelöst, *K* Querschnitt durch die Frucht, *L—N*
Raphanus raphanistrum, *L* reife Frucht, *M* ein Stück davon im Längsschnitt, *N* im Querschnitt.

oder = oder >> die beiden Keimblätter bedeuten. Die Figuren *d*
und *e* sind zur besseren Veranschaulichung im Längsschnitt gezeichnet.
Das Verhältnis zu dem Bilde des darunter mittelst genannter Zeichen
angedeuteten Querschnitts geht jedoch leicht aus der Abbildung hervor.
De Candolle hat diesen morphologischen Verhältnissen entsprechend
eine Einteilung der Kreuzblütlergewächse aufgestellt. Eine andere,
ebenfalls von De Candolle herrührende Einteilung gründet sich
darauf, ob die Schoten oder Schötchen vom Rücken der Fruchtblätter
her breitgedrückt sind und die Scheidewand daher den breiten Durchmesser einnimmt (latisepte Schötchenfrüchte, Abb. 373*a*), oder
ob die Zusammendrückung von den Seiten her stattgefunden hat und
die Scheidewand daher den schmalen Durchmesser einnimmt (angustisepte Schötchenfrüchte, Abb. 373*b*).

Hier soll die einfache Einteilung in Schotenfrüchtige und Schötchenfrüchtige benutzt werden.

A. Siliquosae. Schotenfrüchtige.

Off. **Brassica** nigra, der schwarze Senf (auch Sinapis nigra genannt), (Abb. 374 *A—F*), liefert Sem. Sinapis. Die Pflanze blüht gelb und ist ein häufiges Saatunkraut. Zur Samengewinnung wird sie felderweise angebaut. — B. juncea, der Sarepta-Senf (auch Sinapis juncea genannt), wird namentlich in wärmeren Klimaten zur Mostrichgewinnung kultiviert. — B oleracea, der Kohl, ist das bekannte Küchengewächs, das infolge Jahrtausende alter Kultur die verschiedenartigsten Formen angenommen hat (z. B. Gartenkohl, Rosenkohl, Wirsingkohl, Rotkohl, Blumenkohl, Kohlrabi, Kohlrübe). Andere Arten der Gattung werden als Saatgewächse, namentlich zur Ölgewinnung [z. B. Raps (B. napus) und Rübsen (B. campestris)], angebaut.

Off. **Sinapis** alba, der weiße Senf (Abb. 374 *G*), liefert Sem. Erucae oder Sem. Sinapis alb. — S. arvensis ist ein lästiges Ackerunkraut.

Dentaria bulbifera, die knollentragende Zahnwurz, besitzt scharf riechende knollige Wurzeln, welche mit Spiritus destilliert ein wie Spir. Cochleariae wirkendes und häufig an dessen Stelle angewendetes Präparat geben.

Matthiola annua und incana, Sommer- und Winterlevkoje, sowie **Cheiranthus** cheiri, der Goldlack, sind beliebte Gartenzierpflanzen.

Nasturtium officinale, Brunnenkresse, und **Cardamine** pratensis, Wiesenschaumkraut, wurden früher medizinisch angewendet. Erstere wird als Salat sehr geschätzt.

Barbaraea vulgaris, Senfkraut, **Turritis** glabra, Waldkohl, **Arabis** hirsuta und A. Halleri, Gänsekresse, **Sisymbrium** officinale und **Alliaria** officinalis, Knoblauch-Hederich, sind häufige Unkräuter.

B. Siliculosae. Schötchenfrüchtige.

Off. **Cochleara** officinalis, das Löffelkraut (Abb. 374 *H—K*), mit weißen Blüten und breitwandigen, kugelig aufgedunsenen Schötchen, gedeiht besonders an den nordeuropäischen Meeresküsten und liefert Herb. Cochleariae, frisch destilliert Spiritus Cochleariae. — C. armoracia ist der seines scharfschmeckenden Rhizomes wegen kultivierte Mährrettich (Meerrettich).

Capsella bursa pastoris, das Hirtentäschel, ist ein sehr verbreitetes Unkraut, welches neuerdings wieder als Hämostyptikum empfohlen worden ist.

Raphanus sativus, der Rettich, ist in verschiedenen Kulturvarietäten, als Gartenrettich, Monatsrettich und Radieschen ein verbreitetes Gartengewächs, R. raphanistrum, Hederich (Abb. 374 *L—N*), ein lästiges Ackerunkraut.

Isatis tinctoria, Färberwaid, im Mittelmeergebiet heimisch, wurde früher zur Bereitung des deutschen Indigo in ausgedehntem Maße angebaut.

Lepidium sativum, Gartenkresse, wird als Salat- und Gewürzpflanze angebaut, L. campestre ist an Wegrändern häufig.

Iberis amara, Schleifenblume, **Thlaspi** arvense, Täschel- oder Hellerkraut, **Camelina** sativa, Leindotter und **Erophila** verna, Hungerblümchen, sind in unserem Klima sehr verbreitete Vertreter dieser Pflanzengruppe.

Draba-Arten kommen in großer Anzahl besonders in den Hochgebirgen der Erde vor.

Lunaria rediviva und L. biennis, „Silberblatt", kommen wild selten vor, sind aber zu beliebten Gartenpflanzen geworden.

Resedaceae.

Familie der Resedagewächse.

Diese haben zygomorphe Blüten mit zerschlitzten Blumenblättern und drei bis vierzig Staubgefäßen; Fruchtblätter zwei bis sechs, frei oder zu einem oben offenen, einfächerigen Fruchtknoten verwachsen. Es sind vorwiegend krautige, in den Mittelmeerländern heimische, kleinblütige Gewächse.

Reseda odorata, Reseda, ist eine aus Nordafrika stammende und wegen ihres Wohlgeruchs ungemein beliebte Zierpflanze. R. luteola, Färberwau, wächst bei uns an Wegrändern wild.

12. Reihe. **Sarraceniales.** Insektenfangende Gewächse.

Die Blüten hypogynisch, mit doppelter, kelchartiger oder korollinischer Blütenhülle. Fruchtknoten drei- bis fünffächerig mit zentralwinkelständigen oder wandständigen, zahlreichen Samenanlagen. Samen klein, mit Nährgewebe.

Kräuter mit insektenfangenden und -verzehrenden Blättern.

Sarraceniaceae.

Familie der Schlauchblattgewächse.

Die hierher gehörigen wenigen Arten sind Sumpfpflanzen Amerikas mit einzelnen oder wenigen ansehnlichen, in lockeren Trauben stehenden Blüten an axillärem Schaft. Die Blätter sind schlauchförmig, sondern im Innern Schleim und Honig ab und fangen Insekten. Ob diese in den Schläuchen verdaut werden, ist jedoch nicht ganz sicher.

Sarracenia purpurea ist in Nordamerika heimisch und wird nicht selten in botanischen Gärten kultiviert.

Nepenthaceae.

Familie der Kannenträger.

Kletterpflanzen des indisch-malayischen Gebietes mit spiralig gestellten Blättern und kleinen, unscheinbaren, getrenntgeschlechtigen Blüten in vielblütigen Trauben oder Rispen. Die oberen Blätter laufen in Ranken aus, bei den unteren ist die Blattspreite zu bedeckelten Schläuchen oder Kannen umgebildet. Die Wände dieser Kannen sind mit vielen Drüsen ausgekleidet, welche ein schleimiges, schwach säuerliches Sekret ausscheiden. Insekten, welche in die Kannen fallen, werden verdaut.

Die **Nepenthes**-Arten (Abb. 375) sind im indisch-malayischen Gebiete verbreitet und werden häufig in Warmhäusern kultiviert; sie sind durch ihre großen und schön gefärbten Kannen sehr auffallende Gewächse.

Droseraceae.

Familie der Sonnentaugewächse.

Gewächse mit regelmäßigen Blüten und fünf Staubgefäßen. Der Fruchtknoten ist einfächerig und entwickelt sich zu einer Kapselfrucht. Die Sonnentaugewächse sind Kräuter mit drüsig gewimperten, „fleischfressenden" Blättern.

Drosera rotundifolia, **D.** longifolia und **D.** intermedia, Sonnen-
tau (Abb. 376), sind auf Torfmooren in unserem Klima heimische kleine

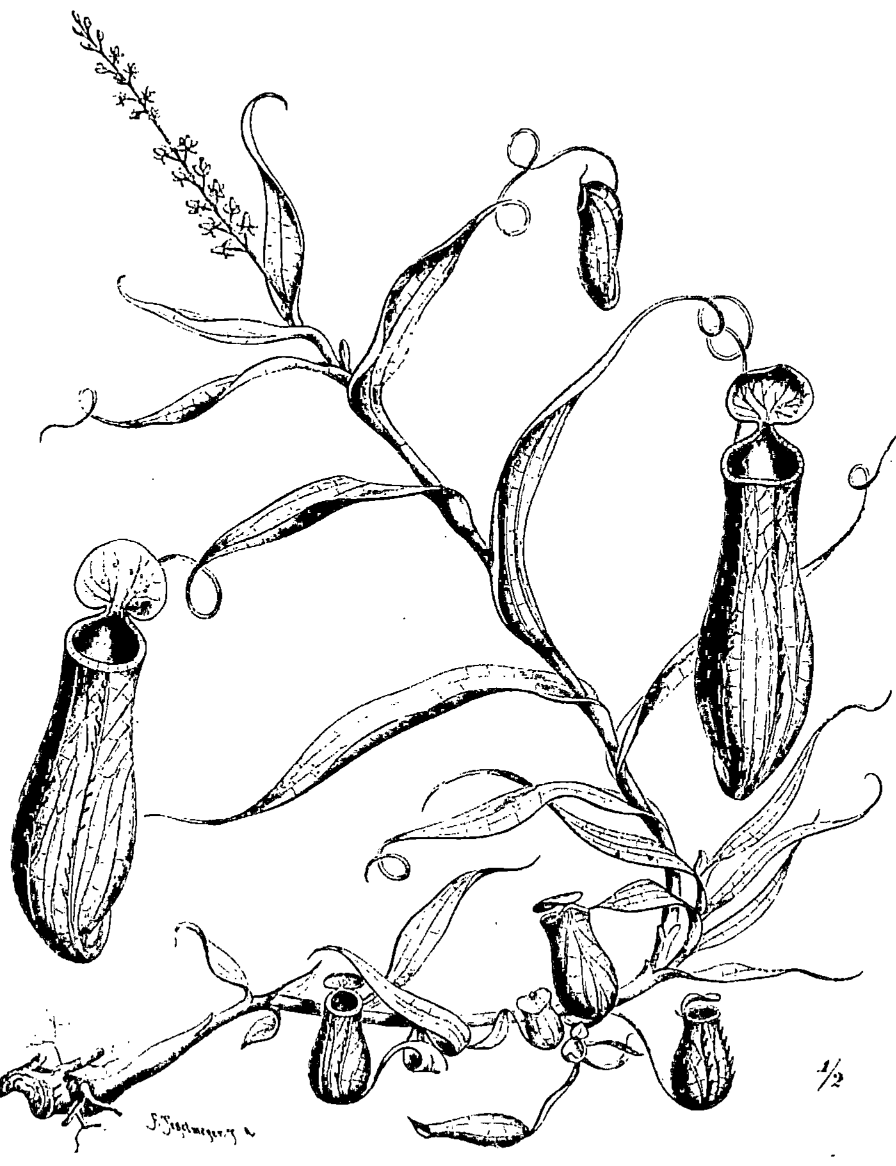

Abb. 375. Nepenthes gracilis. (Nach Korthals.)

Gewächse. Die zahlreichen Drüsenhaare der Blätter sondern einen klebrigen
Saft ab, mit welchem sie Insekten anlocken. Diese werden durch den Saft festgehalten, die Drüsenhaare schließen sich über dem Tier zusammen, scheiden

sodann einen schwach saueren Saft ab und saugen die verdaulichen Teile der Insekten auf. Das Kraut war früher unter dem Namen Herba Rorellae medizinisch gebräuchlich.

Abb. 376. Die drei deutschen Drosera-Arten. *A* Drosera rotundifolia, *B* Drosera intermedia. *C* Drosera longifolia, in Blüte. (Nach Drude.)

Dionaea muscipula ist die sogen. Venusfliegenfalle (Abb. 377). Ihre Blatthälften klappen bei Berührung einer der 6 Fühlborsten rasch zusammen und fangen auf diese Weise Insekten, welche sodann verdaut werden. Die Pflanze ist in Sümpfen des südlichen Nordamerikas heimisch.

13. Reihe. **Rosales.** Rosenähnliche.

Blüten cyklisch, selten halbspiralig angeordnet, mit doppelter Blütenhülle, hypogynisch, perigynisch oder epigynisch. Fruchtblätter häufig frei voneinander, manchmal aber auch verwachsen.

Crassulaceae.

Familie der Fettpflanzen.

Sukkulente Kräuter oder Halbsträucher, meist Felsenpflanzen. Die Blüten sind zwittrig mit Kelch und Krone versehen, die Gliederzahl wechselt. Karpelle meist frei oder nur schwach vereint.

Hierher die Gattungen **Sedum, Sempervivum, Bryophyllum,** letztere ausgezeichnet durch Knospenbildung in den Blattkerben.

Saxifragaceae.

Familie der Steinbrechgewächse.

Die Steinbrechgewächse besitzen meist zwei je fünfgliedrige Staubblattkreise. Diese können sowohl unter, als auch über dem Fruchtknoten stehen, wie auch um denselben herum. Der Fruchtknoten besteht aus zwei Fruchtblättern oder aus vier, bezw. fünf, welche miteinander verwachsen sind. Die Samenanlagen stehen an dicken, zentralwinkelständigen Placenten. Die Blütenformel ist:

$$K5\,C5\,A5 + 5\,G(2).$$

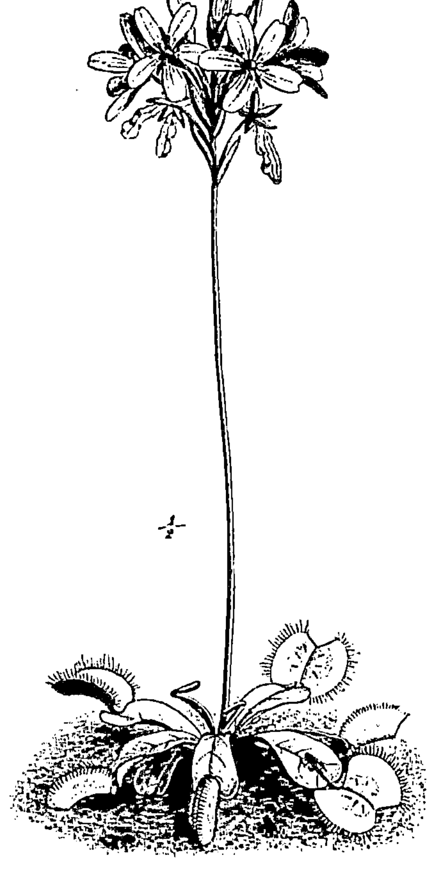

Abb. 377. Habitusbild von Dionaea muscipula. (Nach Drude).

Saxifraga granulata, der knollentragende Steinbrech, ist ein auf sonnigen Hügeln häufiges Kraut. — Andere Arten dieser formenreichen Gattung gehören zu den schönsten und charakteristischsten Gewächsen der Hochgebirge.

Hydrangea hortensia, die Hortensie, eine beliebte Zierpflanze.

Ribes vulgare und **rubrum,** die Stammpflanzen der roten Johannisbeere **R. nigrum,** schwarze Johannisbeere, **R. grossularia,** Stachelbeere.

Familie **Hamamelidaceae.**

Sträucher oder Bäume mit kleinen, in dichte Ähren oder Köpfchen gestellten Blüten, welche oft von Hochblättern umhüllt sind.

Off. Liquidambar orientale (Abb. 378), ein platanenähnlicher Baum Kleinasiens mit handförmig gelappten Blättern und kleinen, in dichten Knäueln stehenden Blüten, liefert als pathologisches Produkt das Harz Styrax liquidus.

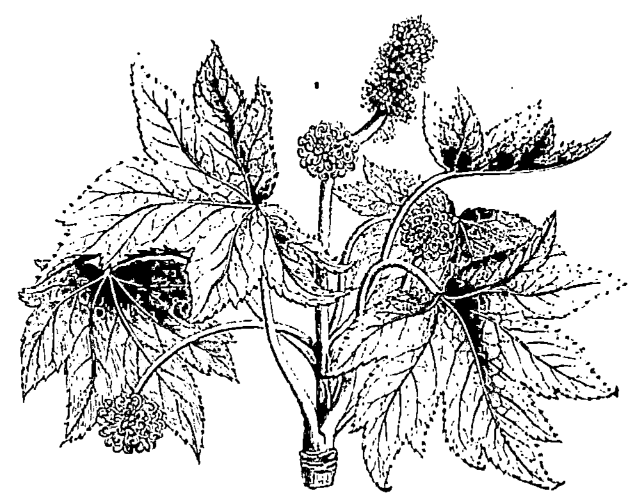

Abb. 378. Liquidambar orientale.

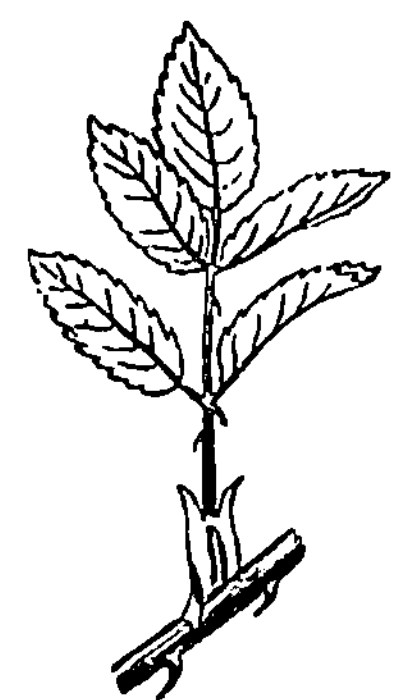

Abb. 379. Blatt von Rosa mit dem Blattstiel angewachsenen Nebenblättern.

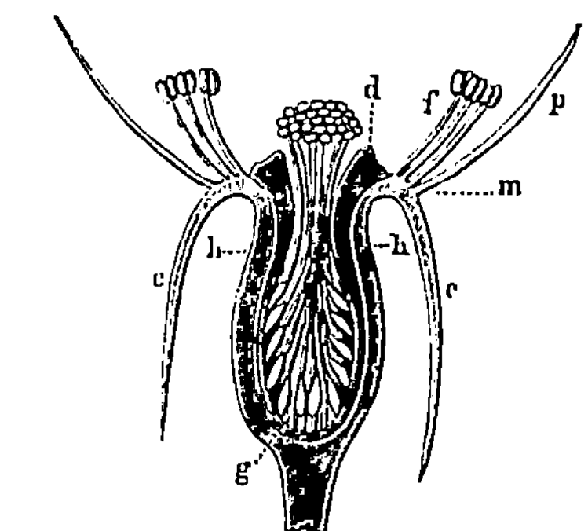

Abb. 380. Eine Blüte von Rosa, längsdurchschnitten: *h* der hinaufgewölbte Fruchtboden, *d* Honigwulst (Diskus), *c* Kelchblätter, *p* Blumenblätter, *m* Einfügungsstelle derselben, *f* Staubgefäße, *g* die zahlreichen freien Fruchtblätter.

Rosaceae.

Familie der Rosengewächse.

Die Rosengewächse sind Kräuter, Bäume und Sträucher mit zerstreuten, häufig gefiederten und geteilten Blättern und mit Nebenblättern, welche oft an dem Blattstiele angewachsen sind (Abb. 379) Die Blüten sind vollkommen und regelmäßig, nach der Fünfzahl gebaut und oft typisch perigyn, d. h. der Blütenboden ist rings um den Fruchtknoten hinaufgewölbt und auf seinem Rande stehen Kelchblätter, Blumenblätter und Staubgefäße eingefügt (Abb. 380), was

Linné nicht zutreffend „Staubgefäße auf dem Kelchrande eingefügt"
nannte. Die Rosengewächse gehören daher zum Teil der XII. Klasse
nach Linné an. Die Blütenformel ist: $K\,5\,C\,5\,A\,5-\infty\,G\,1-\infty$. Der
flach schüsselförmige bis tief krugförmige oder aber vorgewölbte
Blütenboden, **Hypanthium** oder **Receptaculum** genannt, beteiligt sich oft an der Frucht-, bezw. Scheinfruchtbildung (Hagebutte,
Erdbeere, Apfelfrucht). — Nach der Anzahl der Fruchtknoten und
nach der Art und Weise, in welcher die Fruchtbildung vor sich geht,
unterscheidet man eine Anzahl Unterfamilien:

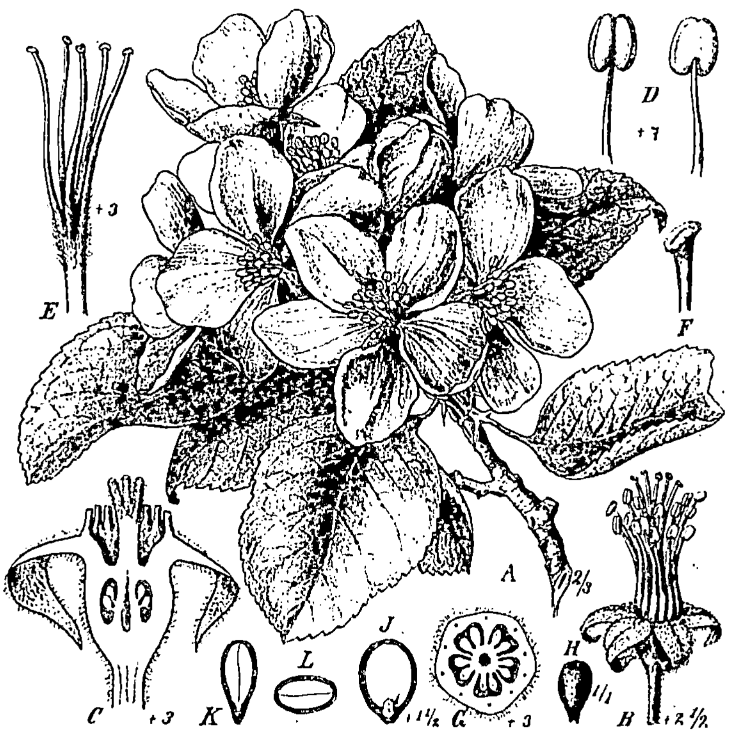

Abb. 381. Pirus malus. *A* Blühender Zweig, *B* Blüte nach Entfernung der Blumenblätter,
C Längsschnitt durch die Blüte, *D* Staubblätter, *E* Griffel, *F* Narbe, *G* Fruchtknotenquerschnitt,
H Samen, *J* und *K* Samenlängsschnitte, *L* Samenquerschnitt.

a) **Spiraeoideae:** $K\,5\,C\,5\,A\,10-\infty\,G\,5-2$. Die meist zu fünf
vorhandenen, weder der Blütenachse eingesenkten noch auf einem vor-
gewölbten Blütenboden aufsitzenden Fruchtblätter wachsen bei der
Reife zu mehrsamigen Balgkapseln aus.

b) **Pomoideae:** $K\,5\,C\,5\,A\,10-\infty\,G\,(2)-(5)$. Die Fruchtblätter sind
sowohl unter sich, als auch mit dem hohlen Blütenboden verwachsen.
Beide werden mehr oder weniger fleischig und bilden die sogen.
Apfelfrucht, d. i. eine Scheinfrucht, welche an ihrer Spitze von den
vertrockneten Kelchblättern gekrönt wird (Abb. 383, 384).

c) **Rosoideae:** K 5 C 5 A ∞ G ∞. Die Fruchtblätter stehen zahlreich und frei nebeneinander, entweder dem gewölbten, halbkugeligen bis kegelförmigen Blütenboden aufsitzend, oder aber teils im Grunde, teils an der Wandung des schwach vertieften oder meistens tief krugförmigen, oben verengten Blütenbodens eingefügt, durch dessen obere Öffnung nur die Griffel hervorragen.

Abb. 382. Pirus communis.

Durch das Wachstum des Blütenbodens entstehen nach der Befruchtung Scheinfrüchte, an denen im erst geschilderten Fall die zahlreichen Früchtchen außen ansitzen; diese können nüßchenartig wie bei der Erdbeere, oder beerenartig wie bei der Himbeere sein. Bei der Erdbeere ist der Blütenboden der rote eßbare Körper, welchem die Früchte als kleine gelbe Nüßchen aufsitzen (Abb. 393). Bei der Himbeere und der Brombeere hingegen ist der Blütenboden kegelförmig und nicht eßbar, während die saftigen Früchtchen miteinander verwachsen und gemeinsam die vom Blütenboden ablösbare Scheinfrucht (Sammelfrucht) bilden (Abb. 391, 3). Im zweiten Falle werden die Früchte zu harten Nüßchen, welche vom fleischigen Blütenboden umgeben sind (Hagebutte, Fig. 388).

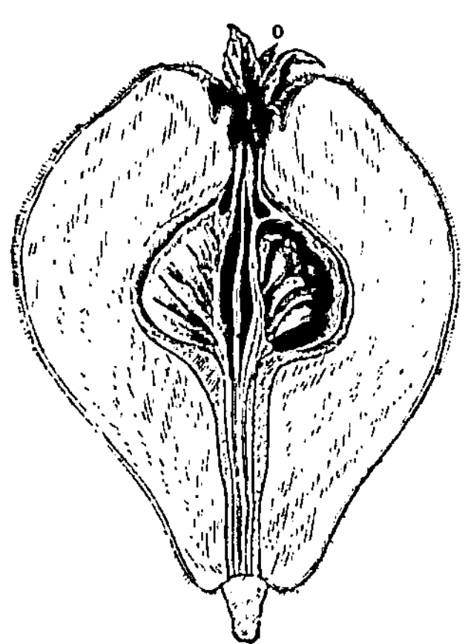

Abb. 383. Scheinfrucht von Cydonia vulgaris, längsdurchschnitten.

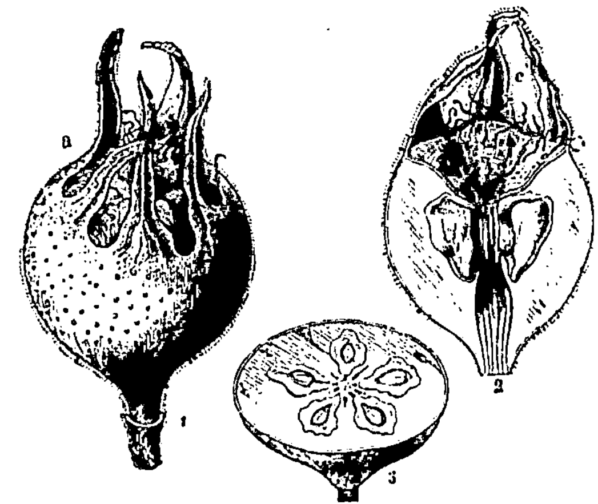

Abb. 384. *1* Scheinfrucht von Mespilus germanica; *2* dieselbe längsdurchschnitten; *3* querdurchschnitten: *a* und *c* die Reste des Kelches.

d) **Prunoideae:** K 5 C 5 A ∞ G 1. Das einzige vorhandene Fruchtblatt wächst zu einer meist einsamigen Steinfrucht aus. Der Blütenboden fällt mit dem Kelch vor der Reife der Frucht ab. Die innen mit einem harten Steinkern versehene Steinfrucht besitzt saftiges Fleisch (Pflaume, Pfirsich) oder sie ist saftlos (Mandel, Abb. 402).

a) **Spiraeoideae:**

Spiraea-Arten werden häufig als Ziersträucher in unseren Gärten kultiviert.
Off. **Quillaja saponaria**, ein in Chile einheimischer Baum, ist die Stammpflanze von Cort. Quillajae.

Abb. 385. Sorbus aucuparia.

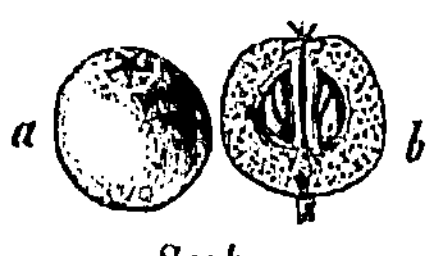

Abb. 386. Scheinfrucht von
Sorbus aucuparia.

Abb. 387. Rosa canina.

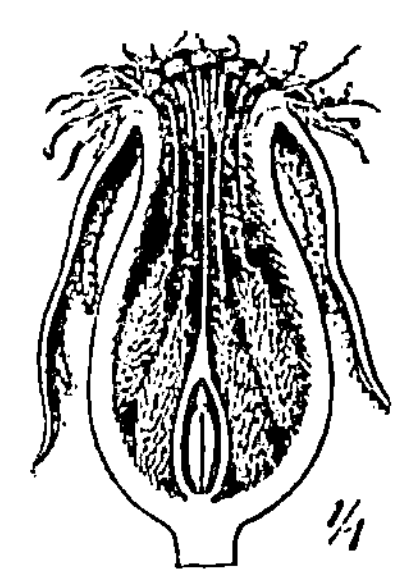

Abb. 388. Scheinfrucht von
Rosa canina (Hagebutte).

b) **Pomoideae:**

Pirus malus (Abb. 381), der Apfelbaum, und **P. communis** (Abb. 382),
der Birnbaum, sind allenthalben kultivierte Obstbäume, jeder derselben mit
zahllosen Varietäten, deren Unterschiede auf Form, Größe und Geschmack der
Früchte beruhen.

Sorbus aucuparia (Abb. 385), Vogelbeerbaum oder Eberesche, wird bei
uns häufig an Landstraßen angepflanzt. Der Saft der frischen Früchte (Abb.
386) dient zur Gewinnung von Apfelsäure und von Extr. Ferri pomatum. — Die
Gattung Sorbus wird häufig als Sektion zu Pirus gezogen.

Abb. 389. Geum urbanum.

Abb. 390. Rubus idaeus.

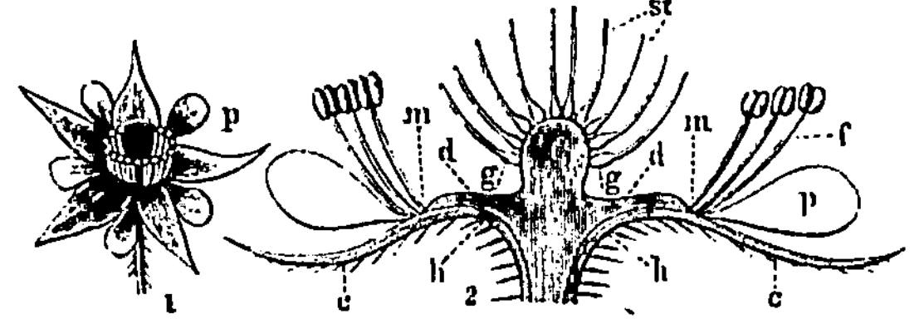

Abb. 391. *1* Blüte von Rubus idaeus; *2* dieselbe längsdurchschnitten und vergrößert: *h* der Blütenboden, *d* Diskus, *c* Kelchblätter, *p* Blumenblätter, *f* Staubgefäße, *m* Einfügungsstelle derselben, *g* die zahlreichen, freien Fruchtblätter, *st* die Griffel; *3, a* Sammelfrucht von Rubus idaeus, *b* dieselbe längsdurchschnitten.

Abb. 392. Fragaria vesca.

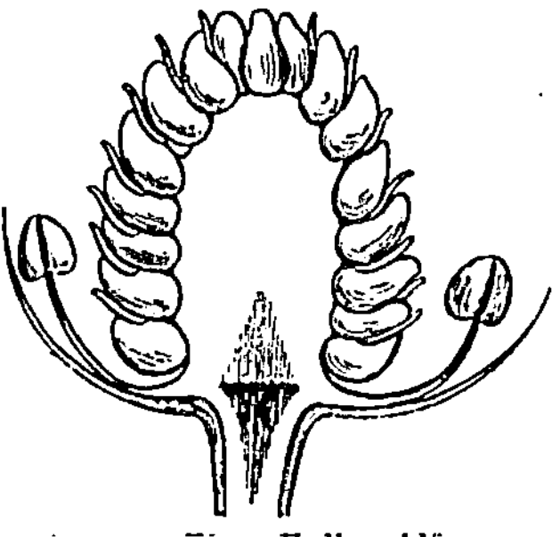

Abb. 393. Eine Erdbeerblüte, längsdurchschnitten und vergrößert, um die auf dem eßbaren, kegelförmigen Fruchtboden aufsitzenden Einzelfruchtknoten zu zeigen.

Cydonia v u l g a r i s, die gemeine Quitte, trägt gleichfalls eßbare Früchte (Abb. 383) und liefert schleimreiche Sem. Cydoniae. C j a p o n i c a, aus Japan stammend, ist ein häufig kultivierter, schön blühender Gartenstrauch.

Mespilus g e r m a n i c a trägt Früchte, welche ebenfalls eßbar sind (Mispeln, Abb. 384).

c) Rosoideae:

Off. **Rosa** c a n i n a, die Hundsrose (Abb. 387 u. 388), wächst bei uns wild und liefert Fruct. und Sem. Cynosbati. Von den zahlreichen anderen Rosenarten ist eine Anzahl als Gartenzierpflanzen durch Kultur zu einer ganz außerordentlichen Mannigfaltigkeit von Varietäten und Bastarden ausgebildet worden. Unter ihnen sind zu nennen R. g a l l i c a, die Essigrose, mit purpurroten Blumenblättern, und R. c e n t i f o l i a, die Centifolie, mit rosafarbenen Blumenblättern. Beide liefern Flores Rosae. — R. d a m a s c e n a, die Damaszener- oder Monats-

Abb. 394. Sanguisorba minor.

Abb. 395. Agrimonia eupatoria.

rose. stammt aus dem Orient und liefert besonders in Bulgarien Oleum Rosae, welches neuerdings aus derselben Art auch in Deutschland (Sachsen) gewonnen wird.

Ulmaria p a l u s t r i s (= U. p e n t a p e t a l a, Abb. 398), an feuchten Ufern und auf Wiesen bei uns häufig, liefert Flores Ulmariae. U. f i l i p e n d u l a, an denselben Standorten wie vorige Art, liefert Rad. Filipendulae.

Potentilla v e r n a, das Frühlings-Fingerkraut, und andere P.-Arten sind bei uns häufige Wiesenkräuter. P. (T o r m e n t i l l a) e r e c t a, die Rotwurz, wächst ebenfalls bei uns wild und liefert Rhizoma Tormentillae.

Geum u r b a n u m, die Nelkenwurz (Abb. 389), in feuchten Gebüschen wildwachsend, ist die Stammpflanze von Rhizoma Caryophyllatae.

Rubus i d a e u s, der Himbeerstrauch (Abb. 390 u. 391) und R. c a e s i u s, R. u l m i f o l i u s u. v. a. m., Brombeersträucher, liefern in zahllosen Formen beliebtes Beerenobst. Aus den Früchten des ersteren wird Sirup. Rubi Idaei gewonnen.

Fragaria v e s c a, die W a l d - E r d b e e r e (Abb. 392 u. 393), wächst bei uns wild. Andere Arten, namentlich F. e l a t i o r und F. v i r g i n i a n a, sind in Kultur genommen und liefern mit ihren mannigfachen Varietäten und Bastarden die geschätzten „Ananas-Erdbeeren".

Sanguisorba m i n o r (= Poterium sanguisorba) (Abb. 394), fälschlich Gartenpimpinelle genannt, wächst auf Wiesen wild.

Agrimonia e u p a t o r i a, Odermennig (Abb. 395), wächst in Gebüschen wild und liefert Herb. Agrimoniae.

Off. **Hagenia** a b y s s i n i c a (auch Brayera anthelmintica genannt), der Kussobaum (Abb. 396 u. 397), ist in Abyssinien und anderen Hochgebirgen des tropischen Afrika heimisch und zeichnet sich durch getrenntgeschlechtige Blüten und hinfällige Blumenblätter aus, sowie durch das Vorhandensein eines Nebenkelchs, dessen Blätter sich an den weiblichen Blüten nach dem Verblühen stark vergrößern. Liefert Flor. Koso.

Abb. 396. Hagenia abyssinica.

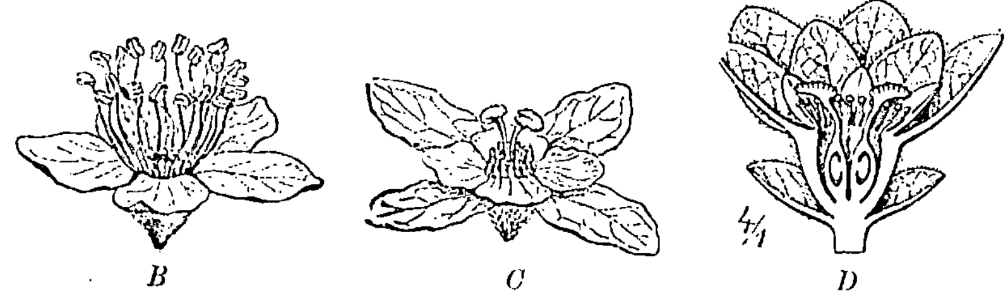

B   C   D

Abb. 397. Hagenia abyssinica: *B* männliche, fünfzählige Blüte mit großen Kelchblättern, welche den Nebenkelch verdecken; *C* weibliche, vierzählige Blüte mit vergrößertem Nebenkelch und dem auf diesem aufliegenden normalen Kelch; die kleinen linealischen Blumenblätter sind weggelassen, resp. schon abgefallen; *D* weibliche Blüte im Längsschnitt.

d) **Prunoideae:**

Prunus i n s i t i t i a, die Pflaume, **P.** d o m e s t i c a, die Zwetsche, nnd eine weitere Anzahl Prunusarten, wie **P.** i t a l i c a, die Reineclaude und **P.** a r m e n i a c a, die Aprikose, **P.** c e r a s u s (Abb. 399), die Sauerkirsche, **P.** a v i u m, die Süßkirsche, liefern beliebtes Tafelobst. Sie stammen fast sämtlich aus Asien, nur die Süßkirsche ist europäischen Ursprungs. — **P.** s p i n o s a, der Schlehdorn (Abb. 400), ist die Stammpflanze der sogenannten Flores Acaciae. — **P.** l a u r o c e r a s u s (Abb. 401), der Kirschlorbeer, in Kleinasien heimisch, bei uns im Freien aushaltend, hat blausäurehaltige Blätter, welche zur Bereitung von Aqua Laurocerasi dienen.

Off. **P.** a m y g d a l u s (= Amygdalus communis), der Mandelbaum, stammt aus Zentralasien, wird im Orient und in Südeuropa angebaut und liefert die

Mandeln (Abb. 402). Süße und bittere Mandeln (Amygdalae) sind die Samen zweier Formen derselben Art.

P. persica (= Persica vulgaris) ist die Stammpflanze der Pfirsiche. Sie stammt aus Nordchina. Ihre Früchte bilden ein geschätztes Tafelobst; aus ihren Samen wurde ursprünglich Persicolikör bereitet.

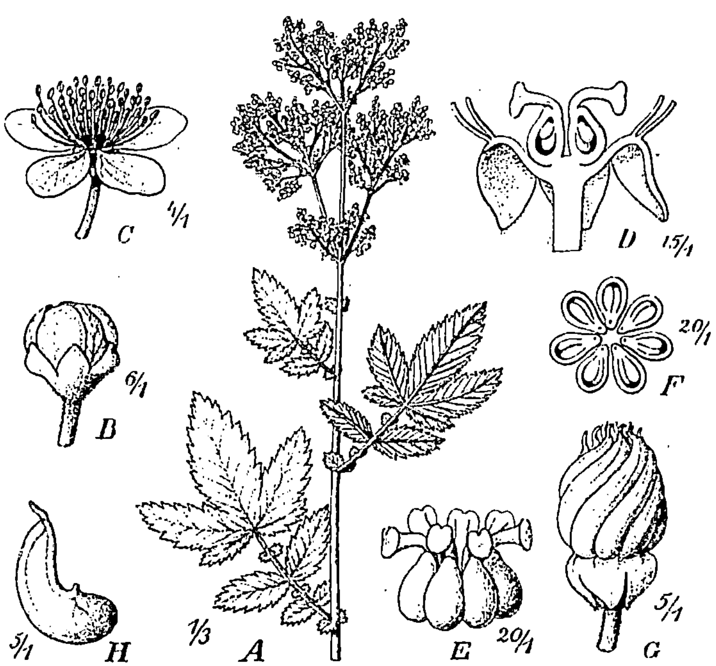

Abb. 398. Ulmaria palustris. *A* blühende Pflanze, *B* Knospe, *C* Blüte, *D* dieselbe im Längsschnitt, *E* Gynaeceum, *F* dasselbe quer durchschnitten, *G* Frucht, *H* Samen.

Leguminosae.

Familie der Hülsenfrüchtler.

Blüten mit doppelter Blütenhülle, fünfgliederig, mit zahlreichen oder meist in zwei Kreisen stehenden Staubblättern, hypogyn, strahlig oder zygomorph. Nur ein Fruchtblatt vorhanden, dieses einen einfächerigen Fruchtknoten bildend mit zahlreichen Samenanlagen an der Bauchnaht. Frucht eine Balgfrucht (Hülse). Samen ohne Nährgewebe mit dicken Kotyledonen.

Abb. 399. Prunus cerasus.

Diese große und wichtige, etwa 7000 Arten umfassende Familie wird in folgende drei Unterfamilien (die auch oft als Familien behandelt werden) eingeteilt:

Abb. 400. Prunus spinosa.

Abb. 401. Prunus laurocerasus.

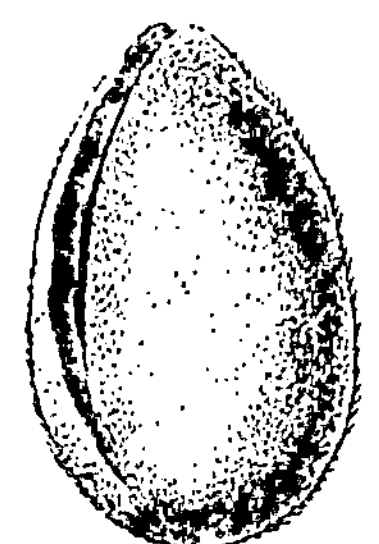

Abb. 402. Frucht von
Prunus amygdalus im
Begriff sich zu öffnen.

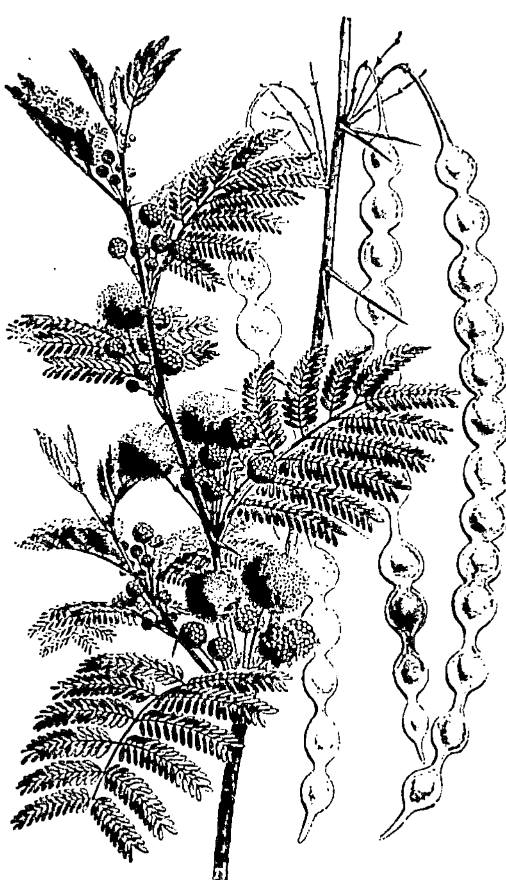

Abb. 403. Acacia arabica.

1. Unterfamilie **Mimosoideae.**

Es sind dies Holzgewächse oder Kräuter mit meist paarig gefiederten Blättern. Die Blüten sind regelmäßig, die Blumenblätter in der Knospenlage klappig. Die Blütenformel ist: $K\,5\,C\,5\,A\,5 - 10 - \infty\,G\underline{1}$. In der Zahl der Staubgefäße herrscht große Mannigfaltigkeit. Die

Abb. 404. Acacia catechu.

meist sehr kleinen Blüten stehen häufig in Köpfchen, welche oft wiederum ährenartig gruppiert sind.

Mimosa pudica, ein überall in den Tropen eingebürgertes Unkraut, wird wegen der auffallenden Empfindlichkeit seiner Blätter und Blättchen häufig in Warmhäusern gehalten.

Off. **Acacia** senegal (Syn. A. verek), A. arabica (Abb. 403) und andere Arten, welche im tropischen Afrika einheimisch sind, liefern Gummi arabicum; von ersterer Art stammt die officinelle Sorte. A. catechu (Abb. 404) wächst in Indien und liefert die gerbstoffreiche Droge Catechu. Zahlreiche Arten von

Acacia mit gefiederten Blättern (Afrika) oder mit Phyllodien (blattlose, aus Australien) werden neuerdings unter dem Namen „Mimosen" als Schnittpflanzen von der Riviera eingeführt.

Stryphnodendron barbatimao, in Brasilien heimisch, ist die Stammpflanze von Cort. adstring. Brasiliens.

2. Unterfamilie **Caesalpinioideae.**

Die Blüten dieser Unterfamilie sind in ihrem Bau denjenigen der Papilionatae oft ziemlich ähnlich, haben jedoch, trotzdem sie typisch zygomorph sind, meist keine schmetterlingsförmige Gestalt. Die

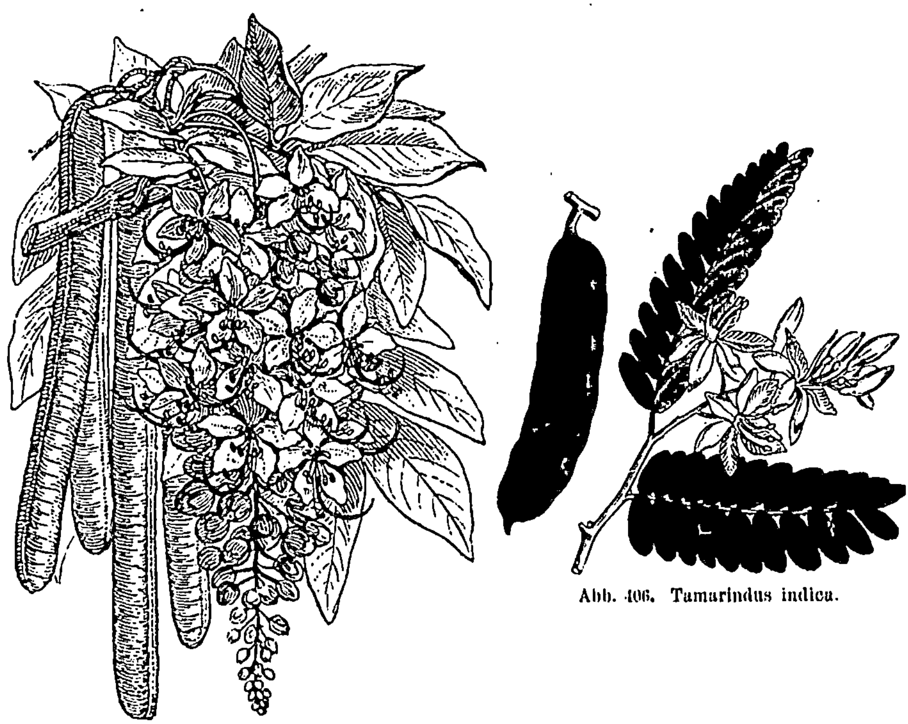

Abb. 405. Cassia fistula.

Abb. 406. Tamarindus indica.

Blumenkronblätter sind in der Knospe in aufsteigender Deckung, also umgekehrt als bei den Papilionatae, eingefügt. Zuweilen sind die Blumenblätter unvollkommen, zuweilen fehlen sie ganz. Die Staubgefäße sind in Zahl und Stellung recht verschieden, oft stark reduziert, frei oder miteinander verwachsen. — Die Caesalpinioideen sind fast ausnahmslos Holzgewächse, seltener Kräuter wärmerer Klimate und tragen gefiederte Blätter.

Caesalpinia brasiliensis ist die Stammpflanze des Fernambukholzes, C. sappan diejenige des Sappanholzes, welche zum Färben dienen. Beide Arten sind im tropischen Amerika heimisch.

Off. **Cassia** angustifolia und C. acutifolia, auch C. obovata, im tropischen Ostafrika einheimisch, sind Halbsträucher mit paarig gefiederten Blättern, deren Fiederblättchen als Folia Sennae offizinell waren. Neuerdings ist nur noch erstere gebräuchlich. C. fistula (Abb. 405) hat dasselbe Verbreitungsgebiet und ist die Stammpflanze der Fruct. Cassiae fistulae.

Off. **Tamarindus** indica (Abb. 406), wahrscheinlich im tropischen Afrika heimisch und in den Tropen überall kultiviert, ist ein immergrüner Baum mit paarig gefiederten Blättern und großen gelben und roten Blüten. Das Mus der Früchte bildet die offizinelle Pulpa Tamarindorum.

Abb. 408. Ceratonia siliqua.

Abb. 407. Copaifera officinalis.

Off. **Copaifera** officinalis (Abb. 407), C. guianensis und andere Arten, in Zentralamerika und dem nördlichen Südamerika heimische Bäume, sind die Stammpflanzen des Balsamum Copaivae.

Trachylobium verrucosum, ein in Ostafrika heimischer, hoher Baum, liefert den besten, den sogen. Sansibar-Kopal.

Hymenaea courbaril, in Brasilien heimisch, gibt den amerikanischen Kopal.

Off. **Krameria** triandra, ein auf den Anden Perus einheimischer, niedriger, silberhaariger Strauch, ist die Stammpflanze von Rad. Ratanhiae.

Haematoxylon campechianum, in Mexiko heimisch, liefert Lignum Campechianum.

Ceratonia siliqua (Abb. 408), liefert Johannisbrot und gedeiht in den Mittelmeerländern.

3. Unterfamilie **Papilionatae.**

Schmetterlingsblütler.

Diese Unterfamilie hat ihren Namen von der charakteristischen Form der Blüte, welche man mit dem Namen Schmetterlingsblüte (Abb. 409, *1*) bezeichnet. Diese ist unregelmäßig, aber symmetrisch gebaut. Von den fünf Kelchblättern bilden zwei die Oberlippe, drei

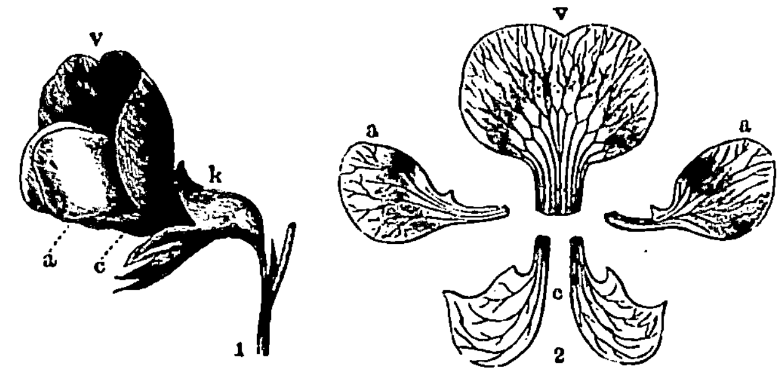

Abb. 409. *1* Eine Papilionatenblüte; *2* die einzelnen Blumenblätter in ihrer gegenseitigen Stellung: *v* die Fahne, Vexillum; *a* die beiden Flügel, Alae; *c* der Kiel, Carina.

die Unterlippe, oder eins die Oberlippe und vier die Unterlippe. Die Blumenkronblätter sind in absteigender Deckung (Abb. 409) eingefügt. Das oberste (hinterste) Blumenblatt (Abb. 409, *2v*) ist meist viel größer als die übrigen und wird die **Fahne** (Vexillum) genannt. Die beiden seitlichen Blumenblätter (*a*) bilden die **Flügel** (Alae) und die beiden unteren Blumenblätter (*c*) den **Kiel** (Carina). Die

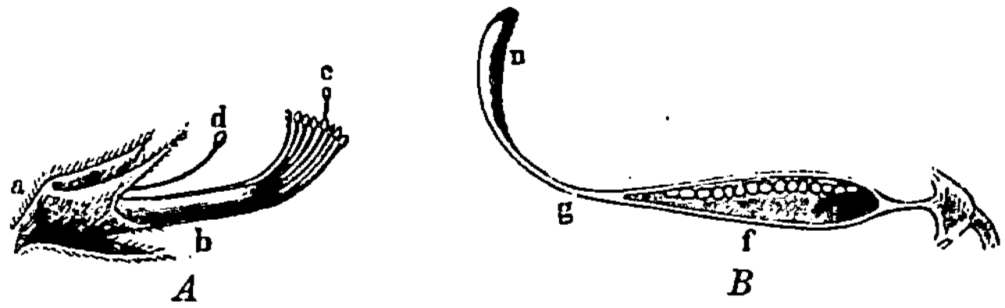

Abb. 410. *A* Eine von den Blumenblättern befreite Papilionatenblüte: *a* der Kelch, *b* neun Staubgefäße zu einem Bündel verwachsen, *d* das zehnte freie Staubgefäß, *c* die Narbe des Griffels; *B* das Gynaeceum einer Papilionatenblüte; *f* der Fruchtknoten, *g* der Griffel, *n* die Narbe.

und die beiden unteren Blumenblätter (*c*) den **Kiel** (**Carina**). Die vorhandenen zehn Staubgefäße sind entweder sämtlich mit ihren Filamenten zu einem röhrenförmigen Bündel verwachsen, oder aber das oberste derselben ist von der Verwachsung freigeblieben (Abb. 410, *A*). Im letzteren Falle gehört die Pflanze der XVII. Klasse nach Linné (Diadelphia), im ersteren der XVI. Klasse (Monadelphia) an. Die

Blütenformel ist: K 5 C 5 A 5 + 5 G$\underline{1}$ (Abb. 411). Die Frucht ist eine Hülse (Legumen), wird jedoch bei den Erbsenfrüchten (Abb. 412) im Volksmunde fälschlicherweise als „Schote" bezeichnet (Schotenfrüchte besitzen fast nur die Cruciferen). Die Hülsen öffnen sich bei der Reife meist an Bauch- und Rückennaht zugleich. Durch Ein-

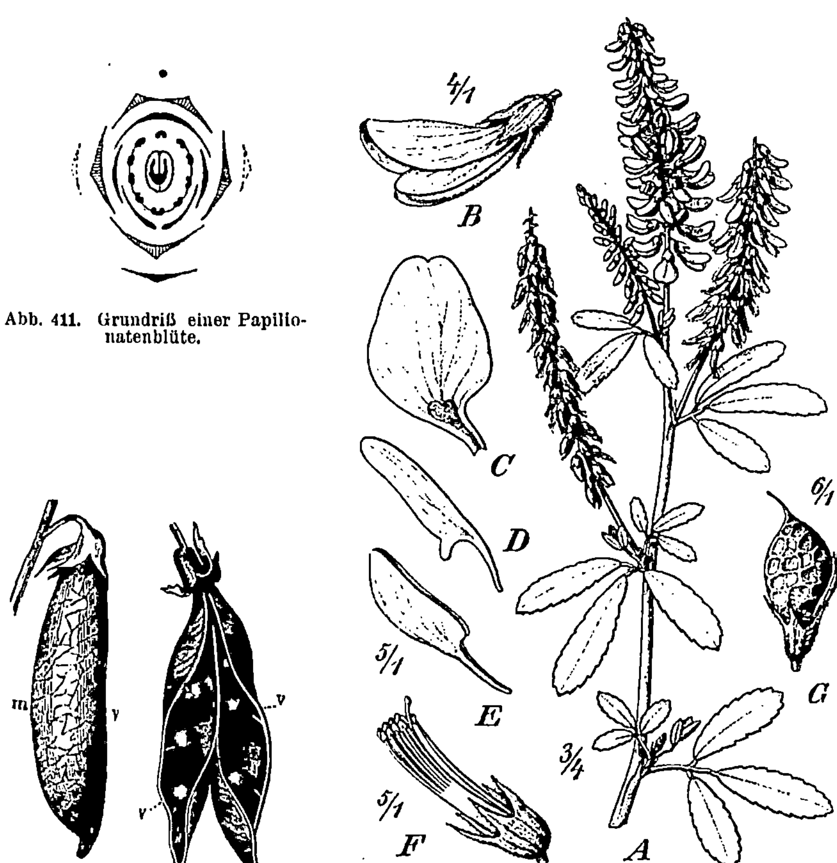

Abb. 411. Grundriß einer Papilionatenblüte.

Abb. 412. Frucht einer Papilionate (Pisum sativum): m Rückennaht, v Bauchnaht.

Abb. 413. Melilotus officinalis. A Blühender Zweig (³/₄), B ganze Blüte von der Seite gesehen (⁴/₁), C Fahne, D Flügel, E Schiffchen (⁵/₁), F Kelch mit Staubblattsäule und Griffel (⁵/₁), G reife Frucht (⁶/₁).

schnürung und Bildung falscher Scheidewände zwischen den Samen entsteht die Gliederhülse. Diese kommt jedoch nur selten vor. Die Blüten bilden stets seitlich stehende, meist traubenförmige Blütenstände ohne Gipfelblüte. Die Blätter der Papilionatae sind gefiedert und mit Nebenblättern versehen. Die Papilionatae sind einjährige bis ausdauernde, häufig rankende Kräuter, Sträucher oder Bäume gemäßigter, sowie auch heißer Klimate.

Off. **Melilotus** officinalis und **M.** altissimus, Honigklee (Abb. 413), auf Wiesen häufig, sind die Stammpflanzen der Herb. Meliloti und enthalten Cumarin.

Off. **Trigonella** foenum graecum, der Bockshornklee, wird als Viehfutter sowohl, wie auch zur Gewinnung von Sem. Foenugraeci, namentlich im Mittelmeergebiet, angebaut.

Off. **Astragalus** adscendens, **A.** leioclados, **A.** brachycalyx, **A.** gummifer, **A.** microcephalus, **A.** pycnoclados und **A.** verus (Abb. 414) wachsen in Kleinasien und Vorderasien. Von sämtlichen genannten

<table>
<tr><td>Abb. 414. Astragalus verus</td><td>Abb. 415. Glycyrrhiza glabra.</td></tr>
</table>

Arten wird Tragacantha gewonnen. Die Gattung Astragalus ist mit über 1600 Arten wohl die artenreichste Gattung des gesamten Pflanzenreichs.

Off. **Glycyrrhiza** glabra, besonders die var. glandulifera (Abb. 415), wild in Südeuropa, in Südrußland und im Orient, wird häufig angebaut zur Gewinnung von Rad. Liquiritiae und Succus Liquiritiae (Lakritzen).

Off. **Ononis** spinosa, Hauhechel, ist stellenweise an Rainen ein lästiges Unkraut und liefert Rad. Ononidis.

Spartium scoparium (Sarothamnus scoparius), der Besenginster, liefert Flor. Spartii.

Genista tinctoria ist dem vorhergehenden sehr ähnlich und wurde früher gleichfalls medizinisch angewendet.

Laburnum vulgare, der Goldregen, ist als Zierstrauch bei uns viel angepflanzt und wegen seiner giftigen Samen bekannt.

Trifolium, der Klee, ist in zahlreichen Arten bei uns verbreitet. Die Blüten von **T. arvense** sind in der Volksmedizin gebräuchlich. **T. pratense** ist wichtigste Futterpflanze, auch hochgeschätztes Bienenfutter.

Phaseolus, die Bohne, **Vicia**, die Wicke, **Lens**, die Linse, **Pisum**, die Erbse, gehören zu den wichtigsten Kulturpflanzen und Nährstofflieferanten des Menschen; sie werden z. T. in zahlreichen Arten und verschiedenen Formen bei uns angebaut und dienen als Nahrungsmittel für Menschen und Tiere (sogen. Hülsenfrüchte).

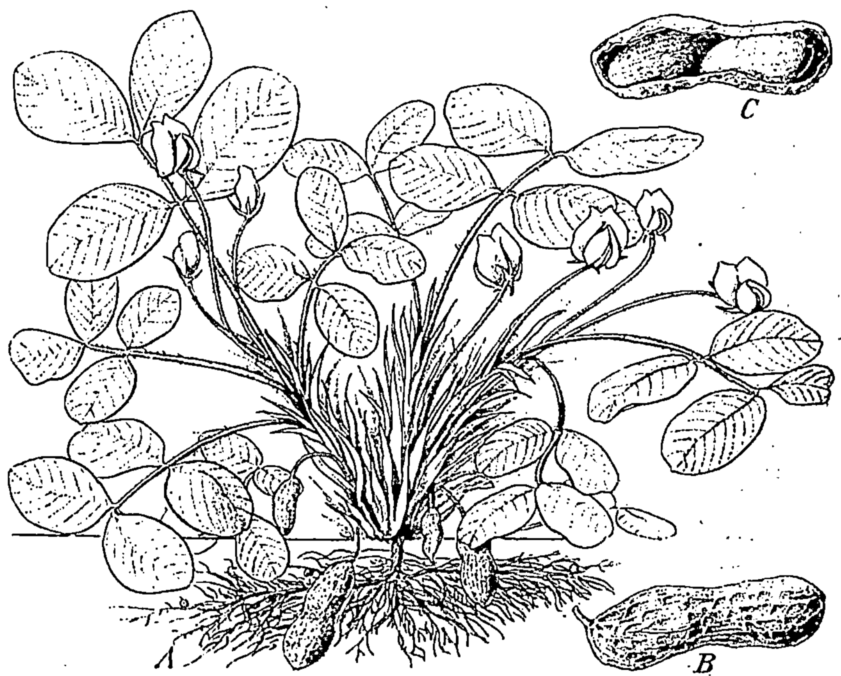

Abb. 416. Arachis hypogaea, die Erdnuß. *A* blühende und fruchtende Pflanze, *B* Hülse, *C* aufgeschnittene und zwei Samen zeigende Hülse.

Arachis hypogaea, die Erdeichel oder Erdnuß, in Südamerika heimisch, zeichnet sich durch eigentümliche, unter der Erde zur Reife kommende Früchte aus, aus welchen das wie Olivenöl gebrauchte Arachisöl oder Erdnußöl gepreßt wird (Abb. 416).

Off. **Myroxylon** balsamum, var. Pereirae, ist ein immergrüner Baum der Westküste von Zentralamerika und liefert Balsamum Peruvianum. **M. balsamum**, var. genuinum (Abb. 417), ein im nördlichen Südamerika heimischer, fiederblättriger Baum, ist die Stammpflanze des Balsamum Tolutanum.

Physostigma venenosum (Abb. 418), eine bohnenähnliche Schlingpflanze des tropischen Westafrikas mit purpurnen Blütentrauben, ist die Stammpflanze der Fabae Calabaricae und des Physostigmins.

Off. **Andira** araroba ein hoher Baum Südamerikas mit unpaarig gefiederten Blättern und violetten Blütenrispen, liefert Chrysarobin.

Pterocarpus marsupium und **P.** indicus, in Ostindien einheimisch, sind hauptsächlich die Stammpflanzen des Kino. **P.** draco liefert das amerikanische Drachenblut.

Indigofera tinctoria, ein Halbstrauch Ostindiens, ist die Stammpflanze des Indigo, welcher aus dem Kraute der Pflanze durch Gärung gewonnen wird, aber durch den künstlichen Indigo schon stark zurückgedrängt worden ist.

Robinia pseudacacia, in Nordamerika heimisch, ist in Europa als „Akazie" überall eingebürgert.

Dipteryx odorata, in Venezuela und Guiana heimisch, liefert Semen Tonca.

Abb. 417   Myroxylon balsamum var. genuinum, der Tolubalsambaum.

Anthyllis, Wundklee, **Lotus**, Schotenklee, **Medicago**, Schneckenklee, Luzerne, **Lupinus**, Lupine, **Lathyrus**, Platterbse, Onobrychis, Esparsette, Coronilla, Kronwicke, **Ornithopus**, Vogelfuß, Serradella, sind weitere Gattungen, welche die Unterfamilie der Papilionatae in unserem Klima vertreten.

14. Reihe. **Geraniales.** Storchschnabelartige.

Blüten hypogyn, mit doppelter Blütenhülle, fünfzählig, gewöhnlich aktinomorph mit meist vollzähligen Kreisen. Der Fruchtknoten ist synkarp, gefächert. Die Samenanlagen sind anatrop, hängend, mit ventraler Raphe und nach oben gekehrter Mikropyle, oder, wenn mehr als eine Samenanlage vorhanden, einzelne mit dorsaler Raphe und der Mikropyle nach unten (Abb. 419).

Geraniaceae.

Familie der Storchschnabelgewächse.

Die aktinomorphen Blüten sind vorwiegend regelmäßig, mit fünf oder zehn Staubgefäßen und zwei Samenanlagen in jedem Frucht-

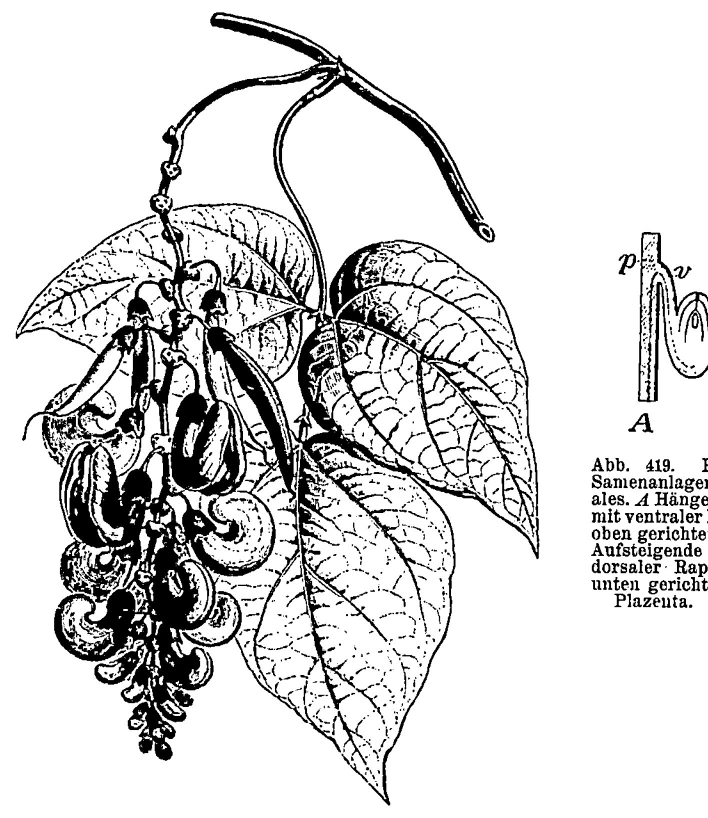

Abb. 419. Plazentation der Samenanlagen bei den Geraniales. *A* Hängende Samenanlage mit ventraler Raphe *v* und nach oben gerichteter Mykropyle. *B* Aufsteigende Samenanlage mit dorsaler Raphe *d* und nach unten gerichtete Mikropyle. *p* Plazenta. (Schematisch.)

Abb. 418. Physostigma venenosum.

knotenfache. Die Karpelle sind nach oben grannenartig verlängert und lösen sich bei der Reife von der bleibenden Mittelsäule ab. Es sind Kräuter oder Sträucher mit einfachen Blättern. Hauptverbreitungsgebiet der Familie ist das Kapland.

Geranium pratense, Wiesenstorchschnabel, und andere Arten dieser Gattung, wie G. Robertianum, G. sanguineum, G. silvaticum, G.

pusillum, G. rotundifolium und G. molle kommen sämtlich in unserem Klima überaus häufig vor.

Erodium cicutarium, Reiherschnabel, ist ebenfalls ein sehr häufiges Unkraut. Die Fruchtgrannen von E. gruinum dienen häufig als Hygrometer.

Pelargonium-Arten, im Kaplande heimisch, sind bei uns beliebte Zimmerzierpflanzen.

Oxalidaceae.

Familie der Sauerkleegewächse.

Die aktinomorphen Blüten dieser Familie besitzen zehn Staubgefäße und in jedem Fruchtknotenfache mehrere Samenanlagen. Die Frucht ist eine Kapsel. Es sind Kräuter und Holzgewächse mit zusammengesetzten Blättern.

Oxalis acetosella. Sauerklee, Hasenklee, ist ein in Laubwäldern und feuchten Gebüschen häufiges, kleines Kraut mit schneeweißen, ansehnlichen, chasmogamen (d. h. sich öffnenden), und unscheinbaren kleistogamen (stets geschlossen bleibenden) Blüten, die auch durch Heterostylie ausgezeichnet sind. Zwei gelbblühende Arten sind häufige Gartenunkräuter.

Tropaeolaceae.

Familie der Kressegewächse.

Die Blüten sind fünfgliedrig, zwittrig. Bemerkenswert ist die Blütenachse, welche hinten in einen Sporen ausläuft. Zahl der Staubblätter 8. Die Frucht zerfällt in 3 einsamige Teilfrüchte. Beliebte Zierpflanzen, oft mit dem Blattstiel kletternd und durch die Schildblätter ausgezeichnet.

Tropaeolum majus, Kapuzinerkresse, aus den Anden Südamerikas stammend, Zierpflanze.

Linaceae.

Familie der Leingewächse.

Die Leingewächse besitzen ebenfalls aktinomorphe Blüten mit fünfgliederigen Blütenblattkreisen. Die Blumenblätter sind in der Knospenlage gedreht. Die Blütenformel ist $K\,5\,C\,5\,A\,5\,G\underline{(5)}$. Die Frucht ist eine Kapsel, welche durch falsche Scheidewände in doppelt so viele Fächer geteilt ist, als Fruchtblätter vorhanden sind.

Off. Linum usitatissimum, der Lein oder Flachs (Abb. 420), ist die Stammpflanze von Sem. Lini. Die Samen liefern gekocht Schleim, gepreßt reichlich Öl (Leinöl), das bei Sauerstoffzutritt rasch erstarrt (trocknet) und deshalb zu Firnis, sowie zur Linoleumbereitung benützt wird. Die zähen Bastfasern des Stengels bilden nach geeigneter Herrichtung die zu Leinengespinsten verarbeiteten Flachsfasern. L. catharticum, Purgierlein, ist ein häufiges Unkraut.

Erythroxylaceae.

Familie der Cocagewächse.

Die Cocagewächse besitzen aktinomorphe Blüten. Ein Honigwulst verbindet die Staubgefäße an ihrem Grunde untereinander (Abb. 422 *a, c*). Die Blumenblätter tragen eigentümliche Anhängsel (Abb. 422 *a, b*). Die Blütenblattkreise sind durchweg fünfzählig. Die Cocagewächse sind Bäume und Sträucher der Tropengebiete und sind mit schuppenförmigen, blattachselständigen (intrapetiolaren) Nebenblättern versehen (Abb. 421).

Abb. 420. Linum usitatissimum.

Abb. 421. Erythroxylum coca.

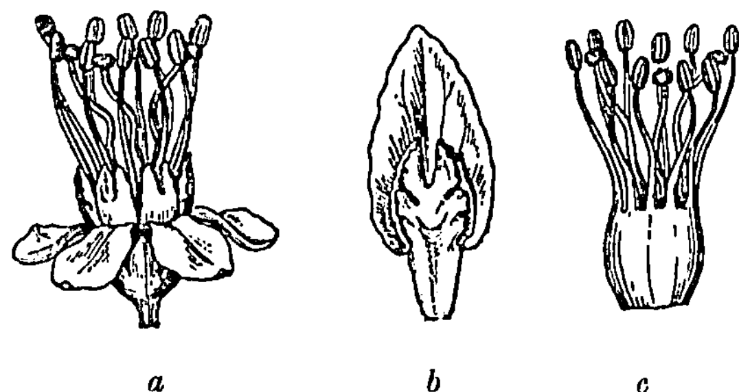

a   *b*   *c*

Abb. 422. Erythroxylum coca: *a* die Blüte, *b* .ein Blumenblatt, *c* die am Grunde verwachsenen Staubgefäße.

. **Off. Erythroxylum coca** (Abb. 421) ist ein in den Anden Südamerikas heimischer Strauch mit unscheinbaren Blüten und kleinen roten Früchten, dessen Blätter (Fol. Coca) behufs Gewinnung des Kokains gesammelt werden. Er wird, wie neuerdings auch E. novogranatense, in der alten und neuen Welt viel kultiviert.

Zygophyllaceae.

Familie der Jochblätterigen Gewächse.

Die Zygophyllaceen sind meist tropische Holzgewächse oder Kräuter mit oft geflügelten Blattstielen, meist paarig gefiederten Blättern und mit bleibenden Nebenblättern. Die Blüten sind regelmäßig, in allen

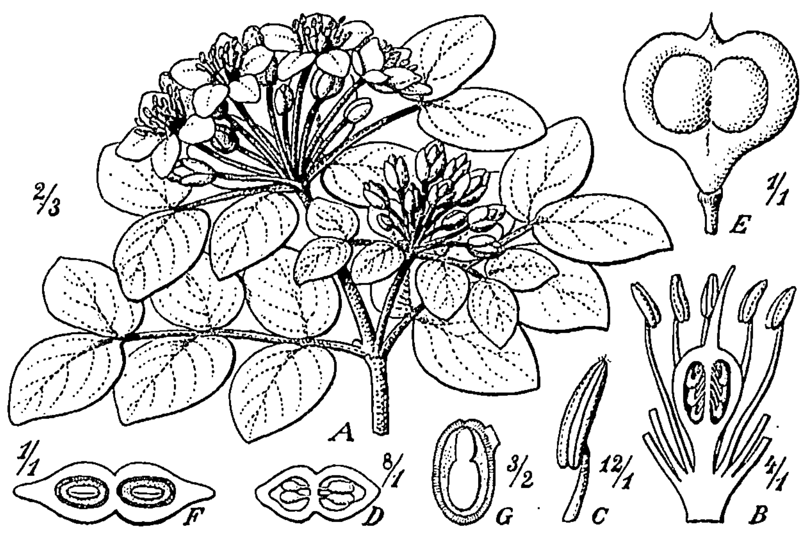

Abb. 423. Guajacum officinale. *A* Blühender Zweig, *B* Blüte im Längsschnitt ohne Blumen- und Kelchblätter, *C* Staubblatt, *D* Querschnitt durch den Fruchtknoten, *E* reife Frucht, *F* dieselbe quer durchschnitten, *G* Samen im Längsschnitt.

Kreisen fünfzählig, mit zehn Staubgefäßen und nur wenig entwickeltem Diskus versehen.

Off. **Guajacum** officinale (Abb. 423), ein im tropischen Zentral- und nördlichen Südamerika heimischer Baum mit immergrünen, paarig gefiederten Blättern, liefert das offizinelle, sehr harte und deshalb auch zur Herstellung von Kegelkugeln etc. benutzte Lign. Guajaci. G. sanctum unterscheidet sich nur wenig von der vorhergehenden Art und ist ebenfalls offizinell.

Rutaceae.

Familie der Rautengewächse.

Die Rautengewächse sind Holzpflanzen oder Kräuter der wärmeren Zonen mit abwechselnden, gefiederten oder gedreiten, Öldrüsen enthaltenden Blättern ohne Nebenblätter. Die Blüten sind regelmäßig und meist nach der Fünfzahl gebaut. In diesem Falle ist die typische Blütenformel K 5 C 5 A 10 G$\frac{2-5}{}$. Zwischen Staub- und Fruchtblättern befindet sich bei dieser Familie ein honigabsondernder Wulst, Diskus genannt (Abb. 426, *C*). Die Staubgefäße sind zuweilen (bei Citrus) zu Bündeln verwachsen (Abb. 426, *C*). Die Früchte sind entweder mehrfächerig, oder seltener ist jedes einzelne Fruchtblatt für sich geschlossen.

Ruta g r a v e o l e n s , die Gartenraute (Abb. 424), ist in Südeuropa einheimisch, bei uns meist verwildert. Ihre Blüten sind gelb; die Gipfelblüte jedes Zweiges ist fünfzählig, alle übrigen Blüten vierzählig. Liefert Folia Rutae und Oleum Rutae.

Abb. 424. Ruta graveolens.

Abb. 425 Citrus aurantium.

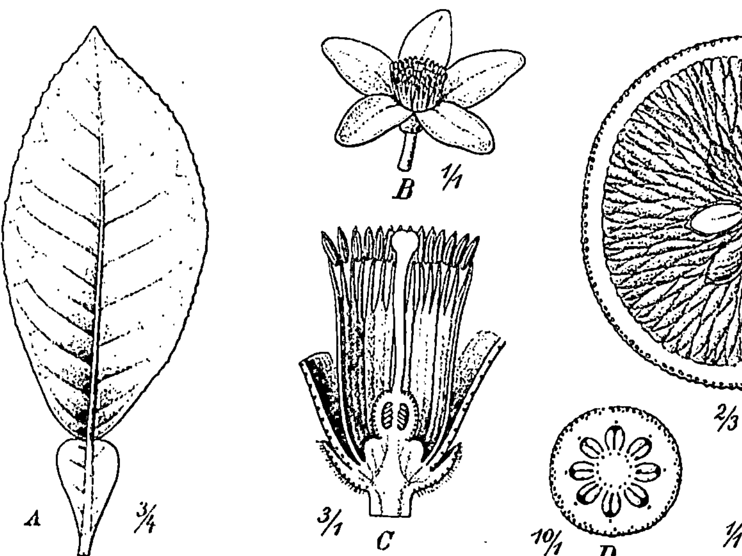

Abb. 426. Citrus aurantium. *A* Blatt mit geflügeltem Blattstiel, *B* Blüte, *C* dieselbe im Längsschnitt, die Blumenblätter größtenteils abgeschnitten, *D* Fruchtknoten im Querschnitt, *E* linke Hälfte einer längsdurchschnittenen Frucht, *F* Samen im Querschnitt.

Dictamnus albus, mit schönen, großen, rosafarbenen Blüten, im Mittelmeergebiet und noch in Süddeutschland wachsend, ist die Stammpflanze von Rad. Dictamni.

Off. **Pilocarpus** pennatifolius (Abb. 427), ein in Brasilien wachsender Strauch mit immergrünen, gefiederten Blättern, und mehrere andere Arten der Gattung sind die Stammpflanzen der Folia Jaborandi.

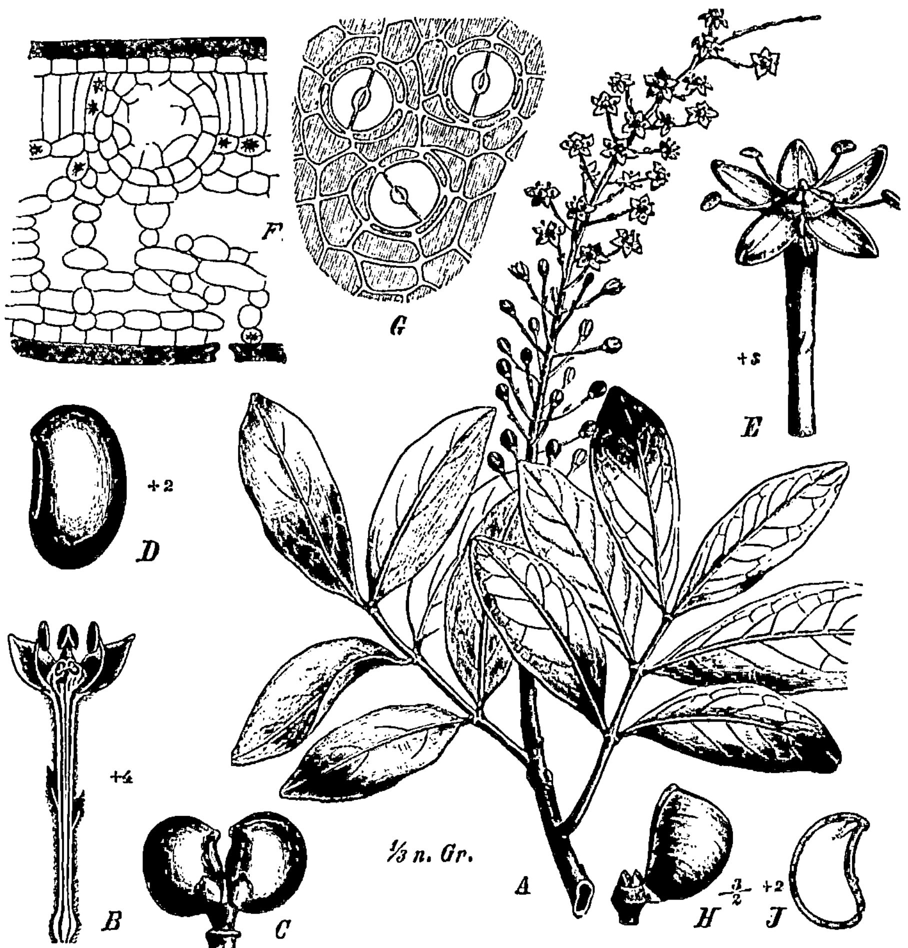

Abb. 427. *A* und *B* Pilocarpus Selloanus. *A* blühender Zweig, *B* einzelne Blüte im Längsschnitt, *C* Frucht von P. giganteus, *D* Samen von P. macrocarpus, *E—J* P. pennatifolius. *E* einzelne Blüte, *F* Blattquerschnitt (oben in der Mitte einer Drüse), *G* Epidermis der Unterseite, *H* Teil der Frucht, *J* längsdurchschnittener Samen. (Nach A. Meyer und Engler.)

Cusparia trifoliata (auch **Galipea** officinalis oder **Cusparia** febrifuga genannt), im tropischen Amerika einheimisch, liefert die aromatische Angosturarinde, Cortex Angosturae.

Barosma crenata und andere Barosma-Arten, sowie **Empleurum** serrulatum, am Kap der guten Hoffnung heimisch, liefern Folia Bucco.

Off. **Citrus** aurantium, subspec. amara, die Pomeranze (Abb. 425 u. 426), liefert Folia Aurantii, Flor. Aurantii, Fruct. Aurant. immatur. und Cort. Aurantii fruct.; von der subspec. dulcis stammen die Apfelsinen, die in Südeuropa, besonders auf Sizilien und im östlichen Spanien, massenhaft gebaut werden. — C. medica liefert die Citronen, Fruct. Citri, sowie Cort. Citri fruct. — C. bergamia liefert Ol. Bergamottae. — Einige Arten der Gattung Citrus zeichnen sich durch einen geflügelten Blattstiel aus (Abb. 426).

Abb. 428. Quassia amara. A Blühender Zweig, B Blüte im Längsschnitt, C Antheren, D Staubblattbasis von vorn und von hinten, E Frucht.

Simarubaceae.

Familie der Bitterholzgewächse.

Die Simarubaceen sind durchweg tropische Holzgewächse. Der Blütenbau ist demjenigen der Rutaceae ganz ähnlich. Die Gewächse dieser Familie zeichnen sich durch reichen Gehalt an Bitterstoffen aus. Öldrüsen in den Blättern, wie sie den Rutaceen eigen sind, fehlen den Simarubaceen.

Off. **Quassia** amara (Abb. 428), im tropischen Amerika heimisch, und **Picraena** excelsa, auf Jamaica und den kleinen Antillen heimisch, liefern Lignum Quassiae, erstere Lignum Quassiae surinamense, letztere Lignum Quassiae jamaicense.

Burseraceae.

Familie der Balsambaumgewächse.

Die Burseraceae, ebenfalls eine Familie tropischer Holzgewächse, weichen im Bau ihrer Blüten ebenso wie die Simarubaceen von demjenigen der Rutaceenblüten nur unwesentlich ab. Ein Charakteristikum der Familie sind die in der Rinde der Stämme verlaufenden, starken, schizolysigenen Harzkanäle.

Off. **Commiphora** (auch **Balsamodendron** genannt) abyssinica und andere Arten, in Nordostafrika heimisch, liefern Myrrha.

Boswellia Carteri und andere Boswellia-Arten, sämtlich im nordöstlichen Afrika heimisch, liefern Olibanum.

Icica icicariba, in Südamerika wachsend, sowie **Canarium** commune, im indisch-malayischen Gebiet einheimisch, sind hauptsächlich die Stammpflanzen des Elemi.

Polygalaceae.

Familie der Kreuzblumengewächse[1]).

Die Blüten der Polygalaceen sind medianzygomorph (Abb. 429). Der Bau der Polygala-Blüte ist folgender (Abb. 429, 430, 431): Von den fünf Kelchblättern sind die drei äußeren gleichmäßig als gewöhnlich grüne Kelchblätter (Abb. 430, *1k*), die beiden inneren jedoch ungleich größer und blumenblattartig ausgebildet (*a*). Diese sind so groß, daß sie durch flügelartiges Zusammenneigen die übrigen Blütenorgane fast völlig verdecken. Von den Blumenblättern sind nur drei entwickelt, und zwar das vordere unverhältnismäßig groß, schiffchenförmig, vorn mit einem Kamm versehen (Abb. 430, *1c*). Die vorhandenen acht Staubgefäße sind zu einem oben offenen, vorn tief gespaltenen Bündel verwachsen (Abb. 430, *4st*). Linné hielt das Staubgefäßbündel wegen der tiefen Spaltung für zwei Bündel, und deshalb gehört Polygala zu Linnés XVII.,

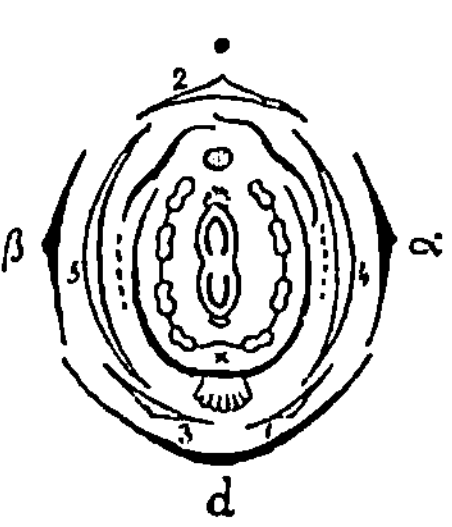

Abb. 429. Grundriß der Polygalablüte; *d* Deckblatt, *α* und *β* Vorblätter.

nicht XVI. Klasse. Der Fruchtknoten ist zweifächerig mit nach hinten gekrümmtem Griffel (Abb. 430, *3* und *4p*). Die Blütenformel ist: K 5 C 3 A (8) G$\underline{(2)}$. Die Frucht ist eine zweifächerige, von der Seite zusammengedrückte Kapsel (Abb. 430, *3*). Die Kreuzblumengewächse sind Kräuter oder Sträucher verschiedener Klimate mit stets ganzrandigen Blättern. Sie zeichnen sich durch Bitterstoff- und Saponingehalt aus.

---

[1]) Nicht zu verwechseln mit den Kreuzblütlergewächsen, den Cruciferae.

Off. **Polygala** amara, die bittere Kreuzblume (Abb. 431), wächst bei uns wild und liefert Herba Polygalae. — P. senega, ein in Nordamerika wild

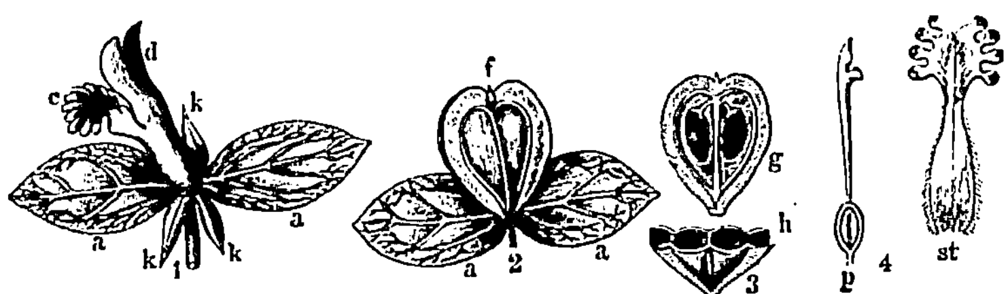

Abb. 430. *1* Blüte von Polygala vulgaris: *k* äußere Kelchblätter, *a* innere Kelchblätter oder Flügel, *d* bis zur Basis gespaltene Oberlippe, *c* Unterlippe mit Kamm; *2* Frucht mit den beiden Flügeln; *3 g* geöffnete Frucht, *h* dieselbe im Querschnitt; *4 p* Pistill, *st* die verwachsenen Staubgefäße.

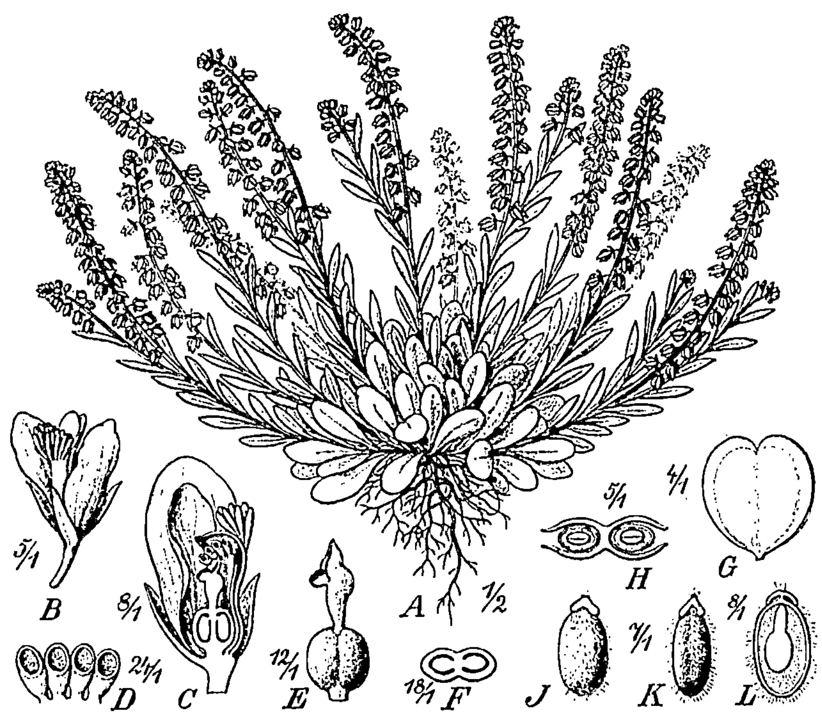

Abb. 431. Polygala amara. *A* Habitus (²/₃), *B* ganze Blüte (⁶/₁), *C* diese im Längsschnitt (⁸/₁), *D* Staubbeutel von innen gesehen (²⁴/₁), *E* Fruchtknoten mit Griffel und Narbe (¹²/₁), *F* Querschnitt durch den Fruchtknoten (¹⁸/₁), *G* Frucht ohne die Blütenhülle (⁴/₁), *H* diese quer durchschnitten (⁵/₁), *J*, *K* Samen von der Seite und von vorn gesehen (⁷/₁), *L* derselbe im Längsschnitt (⁸/₁).

wachsendes, kleines, schmalblättriges Kraut mit weißen oder rötlichen Blütentrauben, liefert Radix Senegae.

Euphorbiaceae.

Familie der Wolfsmilchgewächse.

Die Familie der Wolfsmilchgewächse nimmt im Pflanzensystem eine ziemlich isolierte Stellung ein, denn ihre Blüten weisen mannig-

Abb. 432. Ricinus communis.

Abb. 432a. Verzweigtes Staubgefäß von Ricinus communis.

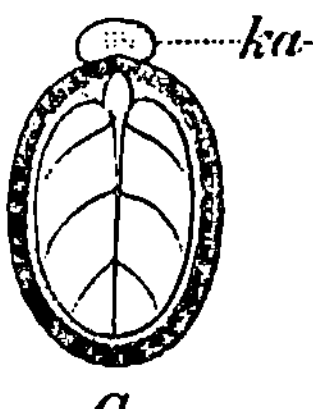
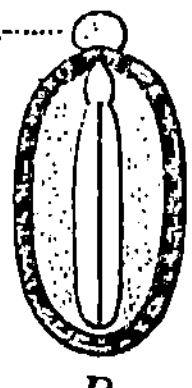
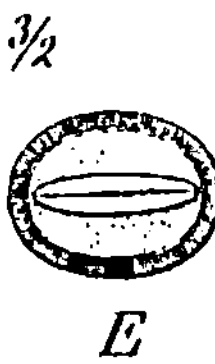

Abb. 432b. Ricinussamen. *A* Samen von vorn, *B* von hinten, *C* und *D* die beiden verschiedenen Längsschnitte, *E* Querschnitt ($^3/_2$); *ka* Caruncula.

fache Eigentümlichkeiten auf. Sie sind stets getrenntgeschlechtig, einhäusig oder zweihäusig. Bei den meisten Wolfsmilchgewächsen ist eine einfache Blütenhülle (Perigon), zuweilen aber auch noch eine doppelte Blütenhülle (Kelch und Krone) vorhanden. Staubgefäße können in der Zahl 1 bis ∞ existieren; bei Ricinus sind dieselben verzweigt (Abb. 432 *a*). Fruchtblätter sind meist drei vorhanden. Die Frucht

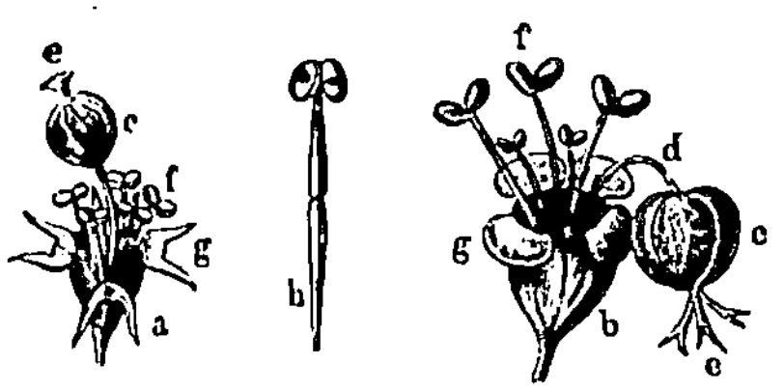

Abb. 433. *a* Blütenstand von Euphorbia peplus; *b* Blütenstand von Euphorbia helioscopia: *a* und *b* Hülle, *g* Honigdrüsen, *c* weibliche, *f* männliche Blüten; *h* eine aus einem einzigen Staubfaden bestehende männliche Blüte.

ist fast stets eine in drei Teilfrüchte (Kokken) sich spaltende Kapsel. Der Samen enthält reichlich Nährgewebe (Abb. 432 *b*).

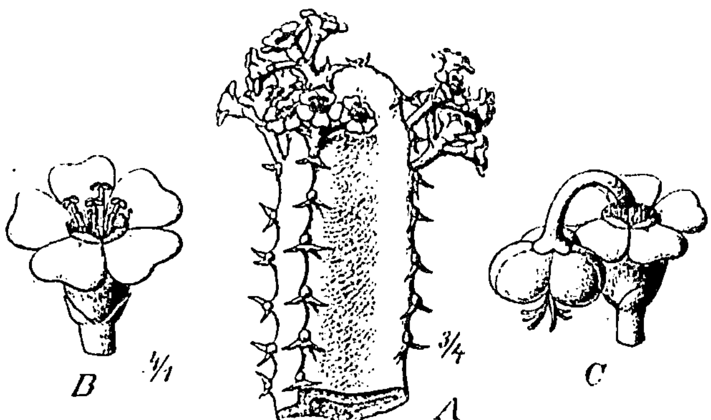

Abb. 434. Euphorbia resinifera. *A* Spitze eines blühenden Zweiges ($^3/_4$), *B* junges männliches Cyathium ($^4/_1$), *C* ein anderes älteres, dessen einzige weibliche Blüte sich bereits zur Frucht entwickelt ($^3/_1$).

Abb. 435. Croton tiglium.

Bei der Gattung **Euphorbia** bilden die aus einem einzigen Staubgefäß bestehenden männlichen Blüten (Abb. 433, *h*) und die aus einem gestielten Fruchtknoten bestehenden weiblichen Blüten einen eigentümlichen Blütenstand, der wie eine Einzelblüte aussieht (Abb. 433 und 434) und Cyathium (von κύαϑος, kyathos = Becher) genannt

Abb. 436. Mallotus philippinensis: *a* Zweig einer männlichen, *b* einer weiblichen Pflanze.

wird.   Er besteht aus zwei bis zwölf männlichen Blüten von der Form eines gegliederten Staubgefäßes, dessen unterer Teil (Abb. 433, *h*) den Blütenstiel darstellt, und aus je einer die männlichen Blüten überragenden weiblichen Blüte (Abb. 433, *c*). Diesen Blütenstand umhüllt ein krugförmiges, am Rande oft mit halbmondförmigen Drüsen besetztes Achsengebilde.

Die Wolfsmilchgewächse sind häufig Milchsaft führende Kräuter, Sträucher oder Bäume, von zuweilen kakteenartigem Habitus.

Ricinus communis (Abb. 432), eine in Ostindien oder Afrika einheimische Pflanze, liefert Sem. Ricini und Ol. Ricini.

Off. **Croton** tiglium (Abb. 435), ebenfalls in Ostindien heimisch, liefert Sem. Crotonis und Ol. Crotonis. — **C.** eluteria, auf den Bahamainseln wachsend, ist die Stammpflanze von Cort. Cascarillae.

Off. **Mallotus** philippinensis (auch Rottlera tinctoria genannt), (Abb. 436), ist auf den Inseln des Indischen Archipels heimisch und liefert Kamala (die Drüsenhaare der Früchte).

Aleurites moluccana, ein in den Tropengebieten der Erde jetzt überall kultivierter Baum, liefert in seinen Samen sehr reichlich fettes Öl, welches, wie das von **A.** Fordii aus China, besonders in neuerer Zeit für die Technik sehr wichtig geworden ist (Holzöl).

Hevea brasiliensis und andere Arten dieser Gattung, im tropischen Amerika heimisch, liefern den besten, den sogen. Para-Kautschuk.

Manihot Glaziovii und andere in Brasilien einheimische Arten der Gattung liefern Kautschuk und werden jetzt überall in den Tropen der Erde kultiviert. — **M.** utilissima, im tropischen Amerika heimisch, liefert eßbare Wurzelknollen und aus ihnen das geschätzte Maniok-Mehl.

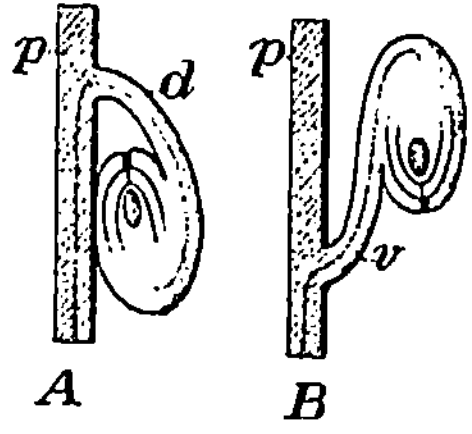

Abb. 437. Plazentation der Samenanlagen bei den Sapindales. *A* Hängende Samenanlage mit dorsaler Rhaphe *d* und nach oben gerichteter epitroper Mikropyle. *B* Aufsteigende Samenanlage mit ventraler Raphe *v* und nach unten gerichteter, apotroper Mikropyle; *p* Plazenta. (Schematisch.)

Off. **Euphorbia** resinifera, ein in Nordafrika heimischer, laubloser, dorniger Strauch von kakteenähnlichem Aussehen (Abb. 434), ist die Stammpflanze des Euphorbium. — **E.** cyparissias, **E.** peplus, **E.** helioscopia und andere Euphorbia-Arten sind bei uns häufige Unkräuter.

15. Reihe. **Sapindales.** Seifenbaumartige.

Die Blütenverhältnisse sind dieselben wie bei der vorigen Reihe, aber die Samenanlage in entgegengesetzter Stellung, entweder hängend mit dorsaler Raphe und der Mikropyle nach oben, oder aufsteigend mit ventraler Raphe und mit der Mikropyle nach unten (Abb. 437).

Anacardiaceae.

Familie der Sumachgewächse.

Die Sumachgewächse sind tropische oder subtropische Holzpflanzen mit schizolysigenen Harzgängen in der Rinde. Der Fruchtknoten ist zur Zeit der Reife stets einsamig, obwohl anfangs zuweilen mehrere Samenanlagen vorhanden sind. Die Frucht ist eine Steinfrucht (Abb. 439 u. 106). Die meisten der Sumachgewächse sind durch einen Gehalt an sehr scharfen Stoffen (darunter Cardol) ausgezeichnet.

Mangifera indica, der Mangobaum, liefert ein geschätztes Tropenobst.

Anacardium occidentale, in Westindien einheimisch, mit sehr auffallendem Blütenbau (Abb. 438), ist die Stammpflanze der Fruct. Anacard. occidental. (Abb. 439, *1*.)

Semecarpus anacardium, in Ostindien einheimisch, ist die Stammpflanze der Fruct. Anacard. orient. (Abb. 439, *2*). Bei beiden beteiligt sich an der Fruchtbildung auch der Fruchtstiel, indem er bei ersterem birnförmig, bei letzterem anderweit wulstig anschwillt. Er stellt bei der Reife ein geschätztes Obst dar.

Rhus toxicodendron, der Gift-Sumach (Abb. 440), ein nordamerikanischer Strauch, liefert die Fol. Toxicodendri. Im Harzsaft der ganzen Pflanze ist ein scharf reizender Stoff enthalten, der, schon in geringster Menge auf die Haut gebracht, schwere Entzündungen hervorruft. Ein oberflächliches Berühren der

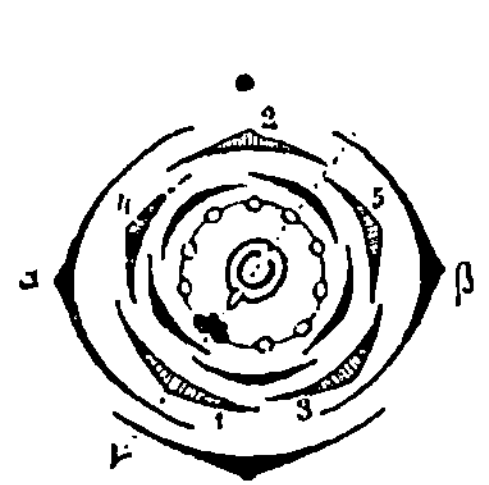

Abb. 438. Grundriß der Blüte von Anacardium occidentale.

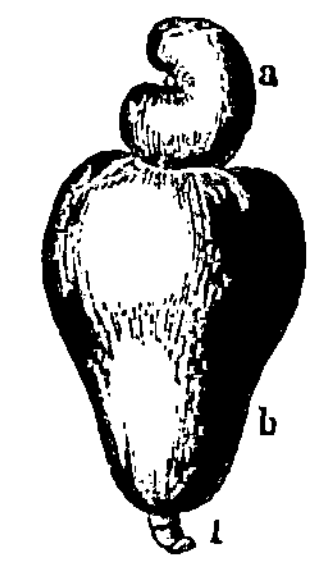

Abb. 439. *1* Frucht von Anacardium occidentale. *2* Frucht von Semecarpus anacardium: *a* Frucht *b* fleischig verdickter Fruchtstiel (vergl. auch Abb. 106, S. 70).

Pflanze schadet dagegen nichts. — **Rh.** cotinus (= Cotinus coggygria), der Perückenbaum, liefert Fisetholz, **Rh.** coriaria die zum Gerben verwendete Sumach-Lohe. Beide sind im Mittelmeergebiet heimisch. — Von der ostasiatischen **Rh.** semialata stammen die gerbstoffreichen Gallae Chinenses.

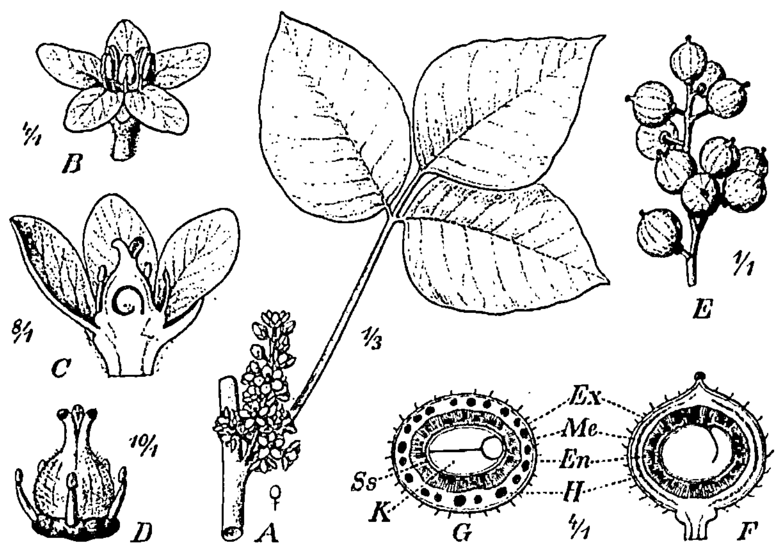

Abb. 440. Rhus toxicodendron. *A* Stück der blühenden ♀ Pflanze, *B* ♂ Blüte, *C* ♀ Blüte längs durchschnitten, *D* Fruchtknoten mit Discus und daraufsitzenden 5 Staminodien, *E* Fruchtzweig, *F* Längsschnitt, *G* Querschnitt durch eine reife Frucht, *Ex* Exocarp, äußerste Schale, *Me* Mesocarp, Mittelschicht mit Harzgängen *H*, *En* Endocarp, innere Steinschicht, *Ss* Samenschale, *K* Keimling.

Schinopsis Lorentzii und **Sch.** Balansae liefern das wichtige Gerbmaterial Quebrachoholz und -extrakt (tanninreich).

  Pistacia lentiscus ist im ganzen Mittelmeergebiet heimisch und liefert auf den Inseln des griechischen Archipels Mastix. — P. vera, in Südeuropa wildwachsend und auch angebaut, liefert die mandelartigen, eßbaren Pistazien-samen (Pistaziennüsse), P. t e r e b i n t h u s , ebenfalls mediterran, liefert „Cyprischen Terpentin" und sehr gerbstoffreiche Gallen.

Aquifoliaceae.

Familie der Stechpalmengewächse.

Blüten klein, diöcisch, die Blumenblätter oft am Grunde mit den gleichzähligen Staubblättern vereinigt. Die Frucht ist eine 4—8-kernige Steinfrucht. — Sträucher oder Bäume mit meist immergrünen, ein-fachen Blättern.

Ilex aquifolium, die sogen. „Stechpalme", ist in Süd- und Westeuropa verbreitet und findet sich stellenweise in Deutschland nicht selten. I. p a r a - g u a r i e n s i s und andere Arten des tropischen Südamerika liefern den coffein-haltigen sogen. Mate-Tee, welcher in Südamerika fast ausschließlich getrunken wird.

Aceraceae.

Familie der Ahorngewächse.

Die Ahorngewächse sind Bäume mit gegenständigen Blättern und regelmäßigen (aktinomorphen) getrenntgeschlechtigen Blüten, acht Staubgefäßen und zweifächerigen Fruchtknoten mit zwei Samenanlagen in jedem Fache. Die Frucht ist eine geflügelte Spaltfrucht.

Acer c a m p e s t r e , Feldahorn, wächst in Süd- und Mitteldeutschland wild. Häufig angepflanzt werden A. p l a t a n o i d e s , der spitzblätterige Ahorn, aus Süddeutschland stammend, und A. p s e u d o - p l a t a n u s , der Bergahorn.

Sapindaceae.

Familie der Seifenbaumgewächse.

Die Blüten der Seifenbaumgewächse sind durch einen a u ß e r h a l b der Staubblattkreise liegenden, honigabsondernden Wulst (Diskus) charakteristisch. Die unregelmäßigen Blüten lassen sich nicht durch eine Linie, welche gleichzeitig die Achse schneidet, in zwei spiegel-bildliche Hälften teilen, wohl aber durch eine s c h r ä g zur Achse stehende Linie: die Blüten sind also schräg zygomorph. Im übrigen entsprechen die Blüten in ihrem Bau dem fünfzähligen Dicotylen-typus, doch fallen zuweilen einzelne Glieder darin aus. Die durch-schnittliche Blütenformel ist: $K\,5\,C\,5$ oder $4\,A\,8\,G^{(5)}$. — Zu den Seifen-baumgewächsen gehören nicht allein Bäume, sondern auch holzige Schlinggewächse und Kräuter.

Sapindus s a p o n a r i a , der Seifenbaum, in Südamerika einheimisch, hat der Familie den Namen gegeben. Das Fleisch seiner Früchte wird wie Seife gebraucht.

Paullinia c u p a n a (= P. s o r b i l i s), ein in Brasilien heimisches Schling-gewächs, liefert die sehr coffeinhaltige, aus den Samen hergestellte Pasta Guarana.

Aesculus h i p p o c a s t a n u m , die weiße Roßkastanie (Heimat Mazedonien), und **Pavia** r u b r a , die rote Roßkastanie (Heimat Nordamerika), sind bei uns beliebte Alleebäume. — Auf diese beiden Gattungen (welche auch häufig unter A e s c u l u s zusammengefaßt werden) hat man eine besondere Familie, die der **Hippocastanaceae** begründet, welche allerdings mit den Sapindaceen nächst-verwandt ist.

Balsaminaceae.

Familie der Balsaminengewächse.

Kräuter mit durchscheinenden Stengeln. Kelchblätter 5 oder 3 (die 2 vorderen nicht entwickelt), Blumenblätter 5, 2 seitliche meist vereint. Staubblätter 5, verwachsen. Kapsel meist elastisch aufspringend.

Impatiens noli tangere, das Kräutchen Rührmichnichtan, bei uns in feuchten Wäldern sehr verbreitet.

16. Reihe. Rhamnales. Faulbaumartige.

Blüte hypogyn, seltener peri- oder epigyn, aktinomorph, mit doppelter Blütenhülle, haplostemon, die Staubblätter vor den Blütenhüllblättern stehend. Diskus meist vorhanden. Fruchtknoten zwei- bis fünfzählig, gefächert. — Meist Sträucher oder Lianen mit einfachen oder geteilten Blättern und kleinen Blüten.

Rhamnaceae.

Familie der Kreuzdorngewächse.

Die Blüten der Kreuzdorngewächse unterscheiden sich von denen der Weinrebengewächse namentlich durch die Ausbildung eines

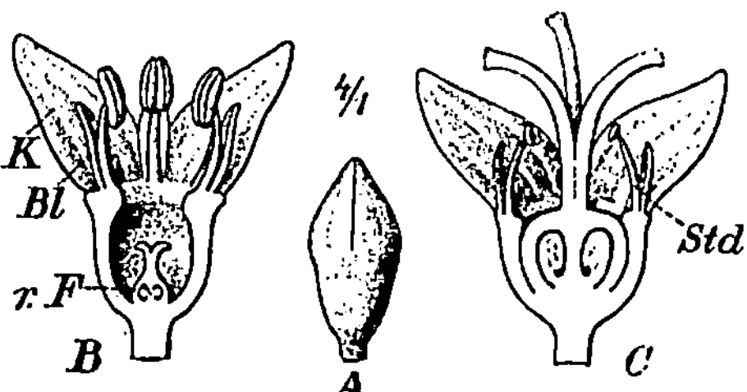

Abb. 441. Rhamnus cathartica. *A* Knospe, *B* männliche Blüte, *C* weibliche Blüte, beide im Längsschnitt, *K* Kelchblätter, *Bl* Blumenblätter, *Std* Staminodien, *r.F.* rudimentärer Fruchtknoten.

Abb. 442. *A* Grundriß der vierzähligen Blüte von Rhamnus cathartica; *B* der fünfzähligen Blüte von Rhamnus frangula.

Achsengebildes (Receptaculum), welches hüllenförmig sich über den Fruchtknoten hinaufwölbt und auf seinem mit großen Kelchzähnen versehenen Rande nur unscheinbare Blumenblätter, sowie die Staubgefäße trägt (Abb. 441). Die Blütenblattkreise werden von der Fünf- oder Vierzahl beherrscht (Abb. 442, *A* und *B*). Die Frucht ist eine beerenartige Steinfrucht. Die Kreuzdorngewächse sind Bäume oder Sträucher.

Off. **Rhamnus frangula**, der Faulbaum, ein bei uns heimischer Strauch, liefert Cort. Frangulae. — **Rh. Purshiana**, in Nordamerika wachsend, ist die Stammpflanze der neuerdings stark in Aufnahme gekommenen Cort. Rhamni Purshianae oder Cascara Sagrada. — **Rh. cathartica**, der in Deutschland heimische Kreuzdorn, liefert Fruct. Rhamni cathart. und Sirup. Rhamni cathart., sowie den Farbstoff „Saftgrün".

Zizyphus vulgaris, in den Mittelmeerländern heimisch, ist die Stammpflanze der Fruct. Jujubae.

Vitaceae.

Familie der Weinrebengewächse.

Die Weinrebengewächse sind fast ausnahmslos mit Ranken kletternde Gewächse, deren zu Rispen — fälschlich Trauben (Weintrauben)

Abb. 443. Grundriß der Blüte von Vitis vinifera. Die schraffierte Zone bedeutet den Diskus.

Abb. 444. Grundriß der Lindenblüte.

genannt — vereinigte Blüten ziemlich unscheinbar sind. Die Blütenblattkreise sind mit Ausnahme der Fruchtblätter fünf- oder vierzählig, der zwischen Staubgefäßen und Fruchtknoten gelegene, honigabsondernde Wulst (Diskus) ist stark ausgebildet; der Fruchtknoten ist zweifächerig mit je zwei Samenanlagen in jedem Fruchtknotenfach (Abb. 443). Die Frucht ist eine Beere.

Vitis vinifera, der edle Weinstock, im Mittelmeergebiet und noch in Süddeutschland wildwachsend, liefert die Weintrauben, die Rosinen und den Wein. Eine besondere (kernlose) Varietät ist die Stammpflanze der kleinen Rosinen oder Korinthen.

Parthenocissus quinquefolia ist der sogen. wilde Wein, in Nordamerika heimisch, bei uns als Ziergewächs gebräuchlich. Neuerdings wird die mit Haftscheiben klimmende **P. tricuspidata** (= Vitis Veitchii) mit auffallender Heterophyllie (einspitzigen Blättern an jungen Trieben, dreispitzigen Blättern am alten Holz) viel zur Bekleidung von Mauern benützt.

17. Reihe. **Malvales.** Malvenähnliche.

Blüten hypogyn, aktinomorph, zwitterig, Kelch und Blumenkrone fünfblätterig. Das Androeceum ist in der Anlage fünfgliederig, wird aber durch Spaltung vielgliederig, gleichwohl bleibt dasselbe monadelphisch, d. h. nur die Staubfäden erscheinen verwachsen, während die Antheren frei bleiben. Der Fruchtknoten ist 2- bis ∞-karpellig, in letzterem Falle durch Verwachsung zahlreicher Fruchtblätter entstanden und dieser Zahl entsprechend gefächert.

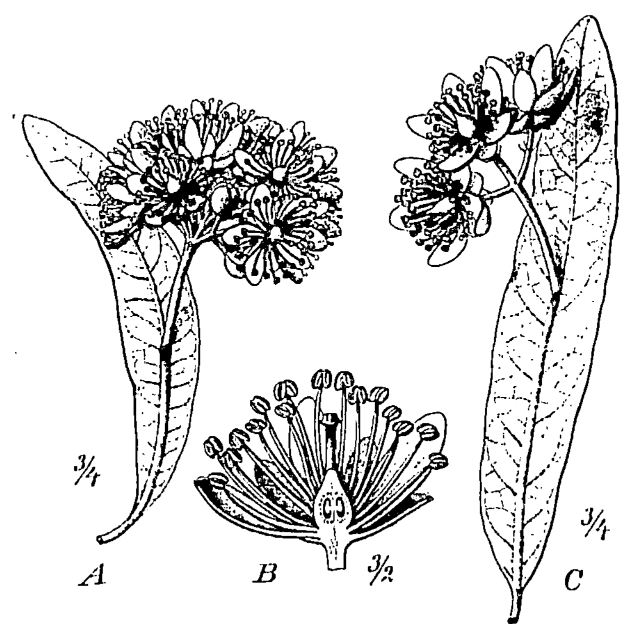

Abb. 445. *A* Blütenstand der Winterlinde (Tilia cordata.) (³/₄). *B* einzelne Blüte im Längsschnitt (³/₂). *C* Blütenstand der Sommerlinde (Tilia platyphyllos.) (³/₄.)

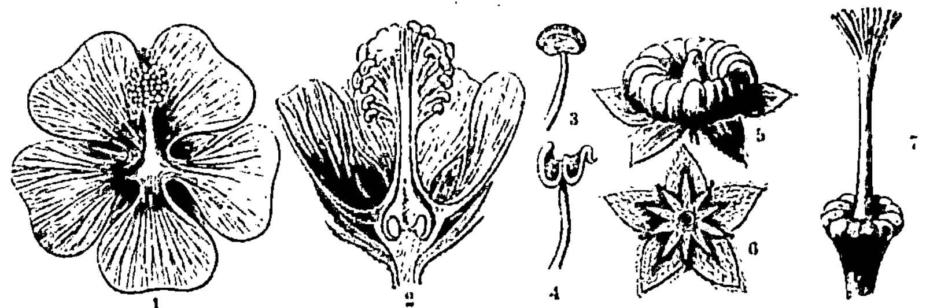

Abb. 446. *1* Blüte von Althaea officinalis, *2* dieselbe längsdurchschnitten, *3* Staubgefäß, *4* dasselbe nach dem Ausstreuen des Pollens, *5* Frucht, *6* Außenkelch von unten gesehen, *7* Pistill.

Tiliaceae.

Familie der Lindengewächse.

Meist Holzgewächse der gemäßigten Zone, aber auch Kräuter, deren Blätter mit hinfälligen Nebenblättern versehen sind. Die Blüten sind regelmäßig und namentlich durch zahlreiche Staubgefäße ausgezeichnet. Kelchblätter und Blumenkronblätter sind nicht verwachsen, die Staubfäden sind meist zahlreich und frei, nur zuweilen, und dann nur am Grunde, gruppenförmig vereinigt. Die Blütenformel (Abb. 444) ist: $K\,5\,C\,5\,A\,\infty\,G\underline{^{(5)}}$. Die Früchte sind Steinfrüchte oder Nüßchen.

Off. **Tilia** platyphyllos, die Sommerlinde, und **T.** cordata (= **T.** ulmifolia), die Winterlinde, sind beliebte Alleebäume und liefern Flor. Tiliae (Abb. 445). Gesammelt werden die mit einem eigentümlichen blassen, häutigen Vorblatt (Abb. 445) versehenen

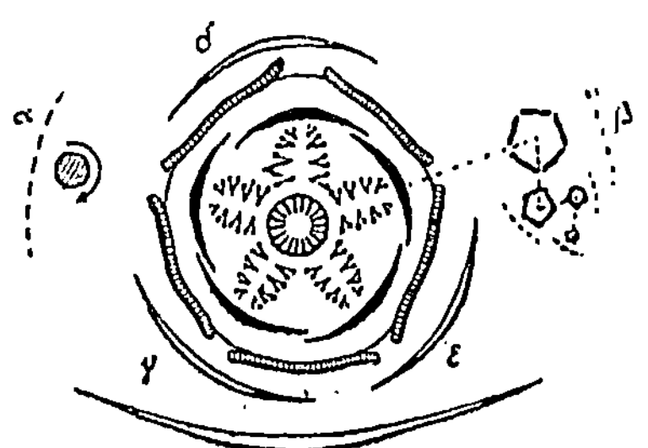

Abb. 447. Grundriß einer Malvenblüte (unterste Blüte einer Wickel): γ, δ, ε Außenkelch.

Blütenstände. Beide Arten unterscheiden sich hauptsächlich dadurch, daß erstere nur 2—3 Blüten (daher auch Tilia pauciflora genannt), letztere hingegen 5—7 Blüten auf einem gemeinsamen Blütenstiele trägt.

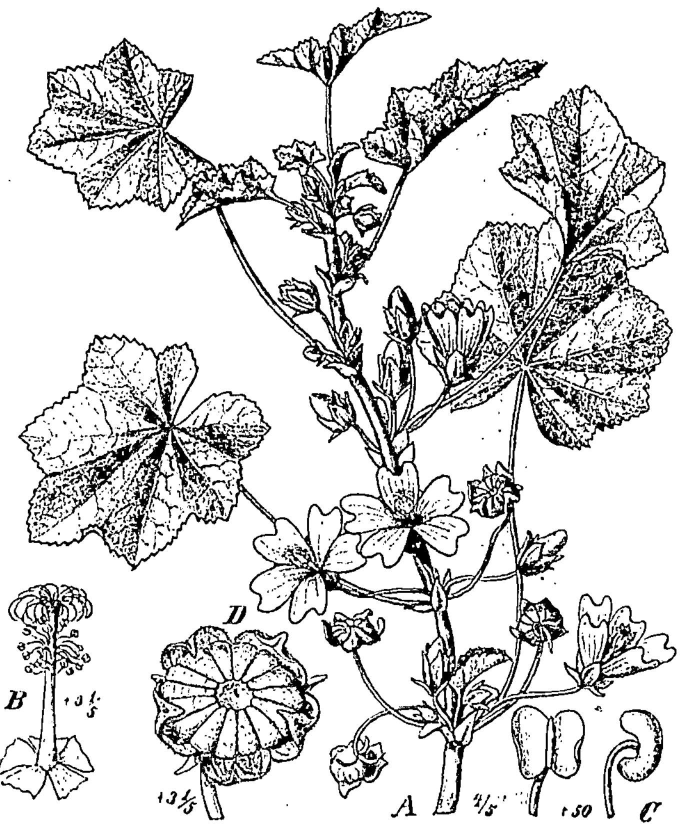

Abb. 448. Malva silvestris. *A* Blühender Zweig, *B* Staubblatt- und Griffelsäule, *C* Antheren, die linke nach dem Ausstreuen des Pollens, *D* Frucht.

23*

Corehorus olitorius und C. capsularis, in Südasien heimisch, liefern die unter dem Namen Jute bekannte Gewebefaser.

Malvaceae.

Familie der Malvengewächse.

Die Kelchblätter sind am Grunde verwachsen, und die Blumenkronblätter sind nicht allein am Grunde unter sich, sondern auch mit den zu einer hohlen Säule vereinigten Staubfäden verwachsen (Abb. 446, *1* und *2*). Die sehr zahlreichen Staubgefäße hingegen sind an ihrer Spitze wiederum gespalten, und jeder Faden trägt nur eine halbe Anthere (Abb. 446, *3*). Die Griffel sind zu einer Säule verwachsen, welche oben in eine der Zahl der Fruchtblätter entsprechende Anzahl Narben sich pinselförmig teilt (Abb. 446, *7*). Die Blütenformel (Abb. 447) ist daher $K(5)[C(5)A(\infty)]G\underline{(\infty)}$. Die Malvengewächse gehören der XVI. Klasse nach Linné (Monadelphia) an. Die Frucht ist eine mehrfächerige fachspaltige Kapsel, oder es sind zahlreiche, aus je einem Fruchtblatt hervorgegangene Teilfrüchtchen ringförmig vereinigt, welche zur Reifezeit auseinanderfallen (Abb. 446, *5*). Eigentümlich ist den Malvengewächsen ferner ein aus Hochblättern gebildeter Hüllkelch (Außenkelch, Abb. 446, *6* und 450, *B h*). Die Blüten stehen in Wickeln, die Blätter sind mit unscheinbaren, hinfälligen Nebenblättern versehen. Viele Malvengewächse zeichnen sich durch großen Schleimgehalt aus.

Abb. 449. Althaea officinalis.

Off. **Malva** neglecta (= **M.** vulgaris) und **M.** silvestris (Abb. 448) haben einen dreiblätterigen Außenkelch und liefern Fol. Malvae, letztere auch die Flores Malvae.

Off. **Althaea** officinalis, der Eibisch (Abb. 449), sammetfilzig behaart, mit 6- bis 9-blättrigem Außenkelch, liefert Rad. Althaeae. — A. rosea, die Stockrose, ist eine beliebte Zierpflanze und in der dunkelrot blühenden Form die Stammpflanze der Flor. Malv. arbor.

Off. **Gossypium** herbaceum (Abb. 450), **G.** arboreum **G.** barbadense und andere G.-Arten, sämtlich in tropischen und subtropischen Gebieten der neuen und alten Welt einheimisch und angebaut, liefern in ihren Samenhaaren die Baumwolle (Abb. 450 a).

Sterculiaceae.

Familie der Kakaobaumgewächse.

Die Kakaobaumgewächse sind teilweise blumenblattlos. Es sind ebenfalls zahlreiche Staubgefäße vorhanden, von denen eine Anzahl unfruchtbar (antherenlos) bleibt; am Grunde sind meist alle Staubfäden zu einer Röhre verwachsen, daher XVI. Klasse nach Linné (Monadelphia). Die Kelchblätter sind gleichfalls am Grunde verwachsen. Die Frucht ist eine Kapsel oder Beere.

Off. **Theobroma** cacao, Kakaobaum (Abb. 451), in den meisten Tropengegenden angebaut, ist ein immergrüner Baum mit großen lanzettlichen Blättern

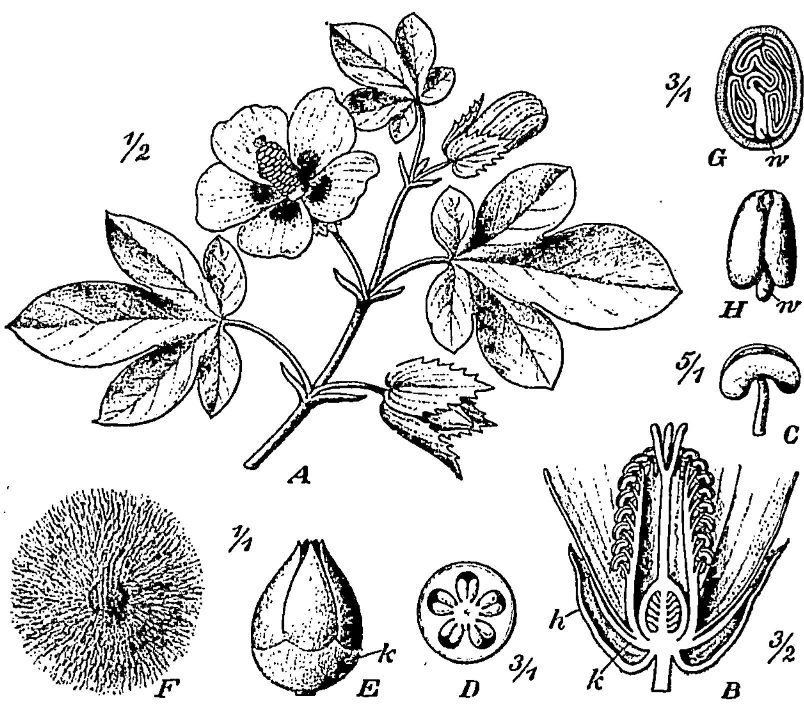

Abb. 450. Gossypium herbaceum, krautige Baumwolle. *A* Spitze eines blühenden Zweiges, *B* Blüte im Längsschnitt, Blumenblätter oben abgeschnitten, *h* Hüllkelch, *k* eigentlicher Kelch, *C* Anthere, *D* Fruchtknoten quer durchschnitten, *E* junge Frucht, *F* Samen von den Samenhaaren umhüllt (der Baumwolle, dem Stapel), *G* Samen im Längsschnitt ohne die Wollhaare, den vielfach gerollten Keimling zeigend, *w* Würzelchen des Keimlings, *H* der Keimling von außen gesehen.

und unmittelbar aus der Rinde hervorbrechenden roten Blüten. Liefert Sem. Cacao und das daraus gewonnene Ol. Cacao.

Cola vera und C. acuminata, ebenfalls tropische Bäume, in Westafrika heimisch, sind die Stammpflanzen von Sem. Colae.

18. Reihe. **Parietales.**

Wandsamige Gewächse.

Blüten häufig mit zahlreichen Staubblättern und Fruchtblättern, mit doppelter Blütenhülle, mit oberständigem bis unterständigem Fruchtknoten. Samenanlagen häufig an wandständigen Plazenten (daher der Name der Reihe),

Abb. 450a. Aufgesprungene Frucht von Gossypium herbaceum mit der hervorquellenden Baumwolle.

die aber seltener auch in der Mitte des Fruchtknotens zusammentreffen können.

Camelliaceae (auch Theaceae oder Ternstroemiaceae genannt).

Familie der Teegewächse.

Diese Familie zeichnet sich durch zahlreiche Staubgefäße aus, welche auf dem Blütenboden eingefügt sind. Kelch- und Blumen-

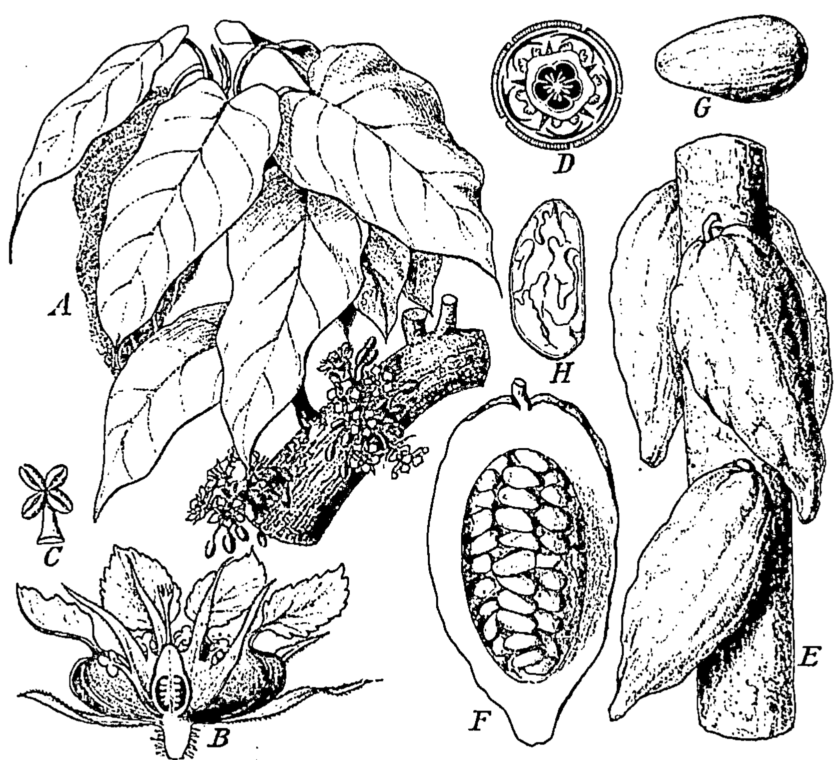

Abb. 451. Theobroma cacao, der Kakaobaum. *A* blühender Zweig, *B* Blüte im Längsschnitt, *C* Staubblatt, *D* Diagramm der Blüte, *E* fruchttragendes Stammstück. *F* Frucht im Längsschnitt, die Samen zeigend, *G* Samen, *H* Samen im Längsschnitt, die Zerknitterung der Keimblätter zeigend.

blätter sind in der Fünfzahl vorhanden, der Fruchtknoten ist drei-fächerig, die Frucht eine fachspaltige Kapsel.

Camellia (Thea) sinensis, der Teestrauch (Abb. 452), wird im südlichen Asien in ausgedehntem Maße kultiviert und liefert Thea nigra sowohl wie Thea viridis. C. japonica (Thea japonica) ist die Kamellie, ein in Japan heimischer, bei uns in Warmhäusern vielfach kultivierter Zierstrauch.

Guttiferae.

Familie der Guttigewächse.

Die Gewächse dieser Familie sind tropische Holzpflanzen mit schizogenen Harzgängen oder Sekretlücken und regelmäßigen, denen der Teegewächse ähnlichen Blüten, welche jedoch häufig getrenntgeschlechtig sind und im Andröceum eigenartige Spaltungen zeigen.

Abb. 452. Camellia sinensis.   Abb. 453. Garcinia Hanburyi.

Off. **Garcinia** Hanburyi, der Gummiguttbaum (Abb. 453), im südöstlichen Asien wildwachsend, und andere Arten liefern Gutti.

Hierher gehört auch die Gattung **Hypericum** mit regelmäßigen Blüten und zahlreichen Staubblättern, die in drei oder fünf Bündeln stehen (daher zu Linnés Polyadelphia gehörig). Der Fruchtknoten ist ein- oder mehrfächerig, mit wandständigen Samenleisten. Die Blätter sind gegenständig und enthalten Sekretlücken.

Hypericum perforatum, Hartheu oder Johanniskraut, ist neben anderen Arten dieser Gattung in Deutschland sehr verbreitet und die Stammpflanze des früher gebrauchten Herb. Hyperici.

Dipterocarpaceae.

Familie der Flügelfruchtgewächse.

Die Blüten sind denen der Theaceae und Guttiferae ähnlich, doch wachsen bei der Reife entweder alle 5 oder nur 3 oder 2 Kelchblätter unter der Frucht zu oft sehr großen Flügeln aus. In der Rinde finden sich stets Harzgänge.

Dryobalanops camphora, auf Borneo heimisch, liefert den Baroskampfer.
Dipterocarpus turbinatus und andere Arten der Gattung, in Ostindien heimische, mächtige Bäume, liefern Harz (Gurjunbalsam).
Off. Von mehreren Arten der Gattung **Shorea**, aber auch von Arten anderer Gattungen der Familie, wird auf Sumatra das Dammarharz gewonnen.

Cistaceae.

Familie der Cistusgewächse.

Die Cistusgewächse sind kleine Sträucher oder einjährige Gewächse der Mittelmeerländer mit regelmäßigen (aktinomorphen) Blüten und zahlreichen Staubgefäßen. Der Fruchtknoten, aus drei. bis fünf Karpellen gebildet, ist einfächerig, mit wandständigen Samenleisten, der Griffel einfach, die Frucht eine Kapsel.

Cistus creticus und C. ladaniferus sind die Stammpflanzen des früher gebrauchten Ladanum.
Helianthemum vulgare, Sonnenröschen, ist einer der wenigen bei uns wild vorkommenden Vertreter dieser Familie.

Violaceae.

Familie der Veilchengewächse.

Die Gewächse dieser Familie haben meist zygomorphe Blüten, in deren Blütenblattkreisen die Fünfzahl vorherrscht. Niemals sind

Abb. 454. Grundriß der Blüte
von Viola.

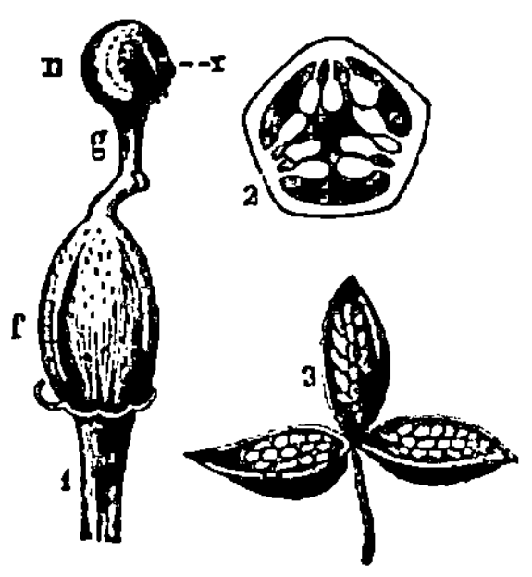

Abb. 455. Gynaeceum von Viola tricolor: *f* von Blumenblättern und Staubgefäßen befreit, *2* dasselbe quer durchschnitten, *3* aufgesprungene Frucht.

zwei Staubblattkreise vorhanden. Die Blütenformel (Abb. 454) ist: K 5 C 5 A 5 G $\underline{(3)}$. Die Frucht ist eine einfächerige, fachspaltige Kapsel mit wandständig sitzenden Samen (Abb. 455, *2* und *3*). Die Veilchengewächse sind vorwiegend Kräuter; ihre Blätter sind mit Nebenblättern versehen.

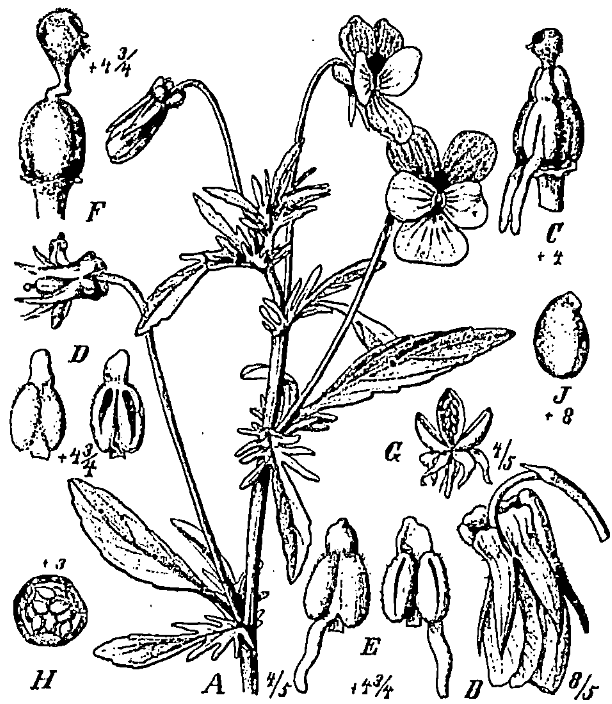

Abb. 456. Viola tricolor. *A* Blühender Zweig, *B* Knospe, *C* die um den Fruchtknoten fest anliegenden Antheren, zwei von ihnen mit Spornen versehen, *D* ungespornte Antheren, *E* gespornte Antheren, *F* Gynaeceum, *G* aufgesprungene Frucht, *H* Fruchtknotenquerschnitt, *J* Samen.

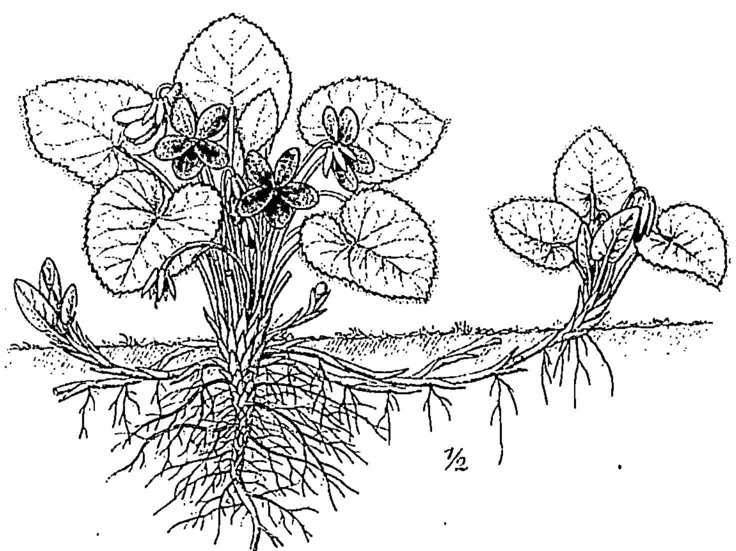

Abb. 457. Viola odorata. Eine blühende, reichlich Ausläufer entwickelnde Pflanze.

Öff. **Viola** tricolor, das Acker-Stiefmütterchen (Abb. 456), ist stellenweise auf Brachäckern überaus häufig. Seine Kelchblätter sind am Grunde mit Anhängseln versehen. Liefert Herb. Violae tricoloris. — V. altaica ist das in Gärten kultivierte Stiefmütterchen. — V. odorata, das wohlriechende Veilchen (Abb. 457), ist eine wegen ihres Wohlgeruchs beliebte Zierpflanze, aus deren Blüten auch Sirup. Violarum dargestellt wird.

Passifloraceae.

Familie der Passionsblumengewächse.

Diese sind rankende Kräuter und Sträucher mit großen, schön gefärbten Blüten, welche ein Androgynophor (Abb. 458) besitzen und oft eine aus röhrenförmigen Blütenachsenerweiterungen bestehende Nebenkrone tragen (Abb. 458). Sie sind in den Tropen heimisch und bei uns als Zierpflanzen bekannt.

Passiflora coerulea, Blaue Passionsblume, ist ein Tropengewächs, an dessen Blüten Legenden vom Leiden Christi geknüpft werden.

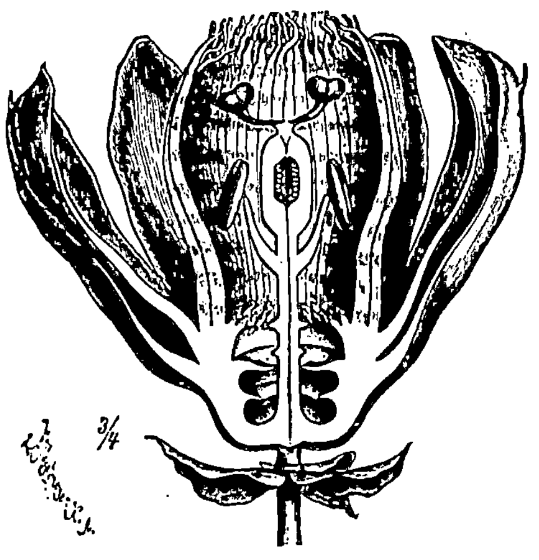

Abb. 458. Längsschnitt durch die Blüte von Passiflora edulis. (Nach Baillon.)

Caricaceae.

Familie der Melonenbaumgewächse.

Blüten getrenntgeschlechtig, strahlig, mit röhriger oder glockiger Blütenachse. Blumenblätter verwachsen. Fruchtknoten einfächerig, mit zahllosen Samenanlagen an 3—5 wandständigen Plazenten. — Krautbäume der Tropen, die sehr reich an Milchsaft sind und an der Spitze ihres meist unverzweigten Stammes einen Schopf mächtiger Blätter tragen.

Carica papaya, der Melonenbaum, wird seiner geschätzten Obstfrüchte halber überall in den Tropen kultiviert. Der Milchsaft enthält ein Ferment, das Eiweiß peptonisiert, frisches Fleisch schnell weich macht und Milch zum Gerinnen bringt.

19. Reihe. **Opuntiales,** Kaktusartige.

Blüten epigyn, aktinomorph, zwitterig, im Perianth und Androeceum spiralig; beide und das Gynaeceum aus einer großen, unbestimmten Zahl von Gliedern bestehend; Fruchtknoten einfächerig, mit zahlreichen wandständigen Samenleisten; Samenanlagen an langen Nabelsträngen; Beerenfrüchte.

Cactaceae.

Familie der Kaktusgewächse.

Die Kaktusgewächse sind in tropischen und subtropischen Steppengebieten Amerikas heimische, meist blattlose Gewächse mit dickfleischigen, säulenförmigen oder kugelförmigen, walzigen, stumpfkantigen oder abgeplatteten Stengeln, welche statt der Blätter Büschel von Stacheln auf Höckern tragen. Die Blüten sind meist vereinzelt, groß und farbenprächtig. Der Bau derselben ist unter der Charakteristik der Reihe beschrieben, deren einzige Familie die Cactaceae sind.

Opuntia coccionellifera, Cochenille-Kaktus, in Mexiko heimisch und z. B. in Südeuropa angebaut, ist die Pflanze, auf welcher die Cochenille-Schildlaus, Coccus Cacti, lebt, die wegen ihres Karminfarbstoffes gezüchtet wird.

Opuntia ficus indica ist der aus Mexiko stammende, sogen. Feigenkaktus, welcher jetzt in wärmeren Gebieten der ganzen alten Welt, besonders im Mittelmeergebiet, eingebürgert ist. Die Frucht ist ein beliebtes Obst.

20. Reihe. **Myrtiflorae**, Myrtenblütige.

Blüten perigyn oder epigyn, meist aktinomorph, mit doppelter Blütenhülle; Androeceum aus einem oder zwei Kreisen bestehend, oft die einzelnen Glieder gespalten; Gynaeceum synkarp mit vollständiger Fächerung. Blätter meist gegenständig und ohne Nebenblätter. Kräuter und Holzgewächse, häufig mit Gehalt ätherischen Öles.

Thymelaeaceae.

Familie der Seidelbastgewächse.

Holzpflanzen mit perigynen, oft nach der Vierzahl gebauten, kleinen, regelmäßigen Blüten, deren Kelch blumenkronenartig ausgebildet ist, während die Blumenblätter meist fehlen. Häufigste Blütenformel: $K 4 C 0 A 8 G \underline{1}$. In der Rinde reichlich zähe Bastfasern.

Daphne mezereum, Seidelbast oder Kellerhals, ein Strauch mit rosenroten, hyazinthenartig riechenden und sehr zeitig im Frühjahr vor den Blättern erscheinenden Blüten, in Gebirgswäldern heimisch, ist die Stammpflanze von Cortex Mezereï.

Aus den zähen, langen Bastfasern der Rinde mehrerer Arten der Familie (**Wikstroemia, Edgeworthia**) wird das beste Japanische Papier hergestellt.

Punicaceae.

Familie der Granatbaumgewächse.

Bäume mit ganzrandigen Blättern und schönen axillären Blüten, Blütenachse kreiselförmig. Kelchblätter 5—7, Blumenblätter 5—7. Staubblätter ∞, Fruchtblätter ∞ (meist 8), unterständig, verwachsen in zwei Etagen übereinander stehend, mit der Blütenachse verwachsen. Frucht eine beerenartige Halbfrucht mit vielsamigen Fächern. Samen groß, mit saftreicher Schale.

Off. **Punica** granatum, der Granatbaum (Abb. 459), ist einheimisch im Mittelmeergebiet und wird als Ziergewächs wegen seiner „granatroten" Blüten auch bei uns häufig gezogen. Die Frucht ist eine faustgroße, innen gefächerte, dicklederige Beere (Abb. 461). Die Fruchtknotenfächer sind meist in zwei

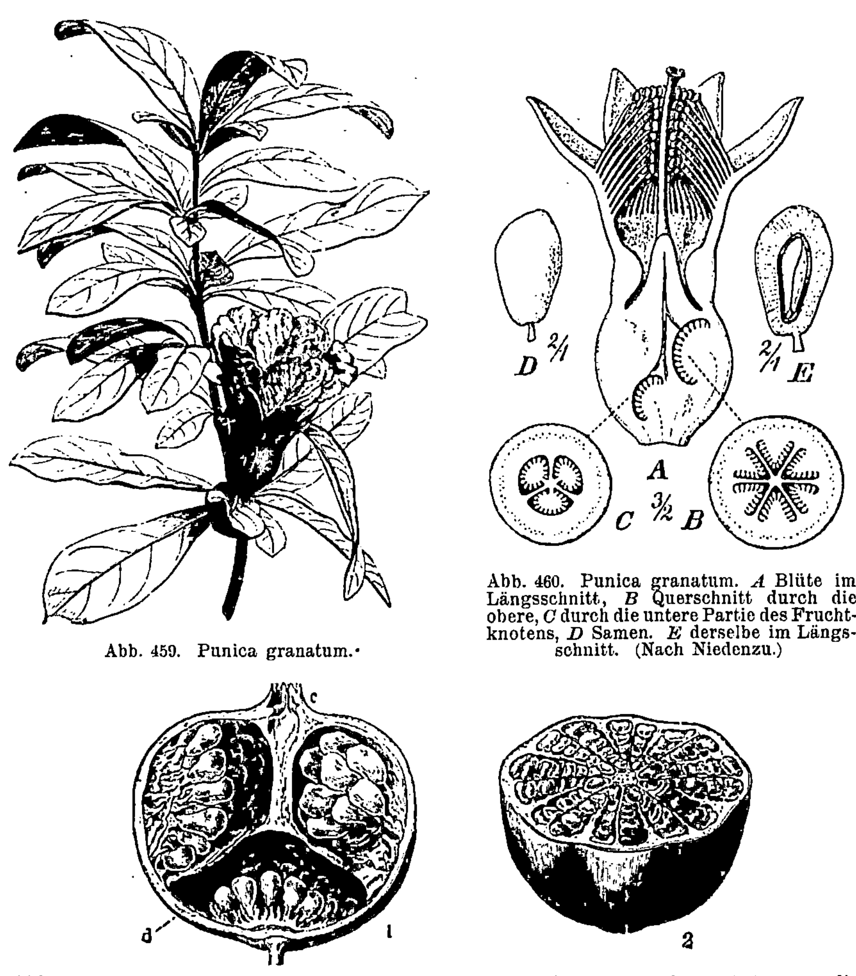

Abb. 459. Punica granatum.·

Abb. 460. Punica granatum. *A* Blüte im Längsschnitt, *B* Querschnitt durch die obere, *C* durch die untere Partie des Fruchtknotens, *D* Samen. *E* derselbe im Längsschnitt. (Nach Niedenzu.)

Abb. 461. Frucht von Punica granatum: *1* längsdurchschnitten, *2* querdurchschnitten: *d* die aus dem inneren Fruchtblattkreis hervorgegangenen Fruchtfächer, *c* die Reste des Kelches.

Kreisen angelegt; in der Frucht stehen die Fächer in zwei Stockwerken, einem oberen (meist 5-zähligen), aus dem äußeren Fruchtblattkreise hervorgegangenen, und einem unteren, aus dem inneren Fruchtblattkreise hervorgegangenen (meist 3-zähligen) (Abb. 460 *A—C*). Der Granatbaum liefert Flores Granati, Cort. Fruct. Granati und Cortex Granati.

Myrtaceae.

Familie der Myrtengewächse.

Die Myrtengewächse sind aromatische Bäume und Sträucher mit gegen- oder quirlständigen, immergrünen, lederigen Blättern; sie sind zumeist in den Mittelmeerländern und den Tropen heimisch. Die Blütenblattkreise der Myrtengewächse sind meist viergliedrig, mit zahlreichen Staubgefäßen. Der unterständige Fruchtknoten ist aus der Verwachsung von zwei oder vier Fruchtblättern hervorgegangen. Die Frucht ist eine Beere oder eine Kapsel mit vielsamigen Fächern. Die Blütenformel ist $K\,4\,C\,4\,A\,\infty\,G_{\overline{(2)}}$ oder $\overline{(4)}$. Die Myrtaceae gehören meist der XII. Klasse 1. Ordnung an. Sie besitzen durchweg schizogene Sekretlücken.

Myrtus communis, die Myrte, ein in Südeuropa wildwachsender Strauch, wird bei uns häufig als Zierpflanze gezogen und als Brautschmuck verwendet.

Abb. 462. Eugenia caryophyllata.
Blühender Zweig.

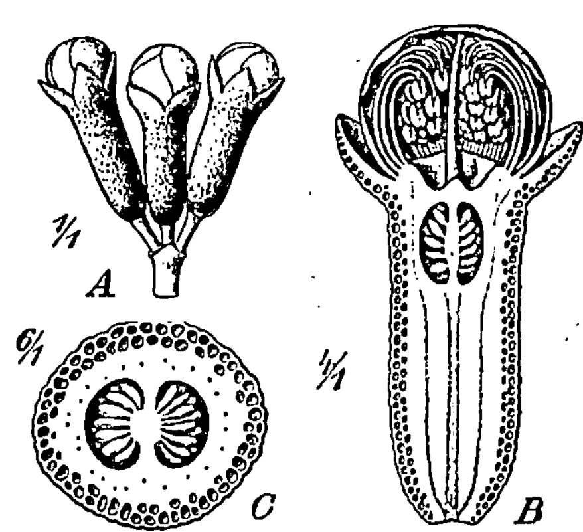

Abb. 463. Caryophylli. *A* Spitze eines Blütenzweiges, mit 3 Knospen ($^1/_1$). *B* eine Knospe im Längsschnitt, *C* Fruchtknotenquerschnitt ($^4/_1$).

Eugenia caryophyllata (auch E. aromatica, Jambosa caryophyllus oder Caryophyllus aromaticus genannt), der Gewürznelkenbaum, ist auf den Gewürzinseln (Molukken) heimisch, wird aber in vielen anderen Tropengegenden kultiviert (Abb. 462). Die getrockneten Blütenknospen sind die Caryophylli, (Abb. 463), die getrockneten unreifen Früchte die Anthophylli.

Melaleuca leucadendron, der Cajeputbaum, ist ein in Australien und Hinterindien heimischer hoher Baum, aus dessen Blättern Oleum Cajeputi dargestellt wird.

Eucalyptus globulus, ein in Australien heimischer, im Mittelmeergebiet viel angepflanzter Riesenbaum mit hängenden, sichelförmigen Blättern, und andere Arten der Gattung liefern Folia Eucalypti. Bemerkenswert ist die bei zahlreichen Arten der Gattung vorkommende, sehr auffallende Heterophyllie (Gegensatz zwischen Jugendblättern und Blättern am ausgewachsenen Baum).

Pimenta officinalis (auch Myrtus pimenta genannt), ist im mittleren Amerika heimisch und liefert „Gewürz", Fruct. Pimentae.

Oenotheraceae (auch Onagraceae genannt).

Familie der Weidenröschengewächse.

Diese sind Kräuter und Sträucher mit meist ansehnlichen regelmäßigen Blüten und unterständigem Fruchtknoten. Die Blüten sind durchweg nach der Vierzahl gebaut, die Früchte trocken oder saftig, vielsamig.

Epilobium angustifolium, E. hirsutum, E. palustre und andere Arten, Weidenröschen, wachsen bei uns namentlich an feuchten Stellen und in Wäldern wild.

Oenothera biennis, Nachtkerze, welche ihre gelben Blüten des Abends öffnet, gehört, obgleich aus Nordamerika stammend, jetzt zu den völlig eingebürgerten Pflanzen unserer Heimat.

Circaea lutetiana ist das Hexenkraut, welches in schattigen Wäldern häufig ist.

Fuchsia coccinea, Fuchsie, aus Südamerika stammend, ist ein überaus beliebtes, in unzähligen Varietäten kultiviertes Topfgewächs.

Trapa natans, Wassernuß, mit eßbaren Samen, stellenweise in Altwässern.

21. Reihe. **Umbelliflorae,** Doldenblütige.

Blüten aktinomorph, selten schwach zygomorph, mit doppelter Blütenhülle, epigyn, im Perianth vier- bis fünfgliederig, haplostemon; Kelch sehr reduziert; Blütenboden mit intrastaminalem Diskus; Gynaeceum meist zweikarpellig; Fruchtknoten zweifächerig, mit einer Samenanlage in jedem Fache; Samen mit reichlichem Endosperm. Blätter meist mit Scheide, zerteilt oder zusammengesetzt; Blüten klein, in Dolden oder doldenähnlichen Infloreszenzen.

Araliaceae.

Familie der Efeugewächse.

Die Blüten meist 5-, seltener 3- bis ∞-gliederig, bisweilen mit undeutlichem Kelch. Staubblätter meist so viel wie Blumenblätter. Karpelle ∞ bis 1, unterständig. Halbfrüchte beeren- oder steinfruchtartig mit ∞ — 1 getrennten Steinkernen. — Meist Sträucher, seltener Kräuter oder Bäume mit abwechselnden oder gegenständigen, sehr verschiedenartig gestalteten Blättern. Blüten meist in Köpfchen, Dolden oder Ähren, die zu Trauben oder Rispen vereinigt sind. Stets mit Ölgängen in den vegetativen Teilen.

Hedera helix, der Efeu, mit charakteristischer Heterophyllie, in Wäldern sehr verbreitet und zum Bekleiden von Mauern viel angepflanzt.

Umbelliferae.

Familie der doldentragenden Gewächse.

Die Umbelliferen verdanken ihren Namen ihrem charakteristischen Blütenstande, welcher in der Regel eine zusammengesetzte Dolde ist (Abb. 464), d. h. eine Dolde, deren einzelne Zweige wiederum doldenförmig verzweigt sind. An jeder der beiden Verzweigungsstellen sitzt meist ein Kranz von Hochblättern, von denen der untere „Hülle" (Involucrum) genannt wird, während der obere „Hüllchen" (Involucellum) heißt. Die Blüten sind meist regelmäßig, nur zuweilen neigen die am Rande der zusammengesetzten Dolde stehenden Blüten zu einseitiger Ausbildung der Blumenkrone. Die Blüten der Umbelliferen sind nach der Fünfzahl gebaut. Der Kelch wird aus fünf oft sehr kleinen Zähnchen gebildet. Die Blumenblätter sind klein und meist mit ihrer Spitze nach einwärts gekrümmt (Abb. 465, *A*). Den Staubblattkreis bilden stets fünf normal gebaute Staubgefäße. Der aus zwei Karpellen bestehende Fruchtknoten ist stets unter- ständig und oft von einem Honigwulst (Diskus) gekrönt, aus welchem sich die zu zweien vorhandenen Griffel erheben. Die Blütenformel

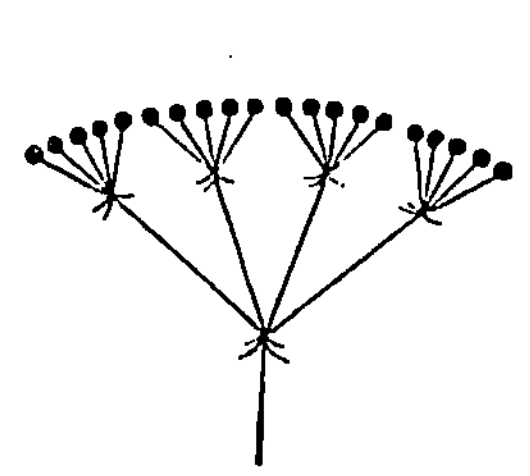

Abb. 464. Blütenstand der Um- belliferen (zusammengesetzte Dolde).

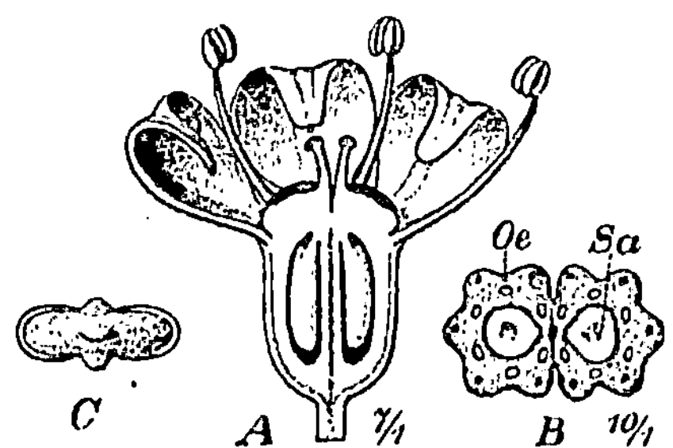

Abb. 465. Carum carvi. *A* Blüte im Längsschnitt. *B* Querschnitt durch den Fruchtknoten, in der Mitte die Samenanlagen *Sa*, umgeben von je 6 Ölgängen (*Oe*) in der Fruchtwand. *C* Biskuitförmiges Pollenkorn mit drei Poren.

ist: $K 5 C 5 A 5 G_{\overline{(2)}}$ (Abb. 466). Alle Umbelliferen gehören der V. Klasse 2. Ordnung nach Linné an. Charakteristisch ist die Frucht der Umbelliferen. Sie ist eine Doppelachäne, indem jedes Fruchtblatt zu einer Schließfrucht auswächst, und wird, weil sie nur dieser Familie eigen ist, auch kurzweg Umbelliferenfrucht genannt. Die beiden Teil-

Abb. 466. Grundriß einer Umbelli- ferenblüte.

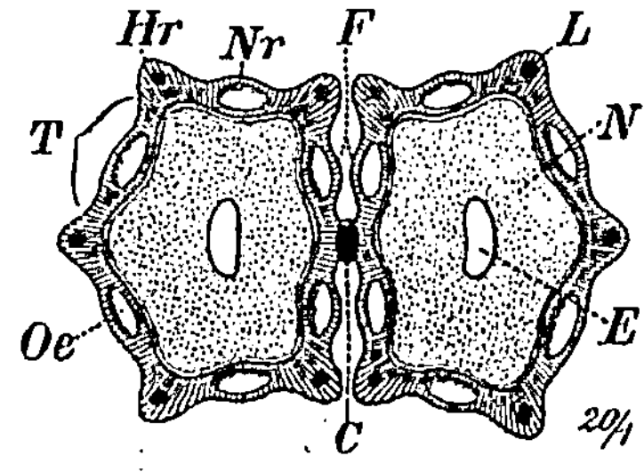

Abb. 467. Carum carvi. Kümmel. Querschnitt durch die reife Frucht. *C* Carpophor, Fruchtträger, *F* die innere, einander zugekehrte Fläche, Fugenfläche, der beiden Teilfrüchte. In der Fruchtschale sieht man die Hauptrippen *Hr* und die schwächeren Nebenrippen *Nr*, welche in den Tälchen *T* liegen. *Oe* Ölgänge, Ölstriemen genannt, *L* Leitbündel in den Hauptrippen, *N* Nährgewebe, *E* Embryo.

früchte liegen in ihrer Mitte dicht aneinander an, trennen sich aber zur Zeit der Reife meist an dieser Stelle und hängen dann nur mit ihren Spitzen an einem meist zweiteiligen Fruchtträger (Car- pophor genannt) an. An ihrem äußeren Umkreise weist jede Teil- frucht sehr häufig fünf Längsrippen auf (Abb. 467, *Hr*), so daß dadurch an jeder Teilfrucht wiederum 4 Tälchen (Valleculae genannt,

Abb. 467, *T*) gebildet werden. Innerhalb dieser 4 Tälchen tritt oftmals je eine meist unbedeutendere Längsrippe auf. In diesem Falle besitzt dann die ganze Doppelachäne in ihrem Umkreise 2 mal 5 Hauptrippen (Costae primariae) und 2 mal 4 Nebenrippen (Costae secundariae). In der Mitte der Tälchen (also unter den Nebenrippen, wo solche vorhanden) liegen im Gewebe der Fruchtschale häufig Ölstriemen (Vittae genannt). Solche befinden sich auch auf der Fugenfläche, wo beide Teilfrüchte aneinander anliegen (Abb. 467, *Oe*). Die beiden Seitenrippen sind oft flügelförmig ausgebildet.

In jedem Fruchtblatt liegt nur eine einzige Samenanlage, und mit dem daraus sich entwickelnden Samen verwächst die Fruchtschale

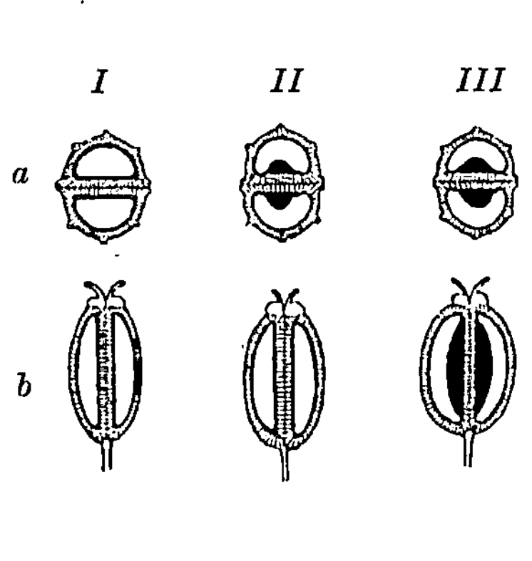

Abb. 468. Querschnitte (*a*) und Längsschnitte (*b*) der Umbelliferenfrüchte: *I* Orthospermae, *II* Campylospermae, *III* Coelospermae. Die Fruchtwand ist schraffiert, das Nährgewebe der Samen weiß. (C. Müller.)

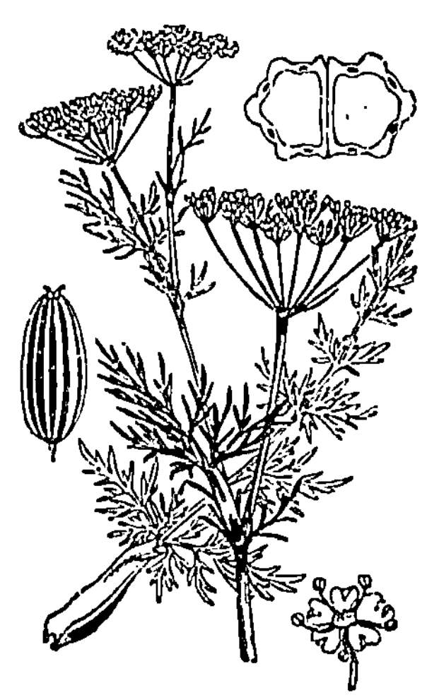

Abb. 469. Carum carvi.

meist aufs engste, so den Charakter des Achäniums bedingend. Der Samen ist reich an Nährgewebe, und dieses bildet die auf dem Querschnitt sichtbare hornartige Substanz des Samens (Abb. 467, *N*).

Die Gewächse dieser Familie sind Kräuter mit meist fiederig zerschlitzten, wechselständigen Blättern. Die Scheiden der Blätter sind oft auffällig vergrößert und manchmal sogar tutenförmig ausgebildet. Die Umbelliferen enthalten in schizogenen Sekretgängen meist reichlich ätherisches Öl, sowie Harz und teilweise Gummiharze.

Man teilt vielfach die Umbelliferen nach der Gestalt des Nährgewebes ihrer Samen ein in:

        a) Geradsamige,

        b) Gekrümmtsamige,

        c) Hohlsamige.

a) Bei den Geradsamigen, Orthospermae genannt (von ὀρθός, orthos = gerade, und σπέρμα, sperma = der Samen), erscheint die

Abb. 470. Pimpinella saxifraga.

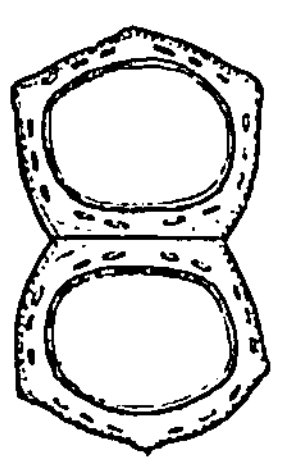

Abb. 471. Querschnitt der Frucht von
Pimpinella saxifraga, vergrößert.

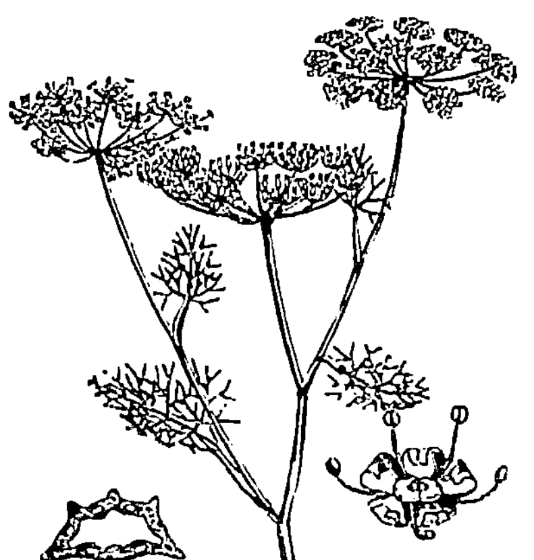

Abb. 472. Foeniculum vulgare.

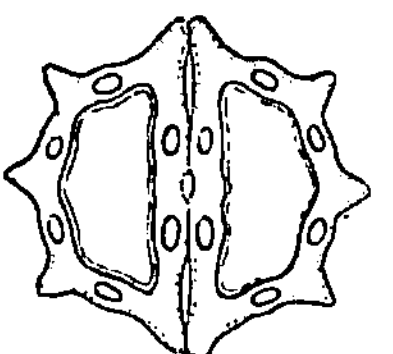

Abb. 473. Querschnitt der Frucht von
Foeniculum vulgare, vergrößert.

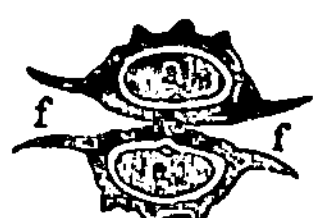

Abb. 474. Querschnitt der Frucht von
Archangelica officinalis: a die Samen,
f die flügelförmigen Seitenrippen.

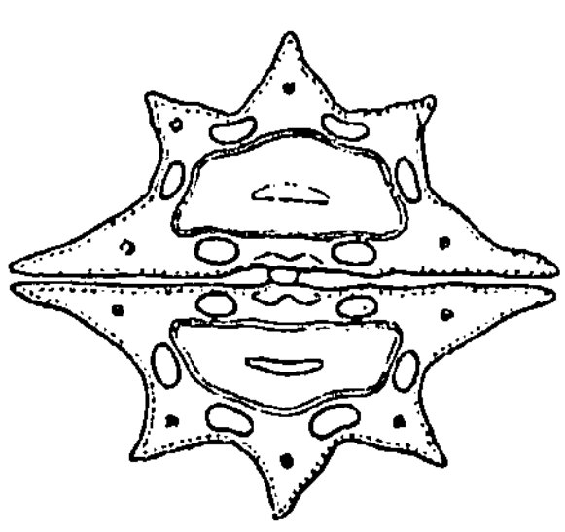

Abb. 475. Querschnitt der Frucht von
Levisticum officinale, vergrößert.

Gilg, Botanik. 6. Aufl. 24

Umrißlinie des Nährgewebes an der Fugenseite (der Berührungsfläche beider Teilfrüchte) auf Quer- und Längsschnitt völlig flach (Abb. 468, *I*).

b) Bei den Gekrümmtsamigen, Campylospermae genannt (von κάμπυλος, kampylos = gekrümmt), besitzt das Nährgewebe auf der Fugenseite eine Längsfurche, so daß seine Umrißlinie auf dem Querschnitt einwärts gekrümmt, auf dem Längsschnitt jedoch gerade erscheint (Abb. 468, *II*).

c) Bei den Hohlsamigen, Coelospermae genannt (von κοῖλος, koilos = hohl), ist das Nährgewebe jeder Teilfrucht völlig nach außen gewölbt und erscheint daher auf Quer- und Längsschnitt bauchig (Abb. 468, *III*).

Abb. 476. Oenanthe phellandrium. *A* Blühender Zweig, *B* Blüte, *C* Frucht.

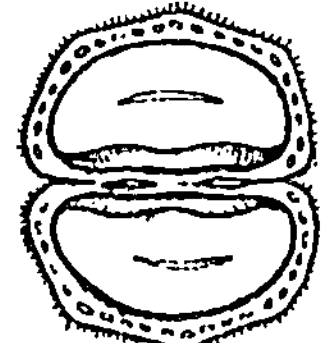

Abb. 477. Querschnitt der Frucht von Oenanthe phellandrium.

a) Orthospermae:

Off. **Carum** carvi, der Kümmel (Abb. 465, 467 u. 469), wächst bei uns wild und wird zur Fruchtgewinnung angebaut. Seine Blätter sind zweifach fiederspaltig, sein Blütenstand besitzt keine oder nur sehr spärliche Hüllblättchen. Die Frucht ist seitlich zusammengedrückt, die Hauptrippen sind nicht geflügelt, und in jedem Tälchen befindet sich nur eine Ölstrieme (Abb. 467). Liefert Fruct. Carvi.

Off. **Pimpinella** saxifraga (Abb. 470) und **P.** magna haben beide rundlich fünfkantige Teilfrüchte mit nur schwach hervortretenden Längsrippen und mehreren Ölstriemen in je einem Tälchen (Abb. 471). Hülle und Hüllchen fehlen beiden. Erstere Art hat stielrunde, letztere gefurchte Stengel. Beide wachsen bei uns wild und liefern Rad. Pimpinellae. — **P.** anisum (auch **Anisum** vulgare genannt) zeichnet sich dadurch aus, daß nur die mittleren Laubblätter gefiedert sind. Die Früchte sind flaumhaarig; in jedem Tälchen befinden sich ebenfalls zahlreiche Ölstriemen. Liefert Fruct. Anisi und wird zu diesem Zwecke angebaut.

Off. **Foeniculum** vulgare (auch Foeniculum officinale und Foeniculum capillaceum genannt) (Abb. 472 hat sehr schmale Fiederblättchen und gelbe,

Abb. 478. Cicuta virosa.

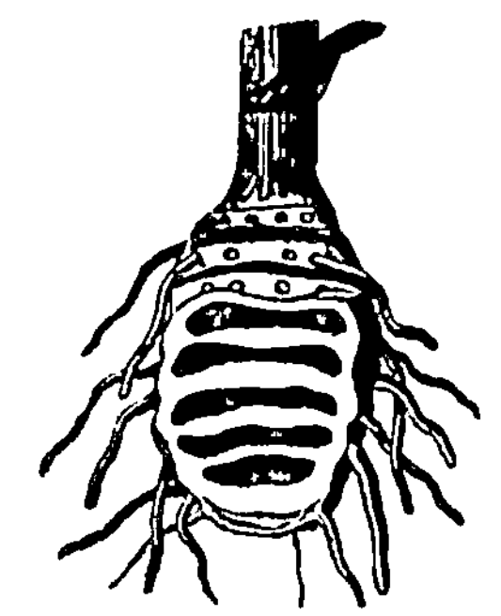

Abb. 479. Quergefächertes Rhizom
von Cicuta virosa.

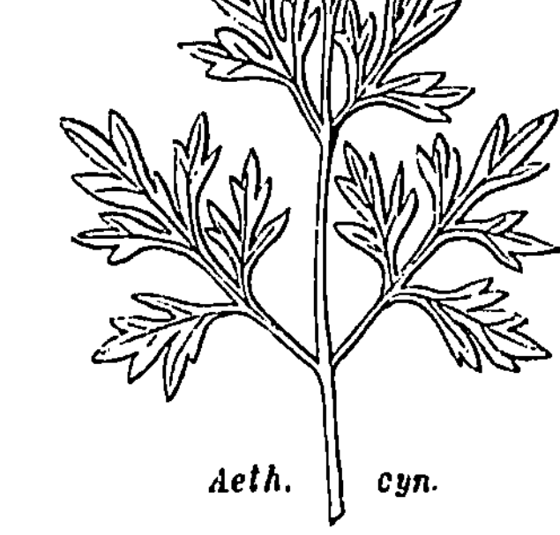

Abb. 480. Fiederblatt, *A* von Petroselinum sativum, *B* von Aethusa cynapium.

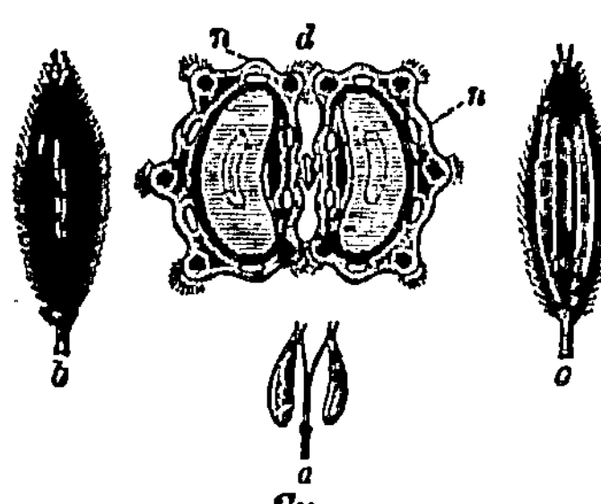

Abb. 481. Frucht von Cuminum cyminum; *a* beide Teilfrüchte am Carpophor hängend, nat. Größe; *b* Frucht
von der Seite; *c* im Längsschnitt, vergrößert; *d* im
Querschnitt, dreifach vergrößert.

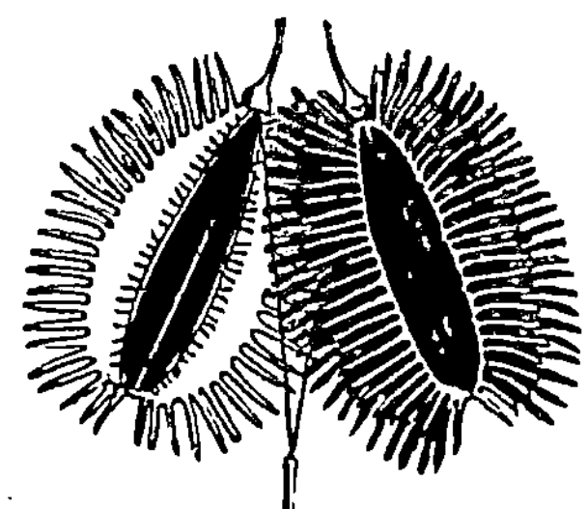

Abb. 482. Frucht von Daucus
carota, fünffach vergrößert.

24*

eingerollte Blumenblätter. · Die Rippen der Teilfrüchte sind stumpf; in jedem Tälchen ist eine Ölstrieme; auf der Fugenseite befinden sich deren zwei (Abb. 473). Liefert Fruct. Foeniculi.

Off. **Archangelica** officinalis, die Engelwurz, zeichnet sich durch die flügelförmige Ausbildung der Seitenrippen ihrer Früchte aus (Abb. 474 *f*), sowie dadurch, daß bei der Reife die äußere Fruchtwand sich von der inneren trennt. Jedes Tälchen enthält mehrere Ölstriemen. Sie ist die Stammpflanze von Rad. Angelicae.

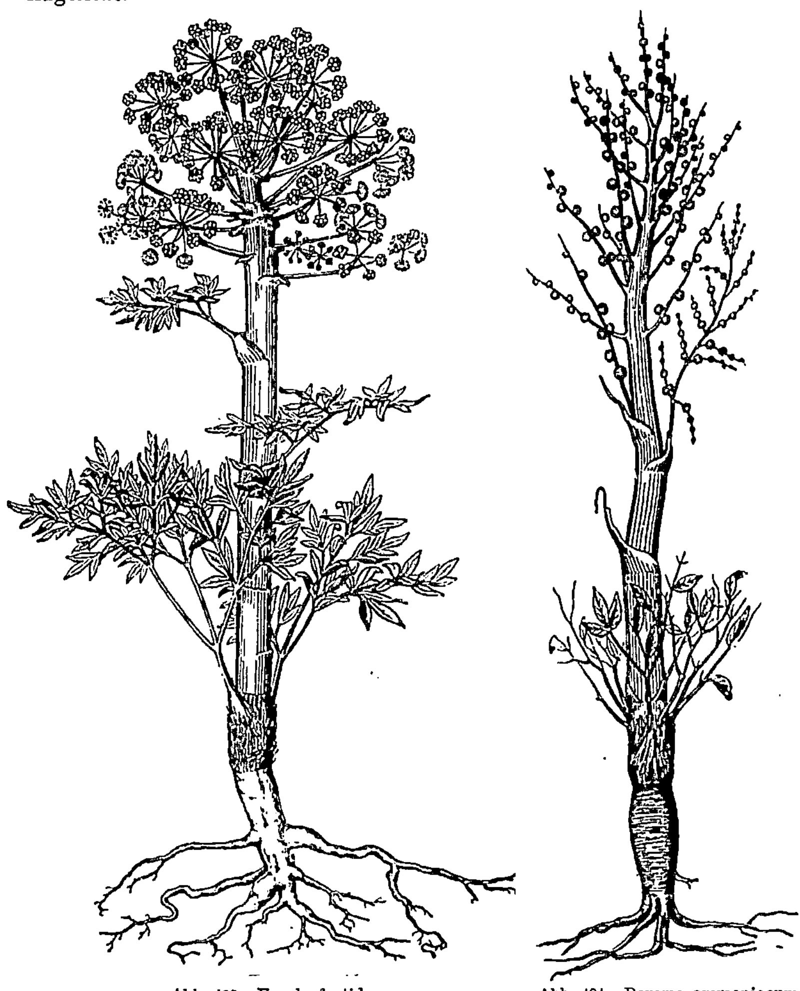

Abb. 483. Ferula foetida.   Abb. 484. Dorema ammoniacum.

Off. **Levisticum** officinale, der Liebstöckel, hat Früchte, deren s ä m t - l i c h e Rippen flügelförmig ausgebildet sind (Abb. 475). Jedes Tälchen enthält nur eine Ölstrieme. Liefert Rad. Levistici.

Oenanthe phellandrium, der Pferdekümmel (Abb. 476), hat Früchte, welche abweichend · von den meisten Umbelliferenfrüchten, zur Zeit der Reife nicht auseinander fallen. Wächst bei uns an Wassergräben und Sümpfen wild und liefert Fruct. Phellandrii (Abb. 477).

Sanicula europaea, der Sanikel, zeichnet sich dadurch aus, daß fast alle Blätter grundständig sind. Die Pflanze ist in Laubwäldern häufig und liefert Herb. und Rad. Saniculae.

Cicuta virosa, der Wasserschierling (Abb. 478), zeichnet sich durch seinen quergefächerten Wurzelstock aus (Abb. 479), sowie dadurch, daß die Fiederschnittchen seiner dreifach gefiederten Blätter scharf gesägt sind (Abb. 478). Der Wasserschierling ist unsere **giftigste** Doldenpflanze.

Petroselinum sativum, die Petersilie, ist ein wegen seiner Blätter und Wurzeln angebautes Küchengewächs. Die Blätter sind glänzend, frischgrün und zwei- bis dreifach gefiedert (Abb. 480, *A*). Sie dürfen nicht verwechselt werden mit den feinen geteilten, halbmatten, dunkelgrünen Blättern der Hundspetersilie, **Aethusa** cynapium (Abb. 480, *B*) oder gar mit denen des Schierlings (s. unten).

Cuminum cyminum, römischer Kümmel, in Südeuropa angebaut, ist die Stammpflanze der Fruct. Cumini oder Fruct. Cymini (Abb. 481).

Daucus carota, mit Früchten, deren Nebenrippen stark hervortreten und Stacheln tragen (Abb. 482), liefert die als Gemüse dienende Mohrrübe oder Möhre. In der Mitte der weißen Dolde finden sich regelmäßig eine bis mehrere rotschwarze, verkümmerte Blüten.

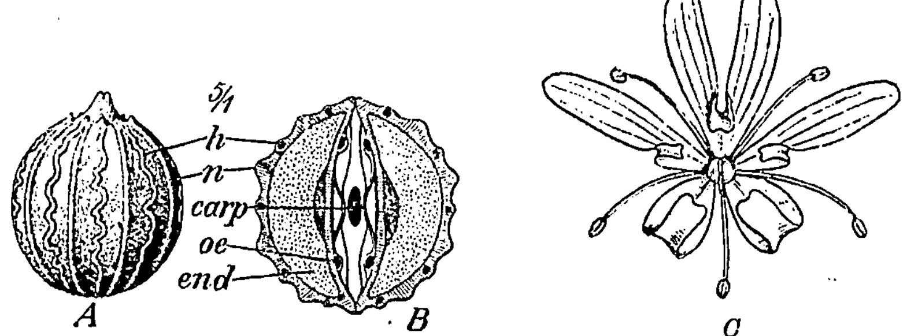

Abb. 485. Fructus Coriandri. *A* Ganz und *B* im Querschnitt, *h* Hauptrippen, *n* Nebenrippen, *carp* Fruchtträger, *oe* Ölgänge, *end* Endosperm. *C* Eine Blüte vom Rande der Dolde.

Imperatoria ostruthium, die Meisterwurz, in Gebirgsgegenden Mitteldeutschlands wildwachsend, liefert Rhiz. oder Rad. Imperatoriae.

Off. **Ferula** assa foetida, F. foetida (Abb. 483) und F. narthex sind die in Steppen Mittelasiens heimischen Stammpflanzen der Asa foetida. — F. galbaniflua und F. rubricaulis, ebenda heimisch, liefern Galbanum. Die Arten der Gattung Ferula (welche mit der Gattung **Peucedanum** vielleicht als identisch bezeichnet werden kann) sind meist übermannshohe Stauden mit früh verwelkenden Blättern und tutig bescheideten Stengeln. Die Früchte derselben sind vom Rücken her zusammengedrückt und die geflügelten Seitennerven beider Teilfrüchte miteinander verwachsen.

Off. **Dorema** ammoniacum (Abb. 484) ist im Wuchs den vorigen sehr ähnlich und zeichnet sich im übrigen durch einfache Dolden von fast kugeligem Umfang aus. Auch sie ist in Steppengebieten Südpersiens heimisch. Liefert Ammoniacum.

Euryangium sumbul, in Südasien heimisch, ist die Stammpflanze von Rad. Sumbuli.

b) Campylospermae:

Off. **Conium** maculatum, der gefleckte Schierling, eine mit unangenehmem Mäusegeruch behaftete Pflanze, hat einen hohen, glatten und völlig kahlen Stengel, welcher bläulich bereift und am Fuße oft rötlich gefleckt ist (daher der Namen maculatum). Seine mit tiefen Sägezähnen versehenen Fiederblättchen sind oberseits dunkelgrün, unterseits heller und dürfen nicht mit Petersilienblättern (Abb. 480, *A*) verwechselt werden, da die ganze Pflanze sehr giftig ist. Die Früchte tragen wellig gekerbte Längsrippen. Die Tälchen sind gleichfalls längsgestreift und besitzen keine Ölstriemen. Das Kraut ist als Herba Conii offizinell.

c) Coelospermae:

Coriandrum sativum trägt kugelige Früchte (Abb. 485, *A*) mit wellig geschlängelten aber flachen Haupttrippen und scharfen, stärker hervortretenden Nebenrippen. Die am Doldenumfang stehenden Blüten sind unregelmäßig gebaut (Abb. 485, *C*). Die Pflanze ist im Mittelmeergebiet heimisch. Liefert Fruct. Coriandri.

2. Unterklasse. Metachlamydeae oder Sympetalae.
Verwachsenkronblättrige Dikotylen.

Blütenhülle auf vorgeschrittener Stufe, stets der Anlage nach doppelt, die innere Hülle (Korolle) meistens verwachsenblätterig.

1. Reihe. Ericales, Heidenartige.

Blüten meist hypogyn, aktinomorph, meist fünfzählig, Androeceum obdiplostemon, der Krone nicht angewachsen, Pollen meist in Tetraden; Blumenblätter manchmal noch frei; Fruchtknoten mehrfächerig. Meist immergrüne Holzpflanzen mit oft nadelförmigen oder lanzettlichen Blättern.

Pirolaceae.
Familie der Wintergrüngewächse.

Ausdauernde Kräuter z. T. immergrün, z. T. chlorophyllos, in Nadel- und Laubwäldern der nördlichen Hemisphäre verbreitet. Blüten einzeln oder in Trauben, Blumenblätter häufig frei, die Frucht eine Kapsel.

Monotropa hypopitys, eine chlorophyllfreie, Mycorrhiza führende Humuspflanze, in unsern Wäldern nicht selten.

Ericaceae.
Familie der Heidekrautgewächse.

Die Heidekrautgewächse haben regelmäßige, meist fünfzählige, seltener vierzählige Blüten mit meist verwachsenblättriger und

Abb. 486. Blüte von Arctostaphylos uva ursi.

Abb. 487. Staubgefäß mit gehörnten Antheren von Arctostaphylos uva ursi.

glockiger, am Rande kurz gezähnter Blumenkrone (Abb. 486). Die Staubbeutel sind zuweilen mit eigentümlichen Anhängseln versehen (gehörnte Antheren, Abb. 487). Der Fruchtknoten besteht aus meist fünf Fruchtblättern mit einfachem Griffel. Die Blütenformel ist: K 5 C (5) A 5 + 5 G (5) oder K 4 C (4) A 4 + 4 G (4). Der Fruchtknoten kann sowohl ober- wie unterständig sein, die Frucht ist eine vielsamige Beere oder Kapsel.

Man unterscheidet 4 Unterfamilien:

a) **Rhododendroideae** mit freien oder verwachsenen Blumenblättern, oberständigem Fruchtknoten, scheidewandspaltiger Kapsel- frucht, ungehörnten Antheren.

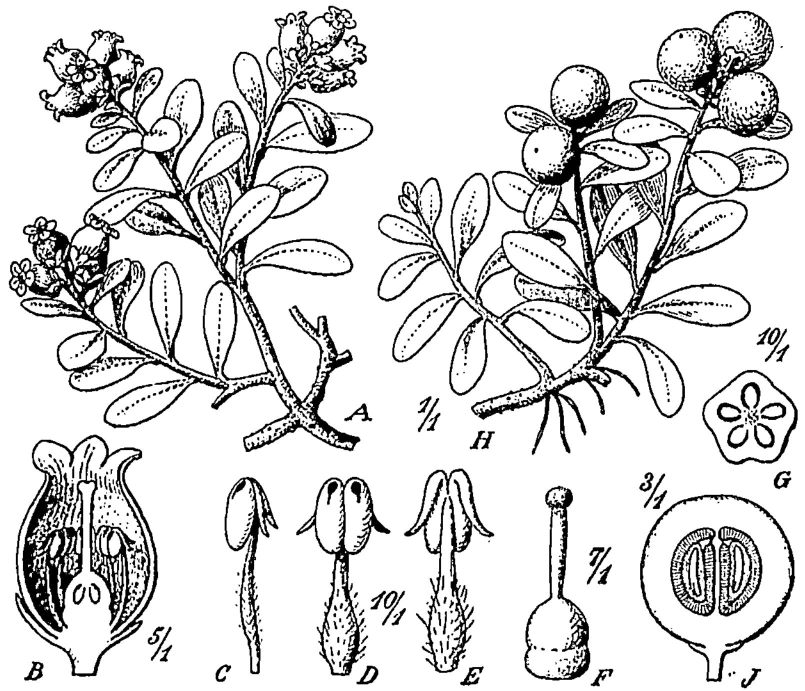

Abb. 488. *Arctostaphylos uva ursi*, Bärentraube. *A* Blühendes Zweigende, *B* Blüte im Längs- schnitt, *C, D, E* Staubblätter von der Seite, von vorn und von hinten gesehen, *F* Frucht- knoten, *G* derselbe im Querschnitt, *H* Zweigstück mit reifen Früchten, *J* eine Frucht längs durchschnitten. (Nach Berg u. Schmidt.)

b) **Arbutoideae** mit oberständigem Fruchtknoten, Beeren- oder fachspaltiger Kapselfrucht, Antheren mit borstenförmigen Anhängseln.

c) **Vaccinioideae** mit unterständigem Fruchtknoten und Beeren- frucht; Antheren gehörnt.

e) **Ericoideae** mit oberständigem Fruchtknoten und meist fach- spaltiger Kapselfrucht; Antheren meist gehörnt.

a) Rhododendroideae:

Rhododendron **hirsutum** und **Rh.** **ferrugineum** sind die bekannten Alpenrosen, niedrige Sträucher der Alpen mit rosenroten Blüten, letztere mit unter- seits rostfarbenen, lanzettlichen Blättern, welche unter der Bezeichnung Folia Rhododendri früher medizinisch gebräuchlich waren. Zahlreiche andere Arten, auf den Hochgebirgen des tropischen Asiens heimisch, gehören zu den schönsten Ziergewächsen unserer Gewächshäuser, halten z. T. bei uns auch im Freien aus. **Rh.** indicum ist eine unter dem Namen „Azalee" sehr beliebte und in zahllosen Formen gezogene Topfpflanze.

Ledum palustre, Porst, ein Halbstrauch der nördlichen Torfmoore, liefert die aromatischen, narkotischen Folia Ledi, auch Herb. Rosmarini silvestris genannt.

b) Arbutoideae:

Off. **Arctostaphylos** uva ursi (Abb. 488), die Bärentraube, gedeiht hauptsächlich auf Heideboden der Gebirge und ist die Stammpflanze der Fol. Uvae Ursi.

Abb. 489. Vaccinium myrtillus.

Abb 490   Vaccinium vitis idaea.

c) Vaccinioideae:

Vaccinium myrtillus, die Heidelbeere (Abb. 489), und **V.** vitis idaea, die Preißelbeere (Abb. 490), gedeihen allenthalben in Laub- und Nadelwäldern besonders der Gebirge. Ihre Früchte sind ein beliebtes Beerenobst. Die Blätter der letzteren sind auch als Heilmittel in Aufnahme gekommen.

d) Ericoideae:

Calluna vulgaris, das Heidekraut, ist ein niedriger Strauch mit kleinen Blättern und traubigen Blütenständen, welcher weite Länderstrecken zu bedecken pflegt und diesen das charakteristische Gepräge der „Heide" verleiht.

Die Gattung **Erica** ist mit mehreren hundert Arten besonders am Kap der Guten Hoffnung heimisch. Nur wenige Arten gedeihen im Mittelmeergebiet und in Mitteleuropa, von denen die „Glockenheide", E. tetralix, erwähnt sein möge.

2. Reihe. Primulales, Primelartige.

Blüten hypogyn, aktinomorph, nach der Fünfzahl gebaut, Androeceum der Krone angewachsen, diplostemon oder meist haplostemon und dann epipetal, Fruchtknoten einfächerig, mit freier, basaler, zentraler, zahlreiche Samenanlagen tragender Placenta.

Primulaceae.

Familie der Schlüsselblumengewächse.

Die Schlüsselblumengewächse zeichnen sich durch regelmäßige, meist trichterförmige Blumenkrone aus: sie besitzen nur einen Kreis von Staubblättern, deren Staubfäden mit der Blumenkrone verwachsen sind. Die Blütenformel ist: K 5 C (5) A 5 G $\underline{(5)}$. Die Frucht ist eine ungefächerte, vielsamige Kapsel.

Primula officinalis (Abb. 491) und **P.** elatior, die Schlüsselblumen, sind sehr bekannte Frühlingsblumen; die Blüten der ersteren finden nicht selten medizinische Anwendung. **P.** auricula, Aurikel, in den Alpen heimisch, ist eine durch mannigfache Varietäten ausgezeichnete Gartenzierpflanze. Neuerdings sind zahlreiche ostasiatische Arten als Zierpflanzen bei uns eingeführt worden; **P.** obconica, mit aufgeblasenem, verkehrt kegelförmigem Kelch und feindrüsiger Behaarung, ruft — ebenso wie noch manche verwandte Arten — durch das Sekret ihrer Drüsenhaare schwere Entzündungen der Haut hervor.

Lysimachia vulgaris, nummularia und nemorum, Gilbweiderich, **Anagallis** arvensis, Gauchheil, wachsen auf Äckern und Wiesen wild.

Trientalis europaea, Siebenstern, ist eine in Gebirgswäldern, seltener in der Ebene vorkommende Pflanze, die sich durch die Siebenzahl ihres Perianths und Androeceums von allen anderen unterscheidet.

Abb. 491. Primula officinalis.

Cyclamen europaeum, Erdscheibe oder Alpenveilchen, und andere Arten der Gattung sind sehr bekannte Topfpflanzen.

3. Reihe. **Plumbaginales.** Bleiwurzartige.

Blüten haplostemon, zwittrig, Blumenblätter frei oder vereint. Karpelle 5 verwachsen. Der oberständige einfächerige Fruchtknoten mit 5 Griffeln besitzt nur eine umgewendete Samenanlage. — Einzige Familie der

Plumbaginaceae.

Sträucher, Halbsträucher oder ausdauernde Kräuter mit meist zusammengesetztem Blütenstande.

Armeria- und **Statice-**Arten auf Salzsteppen und an Küsten häufig.

4. Reihe. **Ebenales.** Ebenholzartige.

Blüten aktinomorph, vier- oder fünfzählig; Androeceum der Krone angewachsen, meist diplostemon oder triplostemon oder mit ∞ Staubblättern; Fruchtknoten gefächert, mit einer oder wenigen Samenanlagen in jedem Fache an zentralwinkelständiger Plazenta. Immergrüne tropische Holzgewächse.

Sapotaceae.

Familie der Guttapercha liefernden Gewächse.

Bäume mit zahlreichen Milchsaftschläuchen in Rinde, Mark und Blättern. Blüten wenig ansehnlich, einzeln oder meist zu wenigen achselständig. Staubblätter in 2 bis 3 Quirlen. Frucht eine Beere.

Samen mit charakteristisch glänzender, glatter Samenschale, an der die Ansatzfläche sehr stark vortritt. Meist ölreiches Nährgewebe.

Palaquium oblongifolium, **P.** gutta (Abb. 492) und andere Arten der Gattung, im indisch-malayischen Gebiet heimisch, sowie **Payena** Leerii, aus demselben Gebiet stammend, liefern Guttapercha.

Mimusops balata, im nördlichen Südamerika, gibt die Balata, ein Ersatzmittel für Guttapercha.

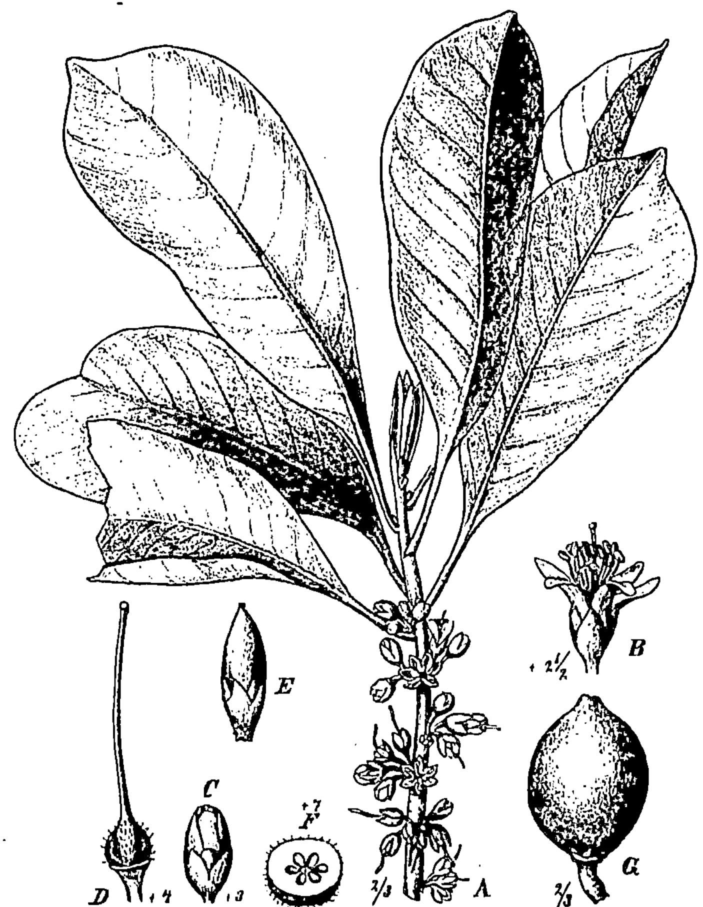

Abb. 492. Palaquium gutta. *A* Blühender Zweig, *B* Blüte, *C* Knospe, *D* Fruchtknoten, *E* junge Frucht, *F* Fruchtknotenquerschnitt, *G* reife Frucht.

Ebenaceae.

Familie der Ebenholzgewächse.

Die Ebenholzgewächse sind im Bau der Blüten der vorhergehenden Familie ähnlich; es sind meist beide Staubblattkreise, manchmal sogar noch mehr Staubblätter entwickelt und der Fruchtknoten vielfächerig, jedoch wenigsamig; meist sind die Blüten getrenntgeschlechtig. Die Pflanzen dieser Familie sind meist in den Tropen einheimische Bäume oder Sträucher, viele mit hartem, schwerem, in der Farbe sehr verschiedenem Kernholz.

Diospyros ebenum, der Ebenholzbaum, ist in Ostindien heimisch. Sein schwarzes Kernholz bildet das sehr geschätzte Ebenholz.

Familie **Styracaceae.**

Sträucher und Bäume mit ganzrandigen oder gesägten Blättern und meist kleinen Blüten, mit Stern- oder Schuppenhaaren. Staub-

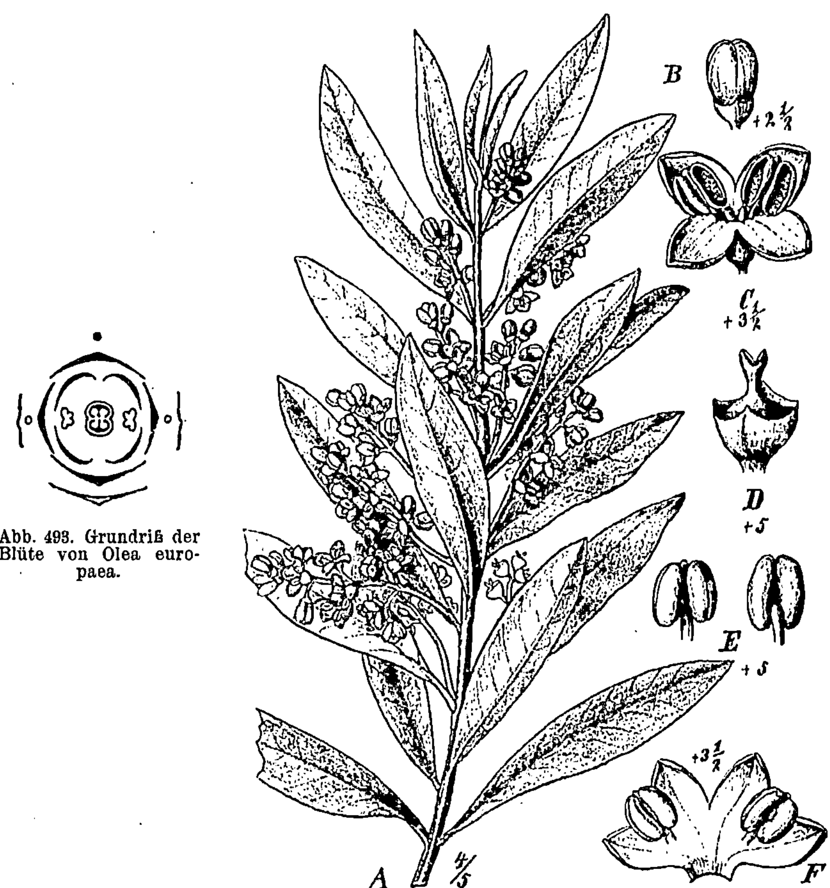

Abb. 493. Grundriß der Blüte von Olea europaea.

Abb. 494. Olea europaea. *A* Blühender Zweig. *B* Knospe, *C* Blüte, *D* Fruchtknoten, *E* Antheren, *F* Blumenkrone aufgeschnitten und ausgebreitet.

blätter doppelt so viel wie Blumenblätter, nur am Grunde oder selten höher zu einer Röhre vereinigt. Frucht eine Steinfrucht oder Schließfrucht.

Off. **Styrax** benzoin, ein auf Java und Sumatra heimischer Baum, liefert Sumatra-Benzoë; die offizinelle Siam-Benzoë stammt von einer anderen Art der Gattung; St. officinalis, in den östlichen Mittelmeerländern heimisch, ist die Stammpflanze des nicht mehr gebräuchlichen festen Storax (nicht zu verwechseln mit Styrax liquidus des Arzneibuches).

5. Reihe. **Contortae**, Gedrehtblütige.

Blüten hypogyn, aktinomorph, vier- oder fünfzählig; die Kronblätter sind in der Knospenlage meist gedreht, die gleichzähligen, selten minderzähligen Staubgefäße der Krone angewachsen. Blätter meist gegenständig, ganzrandig.

Oleaceae.

Familie der Ölbaumgewächse.

Die Oleaceen zeichnen sich durch einen weniggliedrigen Staubblattkreis aus, und die typische Blütenformel ist $K\,4\,C\,(4)\,A\,2\,G\,\underline{(2)}$ (Abb. 493). Vor allem ist hervorzuheben, daß stets nur zwei Staubblätter vorkommen und daß die Petalen manchmal unverwachsen sind, ja manchmal durch Abort ganz verschwinden. Die Oleaceen gehören meist der II. Klasse nach Linné an. Ihre Fruchtblätter, welche mannigfache Ausbildung zu Kapseln, Schließfrüchten, Beeren oder Steinfrüchten erfahren, sind meist nur zweisamig. Die Oleaceen sind Holzgewächse mit gegenständigen Blättern.

Off. **Olea** europaea, der Ölbaum, Olive, ist im Mittelmeergebiet heimisch und wird in Südeuropa zum Zwecke der Gewinnung des Ol. Olivarum, dem aus dem Fleische seiner Früchte gewonnenen Öle, kultiviert. Die Oliven sind in ihrer Heimat ein wichtiges Nahrungsmittel. (Abb. 494).

Off. **Fraxinus** ornus, die Manna-Esche, ein mittlerer Baum Kleinasiens und Südeuropas, liefert die offizinelle Manna. — F. excelsior ist die bei uns gedeihende Esche mit gefiederten Blättern und sehr elastischem Holz.

Syringa vulgaris, der „spanische Flieder", ist wie mehrere andere ebenfalls aus Ostasien stammende Arten ein sehr verbreiteter Zierstrauch.

Ligustrum vulgare, Rainweide, ist ein bei uns häufig angepflanzter Heckenstrauch.

Forsythia suspensa und andere Arten der Gattung, deren gelbe Blüten im ersten Frühjahr vor den Blättern erscheinen, sind vielfach in Gärten angepflanzte Sträucher Ostasiens.

Jasminum-Arten, in den Tropen Asiens und Afrikas gedeihend, liefern aus hren schönen, duftenden Blüten das Jasminöl.

Loganiaceae.

Familie der Strychnosgewächse.

Die Gewächse dieser Familie besitzen im Bau ihrer Blüten große Ähnlichkeit mit den Enziangewächsen; ihr Fruchtknoten ist jedoch meist zweifächerig (Abb. 495). Die Frucht ist eine Kapsel oder Beere mit zahlreichen, oder auch nur einem einzigen, oft flachen Samen. — Meist Sträucher oder Bäume.

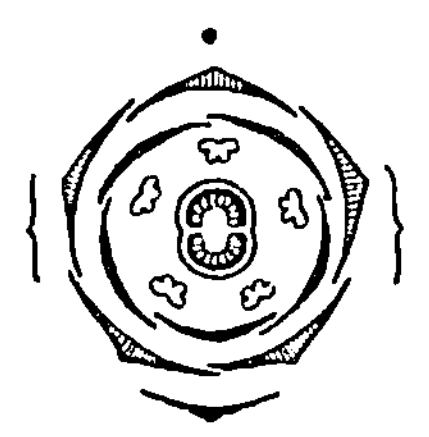

Abb. 495. Grundriß der Blüte von Strychnos nux vomica.

Off. **Strychnos** nux vomica, der Brechnußbaum, ist ein in Ostindien und dem indischen Archipel heimischer immergrüner Baum und liefert Sem. Strychni (Abb. 496), welche meist zu wenigen in dem saftigen Fleische der kugeligen, hartschaligen Frucht eingebettet sind. S. tieute (Java) und S. toxifera (Guiana) liefern gefährliche Pfeilgifte, dasjenige der letzteren (Curare) wird auch medizinisch angewendet. S. Ignatii, auf den Philippinen heimisch, ist die Stammpflanze der Fabae Ignatii.

Gelsemium sempervirens, in Nordamerika heimisch, liefert Rad. Gelsemii.

Gentianaceae.

Familie der Enziangewächse.

Die Blüten dieser Familie sind denen der vorhergehenden durch das Vorhandensein von zwei oberständigen Fruchtblättern und durch viele andere Merkmale sehr ähnlich. Ihre Blüten sind stets regelmäßig und entweder nach der Fünfzahl oder der Vierzahl gebaut. Die Blütenformel ist daher: $K\,5\,C\,(5)\,A\,5\,G\,\underline{(2)}$ (Abb. 497) oder $K\,4\,C\,(4)\,A\,4\,G\,\underline{(2)}$. Die Fruchtblätter sind meist nur mit ihren Rändern verwachsen und die Kapsel, zu der sie bei der Reife auswachsen, ist daher einfächerig. — Kräuter mit gegenständigen, seltener abwechselnden (Menyanthes) Blättern.

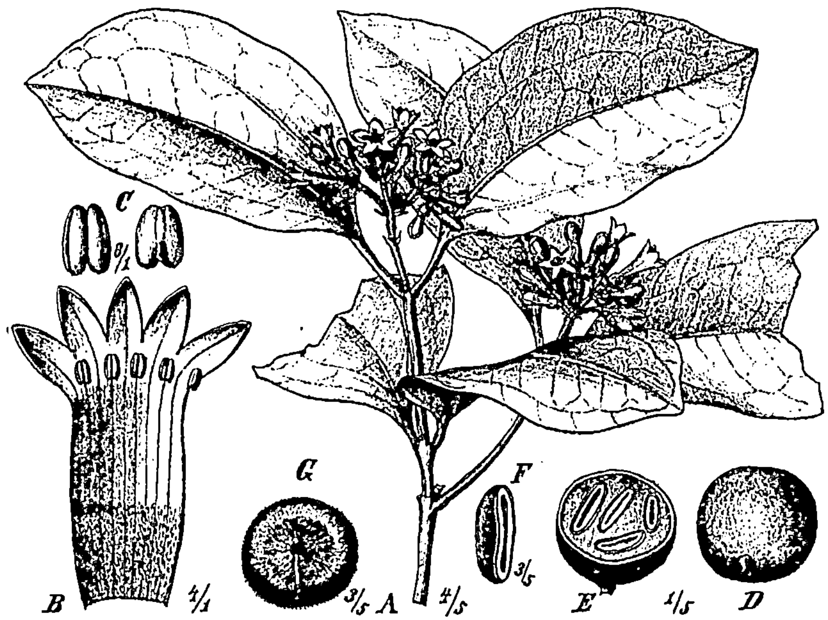

Abb. 496. Strychnos nux vomica. *A* Blühender Zweig, *B* Blüte aufgeschnitten und ausgebreitet, *C* Antheren, *D* Frucht, *E* Frucht im Querschnitt, *F* Samenquerschnitt, *G* Samen.

Off. **Gentiana** lutea (Abb. 498), G. pannonica, G. purpurea und G. punctata, sämtlich in den Alpen und den Gebirgen des mittleren und südlichen Europa heimisch, sind die Stammpflanzen von Radix Gentianae. G. ciliata, G. campestris, G. germanica, G. amarella und G. cruciata sind durchweg blau oder violett blühende, bei uns einheimische, aber nicht sehr häufig vorkommende, prächtige Vertreter dieser besonders in den Hochgebirgen Amerikas, Europas und Asiens entwickelten Gattung. G. pneumonanthe ist auf Moorwiesen stellenweise auch in der Ebene häufig. G. asclepiadea tritt in den deutschen Mittelgebirgen oft in großer Menge auf.

Off. **Erythraea** centaurium, Tausendgüldenkraut (Abb. 499), mit fleischroten Blüten, zeichnet sich durch die Drehung der Antheren aus, welche bei dem Ausstäuben des Pollens erfolgt, und ist die Stammpflanze von Herb. Centaurii.

Off. **Menyanthes** trifoliata, Bitterklee oder Biberklee (Abb. 500), wächst auf sumpfigen Wiesen und trägt seine weißen Blütentrauben an der Spitze eines blattlosen Schaftes. Ihren deutschen Namen hat die Pflanze von der Form ihrer dreizähligen Blätter, welche als Fol. Trifolii fibrini medizinisch gebräuchlich sind.

Apocynaceae.

Familie der Hundstodgewächse.

Die Blüten der Apocynaceae sind denen der vorhergehenden Familie
ähnlich und zeichnen sich wie diese durch gedrehte Knospenlage der
Blumenkrone aus.   Die Blütenformel ist: K 5 C (5) A 5 G $\frac{(2)}{}$.   Die

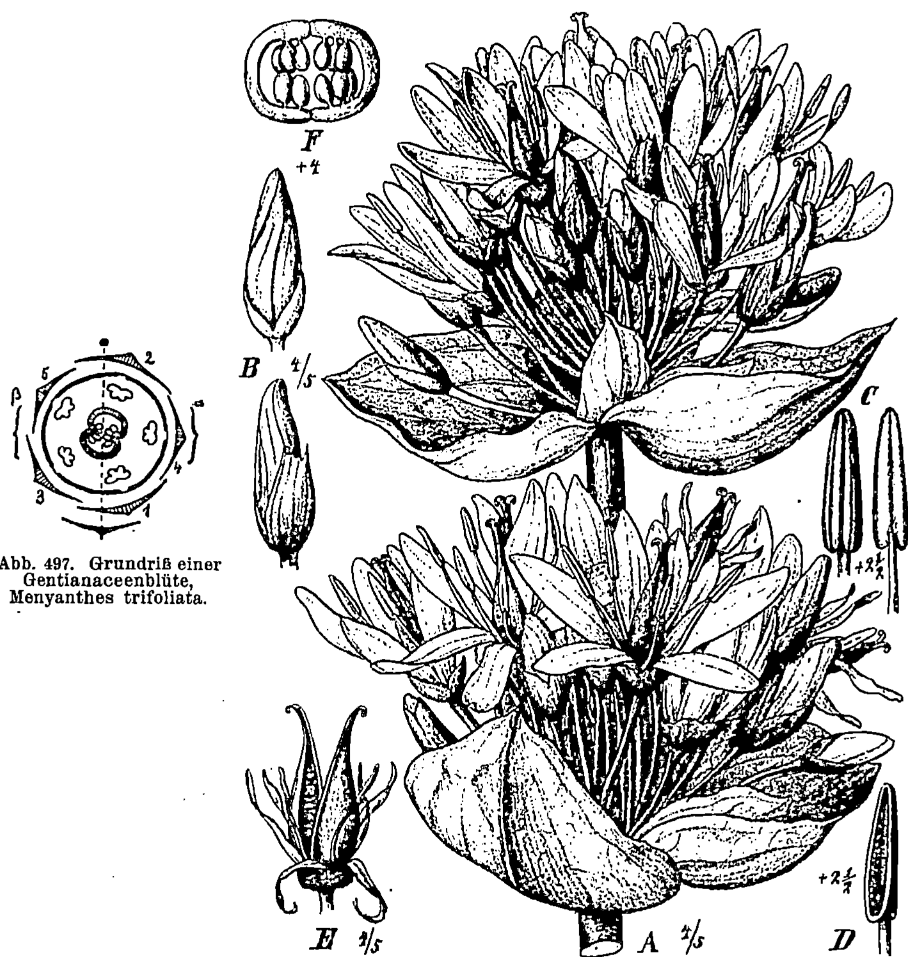

Abb. 497. Grundriß einer
Gentianaceenblüte,
Menyanthes trifoliata.

Abb. 498. Gentiana lutea. *A* Stück des Blütenstandes, *B* Knospen von verschiedenen Seiten
gesehen, *C* Anthere von vorn und von hinten, *D* von der Seite gesehen. *E* aufgesprungene
Frucht, *F* Fruchtknotenquerschnitt.

Fruchtblätter enthalten je zahlreiche Samenanlagen und sind untereinander nur mit ihren Griffeln verwachsen.   Die Frucht ist meist
eine Kapsel, die reifen Samen tragen häufig Haarschöpfe.   Die Blüten
stehen einzeln oder in Trugdolden.   Die Apocynaceae sind vorwiegend
tropische,   stets milchsaftreiche Holzgewächse mit meist gegen- oder

quirlständigen, einfachen Blättern; sie führen in Stengeln, Blättern und Samen meist sehr heftig wirkende Glykoside, Herzgifte, die als Heilmittel viel angewendet werden.

Off. **Strophanthus** hispidus (Abb. 501), in Westafrika heimisch und **St. kombe**, in Ostafrika heimisch, sind windende Sträucher mit großen elliptischen

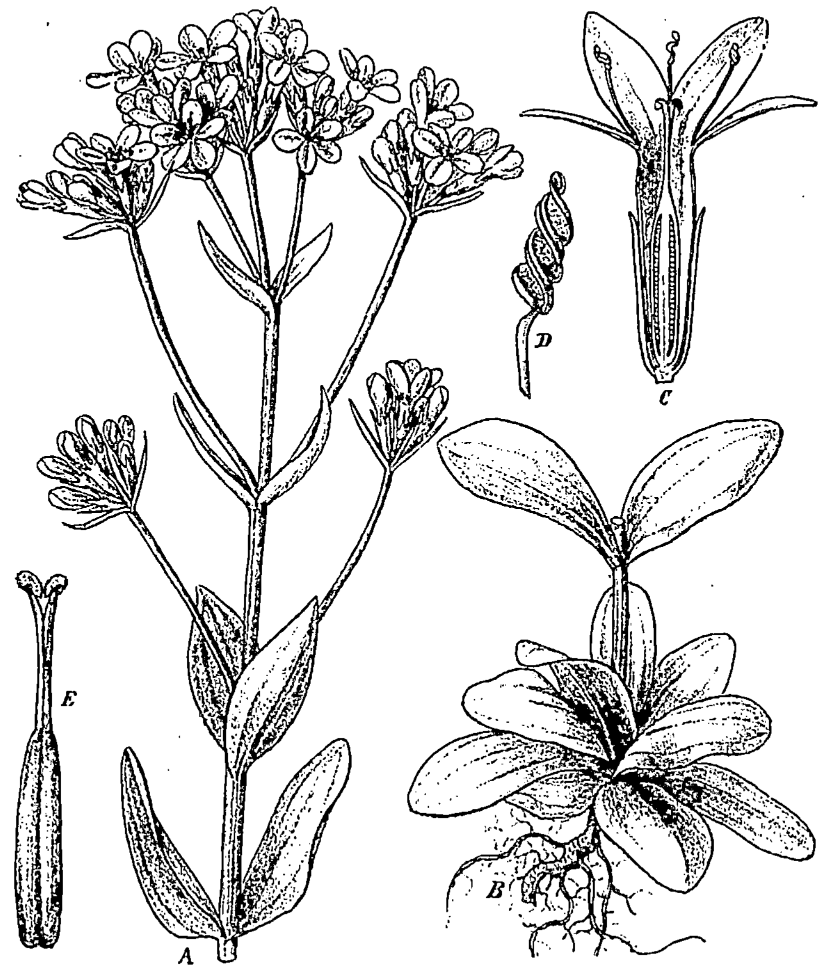

Abb. 499. Erythraea centaurium. *A* oberer Teil, *B* unterer Teil der blühenden Pflanze, *C* Blüte im Längsschnitt, *D* Anthere nach dem Ausstäuben des Pollens, *E* Fruchtknoten mit Griffel und Narbe.

Blättern und buntfarbigen Blüten, deren Kronzipfel in lange, bandförmige Fortsätze auslaufen. Die flaumig behaarten und beschopften Samen beider Arten (oder neuerdings nur letzterer Art) sind die offizinellen Sem. Strophanthi.

Aspidosperma quebracho blanco, ein in Argentinien wachsender Baum mit kleinen stachelspitzigen Blättern und gelben Blüten, ist die Stammpflanze von Cortex Quebracho.

Vinca minor, das Immergrün oder Sinngrün, wird bei uns als Gartenzierpflanze gehegt und behält auch im Winter seine immergrünen Blätter, welche als Herb. Pervincae früher medizinische Anwendung fanden.

Nerium oleander, im Mittelmeergebiet heimisch, ist der in Kübeln häufig gezogene Zierbaum Oleander, der sich durch schöne rote oder seltener weiße Blüten auszeichnet.

Arten der Gattungen **Landolphia, Kickxia, Clitandra, Carpodinus** u. a., meist Lianen des tropischen Afrika, liefern Kautschuk.

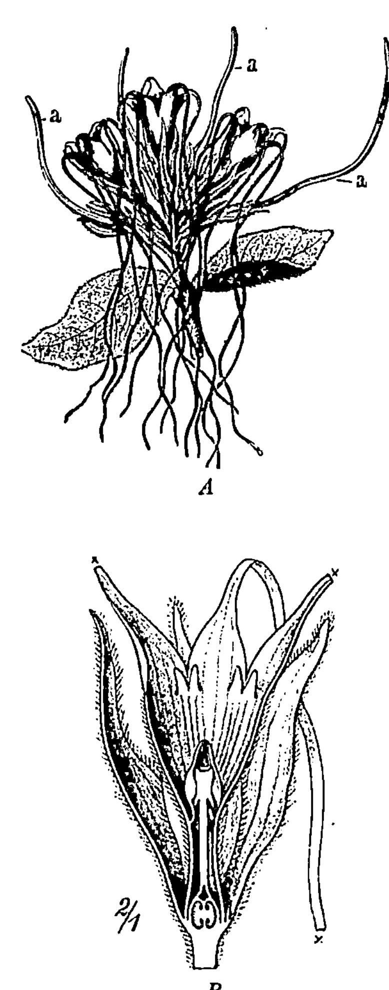

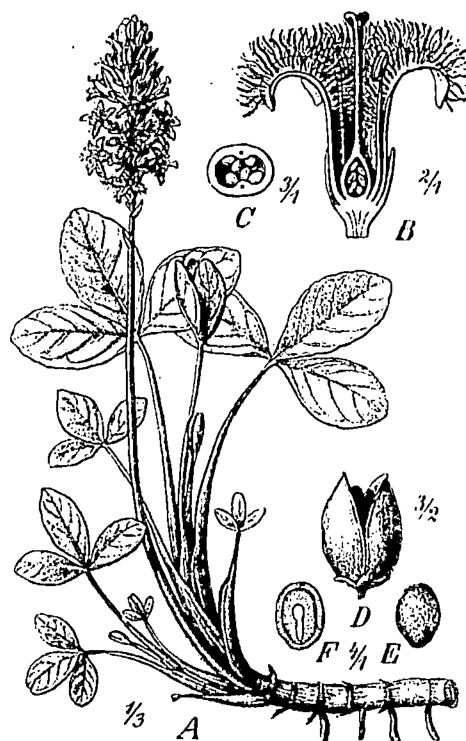

Abb. 500. Menyanthes trifoliata. *A* blühende Pflanze, *B* Blüte im Längsschnitt, *C* Fruchtknoten im Querschnitt, *D* Kapsel mit Samen, *E* Samen, *F* Samen im Längsschnitt.

Abb. 501. Strophanthus hispidus. *A* Blütenzweig, *a* Knospen, *B* Längsschnitt durch eine Blüte, die langen Zipfel der Kronlappen bei ✕ abgeschnitten.

Asclepiadaceae.

F a m i l i e d e r S e i d e n p f l a n z e n g e w ä c h s e.

Die Blütenformel der Asclepiadaceen ist dieselbe wie die der vorhergehenden Familie. Dennoch zeichnet sich die Asclepiadaceenblüte vor allen übrigen Dikotyledoneenblüten durch zwei Eigentümlichkeiten aus, indem die Pollenmasse je einer Antherenhälfte wie bei den Orchidaceen zu einem Pollinium verklebt und je zwei derselben miteinander und mit der Narbe des Fruchtknotens in eigentümlicher Weise verwachsen sind (Abb. 502). Die Fruchtblätter sind unten frei und nur die Griffel unter sich verwachsen. Die Asclepiadaceen sind meist tropische, milchsaftreiche Holzgewächse oder Kräuter mit Kapselfrüchten und langbehaarten Samen.

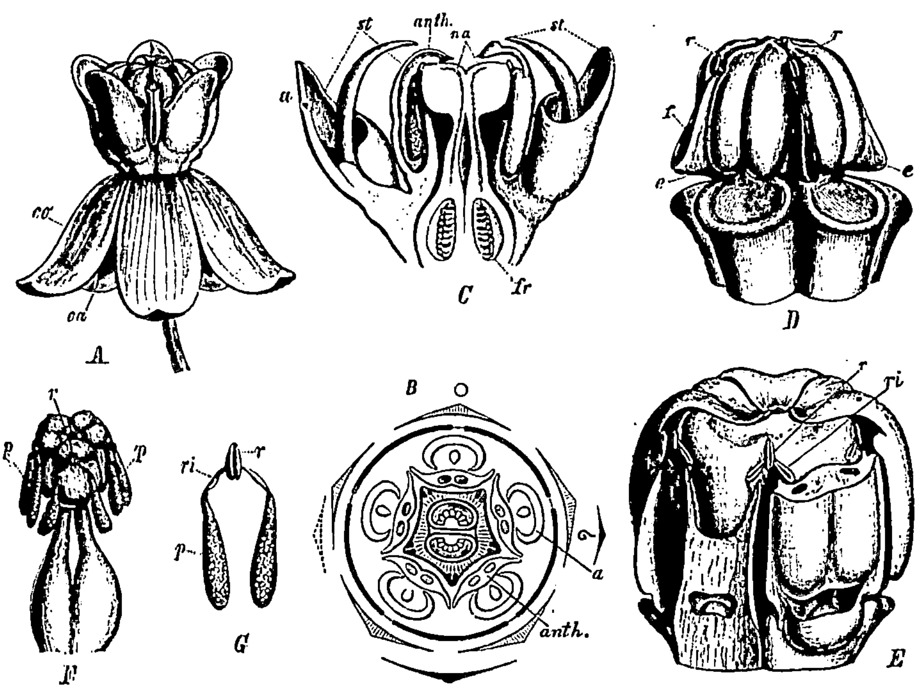

Abb. 502. Asclepias Cornuti. *A* Blüte, *B* Diagramm, *C* Längsschnitt der Blüte, *ca* Kelch, *co* Krone, *st* Staubblatt, *anth* innere fertile Hälfte, *a* äußere, sterile, taschenförmig ausgebildete Hälfte, *na* Narbenkopf. *D* Andröceum, die sterilen Staubblatthälften entfernt, *e* blattartige Verbreiterung der fertilen Antherenhälfte, *f* der zwischen denselben liegende Spalt, über welchem die drüsigen Kanten *r* des Narbenkopfes hervortreten; das von *r* ausgeschiedene Sekret fließt in zwei Rinnen abwärts, und an ihm bleiben die beiden Pollinien haften. *E* junges Andröceum, die Drüsen *r* und die beiden Rinnen *ri* zeigend. *F* Gynäceum, nach Entfernung des Andröceums: an *r* sind je zwei Pollinien *p* haften geblieben. *G* zwei Pollinien, durch die sich leicht loslösende Drüse *r* miteinander verbunden. (Nach K. Schumann.)

Off. **Marsdenia** cundurango, ist ein an Baumstämmen emporklimmendes Schlinggewächs des nordwestlichen Südamerika, dessen Rinde als Cortex Condurango in den Arzneischatz eingeführt ist.

Cynanchum vincetoxicum, Hundswürger, in Gebüschen und lichten Wäldern vorkommend, ist der einzige in Deutschland einheimische Vertreter dieser Familie.

6. Reihe. Tubiflorae, Röhrenblütige.

Blüten hypogyn, aktinomorph oder zygomorph, mit meist vier nach der Fünfzahl gebauten Kreisen. Androeceum vollzählig oder durch Abort minderzählig, der Krone angewachsen. Fruchtknoten zweifächerig, seltener dreifächerig, häufig durch falsche Scheidewände mehrkammerig, mit zwei bis sehr zahlreichen Samenanlagen in jedem Fache. — Meist Kräuter mit wechselständigen oder gegenständigen Blättern.

Convolvulaceae.

Familie der Windengewächse.

Die Windengewächse besitzen regelmäßige, fünfzählige Blüten mit trichterförmigen, bis oben hinauf verwachsenen Blumenkronen, welche

Abb. 503. Grundriß einer Convolvulaceenblüte.

in der Knospenlage gedreht sind. Die Staubblätter sind in der Fünfzahl vorhanden, der Fruchtknoten besteht aus zwei Fruchtblättern mit je zwei Samenanlagen und wird meist eine Kapsel. Die Blütenformel ist: K 5 C (5) A 5 G$\underline{(2)}$ (Abb. 503). Die Convolvulaceae sind milchsaftführende, windende Gewächse mit langen dünnen Sprossen.

Off. **Exogonium** (Ipomoea) **purga**, die Jalapenwinde (Abb. 504), an den Abhängen der mexikanischen Anden gedeihend, ist die Stammpflanze von Tubera und Resina Jalapae.

Ipomoea batatas, wichtige Kulturpflanze der Tropen, liefert die kartoffelähnlichen, stärke- und zuckerreichen Bataten.

Convolvulus sepium, Zaunwinde, und C. arvensis, Ackerwinde, sind bei uns häufige Unkräuter; C. scammonia, die Purgierwinde, ist in den östlichen Mittelmeerländern heimisch und liefert Radix und Resina Scammoniae (Scammonium).

Cuscuta europaea und andere Arten der Gattung sind unangenehme, blatt- und chlorophyllose Parasiten unserer Kulturpflanzen mit fadendünnem Stengel nnd zu fast kugeligen Knäueln vereinigten Blüten.

Borraginaceae

(auch Asperifoliaceae genannt).

Familie der Boretschgewächse.

Die Blüten der Boretschgewächse zeigen, abgesehen vom Fruchtknoten, große Ähnlichkeit mit denen der vorher beschriebenen Windengewächse, nur mit dem Unterschiede, daß die Blumenkrone in der Knospenlage nicht gedreht, sondern dachig gefaltet ist. Die Blumenkronröhre besitzt häufig sogen. Schlundanhängsel, welche sich nach innen klappenartig vorwölben (Abb. 505 *C*). Die Blütenformel ist: K 5 C (5) A 5 G $\underline{(2)}$ (Abb. 505 *A*). Jedes der beiden vorhandenen Fruchtblätter schnürt sich in seiner Mitte so vollkommen bis zur Fruchtknotenachse ein, daß bei der Reife der ganze Fruchtknoten entsprechend der Stellung seiner vier Samenanlagen in vier Teilfruchtknoten zerfällt, deren jeder aus einem halben Fruchtblatt gebildet wird. Fälschlicherweise hat man die vier Teilfrüchte (Klausen), da sie bei der Reife sehr hart werden, als Nüßchen bezeichnet

(Abb. 505 *D, E, G*). Infolge dieser Einschürung steht auch der Griffel nicht auf der Spitze des Fruchtknotens, sondern ist in die Mitte desselben eingesenkt. Man nennt dies einen **gynobasischen**

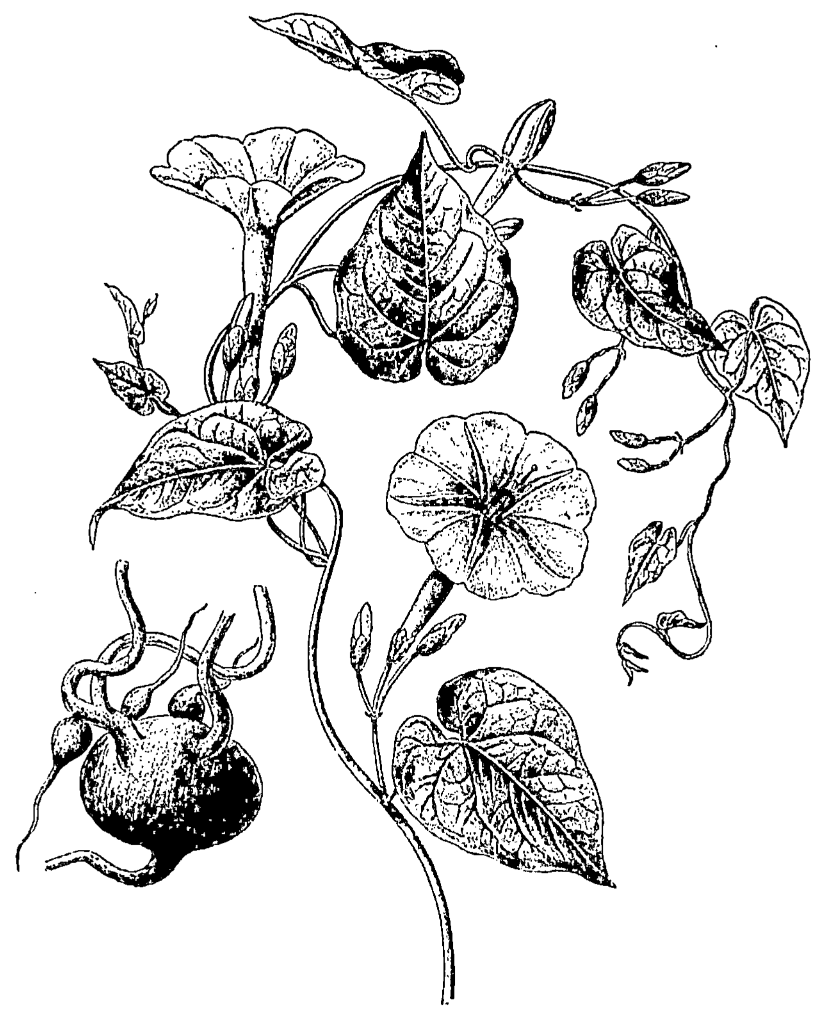

Abb. 504. Exogonium (Ipomoea) purga.

Griffel (Abb. 505, *D, E, G*). Die Blüten stehen in Wickeln. Die Borraginaceen sind meist krautige Gewächse unseres Klimas mit fast ausnahmlos rauhhaarigen Blättern (daher auch der früher oft gebrauchte Name Asperifoliaceae).

Borrago officinalis, der Boretsch, ist ein Gartengewächs mit schönen blauen Blüten. Seine Blätter werden als Salat oder meist als Beimengung zum Salat genossen und waren früher auch medizinisch gebräuchlich.

Myosotis palustris und viele andere M.-Arten sind die wildwachsenden und auch als Zierpflanzen sehr beliebten Vergißmeinnicht (Abb. 506).

Pulmonaria officinalis, das Lungenkraut (Abb. 507), lieferte früher Herba Pulmonariae und ist, wie P. angustifolia, eine der ersten und hübschesten Frühlingsblumen unserer Laubwälder.

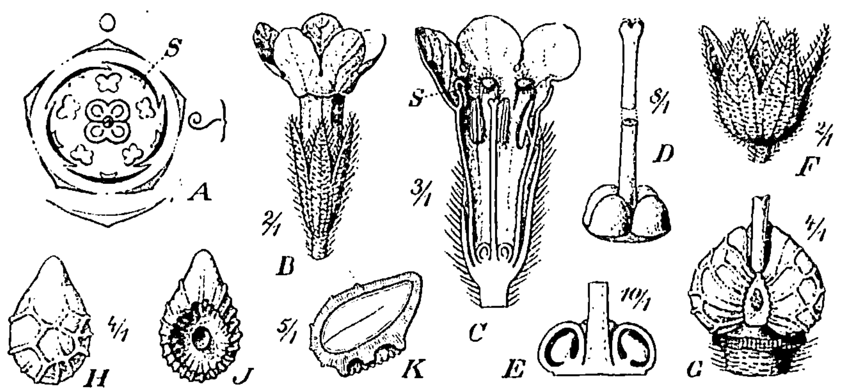

Abb. 505. Anchusa officinalis. *A* Diagramm der Blüte, *S* Schlundschüppchen, *B* Blüte, *C* dieselbe im Längsschnitt, *D* Fruchtknoten und Griffel, *E* beide im Längsschnitt, *F* Fruchtkelch, *G* die 4 Teilfrüchte, Klausen, im Inneren jenes; die vordere ist entfernt, *H* Samen von außen *J* von innen, *K* im Längsschnitt.

Abb. 506. Myosotis palustris.

Abb. 507. Pulmonaria officinalis.

Alkanna tinctoria, in Südeuropa heimisch, ist die Stammpflanze der zum Färben von Ölen und Fetten dienenden Rad. Alkannae.

Symphytum officinale, ein an Bachufern und auf feuchten Wiesen heimisches Kraut, lieferte die früher in der Tierheilkunde gebrauchte Rad. Consolidae majoris.

Lithospermum officinale und L. arvense, Steinsamen, sind verbreitete Unkräuter. Die Samen des ersteren wurden früher unter der Bezeichnung Sem. Milii solis medizinisch angewendet.

Echium vulgare, Natterkopf, **Anchusa officinalis**, Ochsenzunge (Abb. 505), und **Cynoglossum officinale** wachsen bei uns wild. Letzteres ist die Stammpflanze der früher medizinisch verwendeten Herba Cynoglossi.

Verbenaceae.

Familie der Eisenkrautgewächse.

Die Familiencharaktere sind denen der Labiaten sehr ähnlich, doch der Fruchtknoten meist ungelappt, mit gipfelständigem Griffel. Die Frucht ist meist eine Steinfrucht mit 1 bis 4 Steinkammern. Die Familie ist fast ausnahmslos in den Tropen heimisch.

Verbena officinalis, Eisenkraut ein unscheinbares, an Wegrändern wachsendes Unkraut, ist der einzige Vertreter der Familie in unserem Klima. Mehrere nordamerikanische Arten sind Zierpflanzen unserer Gärten geworden.

Tectona grandis, der ostindische Teakholzbaum, liefert das beste Holz für Schiffsbauten.

Labiatae.

Familie der Lippenblütlergewächse.

Die Familie hat ihren Namen von der gewöhnlich zweilippigen Gestalt der Blumenkrone. Zwei der fünf Kronblätter pflegen zu der meist helmförmigen, zuweilen jedoch auch sehr kleinen Ober-

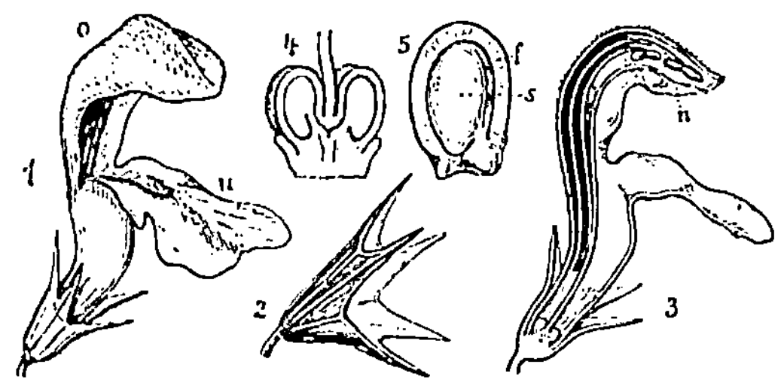

Abb. 508. Eine Labiatenblüte: *1* dieselbe von der Seite gesehen: *o* Oberlippe, *u* Unterlippe; *2* der Kelch, ³/₂ lippig; *3* die Blüte längsdurchschnitten, *n* die Narbe des Griffels; *4* der Fruchtknoten längsdurchschnitten; *5* ein Teilfrüchtchen (Klause), *f* die aus einem halben Fruchtblatt hervorgegangene Fruchtwand, *s* der Samen.

Abb. 509. Grundriß einer Labiatenblüte mit nur zwei fruchtbaren Staubblättern (Salvia).

lippe, drei zur Unterlippe verwachsen zu sein (Abb. 508). In gleicher Weise ist der Kelch meist derart geteilt, daß drei obere Kelchzipfel sich von zwei unteren deutlich abheben. Die Zahl der Staubgefäße ist meist vier (das hintere obere fehlt stets), seltener zwei (bei Salvia und Rosmarinus, bei denen auch von den zwei vorhandenen nur die vorderen Staubbeutelhälften ausgebildet sind). Sind vier Staubgefäße vorhanden, so sind die beiden vorderen länger als die hinteren beiden (zweimächtige oder didyname Staubgefäße); daher gehören die meisten Labiatae der XIV. Klasse nach Linné an. Der Fruchtknoten besteht aus zwei Fruchtblättern, welche, wie bei den Borraginaceen, eingeschnürt sind und zur Zeit der Reife vier Teilfrüchte

(Klausenfrüchte) bilden. Linné sah die vier Teilfrüchte fälschlich für nackte Samen an und nannte deshalb diejenige Ordnung

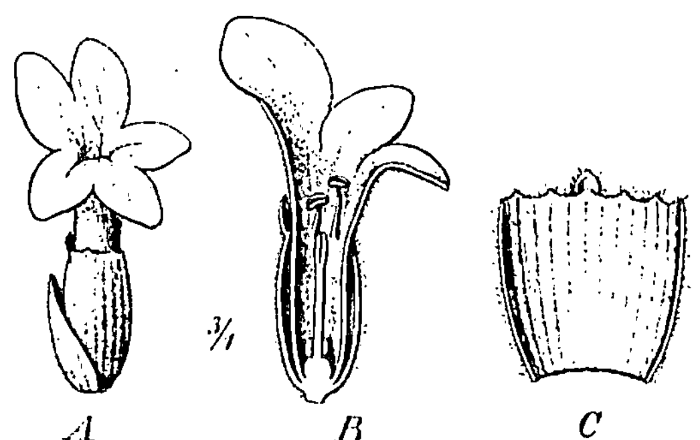

Abb. 510. Lavandula spica. *A* Blüte, *B* Längsschnitt durch dieselbe, *C* Kelch ausgebreitet und von innen gesehen ($^3/_1$).

der XIV. Klasse, welcher die Labiatae angehören, irrtümlich Gymnospermia = Nacktsamige. Der Griffel ist gleichfalls wie bei den Borraginaceen in die Einschnürung des Fruchtknotens eingesenkt (gynobasischer Griffel). Die Blütenformel ist: K(5)C(5)A4 oder 2 G$\underline{(2)}$ (Abb. 509). Die Blüten sind bei den Labiaten stets seitenständig und stehen meist in Wickeln, zu Scheinquirlen vereinigt, in den Achseln der Laubblätter. Die Laubblätter selbst sind gegenständig und an den vierkantigen Stengeln derart gestellt, daß je zwei gegenüberliegende Paare sich kreuzen. Fast sämtliche Lippenblütler führen in Drüsenhaaren, namentlich an ihren Blättern, reichlich ätherisches Öl.

Off. **Melissa** officinalis, Melisse, besitzt Blüten, deren lippenförmiger Charakter deutlich ausgeprägt ist; sie liefert Fol. Melissae.

Off. **Lavandula** spica, Spike oder Lavendel, zeichnet sich durch die nur schwach lippig ausgebildete Gestalt ihrer

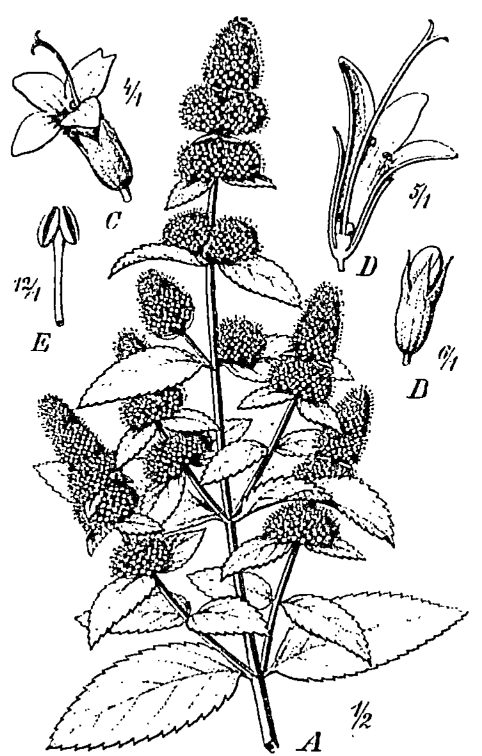

Abb. 511. Mentha piperita. *A* Spitze einer blühenden Pflanze ($^1/_2$), *B* Knospe ($^6/_1$), *C* Blüte ($^4/_1$), *D* dieselbe im Längsschnitt ($^5/_4$), *E* Staubblatt von vorn gesehen ($^{12}/_1$).

Blumenkrone aus (Abb. 510), besitzt blaublütige, ährenförmige Blütenstände und liefert Flor. Lavandulae.

Off. **Mentha piperita**, Pfefferminze (Abb. 511), besitzt ebenfalls nur schwach lippenförmig ausgebildete Blüten und ausnahmsweise gleichlange Staubfäden (Abb. 511 *D*). Nichtsdestoweniger gehört auch die Gattung Mentha der

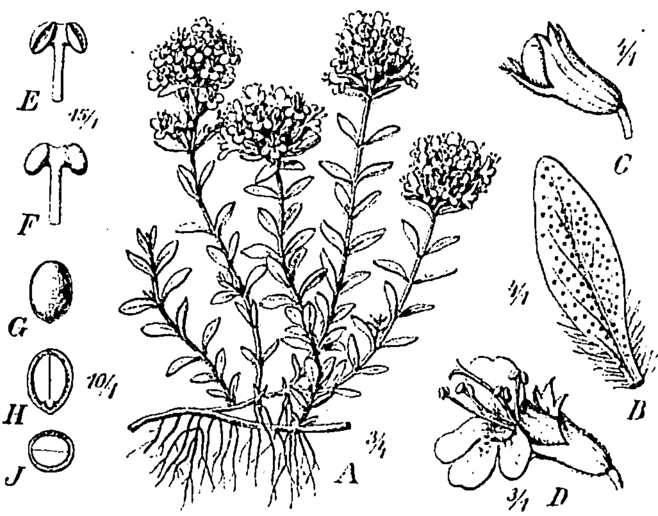

Abb. 512. Thymus serpyllum. *A* Stück einer blühenden Pflanze ($^3/_4$), *B* Blatt mit den ölhaltigen Drüsenschuppen ($^4/_1$). *C* Blütenknospe ($^4/_1$), *D* Blüte ($^3/_1$), *E* Staubblatt von vorn, *F* von hinten gesehen ($^{15}/_1$), *G* Samen, *H* derselbe längs- u. *J* quer durchschnitten ($^{10}/_1$).

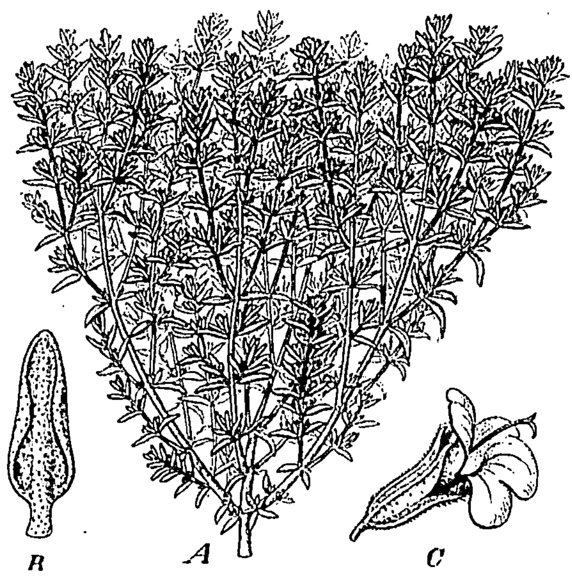

Abb. 513. Thymus vulgaris. *A* Blühende Pflanze, um die Hälfte verkleinert, *B* Blatt von unten gesehen. Vergr. $^4/_1$, *C* Blüte von der Seite gesehen, Vergr. $^5/_1$.

XIV. Klasse nach Linné an. Die in den Achseln der Laubblätter stehenden Blüten-Scheinwirtel sind bei vielen Mentha-Arten an den Sproßspitzen ährenförmig einander genähert. Liefert Fol. Menthae piperitae, Pfefferminzöl und Menthol. — **M. crispa**, Krauseminze, liefert Fol. Menthae crispae.

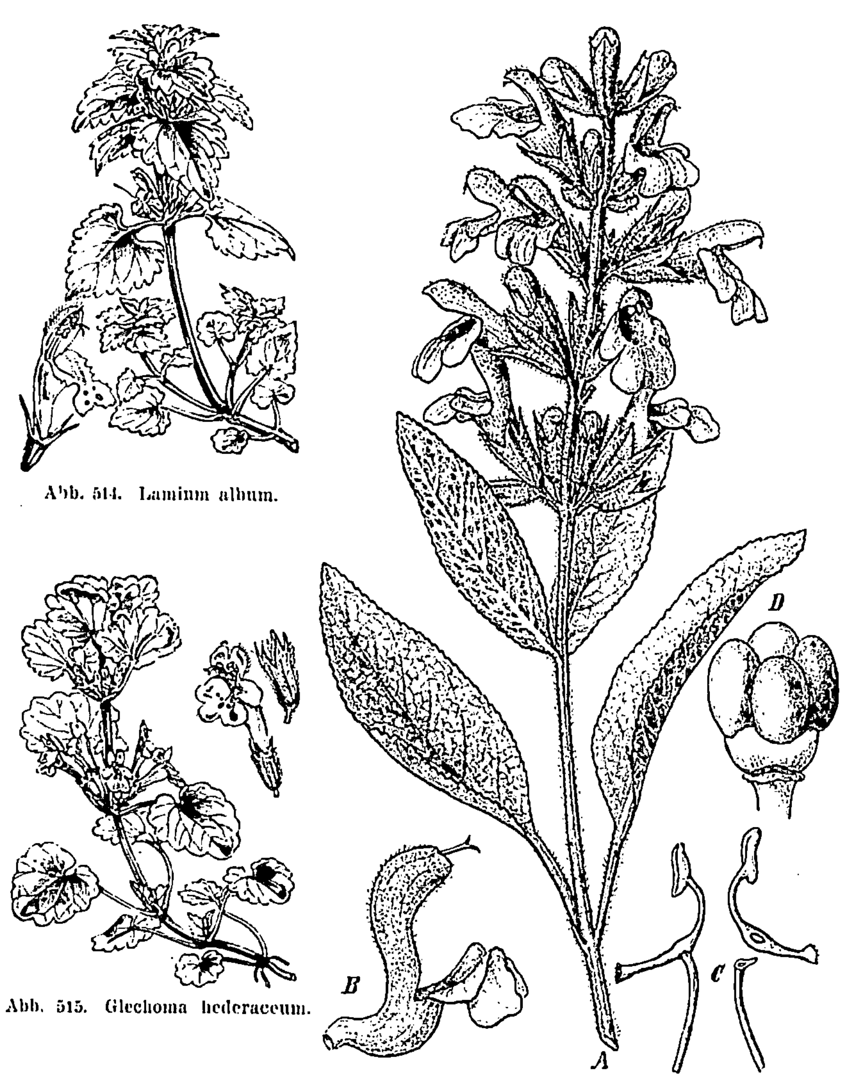

Abb. 514. Lamium album.

Abb. 515. Glechoma hederaceum.

Abb. 516. Salvia officinalis. *A* blühender Zweig. *B* Blüte, *C* die beiden fruchtbaren Staubgefäße, *D* Frucht.

Off. **Thymus vulgaris**, Thymian (Abb. 513), ein niederer Halbstrauch der Mittelmeerländer mit aufsteigendem Stengel und länglich eiförmigen, am Rande zurückgerollten, unterseits weißgrauen Blättern, liefert Herb. Thymi, während **Th. serpyllum**, Quendel oder Feldkümmel (Abb. 512), die an Rainen überall häufige Stammpflanze der Herb. Serpylli, einen niedergestreckten, am Grunde kriechenden Stengel und an ihrer Basis gewimperte Blätter besitzt.

Lamium album, Taubnessel (Abb. 514), trägt Blüten mit helmförmiger Oberlippe, ist ein verbreitetes Unkraut und liefert Flor. Lamii alb.

Glechoma hederaceum, Gundermann (Abb. 515), ebenfalls ein gemeines Unkraut, ist die Stammpflanze der Herb. Hederae terrestris.

Off. **Salvia officinalis**, Salbei (Abb. 516), nur mit zwei Staubgefäßen, deren Konnektiv hebelförmig vergrößert ist und nur je ein ausgebildetes Staubbeutelfach trägt, besitzt eine bauchig ausgesackte Blumenkronröhre und eine stark helmförmig ausgebildete Oberlippe. Liefert Fol. Salviae. Die aus Südeuropa stammende Pflanze wird bei uns häufig angebaut. Zahlreiche Arten mit petaloid gefärbtem Kelch, z. B. **S. splendens** (mit feuerroten Blüten), sind beliebte Zierpflanzen.

Off. **Rosmarinus officinalis**, Rosmarin, im Mittelmeergebiet heimisch, zeigt dieselbe Eigentümlichkeit der Staubgefäße, wie Salvia, nur mit dem Unterschiede, daß das Konnektiv nicht so deutlich gegliedert ist und der unfruchtbare Arm desselben nur ein unscheinbares Fähnchen bildet (Abb. 517). Liefert Fol. Rosmarini und wird zu diesem Zwecke, sowie als Ziergewächs, auf dem Lande häufig angebaut.

Hyssopus officinalis, in Südeuropa heimisch, liefert Herba Hyssopi, **Galeopsis ochroleuca**, **G. versicolor** und **G. tetrahit** sind häufige Unkräuter auf

Abb. 517. Blüte von Rosmarinus officinalis: *st* Staubgefäß, *n* Griffel mit Narbe.

Feldern und in Waldschlägen und liefern Herba Galeopsidis, **Betonica officinalis**, Betonie, Herba Betonicae, **Marrubium vulgare**, Andorn, Herba Marrubii, **Ballota nigra**, Ballota, Herba Ballotae, **Prunella vulgaris** und P. grandiflora Herba Prunellae, **Teucrium flavum** Herba Teucrii, **T. marum** Herba Mari veri, **T. botrys** Herba Botryos und **T. scordium** Herba Scordii. Die meisten von ihnen sind in Deutschland einheimisch; die übrigen stammen aus den Mittelmeerländern.

Ocimum basilicum, Basilie, ist ein bekanntes Küchenkraut.

Origanum vulgare, Doste, ist auf sonnigen Hügeln häufig, und O. majorana, Mairan oder Majoran, ist die Stammpflanze von Herba Majoranae und zugleich Küchen- und Gewürzkraut. **Satureja hortensis**, Pfefferkraut, desgleichen. **Ajuga reptans**, Günsel, ist ein auf Wiesen und an Waldrändern häufiges Unkraut.

Solanaceae.

Familie der Nachtschattengewächse.

Die in pharmazeutischer Beziehung überaus wichtige Familie der Nachtschattengewächse ist nach dem Bau der Blüten der vorhergehend beschriebenen Familie nahe verwandt, zeichnet sich aber dennoch durch eine Anzahl sehr charakteristischer Besonderheiten aus, namentlich in bezug auf den Fruchtknoten. Dieser besteht zwar ebenfalls aus zwei Fruchtblättern, wird jedoch nicht vierfächerig wie bei den Borrag. und Labiat., sondern bleibt zweifächerig. Die Stellung des Querschnittbildes des Fruchtknotens zur Achse ist eine schräge (Abb. 518), d. h. eine durch die Mitte der Fruchtblätter gezogene Linie schneidet die Achse der Pflanze, an welcher die Blüte seitlich ansitzt, nicht. Die Nachtschattengewächse haben die Eigentümlichkeit, daß in der Blütenregion die vorhandenen Laubblätter bis zu einem gewissen Punkte mit den Infloreszenz-Sprossen oder die Infloreszenz-Sprosse mit der Hauptachse bis zum nächst höheren Laubblatt verwachsen, so daß häufig, infolge der laubblattartigen Ausbildung der Blüten-Vorblätter, Blätter der verschiedenen Knoten in gleicher Höhe, im Winkel von 90°; beieinander stehen, sogenannte gepaarte Blätter, die außerdem häufig ungleich groß sind. Die Frucht

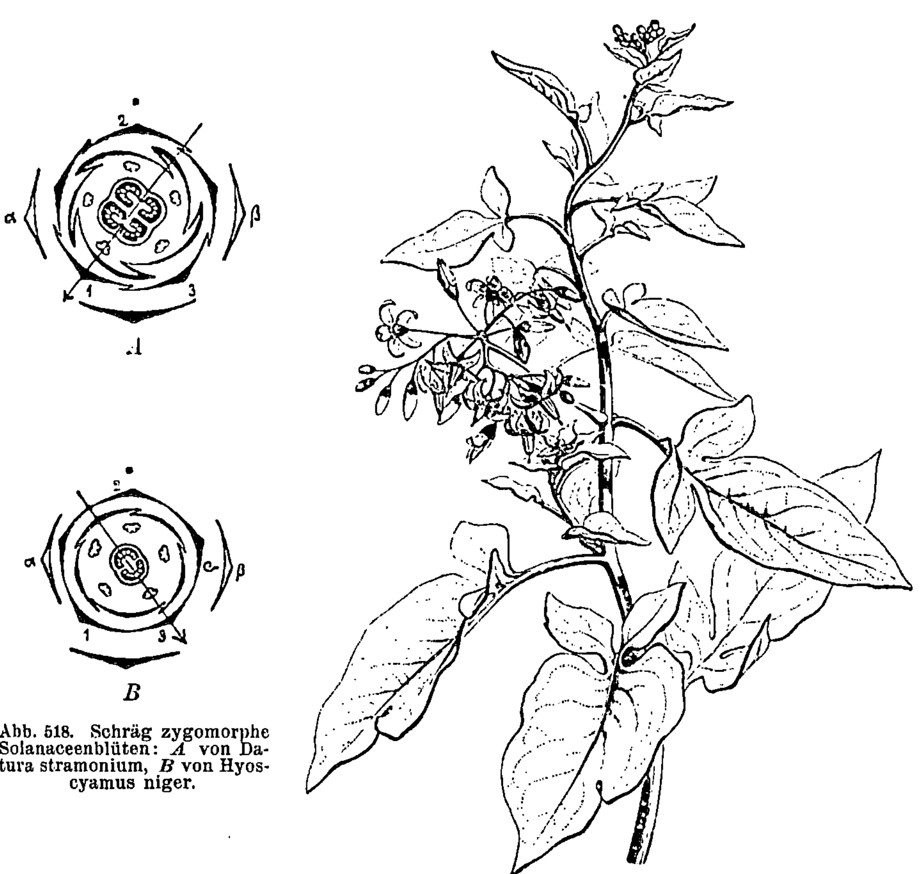

Abb. 518. Schräg zygomorphe Solanaceenblüten: *A* von Datura stramonium, *B* von Hyoscyamus niger.

Abb. 519. Solanum dulcamara.

ist eine Beere oder Kapsel, beide mit sehr zahlreichen Samen an dicken Placenten. Die Nachtschattengewächse sind meist Kräuter mit bikollateralen Leitbündeln und zahlreichen Drüsenhaaren. Sie zeichnen sich fast durchweg durch einen hohen Alkaloidgehalt aus, weshalb eine große Zahl derselben medizinische Anwendung findet.

Solanum tuberosum, die Kartoffelpflanze, stammt von den Anden Südamerikas und ist seit ihrer Einführung in Europa ihrer eßbaren Knollen wegen von großer volkswirtschaftlicher Bedeutung geworden. S. dulcamara, das Bittersüß (Abb. 519), ein in Europa namentlich an Flußufern verbreiteter, häufig an Bäumen hochkletternder Halbstrauch, liefert Stipites Dulcamarae. S. nigrum ist ein verbreitetes, giftiges Unkraut, S. lycopersicum ist die aus Südamerika stammende Tomate mit roten, kugelig-wulstigen Früchten, die als Marktartikel bekannt sind und in zahlreichen Formen mit mehr als 2 Karpellen im Fruchtknoten gezogen werden.

Off. **Atropa** belladonna, die Tollkirsche (Abb. 520), wächst in Laubwäldern wild und hat durch ihre mit Kirschen allerdings kaum zu verwechselnden

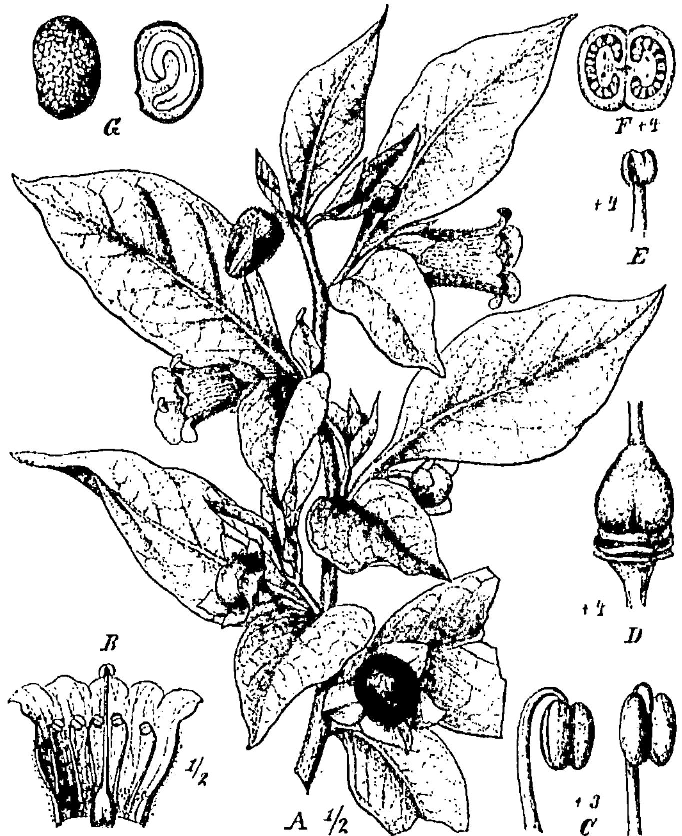

Abb. 520. Atropa belladonna: *A* Blühender Zweig, *B* Blüte aufgeschlitzt und ausgebreitet, *C* Staubblätter, *D* Fruchtknoten, *E* Narbe, *F* Fruchtknotenquerschnitt, *G* Samen, rechts ein solcher im Längsschnitt.

Beeren (Abb. 520, *A*) schon manche verhängnisvolle Vergiftung veranlaßt. Liefert Fol. Belladonnae und Radix Belladonnae. Atropin ist in allen Teilen der Pflanze enthalten.

Off. **Capsicum** annuum, der Spanische Pfeffer (Abb. 521), ist ein in Mexiko heimisches, in Südeuropa kultiviertes strauchartiges Kraut mit bis fingerlangen, kegelförmigen Beeren (Abb. 522), deren Fruchtfleisch beim Trocknen ganz verschwindet. Liefert das Gewürz Paprika, sowie Fruct. Capsici.

Physalis alkekengi, Judenkirsche, mit scharlachroten Beeren in einem aufgeblasenen, mennigroten Kelch, ist eine Gartenzierpflanze und war früher medizinisch gebräuchlich (Fruct. Alkekengi).

Off. **Datura** stramonium, der Stechapfel (Abb. 523), besitzt eine weiße, trichterförmige Blumenkrone und trägt weichstachlige Kapseln (daher der Name

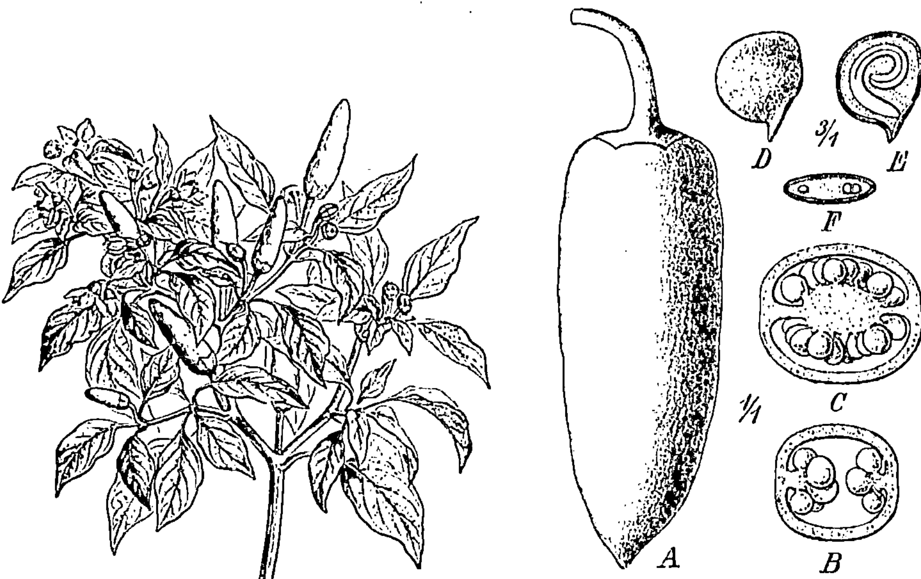

Abb. 521. Capsicum annuum.

Abb. 522. Fructus Capsici. *A* Reife frische Frucht, *B* und *C* Querschnitt einer zweifächerigen Frucht, *B* oben, *C* unterhalb der Mitte geschnitten, *D* Samen, *E* derselbe im Längsschnitt, *F* im Querschnitt.

Abb. 523. Datura stramonium.

Abb. 524. Aufspringende reife Frucht von Datura stramonium.

Stechapfel), welche in vier Klappen aufspringen (Abb. 524). Sie ist eine echte Schuttpflanze, liefert Fol. und Sem. Stramonii und enthält Atropin und verwandte Alkaloide.

Off. **Hyoscyamus** niger, das Bilsenkraut (Abb. 525), ein in Europa und auch anderweit besonders auf Schutt und den Dorfangern verbreitetes Unkraut, zeichnet sich durch seine mit einem Deckel aufspringenden Kapseln aus (Abb. 525, *A*). Liefert Fol. und Sem. Hyoscyami. Beide enthalten Hyoscyamin.

Off. **Nicotiana** tabacum, der Tabak (Abb. 526), aus Südamerika stammend, aber in allen Tropengegenden, sowie auch in gemäßigten Klimaten kultiviert, liefert Fol. Nicotianae und enthält Nikotin. N. rustica, der „Bauerntabak", liefert in den östlichen Mittelmeerländern den geschätzten Zigarettentabak.

Scrophulariaceae.

Familie der Rachenblütlergewächse.

Die Gewächse dieser Familie besitzen in ihrem Blütenbau große Verwandtschaft einerseits mit den Labiaten, andererseits, namentlich wegen ihrer zweifächerigen, vielsamigen Fruchtknoten, mit den Solanaceen. Der Kelch ist fünfzählig, bald regelmäßig, bald mit verkümmertem hinterem Kelchblatt (Abb. 527, *C*).

Abb. 525. Hyoscyamus niger. *A* reife Frucht (Deckelkapsel).

Die Blumenkrone ist zuweilen fast völlig aktinomorph (bei Verbascum), zuweilen völlig zweilippig ausgeprägt. Bei einer Anzahl der hierher gehörigen Gewächse (z. B. Linaria, Antirrhinum) verschließt die Unterlippe durch eine gaumenförmige Ausstülpung den Zugang zur Blumenkronröhre fast vollständig (Abb. 531), und diese Eigentümlichkeit hat zu der Namengebung: „Rachenblütler oder Maskenblütler" (Personatae)[1] Veranlassung gegeben. Die größte Mannigfaltigkeit waltet in der Ausbildung der Staubgefäße. Sämtliche fünf Staubgefäße sind nur bei Verbascum ausgebildet (Abb. 527, *A*). Bei Digitalis fehlt das hintere Staubgefäß (Abb. 527, *B*). Bei Gratiola und Veronica fehlen außer dem hinteren Staubgefäß auch die beiden vorderen (Abb. 527, *C*). Daher gehören die Scrophulariaceen teils der V., teils der XIV. und teils der II. Klasse nach Linné an. Aus dem aus zwei Fruchtblättern bestehenden Fruchtknoten bildet sich eine vielsamige Kapsel. Die Blüten stehen wie bei den Labiaten in den Achseln der Laubblätter oder sind an der Spitze des Sprosses traubenförmig einander genähert. Die Gewächse dieser Familie sind vielfach bei uns einheimische Kräuter, zum Teil auf Wurzeln anderer Pflanzen schmarotzend.

---

[1] Von persona = die Maske.

Scrophularia nodosa, Braunwurz, an Wassergräben und in Gebüschen häufig wild, war früher als Herb. Scrophulariae medizinisch gebräuchlich.

Off. **Verbascum** phlomoides und V. thapsiforme (Abb. 528), Wollkraut, zwei wenig voneinander verschiedene Arten mit beiderseits wollfilzig be-

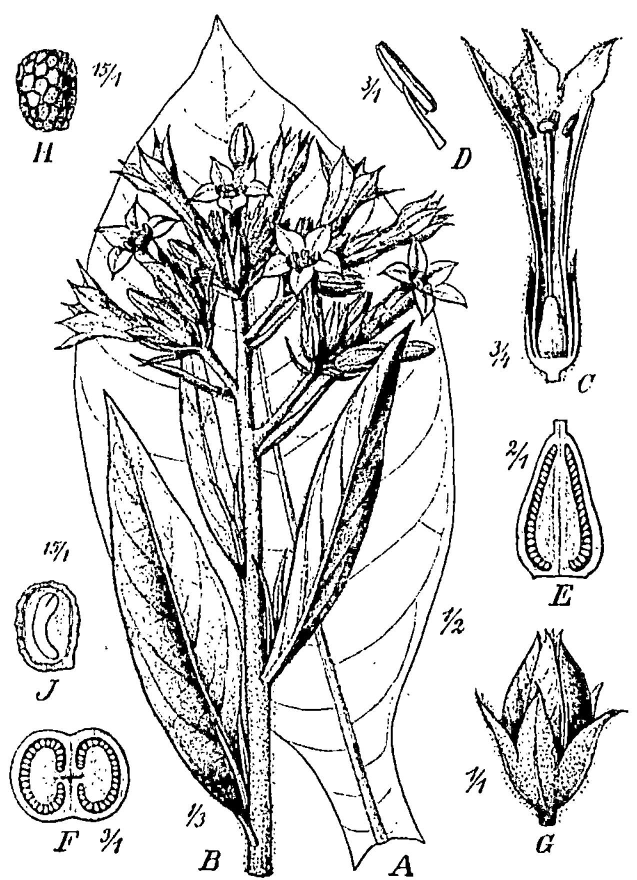

Abb. 526. Nicotiana tabacum. *A* Blatt v. d. Stengelmitte (¹/₂), *B* Spitze eines Blütenastes (¹/₂), *C* Blüte im Längsschnitt (³/₄), *D* Staubblatt (³/₁), *E* Fruchtknoten im Längsschnitt (²/₁), *F* im Querschnitt (³/₁), *G* Frucht (¹/₁), *H* Samen (¹⁵/₁), *J* derselbe längs durchschnitten (¹⁵/₁).

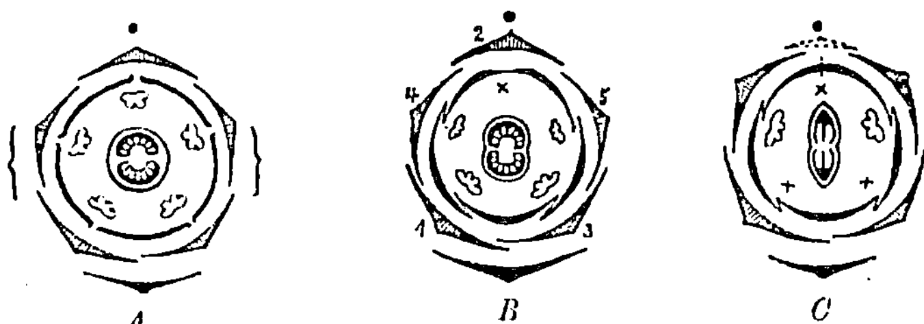

Abb. 527. Grundriß von Scrophulariaceenblüten: *A* Verbascum mit fünf, *B* Digitalis mit vier und *C* Veronica mit zwei Staubgefäßen.

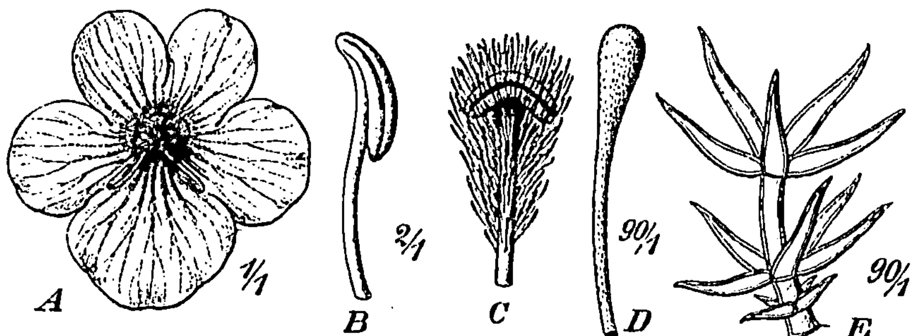

Abb. 528. Flores Verbasci. *A* Blumenkrone von oben gesehen (¹/₁), *B* unteres unbehaartes, *C* oberes, stark behaartes Staubblatt (²/₁), *D* ein Haar davon (⁹⁰/₁), *E* Etagenhaar von der Außenseite der Blumenkrone (⁹⁰/₁).

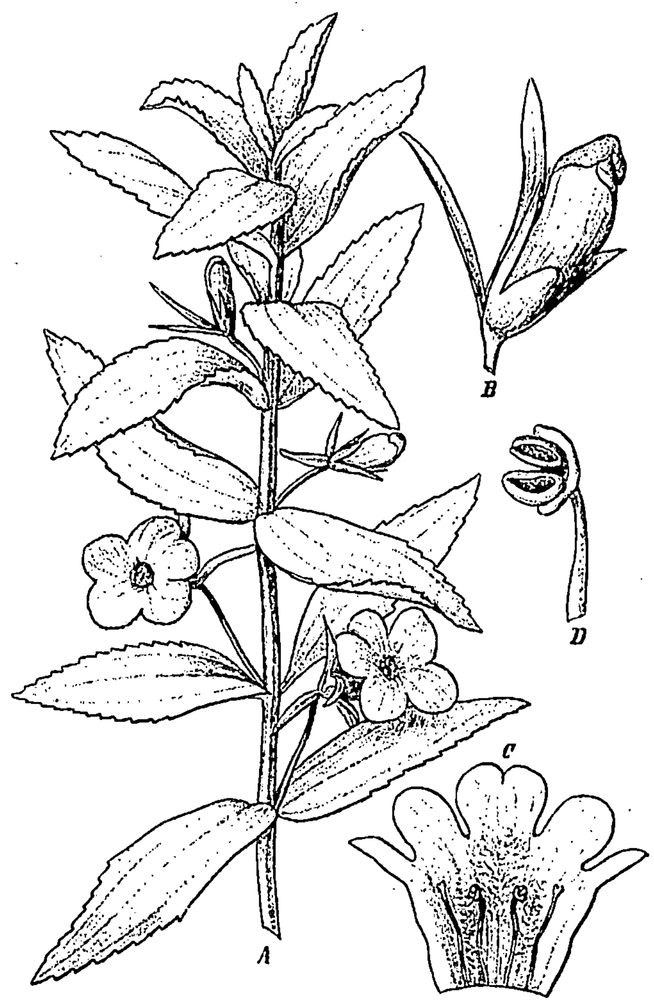

Abb. 529. Gratiola officinalis. *A* Blühender Zweig, *B* Knospe, *C* Blumenkrone aufgeschlitzt und ausgebreitet, *D* Anthere.

haarten Laubblättern und hellgelben Blüten, deren zwei vordere Staubfäden kahl, die drei hinteren weißwollig behaart sind, liefern Flor. Verbasci. Die Blüten von V. thapsus sind nicht offizinell.

Off. **Digitalis purpurea**, Fingerhut (Abb. 530), mit röhrenförmig- bauchigen, purpurnen Blumenkronen (Abb. 530 *a*, *b*), welche zu endständigen, einseits-

Abb. 530. Digitalis purpurea: *a* eine einzelne Blüte, *b* dieselbe im Längsschnitt.

wendigen Trauben vereinigt sind, wächst in den deutschen Gebirgswäldern und ist die Stammpflanze der sehr giftigen Fol. Digitalis.

Antirrhinum majus, das Löwenmaul (Abb. 531), ist eine beliebte Gartenzierpflanze, die in vielen Farbenspielarten gezogen wird.

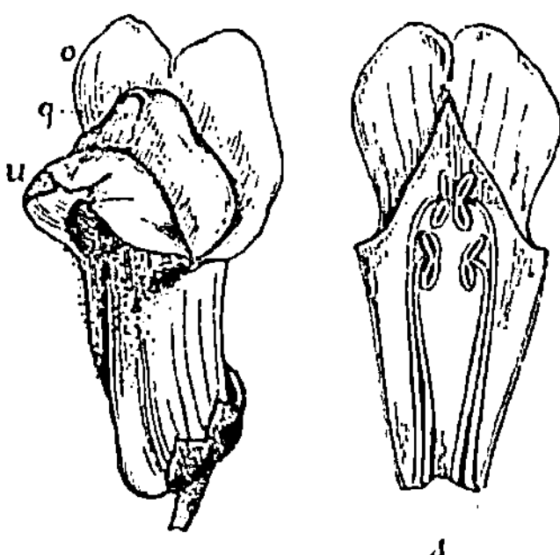

Abb. 531. Blüte von Antirrhinum majus: *o* Oberlippe, *u* Unterlippe, *g* gaumenförmige Ausstülpung derselben; *A* die Blumenkrone im Längsschnitt.

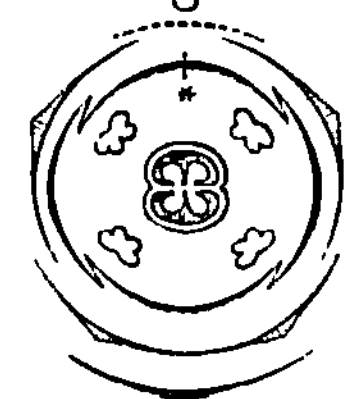

Abb. 532. Blütendiagramm von Plantago media. (Nach Eichler.)

Linaria vulgaris, Leinkraut, liefert Herb. Linariae. L. arvensis ist auf Äckern häufig. Linaria besitzt, wie die vorige Gattung, gespornte Blüten.

Veronica-Arten, wie V. officinalis, V. arvensis u. a., Ehrenpreis, sind meist sehr verbreitete Unkräuter und liefern Herb. Veronicae.

Gratiola officinalis, Gottesgnadenkraut, mit zweilippig gespaltenen Blüten (Abb. 529), wächst an Flußufern wild und ist die Stammpflanze der giftigen Herb. Gratiolae.

Euphrasia officinalis, Augentrost, eine häufige Wiesenpflanze, liefert Herb. Euphrasiae.

Melampyrum-Arten, Wachtelweizen, **Pedicularis** silvatica und palustris, **Rhinanthus**-Arten, Hahnenkamm, u. a. m. sind bei uns stellenweise häufige Pflanzen. Sie sind sämtlich Halbparasiten.

Orobanchaceae.

Familie der Sommerwurzgewächse.

Chlorophyllfreie Wurzelparasiten mit den Scrophulariaceen ähnlichen Blüten. Staubblätter 4, didynamisch. Karpelle meist 2, verwachsen,

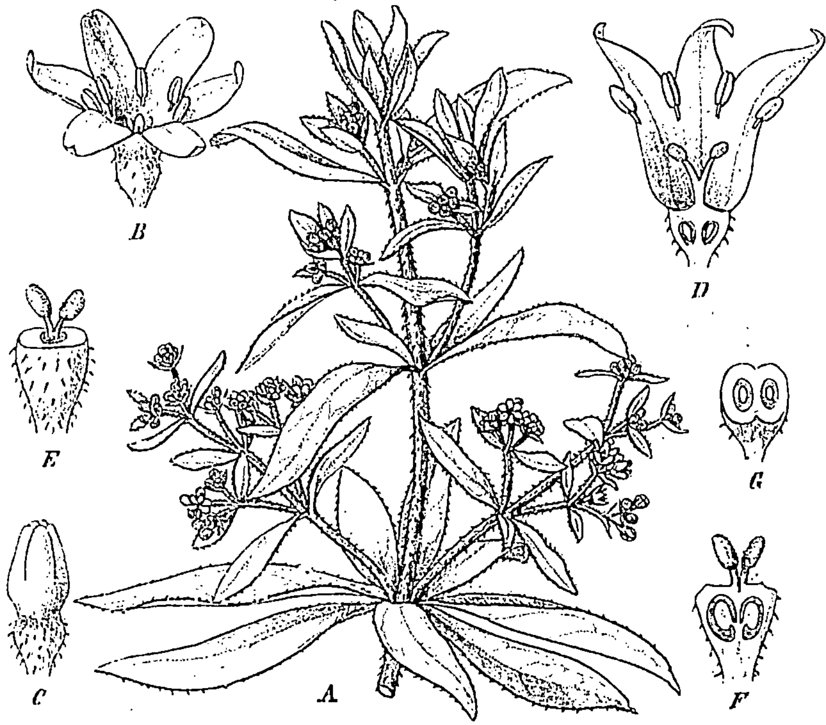

Abb. 533. Rubia tinctorum. *A* Blühender Zweig, *B* Blüte, *C* Knospe, *D* Blüte im Längsschnitt, *E* Fruchtknoten nach Entfernung der Blütenorgane, *F* Fruchtknoten im Längsschnitt, *G* derselbe. im Querschnitt.

jedes Karpell mit 2 wandständigen Plazenten und zahlreichen umgewendeten Samenanlagen.

Zahlreiche einheimische **Orobanche**-Arten auf verschiedenen Wirtspflanzen. O. ramosa der „Hanfwürger“·

Lentibulariaceae.

Wasser- und Sumpfpflanzen mit meist gespornten Blüten und nur 2 Staubblättern, interessant durch Blätter, die zum Insektenfang eingerichtet sind.

Gilg, Botanik. 6. Aufl.   26

Utricularia-Arten, meist Wasserpflanzen mit reusenartigen Fangblättern, **Pinguicula**-Arten mit flachen Fangblättern, die mit sezernierenden Tentakeln versehen sind.

7. Reihe. **Plantaginales.** Wegebreitartige.

Blüten stets 4-gliedrig; bis auf die wenigerzähligen Carpiden gleichzählig, strahlig, hermaphrodit oder seltener getrenntgeschlechtig, hypogyn. — Meist Kräuter mit abwechselnden Blättern.

Plantaginaceae.

Familie der Wegebreitgewächse.

Diese sind Kräuter mit regelmäßigen Blüten, welche (durch Unterdrückung des hinteren Kelchblattes und Staubgefäßes?) vierzählig erscheinen (Abb. 532); die Blütenhülle ist unscheinbar, häutig, der Fruchtknoten ein- bis vierfächerig.

Plantago major, **P.** media und **P.** lanceolata, Wegebreit, Wegerich, sind häufige Unkräuter, teilweise als Herba Plantaginis früher gebräuchlich. **P.** psyllium, in Südeuropa heimisch, ist die Stammpflanze von Semen Psyllii.

8. Reihe. **Rubiales.** Krappartige.

Blüten epigyn, aktinomorph oder zygomorph, vier- oder fünfzählig, Kelch oft sehr reduziert, Staubgefäße der Korolle angewachsen. Fruchtknoten zwei- oder dreifächerig, in jedem Fache mit einer oder zahlreichen Samenanlagen. — Blätter gegenständig.

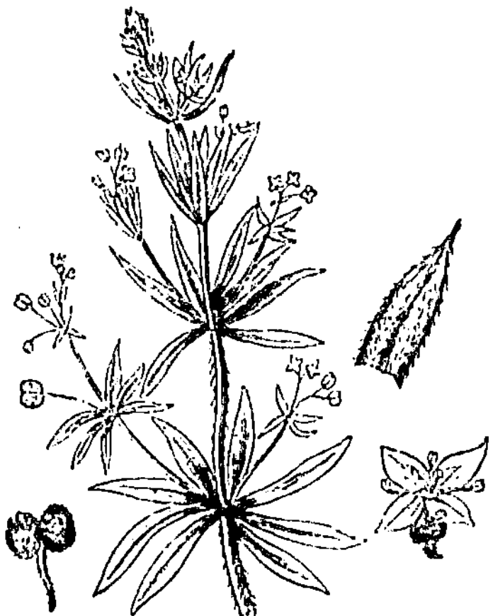

Abb. 534. Galium aparine.

Rubiaceae.

Familie der Krappgewächse.

Die Blüten dieser Familie zeichnen sich allermeist durch einen sehr kleinen Kelch aus. Die Blüten sind fünf- oder vierzählig, also $K\,5\,C\,(5)\,A\,5\,G\,\overline{_{(2)}}$ oder $K\,4\,C\,(4)\,A\,4\,G\,\overline{_{(2)}}$ (zufällig ist die Vierzahl fast allen einheimischen, die Fünfzahl fast allen ausländischen Rubiaceen eigen). Die Fruchtblätter wachsen stets zu einem gefächerten Fruchtknoten aus (Abb. 533, *F*, *G*). Die bei uns einheimischen Arten besitzen laubblattartige Nebenblätter, welche an Größe den Laubblättern nicht nachstehen, so daß dadurch die Blattrosetten, wie man sie z. B. am Waldmeister zu sehen gewöhnt ist, zustande kommen (Abb. 533, 534). Bei den meisten übrigen Rubiaceen sind die Nebenblätter zwischen den Blattstielen auch stets vorhanden, sie sind aber kleiner. Die einheimischen Arten sind Kräuter, die ausländischen meist Bäume und Sträucher.

Man unterscheidet zwei Unterfamilien:

a) Cinchonoideae. Fruchtblätter mit zahlreichen Samenanlagen.

Off. **Cinchona succirubra** (Abb. 536) und andere Cinchona-Arten, wie C. calisaya, C. Ledgeriana, C. officinalis, sämtlich an den Abhängen der Anden im nördlichen Südamerika heimische, auf den Gebirgen der meisten Tropengegenden jetzt angebaute Bäume mit elliptischen Blättern und rispenförmigen Blütenständen, liefern Cort. Chinae. Die erstgenannte Art ist offizinell.

Corynanthe johimbe in Kamerun heimisch, liefert die als Aphrodisiakum dienende Yohimberinde.

Abb. 535. Uragoga ipecacuanha.

Off. **Uncaria** oder **Ouronparia gambir** (Abb. 537), ein kletternder Strauch des malayischen Inselgebietes, ist die Stammpflanze des Gambir oder Gambir-Katechu.

b) Coffeoideae. Fruchtblätter mit je einer Samenanlage.

Coffea arabica, der Kaffeebaum (Abb. 538), stammt aus Abyssinien und wird wie C. liberica und neuerdings noch andere im trop. Westafrika heimische Arten wegen seiner als Genußmittel dienenden, Coffeïn enthaltenden Samen (Kaffeebohnen genannt) in allen Tropengegenden' angebaut.

Off. **Uragoga ipecacuanha**, auch **Cephaëlis** oder **Psychotria ipecacuanha** (Abb. 535), ein kleiner Halbstrauch Brasiliens mit holzigem Rhizom, eiförmigen Blättern und kleinen weißen Blüten, liefert Rad. Ipecacuanhae.

26*

Rubia tinctorum, der Krapp (Abb. 533), hat der Familie den Namen gegeben und wird wegen der Färbkraft seiner Wurzel, die auch als Rad. Rubiae tinct. in Apotheken geführt wird, angebaut.

Asperula odorata, der Waldmeister, wird wegen seines Cumaringehaltes zur Bereitung der Maibowlen benützt und ist die Stammpflanze der Herb. Asperulae. — Dieser Pflanze im Aussehen ähnlich sind die honigduftenden Galium-(Klebkraut- oder Labkraut-)Arten (Abb. 534), die bei uns in großer Menge vorkommen.

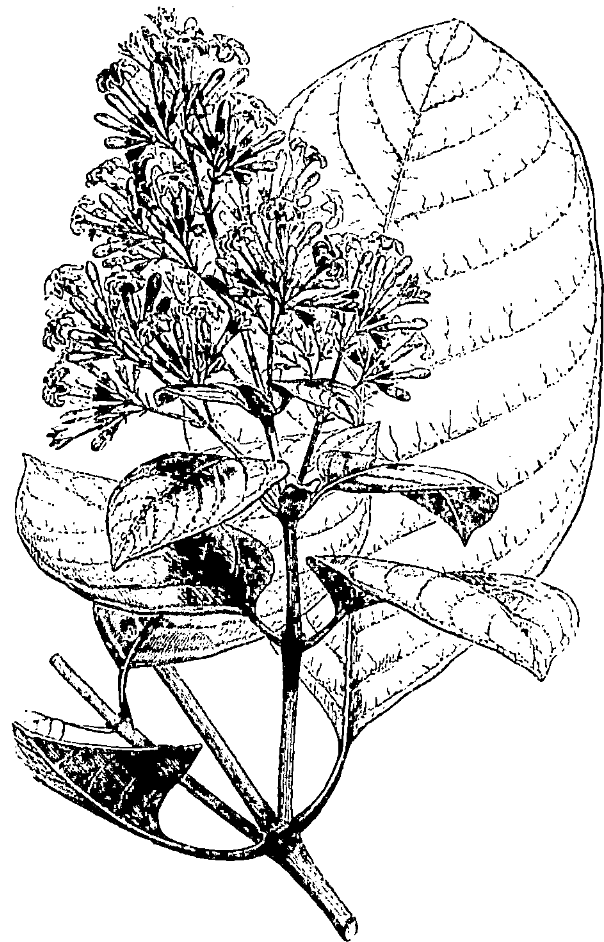

Abb. 536. Cinchona succirubra.

Caprifoliaceae.

Familie der Geißblattgewächse.

Die Blüten dieser Familie sind denjenigen der vorhergehenden Familie ähnlich und nach der Fünfzahl gebaut (Abb. 539); sie weichen hauptsächlich durch den Bau ihres meist dreizähligen Fruchtknotens von jenen ab. Ein Teil der Caprifoliaceen besitzt unregelmäßige Blüten. Die Frucht ist meist eine Beere.

Off. **Sambucus** nigra, der Flieder oder Holunder (Abb. 540), ist ein bei uns wildwachsender Strauch, welcher Flor. Sambuci (Abb. 539) liefert. Auch S. ebulus, der Attich oder Zwergflieder, wurde früher medizinisch angewendet; seine Wurzel ist neuerdings durch Pfarrer Kneipp wieder als Heilmittel in Aufnahme gekommen.

Viburnum opulus Schneeball, ist ein an Bachufern wildwachsender Strauch, welcher auch in einer sog. gefüllten Form, die bloß geschlechtslose Schaublüten

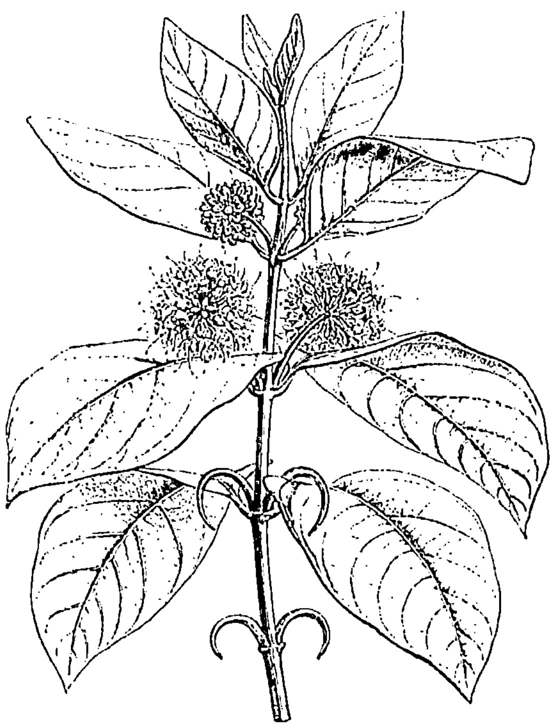

Abb. 537. Uncaria (Ourouparia) gambir.

aufweist, als Gartenzierstrauch gezogen wird. V. prunifolium (Nordam.) liefert die Cort. Viburni. **Lonicera**-Arten, Geißblatt oder Jelängerjelieber.

Adoxa moschatellina, Moschus- oder Bisamkraut, wächst in feuchten Gebüschen wild. — Sie wird häufig als einziger Vertreter einer besonderen Familie, **Adoxaceae**, hingestellt.

Valerianaceae.

Familie der Baldriangewächse.

Die Gewächse dieser Familie sind Kräuter mit gegenständigen, einfachen oder geteilten Blättern, deren stets unregelmäßige Blüten in Trugdolden angeordnet sind. Der Kelch ist meist verschwindend klein, oft erst nach der Befruchtung sich entwickelnd und dann einen

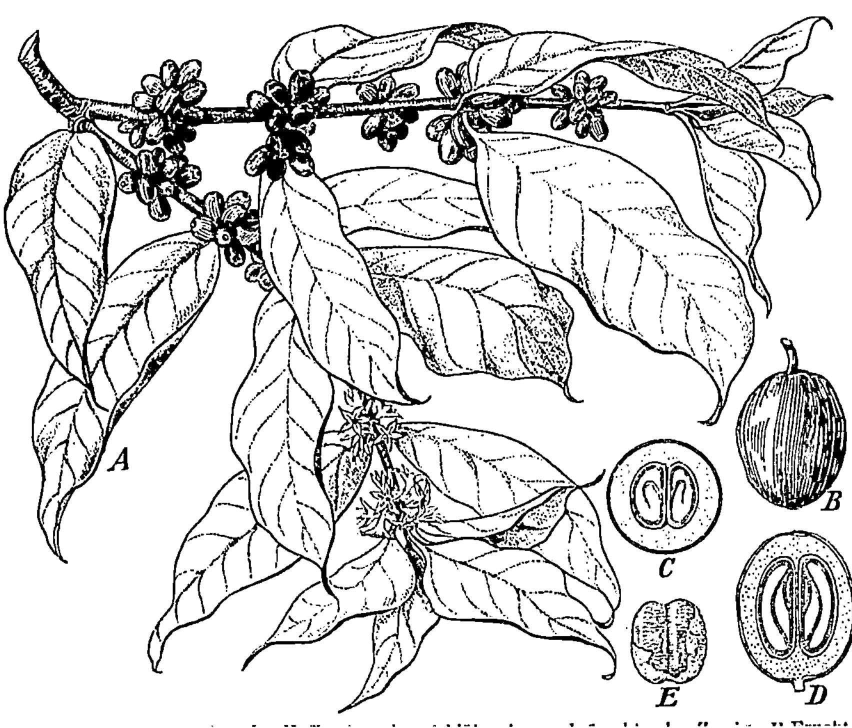

Abb. 538.　Coffea arabica, der Kaffeestrauch.　*A* blühender und fruchtender Zweig, *B* Frucht, *C* Fruchtquerschnitt, *D* Fruchtlängsschnitt, *E* Samen, noch teilweise in der Pergamenthülle eingeschlossen.

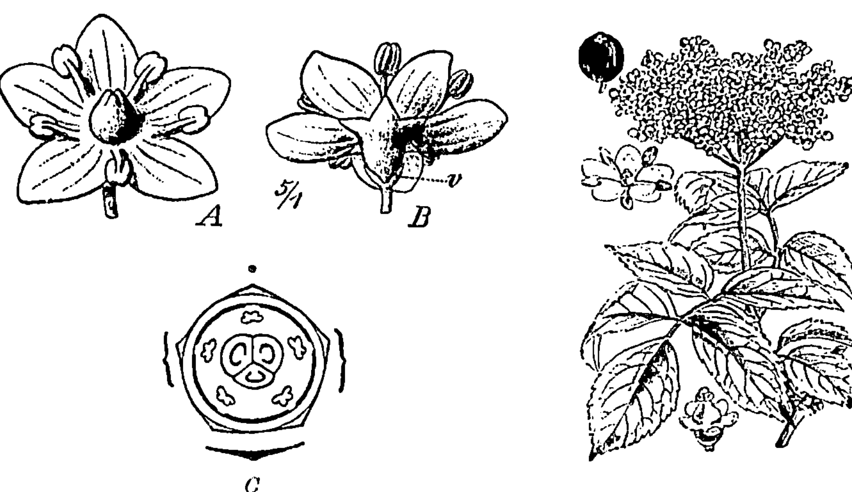

Abb. 539.　Flores Sambuci.　*A* Blüte von oben, *B* von unten gesehen ($^5/_1$), *v* Vorblätter unter dem Kelch, *C* Grundriß der Blüte.

Abb. 540.　Sambucus nigra.

sogenannten Pappus bildend (Abb. 541, *D*). Die am Saum unregelmäßige, glockige bis trichterförmige Blumenkrone trägt die drei vorhandenen Staubgefäße. Von den drei Fruchtknotenfächern trägt nur eins eine zur Reife gelangende Samenanlage. Die durchschnittliche Blütenformel ist: $K\,0\,C\,(5)\,A\,3\,G_{\overline{(3)}}$. Die Frucht ist eine Achaene.

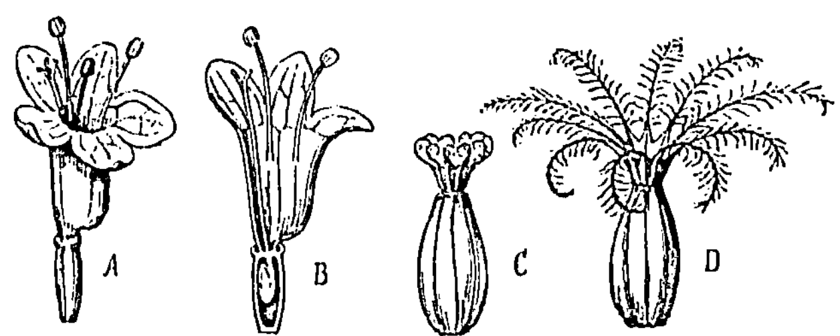

Abb. 541. *A* Blüte von Valeriana officinalis, *B* dieselbe längsdurchschnitten, *C* der Fruchtknoten nach dem Verblühen, *D* reife Frucht.

Off. Valeriana officinalis, Baldrian (Abb. 541, 542), wächst an Bachufern bei uns wild und liefert Rad. Valerianae. **V.** dioica ist auf nassen Wiesen häufig, medizinisch aber nicht verwendbar.

Valerianella olitoria und **V.** dentata, Rapünzchen, auf Brachäckern wildwachsend, liefert Blätter, die als Salat („Feldsalat") geschätzt sind.

Centranthus ruber, Spornblume, aus dem Mittelmeergebiet stammend, bei uns als Gartenzierpflanze, ist interessant, weil sie nur 1 Staubgefäß besitzt und daher zu Linnés I. Klasse gehört.

Dipsacaceae.

Familie der Kardengewächse.

Die mit Außenkelch versehenen Blüten dieser Familie sind meist zygomorph, die Krone vier- bis fünflappig, mit vier freien Staubgefäßen und einfachem Griffel. Es sind Kräuter mit gegenständigen Blättern.

Dipsacus pilosus und **D.** silvestris sind zwei wildwachsende Kardendistelarten; **D.** fullonum, die Weberdistel, wird viel kultiviert und zum Rauhen der Stoffe benutzt.

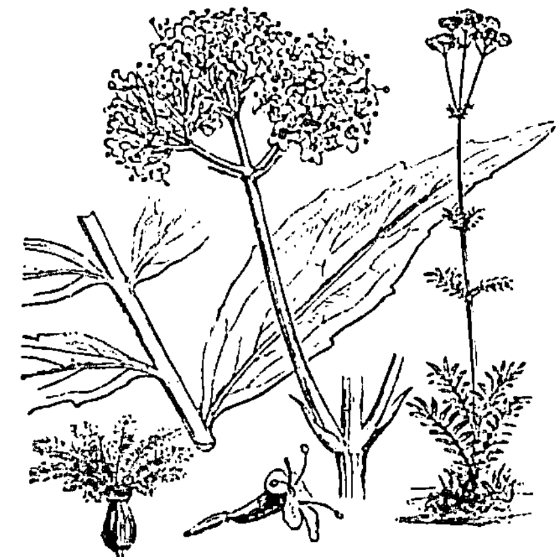

Abb. 542. Valeriana officinalis.

Succisa pratensis, Teufelsabbiß, ist die Stammpflanze der obsoleten Rad. Morsus Diaboli. **Knautia** arvensis und **Scabiosa** columbaria sind auf Wiesen und Feldern häufig wildwachsende Pflanzen.

9. Reihe. Cucurbitales. Kürbisartige.

Blüten typisch fünfgliederig, Anthere mit zwei einfächerigen Theken, entweder fünf frei oder je zwei ver-

eint oder alle fünf zu einem zentralen Synandrium verbunden.

Cucurbitaceae.

Familie der Kürbisgewächse.

Die Kürbisgewächse sind Kräuter mit verhältnismäßig dicken,
saftigen, kletternden Stengeln. Ihre Blüten sind fünfzählig und meist
getrenntgeschlechtig. Die Blumenkrone ist glocken- oder trichter-
förmig. In den männlichen Blüten sind häufig nur drei Staubgefäße
vorhanden, von denen jedoch zwei breiter und durch seitliche Verwachsung je zweier Staubblätter entstanden sind. Die Staubfäden

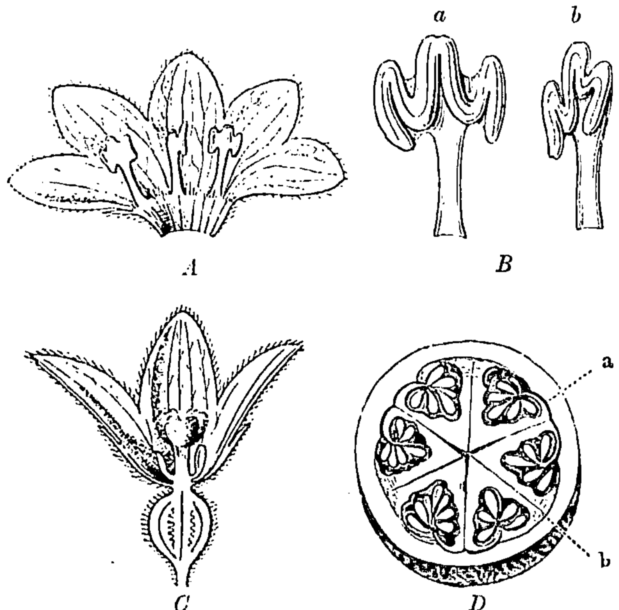

Abb. 543. Citrullus colocynthis: *A* eine männliche Blüte geöffnet; *B, a* ein doppeltes, *b* ein
einfaches Staubblatt; *C* eine weibliche Blüte längsdurchschnitten; *D* Querschnitt durch die
Frucht: *a* Samenleiste, eine falsche Scheidewand bildend, *b* echte Scheidewand.

sind häufig zu einer zentralen Säule verbunden, an welcher die
Antheren wegen ihres stärkeren Längenwachstums wurmförmig gekrümmt erscheinen (Abb. 543, *B*). Der unterständige Fruchtknoten
(Abb. 543, *C*) der weiblichen Blüten ist ursprünglich dreifächerig,
wird jedoch im Verlaufe des Wachstums durch eigentümliche falsche
Scheidewände, welche zwischen den echten Scheidewänden entstehen,
oft sechsfächerig (Abb. 543, *D*).

Cucurbita pepo, der Kürbis, hat der Familie den Namen gegeben und
wird ebenso wie **Cucumis** melo, die Melone, wegen seiner eßbaren Frucht kultiviert; desgleichen **Cucumis** sativus, die Gurke.

Off. **Citrullus** colocynthis (Abb. 543, 544), ein in Afrika heimisches Ranken-
gewächs mit tief fiederspaltigen Blättern, liefert Fruct. Colocynthidis. — C. vulgaris ist die Stammpflanze der Wassermelone.

Bryonia alba und **B.** dioica (Abb. 545), Zaunrübe, sind die Stammpflanzen von Rad. Bryoniae.

10. Reihe. **Campanulatae.** Glockenblumenartige.

Blüten typisch fünfgliederig mit gleichzähligen Staub-blättern und meist minderzähligen Fruchtblättern. Die

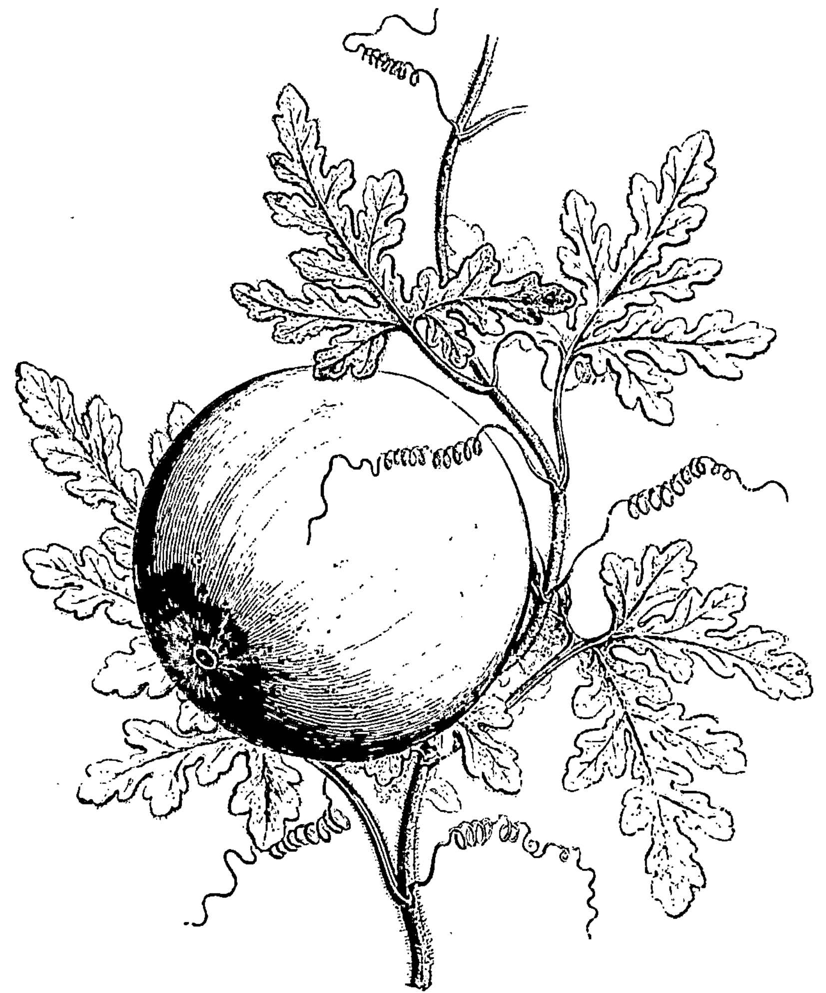

Abb. 544. Citrullus colocynthis.

Antheren der Staubblätter zusammenneigend und häufig miteinander teilweise oder sämtlich verwachsen. Frucht-knoten unterständig, mehrfächerig, mit zahlreichen Samen-anlagen, oder einfächerig mit nur einer einzigen Samen-anlage.

Campanulaceae.

Familie der Glockenblumengewächse.

Diese sind milchsaftführende Kräuter der gemäßigten Zone. Die Blüten sind aktinomorph oder zygomorph, mit entweder freien oder meist verklebten Antheren; der Fruchtknoten ist mehrfächerig, die Frucht eine Kapsel.

Abb. 545. Bryonia dioica.

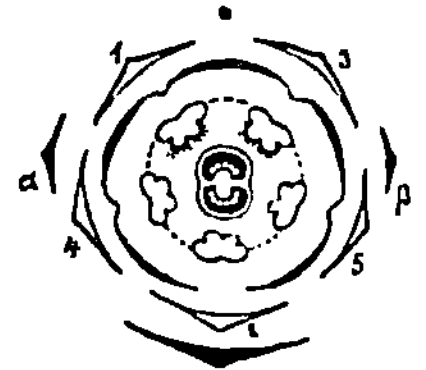

Abb. 546. Grundriß einer Lobelia-Blüte.

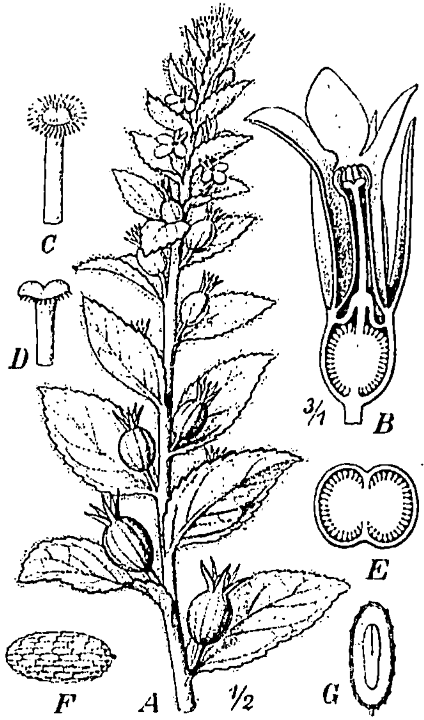

Abb. 547. Lobelia inflata. *A* Habitus der blühenden Pflanze, unten mit bereits halbreifen Früchten, *B* Längsschnitt durch die Blüte, *C* junger Griffel, Narbe noch geschlossen, die den Pollen aus der Staubbeutelröhre heraus fegenden Feghaare ausgebreitet, *D* älterer Griffel, Narbenschenkel ausgebreitet, empfängnisfähig, Feghaare größtenteils vertrocknet, *E* Querschnitt durch den Fruchtknoten, *F* reifer Samen, *G* derselbe im Längsschnitt. (Nach Berg u. Schmidt.)

1. Unterfamilie Campanuloideae.

Blüten strahlig.

Campanula persicifolia, C. rotundifolia, C. patula, C. rapunculus, C. trachelium, C. rapunculoides und **C. glomerata,** Glockenblumen, sind sämtlich durch blaue, glockenförmige Blüten ausgezeichnete Kräuter unserer Wiesen und Gebüsche.

Phyteuma s p i c a t u m, Teufelskralle, ist eine seltenere Campanulacee unserer Bergwiesen und Wälder.

Jasione m o n t a n a kommt auf sandigen Anhöhen vor.

2. Unterfamilie **Lobelioideae.**

Diese Unterfamilie der Campanulaceen besitzt zwei Fruchtfächer; im übrigen herrscht im Blütenbau die Fünfzahl vor: K 5 C (5) A (5) G$\overline{(2)}$ (Abb. 546). Die Blüten sind deutlich zygomorph und schwach lippenförmig ausgebildet. Die Staubbeutel sind zu einer Röhre verklebt. Die Frucht ist meist eine Kapsel.

Off. **Lobelia** i n f l a t a (Abb. 547), in Nordamerika heimisch, liefert Herba Lobeliae.

L. e r i n u s ist eine sehr beliebte vom Kap stammende Gartenzierpflanze.

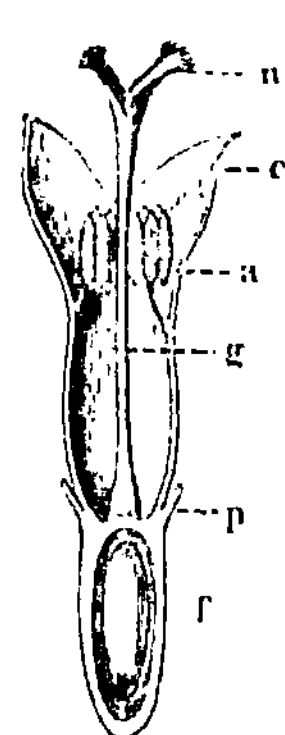

Abb. 548. Zwitterige Scheibenblüte einer Komposite: *a* die zu einer Röhre verwachsenen Antheren. *f* Fruchtknoten, *p* Ansatz zum Kelch (Pappus), *g* Griffel, *n* Narbe, *c* die Blumenkrone.

Abb. 549. *a* Blütenköpfchen von Centaurea cyanus, *b* eine einzelne Randblüte, *c* eine einzelne Scheibenblüte.

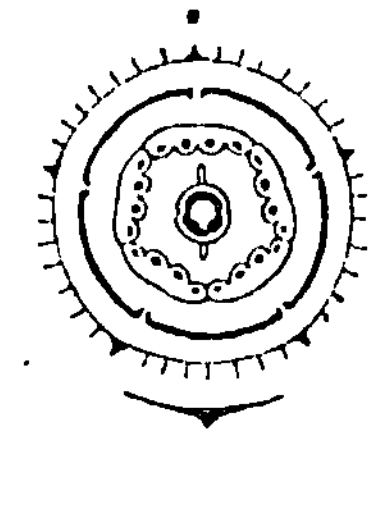

Abb. 550. Grundriß der typischen Kompositenblüte.

Compositae.

Familie der Korbblütlergewächse

(auch S y n a n t h e r e a e, Röhrenbeutelige Gewächse, genannt).

Die Kompositen sind eine so große und gleichzeitig mit so auffälligen, charakteristischen Merkmalen begabte Familie, daß Linné, der sämtliche übrigen Familien in 23 Klassen unterzubringen imstande war, für diese Familie eine besondere Klasse schuf; zu derselben zählte er ursprünglich allerdings noch einige weitere Pflanzen, die man heute aber daraus entfernt und nach der Zahl ihrer Staubgefäße eingeordnet hat. Das Merkmal, welches Linné als Charakteristikum für seine XIX. Klasse (Syngenesia von $\sigma \acute{v} v$, syn = zusammen, und $\gamma \acute{e} v \varepsilon \alpha$, genea = das Geschlecht) wählte, ist das Verwachsensein der fünf vorhandenen Staubbeutel zu einer Röhre (Abb. 548 *a*), während die Staubfäden frei sind. Dieses Merkmal

hat auch zu dem jetzt nur noch selten gebrauchten Familiennamen
Synanthereae = Röhrenbeutelige Gewächse geführt. Das zweite haupt-
sächliche Merkmal besteht darin, daß die Einzelblüten stets zu Köpfchen vereinigt sind, d. h. zu einem Blütenstande, an welchem die
Hauptachse sowohl, wie sämtliche Nebenachsen auf Null reduziert
sind und eine tellerförmige, kegelförmige oder kopfförmige Verdickung
der Achse die Ansatzstelle für die zahlreichen Einzelblüten bildet;
der Namen Compositae oder Korbblütler rührt daher, daß der gesamte Blütenstand körbchenförmig von einem meist vielreihigen
Kranze von Hüllblättern, Involucrum genannt, umgeben wird
(Abb. 549, a). Außerdem besitzen die Einzelblüten aber auch meist
noch Deckblättchen, in deren Achsel sie eingefügt sind (Abb. 551, s),
welche also neben den Einzelblüten auf dem Blütenboden stehen und
als Spreublättchen bezeichnet zu werden pflegen.

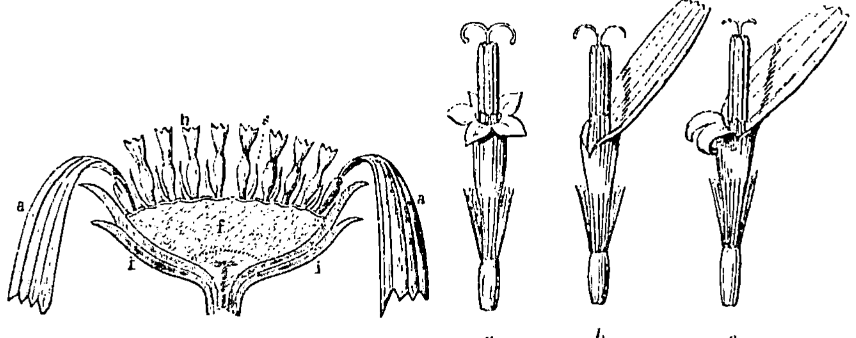

Abb. 551. Ein Kompositenköpfchen längs-   Abb. 552. Formen der Kompositenblüten:
durchschnitten: *f* die kopfförmige Verdickung   *a* Röhrenblüte, *b* Zungenblüte. *c* Lippenblüte.
der Achse, *i* das Involucrum, *a* Randblüten,   (C. Müller.)
b Scheibenblüten, *s* Spreublättchen.

Man muß sich daher hüten, die Körbchen der Kompositen als
Blüten anzusehen, als welche der Volksmund sie bezeichnet. Die
„Kornblume" z. B. (Abb. 549) ist keine Blüte, sondern ein Blüten-
stand.

Die Einzelblüten der Kompositen zeigen verschiedene Form und
können ein- oder zweigeschlechtig oder auch geschlechtslos sein, sind
jedoch ausnahmslos nach dem Typus $K\,5 - \infty\,C\,(5)\,A\,(5)\,G\,\overline{_{(2)}}$ (Abb. 550)
gebaut. Der Kelch ist wie bei den Valerianaceen zur Blütezeit kaum
mehr als angedeutet und wächst meist erst nach der Befruchtung zu
einer Haarkrone, Pappus genannt, aus. Die Blumenkrone ist röhren-
förmig und entweder mit fünf regelmäßigen Zipfeln versehen (Abb. 552, *a*),
oder aber es sind alle fünf Zipfel zu einer Lippe verbunden und
lang ausgebreitet (Abb. 552, *b*). Ein dritter Fall, daß drei der Zipfel
eine Oberlippe und die beiden übrigen eine Unterlippe bilden
(Abb. 552, *c*), kommt nur bei einigen ausländischen Arten vor. Die
Staubgefäße besitzen, wie schon erwähnt, freie Staubfäden, aber ihre

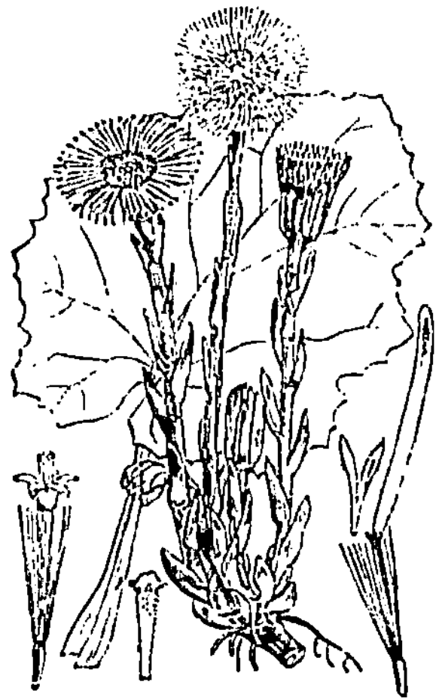

Abb. 553. Tussilago farfara.

Abb. 554. Inula helenium.

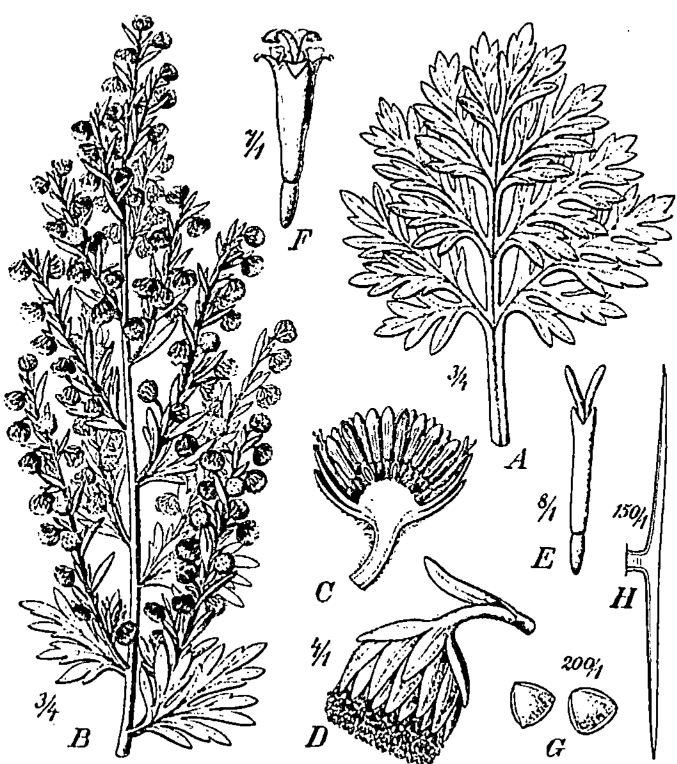

Abb. 555. Artemisia absinthium. *A* Grundständiges Fiederblatt ($^3/_4$). *B* blühender Zweig ($^3/_4$), *C* junges Blütenköpfchen im Längsschnitt ($^4/_1$). *D* aufgeblühtes Köpfchen ($^4/_1$), *E* weibliche Randblüte ($^8/_1$), *F* zwitterige Scheibenblüte ($^7/_1$), *G* Pollenkörner ($^{200}/_1$), *H* T-förmiges Haar vom Blütenstand ($^{150}/_1$).

Staubbeutel sind zu einer Röhre verbunden. Der in der Mitte hindurchwachsende Griffel befördert mit seinen beiden federigen Spitzen den Pollen der Staubbeutel nach oben und bietet ihn den Insekten zur Übertragung auf die Narben anderer Pistille dar. Die empfängnisfähige Stelle der Narbe befindet sich an der Trennungsstelle der

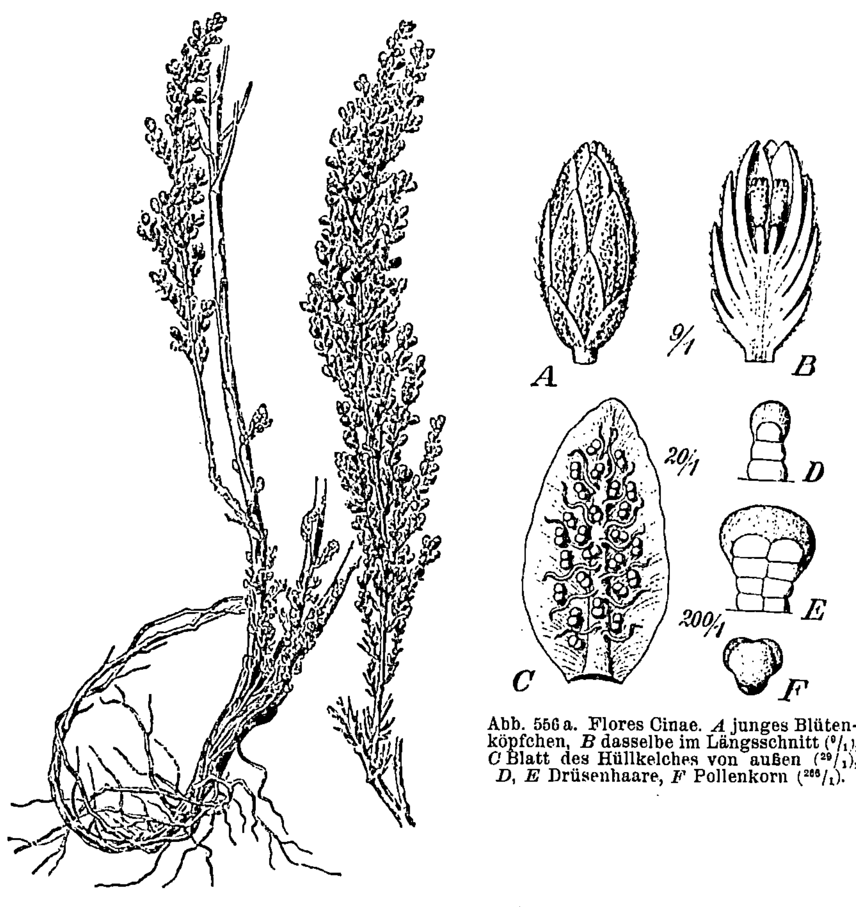

Abb. 556 a. Flores Cinae. *A* junges Blütenköpfchen, *B* dasselbe im Längsschnitt (⁹/₁), *C* Blatt des Hüllkelches von außen (²⁹/₁), *D*, *E* Drüsenhaare, *F* Pollenkorn (²⁶⁸/₁).

Abb. 556. Artemisia cina.

beiden Narbenzipfel. Der unterständige, einfächerige Fruchtknoten besteht aus zwei Fruchtblättern, trägt jedoch nur eine einzige Samenanlage und wird bei der Reife zu einer Achaene, wie bei den Valerianaceen.

Nur selten sind alle Blüten eines Köpfchens gleich. Sind sie verschieden, so nennt man den äußeren Kreis Randblüten oder Strahlenblüten, die von diesen umgebenen dagegen Scheibenblüten. Nach dem Geschlecht beider (ob männlich, weiblich, zwitterig oder unfruchtbar) teilte Linné seine Ordnungen der XIX. Klasse ein (siehe Seite 140). — Der bei den Kompositen vorkommende Reservestoff ist Inulin.

Je nach der Gestalt der Einzelblüten teilt man die zu den Kompositen gehörigen Gattungen ein in:

> a) Röhrenblütler (Tubuliflorae), bei denen entweder sämtliche Blüten des Köpfchens röhrenförmig, oder aber die Scheibenblüten röhrenförmig, die Randblüten zungenförmig, jedenfalls also die Scheibenblüten nicht zungenförmig sind und welche häufig schizogene Sekretbehälter, niemals aber Milchsaftschläuche enthalten;

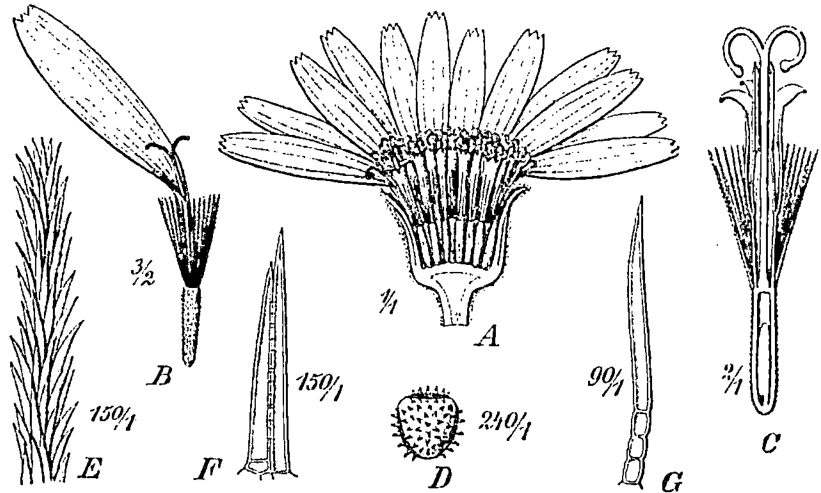

Abb. 557. Arnica montana. *A* Blüte im Längsschnitt ($^1/_1$), *B* Randblüte ($^3/_1$), *C* Scheibenblüte ($^2/_1$), *D* Pollenkorn ($^{240}/_1$), *E* Spitze eines Pappushaares ($^{150}/_1$), *F* Doppelhaar vom Fruchtknoten ($^{150}/_1$), *G* Haar von der Blumenkrone ($^{90}/_1$).

> b) Zungenblütler (Liguliflorae), bei denen sämtliche Blüten zungenförmig sind, und welche gegliederte Milchsaftschläuche führen.

a) Röhrenblütler, Tubuliflorae:

Off. **Tussilago farfara**, Huflattich (Abb. 553), ein an Flußufern auf Lehmboden häufiges Kraut, liefert Fol. und Flor. Farfarae.

Petasites officinalis, Pestwurz, ist mit jenem nahe verwandt, aber nicht offizinell. Beide blühen im ersten Frühjahr lange vor Erscheinen der Blätter.

Off. **Inula helenium**, Alant (Abb. 554), ist die Stammpflanze von Rad. Helenii.

Off. **Artemisia absinthium**, der Wermut (Abb. 555), ein im Mittelmeergebiet verbreiteter Halbstrauch, liefert Herb. Absinthii, **A. cina** (auch manchmal noch fälschlich **A. maritima** var. **pauciflora** genannt, Abb. 556, 556a), wächst in Turkestan und ist die Stammpflanze der Flor. Cinae.

A. dracunculus (Mongolei), Estragon, **A. vulgaris**, in Mitteleuropa verbreitet, Beifuß.

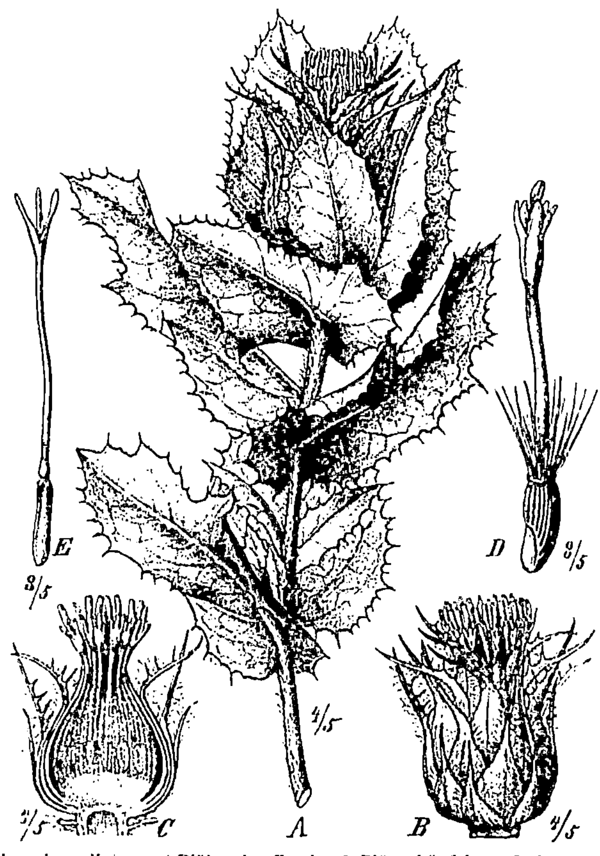

Abb. 558. Cnicus benedictus. *A* Blühender Zweig, *B* Blütenköpfchen, *C* ein solches im Längsschnitt, *D* normale Scheibenblüte, *E* geschlechtslose Randblüte.

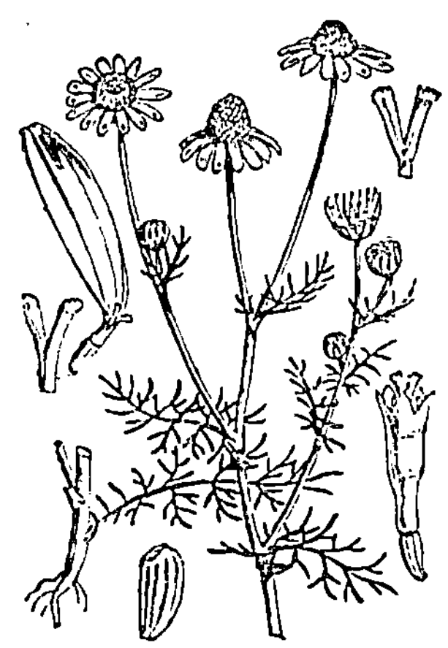

Abb. 559. Matricaria chamomilla.

Off. Arnica montana, das Wohlverleihkraut (Abb. 557), meist auf Bergwiesen gedeihend,
liefert Flor. und Rad. Arnicae.

Off. Cnicus benedictus, das Kardobenediktenkraut (Abb. 558), in Südeuropa gedeihend, ist die Stammpflanze der Herb. Cardui
benedicti.

Off. Matricaria chamomilla, die Kamille
(Abb. 559, 560), ein häufiges Unkraut auf Ge-
treideäckern und an Wegen, liefert Flor. Chamomillae. Der kegelförmige Blütenboden derselben ist hohl.

Anthemis nobilis, die römische Kamille
(Abb. 561), in den Mittelmeerländern wildwach-
send, ist die Stammpflanze der Flor. Chamom.
Roman. **A.** arvensis und **A.** cotula, die
Acker- und Hundskamille, dürfen nicht mit der
ähnlichen Matricaria verwechselt werden und
besitzen einen im Innern mit Mark erfüllten
Blütenboden.

Anacyclus pyrethrum, liefert Rad. Pyrethri, **A.** officinarum, die Rad. Pyrethri Germanici.

Bellis perennis, Gänseblümchen, ist auf Wiesen überaus häufig; die Blüten wurden ehedem medizinisch verwendet (Flor. Bellidis).

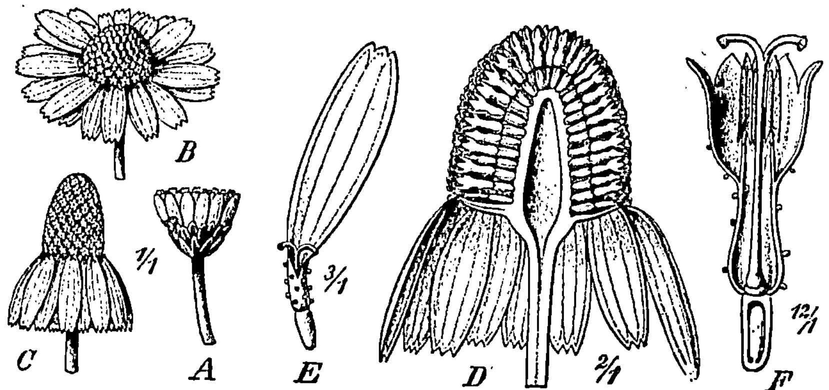

Abb. 560. Flores Chamomillae. *A* junges Blütenköpfchen, sich eben ausbreitend, *B* dasselbe etwas älter, die Zungen der Randblüten horizontal ausgebreitet, *C* altes Blütenköpfchen, die Zungen der Randblüten schlaff herabhängend ($^1/_1$), *D* altes Blütenköpfchen längs durchschnitten ($^2/_1$), *E* ganze Randblüte ($^3/_1$), *F* Scheibenblüte im Längsschnitt ($^{12}/_1$).

Spilanthes oleracea, die Parakresse (Abb. 562), wächst in Südamerika und liefert Herba Spilanthis.

Helianthus annuus, die Sonnenblume, mit oft riesigen Blütenköpfen von bis $^1/_2$ m Durchmesser, ist ein beliebtes Ziergewächs, aus dessen Samen ein sehr

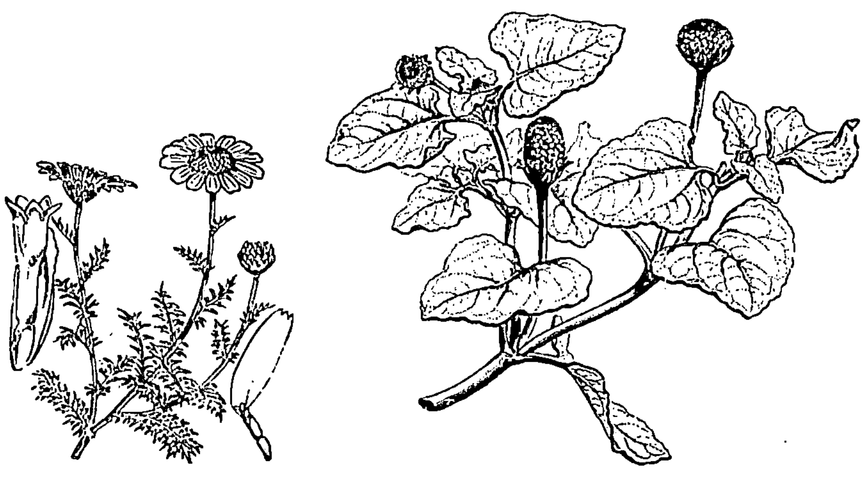

Abb. 561. Anthemis nobilis.   Abb. 562. Spilanthes oleracea.

wohlschmeckendes Öl gepreßt wird; es dient auch zur Verfälschung des Olivenöls. **H.** tuberosus, Topinambur, und **H.** macrophyllus liefern Knollen, die neuerdings als „Helianthi" viel gegessen werden.

Tanacetum vulgare, der Rainfarn, bei uns an Wegen häufig, liefert Flor. Tanaceti.

Achillea millefolium, die Schafgarbe (Abb. 563), ist ebenfalls ein häufiges Unkraut. Blüten und Blätter sind als Flor. und Herb. Millefolii noch zuweilen gebräuchlich.

Abb. 563.　Achillea millefolium.

Abb. 564.　Lappa minor.

Calendula officinalis, die Ringelblume, liefert Flor. Calendulae und zeichnet sich durch verschiedene Gestalt der äußeren und inneren Früchte aus.

Lappa (Arctium) major und L. minor (Abb. 564), die Kletten, an Wegrändern häufige Unkräuter, liefern Rad. Bardanae.

Abb. 565.　Carthamus tinctorius.

Abb. 566.　Taraxacum officinale.

Carlina vulgaris, gedeiht auf trockenen Hügeln. C. acaulis, in Mittelgebirgen, ist die bekannte Silber- oder Wetterdistel; sie ist die Stammpflanze von Rad. Carlinae, Eberwurzel.

Centaurea cyanus, ist die bekannte blaue Kornblume (Abb. 549). Andere C.-Arten sind an Rainen und auf Hügeln häufig.

Carthamus tinctorius, die Färberdistel (Abb. 565), liefert Flor. Carthami, welche unter dem Namen Saflor als Safransurrogat gebräuchlich sind.

Solidago virga aurea, Goldrute, lieferte die früher gebräuchliche Herb. Virgaureae, **Gnaphalium** arenarium ist die Stammpflanze der Flor. Stoecha-

Abb. 567. Pyrethrum roseum. *A* Geöffnetes Blütenkörbchen.
B Hüllkelch von unten gesehen. *C* Geöffnetes Blütenkörbchen getrocknet.
D Pollenkorn, stark vergrößert.

doscitrin. **Erigeron** canadense, aus Nordamerika stammend, ist überall auf Sandboden verwildert.

Dahlia variabilis, die aus Mexiko stammende „Georgine", wetteifert an Formen- und Farbenpracht mit den Chrysanthemen.

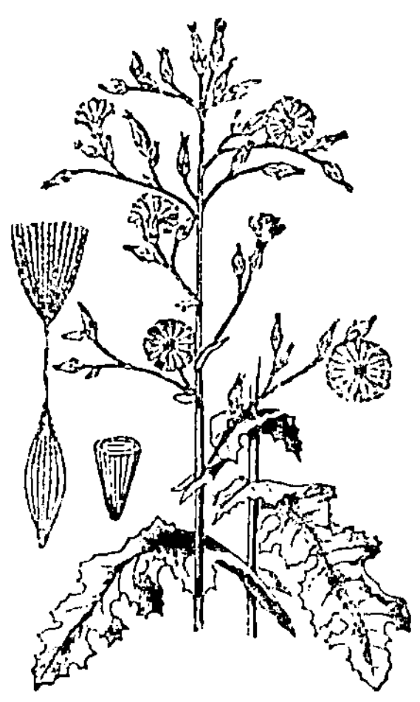

Abb. 568. Lactuca virosa.

Abb. 569. Cichorium intybus.

Chrysanthemum-Arten sind die auf Wiesen wildwachsenden Wucherblumen oder Margueriten. Ch. indicum und **Chr.** sinense, in Japan und China heimisch, werden neuerdings in zahlreichen Spielarten mit prachtvollen, großen Köpfen kultiviert und wird jetzt wohl die beliebtesten Winterzierpflanzen.

Pyrethrum cinerariifolium, in Dalmatien heimisch, liefert Dalmatinisches Insektenpulver, und **P. roseum** (Abb. 567) sowie **P. Marschallii** das persische Insektenpulver.

b) Zungenblütler, Liguliflorae:

Off. Taraxacum officinale, der Löwenzahn (Abb. 566), ein lästiges Unkraut, liefert Rad. Taraxaci c. herba.

Off. Lactuca virosa, der Giftlattich (Abb. 568), welcher in Südeuropa wild wächst, in Frankreich und an der Mosel angebaut wird, ist die Stammpflanze des Lactucarium; L. sativa hingegen ist der bei uns sehr geschätzte Kopfsalat.

Cichorium intybus, die Cichorie (Abb. 569), ein an Wegrändern häufiges Unkraut, wurde früher medizinisch verwendet. Ihre Wurzel liefert das bekannte Kaffeesurrogat. C. endivia gibt den bekannten Salat Endivie.

Tragopogon pratensis, Bocksbart, wächst auf Wiesen und Triften häufig.

Hieracium-Arten, Habichtskraut, beleben in zahlreichen Arten trockene Triften und Wiesen und sind besonders in den Gebirgen in zahlreichen schwer trennbaren Arten verbreitet.

Sonchus-Arten, Gänsedistel, sind milchende, gelbblühende Weichdisteln und stellenweise sehr verbreitet.

Scorzonera hispanica, Schwarzwurzel, wird wegen ihrer Wurzeln als Gemüsepflanze kultiviert. Die Blätter dieser Pflanze sind die einzigen, welche die Maulbeerblätter bei der Seidenraupenzucht notdürftig zu ersetzen vermögen

Sachregister.

(Die beigesetzten Zahlen bedeuten die Seitenzahlen,
* bedeutet Abbildung.)

Abies alba 251.
Abies balsamea 251*.
Abieteae 250.
Ableger 137.
Abschnürung 98.
Absorptionssystem 110.
Abtöten der Pflanzen 16.
Acacia arabica 329*.
Acacia catechu 329*.
Acacia senegal 329.
Acacia verek 329.
Aceraceae 351.
Acer campestre 351.
Acer platanoides 351.
Acer pseudoplatanus 351.
Achaene 66*.
Achillea millefolium 418*.
Achlamydeisch 47, 253.
Achse 32.
Achsenbecher 56.
Achseneffiguration 57.
Ackerhornkraut 293*.
Aconitum napellus 299*.
Acorus calamus 265*.
Azyklisch 59.
Adiantum capillus veneris
  237.
Adlerfarn 236.
Adonis vernalis 299.
Adoxaceae 405.
Adoxa moschatellina 405.
Adventivwurzeln 30.
Äcidien 207.
Ähre 63*.
Aërobionten 151.
Aerobionten, fakultative
  151.
Aesculus hippocastanum
  351.
Aestivation 40.
Aethusa cynapium 373*.
Ätzkalk 13.

Agar-Agar 192.
Agaricaceae 214.
Agaricus albus 213.
Agaricus campestris 216.
Agathis australis 250.
Agathis dammara 250.
Agave americana 270.
Agave rigida var. sisalana
  270.
Agrimonia eupatoria 326*.
Agropyrum repens 259*.
Agrostemma githago 296*.
Ahorngewächse 351.
Ajuga reptans 393.
Akaroidharz 269.
Akazie 336.
Akelei 301*.
Aktinomorph 36, 58.
Alae 332*.
Alant 415*.
Aleurites moluccana 349.
Aleuronkörner 89*.
Alisma plantago 256*.
Alismataceae 256.
Alkaloide 91*.
Alkanna tinctoria 388.
Allermannsharnisch 273.
Alliaria officinalis 315.
Allioideae 269.
Allium ascalonicum 269.
Allium cepa 269.
Allium fistulosum 269.
Allium sativum 269.
Allium schoenoprasum 269.
Alnus glutinosa 283.
Alnus incana 283.
Aloë 269.
Aloë africana 269.
Aloë ferox 269.
Aloë, hundertjährige 270.
Aloë lingua 269.
Aloë spicata 269.

Aloë vulgaris 269*.
Alopecurus pratensis 260.
Alpenrosen 375.
Alpenveilchen 377.
Alpinia officinarum 275.
Alsidium helminthochorton
  192.
Alsine verna 293.
Alsinoideae 293.
Alsophila australis 236.
Althaea officinalis 356*.
Althaea rosea 356.
Amanita caesarea 216.
Amanita muscaria 216*.
Amanita phalloides 216.
Amaryllidaceae 270.
Amaryllisgewächse 270.
Amitotische Kernteilung
  82.
Ammoniacum 373.
Amphigastrien 227.
Amygdalae 327.
Amygdalus communis 326.
Amylum Marantae 275.
Anabaena 167.
Anacamptis pyramidalis
  279.
Anacardiaceae 349.
Anacardienfrucht 70*.
Anacardium occidentale
  349.
Anacyclus pyrethrum 417.
Anaërobionten 151.
Anagallis arvensis 377.
Anamirta cocculus 303.
Ananas 266.
Ananasgewächse 266.
Ananas sativus 266.
Anatomie 1, 77.
Anatrop 73*.
Anchusa officinalis 389.
Andira araroba 335.

Andorn 393.
Androeceum 47, 50*, 61.
Androgynophor 311*,362*.
Andropogon sorghum 259.
Anemone nemorosa 297*.
Anemophil 244.
Angiospermae 252.
Angosturarinde 342.
Angustisept 314*.
Anisum vulgare 370.
Annulus 235*.
Anonaceae 304.
Anona muricata 304*.
Anthela 65*.
Anthemis arvensis 416.
Anthemis cotula 416.
Anthemis nobilis 416*.
Anthere 50*.
Antheridium 180, 226.
Anthocyan 86.
Anthophylli 365.
Anthoxanthum odoratum 260.
Anthurium Scherzerianum 265.
Anthyllis 336.
Antipoden 243.
Antirrhinum majus 400*.
Apetalae 279.
Apfelbaum 323.
Apfelfrucht 69.
Apfelsine 343.
Aphanizomenon 167.
Aphanothece 167.
Apocynaceae 382.
Apokarp 55*.
Apopetal 253.
Apposition 95*.
Aprikose 326.
Aqua Laurocerasi 326.
Aquifoliaceae 351.
Aquilegia vulgaris 301*.
Arabis Halleri 315.
Arabis hirsuta 315.
Araceae 264.
Arachis hypogaea 335*.
Araliaceae 366.
Araucaria excelsa 250.
Araucarieae 248.
Arbutoideae 376.
Archangelica officinalis 372.
Archegoniatae 224.
Archegonium 226.
Archichlamydeae 279.
Arctium 418*.
Arctostaphylos uva ursi 376*.
Areca catechu 262*.
Arillus 76*, 248.
Aristolochiaceae 290.

Aristolochia clematitis 290*.
Aristolochiales 290.
Aristolochia serpentaria 290.
Aristolochia sipho 290.
Armeria 377.
Armillaria mellea 215.
Armleuchteralgen 184.
Arnica montana 416*.
Aronsstabgewächse 264.
Arrhenaterum elatius 260.
Arrowroot 275.
Artemisia absinthium 415*.
Artemisia cina 413.
Artemisia dracunculus 415.
Artemisia maritima 415.
Artemisia pauciflora 415.
Arthrospor 149.
Artocarpus incisa 288*.
Artocarpus integrifolia 288.
Arum maculatum 264*.
Asa foetida 375.
Asarum europaeum 290.
Asclepiadaceae 384.
Ascohymenium 199.
Ascolichenes 221, 223.
Ascomycetes 197.
Ascus 197.
Asparagin 91.
Asparagoideae 270.
Asparagus officinalis 270*.
Aspergillaceae 198.
Aspergillus herbariorum 198.
Asperifoliaceae 386.
Asperula odorata 404.
Asphodeloideae 267.
Aspidium filix mas 237.
Aspidosperma quebracho 383.
Assimilationsprozeß 112.
Assimilationsstärke 86.
Assimilationssystem 112.
Assimilationswurzeln 32.
Astragalus adscendens 334.
Astragalus brachycalyx 334.
Astragalus gummifer 334.
Astragalus leioclados 334.
Astragalus microcephalus 334.
Astragalus pycnoclados 334.
Astragalus verus 334*.
Atemhöhle 131*.
Atemwurzeln 32.
Atmung 113.
Atmungsprozeß 113.
Atriplex 292.
Atrop 73*.
Atropa belladonna 395*.

Attich 405.
Aufbau der Pflanze 100.
Aufbewahren der Pflanzen 14.
Aufnahmesystem 110.
Aufspeicherung 113.
Aufhellen von Schnitten 23, 25.
Augentrost 401.
Auricularia auricula judae 211.
Auriculariaceae 211.
Aurikel 377.
Ausläufer 33*, 137.
Aussenhülle 44.
Autobasidiomycetes 211*.
Auxosporenbildung 175.
Avena sativa 259*.
Azaleen 376.
Azotobacter 165.
Azygosporen 194.

Bacca 68*.
Bacillariaceae 177.
Bacillariophyta 173.
Bacillus 146, 159.
Bacillus amylobacter 160.
Bacillus prodigiosus 160.
Bacillus subtilis 159.
Bacillus typhi 160*.
Bacteria 146.
Bacteriaceae 155.
Bacterium 156.
Bacterium aceticum 156.
Bacterium acidi lactici 156.
Bacterium anthracis 156*.
Bacterium tuberculosis 157*.
Bärentraube 376*.
Bärlappartige 240.
Bärlappgewächse 240.
Bärlappsamen 241.
Bakterien 146.
Bakterien, arthrospore 149.
Bakterien, chromogene 152.
Bakterien, endospore 149.
Bakterien, pathogene 151.
Bakterien, zymogene 151.
Bakteriopurpurin 155, 165.
Balata 378.
Baldrian 407*.
Baldriangewächse 405.
Balgfrucht 67.
Ballota nigra 393.
Balsambaumgewächse 344.
Balsaminaceae 352.
Balsaminengewächse 352.
Balsamodendron 344.
Balsamtanne 252.
Balsamum canadense 251.
Balsamum Copaivae 331.

BalsamumPeruvianum 335.
Balsamum tolutanum 335.
Bambusa arundinacea 260.
Banane 273.
Bananengewächse 273.
Barbaraea vulgaris 315.
Baroskampfer 360.
Barosma crenata 342.
Bartflechte 224.
Basidien 203*.
Basidienpilze 203.
Basidiohymenium 211.
Basidiolichenes 224.
Basidiomycetes 203, 224.
Basidiosporen 203, 204*.
Basilie 393.
Bastfasern 108, 117.
Bastzellen 108*.
Batate 386.
Batrachospermum 192.
Bauchnaht 54.
Bau, innerer der Pflanzen 77.
Baumwolle 356*.
Bazillen 146.
Beere 68*.
Beerenzapfen 250.
Beggiatoaceae 164*, 165.
Bellis perennis 417.
Benzoë 379.
Berberidaceae 301.
Berberis vulgaris 302.
Berberitzengewächse 301.
Bertholletia 90.
Besenginster 334.
Bestimmen von Pflanzen 8.
Beta vulgaris 292.
Betelpfeffer 280.
Betonica officinalis 393.
Betulaceae 283.
Betula pubescens 283.
Betula verrucosa 283.
Betulin 86.
Biberklee 381.
Bikollateral 121*.
Bilateral 36.
Bildungsgewebe, die 100*.
Bilsenkraut 397*.
Binse 261, 266.
Binsengewächse 266.
Biologie 2.
Birken 283.
Birkengewächse 283.
Birnbaum 323.
Bisamkraut 405.
Bisymmetrisch 36.
Bitterholzgewächse 343.
Bitterklee 381.
Bittersüß 394.
Blätter, Formen der 36.
Blätter, gegenständige 44.
Blätter, quirlständige 44.

Blätterschwämme 214.
Blattfläche 41*.
Blatthäutchen 41*.
Blattnerven 40*.
Blattrand, Formen des 39*, 40.
Blattscheide 36.
Blattspreite 36.
Blattstiel 36, 40*.
Blüte 47.
Blütenblätter 36, 44*.
Blütenboden 56.
Blütendiagramme 58*.
Blütenformeln 60.
Blütenhülle 47.
Blütenscheide 44.
Blütenstände 61.
Blumenblätter 48.
Blumenkohl 315.
Blumenrohr, indisches 275*.
Blutreizker 216.
Blutwunderpilz 160.
Bocksbart 420.
Bockshornklee 334.
Boehmeria nivea 288.
Bohne 335.
Boletus 214.
Boletus bulbosus 214.
Boletus edulis 214.
Bolle 269.
Boretschgewächse 386.
Borkenbildung 106*.
Borraginaceae 386.
Borrago officinalis 387.
Bostryx 64*.
Boswellia Carteri 344.
Botanisieren 4.
Botanisiertrommel 5.
Botrychium lunaria 236*.
Botrytisch 62.
Brachsenkraut 242.
Braktroid 253.
Brandpilze 204.
Brassica campestris 315.
Brassica juncea 315.
Brassica napus 315.
Brassica nigra 315*.
Brassica oleracea 315.
Braunalgen 186.
Brauntange 186.
Braunwurz 398.
Brayera anthelmintica 326.
Brechnußbaum 380.
Brennesseln 288.
Brennhaare 108*.
Briza media 260.
Brombeerstrauch 325.
Bromeliaceae 266.
Brotfruchtbaum 288*.
Bruchkraut 293.
Brunnenkresse 315.

Brutbecherchen 227.
Brutknospen 137.
Brutzwiebeln 137.
Bryaceae 231.
Bryonia alba 409.
Bryonia dioica 409*.
Bryophyta 225.
Buchenartige 283.
Buchengewächse 283.
Buchweizen 292.
Büschelhaare 107*.
Büschelwurzel 31*.
Bulbus Colchici 267.
Bulbus Scillae 269.
Bulbus Victorialis 273.
Burseraceae 344.

Cactaceae 363.
Caesalpinia brasiliensis 330.
Caesalpinia sappan 330.
Caesalpinioideae 330.
Cajeputbaum 365.
Calamus rotang 262.
Calendula officinalis 418.
Callitris quadrivalvis 251.
Calluna vulgaris 376.
Calyptra 226.
Calyx 47.
Cambiformzellen 120*.
Cambium 103*.
Camelina sativa 315.
Camelliaceae 358.
Camellia japonica 358.
Camellia sinensis 358.
Campanulaceae 410.
Campanula glomerata 410.
Campanula patula 410.
Campanula persicifolia 410.
Campanula rapunculoides 410.
Campanula rapunculus 410.
Campanula rotundifolia 410.
Campanulatae 409.
Campanula trachelium 410.
Campanuloideae 410.
Camphora 308.
Camphora officinarum 308*.
Campylospermae 373.
Campylotrop 73*.
Canarium commune 344.
Cananga odorata 304.
Cannabis sativa 288*.
Cannaceae 275.
Cannagewächse 275.
Canna indica 275*.
Cantharellus cibarius 216.
Capparidaceae 311.
Capparis spinosa 311.
Capillitium 171*.

Capitulum 63*.
Caprifoliaceae 404.
Capsella bursa pastoris 315.
Capsicum annuum 395.
Cardamine pratensis 315.
Cardol 349.
Carex arenaria 261*.
Caricae 287.
Caricaceae 362.
Carica papaya 362.
Caricoideae 261.
Carina 332*.
Carlina acaulis 418.
Carlina vulgaris 418.
Carnaubawachs 264.
Carotin 85.
Carpinus betulus 283.
Carpodinus 384.
Carpophor 367.
Carrageen 192.
Carthamus tinctorius 419*.
Carum carvi 370*.
Caruncula 76*.
Caryophyllaceae 292.
Caryophylli 365.
Caryophyllus aromaticus
    365.
Caryopse 67.
Cascara sagrada 353.
Cassia acutifolia 331.
Cassia angustifolia 331.
Cassia fistula 331*.
Cassia obovata 330.
Cassytha 308.
Castanea vulgaris 284.
Castilloa elastica 288.
Catasetum 279.
Catechu 330.
Caulerpaceae 183*.
Cellulae 77.
Cellulose 94.
Centaurea cyanus 418*.
Centifolie 325.
Centranthus ruber 407.
Centrifugal 63.
Centripetal 63.
Centrosomen 84.
Centrospermae 292.
Cephaëlis ipecacuanha
    403*.
Cephalanthera ensifolia
    279.
Cephalanthera pallens 279.
Cerastium arvense 293*.
Ceratium tripos 172*.
Ceratonia siliqua 332*.
Cetraria islandica 223*.
Chaetophoraceae 182.
Chalaza 74*.
Chamaerops humilis 262.
Champignon 216*.

Chara 185*.
Characeae 184.
Charophyta 184.
Chasmogam 338.
Cheiranthus cheiri 315.
Chelidonium majus 311.
Chenopodiaceae 292.
Chenopodium ambrosioides
    292.
Chenopodium bonus henri-
    cus 292.
Chenopodium botrys 292.
Chlamydobacteriaceae 164
Chlamydomonas nivalis
    181.
Chlamydosporen 204.
Chlorophyceae 179.
Chlorophyll 85.
Chloroplasten 84*.
Cholerabazillus 159.
Chondrus crispus 190*.
Chondrodendrom tomento-
    sum 303.
Choripetal 49, 253.
Choripetalae 279.
Chorisepal 48.
Choritepal 253.
Chromatinkörner 82.
Chromatophoren 84*.
Chromoplasten 86*.
Chromosomen 83*.
Chroococcaceae 167.
Chrysanthemum 419.
Chrysanthemum cinerarii-
    folium 420.
Chrysanthemum indicum
    419.
Chrysarobin 335.
Cichorie 420*.
Cichorium endivia 420.
Cichorium intybus 420*.
Cicinnus 63*.
Cicuta virosa 33*, 373.
Cilien 148*.
Cinchona calisaya 403.
Cinchona Ledgeriana 403.
Cinchona officinalis 403.
Cinchona succirubra 403*.
Cinchonoideae 403.
Cinnamomum camphora
    308*.
Cinnamomum cassia 308.
Cinnamomum zeylanicum
    308*.
Circaea lutetiana 366.
Cistaceae 360.
Cistus creticus 360.
Cistusgewächse 360.
Cistus ladaniferus 360.
Citrone 343.
Citrullus colocynthis 408*.

Citrullus vulgaris 408.
Citrus aurantium 342*.
Citrus bergamia 343.
Citrus medica 343.
Cladonia rangiferina 223.
Cladothrix 164.
Clavariaceae 211.
Clavaria botrytis 211.
Claviceps purpurea 201*.
Clematis vitalba 297*.
Clitandra 384.
Cnicus benedictus 418*.
Cocagewächse 338.
Coccaceae 164.
Cocculus palmatus 302.
Cochenille 363.
Cochlearia armoracia 315.
Cochlearia officinalis 315*.
Cocos nucifera 262*.
Coelococcus 264.
Coelospermae 374.
Coffea arabica 403*.
Coffea liberica 403.
Coffeoideae 403.
Cola acuminata 357.
Cola vera 357.
Colchicum autumnale 267*.
Collenchymzellen 109*.
Columella 193*.
Commiphora   abyssinica
    344.
Compositae 411.
Coniferae 248.
Conium maculatum 373.
Conjugatae 178.
Contortae 380
Convallaria majalis 270*.
Convolvulaceae 386.
Convolvulus arvensis 386.
Convolvulus   scammonia
    386.
Convolvulus sepium 386.
Copaifera guianensis 331.
Copaifera officinalis 331*.
Copernicia cerifera 262.
Cora pavonia 224.
Corchorus capsularis 356.
Corchorus olitorius 356.
Cordyceps 202.
Coriandrum sativum 374*.
Corolla 48.
Coronilla 336.
Cortex adstringens Brasi-
    liensis 330.
Cortex Angosturae 342.
Cortex Aurantii fructus 342.
Cortex Cascarillae 349.
Cortex Chinae 403.
Cortex Cinnamomi 308.
Cortex Citri fructus 343.
Cortex Condurango 385.

Cortex Frangulae 353.
Cortex Granati 364.
Cortex Granati fructus 364.
Cortex Mezerei 363.
Cortex nucum Juglandis 283.
Cortex Quebracho 383.
Cortex Quercus 284.
Cortex Quillajae 323.
Cortex Rhamni Purshianae 353.
Cortex Salicis 281.
Cortex Ulmi interior 285.
Cortex Viburni 405.
Cortex Winteranus 303.
Corydalis cava 311.
Corylus avellana 283*.
Corynanthe yohimbe 403.
Costae primariae 368*.
Costae secundariae 368*.
Cotinus coggygria 350.
Crassulaceae 319.
Crenothrix polyspora 164*.
Cribralteil 114.
Crocus sativus 273*.
Croton eluteria 349.
Croton tiglium 349*.
Cruciferae 311.
Cubebae 280.
Cubeba officinalis 280.
Cucumis melo 408.
Cucumis sativus 408.
Cucurbitaceae 408.
Cucurbitales 407.
Cucurbita pepo 408.
Cumarin 334.
Cuminum cyminum 373.
Cupresseae 250, 251.
Cupula 284*.
Curare 380.
Curcuma longa 275.
Curcuma zedoaria 275.
Cuscuta europaea 386.
Cusparia febrifuga 342.
Cusparia trifoliata 342.
Cuticula 103.
Cutin 97.
Cyanophyceae 166.
Cyatheaceae 236.
Cyathium 348*.
Cycadaceae 246.
Cycadales 246.
Cycas revoluta 246.
Cyclamen europaeum 377.
Cyclosporeae 188.
Cydonia japonica 325.
Cydonia vulgaris 325.
Cyklisch 59.
Cyklus 43.
Cymös 36, 62.

Cynanchum vincetoxicum 385.
Cynoglossum officinale 389.
Cyperaceae 260.
Cypergras 260*.
Cyperus flavescens 261.
Cyperus papyrus 261.
Cypripedilum calceolus 279.
Cystolithen 97*, 285.
Cytoplasma 81.

Dactylis glomerata 260.
Daemonorops draco 262.
Dahlia variabilis 419.
Dammar 360.
Daphne mezereum 363.
Datteln 264.
Datura stramonium 396*.
Daucus carota 373*.
Dauergewebe 100.
Dauerpräparate, Herstellung der 25, 26*.
Dauerzellen 77.
Deckblatt 44*, 256*.
Deckelkapseln 68*.
Deckschuppe 248.
Deckspelze 256*.
Dehiszenz 68*.
Dekussiert 44.
Delphinium consolida 301*.
Delphinium staphisagria 301.
Dendrobium 279.
Dentaria bulbifera 315.
Dermatogen 102.
Desmidiaceae 178.
Deszendenztheorie 138.
Dialypetal 49.
Dianthus caryophyllus 295.
Diastase 88, 93.
Diatomeen 173*.
Dicentra formosa 311.
Dicentra spectabilis 311.
Dichasium 36, 63*.
Dichogamie 245.
Dickenwachstum 94*, 103, 122, 128.
Dicotyledoneae 254, 279.
Dictamnus albus 342.
Dictyota 190.
Dictyotales 190.
Digitalis purpurea 400*.
Diklin 47.
Dikotylen, verwachsenkronige 373.
Dinoflagellatae 172.
Dioecisch 7, 47.
Dionaea muscipula 318*.
Dioscorea batatas 270.

Dioscoreaceae 270.
Diospyros ebenum 379.
Diplochlamydeisch 47, 253.
Diplostemon 60.
Dipsacaceae 407.
Dipsacus fullonum 407.
Dipsacus pilosus 407.
Dipsacus silvestris 407.
Dipterocarpaceae 360.
Dipterocarpus turbinatus 360.
Dipteryx odorata 336.
Discus 57, 340.
Distel 417.
Dithezisch 50.
Divergenzwinkel 43.
Dolde 63*.
Doldenblütige 366.
Doppelachaene 66*.
Doppeldolde 65*.
Dorema ammoniacum 373*.
Dorsal 74.
Dorsiventral 36.
Doste 393.
Draba 315.
Dracaena cinnabari 270.
Dracaena draco 270.
Dracaenoideae 270.
Drachenbaum 270.
Drachenblut 270, 336.
Drachenblut, ostindisches 262.
Drimys Winteri 303*.
Droseraceae 316.
Drosera intermedia 317*.
Drosera longifolia 317*.
Drosera rotundifolia 317*.
Drüsenhaare 107*, 132.
Drupa 68.
Drusen 92*.
Dryobalanops camphora 360.
Dryopteris filix mas 237.
Durchlüftungssystem 130.

Ebenaceae 378.
Ebenales 377.
Ebenholz 378.
Ebenholzartige 377.
Ebenholzgewächse 378.
Eberesche 323*.
Eberwurz 418.
Echium vulgare 389.
Ectocarpaceae 186.
Ectocarpus 186.
Edelkastanie 284.
Edeltanne 251*.
Efeugewächse 366.
Ehrenpreis 400.
Eiapparat 243.
Eibengewächse 248.

Eibisch 356*.
Eichen 71.
Eichbaum 284.
Einbeere 270*.
Einbetten von Schnitten 23.
Einfügungsstellen 58.
Einlegen der Pflanzen 12.
Einteilung der Pflanzen 136.
Einzelkristalle 92.
Eisenhut 299*.
Eisenkrautgewächse 389.
Eispore 180.
Eiweißkörper 89*.
Eizelle 180, 243.
Ektotroph 111.
Elaeis guineensis 262.
Elateren 227.
Elemente, primäre 125.
Elemente, sekundäre 125.
Elemi 344.
Elettaria cardamomum 275*.
Eleuteropetal 49.
Elfenbein, vegetabilisches 264.
Embryo 72, 225.
Embryophyta asiphonogama 224.
Embryophyta siphonogama 242.
Embryophyten 27.
Embryosack 72, 243*.
Empleurum serrulatum 342.
Empusa muscae 194.
Endblüte 59.
Endivie 426.
Endogen 29.
Endokarp 65.
Endosperm 72, 74, 244.
Endospor 149.
Endotroph 111.
Engelsüß 237.
Engelwurz 372.
Englersches System 144.
Entomophil 244.
Entomophthoraceae 194.
Enziangewächse 381.
Enzyme 93, 150.
Epidendrum 279.
Epidermis 103.
Epigyn 57*.
Epilobium angustifolium 366.
Epilobium hirsutum 366.
Epilobium palustre 366.
Epinastie 128.
Epipactis latifolia 279.
Epithelzellen 134.
Equisetaceae 240*.

Equisetales 239.
Equisetum 240*.
Equisetum arvense 240.
Erbse 335.
Erdbeere 325*.
Erdbeerfrucht 70.
Erdeichel 335*.
Erdnuß 335*.
Erdrauch 311.
Erdscheibe 377*.
Erdstern 219*.
Ericaceae 374.
Ericales 374.
Erica tetralix 376.
Ericoideae 375.
Erigeron canadense 419.
Eriophorum latifolium 261.
Erle 283.
Ernährung der Pflanze 110.
Erodium cicutarium 338.
Erodium gruinum 338.
Erophila verna 315.
Ersatzfasern 118*.
Erythraea centaurium 381*.
Erythroxylaceae 338.
Erythroxylum coca 339*.
Erythroxylum novogranatense 338.
Esparsette 336.
Essigrose 325.
Essigsäurebazillus 156.
Eubacteria 155.
Eubasidii 206*.
Eucalyptus globulus 365.
Eucheuma spinosum 190.
Eufilicineae 236.
Eugenia aromatica 365.
Eugenia caryophyllata 365.
Eumycetes 192.
Euphorbiaceae 346.
Euphorbia cyparissias 349.
Euphorbia helioscopia 349.
Euphorbia peplus 349.
Euphorbia resinifera 349*.
Euphorbium 349.
Euphrasia officinalis 401.
Euprotococcales 181.
Euryangium sumbul 373.
Eutuberaceae 208*.
Exine 243*.
Exogen 31.
Exogonium purga 386*.
Exokarp 65.
Extrors 50.

Fabae Calabaricae 335.
Fabae Ignatii 380.
Fadenbakterien 147.
Fadenflechten 221.

Fächerung, fortgesetzte 99.
Fachspaltig 68.
Färberwaid 315.
Färberwau 316.
Fäulnis 150.
Fagaceae 283.
Fagales 283.
Fagopyrum esculentum 292.
Fagus silvatica 284.
Fahne 332*.
Farinosae 265.
Farnkräuter, echte 234.
Farnpflanzen 232.
Fascicularcambium 122*.
Faserwurzel 31.
Faulbaum 353.
Faulbaumartige 352.
Feigenbaum 287*.
Feigwurz 299.
Feldkümmel 392*.
Feldrittersporn 301*.
Feldsalat 407.
Fermente 93, 150.
Fernambukholz 330.
Ferula assa foetida 373*.
Ferula foetida 373.
Ferula galbaniflua 373.
Ferula narthex 373.
Ferula rubricaulis 373.
Festigungsgewebe 108*.
Festuca 260.
Fettpflanzen 319.
Feuermohn 311.
Feuerschwamm 214.
Fibrovasalstränge 114.
Ficaria ranunculoides 299.
Fichte 251.
Ficus carica 287*.
Ficus elastica 286.
Fiedernervig 39.
Filament 50*.
Filicales 234.
Filicales leptosporangiatae 236.
Fingerhut 400*.
Fingerkraut 325.
Fisetholz 350.
Flachs 338.
Flachs, neuseeländischer 269.
Flächenwachstum 94.
Flagellatae 172.
Flaschenkork 284.
Flechten 219.
Flechten, heteromere 220.
Flechten, homöomere 220.
Fleischfressende Pflanzen 316.
Fleischfrüchte 66.
Flieder 405.

Flieder, spanischer 380.
Fliegenschwamm 216*.
Fließpapier, Behandlung der Pflanzen mit 6.
Floren, Einzelangabe einschlägiger Floren 9.
Flores Acaciae 326.
Flores Arnicae 416.
Flores Aurantii 342.
Flores Bellidis 417.
Flores Calendulae 418.
Flores Carthami 419.
Flores Cassiae 308.
Flores Chamomillae 416.
Flores Chamomillae Romanae 416.
Flores Cinae 415.
Flores Farfarae 415.
Flores Granati 364.
Flores Koso 326.
Flores Lamii albi 393.
Flores Lavandulae 391.
Flores Malvae 356.
Flores Malvae arboreae 356.
Flores Millefolii 418.
Flores Paeoniae 301.
Flores Rhoeados 311.
Flores Rosae 325.
Flores Sambuci 404.
Flores Spartii 334.
Flores Stoechados 419.
Flores Tanaceti 417.
Flores Tiliae 355*.
Flores Ulmariae 325.
Flores Verbasci 400.
Florideen 190.
Flügel 332*.
Flügelfruchtgewächse 360.
Föhre 250.
Foeniculum capillaceum 370.
Foeniculum officinale 370.
Foeniculum vulgare 370.
Folgemeristem 103.
Folia Aurantii 342.
Folia Belladonnae 395.
Folia Bucco 342.
Folia Coca 339.
Folia Digitalis 400.
Folia Eucalypti 365.
Folia Farfarae 415.
Folia Hyposcyami 397.
Folia Jaborandi 342.
Folia Juglandis 283.
Folia Lauri 307.
Folia Ledi 376.
Folia Malvae 356.
Folia Melissae 390.
Folia Menthae crispae 392.
Folia Menthae piperitae 392.

Folia Nicotianae 397.
Folia Rhododendri 375.
Folia Rosmarini 393.
Folia Rutae 341.
Folia Salviae 393.
Folia Sennae 331.
Folia Stramonii 397.
Folia Toxicodendri 350.
Folia Trifolii fibrini 381.
Folia Uvae Ursi 376.
Folliculus 67*.
Fomes 213.
Fomes fomentarius 214*.
Fomes igniarius 214.
Formen der Stammorgane 31.
Formen der Wurzelorgane 31.
Forsythia suspensa 380.
Fortpflanzung, geschlechtliche 137, 179, 192.
Fortpflanzung, sexuelle 137.
Fortpflanzung, ungeschlechtliche 137.
Fortpflanzung, vegetative 137.
Fragaria elatior 325.
Fragaria vesca 325*.
Fragaria virginiana 325.
Fraxinus excelsior 380.
Fraxinus ornus 380.
Fritillaria imperialis 270.
Froschbiß 256.
Froschbißgewächse 256.
Froschlaichpilz 165*.
Froschlöffelgewächse 256.
Frucht 65.
Fruchtbecher 284*.
Fruchtblätter 54.
Fruchtfolge 209.
Fruchthaufen 190.
Fruchtknoten 54*.
Fruchtschuppe 248.
Fruchtstände 70*.
Fruchtträger 367.
Fructus Alkekengi 395.
Fructus Anacardii occident. 349*.
Fructus Anacardii orient. 349*.
Fructus Anisi 370.
Fructus Anisi stellat. 303.
Fructus Aurantii immat. 342.
Fructus Berberidis 302.
Fructus Cannabis 288.
Fructus Capsici 395.
Fructus Cardamomi 275.
Fructus Carvi 370*.
Fructus Cassiae fistulae 331.

Fructus Citri 343.
Fructus Cocculi 303.
Fructus Colocynthidis 408.
Fructus Coriandri 374.
Fructus Cubebae 280.
Fructus Cumini 373.
Fructus Cymini 373.
Fructus Cynosbati 325.
Fructus Foeniculi 372*.
Fructus Jujubae 353.
Fructus Juniperi 251.
Fructus Lauri 307.
Fructus Papaveris immat. 311.
Fructus Petroselini 373.
Fructus Phellandrii 372.
Fructus Pimentae 365.
Fructus Piperis albi 280.
Fructus Piperis longi 280.
Fructus Piperis nigri 280.
Fructus Rhamni carthaticae 353.
Fructus Vanillae 279.
Fucaceae 188.
Fuchsia coccinea 366.
Fuchsschwanz 260.
Fucus serratus 190.
Fucus vesiculosus 190.
Fuligo septica 169*.
Fumaria officinalis 311*.
Fumarioideae 311.
Fungi 192.
Fungi imperfecti 219.
Fungus chirurgorum 214.
Fungus laricis 213.
Funiculus 71*, 73.
Futtergräser 260.

Gänseblümchen 417.
Gänsedistel 420.
Gänsefußgewächse 292.
Gänsekresse 315.
Gärung 150.
Galanthus nivalis 270.
Galbanum 373.
Galeopsis ochroleuca 393.
Galeopsis tetrahit 393.
Galeopsis versicolor 393.
Galipea officinalis 342.
Galium 404*.
Gallae aleppicae 284.
Gallae chinenses 350.
Gallertflechten 221*.
Gambir-Katechu 403.
Gametangium 179.
Gameten 79, 179.
Gametophyt 226.
Gametospore 180.
Gamopetal 49.
Gamosepal 48.
Gamospore 180.

Garcinia Hanburyi 359*.
Gartenkresse 315.
Gartennelke 295.
Gartentulpe 270.
Gattung 136.
Gauchheil 377.
Geaster 219*.
Gedrehtblütige 380.
Gefäßbündel 114.
Gefäße 115.
Gefäßkryptogamen 232.
Gegenständig 42.
Geißblattgewächse 404.
Geißeln 148*.
Gekrümmtsamige 292.
Gelbwurz 275.
Geleitzellen 120*.
Gelsemium sempervirens 380.
Gemmae Populi 281.
Generation, embryonale 224.
Generation, proembryonale 224.
Genista tinctoria 335.
Gentianaceae 381.
Gentiana amarella 381.
Gentiana asclepiadea 381.
Gentiana campestris 381.
Gentiana ciliata 381.
Gentiana cruciata 381.
Gentiana germanica 381.
Gentiana lutea 381*.
Gentiana pannonica 381.
Gentiana pneumonanthe 381.
Gentiana punctata 381.
Gentiana purpurea 381.
Genus 136.
Georgine 419.
Geradzeilen 43.
Geraniaceae 337.
Geraniales 336.
Geranium molle 338.
Geranium pratense 337.
Geranium pusillum 338.
Geranium Robertianum 337.
Geranium rotundifolium 338.
Geranium sanguineum 337.
Geranium silvaticum 337.
Gerbstoffe 91.
Germer, weißer 267.
Gerste 259*.
Geschlechtssystem 138.
Gestalt, äußere der Pflanzen 27.
Geum urbanum 325*.
Gewächse, bedecktsamige 252.

Gewächse, doldentragende 366.
Gewächse, einkeimblättrige 254.
Gewächse, Guttapercha liefernde 377.
Gewächse, insektenfangende 316.
Gewächse, jochblättrige 340.
Gewächse, nacktsamige 246.
Gewächse, röhrenbeutelige 411.
Gewächse, wandsamige 357.
Gewächse, zweikeimblättrige 279.
Gewebe 99.
Gewebe, die Entstehung der 99.
Gewebesystem 100.
Gewürzapfelgewächse 304.
Gewürzlilien 273.
Gewürznelkenbaum 364.
Gichtrose 301.
Giftlattich 420.
Gigartina mamilosa 190*.
Gilbweiderich 377.
Ginkgoaceae 248.
Ginkgoales 246.
Ginkgo biloba 248*.
Gitterpresse 5.
Gitterrost 211.
Gladiolus communis 273.
Glandulae Lupuli 288.
Glättemesser 21.
Gleba 218.
Glechoma hederaceum 393*.
Gliederhaare 107*.
Gliederhülse 333*.
Gliederschote 313*.
Globaria bovista 218.
Globoide 90.
Glockenblumenartige 409.
Glockenblumengewächse 410.
Gloeocapsa 167.
Gloeothece 167.
Glumae 256*.
Glumiflorae 256.
Glycyrrhiza glabra 334*.
Glycyrrhiza glandulifera 334.
Glykoside 91.
Glyzeringelatine 25.
Gnaphalium arenarium 419.
Gnetales 252.
Goldlack 315.
Goldregen 335.

Goldrute 419.
Gonidien 220*.
Gossypium arboreum 356.
Gossypium barbadense 356.
Gossypium herbaceum 356*.
Gottesgnadenkraut 400*.
Gracilaria lichenoides 192.
Gramineae 256.
Granatbaumgewächse 364.
Granatfrucht 70, 364.
Grasgewächse 256.
Gratiola officinalis 400*.
Grenzzellen 166*.
Griffel 55*.
Griffel, gynobasischer 387, 390.
Grünalgen 179.
Grunddiatomeen 176.
Guajacum officinale 340*.
Guajacum sanctum 340.
Günsel 393.
Gürtelbandansicht 174*.
Gummi 92, 94.
Gummi arabicum 329.
Gummiguttbaum 359*.
Gundermann 393*.
Gurjunbalsam 360.
Gurke 408.
Guttapercha 377.
Gutti 359.
Guttiferae 359.
Guttigewächse 359.
Gymnadenia conopea 279.
Gymnospermae 246.
Gymnosporangium sabinae 211.
Gynaeceum 47, 54, 55.
Gynobasisch 387.
Gynophor 311*.
Gynostemium 56*, 277*.
Gypsophila arrostii 296.
Gypsophila paniculata 296.
Gyromitra esculenta 200.

Haare 106*.
Habichtskraut 420.
Hadrom 114*.
Hadromparenchym 118*.
Haematococcus pluvialis 181.
Haematoxylon campechianum 332.
Hafer 259*.
Haftwurzeln 32.
Hagenia abyssinica 326*.
Hahnenfußartige 296.
Hahnenfußgewächse 296.
Hahnenkamm 401.
Hainbuche 283.

Halbfrucht 65, 68.
Hallimasch 215.
Halm 258.
Hamamelidaceae 319.
Hanf 288*.
Haplochlamydeisch 47, 253.
Haplostemon 60.
Hartheu 359.
Harze 94.
Haschisch 288.
Haselnuß 283*.
Haselwurz 290.
Hasenklee 338.
Haube 226.
Hauhechel 334.
Hauptrippe 368.
Hauptwurzel 31.
Hausschwamm 213.
Haustorien 111*.
Hautschicht 81.
Hautsystem 103.
Hedera helix 366.
Hederich 315.
Hefesprossung 98.
Heidekraut 376.
Heidekrautgewächse 374.
Heidelbeere 376.
Heidenartige 374.
Helianthemum vulgare 360.
Helianthi 417.
Helianthus annuus 417.
Helianthus macrophyllus 417.
Helianthus tuberosus 417.
Helleborus niger 299.
Helleborus viridis 299*.
Hellerkraut 315.
Helminthochorton 192.
Helobiae 255.
Helodea canadensis 256.
Helvella 200.
Helvellaceae 200.
Hemibasidii 204.
Hemicyklisch 60.
Hemizellulose 89.
Hepaticae 226.
Hepatica triloba 299.
Herba Absinthii 415.
Herba Adonitis 299.
Herba Adianti aurei 232.
Herba Agrimoniae 326.
Herba Aristolochiae 290.
Herba Asperulae 404.
Herba Ballotae 393.
Herba Betonicae 393.
Herba Boni Henrici 292.
Herba Botryos 292, 393.
Herba Cannabis indicae 288.
Herba Cardui benedicti 416.

Herba Centaurii 381.
Herba Chelidonii 311.
Herba Chenopodii mexicani 292.
Herba Cochleariae 315.
Herba Conii 374.
Herba Consolidae 301.
Herba Cynoglossi 389.
Herba Euphrasiae 401.
Herba Fumariae 311.
Herba Galeopsidis 393.
Herba Gratiolae 400.
Herba Hederae terrestris 393.
Herba Hepaticae 299.
Herba Herniariae 293.
Herba Hyperici 359.
Herba Hyssopi 393.
Herba Linariae 400.
Herba Lobeliae 411.
Herba Majoranae 393.
Herba Mari veri 393.
Herba Marrubii 393.
Herba Meliloti 334.
Herba Millefolii 418.
Herba Pervincae 384.
Herba Plantaginis 402.
Herba Polygalae 345.
Herba Prunellae 393.
Herba Pulmonariae 388.
Herba Pulsatillae 299.
Herba Rorellae 318.
Herba Rosmarini silvestris 376.
Herba Saniculae 373.
Herba Scordii 393.
Herba Scrophulariae 398.
Herba Serpylli 393.
Herba Spilanthis 417.
Herba Teucrii 393.
Herba Thymi 392.
Herba Veronicae 400.
Herba Violae tricoloris 362.
Herba Virgaureae 419.
Herbarium, Anlegen des 3.
Herbarbögen, Ausstattung der 15*.
Herbaretiketten 6*.
Herbstfärbung 85.
Herbstzeitlose 267*.
Herniaria glabra 293.
Herniaria hirsuta 293.
Herz, flammendes 311.
Heterochlamydeisch 47.
Heterocysten 167.
Heterogameten 180.
Heterophyllie 365.
Heterostylie 245*.
Heterospor 241.
Heubacillus 159.
Hevea brasiliensis 349.

Hexenbesenbildungen 206.
Hexenkraut 366.
Hexenmehl 241.
Hieracium 420.
Hilum 75.
Himbeerstrauch 325*.
Hippocastanaceae 351.
Hirschzunge 236.
Hirse 259.
Hirtentäschel 315.
Hochblätter 36, 44*.
Hoftüpfel 96.
Hohlspiegel 18.
Holcus lanatus 260.
Holunder 404.
Holzparenchym 118.
Holzteer 251.
Holzteil 114, 115*.
Homeriana-Tee 292.
Homoiochlamydeisch 47, 253.
Honiggras 260.
Honigklee 334.
Hopfen 288*.
Hordeum vulgare 259*.
Hormogonium 166.
Hostienpilz 160.
Hühnerdarm 293.
Hüllchen 366.
Hülle 366.
Hüllkelch 44*.
Hülse 67*, 333*.
Hülsenfrüchtler 327.
Hüllspelzen 256*.
Huflattich 415*.
Humulus lupulus 288*.
Hundspetersilie 373.
Hundsrose 325*.
Hundstodgewächse 382.
Hundswürger 385.
Hungerblümchen 315.
Hyacinthus 270.
Hyacinthus orientalis 270.
Hyaloplasma 81.
Hydathoden 132.
Hydnaceae 212.
Hydnum 212.
Hydrastis canadensis 302*.
Hydrangea Hortensia 319.
Hydrocharis morsus ranae 256.
Hydrocharitaceae 256.
Hydropterides 237.
Hymenaea courbaril 331.
Hymenium 197.
Hyoscyamus niger 397*.
Hypanthium 321.
Hypericum 359.
Hypericum perforatum 359.
Hypertrophie 210.

Hyphen 99, 192.
Hypocreaceae 201.
Hypoderm 106*.
Hypogyn 57.
Hypokotyl 29.
Hyponastie 128.
Hyssopus officinalis 393.

Iberis amara 315.
Icica icicariba 344.
Igelkolben 255*.
Igelkolbengewächse 254.
Ilang-Ilang 304.
Ilex aquifolium 351.
Ilex paraguariensis 351.
Illicium anisatum 303*.
Illicium religiosum 303.
Illicium verum 303.
Impatiens nolitangere 352.
Imperatoria ostruthium
    373.
Indigo 315, 336.
Indigofera tinctoria 336.
Individuum 136.
Indusium 234.
Ingwer 275.
Ingwergewächse 274.
Insektenblütig 244.
Insektenfang 316.
Insektenpulver 420.
Insertion der Blätter 41.
Insertionsstellen 58.
Integumente 72*.
Intercellularen 94.
Intercellulargänge 130.
Interfascicular-Cambium
    122*.
Internodien. 32.
Intine 243*.
Intrapetiolar 339.
Intrors 50.
Intussusception 94.
Inula helenium 415*.
Inulin 89*, 415.
Involucellum 366.
Involucrum 44*, 366, 412.
Ipomoea 386.
Iridaceae 271.
Iris florentina 272.
Iris germanica 272*.
Iris pallida 272*.
Iris pseudacorus 272.
Irländisch Moos 192.
Isatis tinctoria 315.
Isländisch Moos 223.
Isoëtaceae 242.
Isoëtes 242.
Isoëtes echinospora 242.
Isoëtes lacustris 242*.
Isogameten 179.
Isosporen 240*.

Jackbaum 288.
Jahresringe 126*.
Jambosa caryophyllus 365.
Jalapenwinde 386*.
Jasione montana 411.
Jasminöl 380.
Jasminum 380.
Jatrorrhiza palmata 302*.
Jochalgen 177.
Jochblättrige Gewächse
    340.
Jochspore 178*.
Johannisbeere 319.
Johannisbrot 332.
Johanniskraut 359.
Judenkirsche 395.
Juglandaceae 281.
Juglandales 281.
Juglans regia 283*.
Juncaceae 266.
Jungermanniaceae 227.
Juniperus communis 251*.
Juniperus sabina 251*.
Jute 356.

Kaffeebaum 403*.
Kahmhaut 164.
Kaiserkrone 270.
Kaiserschwamm 216.
Kakaobaum 356*.
Kakaobaumgewächse 356.
Kaktusartige 362.
Kaktusgewächse 363.
Kalk, oxalsaurer 90.
Kalksalze 97.
Kalmus 264.
Kamala 349.
Kamellie 358.
Kamille 416.
Kanadabalsam 26.
Kannenträger 316.
Kapperngewächse 311.
Kapsel 67*.
Kapuzinerkresse 338.
Kardendistel 407.
Kardengewächse 407.
Kardobenediktenkraut
    416.
Karpelle 54*.
Karpiden 54*.
Karpogonien 190.
Karposporen 190.
Kartoffel 394.
Karyokinese 82*.
Kastanie 284.
Kaulom 32.
Kaurikopal 250.
Kautschuk 94, 287, 384.
Keimblätter 36.
Keimmund 72*, 244.
Keimporus 207.

Keimsack 72*.
Kelchblätter 47.
Kelp 190.
Keratenchym 120.
Kerngerüst 82.
Kernholz 127.
Kernkörperchen 82.
Kernmembran 82.
Kernplatte 83*.
Kernsegmente 83*.
Kernspindel 83*.
Keulenpilze 211.
Kickxia 384.
Kiefer 249.
Kieferngewächse 248.
Kiel 332*.
Kieselalgen 173.
Kieselgurlager 177.
Kieselsäure 97.
Kino 336.
Kirsche 326.
Kirschlorbeer 326.
Klassen 139.
Klatschrose 311.
Klausenfrüchte 386.
Klebkraut 404*.
Klee 334*.
Kleinsamige 276.
Kleistogam 338.
Klette 418.
Knäuelgras 260.
Knäuelkraut 293*.
Knautia arvensis 407.
Knoblauch 269.
Knoblauch-Hederich 315.
Knöterichartige 290.
Knöterichgewächse 290.
Knollen 33, 137.
Knollenblätterschwamm
    216.
Knospenkern 72.
Knospenlage 40.
Knospenschuppen 31.
Knoten 32.
Kokain 339.
Kokken 346.
Königsfarn 237.
Köpfchen 63*.
Köpfchenschimmel 193.
Körnchenplasma 81.
Kohl 315.
Kohlrabi 315.
Kohlrübe 315.
Kohlenstoff 110.
Kohlhernie 171.
Kokain 338.
Kokosnüsse 262.
Kokospalme 262*.
Kolben 63.
Kollateral 121*.
Kolophonium 250.

Konidien 192.
Konidienträger 195.
Konnektiv 50*.
Konzentrisch 121*.
Konzeptakeln 188*.
Kopal 331.
Kopfsalat 419.
Kopra 262.
Kopulieren 138.
Korallenpilze 211.
Korollinisch 48.
Korbblütlergewächse 411.
Korinthen 353.
Kork 104, 284.
Korkcambium 104*.
Kormophyten 27, 224.
Kornblume 418*.
Kornrade 296.
Kotyledonen 29*, 36.
Krameria trianda 331.
Krapp 404*.
Krappartige 402.
Krappgewächse 402.
Kreuzblütlergewächse 311.
Kreuzblumengewächse 344.
Kreuzdorngewächse 352.
Kristalle 91*.
Kristallkammerfasern 92*.
Kristalloide 90.
Kristallsand 92.
Kristallschläuche 92*.
Krone 48.
Kronwicke 336.
Krustenflechten 221*.
Küchenschellen 299.
Kugelbakterien 146, 164.
Kümmel 370.
Kümmel, römischer 373.
Kürbis 408.
Kürbisartige 407.
Kürbisgewächse 408.
Kussobaum 326.
Kutikula 103*.
Kutikularschicht 103*.

Labellum 276.
Labiatae 389.
Laburnum vulgare 335.
Lactaria deliciosa 216.
Lactucarium 420.
Lactuca sativa 420.
Lactuca virosa 420*.
Ladanum 360.
Lärche 251.
Lärchenschwamm 213.
Lärchenterpenthin 251.
Laichkräuter 255.
Laichkräutergewächse 255.
Lakritzen 334.

Lamellenschwämme 214.
Lamina 36.
Laminariaceae 187.
Laminaria Cloustoni 188*.
Laminaria digitata 188.
Laminaria saccharina 188.
Lamium album 393.
Lamprocystis roseopersicina 165.
Landolphia 384.
Lappa major 418.
Lappa minor 418*.
Larix europaea 251*.
Larix sibirica 251.
Lathyrus 336.
Latisept 314*.
Latschenkiefer 251.
Laubblätter 36, 38*.
Laubflechten 221*.
Laubmoose 228.
Lauraceae 307.
Laurus camphora 308*.
Laurus nobilis 307.
Laurus sassafras 308*.
Lavandula vera 390.
Lavendel 390.
Leberblümchen 299.
Lebermoose 226.
Ledum palustre 376.
Legumen 67*, 333*.
Leguminosae 327.
Leimkraut 295.
Leindotter 315.
Leingewächse 338.
Leinkraut 400.
Leitbündel 113, 114, 115.
Leitbündel, Anordnung der 121.
Leitbündelkryptogamen 232.
Leitungssystem 114.
Lemnaceae 265.
Lemna minor 265.
Lens 335.
Lentibulariaceae 401.
Lenticellen 131, 133*.
Lepidium campestre 315.
Lepidium sativum 315.
Leptom 114.
Leptomparenchym 120.
Leucojum vernum 270.
Leuconostoc mesenterioides 164*.
Leukoplasten 85.
Levisticum officinale 372.
Levkoje 315.
Libriformfasern 109*, 117*.
Lichenes 219.
Lichtnelken 296.
Liebstöckel 372*.
Lieschkolben 254.

Lieschkolbengewächse 254.
Lignin 97.
Lignum Campechianum 332.
Lignum Guajaci 340.
Lignum Haematoxyli 332.
Lignum Quassiae 344.
Lignum Santali album 289.
Lignum Sassafras 308.
Ligula 41*, 49, 258.
Liguliflorae 420.
Ligustrum vulgare 380.
Liliaceae 266.
Lilienblütige 266.
Liliengewächse 266.
Lilie, weiße 269.
Liliiflorae 266.
Lilioideae 269.
Lilium 269.
Lilium candidum 269.
Linaceae 338.
Linaria arvensis 400.
Linaria vulgaris 400.
Linde 355.
Lindengewächse 354.
Linné'sches System 139.
Linse 335.
Linum catharticum 338.
Linum usitatissimum 338*.
Lippenblütlergewächse 389.
Liquidambar orientale 320*.
Liriodendron tulipifera 304.
Listera ovata 279.
Lithospermum arvense 388.
Lithospermum officinale 388.
Lobelia erinus 411.
Lobelia inflata 411*.
Lobelioideae 411.
Lodiculae 257*.
Löcherschwämme 212.
Löffelkraut 315.
Löwenmaul 400.
Löwenzahn 420.
Loganiaceae 380.
Lohblüte 168, 169, 170.
Lokulizid 68.
Lolium perenne 260.
Lolium temulentum 260.
Lomentum 313*.
Lonicera 405.
Loranthaceae 289.
Loranthus europaeus 289.
Lorbeergewächse 307.
Lorchel 200.
Lotosblume 296*.
Lotus 336.

Luftkammern 227.
Luftwurzeln 32.
Lumen 96.
Lunaria biennis 315.
Lunaria rediviva 315.
Lungenflechte 223.
Lungenkraut 388.
Lupe 11, 17.
Lupine 336.
Lupinus 336.
Luzerne 336.
Luzula 266.
Lychnis 296.
Lycoperdaceae 218.
Lycoperdon 218.
Lycopodiaceae 240.
Lycopodiales 240.
Lycopodium clavatum 241*.
Lycopodium selago 241.
Lysigen 133.
Lysimachia nemorum 377.
Lysimachia nummularia
    377.
Lysimachia vulgaris 377.

Maceration 96.
Macis 306.
Macrocystis pyrifera 188.
Mährrettich 315.
Märzbecher 270.
Magnoliaceae 303.
Magnolia grandiflora 303.
Magnoliengewächse 303.
Maiglöckchen 270*.
Mairan 393.
Mais 259.
Majoran 393.
Makassaröl 304.
Makrosporangien 238, 241.
Makrosporen 233, 237.
Mallotus philippinensis
    349*.
Malvaceae 356.
Malvales 353.
Malva neglecta 356.
Malva silvestris 356*.
Malva vulgaris 356.
Malvenähnliche 353.
Malvengewächse 356.
Mandelbaum 326.
Mandeln 327.
Mangifera indica 349.
Mangobaum 349.
Mangold 292.
Manihot Glaziovii 349.
Manihot utilissima 349.
Manillakopal 250.
Maniokmehl 349.
Manna 380.
Mannaesche 380.
Manubrium 185*.

Maranta arundinacea 275.
Marantagewächse 275.
Marattiaceae 235.
Marattiales 235.
Marchantiaceae 227.
Marchantia polymorpha
    227.
Margueriten 419.
Markstrahlen, primäre 123*.
Markstrahlen, sekundäre
    123*.
Maronen 284.
Marrubium vulgare 343.
Marsdenia cundurango 385.
Marsilia quadrifolia 238*.
Maskenlack 25.
Mastix 350.
Mate-Tee 351.
Matricaria chamomilla 415*.
Matthiola annua 315.
Matthiola incana 315.
Maulbeergewächse 285.
Medianzygomorph 60.
Medicago 336.
Meerrettich 315.
Meersalat 181.
Meerzwiebel 269*.
Mehlsamige 265.
Meisterwurz 373.
Melaleuca leucodendron
    365.
Melampsora pinitorquum
    210.
Melampsora tremulae 210.
Melampyrum 401.
Melanthioideae 267.
Melde 292.
Melilotus altissimus 334.
Melilotus officinalis 334*.
Melissa officinalis 390.
Melone 408.
Melonenbaumgewächse
    362.
Menispermaceae 302.
Menispermum calumba
    303.
Menispermum palmatum
    303.
Mentha crispa 392.
Mentha piperita 391.
Menthol 392.
Menyanthes trifoliata 381.
Merikarpien 67*.
Merismopedia 167.
Meristeme 100*.
Merulius lacrymans 213.
Mesokarp 65.
Mespilus germanica 325*.
Mestom 114.
Metachlamydeae 374.
Metroxylon Rumphii 264*.

Micrococcus 165.
Microspermae 276.
Microspira comma 162*.
Miere 293.
Mikrometerschraube 17*.
Mikropyle 72*, 244.
Mikroskopieren, einschläg-
    ige Leitfäden zum 25.
Mikroskops, Gebrauch des
    17.
Mikroskopierbesteck 9, 10.
Mikrosomen 81.
Mikrosporangien 237, 241.
Mikrosporen 233, 237.
Milchsaftröhren 135*.
Milchsaftschläuche 135*.
Milzbrandbacillus 156*.
Mimosa pudica 329.
Mimosen 330.
Mimosoideae 329.
Mimusops balata 378.
Mispel 325*.
Mistelgewächse 289.
Mitotische Kernteilung 82*.
Mittelband 50.
Mittellamelle 96.
Mittelständig 57.
Möhre 373.
Mohnartige 309.
Mohngewächse 309.
Mohrenpfeffer 304*.
Mohrrübe 373.
Mondsamengewächse 302.
Monochasium 36.
Monocotyledoneae 254.
Monoezisch 7, 47.
Monosymmetrisch 36.
Monoklin 47.
Monopodium 62.
Monothecisch 50.
Monotropa 374.
Monstera deliciosa 265.
Moose 225.
Moos, irländisches 192.
Moos, isländisches 223.
Mooskapsel 226.
Moospflanzen 225.
Moraceae 285.
Morchel 200*.
Morchella esculenta 200*.
Morchelpilze 200.
Morphologie 1, 27.
Morus alba 286*.
Morus nigra 286.
Moschuskraut 405.
Mucoraceae 193.
Mucor mucedo 193*.
Mütze 226.
Multilateral 36.
Musaceae 273.
Musa paradisiaca 273.

Musa sapientum 273*.
Musci 227.
Musci frondosi 228.
Muscineae 225*.
Muskatnuß 306*.
Muskatnußgewächse 304.
Mutterkorn 201.
Mycelium 192.
Mycelstränge 99.
Mycorrhiza 111, 219.
Myosotis palustris 388*.
Myristicaceae 304.
Myristica fragrans 306*.
Myroxylon balsamum 335*.
Myrrha 344.
Myrtaceae 364.
Myrtenblütige 363.
Myrtengewächse 364.
Myrtiflorae 363.
Myrtus communis 365.
Myrtus pimenta 365.
Myxamöben 169.
Myxogasteres 171.
Myxomonaden 168.
Myxomycetes 168.
Myxothallophyta 168.

Nabel 73.
Nabelfleck 74*.
Nabelstrang 71*, 73.
Nachtkerze 366.
Nachtschattengewächse 393.
Nadel 8*.
Nadelhölzer 248.
Nährgewebe 72, 74.
Nagel 48.
Narbe 55*.
Narcissus 270.
Narcissen 270.
Nasturtium officinale 315.
Natterkopf 389.
Natternknöterich 292.
Natterzunge 236.
Nebenblätter 41.
Nebenkrone 49.
Nebenrippen 368.
Nebenwurzeln 31.
Nectandra buchury 308.
Nectarium 58.
Nektar 244.
Nelkengewächse 292.
Nelkenwurz 325.
Nelumbo nucifera 296.
Neottia nidus avis 279.
Nepenthaceae 316*.
Nephrodium filix mas 237*.
Nerium oleander 384.
Nervatur der Blätter 40*.
Nesselartige 284.
Nesselgewächse 288.

Nicotiana rustica 397.
Nicotiana tabacum 397*.
Niederblätter 36, 37*.
Nieswurz 267, 299.
Nigella damascena 301.
Nigella sativa 301.
Nitella 186.
Nitrifikation 162.
Nomenklatur, binäre 136.
Nostocaceae 166.
Nucamentum 314.
Nucellus 72, 244.
Nucleolus 82.
Nucleus 82.
Nuphar luteum 296.
Nuß 66*.
Nußbaumgewächse 281.
Nußschötchen 314.
Nymphaea 296*.
Nymphaeaceae 296.

Obdiplostemon 60.
Oberblätter 227.
Oberhaut 103.
Oberständig 57.
Oberweibig 57.
Objektiv 17.
Objekttisch 18.
Objektträger 18.
Ochrea 41*, 290.
Ochroporus 214.
Ochsenzunge 389*.
Ocimum basilicum 393.
Odermennig 326.
Oedogoniaceae 182.
Oedogonium 182*.
Öl, ätherisches 89.
Ölbaum 379.
Ölbaumgewächse 380.
Öl, fettes 89.
Ölpalme, afrikanische 262.
Ölstriemen 368*.
Oenanthe phellandrium 372.
Oenothera biennis 366.
Oenotheraceae 365.
Okular 17.
Okulieren 138.
Oleaceae 380.
Olea europaea 380*.
Oleander 384.
Oleum Bergamottae 343.
Oleum Cacao 357.
Oleum Cajeputi 365.
Oleum Cocos 262.
Oleum Crotonis 349.
Oleum Lauri 307.
Oleum Macidis 306.
Oleum Myristicae 306.
Oleum Olivarum 380.
Oleum Pumilionis 251.

Oleum Ricini 349.
Oleum Rosae 325.
Oleum Rutae 341.
Oleum Santali 289.
Oleum Therebinthinae 250.
Olibanum 344.
Olive 380.
Onagraceae 365.
Oncidium 279.
Onobrychis 336.
Ononis spinosa 334.
Oogonium 180.
Oomycetes 195.
Osophären 180.
Oospore 180.
Ophioglossaceae 236.
Ophioglossales 235.
Ophioglossum vulgatum 236.
Opium 311.
Opuntia coccionellifera 363.
Opuntia ficus indica 363.
Opuntiales 362.
Orchidaceae 276.
Orchisgewächse 276.
Orchis mascula 279*.
Orchis militaris 279.
Orchis morio 279*.
Orchis ustulata 279.
Ordnen der Pflanzen 14.
Ordnungen 139.
Organe der Pflanzen 27.
Origanum majorana 393.
Origanum vulgare 393.
Ornithopus 336.
Orobanche 401.
Orseille 224.
Orthospermae 370*.
Orthostichen 43.
Orthotrop 73.
Oryza sativa 259.
Oscillatoriaceae 166.
Osmundaceae 237.
Osmunda regalis 237.
Osterluzeiartige 290.
Osterluzeigewächse 290.
Ourouparia gambir 403.
Ovarium 54*.
Ovulum 70.
Oxydationsprozeß 113.
Oxalidaceae 338.
Oxalis acetosella 338.

Paeonia officinalis 301.
Paket-Spaltpilz 165.
Palaeobotanik 2.
Palaquium gutta 378*.
Palaquium oblongifolium 378.
Paleae 256.
Palisadenzellen 112.

Palmae 261.
Palmen 261.
Palmengewächse 261.
Palmkernöl 262.
Palmöl 262.
Pandanales 254.
Pandorina 181*.
Panicoideae 259.
Panicula 65*.
Panicum 259.
Panicum miliaceum 259.
Papaveraceae 309.
Papaver argemone 311.
Papaver dubium 311.
Papaver hybridum 311
Papaver rhoeas 311*.
Papaver somniferum 311*.
Papaveroideae 311.
Paphiopedilum 279.
Papilionatae 332.
Pappeln 281.
Pappus 48*, 412*.
Paprika 395.
Papyrus 261.
Parakautschuk 349.
Parakresse 417*.
Paraphysen 197.
Parasiten 171.
Parasitismus 219.
Parastichen 43.
Parenchymatisch 80.
Parietal 71.
Parietales 357.
Paris quadrifolia 270*.
Parthenocissus quinque-
    folia 353.
Parthenocissus tricuspi-
    data 353.
Parthenogenetische Ent-
    wicklung 186.
Passifloraceae 362.
Passiflora coerulea 362.
Passionsblumengewächse
    362.
Pasta Guarana 351.
Pathogen 151.
Paullinia cubana 351.
Paullinia sorbilis 351.
Pavia rubra 351.
Payena Leerii 378.
Pedicularis palustris 401.
Pedicularis silvatica 401.
Pektinstoffe 96.
Pelargonium 338.
Penicillium crustaceum
    199*.
Perianth 47.
Periblem 102*.
Periderm 104*.
Peridie 208.
Peridineae 172.

Peridineen 172.
Peridinium divergens 172*.
Perigon 49.
Perigordtrüffel 199*.
Perigyn 57*.
Perikarp 65.
Periplasma 197.
Perisperm 72, 75*.
Peristom 229.
Perithecien 202*.
Peronosporaceae 195*.
Persica vulgaris 327.
Personatae 397.
Perückenbaum 350.
Pestwurz 415.
Petala 47, 253.
Petasides officinalis 415.
Petersilie 373.
Petiolus 36.
Petroselinum sativum 373*.
Peucedanum 373.
Pfahlwurzel 31*.
Pfefferartige 279.
Pfeffergewächse 279.
Pfefferling 216.
Pfeffer, schwarzer 280*.
Pfeffer, spanischer 395*.
Pfefferkraut 393.
Pfefferminze 391*.
Pfeifenstrauch 290.
Pfeilkraut 256.
Pfeilwurz 275.
Pferdekümmel 372.
Pfingstrose 301.
Pfirsich 327.
Pflanzenalbum 16.
Pflanzenanatomie, Studium
    der 16.
Pflanzenbeschreibung 2.
Pflanzengeographie 2.
Pflanzentornister 6.
Pflanzensäure 91.
Pflanzenstecher 4*.
Pflanzensysteme, künst-
    liche 138.
Pflanzensysteme, natür-
    liche 141.
Pflaume 326.
Pfropfen 138.
Phaeophyceae 186.
Phaeosporeae 186.
Phallaceae 217.
Phallus impudicus 217*.
Phanerogamen 242.
Phaseolus 335.
Phelloderm 105.
Phellogen 104*.
Philodendron pertusum
    265.
Phlobaphene 91.
Phloëm 114.

Phoenix dactylifera 264*.
Phormium tenax 269.
Phragmites communis 260.
Phycobacteriaceae 164.
Phycochromaceae 166.
Phycochrom 166.
Phycocyan 166.
Phycoërythrin 190.
Phycomycetes 192.
Phyllodium 41*, 330.
Physalis alkekengi 395.
Physiologie 1.
Physostigma venenosum
    335.
Phytelephas macrocarpa
    264.
Phyteuma spicatum 411.
Phytogeographie 2.
Phytopalaeontologie 2.
Phytopathologie 2.
Phytophthora infestans 195.
Phytosarcodina 168.
Picea excelsa 251*.
Picraena excelsa 344.
Pilocarpus pennatifolius
    342*.
Pilularia globulifera 238.
Pilzcellulose 96.
Pilze, algenähnliche 192.
Pilze, echte 192.
Pilztiere 168.
Pimenta officinalis 365.
Pimpinella anisum 370*.
Pimpinella magna 370.
Pimpinella saxifraga 370.
Pinaceae 248.
Pinguicala 402.
Pinselschimmel 198.
Pinus australis 250.
Pinus laricio 250.
Pinus nigra 250.
Pinus pinaster 250.
Pinus pumilio 251.
Pinus silvestris 250.
Pinus taeda 250.
Pinzette 8*.
Piperaceae 279.
Piperales 279.
Piper betle 280.
Piper cubeba 280.
Piper longum 280.
Piper nigrum 280.
Pirola 374.
Pirus communis 323*.
Pirus malus 323*.
Pisang 273.
Pistacia lentiscus 350.
Pistacia terebinthus 351.
Pistacia vera 350.
Pistaziennüsse 351.
Pistill 55*.

Pisum 335.
Pix liquida 250.
Placenta 71.
Plankton 171.
Planktondiatomeen 176.
Planspiegel 18.
Plantaginaceae 402.
Plantaginales 402.
Plantago lanceolata 402.
Plantago major 402.
Plantago media 402.
Plantago psyllium 402.
Plantain 273.
Plasmaströmung 81.
Plasmodien 82, 169.
Plasmodiophora Brassicae 171.
Plasmodiophorales 171.
Plasmopara viticola 196.
Platanthera bifolia 279.
Platte 48.
Platterbse 336.
Plazenten 71*.
Pleiochasium 36, 63*.
Plerom 102*.
Pleurococcaceae 181.
Pleurococcus vulgaris 181.
Pleurosigma angulatum 178.
Plumbaginaceae 377.
Plumbaginaes 377.
Plumula 29.
Pneumathoden 132*.
Poa 259.
Poa annua 259.
Poaeoideae 259.
Podophyllin 302.
Podophyllum peltatum 302*.
Polioplasma 81.
Pollen 50.
Pollenkörner 50*, 242.
Pollensäcke 50, 242.
Pollenschlauch 242.
Pollentetraden 51.
Pollinarium 51.
Pollinium 51.
Polygala amara 345*.
Polygalaceae 344.
Polygala senega 345.
Polygala vulgaris 345*.
Polygonaceae 290.
Polygonales 290.
Polygonum avicuare 292.
Polygonum bistorta 33*, 292*.
Polygonum fagopyrum 292.
Polypodiaceae 236.
Polypodium vulgare 237.
Polyporaceae 212.

Polyporus 213.
Polyporus destructor 213.
Polyporus officinalis 213.
Polysaccharid 89*.
Polytrichaceae 231.
Polytrichum commune 231*.
Pomeranze 342.
Pomoideae 321*, 323*.
Populus alba 281.
Populus canadensis 281.
Populus nigra 281.
Populus tremula 281*.
Porenkapseln 68*.
Porst 376.
Potamogeton 255.
Potamogetonaceae 255.
Potentilla tormentilla 325.
Potentilla verna 325.
Poterium sanguisorba 325.
Präparate, Behandlung mikroskopischer 24.
Präparieren der Pflanzen 11.
Präpariermikroskop 9*.
Preißelbeere 375.
Pressen der Pflanzen 11.
Primelartige 376.
Primordialzellen 79.
Primula auricula 377.
Primula elatior 377.
Primula obconica 377.
Primula officinalis 377*.
Primulaceae 376.
Primulales 376.
Principes 261.
Procambiumstränge 114.
Prosenchymatisch 80*.
Proteinkörner 89*.
Prothallium 232*.
Protobasidiomycetes 206.
Protococcales 180.
Protonema 225.
Protoplasma 78, 80.
Protoplasmakörper 77.
Protoplasten 77.
Prunella grandiflora 393.
Prunella vulgaris 393.
Prunoideae 322, 326.
Prunus amygdalus 326.
Prunus armeniaca 326.
Prunus avium 326.
Prunus cerasus 326*.
Prunus domestica 326.
Prunus insititia 326.
Prunus italica 326.
Prunus laurocerasus 326*.
Prunus persica 327.
Prunus spinosa 326*.
Psalliota 216.
Pseudomonas 161.
Pseudomonas europaea 162.

Pseudoparenchym 99.
Pseudopodien 82, 169.
Psychotria ipecacuanha 403*.
Pteridium aquilinum 236.
Pteridophyta 232.
Pteris aquilina 236.
Pterocarpus draco 336.
Pterocarpus indicus 336.
Pterocarpus marsupium 336.
Ptomaïne 150.
Pucciniaceae 206.
Puccinia coronata 210.
Puccinia graminis 209*.
Puccinia malvacearum 207.
Puccinia rubigo vera 210.
Pulmonaria angustifolia 388.
Pulmonaria officinalis 388*.
Pulpa Tamarindorum 331.
Pulsatilla pratensis 299*.
Pulsatilla vulgaris 299*.
Punicaceae 363.
Punica granatum 364*.
Purgierlein 338.
Pycniden 208*.
Pyrethrum carneum 420.
Pyrethrum cinerariifolium 420.
Pyrethrum roseum 420*.
Pythiaceae 196.
Pythium 196.

Quassia amara 344*.
Quebrachoextrakt 350.
Quebrachoholz 350.
Quecke 259*.
Quendel 392*.
Quercus infectoria 284.
Quercus lusitanica var. infectoria 284.
Quercus pedunculata 284*.
Quercus robur 284*.
Quercus sessiliflora 284.
Quercus suber 284.
Querschnitt 22.
Quillaja saponaria 323.
Quirlständig 42.
Quitte 325*.

Racemös 35.
Racemus 63*.
Rachenblütlergewächse 397.
Radialschnitt 22.
Radiär 36, 60, 121*.
Radicula 29*.
Radieschen 315.
Radix Alkannae 388.
Radix Althaeae 356.

Radix Angelicae 372.
Radix Aristolochiae 290.
Radix Aristoloch. rot. cav. 311.
Radix Arnicae 416.
Radix Asari 290.
Radix Bardanae 418.
Radix Belladonnae 395.
Radix Bryoniae 409.
Radix Carlinae 418.
Radix Colombo 302.
Radix Consolidae majoris 388.
Radix Dictamni 342.
Radix Filipendulae 325.
Radix Gelsemii 380.
Radix Gentianae 381.
Radix Helenii 415.
Radix Hellebori 299.
Radix Imperatoriae 373.
Radix Ipecacuanhae 403.
Radix Levistici 372.
Radix Liquiritiae 334.
Radix Morsus diaboli 407.
Radix Ononidis 334.
Radix Paeoniae 301.
Radix Pareirae bravae 303.
Radix Pimpinellae 370.
Radix Pyrethri 417.
Radix Pyrethri germanici 417.
Radix Ratanhiae 331.
Radix Rhapontici 292.
Radix Rubiae tinctoriae 404.
Radix Saponariae 295.
Radix Sarsaparillae 270.
Radix Senegae 345.
Radix Serpentariae 290.
Radix Sumbuli 373.
Radix Taraxaci cum herba 420.
Radix Valerianae 407.
Rainfarn 417.
Rainweide 380.
Ramie 288.
Ranales 296.
Ranunculaceae 296.
Ranunculus 299*.
Raphanus raphanistrum 315*.
Raphanus sativus 315.
Raphe 74, 75.
Raphiden 92*.
Rapünzchen 407.
Rasiermesser 21.
Raps 315.
Rautengewächse 340.
Raygras, englisches 260.
Reaktionsmittel, mikroskopische 24.

Receptaculum 56, 218.
Reiherschnabel 338.
Reineclaude 326.
Reis 259.
Rentierflechte 223.
Rentiermoos 223.
Resedaceae 315.
Resedagewächse 315.
Reseda luteola 316.
Reseda odorata 316.
Reservestärke 87.
Reservezellulose 89.
Resina Draconis 262.
Resina Jalapae 386.
Resina Pini 251.
Resina Scammoniae 386.
Resupination 276*.
Rettich 315.
Revolverapparat 18.
Rhabarber 292*.
Rhamnaceae 352.
Rhamnales 352.
Rhamnus cathartica 353*.
Rhamnus frangula 353*.
Rhamnus Purshiana 353.
Rheum officinale 292*.
Rheum palmatum 292.
Rheum rhaponticum 292.
Rhinanthus 401.
Rhizoiden 30*, 111*.
Rhizom 30, 33.
Rhizoma Asari 290.
Rhizoma Bistortae 292.
Rhizoma Calami 265.
Rhizoma Caricis 261.
Rhizoma Caryophyllatae 325.
Rhizoma Chinae 270.
Rhizoma Curcumae 275.
Rhizoma Filicis 237.
Rhizoma Galangae 275.
Rhizoma Graminis 259.
Rhizoma Hydrastis 302.
Rhizoma Imperatoriae 373.
Rhizoma Iridis 272.
Rhizoma Podophylli 302.
Rhizoma Polypodii 237.
Rhizoma Rhei 292.
Rhizoma Serpentariae 290.
Rhizoma Tormentillae 325.
Rhizoma Veratri 267.
Rhizoma Zedoariae 275.
Rhizoma Zingiberis 275.
Rhizomorphen 215.
Rhodobacteriaceae 165.
Rhododendroideae 375.
Rhododendron ferrugineum 375.
Rhododendron hirsutum 375.

Rhododendron indicum 376.
Rhodophyceae 190.
Rhoeadales 309.
Rhus coriaria 350.
Rhus cotinus 350.
Rhus semialata 350.
Rhus toxicodendron 350*.
Ribes 319.
Ricinus communis 349*.
Riedgrasgewächse 260.
Riesenbovist 218.
Rindenporen 132*.
Ring 235*.
Ringelblume 418.
Rispe 65*.
Rispengras 259.
Robinia pseudacacia 336.
Roccella tinctoria 223.
Röhrenblütige 385.
Röhrenblütler 415.
Roggen 259*.
Rohrzucker 259.
Rosa canina 325*.
Rosaceae 320.
Rosa centifolia 325.
Rosa damascena 325.
Rosa gallica 325.
Rosales 319.
Rosenähnliche 319.
Rosenfrucht 69*.
Rosengewächse 320.
Rosenkohl 315.
Rosinen 353.
Rosoideae 325.
Rosmarinus officinalis 393*.
Roßkastanie 351.
Rostpilze 206.
Rotalgen 190.
Rotation 81.
Rotbuche 284.
Rotkohl 315.
Rottange 190.
Rottanne 251.
Rottlera tinctoria 349*.
Rotwurz 325.
Rubiaceae 402.
Rubiales 402.
Rubia tinctorum 404*.
Rubus caesius 325.
Rubus idaeus 325.
Rubus ulmifolius 325*.
Ruchgras 260.
Rübe 292.
Rübezahlsbart 224.
Rübsen 315.
Rückfalltyphus 163.
Rückennaht 54.
Rührmichnichtan 352.
Rüster 285*.
Rum 259.

Rumex acetosa 292.
Rumex acetosella 292.
Runkelrübe 292.
Rutaceae 340.
Ruta graveolens 341*.

Sabadilla officinalis 267.
Saccharomyces 202*.
Saccharomycetaceae 202.
Saccharum officinarum 259*.
Sadebaum 251*.
Saflor 419.
Safran 273*.
Safrol 308.
Saftdruck 81.
Saftfrüchte 66.
Saftgrün 353.
Sagittaria sagittifolia 256*.
Sago 264.
Salbei 393*.
Salicaceae 280.
Salicales 280.
Salix alba 281.
Salix fragilis 281.
Salix pentandra 281*.
Salix viminalis 281.
Salsola soda 292.
Salvia officinalis 393*.
Salvia splendens 393.
Salvinia natans 238*.
Sambucus ebulus 405.
Sambucus nigra 405*.
Samenanlage 71, 243.
Samenanlagen, Anheftung der 73.
Samenanlagen, Bau der 72, 243.
Samenanlagen, Gestalt der 73, 243.
Samen, ausgewachsene 74.
Sameneiweiß 75.
Samenleisten 71*.
Samenmantel 76*, 248.
Samenpflanzen 242.
Samenschale 71, 74, 75.
Sammelfrüchte 68.
Sammeln der Pflanzen 4.
Sandaracharz 251.
Sandelholzbaum 289.
Sandsegge 261.
Sanguis draconis 262, 270.
Sanguisorba 325*.
Sanicula europaea 373.
Sanikel 373.
Sansevieria 270.
Santalaceae 289.
Santalales 288.
Santalum album 289.
Santelbaumartige 288.
Santelholzbaum 289.

Santelholzgewächse 289.
Sapindaceae 351.
Sapindales 349.
Sapindus saponaria 351.
Saponaria officinales 295*.
Sapotaceae 377.
Sappanholz 330.
Saprolegniaceae 196*.
Saprophyten 171.
Sarcina ventriculi 165*.
Sareptasenf 315.
Sargassum 190.
Sarothamnus scoparius 334.
Sarraceniaceae 316.
Sarraceniales 316.
Sarracenia purpurea 316.
Sarsaparille 270.
Sassafras officinale 308.
Satureja hortensis 393.
Sauerampfer 292.
Sauerdorn 302.
Sauerkleegewächse 338.
Sauerstoff 110.
Saugorgane 111*.
Saugwurzeln 32.
Saxifragaceae 319.
Saxifraga granulata 319.
Scabiosa columbaria 407.
Scammonium 386.
Schachtelhalmgewächse 239.
Schafgarbe 418*.
Schalen, -ansicht 174*.
Schalotte 269.
Schattenblätter 227.
Scheide 41.
Scheidenbakterien 147, 164.
Scheidenblütler 264.
Scheidewände 55.
Scheinfrüchte 65, 68.
Scheinfüße 169.
Scheitelzelle 102.
Schere 8*.
Schierling 373*.
Schilf 260.
Schimmelpilze 198.
Schinopsis Balansae 350.
Schinopsis Lorentzii 350.
Schizogen 133.
Schizomycetes 146.
Schizophyceae 165.
Schizophyta 145.
Schlafmohn 311.
Schlauchalgen 183.
Schlauchblattgewächse 316.
Schlauchpilze 195, 223.
Schlehdorn 326.
Schleier 234.
Schleifenblume 315.

Schleimmembranen 97.
Schleimpilze 168.
Schließfrüchte 65.
Schließzellen 131*.
Schlüsselblumengewächse 376.
Schmetterlingsblütler 332.
Schneckenklee 336.
Schneeball 405.
Schneeglöckchen 269.
Schnitte, Herstellung mikroskopischer 20.
Schnittführung 22*.
Schnittlauch 269.
Schoenocaulon officinale 267.
Schöllkraut 311.
Schötchen 67*.
Schötchenfrüchte, angustisepte 314*.
Schötchenfrüchte, latisepte 314*.
Schötchenfrüchtige 315.
Schote 67*.
Schotenfrüchtige 315.
Schotenklee 336.
Schrägzeilen 43.
Schraubel 36, 64*.
Schraubenbakterien 162.
Schraubenbaumartige 254.
Schuppenhaare 107*.
Schusterkugel 20.
Schutzgewebe 103.
Schwärmer 79, 179.
Schwärmsporen 179.
Schwammparenchym 112*.
Schwarzkümmel 301.
Schwarzwurzel 420.
Schwellschüppchen 257*.
Schwertliliengewächse 271.
Scilla maritima 269.
Scirpoideae 261.
Scirpus 261.
Scitamineae 273.
Scleranthus annuus 293.
Scleranthus perennis 293.
Sclerodermataceae 219.
Scleroderma vulgare 219.
Scolopendrium vulgare 236.
Scorzonera hispanica 420.
Scrophulariaceae 397.
Scrophularia nodosa 398.
Scutellum 258*.
Secale cereale 259.
Secale cornutum 202*.
Sedum 319.
Seerosengewächse 296.
Seidelbastgewächse 363.
Seidenpflanzengewächse 384.
Seifenbaumartige 349.

Seifenbaumgewächse 351.
Seifenwurzel 296.
Seitenblüte 59.
Seitenwurzeln 31.
Sekretbehälter 133*.
Sekrete 132.
Sekretionsorgane 132.
Sekretionssystem 132.
Sekretzellen 133.
Selaginellaceae 241.
Selaginella helvetica 242.
Selaginella spinulosa 242.
Selektionstheorie 138.
Semecarpus anacardium 349*.
Semen Arecae 262.
Semen Cacao 357.
Semen Colae 357.
Semen Colchici 267.
Semen Crotonis 349.
Semen Cydoniae 325.
Semen Cynosbati 325.
Semen Erucae 315.
Semen Foenugraeci 334.
Semen Hyoscyami 397.
Semen Lini 338.
Semen Milii solis 388.
Semen Myristicae 306.
Semen Nigellae 301.
Semen Paeoniae 301.
Semen Papaveris 311.
Semen Pichurim 308.
Semen Psyllii 402.
Semen Ricini 349.
Semen Sabadillae 267.
Semen Sinapis 315.
Semen Sinapis albae 315.
Semen Staphisagriae 301.
Semen Stramonii 397.
Semen Strophanthi 383.
Semen Strychni 380.
Semen Tonco 336.
Sempervivum 319.
Senf 315.
Senfkraut 315.
Senker 138.
Sepala 47.
Septifrage Dehiszenz 68.
Septizid 68.
Serradella 336.
Sexualsystem 137.
Shorea 360.
Siebenstern 377.
Siebparenchym 120*.
Siebplatten 120*.
Siebröhren 120*.
Siebteil 114, 115*, 118*.
Sikimmi-Frucht 303.
Silberblatt 315.
Silene inflata 295.
Silene nutans 295*.

Silenoideae 293.
Silicula 67*.
Siliculosae 315.
Siliqua 67*.
Siliquosae 315.
Simarubaceae 343.
Simsen 266.
Sinapis alba 315*.
Sinapis arvensis 315.
Sinapis juncea 315.
Sinapis nigra 315.
Siphonales 183.
Sirupus Rhamni cathart. 353.
Sirupus Rubi Idaci 325.
Sirupus Violarum 362.
Sisalhanf 270.
Sisymbrium officinale 315.
Skalpell 8*.
Skelettsystem 108*.
Sklereiden 109*.
Sklerenchymfasern 108*.
Sklerenchymzellen 109*.
Sklerotium 202.
Smilacoideae 270.
Smilax china 270.
Smilax medica 270.
Smilax officinalis 270.
Smilax ornata 270.
Smilax pseudosyphilitica 270*.
Smilax syphilitica 270.
Soda 292.
Solanaceae 393.
Solanum dulcamara 394*.
Solanum lycopersicum 395.
Solanum nigrum 395.
Solanum tuberosum 394.
Solidago virga aurea 419.
Sommersporen 207.
Sonchus 420.
Sonnenblume 417.
Sonnenröschen 360.
Sonnentaugewächse 316.
Sorbus aucuparia 323*.
Soredienbildung 221*.
Sorus 234.
Spadix 264.
Spaltalgen 166.
Spaltfrüchte 67*.
Spaltöffnungen 112*, 130*.
Spaltpflanzen 145.
Spaltpilze 146.
Sparganiaceae 254.
Sparganium 255*.
Spargel 270*.
Spark 293.
Spartium scoparium 334.
Spatha 44*, 264.
Spathiflorae 264.

Speichersystem 129.
Speisezwiebel 269.
Spelzen 256.
Spelzenblütige 256.
Spergula arvensis 293.
Spermatien 190.
Spermatozoiden 79, 179.
Spermogonien 208.
Spezialfloren, einschlägige 10.
Spezies 136.
Sphaerotilus dichotomus 164.
Sphagnaceae 231.
Sphagnum 231*.
Spica 63*.
Spike 390.
Spilanthes oleracea 417*.
Spinacia oleracea 292.
Spinat 292.
Spiraea 323.
Spiraeoideae 321, 323.
Spiralig 42, 60.
Spirillaceae 162.
Spirillum 162.
Spiritus Cochleariae 315.
Spirochaete 163.
Spirochaete Obermeieri 163*.
Spirochaete pallida 164.
Spirogyra 178*.
Spirre 65*.
Splint 127.
Sporangien 171, 234*.
Sporangienhäufchen 234*.
Sporen 149, 230.
Spornblume 407.
Sporophyt 225, 226.
Spreite 48.
Spreublättchen 44*, 412*.
Springfrüchte 66.
Sproß 30.
Stachelbeere 319.
Stacheln 106*.
Stachelschwämme 212.
Stäbchenbakterien 146, 155.
Stärke 86*.
Stärkekörner 87*.
Stärke, transitorische 87.
Stäublinge 218.
Stamina 50.
Staminodien 52*.
Stammorgane 32.
Standortszettel 7*, 11.
Statice 377.
Stativ des Mikroskops 18.
Staubbeutel 50*.
Staubbeutelfächer 50*.
Staubblätter 50*.
Staubfaden 50*.

Staubgefäße 50*.
Stechapfel 396*.
Stechpalmengewächse 351.
Stecklinge 137.
Steinbrechgewächse 319.
Steinflechten 221.
Steinfrucht 68.
Steinpilz 214
Steinsamen 388.
Steinzellen 109*.
Stellaria media 293.
Stellung der Blätter 41.
Stelzwurzeln 32.
Stempel 55*.
Sterculiaceae 356.
Stereom 115.
Sterigma 207.
Sternanisbaum 303.
Sternhaare 107.
Sternmiere 293.
Stichkultur 154*.
Stickstoff 110.
Sticta pulmonacea 223.
Stiefmütterchen 362*.
Stielpfeffer 280.
Stigma 55*.
Stinkbrand 206.
Stinkmorchel 218.
Stipites Dulcamarae 395.
Stipites Laminariae 188.
Stipites Visci 290.
Stockmorchel 200.
Stockrose 356.
Stolonen 33*.
Stomata 130.
Storax 379.
Storchschnabelartige 336.
Storchschnabelgewächse 337.
Stratiotes aloides 256.
Strauchflechten 221*.
Streptococcus mesenterioides 164.
Streptococcus pyogenes 164*.
Strichkultur 154*.
Strobilus 288*.
Stroma 202.
Strophanthus hispidus 383*.
Strophanthus kombe 383*.
Strychnosgewächse 380.
Strychnos Ignatii 380.
Strychnos nux vomica 380*.
Strychnos tieute 380.
Strychnos toxifera 380.
Stryphnodendron barbatimao 330.
Stützwurzeln 32.
Stuhlrohr 264.
Stylus 55*.
Styracaceae 379.

Styrax benzoin 379.
Styrax liquidus 320.
Styrax officinalis 379.
Suberin 97.
Succisa pratensis 407.
Succus Liquiritiae 334.
Sumachgewächse 349.
Sumachlohe 350.
Sumpfbewohnende 255.
Summitates Sabinae 251.
Suspensoren 194, 244.
Symbiose 111, 219.
Symmetrieverhältnisse 36.
Sympetal 49, 253.
Sympetalae 374.
Symphytum officinale 388.
Sympodium 36.
Synandrium 52, 408.
Synanthereae 411.
Synergiden 243.
Synkarp 55*.
Synsepal 48, 253.
Syphilis, Erreger der 164.
Syringa vulgaris 380.
Systematik 2, 136.
System Brongniarts 142.
System Englers 142.
System Jussieus 141.
System Linnés 139.
System, mechanisches 108.
System, natürliches 141.
System, phylogenetisches 144.

Tälchen 367*.
Täschelkraut 315.
Tamarindus indica 331*.
Tanacetum vulgare 417.
Tangsoda 190.
Tangentialschnitt 22.
Tanne 251.
Taraxacum officinale 420*.
Taubnessel 393*.
Taumellolch 260.
Tausendgüldenkraut 381.
Taxaceae 248.
Taxus baccata 248*.
Teakholzbaum 389.
Tectona grandis 389.
Teegewächse 358.
Teestrauch 358*.
Teleutosporen 207.
Tepalen 253.
Terebinthina 251.
Terebinthina veneta 251.
Terminalblüte 59.
Ternstroemiaceae 358.
Terpenthin, cyprisches 351.
Testa 75.
Tetrasporen 190.
Teucrium botrys 393.

Teucrium flavum 393.
Teucrium marum 393.
Teucrium scordium 393.
Teufelsabbiß 407.
Teufelskralle 411.
Thallophyten 27.
Theaceae 358.
Thea japonica 358.
Thea nigra 358.
Thea sinensis 358.
Thea viridis 358.
Thecae 50*.
Theobroma cacao 357*.
Thesium 289.
Thiobacteria 165.
Thlaspi arvense 315.
Thyllen 96.
Thymelaeaceae 363.
Thymian 392.
Thymus serpyllum 392*.
Thymus vulgaris 392*.
Tiliaceae 354.
Tilia cordata 355*.
Tilia pauciflora 355.
Tilia platyphyllos 355*.
Tilia ulmifolia 355.
Tilletiaceae 206.
Tilletia Tritici 206.
Tollkirsche 395*.
Tomate 395.
Torfmoose 231.
Tormentilla erecta 325.
Torus 56.
Tracheen 115*.
Tracheïden 117*.
Trachylobium verrucosum 331.
Träger 218.
Tragacantha 334.
Tragblätter 32.
Tragopogon pratensis 420.
Transversalzygomorph 60.
Trapa natans 366.
Traube 63*.
Trentepohlia iolithus 182.
Trichasium 63.
Trichogyn 190*.
Trichome 106.
Trientalis europaea 377.
Trifolium 335.
Trifolium arvense 335.
Trifolium pratense 335.
Trigonella foenum graecum 334.
Triticum repens 259*.
Triticum vulgare 259*.
Trockenfrüchte 65.
Trocknen der Pflanzen 11 bis 13.
Trockenschrank 13.
Tropaeolaceae 338.

Trüffel, falsche 219.
Trüffelpilze 199.
Trugdolde 65*.
Tubera Aconiti 299.
Tubera Ari 264.
Tubera Chinae 270.
Tubera Colchici 33*.
Tubera Jalapae 386.
Tubera Salep 279.
Tuberkelbacillus 157*.
Tuber melanosporum 199.
Tubiflorae 385.
Tubuliflorae 415.
Tubus 18.
Tüpfel 95*.
Tüpfel, behöfte 96*.
Tulipa Gesneriana 270.
Tulpenbaum 304.
Turgor 81.
Turritis glabra 315.
Tussilago farfara 15*, 415*.
Typha 254.
Typhaceae 254.
Typhusbacillus 160.

Übersicht des Linnéschen Systems 139.
Ulmaceae 285.
Ulmaria filipendula 325.
Ulmaria palustris 325.
Ulmaria pentapetala 325*.
Ulmengewächse 285.
Ulmus campestris 285*.
Ulmus effusa 285.
Ulotrichales 181.
Ulvaceae 181.
Ulva latissima 181.
Umbella 63*.
Umbelliferae 366.
Umbelliflorae 366.
Umlegen der Pflanzen 13.
Umrißformen der Blätter 39*.
Unterständig 57*.
Umweibig 57*.
Unterweibig 57*.
Uncaria gambir 403*.
Uragoga ipecacuanha 403.
Uredosporen 207.
Urginea maritima 269*.
Urmerstem 100*.
Uromyces pisi 210.
Urticales 284.
Urticaceae 288.
Urtica dioica 288.
Urtica urens 288.
Usnea barbata 224.
Ustilaginaceae 204*.
Ustilago Avenae 204.
Ustilago Maydis 205.
Utricularia 402.

Vaccinioideae 376.
Vaccinium myrtillus 376.
Vaccinium vitis idaea 376*.
Vagina 36.
Vakuolen 78*.
Valerianaceae 405.
Valeriana dioica 407.
Valeriana officinalis 407*.
Valerianella dentata 407.
Valerianella olitoria 407.
Valleculae 367*.
Vanilla planifolia 279*.
Varek 190.
Varietäten 136.
Vasalteil 114*.
Vaucheria 183*.
Vaucheriaceae 183.
Vaucheria dichotoma 183.
Vegetationspunkte 102*.
Veilchengewächse 360.
Veilchenstein 182.
Venusfliegenfalle 318*.
Venushaar 237.
Veratrum album 33*, 267*.
Veratrum sabadilla 267.
Verbascum phlomoides 398.
Verbascum thapsiforme 398*.
Verbascum thapsus 398.
Verbenaceae 389.
Verbena officinalis 389.
Verbreitung der Früchte und Samen 76.
Vergißmeinnicht 388*.
Vermehrung 137.
Vernation 40.
Veronica arvensis 400.
Veronica officinalis 400.
Verwandtschaft 135.
Verwandtschaft der Pflanzen 135.
Verwandtschaft, natürliche 138.
Verwesung 150.
Verzweigung 35*.
Vexillum 332.
Viburnum opulus 405.
Vicia 335.
Victoria regia 296.
Vinca minor 384.
Violaceae 360.
Viola altaica 362.
Viola odorata 362*.
Viola tricolor 362*.
Viscum album 289.
Vitaceae 353.
Vitis Veitchii 353.
Vitis vinifera 353.
Vittae 368*.
Vogelbeerbaum 323*.

Vogelfuß 336.
Vogelknöterich 292.
Vogelmiere 293.
Volva 217, 226.
Volvocaceae 180.
Volvox globator 181.
Vorblätter 44*, 256*.
Vorkeim 225.
Vorspelze 256*.

Wacholder 251*.
Wachtelweizen 401.
Waid 315.
Waldkohl 315.
Waldmeister 404.
Waldrebe 297*.
Walnußartige 281.
Wandbrüchige Dehiszenz 68.
Wandständig 71.
Wanderstärke 87.
Wandplasma 81.
Wasseraloë 256.
Wasserfarne 237.
Wasserlinsengewächse 265.
Wassernuß 366.
Wasserpest 256.
Wasserschierling 373.
Wasserspalten 132.
Wechselständig 42.
Wegebreitartige 402.
Wegebreitgewächse 402.
Wegerich 402.
Weidenartige 280.
Weidengewächse 280.
Weidenröschengewächse 365.
Weinrebengewächse 353.
Weinstock 353.
Weißbuche 283.
Weißtanne 251.
Weizen 259*.
Weizen, türkischer 259.
Wermut 415.
Wicke 335.
Wickel 36*, 63.
Wiesengräser 260.
Wiesenschaumkraut 315.
Wiesenstorchschnabel 337.
Wikstroemia 363.
Windblütig 244.
Windengewächse 385.
Windröschen 297*.
Wintersporen 207.
Winterzwiebel 269.
Wirsingkohl 315.
Wirtswechsel 209.
Wohlverleihkraut 418.
Wolfsmilchgewächse 346.
Wollgras 261.
Wollkraut 398.

Wucherblumen 419.
Wundklee 336.
Wundkallus 103.
Wurmfarn 237.
Wurzel 29*.
Wurzelhaare 28*, 106*.
Wurzelhaube 29*, 102.
Wurzelknollen 32*.
Wurzelschmarotzer 283.
Wurzelstock 33.

Xanthophyll 85.
Xanthorrhoea australe 269.
Xanthorrhoea hastile 269.
Xylem 114*.
Xylopia aethiopica 304*.

Yamsgewächse 270.
Yamsknollen 270.
Yohimberinde 403.

Zahnwurz 315.
Zanzibarkopal 331.
Zapfen 70.
Zapfenbeeren 70.
Zapfenträger 248.
Zaunrübe 409*.
Zea mays 259.
Zellbildung, freie 98*.

Zelle, Bau, Allgemeines 78.
Zelle, lebende 77.
Zellen, Entstehung, der 97.
Zellenlehre 78.
Zellen, parenchymatische 80.
Zellen, prosenchymatische 80.
Zellfächerung 98*.
Zellfäden 99.
Zellflächen 99.
Zellhaut 78.
Zellinhalt 80.
Zellkern 78, 82.
Zellkernteilung 83.
Zellkörper 99.
Zellmembran 78.
Zellplatte 83*.
Zellreihen 99.
Zellsaft 78, 86.
Zellteilung 98.
Zellwand 77, 78, 94.
Zentralkern 243.
Zentralwinkelständig 71.
Ziegenbart 211.
Zimmertanne 250.
Zimtbaum 308*.

Zingiberaceae 274.
Zingiber officinale 275*.
Zinnkraut 240.
Zirkulation 81*.
Zittergras 260.
Zittwer 275.
Zizyphus vulgaris 353.
Zoosporen 179.
Zottenhaare 106*.
Zuckerarten 88.
Zuckerrohr 259.
Zuckerrübe 292.
Zunderschwamm 214.
Zungenblütler 420.
Zweiteilung, fortgesetzte 99.
Zwergmännchen 183*.
Zwetsche 326.
Zwiebelhäute 35*.
Zwiebelknollen 33*.
Zwiebelkuchen 35*.
Zwiebeln 35*.
Zwitterblüte 47.
Zygnemataceae 178*.
Zygomorph 36, 58.
Zygomycetes 178, 193.
Zygophyllaceae 340.
Zygospore 178.
Zymogen 151.

Druck der Universitätsdruckerei H. Stürtz A. G., Würzburg.

Das Mikroskop und seine Anwendung, Handbuch der praktischen Mikroskopie und Anleitung zu mikroskopischen Untersuchungen. Von Dr. **Hermann Hager.** Nach dessen Tode vollständig umgearbeitet und in Gemeinschaft mit hervorragenden Fachleuten herausgegeben von Prof. Dr. **Carl Mez,** Königsberg i. Pr. Zwölfte, umgearbeitete Auflage. Mit 495 Textfiguren. Gebunden Preis M. 38,—.

Einführung in die Mikroskopie. Von Professor Dr. **P. Mayer.** Mit 28 Textabbildungen. Gebunden Preis M. 4.80.

Handbuch der Drogisten-Praxis. Ein Lehr- und Nachschlagebuch für Drogisten, Farbwarenhändler usw. Im Entwurf vom Drogisten-Verband preisgekrönte Arbeit. Von **G. A. Buchheister.** Vierzehnte, neubearbeitete und vermehrte Auflage von Georg Ottersbach in Hamburg. Erster Teil. Mit 621 in den Text gedruckten Abbildungen. Gebunden Preis M. 100,—.

Vorschriftenbuch für Drogisten. Die Herstellung der gebräuchlichen Verkaufsartikel. Von **G. A. Buchheister.** Achte, neubearbeitete Auflage von Georg Ottersbach in Hamburg. (Handbuch der Drogisten-Praxis, II. Teil.) Gebunden Preis M. 28,—.

Pharmazeutisches Tier-Manual. Von **Friedrich Albrecht Otto,** Apotheker in Hamburg. Gebunden Preis M. 4,—.

Der junge Drogist. Lehrbuch für Drogisten-Fachschulen, den Selbstunterricht und die Vorbereitung zur Drogisten-Gehilfen- und Giftprüfung. Von **Emil Drechsler.** Dritte, vermehrte und verbesserte Auflage. Mit 57 Textabbildungen. Gebunden Preis M. 35,—.

Handbuch der Seifenfabrikation. Nach dem Handbuch von Dr. **C. Deite** völlig umgearbeitet und neu herausgegeben von Privatdozent Dr. **Walther Schrauth.** Fünfte Auflage. Mit 171 Textfiguren. Gebunden Preis M. 120.—.

Die medikamentösen Seifen. Ihre Herstellung und Bedeutung unter Berücksichtigung der zwischen Medikament und Seifengrundlage möglichen chemischen Wechselbeziehungen. Ein Handbuch für Chemiker, Seifenfabrikanten, Apotheker und Ärzte. Von Dr. **Walter Schrauth.** Preis M. 6.—.

Hierzu Teuerungszuschläge.

So werden die Bände, wie es bisher geschehen, dauernd ihren beiden Zwecken in vollem Maße entsprechen können, indem sie einerseits dem Lehrer Leitfaden und Grundlage für den persönlich zu erteilenden Unterricht sind, und anderseits da, wo der Eleve oder Studierende der persönlichen Unterweisung etwa entbehrt, durch die induktive Behandlung des Lehrstoffes tunlichsten Ersatz dafür bieten.

Entsprechend dem Ausbildungsgange des jungen Pharmazeuten, dessen Tätigkeit zunächst die praktische ist, beginnt der erste Band der Schule der Pharmazie mit dem praktischen Teil, in welchem alles das erörtert ist, was der Anfänger an Kunstgriffen erlernen muß, um die Arzneistoffe der Apotheke kunstgerecht zu verarbeiten und zu verabfolgen und mit den dazu nötigen Gerätschaften regelrecht umgehen zu können. Die unleugbare Abnahme der eigentlichen Laboratoriumstätigkeit in den Apotheken und anderseits die Zunahme der kaufmännischen Berufstätigkeit des Apothekers erforderten eine ganz besonders eingehende Behandlung des praktischen Teiles und die völlige Abtrennung desselben von dem übrigen Lehrstoff.

In den wissenschaftlichen Teilen haben die Verfasser von einer monographischen Behandlung der einzelnen Kapitel abgesehen und unter Vermeidung aller überflüssigen Gelehrsamkeit dem Lernenden ein klares Gesamtbild der einzelnen Wissenszweige mit steter Bezugnahme auf alles pharmazeutisch Wichtige gegeben. Die Verfasser waren besonders bemüht, in möglichst leichtverständlicher Ausdrucksweise, vom Leichten zum Schweren aufsteigend, die drei Hilfswissenschaften der Pharmazie: Chemie, Physik und Botanik, in ihren Grundzügen dem Anfänger klar zu machen.

Als zweckmäßig hat es sich erwiesen, die ursprünglich als fünfter Teil herausgegebene Warenkunde, d. h. die Kennzeichnung, Prüfung und Wertbestimmung der Chemikalien und Vegetabilien in den chemischen bzw. botanischen Teil des Werkes einzubeziehen. Hierdurch konnten Wiederholungen vermieden und Vollständigkeit in der Darstellung des pharmazeutisch Wichtigen erzielt werden.

Eine große Zahl guter Abbildungen erleichtert mit Vorteil das Verständnis des Lehrganges.

Bei der Neubearbeitung des jetzt fertig vorliegenden chemischen und botanischen Teils wurden auf vielfachen Wunsch die wissenschaftlichen Bedürfnisse der Studierenden stärker als bisher berücksichtigt und dementsprechend die Fassung des Haupttitels dieser Bände geändert.

Berlin, im Mai 1921.

Verlagsbuchhandlung von Julius Springer.

Schule der Pharmazie.

Praktischer Teil. Von Dr. E. Mylius. Fünfte, vermehrte und verbesserte Auflage. Bearbeitet von Dr. Alfred Stephan, Apothekenbesitzer in Wiesbaden. Mit 143 Textabbildungen. Geb. Preis M. 16.— (und Verlagsteuerungszuschlag).

Grundzüge der pharmazeutischen Chemie. Bearbeitet von Geh. Regierungsrat Prof. Dr. Herm. Thoms. Siebente, verbesserte Auflage der „Schule der Pharmazie, Chemischer Teil". Mit 108 Textabbildungen. In Leinw., geb. Preis etwa M. 75.—.

Physikalischer Teil. Bearbeitet von Dr. K. F. Jordan. Vierte, vermehrte und verbesserte Auflage. Mit 153 Textabbildungen. Vergriffen! Die neue Auflage ist in Vorbereitung.

Grundzüge der Botanik für Pharmazeuten. Bearbeitet von Prof. Dr. E. Gilg. Sechste, verbesserte Auflage der „Schule der Pharmazie, Botanischer Teil". Mit 569 Textabbildungen. In Leinw. geb. Preis etwa M. 75.—.

Jeder Band ist einzeln käuflich.

Daß die Schule der Pharmazie sich ihren Platz als bevorzugtes Lehrbuch nicht nur für Anfänger, sondern auch für die Studierenden auf den Hochschulen gesichert hat, beweisen die neuen Auflagen, die immer wieder in verhältnismäßig kurzen Zwischenräumen notwendig wurden. Der chemische Teil liegt nunmehr in der siebenten Auflage, der botanische in der sechsten vor.

Dieser Erfolg ist ohne Zweifel dem Umstande zuzuschreiben, daß das Werk den gesamten Lehrstoff anschaulich und leichtfaßlich behandelt und dadurch den Vorzug genießt, von den jungen Fachgenossen mit Lust und Liebe studiert zu werden.

Die seit Erscheinen der ersten Auflage bei dem Gebrauche der einzelnen Bände gemachten Erfahrungen haben den Verfassern die Überzeugung verschafft, daß in ihrer Anlage das Richtige getroffen wurde; und was im einzelnen daran verbesserungs- und ergänzungsbedürftig ist, wird durch den ständigen Gedankenaustausch der Verfasser mit den nach diesen Lehrbüchern Lehrenden und Lernenden bei der Neuauflage jedes einzelnen Bandes auf das sorgfältigste berücksichtigt.